全国普通高等院校生命科学类"十二五"规划教材

微 生 物 学

主　编　王宜磊　方尚玲　刘　杰
副主编（按姓氏笔画排序）
　　　　王伟东　刘仁荣　孙新城　李　梅　李学如
　　　　张建新　胡申才　贾建波　程水明　曾小龙
编　委（按姓氏笔画排序）

王伟东	黑龙江八一农垦大学	李朝霞	盐城工学院
王宜磊	菏泽学院	李景蕻	湖北第二师范学院
毛露甜	惠州学院	宋金柱	哈尔滨工业大学
方尚玲	湖北工业大学	张建新	河南师范大学
朱德全	佳木斯大学	张桂香	济南大学
任莹利	新乡医学院	胡仁火	湖北科技学院
刘　杰	青岛科技大学	胡申才	武汉轻工大学
刘仁荣	江西科技师范大学	贾建波	淮阴工学院
江怀仲	重庆邮电大学	晏　磊	黑龙江八一农垦大学
孙新城	郑州轻工业学院	黄志宏	华侨大学
李　伟	聊城大学东昌学院	程水明	广东石油化工学院
李　梅	天津医科大学	曾小龙	广东第二师范学院
李学如	西南交通大学		

华中科技大学出版社
中国·武汉

内 容 简 介

本书是全国普通高等院校生命科学类"十二五"规划教材。

本书的编写根据高等院校的培养目标和教学实际,力求做到科学性强,系统性好,理论联系实际。

本书分为十二章,内容包括微生物的系统结构与功能,微生物的营养、代谢、生长及其控制,遗传和变异,传染和免疫,微生物的分类、鉴定、生态、技术及应用等。

本书适用于生物科学、生物学教育、生物工程、生物技术等专业,也适用于轻工发酵、化工、医学、食品、农林等专业,还可供相关科研与技术人员参考。

图书在版编目(CIP)数据

微生物学/王宜磊,方尚玲,刘杰主编. —武汉:华中科技大学出版社,2014.5(2024.1重印)
ISBN 978-7-5609-9717-9

Ⅰ.①微… Ⅱ.①王… ②方… ③刘… Ⅲ.①微生物学-高等学校-教材 Ⅳ.①Q93

中国版本图书馆 CIP 数据核字(2014)第 101449 号

微生物学 　　　　　　　　　　　　　　　　　　王宜磊　方尚玲　刘　杰　主编

策划编辑：罗　伟
责任编辑：孙基寿
封面设计：刘　卉
责任校对：祝　菲
责任监印：周治超
出版发行：华中科技大学出版社(中国·武汉)　　电话：(027)81321913
　　　　　武汉市东湖新技术开发区华工科技园　　邮编：430223
录　　排：华中科技大学惠友文印中心
印　　刷：武汉邮科印务有限公司
开　　本：787mm×1092mm　1/16
印　　张：28.5
字　　数：743千字
版　　次：2024年1月第1版第8次印刷
定　　价：58.00元

本书若有印装质量问题,请向出版社营销中心调换
全国免费服务热线：400-6679-118　　竭诚为您服务
版权所有　侵权必究

全国普通高等院校生命科学类"十二五"规划教材
编委会

■ **主任委员**

余龙江　华中科技大学教授,生命科学与技术学院副院长,2006—2012教育部高等学校生物科学与工程教学指导委员会生物工程与生物技术专业教学指导分委员会委员,2013—2017教育部高等学校生物技术、生物工程类专业教学指导委员会委员

■ **副主任委员**(排名不分先后)

胡永红　南京工业大学教授,南京工业大学研究生院副院长

李　钰　哈尔滨工业大学教授,生命科学与技术学院院长

任国栋　河北大学教授,2006—2012教育部高等学校生物科学与工程教学指导委员会生物学基础课程教学指导分委员会委员,河北大学学术委员会副主任

王宜磊　菏泽学院教授,2013—2017教育部高等学校大学生物学课程教学指导委员会委员

杨艳燕　湖北大学教授,2006—2012教育部高等学校生物科学与工程教学指导委员会生物科学专业教学指导分委员会委员

曾小龙　广东第二师范学院教授,副校长,学校教学指导委员会主任

张士璀　中国海洋大学教授,2006—2012教育部高等学校生物科学与工程教学指导委员会生物科学专业教学指导分委员会委员

■ **委员**(排名不分先后)

陈爱葵	胡仁火	李学如	刘宗柱	施文正	王元秀	张　峰
程水明	胡位荣	李云玲	陆　胤	石海英	王　云	张　恒
仇雪梅	贾建波	李忠芳	罗　充	舒坤贤	韦鹏霄	张建新
崔韶晖	金松恒	梁士楚	马　宏	宋运贤	卫亚红	张丽霞
段永红	李　峰	刘长海	马金友	孙志宏	吴春红	张　龙
范永山	李朝霞	刘德立	马三梅	涂俊铭	肖厚荣	张美玲
方　俊	李充璧	刘凤珠	马　尧	王端好	徐敬明	张彦文
方尚玲	李　华	刘　虹	马正海	王金亭	薛胜平	郑永良
耿丽晶	李景蕻	刘建福	毛露甜	王伟东	闫春财	周　浓
郭晓农	李　梅	刘　杰	聂呈荣	王秀利	杨广笑	朱宝长
韩曜平	李　宁	刘静雯	彭明春	王永飞	于丽杰	朱长俊
侯典云	李先文	刘仁荣	屈长青	王有武	余晓丽	朱德艳
侯义龙	李晓莉	刘忠虎	邵　晨	王玉江	昝丽霞	宗宪春

全国普通高等院校生命科学类"十二五"规划教材组编院校

（排名不分先后）

北京理工大学	华中科技大学	云南大学
广西大学	华中师范大学	西北农林科技大学
广州大学	暨南大学	中央民族大学
哈尔滨工业大学	首都师范大学	郑州大学
华东师范大学	南京工业大学	新疆大学
重庆邮电大学	湖北大学	青岛科技大学
滨州学院	湖北第二师范学院	青岛农业大学
河南师范大学	湖北工程学院	青岛农业大学海都学院
嘉兴学院	湖北工业大学	山西农业大学
武汉轻工大学	湖北科技学院	陕西科技大学
长春工业大学	湖北师范学院	陕西理工学院
长治学院	湖南农业大学	上海海洋大学
常熟理工学院	湖南文理学院	塔里木大学
大连大学	华侨大学	唐山师范学院
大连工业大学	华中科技大学武昌分校	天津师范大学
大连海洋大学	淮北师范大学	天津医科大学
大连民族学院	淮阴工学院	西北民族大学
大庆师范学院	黄冈师范学院	西南交通大学
佛山科学技术学院	惠州学院	新乡医学院
阜阳师范学院	吉林农业科技学院	信阳师范学院
广东第二师范学院	集美大学	延安大学
广东石油化工学院	济南大学	盐城工学院
广西师范大学	佳木斯大学	云南农业大学
贵州师范大学	江汉大学文理学院	肇庆学院
哈尔滨师范大学	江苏大学	浙江农林大学
合肥学院	江西科技师范大学	浙江师范大学
河北大学	荆楚理工学院	浙江树人大学
河北经贸大学	军事经济学院	浙江中医药大学
河北科技大学	辽东学院	郑州轻工业学院
河南科技大学	辽宁医学院	中国海洋大学
河南科技学院	聊城大学	中南民族大学
河南农业大学	聊城大学东昌学院	重庆工商大学
菏泽学院	牡丹江师范学院	重庆三峡学院
贺州学院	内蒙古民族大学	重庆文理学院
黑龙江八一农垦大学	仲恺农业工程学院	

前　言

微生物学是在细胞、分子或群体水平上研究微生物的形态构造、生理代谢、遗传变异、生态分布和分类进化等生命活动基本规律,并将其应用于工业发酵、医药卫生、生物工程和环境保护等领域的科学。微生物学的根本任务是发掘、利用、改善和保护有益微生物,控制、消灭或改造有害微生物,所以微生物学是一门应用性很强的学科。

通过本课程的学习,应使学生在全面掌握微生物学基本理论、基础知识和基本技能的基础上,培养分析问题和解决问题的能力,以便更好地适应社会。目标在于:通过课堂理论教学和实验教学,使学生比较系统地掌握微生物的形态结构、营养、生理、代谢、生长方式和生长规律、遗传和变异、传染和免疫、分类和鉴定以及微生物生态学等基础知识;了解微生物学的发展简史与微生物在工业、农业、医学、食品卫生、环境保护和生命科学研究及技术发展中的重要应用;结合实验教学了解和掌握微生物菌种分离和培养、染色和观察、菌种选育、菌种保藏,以及有害微生物控制等基本微生物学实验技术原理和方法,并在科学态度、试验技能、独立操作能力等方面获得训练和提高。使学生能够初步运用所学理论和技能,解决在生产实践和日常生活中与人类密切相关的微生物学问题。在教学中要把精力集中在培养学生分析问题、解决问题的能力上。

本书的编写根据高等院校的培养目标和教学实际,力求做到:科学性强,系统性好,理论联系实际;既注重"三基"(基本理论、基本知识、基本技能),又适当介绍新理论、新知识和新技术;既重点突出、概念精准、结构合理,又注意语言简练、内容简明、图文并茂。本书精选图片250余幅,表格70余个,具有较强的直观性。本书可作为生物科学、生物工程、生物技术、轻工发酵类专业的教学用书,也可供医学、食品、农林等专业师生参考使用。

参与本书编写的教师多是长期从事微生物教学和科研、具有丰富教学实践经验的教授、博士,既有教育部教指委委员和教学名师,又有年富力强的青年骨干教师。编写工作具体分工如下:第一章由王宜磊编写,第二章由宋金柱、曾小龙、孙新城编写,第三章由张桂香、李学如、方尚玲编写,第四章由李梅、朱德全编写,第五章由孙新城、胡仁火编写,第六章由胡申才、李朝霞编写,第七章由贾建波、李伟、方尚玲编写,第八章由程水明、李景蕤编写,第九章由张建新、黄志宏、刘杰编写,第十章由刘仁荣、毛露甜编写,第十一章由刘杰、晏磊、黄志宏编写,第十二章由江怀仲、任莹利、王伟东编写。最后在多次讨论修改的基础上,由王宜磊(第一、二、五、十章)、方尚玲(第三、四、六、七章)和刘杰(第八、九、十一、十二章)三位主编完成初步统稿工作,最后由王宜磊负责全书的统稿、定稿工作。

本书在编写过程中,得到了参编院校领导和同事的关心和支持,得到了国家精品课程和国家教学团队负责人、国家教指委委员、华中科技大学生命科学与技术学院余龙江教授的指导和支持,并得到了华中科技大学出版社领导的大力支持,在此表示由衷的感谢。书中引自参考文献的部分照片和图表,未在书中详细注明,对原作者的辛勤工作表示诚挚谢意!

限于编者水平有限,时间仓促,书中可能存在疏漏和不当之处,敬请同行、广大师生和读者指正。

编　者

目　录

第一章　绪论　/1

第二章　原核微生物　/12

　　第一节　细菌　/13
　　第二节　放线菌　/51
　　第三节　其他原核微生物　/55

第三章　真核微生物　/66

　　第一节　酵母菌　/67
　　第二节　霉菌　/88
　　第三节　大型真菌——蕈菌　/116
　　第四节　原核微生物与真核微生物的比较　/118

第四章　病毒　/124

　　第一节　病毒的形态结构和化学组成　/124
　　第二节　病毒的增殖　/130
　　第三节　常见病毒简介　/138
　　第四节　亚病毒　/146

第五章　微生物的营养　/151

　　第一节　微生物的营养物质　/151
　　第二节　培养基　/170

第六章　微生物的新陈代谢　/182

　　第一节　微生物的产能代谢　/182
　　第二节　葡萄糖的发酵作用　/193
　　第三节　微生物的合成代谢　/205
　　第四节　微生物的代谢调控与发酵生产应用　/217

第七章　微生物的生长及其控制　/223

　　第一节　微生物生长的研究方法　/223
　　第二节　微生物的生长　/231

第三节　环境因素对微生物生长的影响 /239

第八章　微生物的遗传和变异 /260

第一节　遗传变异的物质基础 /261
第二节　微生物的突变 /272
第三节　微生物的基因重组 /282
第四节　微生物育种 /292
第五节　菌种的衰退、复壮和保藏 /298

第九章　微生物生态 /307

第一节　微生物在自然界中的分布 /307
第二节　微生物的生物环境 /315
第三节　微生物在自然界物质循环中的作用 /324

第十章　传染与免疫 /331

第一节　传染病的发生 /332
第二节　抗原 /337
第三节　非特异性免疫 /340
第四节　免疫系统 /346
第五节　特异性免疫 /356
第六节　免疫学知识的应用 /360
第七节　变态反应 /369

第十一章　微生物的进化、分类和鉴定 /375

第一节　微生物的进化及在生物界的地位 /376
第二节　微生物的分类单元与命名 /383
第三节　微生物的分类系统 /387
第四节　微生物的分类、鉴定方法 /404

第十二章　微生物技术的应用 /420

第一节　微生物技术概览 /420
第二节　微生物的应用 /423

参考文献 /442

第一章 绪论

学海导航

　　了解微生物学的研究对象和发展简史；理解微生物和微生物学的概念；掌握微生物的常见类群、分类地位、特点及微生物的作用；激发培养学生学习微生物学的兴趣。

　　重点：微生物的概念和特点。

　　难点：微生物的特点。

一、微生物学的研究目的

　　微生物与人类的关系十分密切：一方面，部分微生物可给人类带来毁灭性的疾病和危害；另一方面，大多数微生物对人类是无害的，甚至是有益的。正确使用微生物这把"双刃剑"，开发利用有益微生物，控制改造有害微生物，造福于人类正是我们学习和应用微生物学的目的。

（一）微生物的概念与类群

　　微生物（microorganism，microbe）是一大群形体（体积）微小、结构简单、肉眼看不见（或看不清楚）的单细胞、多细胞，甚至无细胞结构的低等生物的总称。

　　微生物的主要类群概括如下：

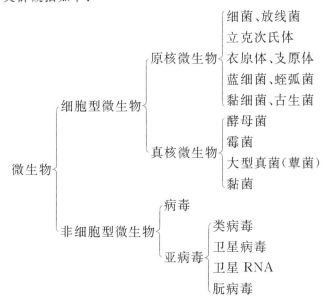

(二) 微生物的特点

微生物和其他生物一样具有新陈代谢等生物的基本特征,但微生物也有其自身的特点。

1. 体积微小,表面积大

微生物的个体极其微小,必须借助光学显微镜或电子显微镜才能观察到它们。测量其大小通常以微米(μm)或纳米(nm)为单位,微生物本身具有极为巨大的比表面积,小体积大面积必然有一个巨大的营养物质的吸收面,代谢废物的排泄面和环境信息的接触面,这对于微生物与环境之间进行物质、能量和信息的交换极为有利。当然也有体积较大的微生物存在,如担子菌等大型真菌,其子实体较大。

$$\text{表面积/体积} \begin{cases} 乳酸菌=120000,大肠杆菌=300000 \\ 人=0.3 \\ 鸡蛋=1.5 \end{cases}$$

微生物和动植物相比,结构简单,大多为单细胞个体,少数是简单的多细胞个体;病毒和亚病毒则是没有细胞结构的大分子生物体。

2. 代谢旺盛,类型多样

微生物代谢旺盛,主要表现在吸收营养物质多,物质转化快这两个方面。大肠杆菌每小时可消耗达自身重量2000倍的糖类,乳酸细菌每小时吸收的营养物质达自身重量的100多倍,人类每小时吸收营养物质的量不及自身重量的0.3%。乳酸细菌每小时可产生达自身重量1000倍的乳酸,产原假丝酵母(candida utilis)合成蛋白质的能力是大豆的100倍,是肉用公牛的1000000倍。这些特性为微生物的高速生长繁殖和合成大量代谢产物提供了充分的物质基础,也使微生物获得了"活的化工厂"的美名。

微生物的代谢类型多样,这是其他生物不可比拟的。微生物能利用的营养基质十分广泛,几乎能分解地球上的一切有机物质,许多动植物不能利用甚至对其他生物有毒的物质,微生物也可以利用。微生物有多种产能方式,有的可以分解有机物获能,有的可以氧化无机物获能,有的能利用光能进行光合作用,有的能固定分子态氮,有的能利用复杂有机氮化物。微生物的代谢产物更是多种多样的,氨基酸、蛋白质、糖类、核苷酸、核酸、脂肪、脂肪酸、抗生素、维生素、色素、生物碱、二氧化碳、H_2O、H_2S 等都可以是微生物的代谢产物,仅抗生素就已发现9000多种。

3. 繁殖快速,易于培养

微生物繁殖速度极快,如果各方面的条件都合适,大肠杆菌每12.5~20 min 分裂一次,按20 min 来算,则24 h 分裂72次,那么1个菌体就会产生 2^{72} 个(即4722366500万亿个),重达4722000 kg;酵母菌每2 h 分裂一次,12 h 时可收获一次,一年可收获数百次,这也是其他动植物无法比拟的。

微生物的培养较容易,微生物对营养条件、温度、pH 值等没有苛刻要求,能在常温、常压及中性条件下,利用简单的无机和有机营养物质,甚至工农业生产的下脚料或废弃物生长繁殖,积累代谢产物。这在微生物的研究和应用上极为有利,可以使用廉价的原料,利用简单的设备,在不需要催化剂的条件下,生产出无毒且成本低廉的食品、医药和化工产品。

4. 适应性强,容易变异

(1) 适应性强　微生物有极其灵活的适应性。为了适应多变的环境条件,微生物在长期的进化过程中产生了许多灵活的代谢调控机制,可以使其适应恶劣的极端环境。①耐热:某些硫细菌能在90 ℃温泉中甚至250～300 ℃的海底火山口附近生活。②耐寒：极端嗜冷微生物能在常年冰封的两极生活；一般微生物都能耐受-196 ℃（液氮）及-253 ℃（液氢）的低温，保藏菌种正是利用了微生物耐冷的特性。③耐盐：盐生盐杆菌等嗜盐细菌能在32%的饱和食盐水中生长繁殖。④耐干：芽孢杆菌在干燥条件下可存活几十年、几百年甚至几千年。⑤耐酸：氧化硫硫杆菌能在5%～10%的硫酸中生长。⑥耐碱：脱氮硫杆菌能在pH 10.7的碱液中生长。⑦耐压：地球大洋最深处在关岛附近的马里亚纳海沟，水深11034米，静水压1103.4个大气压，仍有细菌生活。

（2）容易变异　微生物细胞体系简单，多为单细胞，与外界直接接触，受到外界理化因素影响后，细胞内的遗传物质容易发生变化，很快就会使细胞的遗传性状发生变化，且可稳定地繁殖后代；由于微生物数量多，繁殖快，故能使其产生大量的变异后代。微生物容易变异的特性已经成为许多科学家的研究目标和工具，微生物诱变育种就是典型的例子。青霉素是由产黄青霉产生的，1943年每毫升发酵液只能产生20 U青霉素，经过多年的选育，目前已达100000 U。另外，菌类的抗药性也说明了变异的存在，原来严重感染的患者每天只要100000 U的青霉素即可控制感染，而现在则需要8000000 U。

5. 分布广泛，种类繁多

微生物在自然界分布极为广泛。土壤中，海洋内，河流里，空气中，高山上，岩石内到处都有微生物，人们用地球物理火箭从距地球表面85 km的空中找到了微生物，在万米深的海底也找到了微生物，在427 m的沉积岩心中找到了活的细菌。

微生物的种类繁多。目前已发现的微生物约有15万种，据估计，这还只占微生物总量的5%～10%，现在正以每年发现几百至上千个新种的速度在增加。我们有理由相信，随着分离和培养微生物方法的改进，随着研究的不断深入，更多的微生物新种将会不断被发现，总有一天微生物的总数会超过动植物数量的总和。

（三）微生物的分类

1. 二界系统　在发现和研究微生物之前，瑞典博物学家林奈（Carolus Linnaeus，1735）进行了生物分类工作，他以生物能否进行光合作用、是否运动、有无细胞壁为标准提出了二界系统，将所有的生物分为植物界和动物界。

2. 三界系统　随着人们对生物认识的逐步深入，发现许多细菌既具有细胞壁，又能进行光合作用，还能运动，将它们归于植物界或动物界均不合适。德国动物学家海克尔（E. H. Haeckel，1866）将原生生物另立为界，提出三界系统，将生物分为原生生物界、植物界和动物界。

3. 四界系统　考柏兰（H. F. Copeland，1938）将原核生物另立为一界，提出了四界系统，即动物界、植物界、原始有核界、原核生物界。

4. 五界系统　魏塔克（R. H. Whittaker，1969）根据细胞结构的复杂程度及营养方式，将真菌从植物界中分出另立为界，提出了五界系统：原核生物界、原生生物界、真菌界、植物界和动物界。

5. 六界系统　我国学者王大耜（1977）等在魏塔克五界系统的基础上提出六界分类系统：在五界系统基础上增加了病毒界。

6. 三域学说　1978年美国伊利诺斯大学的伍斯（C. R. Woese）等人对大量微生物和其他生物进行了16S rRNA和18S rRNA的寡核苷酸测序，并比较其同源性水平后提出三域学说：细菌域、古生菌域、真核生物域。

从上面的分类系统中可以看出，微生物在生物界中占有十分重要的地位。生物的分类概况如下：

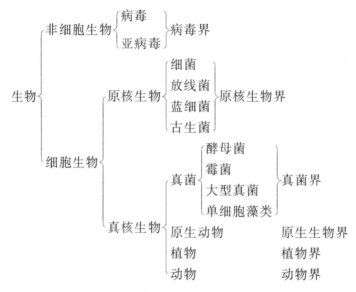

二、微生物学及其分科

1. 微生物学及其研究内容

微生物学是研究微生物及其生命活动规律和应用的学科；研究内容涉及微生物在群体、细胞或分子水平上的形态结构、分类、生理、遗传变异、代谢、生态、免疫以及微生物在工、农、医药、卫生、环保、生物工程等方面的应用。

2. 微生物学的任务

微生物学是研究微生物及其生命活动规律，以及它们与人类关系的一门学科，它的根本任务是发掘微生物资源，充分利用和改善有益微生物；控制、消灭或改造有害微生物，消除其有害影响，更好地造福人类。

3. 微生物学的分支学科

根据研究对象与任务的不同，微生物学形成了许多分支学科。

（1）着重研究基本理论的有普通微生物学、微生物形态学、微生物分类学、微生物生理学、微生物生物化学、微生物遗传学、微生物生态学、分子微生物学等。

（2）着重应用性研究的有应用微生物学、工业微生物学、农业微生物学、植物病理学、医学微生物学、药用微生物学、兽医微生物学、抗生素学、食品微生物学、酿造学、乳品微生物学、石油微生物学、海洋微生物学、地质微生物学、土壤微生物学。

（3）根据研究对象分为细菌学、真菌学、病毒学、噬菌体学、原生动物学、藻类学、支原体学、自养菌生物学、厌氧菌生物学。

（4）根据生态环境分为土壤微生物学、海洋微生物学、环境微生物学、宇宙微生物学、水微生物学。

（5）着重实验性研究的为实验微生物学、微生物实验技术。

（6）与其他学科交叉的是分析微生物学、化学微生物学、微生物化学分类学、微生物数值分类学、微生物地球化学。

三、微生物学的发展

(一)我国古代人民对微生物的认识和利用

我国人民在距今8000—4500年间发明了制曲酿酒工艺,在2500年前的春秋战国时期已会制酱和制醋,宋代已采用曲母进行接种,并会制造红曲;900年前利用自养细菌的胆水浸铜法生产铜,在2000年前发现豆科植物的根瘤有增产作用,在宋代还创造了以毒攻毒的免疫学方法,最早发明用人痘来预防天花,比英国的琴纳(Jenner,1796)早半个多世纪。华佗去腐肉以防传染也是免疫学知识的早期应用。

我国制曲酿酒具有闻名世界的四大特点:历史悠久、工艺独特、经验丰富、品种多样。另外,食用菌栽培为我国首创,用盐腌、糖渍、烟熏、风干等方法保存食品很早就得到了广泛应用。

(二)微生物的发现和微生物学的发展

1. 微生物的发现

由于微生物个体微小,形态结构不易观察;且在自然界中杂居混生,在未分出纯种前,很难知道各种微生物对自然界和人类的真正作用;微生物世界是一个难以认识的世界;当人们对微生物世界处于无知状态时,表现为"视而不见,嗅而不闻,触而不觉,食而不察,得其益而不感其好,受其害而不知其恶"。

荷兰人安东·列文虎克(Antony Leeuwenhoek,1632—1723)(图1-1)1676年最早发现微生物,他一生制作了419架显微镜,放大率在50～300倍,用其观察了雨水、污水、污泥、牙垢、精子、红细胞,发现了球形、杆形、螺旋形的细菌,并绘成了图(图1-2)寄给英国皇家学会。

图1-1 列文虎克　　　　图1-2 列文虎克绘制的口腔细菌

2. 微生物学的创立

自列文虎克发现微生物世界以后的200年间,微生物学的研究基本上停留在形态描述和分类工作方面,未能将其形态与生理活动及人类生产实践联系起来。直到微生物学杰出奠基人法国的路易·巴斯德(Louis Pasteur)和德国的罗伯特·科赫(Robert Koch)的出现,才改变了这种状态。

(1)巴斯德(1822—1895)(图1-3)的主要贡献　①否定了自然发生说(巴斯德在前人工作

的基础上,进行了许多试验,其中著名的曲颈瓶实验(图 1-4)无可辩驳地证实,生命只能来自于生命的胚种;彻底否定了"自生学说"。②发酵由微生物引起(酒精发酵)。③传染病是由病原菌引起的(建立了病原学说)。④提出了预防接种措施,并研究出了多种菌苗(炭疽、鸡霍乱、狂犬病)。⑤发明了巴氏消毒法(60~65 ℃做短时间的加热处理,杀死有害微生物)。

图 1-3 巴斯德

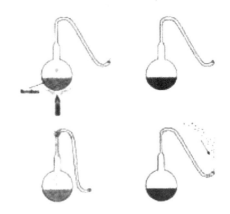

图 1-4 巴斯德的曲颈瓶实验

(2) 科赫(1843—1910)(图 1-5)的主要贡献　科赫发明了明胶固体培养基,发明了细菌染色方法,分离到了多种病原菌(炭疽杆菌、结核分枝杆菌、霍乱弧菌),提出了科赫定理:①一种病原微生物必定存在于患病动物中;②这一病原微生物必能从寄主分离到,并能进行提纯培养;③分离到的纯培养物接种到敏感动物身上,必然出现特有的疾病症状。

(3) 贝依林克(M. Beijerinck)的主要贡献　提出了自养型微生物和土壤中微生物的研究方法,奠定了土壤微生物学基础。

(4) 伊凡诺夫斯基(Ivanowsky)(图 1-6)的主要贡献　1892 年最早发现了病毒(烟草花叶病毒),奠定了病毒学的基础。

图 1-5 细菌学的奠基人——科赫

图 1-6 伊凡诺夫斯基

(5) 梅契尼可夫(Metchnioff)的主要贡献　1884 年发现了白细胞的吞噬作用。

3. 现代微生物学的发展

(1) 传染病和免疫学的独立研究　以防病治病为目的所进行的应用性研究。

(2) 微生物学与生物化学的结合　生产出了乙醇、丙酮、乳酸、甘油和其他有机酸、蛋白质、油脂等微生物产品。

(3) 微生物学与遗传学的结合　①1941年比德耳(Beadle)和塔图姆(Tatum)提出了"一个基因一个酶"学说,并使链孢霉成为遗传研究的材料之一。②1928年格里菲斯(Griffith)发现了细菌的转化现象(肺炎链球菌),并且埃弗雷(Avery)在1944年证明了脱氧核糖核酸为转化因子,由此发现了遗传物质的化学本质。③1953年沃森(Watson)和克里克(Crick)提出了脱氧核糖核酸分子的双螺旋结构模型和半保留复制假说。④1946年莱德伯格(Lederberg)和塔图姆(Tatum)发现了细菌的接合现象,并且发现了F因子和Hfr菌株。⑤1952年辛德和莱德伯格发现了转导作用,并找到了转导的载体是噬菌体。⑥1952年和1961年莫诺和雅各布提出了操纵子学说,1961年尼伦伯格提出了遗传密码的理论,从而使遗传信息转录、翻译和表达得到了阐明。⑦1963年,莫诺又提出了调节酶的变构理论,使分子生物学更快地成长起来。

4. 我国微生物学的简况

解放前我国微生物学研究力量薄弱,没有专门的教学与科研机构。新中国成立后,微生物学和其他学科一样迅速发展起来,建立起专门的微生物学研究机构,部分院校开设了微生物学专业,培养了大批微生物学人才。

在微生物学的基础理论研究和应用方面,我国科学工作者做了大量工作,取得了一些重要成果。如在微生物分类、代谢、遗传育种、菌种筛选与保藏、微生物资源开发等领域均取得了较大成绩。菌种选育与保藏工作成绩显著,利用代谢调控理论、原生质体融合、基因工程等新理论、新技术选育出许多优质高产菌株;目前我国保藏的菌种有20000多株。基因工程菌的构建已达到世界先进水平。1981年细菌和酵母菌表达乙肝病毒表面抗原基因获得成功,并成功生产出了基因工程疫苗;1983年,大肠杆菌表达胰岛素获得成功;1987年大肠杆菌表达干扰素获得成功。部分微生物的全基因测序已经完成。我国幅员辽阔,大环境多变,小环境多样,微生物资源极其丰富,为我国微生物分类学研究创造了得天独厚的条件,我国在放线菌、细菌、真菌的系统分类和区系调查方面做了大量工作,取得了一系列成果。

微生物学在工业、农业、医药学等应用方面成绩更为突出。我国在抗生素、氨基酸、有机酸、酿酒、酶制剂、食用菌、农药、菌肥的研究和生产方面已有相当好的基础,抗生素的产量居世界首位,远销世界各国。近年来我国在发酵工艺优化和创新方面取得了一系列成果,一步发酵法生产维生素C和十五碳二元酸生产新工艺达世界先进水平。利用发酵法生产酶制剂、进行石油脱蜡,利用微生物法进行石油和天然气勘探,利用细菌进行湿法冶金,利用微生物处理三废均取得了较好效果;利用苏云金杆菌制剂、白僵菌制剂等微生物农药防治农林害虫,利用球形芽孢杆菌制剂防治蚊子幼虫也已得到了较广泛的应用。农用抗生素推广和微生物肥料的开发利用促进了农业的发展。我国抗生素和生物制品的研究和应用发展迅速,许多烈性传染病均得到了有效的控制。

(三) 微生物学的未来

微生物学已经深刻地影响了人类社会。21世纪是生物学的世纪,更确切地说,21世纪是微生物的世纪,因为任何高精尖的生物学技术研究都离不开微生物。

1. 微生物基因组和后基因组研究将更全面展开

基因组学包括全基因组的序列分析、功能分析和比较分析,是结构、功能和进化基因组学交织的学科领域。目前已完成200多种模式微生物、病原微生物和特殊微生物的序列测定,为从本质上认识微生物奠定了坚实的基础;今后,人们将把研究视野扩展到与工农业和环境有关的应用型微生物,研究其基因组和细胞之间的关系,采用生物信息学方法来分析基因组及其功能,并深入到蛋白质组学的研究,这些必将成为更好地利用和改造微生物不可缺少的条件。

2. 微生物生态学研究将获得长足发展

微生物生态学是研究微生物之间、微生物与其他生物之间及微生物与环境之间相互关系的学科。在基因组学的基础上,人们应深入了解微生物与高等生物之间的相互关系(改善植物、家禽和人类的健康状况)、与环境的相互关系(利用微生物解决环境污染问题),微生物细胞之间及微生物与其他生物细胞和环境之间如何进行信号传递等也是人们研究的热点问题。

3. 微生物多样性的研究将更加广泛深入地开展

微生物形态和细胞显微结构有明显的多样性,不同菌细胞壁的化学组成和结构明显不同;微生物代谢类型、代谢产物多种多样,能利用的基质差异很大;微生物携带遗传信息的物质及其方式多种多样,繁殖方式各不相同,RNA病毒和朊病毒都不遵守"脱氧核糖核酸-RNA-蛋白质"的中心法则。微生物具有极强的抗极端环境的能力,这也充分显示了微生物的抗性多样性。微生物为何这样特殊?其深层次的机制是什么?这些问题都有待进一步研究。

4. 微生物与新产品开发

基因工程药物的生产,未来可能会生产出疾病控制的药物,关闭相关基因,达到治病的目的;超级菌的研发能带来环保工业的革命;将来会出现能降解石油、塑料、农药的超级菌。

知识链接

未培养微生物

未培养微生物(uncultured microorganisms)是在常规培养基上不能生长繁殖(现有的培养技术不能在体外培养),而在自然界客观存在的微生物。人们认为,目前在实验室里所能培养的微生物还不到自然界存在微生物的1%。研究未培养微生物的意义在于这些不可培养的微生物占了生态环境的绝大部分,在人类活动中起了非常大的作用,是生态系统不可忽略的一个重要组成。不可培养是一个相对概念,随着技术发展和对微生物习性的掌握,不可培养的细菌将变得可以培养,而且从理论上来讲,所有的微生物既然在特定环境中存在,那么就一定可以培养出来。目前研究不可培养微生物主要是从环境中直接提出样品DNA后进行PCR,之后测序,比对序列后确定其种类。社会是进步的,最初认为人体肠道是无菌的,那是因为当时培养不出细菌来,后来技术进步了就知道人体肠道不是那么"干净";人们曾经认为幽门螺杆菌是不可培养的,后来培养出来了,它也就成了可培养的了。人们发现将霍乱弧菌和大肠埃希氏杆菌(简称大肠杆菌)转到不含营养物质的盐水中,经长时间的低温保存,细菌会进入一种数量不减、有代谢活力,但在常规实验室培养条件下不能生长而形成菌落的状态,称为活的但不能培养状态。

近年来,一些学者突破传统观念,在培养未培养微生物的技术上有了新的突破。这些技术包括如下几点。①在基本培养基中加入非传统的生长底物促进新型微生物的生长,发现了一些新生理型微生物。例如:从海底沉积物中分离到一种新化能无机自养细菌——*Desulfotignum phosphitoxidans*;从澳大利亚金矿中分离到一种新的化能无机自养菌 NT-26。②采用营养成分贫乏的培养基,其养分浓度是常规培养基的1%。例如,以补充磷酸盐、铵盐和有机碳源的海水为培养基,发现北美西海岸海域的浮游细菌(SAR Ⅱ)占该海域表层和亚透光层微生物群体的50%和25%,并确定SAR Ⅱ是属于α-变形杆菌的一个新的分支。③采用新颖的培养方法,模拟天然环境,以流动方式供应培养液,使不同微生物细胞间进行信息交流,实现细胞互喂,促成菌落的形成。其后的试验证明,这种不可培养状态是普遍存在的。自然界中广泛存在着这种活的但不可培养微生物,在各种生态环境中仅有小部分的微生物可用实验室方法分离培养,而未被培养的种类却代表了巨大的多样性。

四、微生物学与生物科学

首先,微生物学是生命科学的基础。微生物学是生命科学中必不可少的基础学科,不学好微生物学就不能全面揭开生命科学的面纱。没有微生物学就没有分子生物学,也就没有基因工程、酶工程、细胞工程,也就没有生命起源的研究。

其次,微生物学是发展最快的生物应用学科。酱油、味精和食醋,啤酒、红酒和白酒,甘油生产,皮革脱毛,蚕丝脱胶都离不开微生物,微生物与人类日常生活关系密切。许多传染病都由微生物引起,抗生素生产离不开微生物。微生物学与医学、药学关系密切。

五、微生物与经济发展

微生物在经济发展中,扮演着十分重要的角色。微生物与环境保护关系密切,是污水和垃圾的处理者;几乎所有的污水处理都是依靠微生物的作用完成的;污水和污物处理中既需要微生物分解和除掉各种有害物质,还要靠微生物进行除臭;污水与污物的处理速度、处理效果取决于微生物的种类和功能;微生物参与氮素固定,根瘤菌和固氮菌是提高农、林业生产力的途径之一。微生物生态学能促进国民经济发展:食用菌技术使大型真菌能人工生产,蘑菇培养已经发展到了乡、队、专业户,已达到了大面积栽培的水平,并且品种多,不但丰富了蔬菜市场,还能大量出口,带动了其他食用菌及大型药用真菌如灵芝的发展;沼气发酵解决了几亿农民的燃料问题,研究微生物降解有机和无机污染物的能力、自净能力、代谢机制以及与环境因子的关系有着重要意义。

微生物能改善环境,改良土壤,增加土壤中的有益微生物,可固氮、解磷、解钾,提高土壤中有效养分利用率30%以上,连续应用可以不用化肥和激素。

微生物能促进动植物的生长发育,增产和防病效果显著,增强动植物抗病性、抗寒性、抗旱性,特别是克服了连续栽种的障碍,可促进作物早发芽、早开花、早成熟。微生物能提高农牧产品和青储玉米秸秆的营养成分。

【视野拓展】

微生物学家与诺贝尔奖

自1901年12月10日第一届诺贝尔奖颁奖以来,以后每年12月10日均颁奖一次,在众多的诺贝尔奖获得者中,你知道有哪些微生物学家获得过该奖项吗?

最早获得诺贝尔奖的微生物学家是 Von Behring(德国,贝林),1901年因贝林在1890年制备抗毒素并用血清疗法防治白喉和破伤风获得诺贝尔生理学或医学奖;其次是 Ronald Ross(苏格兰,罗斯),1902年因罗斯在1899年发现疟蚊是疟疾病原菌的中间宿主而获得诺贝尔生理学或医学奖；再次是细菌学的奠基人 Robert Koch（德国，科赫），1905 年科赫因他在 1867 年证明炭疽病由炭疽杆菌引起而获得诺贝尔生理学或医学奖。获得诺贝尔奖的还有如下微生物学家：1907 年法国科学家 Charles Louis Alphonse Laveran（法国，拉韦朗）发现疟原虫在致病中的作用（1880 年）；1908 年 Metchnikoff（苏联，梅奇尼科夫）发现吞噬作用（1884 年）；1913 年 Charles Robert Richet（法国，里歇特）对过敏反应的研究；1919 年 Jules Bordet（比利时，博尔德）发现免疫力，从而建立了新的免疫学诊断法；1928 年 Charles Jules Henri Nicolle（法国，尼科尔）对斑疹伤寒的研究；1945 年 Fleming（美国，弗莱明）发现青霉素（1929 年）；1946 年 Stanley（意大利，斯坦利）首次提纯烟草花叶病毒，并获得该病毒的"蛋白质结晶"（1935 年）；1951 年 Max Theiler（南非，泰累尔）发现黄热病及其治疗方法；1952 年 Schatz V. Waksman（美国，瓦克斯曼）发现链霉素，这是第一个能有效地对抗结核病的抗素；1958 年 Joshua Lederberg（美国，莱德伯格）发现细菌遗传物质及基因重组现象（1946—1947 年）；1962 年 James Dewey Watson（美国，沃森）和 Francis Harry Compton Crick（英国，克里克）提出脱氧核糖核酸双螺旋结构（1953 年）；1968 年 Dr Robert W. Holley（美国，霍利）、Marshall Warren Nirenberg（美国，尼伦伯格）、Har Gobind Khorana（美国，科拉纳）阐明遗传密码（1961—1965 年）；1972 年 Gerald Maurice Edelman（美国，爱德尔曼）测定了抗体蛋白分子的一级结构（1969 年）；1978 年 Werner Arber（瑞士，阿伯尔）、Hamilton Othanel Smith（美国，史密斯）和 Daniel Nathans（美国，那森斯）发现并提纯了限制性内切酶（1970—1972 年）；1980 年 Baruj Benacerraf（美国，贝纳塞拉夫）、Jean-Baptiste-Gabriel-Joachim Dausset（法国，多塞）和 George D. Snell（美国，斯内尔）发现调节免疫反应的细胞表面受体的遗传结构；1982—1983 年 Cech 和 Altman 发现具催化活性的 RNA，同年 Mc Clintock 发现转座因子，1983—1984 年 Mullis 建立了 PCR 技术；1984 年 Georges Jean Franz Köhler（德国，克勒）和 César Milstein（阿根廷，米尔斯坦）建立了生产单克隆抗体技术（1975 年）；1987 年利根川進/とねがわ すすむ（日本，利根川进）发现抗体多样性产生的遗传学原理；1989 年 John Michael Bishop（美国，毕晓普）和 Harold Elliot Varmus（美国，瓦慕斯）发现癌基因；1996 年 Peter C. Doherty（澳大利亚，杜赫提）和 Rolf M. Zinkernagel（瑞士，辛克纳吉）发现细胞介导的免疫防御；1997 年 Stanley B. Prusiner（美国，布鲁希纳）发现朊病毒（1982 年）；2005 年 Barry J. Marshall（澳大利亚，马歇尔）和 Robin Warren（澳大利亚，沃伦）发现幽门螺杆菌感染是胃炎、胃溃疡的发病原因（1983 年）；2008 年 Harald zur Hausen（德国，豪森）发现了乳头状瘤病毒（papilloma virus）是子宫颈癌的成因，同年 Françoise Barré-Sinoussi（法国，西诺西）和 Luc Montagnier（法国，蒙塔尼）发现了人类免疫缺陷病毒（即艾滋病病毒）；2011 年 Bruce A. Beutler（美国，巴特勒）、Jules A. Hoffmann（法国，霍夫曼），在先天免疫方面的发现；2011 年 Ralph M. Steinman（加拿大，斯坦曼），对获得性免疫中树突细胞及其功能的发现。

  以上列举了从事微生物学研究的 30 余位诺贝尔奖获得者。有关统计表明，20 世纪诺贝尔奖获得者中，从事微生物学研究的占了 1/3，由此看来，微生物学在整个科学研究领域的重要地位，也能看出微生物学的发展对整个科学技术和社会经济的重大作用和贡献。

小　结

微生物是一大群形体微小、结构简单、肉眼看不见(或看不清楚)的单细胞和多细胞,甚至无细胞结构的低等生物的总称,微生物与人类的关系十分密切。微生物的主要类群既包括原核细菌、放线菌、立克次氏体、衣原体、支原体、蓝细菌、蛭弧菌、黏细菌、古生菌,也包括真核的酵母菌、霉菌、大型真菌(蕈菌)和黏菌,以及无细胞结构的病毒、类病毒、卫星病毒、卫星RNA、朊病毒。

微生物的主要特点:体积微小,结构简单;代谢旺盛,类型多样;繁殖快速,易于培养;适应性强,容易变异;分布广泛,种类繁多。

微生物学的根本任务是发掘微生物资源,充分利用和改善有益微生物,控制、消灭或改造有害微生物,消除其有害影响,更好地造福人类。

微生物是由荷兰商人列文虎克最早发现的,微生物学杰出奠基人是法国的巴斯德和德国的科赫,现代微生物学的发展主要表现在微生物学与生物化学和遗传学的结合,及在分子生物学方面的应用。

我国是最早研究和利用微生物的国家之一,我国科学工作者在微生物学的基础理论研究和应用方面均做了大量工作,取得了重要成果。相信21世纪的微生物学必将更加绚丽多彩。

复习思考题

1. 什么是微生物和微生物学?
2. 微生物的主要类群有哪些?
3. 微生物有哪些主要特点(共性)?为什么说"体积微小,表面积大"是基础、是关键?
4. 列文虎克的主要贡献有哪些?
5. 为什么说巴斯德和科赫是微生物学奠基人?
6. 举例说明微生物与人类的关系。
7. 为什么说科赫是细菌学的奠基人?
8. 微生物在自然界中的作用有哪些?

(王宜磊)

第二章

原核微生物

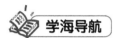 学海导航

了解原核微生物的主要类群及区分的主要依据;理解细菌、放线菌的个体形态及分类方法;掌握细菌、放线菌的细胞结构、繁殖方式、菌落特征和实际应用;了解立克次氏体、支原体、衣原体和蓝细菌等的基本特征;掌握六大类原核微生物的区别要点和共同特征。

重点:细菌的细胞结构,革兰氏染色法。

难点:细菌细胞壁的结构特征以及与革兰氏染色的关系。

微生物根据其不同的进化水平和性状上的明显差别,可分为原核微生物(prokaryotes)、真核微生物(eukaryotic microorganisms)和非细胞微生物(acellular microorganisms)三大类群。原核生物的概念最早由查顿(Chatton,1937)和科普兰(Copeland,1938)先后提出,后来被电子显微镜和其他分子生物学技术研究所确定。原核微生物(有些分类学者将之归于原核生物域 prokaryote)是指一大类细胞核无核膜包裹,只存在称作核区(nuclear region)的裸露 DNA 的原始单细胞或多细胞的低等生物。原核微生物是指仅有原始核区而无核膜包裹、不存在核仁的原始单细胞微生物。原核微生物主要包含真细菌和古生菌两大类群,真细菌主要是指细菌、放线菌、蓝细菌、支原体、立克次氏体和衣原体等,它们的主要特征除细胞核无核膜包裹,只有称作核区的裸露 DNA 外,其细胞膜含由酯键连接的脂类,细胞壁中含特有的肽聚糖(无壁的支原体除外),DNA 中一般没有内含子(但近年来也有例外的发现)。原核微生物没有细胞器,只有由细胞膜内陷形成的不规则的泡沫结构体系,也不进行有丝分裂。原核微生物为形状细短、结构简单、多以二分裂方式进行繁殖的原核生物,是在自然界分布最广、个体数量最多的有机体,是自然界物质循环的主要参与者。

原核微生物分布广泛,是一个适应环境能力极强和种类繁多的生物类群,能够在深海海沟、爆发的火山山口等各种环境中定居。由于原核微生物的生物多样性(细胞形态多样性、运动多样性、生长发育多样性、细胞结构多样性、细胞化学多样性、代谢功能多样性、遗传变异多样性等)使它成为具有极高利用价值的生物资源。这一资源不仅为人们展现出一个丰富多彩的微生物世界。而且与人类生存活动息息相关。

古生菌是 20 世纪 70 年代发现的一类生活在极端环境下的古老微生物,虽然它们的细胞结构既不完全相同于原核生物,也不同于真核生物,但其结构与细菌(eubacteria)更为接近,故

称为古生菌(archaea)或古细菌(archaebacteria)。

第一节 细 菌

  细菌是一类细胞细而短、结构简单、种类繁多、细胞壁坚韧、以等二分裂方式繁殖和水生性较强的单细胞原核微生物。细菌是自然界中分布最广、数量最大，与人类关系极为密切的一类微生物。在我们的生活中到处都有大量的细菌存在，凡是有细菌活动的地方，都有特殊的气味散发出来。例如在夏天固体食物表面时而会出现一些水珠状、鼻涕状、糨糊状等色彩多样的小突起，用小棒挑动，往往会拉出丝来。在长有细菌的液体中，会出现混浊或漂浮一片片小"白花"，并伴有大量气泡冒出。

  当人类还未研究和认识清楚细菌时，细菌中的少数病原菌曾猖獗一时，夺走无数生命；不少腐败菌也常常引起食物和工农业产品腐烂变质，另有一些细菌还会引起作物病虫害。因此，细菌给人的最初印象是有害的，甚至是可怕的。但随着微生物学的发展，人类不仅基本上控制了由细菌引起的传染病，而且发掘和利用了大量的有益细菌，应用到工、农、医、环保等生产实践中，给人类带来了巨大的经济效益和社会效益。在工业上各种氨基酸、核苷酸、酶制剂、乙醇、丙酮、丁醇、有机酸及抗生素等的发酵生产，农业上如杀虫剂、杀菌剂、细菌肥料的生产，医药上如各种菌苗、类毒素、代血浆和许多医用酶类的生产以及细菌在环保和国防上的应用等都是微生物的应用实例。

  20世纪70年代，通过DNA序列分析资料发现，我们知道的这类细菌可分为两个类群：细菌(真细菌,bacteria)和古生菌(古细菌,archaea)。古生菌与真细菌具有类似的个体形态，细胞壁、细胞膜的成分与细菌不同，16S rRNA序列不同，多生活于一些条件十分恶劣的极端环境中(如高温、高盐、高酸等)的原核微生物，如隐蔽热网菌、热原体，以及极端嗜盐菌、极端嗜酸菌等。

一、细菌个体形态和大小

(一)细菌细胞的形态

  在显微镜下不同细菌的形态可以说是千差万别，丰富多彩。细菌细胞的基本形态有球状、杆状、螺旋状三种，分别称为球菌、杆菌和螺旋菌，其中以杆状最为常见，球状次之，螺旋状较少。仅有少数细菌或一些培养不正常的细菌为其他形状，如丝状、三角形、方形、星形、柄杆状等。

1. 球菌

  球菌单独存在时，细胞呈球形或近球形(图2-1)。根据其繁殖时细胞分裂面的方向，以及分裂后菌体之间相互粘连的松紧程度和组合状态，可形成若干不同的排列方式；根据其分裂和连接方式，球菌可分为单球菌、双球菌、链球菌、四联球菌、八叠球菌和葡萄球菌等(图2-2)。

图2-1 球菌的形态

| (a) 单球菌 | (b) 双球菌 | (c) 四联球菌 | (d) 八叠球菌 | (e) 链球菌 | (f) 葡萄球菌 |

图 2-2　球菌的排列方式

(1) 单球菌　细胞沿一个平面进行分裂,子细胞分散而独立存在,如尿素微球菌(*Micrococcus ureae*)。

(2) 双球菌　细胞沿一个平面分裂,子细胞成双排列,如褐色球形固氮菌(*Azotobacter chroococcum*)。

(3) 四联球菌　细胞按两个互相垂直的平面分裂,子细胞呈田字形排列,如四联微球菌(*Micrococcus tetragenus*)。

(4) 八叠球菌　细胞按三个互相垂直的平面分裂,子细胞呈立方体形排列,如尿素八叠球菌(*Sarcina ureae*)。

(5) 链球菌　细胞沿一个平面分裂,子细胞呈链状排列,如乳链球菌(*Streptococcus lactis*)、溶血链球菌(*Streptococcus hemolyticus*)。

(6) 葡萄球菌　细胞分裂无定向,子细胞呈葡萄状排列,如金黄色葡萄球菌(*Staphylococcus aureus*)。

细菌细胞的形态与排列方式在细菌的分类鉴定上具有重要的意义,但某种细菌的细胞不一定全部都按照特定的排列方式存在。

2. 杆菌

细胞呈杆状或圆柱状(图 2-3),形态多样。杆菌的细胞外形比较复杂,不同杆菌其长短、粗细差别较大,一般可分为如下几种类型:①短杆状或球杆状(长宽非常接近),如甲烷短杆菌属;②长杆状或棒杆状,如大肠杆菌;③梭状、梭杆状(两端稍尖),如梭菌属;④分枝状,如分枝杆菌属。不同杆菌的端部形态各异:有的两端钝圆,如蜡状芽孢杆菌;有的两端平截,如炭疽芽孢杆菌;有的两端稍尖,如梭菌属;有的一端分支,呈"丫"或叉状,如双歧杆菌属;有的一端有一柄,如柄细菌属;也有的杆菌稍弯曲而呈月牙状或弧状,如脱硫弧菌属。按照杆状细胞的排列方式则有链状、栅状、"八"字状以及由鞘衣包裹在一起的丝状等(图 2-4)。

 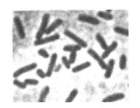

图 2-3　杆菌的形态

(a) 单杆菌	(b) 双杆菌	(c) 栅栏状排列的杆菌	(d) 链杆菌

图 2-4　杆菌的排列方式

3. 螺旋菌

螺旋菌细胞呈弯曲状,常以单细胞分散存在。根据其弯曲的情况不同,可分为三种。

(1) 弧菌　菌体呈弧形或逗号状,螺旋不足一周的称为弧菌,如霍乱弧菌。这类菌与略弯曲的杆菌较难区分(图 2-5(a))。

(2) 螺菌　螺旋满 2~6 环的小型、坚硬的螺旋状细菌,菌体回转如螺旋,螺旋数目和螺距大小因种而异,鞭毛二端生,细胞壁坚韧,菌体较硬,如迂回螺菌(图 2-5(b))。

(3) 螺旋体　菌体柔软、回转如螺旋状,螺旋周数多(超过 6 环)的称为螺旋体,如梅毒密螺旋体(图 2-5(c))。

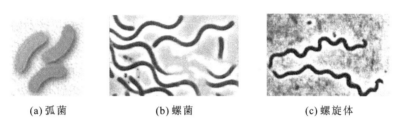

(a) 弧菌　　　　　(b) 螺菌　　　　　(c) 螺旋体

图 2-5　螺旋菌的形态

4. 其他形态的细菌[*]

除了球菌、杆菌、螺旋菌三种基本形态外,还有许多其他形态的细菌。例如,柄杆菌的细胞上有柄状的细胞质伸出物,呈特征性细柄(图 2-6(a)),故被称为柄杆菌;又如,球衣菌,能形成衣鞘,杆状的细胞呈链状排列在衣鞘内而形成丝状(图 2-6(b));再如,支原体具有高度多形性,这归咎于它没有细胞壁,只有细胞膜,故细胞柔软,形态多变。另外,人们还发现了细胞呈星形和方形的细菌(图 2-6(c)、图 2-6(d))。有些细菌具有特定的生活周期,在不同的生长阶段具有不同的形态,如放线菌、黏细菌等。放线菌是生产抗生素的重要微生物,大多由分枝发达的菌丝组成。黏细菌则能形成子实体。

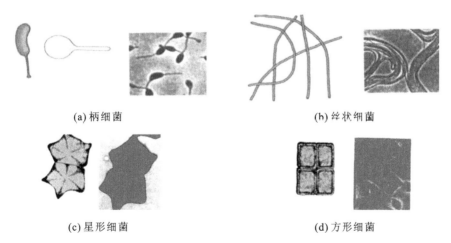

(a) 柄细菌　　　　　　　　　(b) 丝状细菌

(c) 星形细菌　　　　　　　　(d) 方形细菌

图 2-6　特殊形态的细菌

细菌的形态受环境条件的影响较大,通常我们所讲的形态都是在该细菌最适宜的培养环境下的形状,如果培养时间、培养温度、培养基的组成与浓度等发生改变,细菌形态就会

---

* 阅读材料。

随之而改变。在较老的培养物中,或不正常的条件下,细胞常出现不正常形态,尤其是杆菌,有的细胞膨大,有的出现梨形,有的产生分枝,有时菌体显著伸长以至呈丝状等。这些不规则的形态统称为异常形态,若将它们转移到新鲜培养基中或适宜的培养条件下又可恢复为原来的形态。

(二) 细菌的大小

原核微生物的细胞大小随种类不同差别很大。有的与最大的病毒粒子大小相近,在光学显微镜下勉强可见,有的与藻类细胞差不多,几乎肉眼就可辨认,但多数居于二者之间。

一般采用显微镜测微尺能较容易、准确地测量出它们的大小,也可通过投影法或照相制成图片,再按放大倍数测算。球菌大小以其直径表示,杆菌和螺旋菌以其长度和宽度表示。不过螺旋菌的长度是菌体两端点间的距离,而不是真正的长度,它的真正长度应按其螺旋的直径和圈数来计算。细菌细胞大小的常用度量单位是微米(μm),而细菌亚细胞结构的度量单位是纳米(nm)。不同细菌的大小相差很大。一个典型细菌的大小可用大肠杆菌作代表。其细胞的平均长度为 2 μm,宽 0.5 μm。迄今为止所知的最小细菌是纳米细菌(*Nanobacteria*),最大细菌是纳米比亚嗜硫珠菌(*Thiomargarita namibiensis*)。球菌大小以直径表示,一般为 0.5~1 μm;杆菌和螺旋菌大小都以宽×长表示,一般杆菌为 (0.5~1) μm×(1~5) μm,螺旋菌为 (0.5~1) μm×(1~50) μm。

1985 年,在红海和澳大利亚海域生活的刺尾鱼肠道中发现了与它共生的细菌费氏刺尾鱼菌(*Epulopiscium fishelsoni*),其细胞长度为 200~500 μm;1997 年,在非洲西部大陆架土壤中发现了迄今最大的细菌纳米比亚嗜硫珠菌,它的细胞直径为 0.32~1.00 mm,肉眼可见,它们以海底散发出的硫化氢为生,属于硫细菌。此外,芬兰学者 E. O. Kajander 报道了最小的纳米细菌,它的细胞直径只有 50 nm,甚至比最大的病毒还小,能引起人的尿结石。

值得指出的是,在显微镜下观察到的细菌的大小与所用固定染色的方法有关。经干燥固定的菌体与活菌体相比,其长度一般要缩短 1/3~1/4;若用衬托菌体的负染色法,其菌体往往大于普通染色法,甚至比活菌体还大,具有荚膜的细菌中最易出现这种现象。细菌的大小和形态除随种类变化外,还受环境条件如培养基成分和浓度、培养温度和时间等的影响。在适宜的生长条件下,幼龄细胞或对数期培养物的形态一般较为稳定,因而适宜于进行形态特征的描述。在非正常条件下生长或衰老的菌体常表现出膨大、分枝或丝状等畸形。例如,巴氏醋酸菌在高温下由短杆状转为纺锤状、丝状或链状,干酪乳杆菌的老龄菌体可从长杆状变为分枝状等。少数细菌类群(如芽孢细菌、鞘细菌和黏细菌)具有几种形态不同的生长阶段,共同构成一个完整的生活周期,应作为一个整体来进行描述和研究。

此外,影响细菌形态变化的因素同样也影响细菌的大小。除少数例外,一般幼龄细菌比成熟的或老龄的细菌大得多。例如枯草芽孢杆菌,培养 4 h 的比培养 24 h 的,其细胞长度相差 5~7 倍,但宽度变化不明显。细菌大小随菌龄而变化,这可能与代谢废物积累有关。另外,培养基中渗透压增加也会导致细胞变小。

二、细菌的细胞结构

典型细菌细胞的结构可分为基本结构和特殊结构(图 2-7)。其中,一般细菌都有的结构称为基本结构,包括细胞壁、细胞膜、细胞质和核区等,可能为生命所必需的细胞构造;而把仅在部分细胞中才有的或在特殊环境条件下才形成的结构称为特殊结构,主要有鞭毛、菌毛、性

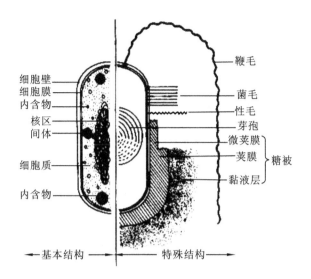

图 2-7 细菌的基本结构和特殊结构

毛、糖被（荚膜、微荚膜和黏液层）和芽孢等。

（一）细菌的基本结构

1. 细胞壁

细胞壁（cell wall）是位于细胞最外面的一层厚实、坚韧的外被，主要由肽聚糖构成，有固定细胞外形和保护细胞等多种生理功能。其厚度因菌种而异，一般在 10～80 nm 之间，其重量占细胞干重的 10%～25%。通过染色、质壁分离后在光学显微镜下可观察到，用电子显微镜观察细菌超薄切片等方法，更可确证细胞壁的存在。

细菌细胞壁具有如下功能：①细胞壁固定细胞外形和提高机械强度，从而使其免受渗透压等外力的损伤。例如，有报道说大肠杆菌（*Escherichia coli*）的膨压可达 2 个大气压（相当于汽车内胎的压力）。②细胞壁为细胞的生长、分裂和鞭毛运动所必需。例如，失去了细胞壁的原生质体，也就丧失了这些重要功能。③细胞壁阻拦酶蛋白和某些抗生素等大分子物质（相对分子质量大于 800000）进入细胞，保护细胞免受溶菌酶、消化酶和青霉素等有害物质的损伤。④细胞壁赋予细菌具有特定的抗原性、致病性（如内毒素）以及对抗生素和噬菌体的敏感性。

知识链接

细胞染色方法

由于细菌细胞既微小又透明，因此，一般要经过染色才能用显微镜观察。用单一染料对菌体进行染色的方法称为单染色法，用两种或两种以上的染料对菌体进行染色的方法称为复染色法。革兰氏染色法是 1884 年丹麦病理学家革兰（Christain Gram）创立的，而后一些学者在此基础上作了某些改进。其主要步骤如下：先用草酸铵结晶紫对菌液涂片初染，然后用碘液进行媒染，再用乙醇冲洗进行脱色，最后用沙黄复染。染色反应呈蓝紫色的称为革兰氏阳性细菌（G^+ 细菌）；染色反应呈红色的称为革兰氏阴性细菌（G^- 细菌）。现在已知细菌革兰氏染色的阳性或阴性与细菌细胞壁的构造和化学组成有关。

细菌细胞壁的构造和成分较复杂,革兰氏阳性细菌、革兰氏阴性细菌、抗酸细菌和古生菌等各有特点,而且还有些像支原体一样没有细胞壁的细菌。现在分别介绍这几类细菌细胞壁的特点。

根据细菌细胞壁的构造和化学组成(图 2-8 和表 2-1),可将细菌分为革兰氏阳性细菌与革兰氏阴性细菌。革兰氏阳性细菌的细胞壁较厚,化学组成单一,只含肽聚糖和磷壁酸;革兰氏阴性细菌的细胞壁较薄,有多层构造(肽聚糖和脂多糖层等),其化学成分中除含有肽聚糖以外,还含有一定量的类脂质和蛋白质等成分。此外,两者在表面结构上也有显著的不同。

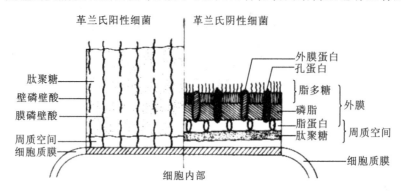

图 2-8 革兰氏阳性细菌和革兰氏阴性细菌细胞壁的构造

表 2-1 革兰氏阳性细菌与革兰氏阴性细菌细胞壁成分的比较

成分	占细胞壁干重的百分比	
	革兰氏阳性细菌	革兰氏阴性细菌
肽聚糖	含量很高(30%~95%)	含量较低(5%~20%)
磷壁酸	含量较高(<50%)	不含有
类脂质	一般无(<2%)	含量较高(约20%)
蛋白质	较少	含量较高

1) 革兰氏阳性细菌细胞壁

该类细菌的细胞壁特点是壁厚(20~80 nm)和化学组分简单,一般含 90% 肽聚糖和 10% 磷壁酸。肽聚糖又称黏肽(mucopeptide)、胞壁质(murein)或黏质复合物(mucocomplex),是真细菌细胞壁中的特有成分。金黄色葡萄球菌(Staphylococcus aureus)的细胞壁具有典型的肽聚糖,它的肽聚糖厚 20~80 nm,由 40 层左右的网格状分子交织成的网套覆盖在整个细胞上。肽聚糖分子由肽与聚糖两部分组成,其中的肽有四肽尾和肽桥两种,聚糖则由 N-乙酰葡萄糖胺和 N-乙酰胞壁酸相互间隔连接而成,呈长链骨架状(图 2-9)。看似复杂的肽聚糖分子,若把它的基本组成单位剖析一下,就显得十分简单了(图 2-10)。从图 2-9 可知,每一肽聚糖单体由三部分组成。第一部分(双糖单位):由一个 N-乙酰葡糖胺通过 β-1,4-糖苷键与另一个 N-乙酰胞壁酸相连,后者为原核生物所特有的己糖。这一双糖单位中的 β-1,4-糖苷键很容易被一种广泛分布于卵清、人的泪液和鼻涕以及部分细菌和噬菌体中的溶菌酶(lysozyme)所水解(水解位点在 N-乙酰胞壁酸的 1 碳和 N-乙酰葡糖胺的 4 碳间),从而引起细菌因肽聚糖细胞壁的"散架"而死亡。第二部分(四肽尾或四肽侧链):由四个氨基酸分子按 L 型与 D 型交替方式连接而成。在金黄色葡萄球菌中,接在 N-乙酰胞壁酸上的四肽尾为 L-Ala→D-Glu→L-Lys→D-Ala,其中两种 D 型氨基酸在细菌细胞壁之外很少出现。第三部分(肽桥或肽间桥):在金黄色葡萄球菌中,肽桥为甘氨酸五肽,它起着连接前后两个四肽尾分子的"桥梁"作用。目前所知的肽聚糖已超过 100 种,在这一"肽聚糖的多样性"中,主要的变化发生在肽桥上。

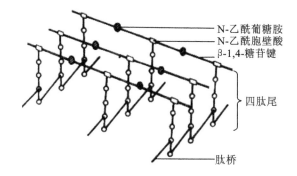

图 2-9 革兰氏阳性细菌肽聚糖的结构

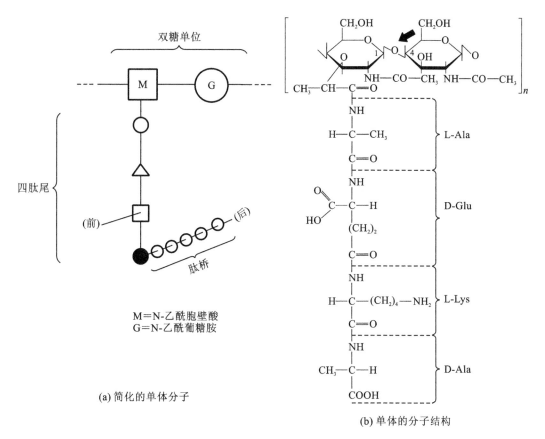

(a) 简化的单体分子

(b) 单体的分子结构

图 2-10 革兰氏阳性细菌(金黄色葡萄球菌)肽聚糖的单体结构

注:箭头示溶菌酶的水解位点。

磷壁酸是结合在革兰氏阳性细菌细胞壁上的一种酸性多糖,主要成分为甘油磷酸或核糖醇磷酸。磷壁酸可分两类:其一为壁磷壁酸,它与肽聚糖分子间进行共价结合,含量会随培养基成分而改变,一般占细胞壁重量的 10%,有时可接近 50%,用稀酸或稀碱可以提取;其二为跨越肽聚糖层并与细胞膜相交联的膜磷壁酸(又称脂磷壁酸),由甘油磷酸链分子与细胞膜上的磷脂进行共价结合后形成,其含量与培养条件关系不大,可用 45% 热酚水提取,也可用热水从脱脂的冻干细菌中提取。磷壁酸有五种类型,主要为甘油磷壁酸和核糖醇磷壁酸两类,前者在干酪乳杆菌(*Lactobacillus casei*)等细菌中存在,后者在金黄色葡萄球菌和芽孢杆菌属(*Bacillus*)等细菌中存在。磷壁酸的主要生理功能:第一,其磷酸分子上较多的负电荷可提高细胞周围 Mg^{2+} 的浓度,进入细胞后能提高细胞膜上一些需 Mg^{2+} 合成酶的活性;第二,储藏磷元素;第三,增强某些致病菌如 A 族链球菌(*Streptococcus*)对宿主细胞的粘连、避免被白细胞吞噬以及对抗补体的作用;第四,赋予革兰氏阳性细菌以特异的表面抗原;第五,可作为噬菌体的特异性吸附受体;第六,能调节细胞内自溶素(autolysin)的活力,借以防止细胞因自溶而死亡。因为在细胞正常分裂时,自溶素可使旧壁适度水解并促使新壁不断插入,而当其活力过强时,则细菌会因细胞壁迅速水解而死亡。

2) 革兰氏阴性细菌的细胞壁

该类细菌的细胞壁肽聚糖结构以大肠杆菌为代表。它埋藏在外膜层之内,是仅由 1~2 层肽聚糖网状分子组成的薄层(2~3 nm),含量约占细胞壁总重的 10%,故对机械强度的抵抗力较革兰氏阳性细菌弱。其结构单体与上述革兰氏阳性细菌基本相同,差别仅在于:第一,四肽尾的第三个氨基酸不是 L-Lys,而是被一种只有在原核微生物细胞壁上才有的内消旋二氨基庚二酸(m-DAP)所代替;第二,没有特殊的肽桥,其前后两个单体间的连接仅通过甲四肽尾的第四个氨基酸-D-Ala 的羧基与乙四肽尾的第 3 个氨基酸-mDAP 的氨基直接相连,因而只形成较为稀疏、机械强度较差的肽聚糖网套(图 2-11)。

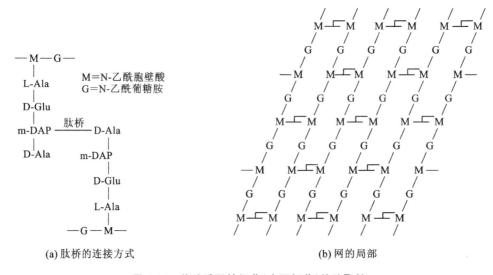

(a) 肽桥的连接方式　　　　　　　　　(b) 网的局部

图 2-11　革兰氏阴性细菌(大肠杆菌)的肽聚糖

外膜位于革兰氏阴性细菌细胞壁外层,由脂多糖、磷脂和脂蛋白等多种蛋白质组成的膜,有时也称为外壁(图 2-8)。脂多糖(lipopolysaccharide,LPS)是位于革兰氏阴性细菌细胞壁最外层的一层较厚(8~10 nm)的类脂、多糖类物质,由类脂 A、核心多糖(core polysaccharide)和 O-特异侧链(O-specific side chain,或称 O-多糖或 O-抗原)三部分组成。其主要功能:第一,其中的类脂 A 是革兰氏阴性细菌致病物质内毒素的物质基础;第二,因其负电荷较强,故与磷壁酸相似,也有吸附 Mg^{2+}、Ca^{2+} 等阳离子以提高其在细胞表面浓度的作用;第三,脂多糖结构的多变决定了革兰氏阴性细菌细胞表面抗原决定簇的多样性,例如,根据脂多糖抗原性的测定,国际上已报道过的沙门氏菌属(*Salmonella*)的抗原型多达 2107 种(1983 年);第四,脂多糖是许多噬菌体在细胞表面的吸附受体;第五,脂多糖具有选择性屏障功能,例如,它可透过多种较小的分子(嘌呤、嘧啶、双糖、肽类和氨基酸等),但能阻拦溶菌酶、抗生素(青霉素等)、去污剂和某些染料等较大分子进入细胞膜。要维持脂多糖结构的稳定性,必须有足够的 Ca^{2+} 存在。如果用 EDTA 等螯合剂去除 Ca^{2+} 和降低离子键,就会使脂多糖解体。这时,其内壁层的肽聚糖分子就会暴露出来,因而易被溶菌酶所水解。脂多糖的分子结构较为复杂:

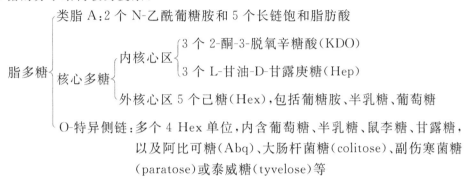

在脂多糖中,类脂 A 的种类较少(有 7~8 种),它是革兰氏阴性细菌内毒素的物质基础。在脂多糖的核心多糖区和 O-特异侧链区中有几种独特的糖,例如 2-酮-3-脱氧辛糖酸(KDO)、L-甘油-D-甘露庚糖和阿比可糖(Abq,即 3,6-二脱氧-D-半乳糖)。在沙门氏菌中,脂多糖中的 O-特异侧链种类极多,因其抗原性的差异故很易用灵敏的血清学方法加以鉴定,这在传染病的诊断中有其重要意义,例如,由此可对某传染病的传染源进行地理定位等。

外膜蛋白是指嵌合在脂多糖和磷脂层外膜上的蛋白质,有 20 余种,但多数外膜蛋白的功能还不清楚。其中的脂蛋白是一种通过共价键使外膜层牢固地连接在肽聚糖内壁层上的蛋白质,相对分子质量约为 7200。另有两种蛋白质研究得较为清楚,都称为孔蛋白。每个孔蛋白分子都是由三个相同相对分子质量(36000)蛋白质亚基组成的一种三聚体跨膜蛋白,中间有一直径约 1 nm 的孔道,通过孔的开、闭,可阻止某些抗生素进入外膜层。已知有两种孔蛋白:一种是非特异性孔蛋白(nonspecific porin),其充水孔道可通过相对分子质量为 800~900 的任何亲水性分子,如双糖、氨基酸、二肽和三肽;另一种为特异性孔蛋白(specific porin, specific channel protein),其上存在专一性结合位点,只容许一种或少数几种相关物质通过,其中最大的孔蛋白可通过相对分子质量较大的物质,如维生素 B_{12} 和核苷酸等。除脂蛋白和孔蛋白外,还有一些外膜蛋白与噬菌体的吸附有关。

周质空间又称壁膜间隙。在革兰氏阴性细菌中,一般是指其外膜与细胞膜之间的狭窄空间(宽 12~15 nm),呈胶状。在周质空间中,存在着多种周质蛋白(periplasmic proteins),包括:水解酶类,例如蛋白酶、核酸酶等;合成酶类,例如肽聚糖合成酶;结合蛋白(具有运送营养物质的作用);受体蛋白(与细胞的趋化性相关)。周质蛋白可通过渗透休克法(osmotic shock)或"冷休克"法释放。此法的原理是,突然改变渗透压可使细胞发生物理性裂解。其主要步骤是,将细菌放在用 Tris 缓冲液配制、含 EDTA 的 20% 蔗糖溶液中保温,使其发生质壁分离(plasmolysis),接着快速地用 4 ℃ 的 0.005 mol/L $MgCl_2$ 溶液稀释并降温,使细胞外膜突然破裂并释放周质蛋白,然后离心,从上清液中提取周质蛋白。

革兰氏阳性细菌和革兰氏阴性细菌间由于细胞壁成分(表 2-1)和其他构造的不同,产生了一系列形态、构造、化学组分、染色反应、生理功能和致病性等的差别(表 2-2),这些差别对微生物学的研究和应用都十分重要。

表2-2 革兰氏阳性细菌与革兰氏阴性细菌生物特性的比较

项目	革兰氏阳性细菌	革兰氏阴性细菌
1.革兰氏染色反应	能阻留结晶紫而染成紫色	可经脱色而复染成红色
2.肽聚糖层	厚,层次多	薄,一般单层
3.磷壁酸	多数含有	无
4.外膜	无	有
5.脂多糖	无	有
6.类脂和脂蛋白含量	低(仅抗酸性细菌含类脂)	高
7.鞭毛结构	基体上着生2个环	基体上着生4个环
8.产毒素	以外毒素为主	以内毒素为主
9.对机械力的抗性	强	弱
10.细胞壁抗溶菌酶	弱	强
11.对青霉素和磺胺	敏感	不敏感
12.对链霉素、氯霉素和四环素	不敏感	敏感
13.碱性染料的抑菌作用	强	弱
14.对阴离子去污剂	敏感	不敏感
15.对叠氮化钠	敏感	不敏感
16.对干燥	抗性强	抗性弱
17.产芽孢	有的产	不产

3)抗酸细菌的细胞壁

抗酸细菌的细胞壁中含有大量分枝菌酸等蜡质的特殊革兰氏阳性细菌。因它们被酸性复红染上色后,就不能再被盐酸乙醇脱色,俗称抗酸细菌。结核分枝杆菌(*Mycobacterium tuberculosis*)和麻风分枝杆菌(*M. leprae*)都是抗酸细菌。在抗酸细菌的细胞壁中含有约60%类脂(包括分枝菌酸和索状因子等),肽聚糖含量很少。因此抗酸细菌革兰氏反应是阳性,但从类脂和肽聚糖的内部结构来看,它又与革兰氏阴性细菌的细胞壁相似。分枝菌酸是含有60~90个碳原子的分支长链β-羟基脂肪酸,它连接在由阿拉伯糖和半乳糖交替连接形成的杂多糖上,并通过磷脂键与肽聚糖相连接。

4)古生菌的细胞壁

在古生菌中,除了热原体属(*Thermoplasma*)没有细胞壁外,其余都具有与真细菌类似功能的细胞壁,但从细胞壁的化学成分来看,它们的差别甚大。已研究过的一些古生菌,它们的细胞壁中没有真正的肽聚糖,而是由多糖(假肽聚糖)、糖蛋白或蛋白质构成的。甲烷杆菌属(*Methanobacterium*)古生菌的细胞壁由假肽聚糖(图2-12)组成。它的多糖骨架由N-乙酰葡糖胺和N-乙酰塔罗糖胺糖醛酸(N-acetyltalosaminouronic acid)以β-1,3糖苷键交替连接而成,连在后一氨基糖上的肽尾由L-Glu、L-Ala和L-Lys三个L型氨基酸组成,肽桥则由L-Glu一个氨基酸组成。盐球菌属(*Halococcus*)的细胞壁由硫酸化多糖组成。其中含葡萄糖、甘露糖、半乳糖和它们的氨基糖,以及糖醛酸和乙酸。甲烷八叠球菌(*Methanosarcina*)的细胞壁含有独特的多糖,并可染成革兰氏阳性。这种多糖含半乳糖胺、葡萄糖醛酸、葡萄糖和乙酸,不含

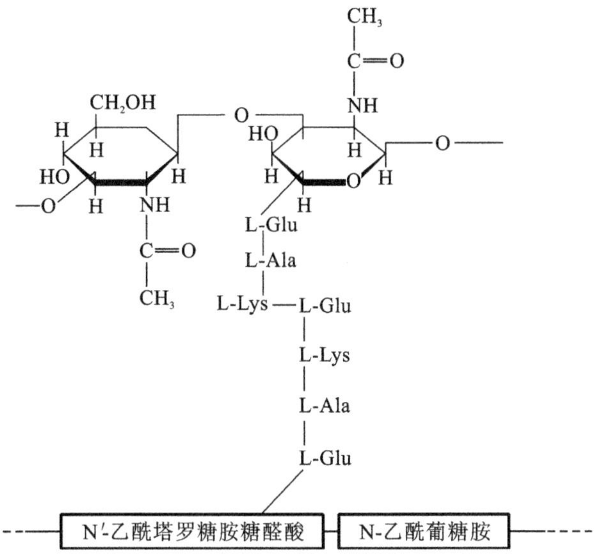

图 2-12　假肽聚糖的结构单体

磷酸和硫酸。盐杆菌属（*Halobacterium*）的细胞壁由糖蛋白组成，其中包括葡萄糖、葡糖胺、甘露糖、核糖和阿拉伯糖，而它的蛋白质部分则由大量酸性氨基酸尤其是天冬氨酸组成。这种带强负电荷的细胞壁可以平衡环境中高浓度的 Na^+，从而使其能很好地生活在 20%～25% 高盐溶液中。少数产甲烷菌的细胞壁由蛋白质组成，甚至有的由几种不同的蛋白质组成，如甲烷球菌（*Methanococcus*）和甲烷微菌（*Methanomicrobium*），而另一些则由同种蛋白质的许多亚基组成，如甲烷螺菌属（*Methanospirillum*）。

知识链接

革兰氏染色机制

通过一个多世纪的实践证明，由革兰（C. Gram）于 1884 年发明的革兰氏染色法是一种极其重要的鉴别染色法，它不仅可用于鉴别真细菌，也可鉴别古生菌。20 世纪 60 年代初，萨顿（Salton）曾提出细胞壁在革兰氏染色中的关键作用。至 1983 年，彼弗里奇（T. Beveridge）等用铂代替革兰氏染色的媒染剂碘，再用电子显微镜观察到结晶紫与铂复合物可被细胞壁阻留，这就进一步证明了革兰氏阳性和阴性菌主要由于其细胞壁化学成分的差异而引起了物理特性（脱色能力）的不同，正是这一物理特性的不同才决定了染色反应的不同。其操作方法为，通过结晶紫初染和碘液媒染后，在细胞膜内形成了不溶于水的结晶紫与碘的复合物（CVI dye complex）。革兰氏阳性细菌由于其细胞壁较厚、肽聚糖网的层次多和交联致密，故遇乙醇或丙酮做脱色处理时，因失水反而使网孔缩小，再加上它不含类脂，故乙醇处理不会溶出缝隙，因此能把结晶紫与碘复合物牢牢地留在壁内，使其仍呈紫色。反之，革兰氏阴性细菌因其细胞壁薄、外膜层的类脂含量高、肽聚糖层薄和交联度差，在遇脱色剂后，以类脂为主的外膜迅速溶解，薄而松散的肽聚糖网不能阻挡结晶紫与碘复合物的溶出，因此，通过乙醇脱色后细胞退成无色。这时，再经沙黄等红色染料进行复染，就可使革兰氏阴性细菌呈现红色，而革兰氏阳性细菌则仍为紫色。

5) 缺壁细菌

虽然细胞壁是原核生物的最基本构造,但在自然界长期进化中和在实验室菌种的自发突变中都会发生缺细胞壁的种类。在实验室中,还可用人为的方法抑制新生细胞壁的合成或对现成细胞壁进行酶解而获得缺壁细菌。

(1) L 型细菌(L-form of bacteria)　1935 年,在英国李斯德预防研究所中发现一种由自发突变而形成的细胞壁缺损菌-念珠状链杆菌(*Streptobacillus moniliformis*),它的细胞膨大,对渗透敏感,在固体培养基上形成油煎蛋似的小菌落。由于李斯德(Lister)研究所的第一字母是"L",故称 L 型细菌。后来发现,许多革兰氏阳性或阴性细菌在实验室或宿主体内都可形成 L 型。所以严格地说,L 型细菌应专指那些实验室或宿主体内通过自发突变而形成的遗传性稳定的细胞壁缺陷菌株。

(2) 原生质体(protoplast)　在人为条件下,用溶菌酶除尽原有细胞壁或用青霉素抑制新生细胞壁合成后所得到的仅有一层细胞膜包裹着的圆球状的对渗透敏感的细胞,它一般由革兰氏阳性细菌形成。

(3) 球状体(spheroplast)　又称原生质球,是指还残留着部分细胞壁,尤其是革兰氏阴性细菌外膜的原生质体。上述原生质体和球状体的共同特点是,无完整的细胞壁,细胞呈球状,对渗透压极其敏感,革兰氏染色呈阴性,即使有鞭毛也无法运动,对相应噬菌体不敏感,细胞不能分裂,等等。当然,如在形成原生质体或球状体以前已有噬菌体侵入,则它仍能正常复制、增殖和裂解;同样,如在形成原生质体前正在形成芽孢,则该芽孢也仍能正常形成。原生质体或球状体比正常有细胞壁的细菌更易导入外源性遗传物质,故是研究遗传规律和进行原生质体育种的良好实验材料。

(4) 支原体(mycoplasma)　在长期进化过程中形成的适应自然生活条件的无细胞壁的原核生物。因它的细胞膜中含一般原核生物所没有的甾醇,所以即使缺乏细胞壁,其细胞膜仍有较高的机械强度。

2. 细胞膜和内膜系统

1) 细胞膜(cell membrane)

细胞膜(图 2-13)又称质膜(plasma membrane)或内膜(inner membrane),是紧贴在细胞壁内侧、包围着细胞质的一层柔软、脆弱、富有弹性的半透性薄膜,厚 7~8 nm,约占细胞干重的 10%。通过质壁分离、鉴别性染色、原生质体破裂等方法可在光学显微镜下观察到,或用电子显微镜观察细菌超薄切片,则可更清楚地观察到它的存在。

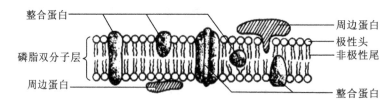

图 2-13　细胞膜结构模式图

细胞膜的主要化学成分由磷脂(占 20%~30%)和蛋白质(占 50%~70%)组成,还有少量糖类(如己糖)。通过电子显微镜观察时,细胞膜呈现三层结构,即在上、下两层之间夹着一浅色中间层的双层膜结构。这是因为,组成细胞膜主要成分的磷脂,是由两层磷脂分子按一定规律整齐地排列而成的。其中每一个磷脂分子由一个带正电荷且能溶于水的极性头(磷酸端)和一个不带电荷、不溶于水的非极性尾（烃端）所构成的（图 2-14）。极性头朝向内、外两表面，呈亲水性，而非极性端的疏水尾则埋入膜的内层，于是就形成了一个磷脂双分子层。在极性头的甘油碳 3 位上，不同种微生物具有不同的 R 基，如磷脂酸、磷脂酰甘油、磷脂酰乙醇胺、磷脂酰胆碱、磷脂酰丝氨酸或磷脂酰肌醇等。在原核微生物的细胞膜上多数含磷脂酰甘油，此外，在革兰氏阴性细菌中，多数还含磷脂酰乙醇胺，在分枝杆菌中则含磷脂酰肌醇，等等。而非极性尾则由长链脂肪酸通过酯键连接在甘油的碳 1 和碳 2 位上组成，其链长和饱和度因细菌种类和生长温度而异，通常生长温度要求越高的种，其饱和度也越高，反之则越低。

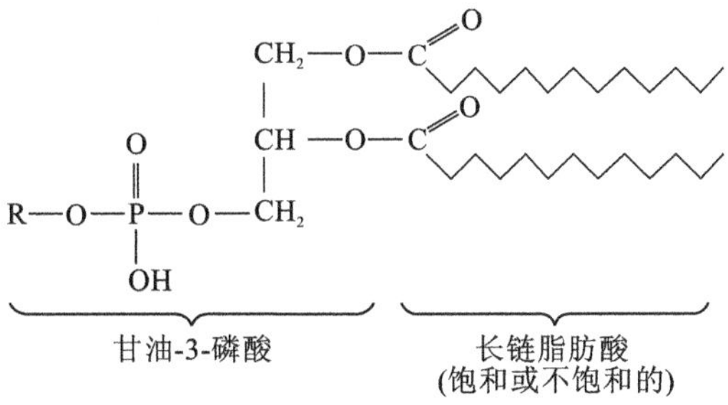

图 2-14　磷脂的分子结构

在常温下，磷脂双分子层呈液态，其中嵌埋着许多具运输功能、有的分子内含有运输通道的整合蛋白（integral protein）或内嵌蛋白（intrinsic protein），在磷脂双分子层的上面则"漂浮"着许多具有酶促作用的周边蛋白（peripheral protein）或膜外蛋白（extrinsic protein）。它们都可在磷脂表层或内层进行侧向移动，以执行其相应的生理功能。至今有关细胞膜的结构与功能的解释，较多的学者仍倾向于 1972 年由辛格（J. S. Singer）和尼科尔森（G. L. Nicolson）所提出的液态镶嵌模型（fluid mosaic model）。其要点为：①膜的主体是脂质双分子层；②脂质双分子层具有流动性；③整合蛋白因其表面呈疏水性，故可"溶"于脂质双分子层的疏水性内层中；④周边蛋白表面含有亲水基团，故可通过静电引力与脂质双分子层表面的极性头相连；⑤脂质分子间或脂质与蛋白质分子间无共价结合；⑥脂质双分子层犹如"海洋"，周边蛋白可在其上作"漂浮"运动，而整合蛋白则似"冰山"状沉浸在其中作横向移动。

细胞膜的生理功能：①能选择性地控制细胞内外的物质（营养物质和代谢产物）的运送与交换；②维持细胞内正常渗透压的屏障作用；③合成细胞壁各种组分（肽聚糖、磷壁酸、脂多糖等）和糖被等大分子的重要场所；④进行氧化磷酸化或光合磷酸化的产能基地；⑤它是许多酶（β-半乳糖苷酶、细胞壁和荚膜的合成酶及 ATP 酶等）和电子传递链的所在部位；⑥鞭毛的着生点，并提供其运动所需的能量等。

原核微生物的细胞膜上一般不含胆固醇等甾醇，这一点与真核生物明显不同，但缺乏细胞壁的原核生物-支原体（mycoplasma）则属例外。在其细胞膜上因含有类甾醇（steroid）而增强了坚韧性，故在一定程度上弥补了因缺壁而带来的不足。多烯类抗生素因可破坏含甾醇的细胞膜，故可抑制支原体和真核生物，但对其他原核生物则无抑制作用。

2）间体

间体（mesosome，或中体）是一种由细胞膜内褶而形成的囊状构造，其中充满着层状或管状的泡囊，多见于革兰氏阳性细菌。每个细胞含有一至数个。着生部位可在表层或深层，前者与某些酶如青霉素酶的分泌有关，后者与 DNA 的复制、分配以及与细胞分裂有关（图2-15）。近年来也有学者提出了不同的看法，认为间体仅是电镜制片时因脱水操作而引起的一种赝像。

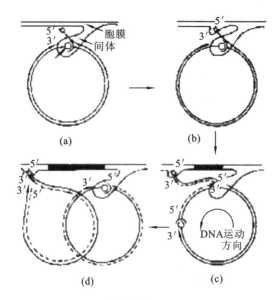

图 2-15 细菌染色体 DNA 的复制模式

3）古生菌的细胞膜

近 20 年来有很多独特之处的古生菌细胞膜越来越受到学术界重视,它虽然在本质上也是由磷脂组成的,但它比真细菌或真核生物具有更明显的多样性。①亲水头（甘油）与疏水尾（烃链）间是通过醚键而不是酯键连接的。②组成疏水尾的长链烃是异戊二烯的重复单位（如四聚体植烷、六聚体鲨烯等），它与亲水头通过醚键连接成甘油二醚（glycerol diether）或二甘油四醚（diglycerol tetraether）等,而在真细菌或真核生物中的疏水尾则是脂肪酸。③古生菌的细胞膜中存在着独特的单分子层膜或单、双分子层混合膜,而真细菌或真核生物的细胞膜都是双分子层。具体地说,当磷脂为二甘油四醚时,连接两端两个甘油分子间的两个植烷（phytanyl）侧链间会发生共价结合,形成二植烷（diphytanyl）,这时就形成了独特的单分子层膜。目前发现,单分子层膜多存在于嗜高温的古生菌中,其原因可能是这种膜的机械强度要比双分子层质膜更高。④在甘油的碳 3 位上,可连接多种与真细菌和真核生物细胞膜上不同的基团,如磷酸酯基、硫酸酯基以及多种糖基等。⑤细胞膜上含多种独特脂类。仅嗜盐菌类即已发现的有细菌红素（bacterioruberin）、α-胡萝卜素、β-胡萝卜素、番茄红素、视黄醛和萘醌等。

3. 细胞质及其内含物

细胞质（cytoplasm）是细胞膜包围的除核区外的一切半透明、胶状、颗粒状物质的总称,含水量约 80%。原核微生物的细胞质是不流动的,这一点与真核生物明显不同。细胞质的主要成分为核糖体（由 50S 大亚基和 30S 小亚基组成）、储藏物、多种酶类、中间代谢物、质粒、气泡和大分子的单体,少数细菌还有类囊体、羧酶体、气泡或伴孢晶体等。细胞质内形状较大的光学显微镜下可见的有机或无机的颗粒状构造,称为内含物（inclusion body）,包括各种储藏物和磁小体、羧酶体、气泡等。

(1) **核糖体** 核糖体（ribosome）又称核蛋白体,是以游离状态或多聚核糖体状态存在于细胞质中的一种颗粒状物质,由 RNA(50%～70%)和蛋白质(30%～50%)组成,每个菌体内所含有的核糖体可多达数万个,其直径为 18 nm,沉降系数为 70S,由 50S 与 30S 两个亚基组成。它是蛋白质的合成场所。链霉素、四环素、氯霉素等抗生素通过作用于细菌核糖体的 30S 亚基而抑制细菌蛋白质的合成,而对人的 80S 核糖体不起作用,因此,可用于治疗细菌性疾病。

(2) 储藏物 储藏物(reserve materials)是一类由不同化学成分累积而成的不溶性沉淀颗粒,主要功能是储存营养物质。其种类很多,具体如下:

$$\text{储藏物}\begin{cases}\text{碳源及能源类}\begin{cases}\text{糖原:大肠杆菌、克雷伯氏菌、芽孢杆菌和蓝细菌等}\\\text{聚-}\beta\text{-羟丁酸:固氮菌、产碱菌和肠杆菌等}\\\text{硫粒:紫硫细菌、丝硫细菌、贝氏硫杆菌等}\end{cases}\\\text{氮源类}\begin{cases}\text{藻青素:蓝细菌}\\\text{藻青蛋白:蓝细菌}\end{cases}\\\text{磷源类(异染粒):迂回螺菌、白喉棒状杆菌、结核分枝杆菌}\end{cases}$$

① 聚-β-羟丁酸(poly-β-hydroxybutyrate,PHB) 存在于许多细菌细胞质内属于类脂性质的碳源类储藏物,不溶于水,可溶于氯仿,可用尼罗蓝或苏丹黑染色,具有储藏能量、碳源和降低细胞内渗透压的作用。当巨大芽孢杆菌(*Bacillus megaterium*)在含乙酸或丁酸的培养基中生长时,细胞内储藏的PHB可达其干重的60%。在棕色固氮菌(*Azotobacter vinelandii*)的孢囊中也含PHB。PHB的结构式(式中的 n 一般大于 10^6)如下:

$$H\!-\!\!\left[\!O\!-\!\!\underset{\underset{H_3C}{|}}{\overset{\overset{H}{|}}{C}}\!-\!\!\underset{\underset{H}{|}}{\overset{\overset{H}{|}}{C}}\!-\!\!\overset{\overset{O}{\|}}{C}\!\right]_{\!n}\!\!-\!O\!-\!H$$

PHB于1925年被发现,至今已发现60属以上的细菌能合成并储藏它。由于它无毒、可塑、易降解,故被认为是生产医用塑料、生物降解塑料的良好原料。若干产碱菌(*Alcaligenes* spp)、固氮菌(*Azotobacter* spp)和假单胞菌(*Pseudomonas* spp)是主要的生产菌种。近年来,又发现在一些革兰氏阳性和阴性好氧菌、光合厌氧细菌中,存在PHB类化合物,它们与PHB仅是 R 基不同(R 为—CH_3 时即为 PHB)。这类化合物可统称为聚羟链烷酸(polyhydroxyalkanoate,PHA),其结构式如下:

$$HO\!-\!\underset{\underset{R}{|}}{CH}\!-\!CH_2\!-\!\!\left[\!\overset{\overset{O}{\|}}{C}\!-\!O\!-\!\underset{\underset{R}{|}}{CH}\!-\!CH_2\!-\!\overset{\overset{O}{\|}}{C}\!-\!O\!-\!\underset{\underset{R}{|}}{CH}\!-\!CH_2\!\right]_{\!n}\!\!-\!COOH$$

② 多糖类储藏物 包括糖原和淀粉,是碳源和能源类储藏物。在真细菌中以糖原为多,这类颗粒用碘液处理后,糖原呈红棕色或褐色,淀粉粒呈蓝色,它们可在光学显微镜下检出。

③ 异染粒(metachromatic granules) 又称迂回体或捩转菌素(volutin granules),这是因为它最早是在迂回螺菌(*Spirillum volitans*)中发现的,并可用美蓝或甲苯胺蓝染成红紫色的缘故。颗粒大小为0.5~1.0 μm,是无机偏磷酸的聚合物,分子呈线状,分子结构式中的 n 在 $2 \sim 10^6$ 之间。一般在含磷丰富的环境下形成。功能是储藏磷元素和能量,并可降低细胞的渗透压。在白喉棒状杆菌(*Corynebacterium diphtheriae*)和结核分枝杆菌(*Mycobacterium tuberculosis*)中极易见到,因此可用于有关细菌的鉴定。异染粒化学结构式如下:

$$H\!-\!\!\left[\!O\!-\!\!\underset{\underset{O}{\|}}{\overset{\overset{OH}{|}}{P}}\!-\!O\!\right]_{\!n}\!\!-\!H$$

④ 藻青素(cyanophycin) 通常存在于蓝细菌中,它是一种内源性氮源类储藏物,同时还

兼有储存能量的作用。一般呈颗粒状,由含精氨酸和天冬氨酸残基(1∶1)的分枝多肽所构成,相对分子质量在 25000～125000 范围内。例如,柱形鱼腥蓝细菌(*Anabaena cylindrica*)的藻青素结构式如下:

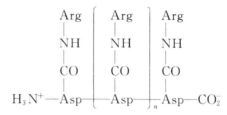

(3) 磁小体(megnetosome)　1975 年,勃莱克摩(R. P. Blakemore)在一种称为折叠螺旋体(*Spirochaeta plicatilis*)的趋磁细菌中发现。目前所知的趋磁细菌主要为水生螺菌属(*Aquaspirillum*)和嗜胆球菌属(*Bilophococcus*)等 G^- 细菌中。这些细菌细胞中含有大小均匀、数目不等的磁小体,其成分为 Fe_3O_4,外有一层磷脂、蛋白质或糖蛋白膜包裹,是单磁畴晶体,无毒,大小均匀(20～100 nm),每个细胞内有 2～20 颗。形状为平截八面体、平行六面体或六棱柱体等。其功能是起导向作用,即借鞭毛游向对该菌最有利的泥、水界面微氧环境处生活。目前认为趋磁细菌有一定的实用前景,包括生产磁性定向药物或抗体,以及制造生物传感器等。

(4) 羧酶体(carboxysome)　又称羧化体,它是存在于一些自养细菌细胞内的多角形或六角形内含物。其大小与噬菌体相仿,约 10 nm,内含 1,5-二磷酸核酮糖羧化酶,在自养细菌的 CO_2 固定中起着关键作用。在排硫硫杆菌(*Thiobacillus thioparus*)、那不勒斯硫杆菌(*T. neapolitanus*)、贝日阿托氏菌属(*Beggiatoa*)、硝化细菌和一些蓝细菌中均可找到羧酶体。

(5) 气泡(gas vacuoles)　在许多光合营养型、无鞭毛运动的水生细菌中存在的充满气体的泡囊状内含物,大小为(0.2～1.0) $\mu m \times 75$ nm,内由数排柱形小空泡组成,外有 2 nm 厚的蛋白质膜包裹,其功能是调节细胞比重以使细胞漂浮在最适水层中获取光能、O_2 和营养物质。每个细胞内含几个至几百个气泡。如鱼腥蓝细菌属(*Anabaena*)、顶孢蓝细菌属(*Gloeotrichia*)、盐杆菌属(*Halobacterium*)、暗网菌属(*Pelodictyon*)和红假单胞菌(*Rhodopseudomonas*)的一些种中都有气泡。

4. 核区和质粒

(1) 核区(nuclear region)　又称核质体(nuclear body)、原核(procaryon)、拟核(nucleoid)或核基因组(genome),是指原核生物所特有的无核膜结构、无固定形态、结构简单的原始细胞核。用富尔根(Feulgen)染色法染色后,可见到呈紫色的形态不定的核区。构成核区的主要物质是一个大型的反复折叠、高度缠绕的环状双链 DNA 分子,长度为 0.25～3.00 mm,另外还含有少量的 RNA 和蛋白质。每个细胞所含的核区数与该细菌的生长速度有关,一般为 1～4 个;在正常情况下,每个细胞只含有 1 个拟核,但由于拟核的分裂常在细胞分裂之前进行,加上细菌生长迅速,分裂不断进行,故在一个菌体内,经常可以看到已经分裂完成的 2 个或 4 个拟核,而细胞本身尚未完成分裂。细菌在一般情况下均为单倍体,只有在染色体复制时间内呈双倍体。例如,大肠杆菌的核区 DNA 长 1.1～1.4 mm,枯草芽孢杆菌约为 1.7 mm,嗜血流感杆菌(*Haemophilus influenzae*)约为 0.832 mm。在快速生长的细菌中,核区 DNA 可占细胞总体积的 20%。核区是细菌负载遗传信息的主要物质基础,其功能是存储、传递和调控遗传信息。

(2) 质粒(plasmid)　许多细菌除了拟核中的 DNA 外,还有大量很小的环状 DNA 分子,这就是质粒(plasmid);质粒是存在于细菌染色体外或附加于染色体上的遗传物质,绝大多数由共价闭合环状双链 DNA 分子构成(部分质粒为 RNA)。相对分子质量比细菌染色体小,每个菌体内含有一个或几个质粒,有的含质粒较多,每个质粒可以有几个甚至 50～100 个基因。不同质粒的基因可以发生重组,质粒基因与染色体基因间也可重组。质粒上常有抗生素的抗性基因,例如,四环素抗性基因或卡那霉素抗性基因等。有些质粒称为附加体(episome),这类质粒能够整合进真菌的染色体,也能从整合位置上切离下来成为游离于染色体外的 DNA 分子。质粒在宿主细胞体内外都可复制。

目前,已发现有质粒的细菌有几百种,已知的细菌质粒绝大多数为闭合环状 DNA 分子(简称 cccDNA)。细菌质粒的相对分子质量一般较小,为细菌染色体的 0.5%～3%。根据相对分子质量的大小,大致上可以把质粒分成大小两类:较大一类的相对分子质量为 40×10^6 以上,较小一类的相对分子质量为 10×10^6 以下(少数质粒的相对分子质量介于两者之间)。每个细胞中的质粒数主要取决于质粒本身的复制特性。按照复制性质,可以把质粒分为两类:一类是严紧型质粒,当细胞染色体复制一次时,质粒也复制一次,每个细胞内只含有 1～2 个质粒;另一类是松弛型质粒,当染色体复制停止后仍然能继续复制,每一个细胞内一般有 20 个质粒。这些质粒的复制是在寄主细胞的松弛控制之下的,每个细胞中含有 10～200 份拷贝,如果用一定的药物处理抑制寄主蛋白质的合成还会使质粒拷贝数增至几千份。如较早的质粒 pBR322 即属于松弛型质粒,要经过氯霉素处理才能达到更高拷贝数。一般相对分子质量较大的质粒属严紧型。相对分子质量较小的质粒属松弛型。质粒的复制有时和它们的宿主细胞有关,某些质粒在大肠杆菌内的复制属严紧型,而在变形杆菌内则属松弛型。

按其功能,质粒可分为如下几种。①致育因子(F 因子):最早发现的与细菌的有性接合有关的质粒。②抗药性质粒(R 因子):对某些抗生素或其他药物表现抗性。③大肠杆菌素质粒(Col 因子):使大肠杆菌能产生大肠杆菌素,以抑制其他细菌生长。④有的质粒对某些金属离子具有抗性,包括碲(Te^{6+})、砷(As^{3+})、汞(Hg^{2+})、镍(Ni^{2+})、钴(Co^{2+})、银(Ag^+)、镉(Cd^{2+})等。⑤有的质粒对紫外线、X 射线具有抗性。⑥在假单胞菌科中还发现了一类极为少见的分解性质粒,能分解樟脑、二甲苯等。现在研究得较多而且较为清楚的质粒是大肠杆菌的 F 因子、R 因子和 Col 因子。

质粒可以从菌体内自行消失,也可以通过物理化学手段处理将其消除或抑制;没有质粒的细菌,可通过接合、转化等方式,从具有质粒的细菌中获得,但不能自发产生。这一现象表明:质粒存在与否,无损于细菌生存。但是,许多次生代谢产物如抗生素、色素等的产生以至芽孢的形成,均受质粒的控制。质粒既能自我复制、稳定遗传,也可插入细菌染色体中与其携带的外源 DNA 片段共同复制增殖;它可通过转化或接合作用单独转移,也可携带着染色体片段一起转移。所以质粒已成为遗传工程中重要的运载工具之一。

(二) 细菌的特殊结构

某些细菌在其生长过程中,形成一些对自身生长发育和与环境相互作用过程中取得竞争优势的结构,称为特殊结构,包括糖被、鞭毛、菌毛、性毛、芽孢和伴孢晶体等。

1. 糖被(荚膜、微荚膜和黏液层)

有些细菌在一定营养条件下,可向细胞壁表面分泌一层松散、透明的黏液状或胶质状的多糖类物质即糖被(glycocalyx)。这类物质用碳素墨水进行负染色法在光学显微镜下可以见到。

糖被的有无、厚薄除与菌种的遗传性相关外,还与环境(尤其是营养)条件密切相关。糖被按其有无固定层次、层次厚薄又可细分为荚膜(capsule,macrocapsule,大荚膜)、微荚膜(microcapsule)、黏液层(slime layer)和菌胶团(zoogloea)。

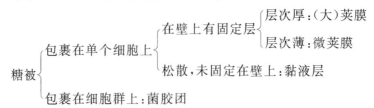

糖被的化学组成主要是水,占重量的90%以上,其余为多糖类、多肽类,或者多糖蛋白质复合体,尤以多糖类居多。如肺炎链球菌荚膜为多糖,炭疽杆菌荚膜为多肽,巨大芽孢杆菌为多肽与多糖的复合物。少数细菌如黄色杆菌属(*Xanthobacter*)的菌种既具有 α-聚谷氨酰胺荚膜,又有含大量多糖的黏液层。这种黏液层无法通过离心沉淀,有时甚至将培养容器倒置时,呈凝胶状的培养基仍不会流出。由于荚膜的含水量高,经脱水和特殊染色后可在光学显微镜下看到。在一般实验室中,最方便的方法是用碳素墨水对产荚膜菌进行负染色(又称背景染色),染色后可在光学显微镜下清楚地观察到它的存在。糖被的主要成分及其代表菌如下:

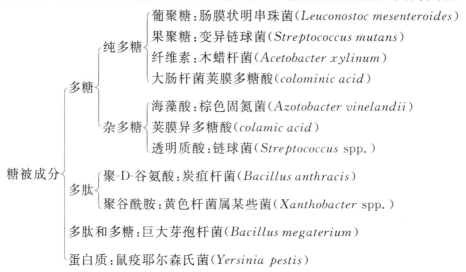

糖被的主要功能如下。①保护作用:可保护细菌免于干燥,糖被中的大量极性基团可保护菌体免受干旱损伤;防止化学药物毒害,作为透性屏障或(和)离子交换系统,可保护细菌免受重金属离子的毒害;能保护菌体免受噬菌体和其他物质(如溶菌酶和补体等)的侵害;能抵御吞噬细胞的吞噬,一些动物致病菌的荚膜还可保护它们免受宿主白细胞的吞噬,例如,有荚膜的肺炎链球菌(*Streptococcus pneumoniae*)更易引起人的肺炎;又如,肺炎克雷伯氏菌(*Klebsiella pneumoniae*)的荚膜既可使其黏附于人体呼吸道并定植,又可防止白细胞的吞噬。②储藏养料:当营养缺乏时,可被细菌用作碳源和能源,以备营养缺乏时重新利用,如黄色杆菌的荚膜等。③堆积某些代谢废物。④致病功能:糖被为主要表面抗原,是有些病原菌的毒力因子,如S型肺炎链球菌靠其荚膜致病,而无荚膜的R型为非致病菌;糖被也是某些病原菌必需的黏附因子,如引起龋齿的唾液链球菌和变异链球菌等能分泌一种己糖基转移酶,使蔗糖转变成果聚糖,它可使细菌黏附于牙齿表面,引起龋齿;肠致病大肠杆菌的毒力因子是肠毒素,但仅有肠毒素产生并不足以引起腹泻,还必须依靠其酸性多糖荚膜(K抗原)黏附于小肠黏膜上皮上才能

引起腹泻。⑤细菌间的信息识别作用:如根瘤菌属(*Rhizobium*)具有信息识别作用。⑥表面附着作用:除上述表面附着引起龋齿外,某些水生丝状细菌的鞘衣状荚膜也有附着作用。

产糖被细菌常给人类带来一定的危害,除了上述致病性危害外,还常常使糖厂的糖液以及酒类、牛乳等饮料和面包等食品发黏变质,给制糖工业和食品工业等带来一定的损失。

细菌糖被与人类的科学研究和生产实践也有密切的关系。糖被的有无及其性质的不同可用于菌种鉴定,例如,某些难以观察到的微荚膜的致病菌,只要用极为灵敏的血清学反应即可鉴定。在制药工业和试剂工业中,人们可以从肠膜状明串珠菌的糖被中提取葡聚糖以制备"代血浆"或葡聚糖生化试剂(如 Sephadex);利用野油菜黄单胞菌(*Xanthomonas campestris*)的黏液层可提取十分有用的细胞外多糖黄原胶(xanthan, Xc,又称黄杆胶),它可作为石油开采中的钻井液添加剂,也可用于印染、食品等工业中;产生菌胶团的细菌在污水的微生物处理过程中具有分解、吸附和沉降有害物质的作用。当然,若不加防范,有些细菌的糖被也可对人类带来不利的影响。例如:肠膜状明串珠菌若污染了制糖厂的糖汁,或污染了酒类、牛乳和面包,就会影响生产和降低产品质量;在工业发酵中,若发酵液被产糖被的细菌所污染,就会阻碍发酵过程的正常进行和影响产物的提取;某些致病菌的糖被会对该病的防治造成严重障碍;由几种链球菌荚膜引起的龋齿更是全球范围内严重危害人类健康的高发病;等等。根据糖被有无固定层次、层次薄厚可将其细分为荚膜(或大荚膜)、微荚膜、黏液层和菌胶团(图 2-16)。

(1) 荚膜(或大荚膜) 较厚(约 200 nm),有明显的外缘和一定的形态,相对稳定地附着于细胞壁外。它与细胞结合力较差,通过液体振荡培养或离心便可得到荚膜物质。

(2) 微荚膜 较薄(小于 200 nm),光学显微镜下不能看见,但可采用血清学方法证明其存在。微荚膜易被胰蛋白质酶消化。

(3) 黏液层 量大且没有明显边缘,又比荚膜疏松,可扩散到周围环境,并增加培养基黏度。

(4) 菌胶团 荚膜物质相互融合,连为一体,多个菌体包含于共同的糖被中。

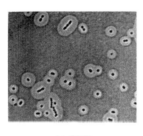 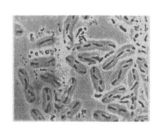 

(a) 荚膜　　　　　　　　(b) 黏液层　　　　　　　　(c) 菌胶团

图 2-16　细菌的糖被

产糖被细菌由于有黏液物质,在固体琼脂培养基上形成的菌落,表面湿润、有光泽、黏液状而称为光滑型(smooth, S 型)菌落。而无荚膜细菌形成的菌落,表面干燥、粗糙,称为粗糙型(rough, R 型)菌落。产糖被与否是细菌的一种遗传特性,可作为鉴定细菌的依据之一,但是糖被的形成与环境条件密切相关。

2. 鞭毛、菌毛与性毛

(1) 鞭毛(flagellum) 生长在某些细菌体表的长丝状、波曲的蛋白质附属物,其数目为一至数十条,具有运动功能。

鞭毛的长度一般为 $15\sim20\ \mu m$,直径为 $0.01\sim0.02\ \mu m$。观察鞭毛最直接的方法是用电子显微镜。用特殊的鞭毛染色法使染料沉积在鞭毛上,加粗后的鞭毛也可用光学显微镜观察。在暗视野中,对水浸片或悬滴标本中运动着的细菌,也可根据其运动方式判断它们是否具有鞭毛。在下述两情况下,单凭肉眼观察也可初步推断某细菌是否存在鞭毛:①在半固体(含0.3%~0.4%琼脂)直立柱中用穿刺法接种某一细菌,经培养后,若在穿刺线周围有呈混浊的扩散区,说明该菌具有运动能力,并可推测其长有鞭毛,反之,则无鞭毛;②根据某菌在平板培养基上的菌落外形也可推断它有无鞭毛,一般地说,如果该菌长出的菌落形状大、薄且不规则,边缘极不圆整,说明该菌运动能力很强,反之,若菌落外形圆整、边缘光滑、厚度较大,则说明它是无鞭毛的细菌。鞭毛的主要化学成分为蛋白质,有少量的多糖或脂类。

大多数球菌(除尿素八叠球菌外)不生鞭毛,杆菌中有的生鞭毛,有的不生鞭毛,螺旋菌一般都生鞭毛。根据细菌鞭毛的着生位置和数目,可将具鞭毛的细菌分为五种类型(图 2-17)。

①偏端单生鞭毛菌:在菌体的一端只生一根鞭毛,如霍乱弧菌。
②两端单生鞭毛菌:在菌体两端各生一根鞭毛,如鼠咬热螺旋体。
③偏端丛生鞭毛菌:菌体一端生出一束鞭毛,如荧光假单胞菌。
④两端丛生鞭毛菌:菌体两端各生出一束鞭毛,如红色螺菌。
⑤周生鞭毛菌:菌体周身都生有鞭毛,如大肠杆菌、枯草杆菌等。

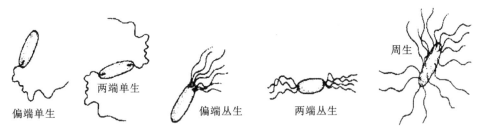

图 2-17 细菌鞭毛的类型

鞭毛的着生位置和数目是细菌种的特征,具有分类鉴定的意义。

原核微生物(包括古生菌)鞭毛的构造由基体、钩形鞘和鞭毛丝三部分组成。革兰氏阳性细菌和阴性细菌在基体的构造上稍有区别。革兰氏阴性细菌的鞭毛最为典型,现以大肠杆菌的鞭毛为例说明如下。它的基体(basal body)由四个盘状物即环(ring)组成,最外层的 L 环连在细胞壁最外层的外膜上,接着是连在肽聚糖内壁层的 P 环,第三个是靠近周质空间的 S 环,它与第四个环即 M 环连在一起称 S-M 环或内环,共同嵌埋在细胞膜上。S-M 环被一对 Mot 蛋白包围,由它驱动 S-M 环快速旋转。在 S-M 环的基部还存在一个 Fli 蛋白,起着键钮的作用,它可根据细胞提供的信号令鞭毛进行正转或逆转。目前已清楚地知道,鞭毛基体实为一精致、超微型的马达,其能量来自细胞膜上的质子动势(proton motive potential)。据计算,鞭毛旋转一周约消耗 1000 个质子。把鞭毛基体与鞭毛丝连在一起的构造称为钩形鞘或鞭毛钩(hook),直径约 17 nm,其上着生一条长 15~20 μm 的鞭毛丝(filament)。鞭毛丝由许多直径为 4.5 nm 的鞭毛蛋白(flagellin)亚基沿着中央孔道(直径为 20 nm)螺旋状缠绕而成,每周为 8~10 个亚基。鞭毛蛋白是一种呈球形或卵圆形的蛋白质,相对分子质量为 3 万~6 万,它在细胞质内合成,由鞭毛基部通过中央孔道输送到鞭毛游离的顶部进行自装配。因此,鞭毛的生长方式是在其顶部延伸而非基部延伸。图 2-18 即为革兰氏阳性细菌和阴性细菌鞭毛的构造模式图。

革兰氏阳性细菌的鞭毛结构较为简单。枯草芽孢杆菌鞭毛的基体仅有 S 和 M 两个环,而

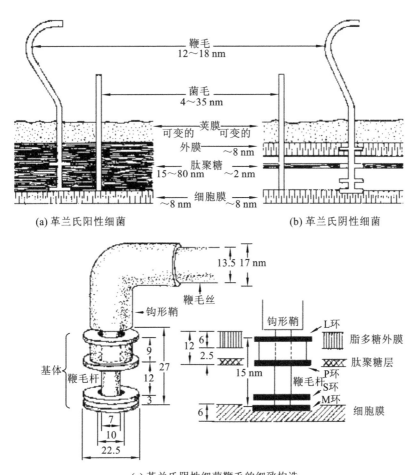

图 2-18 革兰氏阳性细菌与革兰氏阴性细菌鞭毛的构造

鞭毛丝和钩形鞘则与革兰氏阴性细菌相同。

鞭毛的功能是运动,这是原核生物实现其趋性(taxis)即趋向性的最有效方式。有关鞭毛运动的机制曾有过"旋转论"(rotation theory)和"挥鞭论"(bending theory)的争议。1974 年,美国学者西佛曼(M. Silverman)和西蒙(M. Simon)曾设计了一个"拴菌"试验(tethered-cell experiment),设法把单毛菌鞭毛的游离端用相应抗体牢牢"拴"在载玻片上,然后在光学显微镜下观察细胞的行为。结果发现,该菌是在载玻片上不断打转(而非伸缩挥动),从而肯定了"旋转论"是正确的。鞭毛菌的运动速度极快,例如螺菌鞭毛转速可达每秒 40 周(超过一般电动机的转速)。极生鞭毛菌的运动速度明显高于周生鞭毛菌。一般速度在每秒 20~80 μm 范围,最高可达每秒 100 μm(每分钟达到 3000 倍体长),超过了陆上跑得最快的动物——猎豹的速度(每分钟 1500 倍体长或每小时 110 km)。

一些特殊的细菌类群除了鞭毛外还有其他的运动方式,例如螺旋体在细胞壁与膜之间有上百根纤维状轴丝,它可以借助轴丝进行收缩运动,通过轴丝的收缩可发生颤动、滚动或蛇形前进。还有无鞭毛的黏细菌、噬纤维菌和部分蓝细菌,它们的单个细胞甚至整个菌落都能通过向体外分泌黏液,在固体基质表面缓慢的滑行运动。

在各类细菌中,弧菌、螺菌类普遍都有鞭毛;杆状细菌中,假单胞菌类都长有极生鞭毛,其他的有的着生周生鞭毛,有的没有;球菌中,仅个别的属例如动球菌属(*Planococcus*)的种才长鞭毛。鞭毛在细胞表面的着生方式多样,主要有单端鞭毛菌(monotricha)、端生丛毛菌(lophotricha)、两端鞭毛菌(amphitricha)和周毛菌(peritricha)等几种。列举如下:

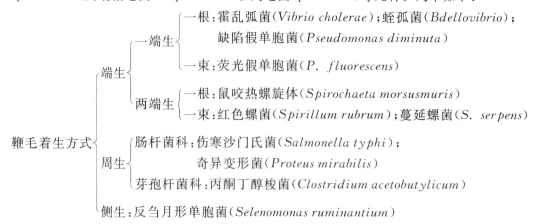

鞭毛的有无和着生方式在细菌的分类和鉴定工作中,是一项十分重要的形态学指标。

(2) 菌毛(fimbria) 菌毛曾有多种译名(如纤毛、繖毛、伞毛、线毛或须毛等),是一种长在细菌体表的纤细、中空、短直、数量较多的蛋白质类附属物,具有使菌体附着于物体表面的功能。它的结构较鞭毛简单,无基粒等复杂构造,细菌鞭毛和菌毛的比较见表2-3。它着生于细胞膜上,穿过细胞壁后伸展于体表(全身或仅两端),直径3~10 nm。由许多菌毛蛋白(pilin)亚基围绕中心作螺旋状排列,呈中空管状。每个细菌有250~300条菌毛。有菌毛的细菌一般以革兰氏阴性致病菌居多,借助菌毛可把它们牢固地黏附于宿主的呼吸道、消化道、泌尿生殖道等的黏膜上,进一步定植和致病,有的种类还可使同种细胞相互粘连而形成浮在液体表面上的菌醭等群体结构。淋病的病原菌淋病奈瑟氏球菌(*Neisseria gonorhoeae*)长有大量菌毛,它们可把菌体牢牢地黏附在患者的泌尿生殖道的上皮细胞上,尿液无法冲掉它们,待其定植、生长后,就会引起严重的性病。

表 2-3 细菌鞭毛和菌毛的比较

项 目	鞭 毛	菌 毛
大小	(0.01~0.02) μm×(2~70) μm	(0.007~0.009) μm×(0.5~20) μm
结构	一般由3股鞭毛蛋白链紧密绞成绳状	由纤毛蛋白亚基卷成中空螺旋状
数目	1至数百根	1至数百根
功能	运动	附着,接合
着生位置	通过钩形鞘与细胞壁内的鞭毛基体连接	细胞质
菌种	许多杆菌和少数球菌	许多革兰氏阴性杆菌和球菌

(3) 性毛(pili) 又称性菌毛(sex-pili或F-pili),构造和成分与菌毛相同,但比菌毛长,数量仅一至少数几根。性毛一般见于革兰氏阴性细菌的雄性菌株(即供体菌)中,其功能是向雌性菌株(即受体菌)传递遗传物质。有的性毛还是RNA噬菌体的特异性吸附受体。

3. 芽孢

芽孢(endospore,spore,偶译"内生孢子")是某些细菌在其生长发育后期,在细胞内形成一个圆形或椭圆形、壁厚、含水量极低、抗逆性极强的休眠体。一个营养细胞内仅生成一个芽孢。由于芽孢是具有极强抗逆性的生命体,在抗热、抗化学药物、抗辐射和抗静水压等方面,更是独树一帜。一般情况下,细菌的营养细胞不能经受 70 ℃ 以上的高温,可是它们的芽孢却有惊人的耐高温能力。例如,肉毒梭菌(Clostridium botulinum)的芽孢在 100 ℃ 沸水中要经过 5.0~9.5 h 才能被杀死,至 121 ℃ 时,平均也要 10 min 才能被杀死;芽孢的抗紫外线能力一般是其营养细胞的 2 倍。巨大芽孢杆菌芽孢的抗辐射能力要比大肠杆菌的营养细胞强 36 倍。芽孢的休眠能力更是突出。在其休眠期间,不能检查出任何代谢活力,因此称为隐生态(cryptobiosis)。一般的芽孢在普通条件下可保持几年至几十年的生活力。如:环状芽孢杆菌(B. circulans)的芽孢在植物标本上(英国)已保存 200~300 年;一种高温放线菌(Thermoactinomyces sp)的芽孢在建筑材料中(美国)已保存 2000 年;普通高温放线菌(T. vulgaris)的芽孢在湖底冻土中(美国)已保存 7500 年;一种芽孢杆菌(Bacillus sp)的芽孢在琥珀内蜜蜂肠道中(美国)已保存 2500 万~4000 万年。

(1) 产芽孢细菌的种类　目前知道的产芽孢的细菌最主要的是属于革兰氏阳性杆菌的两个属,即好氧性的芽孢杆菌属(Bacillus)和厌氧性的梭菌属(Clostridium)。属于球菌的芽孢八叠球菌属(Sporosarcina)和属于螺菌的孢螺菌属(Sporospirillum)也产芽孢。此外,少数其他杆菌可产生芽孢,如芽孢乳杆菌属(Sporolactobacillus)、脱硫肠状菌属(Desulfotomaculum)、考克斯氏体属(Coxiella)、鼠孢菌属(Sporomusa)和高温放线菌属(Thermoactinomyces)等。芽孢的有无、形态、大小和着生位置是细菌分类和鉴定中的重要指标。芽孢对紫外线、电离辐射、干燥和化学药剂的抗性也比营养细胞要高。芽孢囊是指有芽孢的菌体细胞。产芽孢的细菌不多,目前已知产芽孢细菌的主要类型如下:

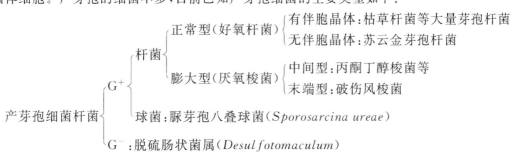

(2) 芽孢的构造　芽孢的细致构造(图 2-19)和主要功能如下。

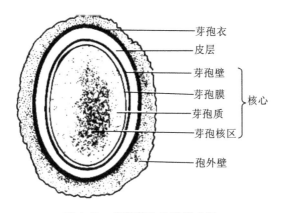

图 2-19　细菌芽孢构造模式图

产芽孢细菌 ┬ 芽孢囊:产芽孢菌的营养细胞外壳
　　　　　└ 芽孢 ┬ 孢外壁:主要含脂蛋白,透性差(有的芽孢无此层)
　　　　　　　　　├ 芽孢衣:主要含疏水性角蛋白,抗酶解、抗药物,多价阳离子难以通过
　　　　　　　　　├ 皮层:主要含芽孢肽聚糖及DPA-Ca,体积大、渗透压高
　　　　　　　　　└ 核心 ┬ 芽孢壁:含肽聚糖,可发展成新的细胞壁
　　　　　　　　　　　　　├ 芽孢质膜:含磷脂、蛋白质,可发展成新的细胞膜
　　　　　　　　　　　　　├ 芽孢质:含DPA-Ca、核糖体、RNA和酶类
　　　　　　　　　　　　　└ 核区:含DNA

皮层(cortex)内含有大量的芽孢肽聚糖,其特点是呈纤维束状、交联度小、负电荷强、可被溶菌酶水解。此外,皮层中还含有吡啶二羧酸钙盐(calcium picolinate,DPA-Ca),但不含磷壁酸。皮层的渗透压可高达20个大气压,含水量约70%,略低于营养细胞(约80%),但比芽孢整体的平均含水量(40%左右)高出许多。芽孢的核心(core)又称芽孢原生质体,由芽孢壁、芽孢质膜、芽孢质和核区四部分组成,它的含水量极低(10%~25%),因而特别有利于抗热、抗化学药物(如H_2O_2),并可避免酶的失活。除芽孢壁中不含磷壁酸以及芽孢质中含DPA-Ca外,核心中的其他成分与一般细胞相似。图2-20为芽孢特有的芽孢肽聚糖和吡啶-2,6-二羧酸钙盐的分子结构式。

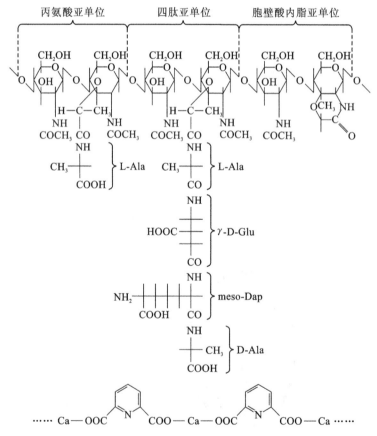

图2-20 芽孢特有的肽聚糖和DPA-Ca的分子结构式

(3) 芽孢的形成(sporulation, sporogenesis) 产芽孢的细菌当其细胞停止生长即环境中缺乏营养及有害代谢产物积累过多时,它就开始形成芽孢。从形态上来看,芽孢形成可分七个

阶段(图 2-21):①DNA 浓缩,束状染色质形成;②细胞膜内陷,细胞发生不对称分裂,其中小体积部分即为前芽孢(forespore);③前芽孢的双层隔膜形成,这时芽孢的抗辐射性提高;④在上述两层隔膜间充填芽孢肽聚糖后,合成 DPA,累积钙离子,开始形成皮层,再经脱水,使折光率增高;⑤芽孢衣合成结束;⑥皮层合成完成,芽孢成熟,抗热性出现;⑦芽孢囊裂解,芽孢游离外出。在枯草芽孢杆菌中,芽孢形成过程约需 8 h,其中参与的基因约有 200 个。在芽孢形成过程中,伴随着形态变化的还有一系列化学成分和生理功能的变化(图 2-22)。

（4）芽孢的萌发(germination) 由休眠状态的芽孢变成营养状态细菌的过程,称为芽孢

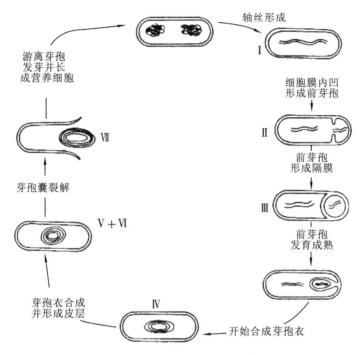

图 2-21 芽孢形成的七个阶段

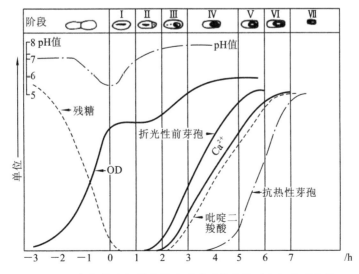

图 2-22 好氧芽孢杆菌在芽孢形成过程中的形态与生理变化

的萌发,它包括活化(activation)、出芽(germination)和生长(outgrowth)三个具体阶段。在人为条件下,活化作用可由短期热处理或用低 pH 值、强氧化剂的处理而引起。例如,枯草芽孢杆菌的芽孢经 7 天休眠后,用60 ℃处理 5 min 即可促进其发芽。由于活化作用是可逆的,故处理后必须及时将芽孢接种到合适的培养基中。有些化学物质可显著促进芽孢的萌发,称作萌发剂(germinant),例如 L-丙氨酸、Mn^{2+}、表面活性剂(n-十二烷胺等)和葡萄糖等。相反,D-丙氨酸和重碳酸钠等则会抑制某些细菌芽孢的发芽。发芽的速度很快,一般仅需几分钟。这时,芽孢衣中富含半胱氨酸的蛋白质的三维空间结构发生可逆性变化,从而使芽孢的透性增加,随之促进与发芽有关的蛋白酶活动。接着,芽孢衣上的蛋白质逐步降解,外界阳离子不断进入皮层,于是皮层发生膨胀、溶解和消失。接着外界的水分不断进入芽孢的核心部位,使核心膨胀、各种酶类活化,并开始合成细胞壁。在发芽过程中,为芽孢所特有的耐热性、光密度和折射率等特性都逐步下降,DPA-Ca,氨基酸和多肽逐步释放,核心中含量较高的可防止 DNA 损伤的小酸溶性芽孢蛋白(small acid-soluble spore proteins,SASPs)迅速下降,接着就开始其生长阶段。这时芽孢核心部分开始迅速合成新的 DNA、RNA 和蛋白质,于是出现了发芽并很快变成新的营养细胞。当芽孢发芽时,芽管可以从极向或侧向伸出,这时它的细胞壁还是很薄的甚至不完整的,但出现了很强的感受态(competence):它接受外来 DNA 而发生遗传转化的可能性增强了。

(5) 芽孢的耐热机制　关于芽孢耐热的本质至今尚无公认的解释。较新的是皮层膨胀渗透调节学说(osmoregulatory expanded cortex theory),由于它综合了不少较新的研究成果,因此有一定的说服力。该学说认为,芽孢的耐热性在于芽孢衣对多价阳离子和水分的透性很差,且皮层的离子强度很高,从而使皮层产生极高的渗透压去夺取芽孢核心的水分,结果造成皮层充分膨胀,而核心部分的细胞质却变得高度失水,因此,具极强的耐热性。从皮层成分来看,它含有大量交联度低(交联度约为 6%)、负电荷强的芽孢肽聚糖,它与低价阳离子一起赋予皮层的高渗透压特性,从而使皮层的含水量增高,随之增大了体积(图 2-23)。由此可知,芽孢整体的含水量少,并不说明其各层次的含水量是均一的,其中皮层与核心间含水量的差别是极其明显的。芽孢有生命部位(核心部位)含水量的稀少(10%～25%)才是其耐热机制的关键所在。除皮层膨胀渗透调节学说外,还有别的学说来解释芽孢的高度耐热机制。例如,针对在芽孢形成过程中会合成大量的为营养细胞所没有的 DPA-Ca,不少学者提出 Ca^{2+} 与 DPA 的螯合作用

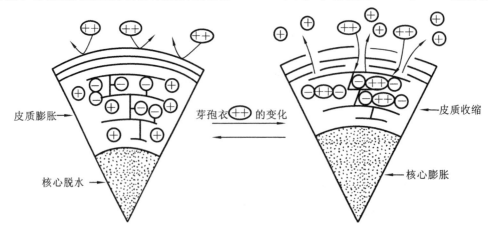

图 2-23　芽孢皮层膨胀与收缩示意图

会使芽孢中的生物大分子形成一种稳定而耐热性强的凝胶。总之,有关芽孢耐热机制是一个重要的有待进一步深入研究的基础理论问题。

(6) 研究芽孢的意义　芽孢是少数几属真细菌所特有的形态构造,因此,它的存在和特点成了细菌分类、鉴定中的重要形态学指标。由于芽孢具有高度耐热性,所以用高温处理含菌试样,可轻而易举地提高芽孢产生菌的筛选效率。由于芽孢的代谢活动基本停止,因此其休眠期特长,这就为产芽孢菌的长期保藏带来了极大的方便。由于芽孢具有高度耐热性和其他抗逆性,因此,是否能消灭一些代表菌的芽孢就成了衡量各种消毒灭菌手段的最重要的指标。例如,若对肉类原料上的肉毒梭菌(*Clostridium botulinum*)灭菌不彻底,它就会在成品罐头中生长繁殖并产生极毒的肉毒毒素,危害人体健康。已知它的芽孢在 pH>7.0 时在 100 ℃下要煮沸 5.0～9.5 h 才能杀灭,如提高到 115 ℃下进行加压蒸汽灭菌,需 10～40 min 才能杀灭,而在 121 ℃下则仅需 10 min。这就要求食品加工厂在对肉类罐头进行灭菌时,应掌握在 121 ℃下维持 20 min 以上。另外,在外科器材灭菌中,常以有代表性的产芽孢菌即破伤风梭菌(*C. tetani*)和产气荚膜梭菌(*C. perfringens*)(是两种严重致病菌)的芽孢耐热性作为灭菌程度的依据,即要在 121 ℃灭菌 10 min 或 115 ℃下灭菌 30 min 才可。在实验室尤其在发酵工业中,灭菌要求更高。原因是在自然界经常会遇到耐热性最强的嗜热脂肪芽孢杆菌(*Bacillus stearothermophilus*)的污染,而一旦遭到污染,则经济损失和间接后果将十分严重。已知其芽孢在 121 ℃下须维持 12 min 才能杀死,据此规定工业培养基和发酵设备的灭菌至少要在 121 ℃下保证维持 15 min 以上。若用热空气进行干热灭菌,则芽孢的耐热性更高,据此规定干热灭菌应在温度为 150～160 ℃下维持 1～2 h。

4. 伴孢晶体

少数芽孢杆菌,例如苏云金芽孢杆菌(*Bacillus thuringiensis*)在其形成芽孢的同时,会在芽孢旁形成一颗菱形或双锥形的碱溶性蛋白晶体,即 δ 内毒素,称为伴孢晶体(parasporal crystal)。它的干重可达芽孢囊重的 30% 左右,由 18 种氨基酸组成。由于伴孢晶体对 200 多种昆虫尤其是鳞翅目的幼虫有毒杀作用,因而可将这类产伴孢晶体的细菌制成有利于环境保护的生物农药-细菌杀虫剂。苏云金芽孢杆菌除产生上述毒素外,有的还会产生 3 种外毒素(α、β、γ)和其他杀虫毒素。

> **知识链接**
>
> ## 生物农药 Bt
>
> 苏云金杆菌(*Bacillus thuringiensis*,Bt)是目前产量最大、使用最广的生物杀虫剂。它的主要活性成分是一种或数种杀虫晶体蛋白(insecticidal crystal proteins,ICPs),又称 δ-内毒素,对鳞翅目、鞘翅目、双翅目、膜翅目、同翅目等昆虫,以及动植物线虫、蜱螨等节肢动物都有特异性的毒杀活性,而对非目标生物安全,因此,Bt 杀虫剂具有专一、高效和对人畜安全等优点。目前苏云金杆菌商品制剂已达 100 多种,但是商品 Bt 制剂在生产防治中也显示出某些局限性,如速效性差、对高龄幼虫不敏感、田间有效期短以及重组工程菌株遗传性状不稳定等都已成为影响 Bt 进一步推广使用的制约因素。因此,提高 Bt 制剂的杀虫效果已成为世界性的研究热点,研究内容主要包括:筛选增效菌株;利用化学添加剂、植物它感素、几丁质酶作为增效物质;昆虫病原微生物间的互作增效等。苏云金杆菌是一种微生物源低毒杀虫剂,以胃毒作用为主。该菌可产生两大类毒素,即内毒素(伴

孢晶体)和外毒素,内毒素可使害虫停止取食,最后害虫因饥饿而死亡,外毒素作用缓慢,在蜕皮和变态时作用明显,这两个时期是 RNA 合成的高峰期,外毒素能抑制依赖于 DNA 的 RNA 聚合酶。该药作用缓慢,害虫取食后 2 天左右才能见效,持效期约 1 天,因此使用时应比常规化学药剂提前 2~3 天,且在害虫低龄期使用效果较好。该药对鱼类、蜜蜂安全,但对家蚕高毒。

三、细菌的繁殖

细菌一般进行无性繁殖,表现为细胞的横分裂,称为裂殖。绝大多数类群在分裂时产生大小相等、形态相似的两个子细胞,称同形裂殖。但有少数细菌在陈旧培养基中却分裂成两个大小不等的子细胞,称为异形裂殖。

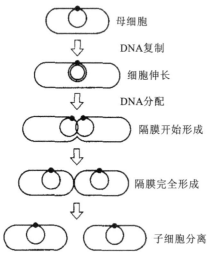

图 2-24 杆菌二分裂过程模式图
(图中 DNA 均为双链)

细菌二分裂的过程:首先从核区染色体 DNA 的复制开始,形成新的双链,随着细胞的生长,每条 DNA 各形成一个核区,同时在细胞赤道附近的细胞膜由外向中心作环状推进,然后闭合在两核区之间产生横隔膜,使细胞质分开。进而细胞壁也向内逐渐伸展,把细胞膜分成两层,每一层分别形成子细胞膜。接着横隔壁亦分成两层,并形成两个子细胞壁,最后分裂为两个独立的子细胞(图 2-24)。

少数细菌以其他方式进行繁殖。例如:柄细菌的不等二分裂,形成一个有柄细胞和一个极生单鞭毛的细胞;生丝微菌等进行出芽繁殖。近年来通过电子显微镜的观察和遗传学的研究,发现在沙门氏菌属等细菌中还存在频率较低的有性接合。

细菌在比较适合的环境条件下,本身的连续生物合成和平衡生长,使得细胞的体积、重量也不断增加,随之也导致了繁殖,目前发现,细菌的繁殖方式主要是裂殖,只有少数的细菌种类是芽殖。

(一)裂殖

裂殖是指一个细胞通过分裂而形成两个细胞的过程。针对具体的细菌类型还可分为三种形式。

1. 二分裂

典型的二分裂是一种对称的二等分裂方式,即一个细胞在其对称中心形成一隔膜,进而分裂成两个形态、大小和构造完全相同的子细胞。大多数细菌类型采用这种方式繁殖。但有少数细菌采用不等二分裂的繁殖方式,结果产生了两个结构和外形有明显区别的子细胞,例如柄杆菌属(*Caulobacter*)细菌,通过此方式产生一个有柄、不运动的子细胞和另一个无柄、有鞭毛能运动的子细胞。

2. 三分裂

在绿色硫细菌中有一属称为 *Pelodictyon*(暗网菌属)的细菌,它在生长过程中,大部分细胞进行二等分分裂繁殖,少部分细胞进行成对的"一对三"分裂(即三分裂),形成一对 Y 形细胞,随后仍进行二等分分裂繁殖,结果是形成了特殊的网眼状菌丝体。

3. 复分裂

寄生的蛭弧菌的小型弧状细菌为复分裂繁殖:当它在宿主体内生长时,形成盘曲的长细胞,然后细胞多处同时发生均等长度的分裂,形成多个弧形子细胞。

(二) 芽殖

芽殖是指在母细胞表面(尤其是在其一端)先形成一个小突起,待其长大到与母细胞相仿后再相互分离并独立生活的一种繁殖方式。如芽生杆菌属(*Blastobacter*)的细菌。

四、细菌的群体形态

细菌的群体形态是指大量的细菌在不同的培养基上表现出的形态。采用的培养基不同,所能见到的群体形态也不一样。

(一) 在固体培养基上的形态

将单个细菌细胞或少量同种细菌接种在固体培养基的表面,当它占有一定的发展空间并处于适宜的培养条件时,该细菌就迅速生长繁殖。结果会形成以母细胞为中心肉眼可见的,并有一定形态、构造的子细胞集团,这就是菌落(colony)。如果菌落是由一个单细胞发展而来的,则它就是一个纯种细胞群或克隆(clone)。如果将某一纯种的大量细胞密集地接种到固体培养基表面,结果长成的"菌落"相互连接成一片,这就是菌苔。

描述菌落特征时须选择稀疏、孤立的菌落,其项目包括大小、形状、边缘情况、隆起形状、表面状态、质地、颜色和透明度等(图 2-25)。多数细菌菌落呈圆形,小而薄,表面光滑、湿润、较黏稠,半透明,颜色多样,色泽一致,质地均匀,易挑取,常有臭味。这些特征可与其他微生物菌落相区别。

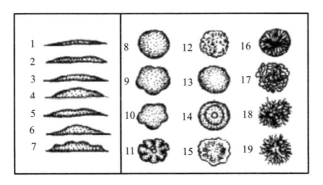

图 2-25 细菌的菌落特征

注:侧面观察:1—扁平;2—隆起;3—低凸起;4—高凸起;5—脐状;6—草帽状;7—乳头状。
正面观察:8—圆形、边缘完整;9—不规则、边缘波浪状;10—不规则、颗粒状、边缘叶状;
11—规则、放射状、边缘叶状;12—规则、边缘呈扇边形;13—规则、边缘呈齿状;
14—规则、有同心环、边缘完整;15—不规则、毛毯状;16—规则、菌丝状;
17—不规则、卷发状、边缘波状;18—不规则、呈丝状;19—不规则、根状。

不同细菌的菌落也具有自己的特有特征,对于产鞭毛、荚膜和芽孢的种类尤为明显。例如,对于无鞭毛、不能运动的细菌尤其是各种球菌来说,随着菌落中个体数目的剧增,只能依靠

"硬挤"的方式来扩大菌落的体积和面积,因而就形成了较小、较厚及边缘极其圆整的菌落。对于长有鞭毛的细菌来说,菌落大而扁平、形态不规则、边缘多呈锯齿状,运动能力强的细菌还会出现树根状,甚至出现能移动的菌落。有荚膜的细菌,菌落往往十分光滑,并呈透明的蛋清状,形状较大。产芽孢的细菌,因其芽孢引起的折光率变化而使菌落的外形变得很不透明或有"干燥"之感,并因其细胞分裂后常呈链状而引起菌落表面粗糙、有褶皱感,再加上它们一般都有周生鞭毛,因此产生了既粗糙、多褶、不透明,又有外形及边缘不规则特征的独特菌落。

同一种细菌在不同条件下形成的菌落特征会有差别,但在相同的培养条件下形成的菌落特征是一致的。所以,菌落的形态特征对菌种的分类鉴定有重要的意义。菌落还常用于微生物的分离、纯化、鉴定、计数及选种与育种等工作。常将单个细菌(或其他微生物)细胞或一小堆同种细胞接种到固体培养基表面(有时为内层),当它占有一定的发展空间并处于适宜的培养条件下时,该细胞就会迅速生长繁殖并形成细胞堆,此即为菌落。具体地讲,就是母细胞在固体培养基上形成的以自己为中心的一堆肉眼可见的,有一定形态、构造等特征的子细胞集团。由一个单细胞形成的菌落,就是一个纯种的细胞群或克隆。大量纯种细胞在固体培养基上散落可出现多个菌落相互连接成片的现象,称为菌苔。

一般细菌的菌落特征为湿润、光滑、较透明、较黏稠、易挑取、质地均匀,菌落正、反面或边缘与中央的颜色一致。当然,不同形态、不同生理类型的细菌,其菌落形态、构造也有许多明显的不同。例如:无鞭毛、不能运动的细菌尤其是球菌通常都形成较小、较厚、边缘圆整的半球状菌落;长有鞭毛、有运动能力的细菌一般形成大而平坦、边缘多呈锯齿状、不规则的菌落;有糖被的细菌,会出现较大、透明、蛋清状的菌落;有芽孢的细菌常形成外观粗糙而"干燥"、不透明且表面多褶的菌落。

(二) 在半固体培养基上的形态

由于纯种细菌在半固体培养基上有特殊的培养性状,因此常被用来进行菌种鉴定。方法是将培养基灌注在试管中,形成高层直立柱,然后用穿刺接种法接入实验菌种,观察它在培养基中的生长特征。如用明胶半固体培养基做实验,可根据明胶柱液化层中呈现的不同形状来判断某细菌是否有蛋白酶产生。此外还可以根据立柱表面和穿刺线上细菌的生长状态和是否有扩散现象来判断它的运动能力和其他特征。

(三) 在液体培养基上(内)的形态

在液体环境中生长,细菌的细胞特征、比重、运动能力和氧气等因素都会影响其形态,常出现混浊、沉淀,一些好氧细菌则在液面上大量生长,形成特征性的厚薄有差异的菌醭,或出现环状、小片状不连续的菌膜(图2-26)。

五、细菌的主要类型*

依据现有的研究,细菌的主要类型可进一步分为以下几种(类型和各属特征主要按《伯杰氏系统细菌学手册(第1版)》(1984—1989)划分)(该版是《伯杰氏鉴定细菌学手册(第9版)》的重要依据)。

---

* 阅读材料。

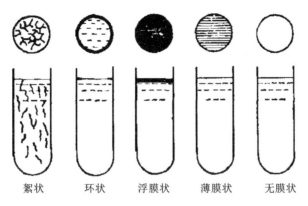

图 2-26 液体试管培养特征

（一）革兰氏阴性细菌

革兰氏阴性细菌是原核生物中种类最多的一大类细菌。细胞形态和排列方式简单，繁殖方式为横向二分分裂，运动的种以自由游动方式进行，营化能有机营养，其生长主要为异养方式，有些种在 H_2 的环境中可以自养生长。多数为腐生菌，有些为寄生菌。寄生菌中有的是条件致病菌，有的为高度致病菌。其生态分布相当广泛，如分布于水中、土壤、动植物体及人体。革兰氏阴性细菌中的许多种在工业、农业、环境保护、医学上具有重要的应用价值。重要的属种介绍如下。

1. 螺旋体

螺旋体菌体细长、弯曲，呈螺旋状，其大小为 $(0.1\sim3)$ μm×$(5\sim250)$ μm。这类细菌以前曾被误认为是介于原生动物和细菌之间的一类微生物，其理由是未发现螺旋体的细胞壁。现已证实螺旋体细胞的主体仍然是由细胞质和核区组成，而细胞的外围则裹以细胞膜和细胞壁，形成原生质柱。在螺旋状的原生质柱外缠绕着周质鞭毛（periplasmic flagella），也称轴丝，轴丝与原生质柱再由3层膜包围，称为外鞘（图2-27）。每个细胞具有2~100条或以上的周质鞭毛，使菌体在液体环境中可游动或沿纵轴旋转和屈曲运动。在固体基质上可爬行或蠕动。根据形态、生理特性、致病性和生态环境，螺旋体分为六个属：脊螺旋体属（*Cristispira*）、螺旋体属（*Spirochaeta*）、密螺旋体属（*Treponema*）、疏螺旋体属（*Borrelia*）、钩端螺旋体属（*Leptospira*）、纤线菌属（*Leptospira*）。螺旋体在系统发育上形成一个独特的细菌系。

图 2-27 螺旋体的形态

2. 螺旋状或弧状的革兰氏阴性细菌

这类细菌的细胞呈螺旋状或弧状，螺旋圈数为1到多圈。具有典型的细菌鞭毛，营化能有机营养，大多数的种不能利用糖类，有的种可以在含有 H_2、CO_2 和 O_2 的混合气体中自养生长，有的可在微氧条件下固氮。螺旋状细菌现在已包括九个属：螺菌属（*Spirillum*）、水螺菌属（*Aquaspirillum*）、海洋螺菌属（*Oceanospirillum*）、固氮螺菌属（*Azospirillum*）、草螺菌属（*Herbaspirillum*）、弯曲杆菌属（*Campylobacter*）、螺杆菌属（*Helicobacter*）、蛭弧菌属

(*Bdellovibrio*)、螺状菌属(*Spirosoma*)。蛭弧菌属中有一类特别的细菌,称为蛭弧菌,它们可以寄生在另外一些菌体上,利用寄主的细胞质组分作为营养进行生长发育,也可无寄主而生存。图2-28是蛭弧菌的生活周期示意图。

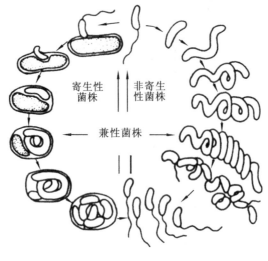

图2-28 蛭弧菌生活史

3. 革兰氏阴性杆菌和球菌

在形态和生理特征上,这些细菌都是极其多样的。它们都能利用氧作为最终电子受体而进行严格的呼吸产能代谢。有些也能进行厌氧产能呼吸,这时以硝酸盐、延胡索酸盐或其他物质作为最终电子受体,有的可固氮。

(1) 假单胞菌属 假单胞菌属(*Pseudomonas*)是有1根或几根极生鞭毛的直或弯曲的杆菌,它们的最突出的特点是在大多数情况下营养简单,大多数以有机化合物作为碳源和能源。假单胞菌是土壤和水中重要的细菌,它们能在有氧的情况下分解动植物的尸体。少数的种是人、动植物的病原菌,如铜绿色假单胞菌(*P. aeruginosa*)与人的泌尿生殖道和呼吸道感染有关,当它感染了严重烧伤或皮肤外伤的创伤面后,会引起全身性感染,导致败血症。由于该菌在创伤面生长可产生蓝脓素而使脓液呈蓝绿色,所以通常把它称为绿脓杆菌。在土壤中该菌作为反硝化细菌在自然界的氮素循环中起重要作用。鼻疽假单胞菌(*P. mallei*)可引起马、驴的鼻疽病。许多假单胞菌对植物有致病性,《伯杰氏鉴定细菌学手册(第7版)》中的149个种有90个种是植物病原菌,可引起各种斑点病和条斑病。另外该属的一些嗜冷的种常造成冷库中冷藏食品的腐坏、冷藏血浆的污染。但多数假单胞菌在工业、农业、污水处理、消除环境污染中起重要作用。

(2) 黄单胞菌属 黄单胞菌属(*Xanthomonas*)专性好氧,有极生鞭毛,为直杆状细菌。它们在培养基上产生一种非水溶性的黄色色素(一种类胡萝卜素),其化学成分为溴芳基多烯,使菌落呈黄色。所有的黄单胞菌都是植物病原菌,可引起植物病虫害。水稻黄单胞菌(*X. oryzae*)可引起水稻白叶枯病。造成甘蓝黑腐病的野油菜黄单胞菌(*X. campestris*)可作为菌种生产荚膜多糖,即黄原胶,它在纺织、造纸、搪瓷、采油、食品等工业上有广泛的用途。

(3) 固氮菌属(*Azotobacter*) 细胞卵圆形,个体大,在含有糖类的培养基上,菌体可形成丰厚的荚膜或黏液层,使菌落呈黏液状。细胞内具有特殊的防氧保护机制,可在好氧条件下自生固氮,每消耗1 g葡萄糖至少可固定10 mg大气中的氮素。固氮酶中的钼可用钒替代。固氮菌主要分布在土壤和水中。

（4）根瘤菌属　根瘤菌属（*Rhizobium*）细胞为杆状，可呈多形态。在糖类培养基上生长时可产生大量细胞外黏液。根瘤菌刺激豆科植物的根部形成根瘤，在根瘤中根瘤菌以只生长不分裂的类菌体（bacteroid）的形式存在。类菌体被一层类菌体周膜（periobacterial membrane）包围，形成了一个良好的氧、氮和营养环境，使其能有效地进行根瘤菌与豆科植物的共生固氮。除根瘤菌属外，中华根瘤菌属（*Sinorhizobium*）、慢生根瘤菌属（*Bradyrhizobium*）、固氮根瘤菌属（*Azorhizobium*）和中慢生根瘤菌属（*Mesorhizobium*）也都是与植物共生的根瘤菌。

（5）甲基球菌属和甲基单胞菌属　虽然甲基球菌属（*Methylococcus*）是球状细菌，甲基单胞菌属（*Methylomonas*）是直、弯曲或有分支的杆菌，但两个属的共同特征是，在好氧和微好氧条件下，以甲烷、甲醇、甲醛等一碳化合物作为唯一碳源和能源，所以它们又称为甲烷氧化菌。由于它们具有这一独特的生理特性，人们认为将来有可能利用甲烷这种廉价和广泛的碳源培养甲烷氧化菌以获得无毒的细菌蛋白质，以扩大人类蛋白质食品的来源。

（6）醋酸杆菌属　醋酸杆菌属（*Acetobacter*）细胞呈椭圆形至杆状、直或稍弯曲。本属细菌最显著的特征是能将乙醇氧化成醋酸，并将醋酸或乳酸进一步氧化成 H_2O 和 CO_2。其生长的最佳碳源是乙酸和乳酸，是制醋工业的菌种。醋酸杆菌多分布于植物的花、果实以及葡萄酒、啤酒、苹果汁和果园土中。有的种可引起菠萝的粉红病和苹果、梨的腐烂病。有的菌株在生长过程中可以合成纤维素，这在细菌中是非常罕见的，纤维素微丝缠结成片层将菌体包埋起来，在液体培养基静止状态下，可形成一层纤维素膜。

（7）埃希氏菌属　埃希氏菌属（*Escherichia*）细胞呈直杆状。许多菌株产荚膜和微荚膜，有的菌株生有大量的菌毛，化能有机营养型，因其为兼性厌氧菌，所以具有呼吸代谢和发酵代谢两种产能系统。该属中最具有典型意义的代表种是大肠埃希氏菌（*E. Coli*），即大肠杆菌，它是微生物学、分子遗传学、基因工程研究的好材料，大肠杆菌存在于动物和人的肠道内，是肠道内的正常菌群。在正常情况下，大肠杆菌可以合成 B 族维生素和维生素 K 供人体吸收利用，一些菌株能产生大肠杆菌素，抑制肠道致病菌（如痢疾杆菌）和腐生菌的滋生，对机体有利。但是，当机体处于极度衰弱时或机体出现外伤时，大肠杆菌可侵入肠外组织或器官，从而可引起肠外感染，如泌尿系统感染。一些致病性的大肠杆菌能产生由质粒编码的肠毒素，可引起婴儿、成年人和幼畜的严重腹泻。如大肠杆菌 O157 菌株，曾引发人群严重的肠道传染病。大肠杆菌不断随粪便排出体外，将污染周围的环境，水源、饮料及食品等。大肠杆菌的数量越多，表示粪便污染的情况越严重，同时还表明，可能存在伤寒杆菌、痢疾杆菌等肠道致病菌。因此，卫生细菌学上常以"大肠菌群数"和"细菌总数"作为饮用水、牛奶、食品、饮料等卫生检定指标。按我国卫生部颁布的卫生指标，生活饮用水的细菌总数每毫升不得超过 100 个，在 1000 mL 水中大肠菌群不得超过 3 个。

此外，志贺氏菌属（*Shigella*）、沙门氏菌属（*Salmonella*）、克雷伯氏菌属（*Klebsiella*）、肠杆菌属（*Enterobacter*）、沙雷氏菌属（*Serratia*）、变形杆菌属（*Proteus*）、耶尔森氏菌属（*Yersinia*）、欧文氏菌属（*Erwinia*）、奈瑟氏球菌属（*Neisseria*）、莫拉氏菌属（*Moraxella*）、弧菌属（*Vibrio*）、发光杆菌属（*Photobacterium*）、气单胞菌属（*Aeromonas*）、嗜血菌属（*Haemophilus*）、发酵单胞菌属（*Zymomonas*）、拟杆菌（*Bacteroides*）和脱硫弧菌属（*Desulfovibrio*）等属中菌种繁多，分布广泛，与人类关系密切，许多都是致病菌，有的还是严重的传染病的病原体，有的则可用来生产人们所需要的产品。

（二）革兰氏阳性细菌

革兰氏阳性细菌是细菌中重要的一大类群。细胞形状为球形或杆状，多数规则，其排列呈单个、成对或成链，或成分枝状菌丝；有的具多形态，有的形成耐热的芽孢；为腐生和寄生类型，有的是人和动物的强烈致病菌。

1. 革兰氏阳性球菌

革兰氏阳性球菌是系统发育和遗传特性差异很大的一群细菌，呈球形，有机营养和不形成芽孢是它们共同的形态学特征和生理特点。革兰氏阳性球菌包括的属有微球菌属（*Micrococcus*）、葡萄球菌属（*Staphylococcus*）、明串珠菌属（*Leuconostoc*）、口腔球菌属（*Stomatococcus*）、动性球菌属（*Planococcus*）、八叠球菌属（*Sarcina*）、奇异球菌属（*Deinococcus*）、瘤胃球菌属（*Ruminococcus*）、消化球菌属（*Peptococcus*）、消化链球菌属（*Peptostreptococcus*）。

（1）微球菌属（*Micrococcus*）　大多数的种可产生类胡萝卜素，所以它们的菌落可呈黄、橙、橙红、粉红或红色。主要分布在哺乳动物的皮肤上，也存在于肉类、乳制品、土壤和水中。从系统发育上看，微球菌不应该是一个独立的属，它们与节杆菌（*Arthrobacter*）的关系反而比与葡萄球菌和动性球菌的关系更为密切，分类学家认为，微球菌可能是节杆菌在细胞周期中的球菌阶段，是一种退化形式。

（2）葡萄球菌属（*Staphylococcus*）　主要存在于温血动物的皮肤、皮肤腺体和黏膜上。有的种是人或动物的条件致病菌，可引起化脓性感染，如丘疹、肺炎、骨髓炎、心肌炎、脑膜炎及关节炎等，也可产生肠毒素，引起食物中毒。

（3）明串珠菌属（*Leuconostoc*）　其生长需要含有复杂生长因子和氨基酸的丰富培养基，所有的种都需要烟酸、硫胺素、生物素及泛酸的衍生物，在培养基中添加酵母粉、西红柿等菜汁可加速其生长。通过己糖单磷酸途径和磷酸酮糖裂解途径联合发酵葡萄糖，可形成异型乳酸发酵而产生左旋乳酸或右旋乳酸。该属细菌分布在牛奶和植物汁液中，无致病性。肠膜状明串珠菌（*L. mesenteroides*）能在蔗糖中生成大量黏液性物质，其成分为右旋糖苷，这种葡聚糖可作为血浆代用品，用于输液和战地救护。但这种菌也是制糖工业和食品加工业中的有害菌。

2. 产芽孢的革兰氏阳性杆菌和球菌

这是一类在细菌的生活周期中产生内生孢子的细菌。芽孢是菌体的休眠器官，是细菌细胞物质功能上的分化现象。芽孢产生后从细胞中脱离出来，遇到合适的环境会萌发长出一个新细菌，细胞数量并未增加，所以芽孢不是繁殖器官。

（1）芽孢杆菌属（*Bacillus*）　细胞呈杆状，内生一个芽孢，好氧或兼性厌氧，化能有机营养类型。分子氧是最终电子受体。其生理特性极其广泛，从嗜冷到嗜热，从嗜酸到嗜热，多种多样。许多种具有广泛的经济意义。枯草芽孢杆菌（*B. subtilis*）是代表种，该种除作为细菌生理学研究外，还是一种重要的工业生产用菌种，可生产蛋白酶、淀粉酶。属内的地衣芽孢杆菌（*B. licheniformis*）可用于生产碱性蛋白酶、甘露聚糖酶和杆菌肽（一种畜用抗生素，可杀灭动物肠道中的革兰氏阳性致病菌）。用多黏芽孢杆菌（*B. polymyxa*）生产多黏菌素，多黏菌素可用于杀灭家畜、家禽肠道内的革兰氏阴性致病菌。炭疽芽孢杆菌（*B. anthracis*）是人和动物的致病菌，可引起皮肤炭疽、肺炭疽、肠炭疽等炭疽病。蜡状芽孢杆菌（*B. cereus*）是工业发酵生产中常见的污染菌，同时也可引起人的肠胃炎。苏芸金芽孢杆菌（*B. thuringiensis*）的伴孢晶体可杀死农业害虫如玉米螟虫、棉铃虫，是无公害的农药。幼虫芽孢杆菌（*B. larvae*）、日本甲虫芽孢杆菌(B. popilliae)是昆虫的致病菌。球形芽孢杆菌(B. sphaericus)可杀灭蚊子的幼虫。

(2) 梭状芽孢杆菌属(Clostridium)　细胞呈杆状，形成椭圆形或球形芽孢，芽孢常使菌体膨大呈鼓槌状、梭状。大多数为专性厌氧，化能有机营养类型。常见于土壤、海水、淡水的沉积物，人和动物的肠道中也有分布。丙酮丁醇梭菌(C. acetobutylicum)是工业上采用发酵法生产丙酮丁醇的菌种。

(3) 芽孢八叠球菌属(Sporosarcina)　在形态上同八叠球菌。在特定的条件下形成芽孢，严格好氧，化能有机营养类型，大多数菌株的生长都需要生长因子。广泛分布于土壤中，有的种可从海水中分离到。

3. 革兰氏阳性杆菌

(1) 乳酸杆菌属(Lactobacillus)　形态变化大，从细长、偶有弯曲的杆状到短的球杆状。多为成链排列。微好氧，具发酵代谢，化能有机营养类型，营养要求复杂，需要生长因子。其明显的特征是具有高度的耐酸性，最适 pH 5.5~6.2，在 pH 5.0 以下仍可生长。专性代谢糖类化合物生成 50% 以上的乳酸。多分布于乳制品、发酵植物食品如泡菜、酸菜中，也分布于青储饲料和人的肠道中，尤其是分布于乳儿的肠道中。它们是许多恒温动物，包括人类口腔、胃肠和阴道的正常菌群，很少致病。德氏乳酸杆菌(L. delbruckii)是工业上生产乳酸的菌种。

(2) 棒杆菌属(Coryneacterium)　细胞较直或略弯，两端常呈一端膨大的棒状。因行折断分裂，常呈"八"字形和栅状排列。兼性厌氧，有的为好氧，化能有机营养类型。其细胞壁中含有内消旋二氨基庚二酸和阿拉伯糖、半乳糖。呼吸链中有甲基萘醌，细胞内含有枝菌酸。腐生型的棒杆菌生存于土壤、水体中，如产生谷氨酸的北京棒杆菌(C. Pekinense)。利用该菌种，根据代谢调控的机制，已筛选出生产各种氨基酸的菌种。寄生型的棒杆菌可引起人、动植物的病虫害，如使人患白喉病的白喉棒状杆菌(C. Diphtheriae)以及造成马铃薯环腐病的马铃薯环腐病棒杆菌(C. Sepedonicum)。

(3) 丙酸杆菌属(Propionibacterium)　多变的形态是这类细菌形态学上突出的特征。虽为一端圆一端尖的棒杆状，但老龄细胞(对数生长后期)则多呈球形。在排列方式上呈多样性：或单个、成对、成短链；或呈 V 形、Y 形细胞对；或以汉字状簇群排列。细胞壁中含有 LL-二氨基庚二酸和内消旋 DAP，厌氧至耐氧，化能有机营养类型。能使乳酸、糖类和蛋白胨发酵产生大量的丙酸及乙酸，使乳酪具有特殊风味是这类细菌的独特特征。可从牛奶、奶酪、人的皮肤、人与动物的肠道中分离出来。有的种对人有致病性。费氏丙酸杆菌(P. Freudenreichii)是工业上用来生产丙酸和维生素 B_{12} 的菌种。

(4) 双歧杆菌属(Bifidobacterium)　细胞形态呈多样性，长细胞略弯或有突起，或有不同分支，或有分叉，或产生匙形末端；短细胞端尖，也有球形细胞。细胞排列或单个，或成链，或呈星形、V 形及栅状。厌氧，有的能耐氧。以发酵方式代谢，可通过特殊的 6-磷酸果糖途径分解葡萄糖。存在于人、动物及昆虫的口腔和肠道中。近年来，许多实验证明双歧杆菌产乙酸，具有降低肠道 pH 值、抑制腐败细菌滋生、分解致癌前体物、抗肿瘤细胞、提高机体免疫力等多种对人体健康有效的生理功能。

(5) 分枝杆菌属(Mycobacterium)　细胞呈略弯曲或直的杆状，有时有分枝，也能出现丝状或以菌丝体状生长。当受到触动时菌丝破碎成杆状或球状。由于细胞表面含有分枝菌酸，具有抗酸性。细胞壁中的肽聚糖含有内消旋二氨基庚二酸、阿拉伯糖和半乳糖。质膜中的磷脂含有磷脂酰乙醇胺。好氧，化能有机营养类型，包括专性细胞内寄生、腐生和兼性。可从土壤、痰液和其他污染物中分离到。结核分枝杆菌（$M.\ tuberculosis$）是人类结核病，如肺结核、肠结核、骨结核、肾结核的病原菌。结核分枝杆菌分为人型、牛型、鸟型、鼠型、冷血动物型以及非洲型。麻风分枝杆菌（$M.\ leprae$）是引起人类麻风病的病原菌，动物中的犰狳对麻风分枝杆菌高度易感，是研究麻风分枝杆菌的动物模型。

（三）光合细菌

自然界中能以光合作用产能的细菌根据它们所含光合色素和电子供体的不同可分为产氧光合细菌（蓝细菌、原绿菌）和不产氧光合细菌（紫色细菌、绿色细菌）。

1. 蓝细菌（Cyanobacter）

这是一类含有叶绿素 a、以水作为供氢体和电子供体、通过光合作用将光能转变成化学能、同化 CO_2 为有机物质的光合细菌。由于它们具有与植物相同的光合作用系统，历史上曾被藻类学家归为藻类，称为蓝藻。对蓝细菌细胞结构的研究表明，蓝细菌的细胞核不具有核膜，没有有丝分裂器，细胞壁由含有二氨基庚二酸的肽聚糖和脂多糖层构成，革兰氏染色呈阴性，分泌黏液层、荚膜或形成鞘衣，细胞内含有 70S 核糖体，虽具有叶绿素的光合色素，但不形成叶绿体，进行光合作用的部位是含有叶绿素 a、β-胡萝卜素、类胡萝卜素、藻胆素（包括藻蓝素和藻红素）的类囊体（thylakoid）。蓝细菌的这些与原核生物相近的特征，使它们成为细菌家族的一员。以藻蓝素占优势的色素使细胞呈现特殊的蓝色，故而得名为蓝细菌。按形态可分为 5 大类群，包括 29 个属。蓝细菌的细胞大小差异悬殊，最小的聚球蓝细菌属（$Synechococcus$），其直径仅为 0.5～1 μm，而大颤蓝菌属（$Oscillatoria$）直径可超过 60 μm。蓝细菌在自然界中的分布极广，河流、湖泊和海水等水域中常见。蓝细菌的营养极为简单，不需要维生素，以硝酸盐或氨作为氮源，多数能固氮，在稻田中培养蓝细菌可保持和提高土壤肥力。一些实验证明，将蓝细菌作为食物和辅助营养物，可用于治疗肝硬化、贫血、白内障、青光眼、胰腺炎等疾病。对糖尿病、肝炎也有一定的疗效。蓝细菌有别于真核生物的放氧光合作用，可能是地球上生命进化过程中第一个产氧的光合生物，对地球上从无氧到有氧的转变、真核生物的进化起着里程碑式的作用。

2. 紫色细菌

紫色细菌这是一群含有菌绿素和类胡萝卜素、能进行光合作用、光合内膜多样、以硫化物或硫酸盐作为电子供体、沉积硫的光能自养型细菌。因含有不同类型的类胡萝卜素，细胞培养液呈紫色、红色、橙褐色、黄褐色，故称为紫色细菌。红螺菌属（$Rhodospirillum$）、红假单胞菌属（$Rhodopseudomonas$）和红微菌属（$Rhodomicrobium$），曾被认为不能利用硫化物作为电子供体以还原 CO_2 构成细胞物质，所以一直称它们为非硫紫色细菌。后来发现，这些细菌的大多数尚可以利用低浓度的硫化物，现归为紫色硫细菌。多分布在淡水、海水和高盐等含有可溶性有机物和低氧压的水生环境中，也常见于潮湿的土壤和水稻田中。

知识链接

未来的光合作用膜

自然界中，除了绿色植物能进行光合作用外，还有光合细菌可以进行不产氧的光合作用，但随着对光合细菌光合作用机制研究的深入，发现很多有趣的光合作用机制，嗜盐菌紫膜的光合作用尤为突出。这类菌有一条可以在无氧条件下，依靠细胞膜上的紫膜吸收光能产生 ATP 的途径,这是目前知道的最简单的光合磷酸化。对盐生盐杆菌细胞膜的研究发现,它由红膜和紫膜组成,红膜用于氧化磷酸化;紫膜用于光合磷酸化。紫膜由细菌视紫红质蛋白和类脂组成。细菌视紫红质具有质子泵功能,在光量子驱动下将膜内产生的 H^+ 排至细胞膜外,使紫膜内外形成质子梯度,当膜外的 H^+ 通过膜上的 ATP 合成酶进入膜内时合成 ATP。该紫膜除了光合作用外,还具有光能转化特性,如将太阳能转化为电能,而且它在光作用下的变构现象,也可以作为生物计算机的光开关、存储器等。

(四) 化能无机营养细菌

这类细菌中的大多数通常是从氧化无机物中获取能量,以 CO_2 为唯一碳源,称为化能无机营养细菌,包括硝化细菌、氢细菌、无色硫细菌等。但是,也有许多化能无机营养细菌也能利用有机物,而且并不依赖 CO_2 作为唯一碳源。

1. 硝化细菌

凡是能利用还原态的无机氮化合物进行无机营养生长的细菌,称为硝化细菌。在自然界中,没有一种化能无机自养细菌能够把氨完全氧化成硝酸盐,而是由两类不同生理类群的细菌共同完成这一氧化过程。能够把氨氧化成亚硝酸盐的细菌称为亚硝化细菌。能够将亚硝酸进一步氧化成硝酸盐的细菌称为硝化细菌。

2. 无色硫细菌

能够氧化还原态或部分还原态无机硫化合物的非光能营养型细菌,称为无色硫细菌。它们有别于在厌氧有光条件下氧化还原态硫化合物的光合硫细菌。这些细菌在硫素的循环中起主要作用。从对硫化物的氧化中生成元素硫,保证了硫的供应和对硫的进一步氧化作用,构成硫素循环中不可缺少的一步。它们分布在河流、湖泊和土壤中。其中有代表性的属是硫杆菌属(*Thiobacillus*)。硫杆菌属的细胞呈小杆状,能氧化硫或各种还原态的硫化合物,如硫化物、硫代硫酸盐、连多硫酸盐和硫氰酸盐。氧化的终产物是硫酸盐,从中获得能量,以 CO_2 为唯一碳源,营自养生活。由于低能量的化能自养生活,这类细菌生长缓慢。硫酸盐氧化产物的形成,会造成酸性的环境,可用此类细菌进行冶金。硫酸或硫酸盐可将辉铜矿中的铜转化成为硫酸铜,溶于水中,然后用置换或萃取的方法提取出海绵铜,经加工制成铜锭。硫杆菌参与细菌冶金的反应式如下:

$$Cu_2S + 2Fe_2(SO_4)_3 \longrightarrow 2CuSO_4 + 4FeSO_4 + S$$

$$CuSO_4 + Fe \longrightarrow FeSO_4 + Cu \downarrow$$

$$2S + 3O_2 + 2H_2O \longrightarrow 2H_2SO_4$$

$$4FeSO_4 + 2O_2 + 2H_2SO_4 \longrightarrow 2Fe_2(SO_4)_3$$

这类细菌的代表种是氧化硫硫杆菌(*Thiobacillus thiooxidas*)和氧化亚铁硫杆菌(*Thiobacillu ferrooxidas*)。

3. 氢细菌

这是一类能以 H_2 作为电子供体,通过对 H_2 的氧化获取能量、同化 CO_2 的化能自养细菌。目前该类群的细菌仅有氢杆菌属(*Hydrogenobacter*)一属,细胞呈直杆状,最适生长温度为 70~75 ℃,最高为 80 ℃,细胞内脂肪酸的主要成分是 18 碳的直链饱和酸和 20 碳的直链不饱和酸。该菌在宇航业中具有潜在的重要利用价值。

（五）有附属物、无附属物芽殖和非芽殖的细菌

有些细菌在细胞表面产生细胞质性突起物，如柄、菌丝等，突起物的直径比母细胞小，内含细胞质，外具细胞壁，称为附属物。这类细菌与典型的真细菌的区别在于它们的繁殖方式、特殊的形状和完整的生活史。

1. 有附属物芽殖的细菌生丝微菌属 (Hyphomicrobium)

细胞呈杆状，末端尖，或呈椭圆形、卵形、菜豆形。可产生单极生或双极生的丝状物，长度不一。其繁殖方式独特。形成生活史为：母细胞附着在固体基物上→长出丝状物→丝状物末端形成芽体→芽体膨大，长出1根鞭毛形成子细胞→脱离母细胞，游动→子细胞失去鞭毛，成熟为母细胞。在有些情况下，子细胞不脱离母细胞，可以从另一端或每一端长出丝状物，也可以不形成丝状物，芽体直接由母细胞长出。生丝微菌属是好氧的化能有机营养型，可以从含有大量锰沉积物的水管中分离到。

2. 有附属物非芽殖的细菌柄杆菌属 (Caulobacter)

细胞呈杆状或类弧状、纺锤状。这种细菌具有十分独特的不对称细胞分裂方式，形成非芽殖的分周期。幼龄细胞一端着生1根鞭毛，老龄细胞具柄，柄同样具有外膜、肽聚糖、细胞膜和细胞质。其生活史为：细胞延长，以收缩方式行二分分裂，无隔膜→一端长出1根鞭毛，成为游动细胞→与母细胞脱离，游动→固着在新的基物上→鞭毛消失，由长鞭毛处形成新柄。

3. 无附属物、非芽殖的细菌嘉氏铁柄杆菌属 (Gallionella)

细胞呈肾形，子细胞分裂后迅速变圆。在含有亚铁的天然水或矿物质培养基中生长的细胞，从细胞的凹面处分泌出胶质的氢氧化铁，形成由一束数量很多的细丝构成的无机质的柄，柄的宽度为 $0.3 \sim 0.5\ \mu m$，长度可达 $400\ \mu m$。二分分裂繁殖，在分裂过程中连续产生柄，扭曲或不扭曲，产生叉状分枝。细胞旋转式运动引起柄的扭曲。若细胞离开柄，则靠1根单极生鞭毛运动。

4. 无附属物、芽殖的细菌浮霉状菌属 (Planctomyces)

细胞呈球形、椭圆形，泪珠状或球茎状。个体较大，最大可达 $3.5\ \mu m$，细胞长有由多纤维组成的刺突、束、刺毛，它们不完全是用于连接细胞和基物，而是通过固着器将细胞连接成同源的聚集物，呈玫瑰花结或花束状。芽殖，具有生活史循环：无柄母细胞发芽→具鞭毛的游离细胞→失去鞭毛→无柄可发芽的母细胞。

（六）鞘细菌、滑行细菌和黏细菌

鞘细菌是一类以丝状体生长的细菌，多个细菌共处于管状的鞘内，细胞呈直线排列，外观上鞘细菌呈丝状。这类细菌具有独特的生活史，如球衣菌属 (Sphaerotilus)，其生活史为：鞘内细胞二分分裂繁殖→推向鞘末端的新细胞合成新鞘物质→细胞从鞘内释放→游离细胞→固定生长→形成新的丝状体。广泛分布于富含有机物的水生环境中，在化工厂的冷却水管道中滋生时，可造成管道堵塞。游动球衣菌 (S. natans) 是目前唯一的种。

滑行细菌是一类形态和生理特性多样，而且亲缘关系并不密切的细菌，其共同点是，细胞不借助可见的运动器官而是进行滑行运动。有些滑行细菌在运动时是沿着长轴在向前旋转，而有的则是只保持细胞的一边与基物表面接触，向前滑行。这类细菌不形成子实体，也不能进行光合作用。除贝日阿托氏菌属 (Beggiatoa) 的某些菌株进行化能无机营养外，其他的均为化能有机营养。黏细菌最突出的特点是能产生由黏液、菌体（黏孢子）构成的形态各异、颜色鲜艳、肉眼可见的子实体。黏细菌严格好氧，呼吸产能代谢，化能有机营养，具有复杂的生活史，

它们所产生的胞外酶能水解蛋白质、核酸、脂肪和各种糖,有些种可分解纤维素,大多数的种能溶解真核和原核生物。常见于树皮、土壤和各种食草动物的粪便中。

第二节 放 线 菌

放线菌是一群革兰氏阳性细菌。放线菌因菌落呈放线状而得名。它是一个原核生物类群,在自然界中分布很广,主要以孢子繁殖,其次是断裂生殖。放线菌在自然界分布广泛,主要以孢子或菌丝状态存在于土壤、空气和水中,在含水量低、有机物丰富、呈中性或微碱性的土壤中数量最多。放线菌之名来自于形态上的分类,而不是生物学上的分类。有些细菌和真菌都可以划归到放线菌中。土壤特有的泥腥味,主要是放线菌的代谢产物所致。

一、放线菌与人类的关系

放线菌与人类的生产和生活关系极为密切,目前广泛应用的抗生素约 70% 是由各种放线菌产生的。一些种类的放线菌还能产生各种酶制剂(蛋白酶、淀粉酶、纤维素酶等)、维生素(维生素 B_{12})和有机酸等。弗兰克菌属(*Frankia*)为非豆科木本植物根瘤中有固氮能力的内共生菌。此外,放线菌还可用于甾体转化、烃类发酵、石油脱蜡和污水处理等。少数放线菌也会对人类构成危害,引起人和动植物病虫害。因此,放线菌与人类关系密切,在医药工业上有重要意义。

二、放线菌的形态结构

根据菌丝的着生部位、形态和功能的不同,放线菌菌丝可分为基内菌丝、气生菌丝和孢子丝三种(图 2-29),其中只有典型的放线菌(如链霉菌)具有气生菌丝,原始的放线菌则没有。和霉菌不同,放线菌没有直立菌丝。

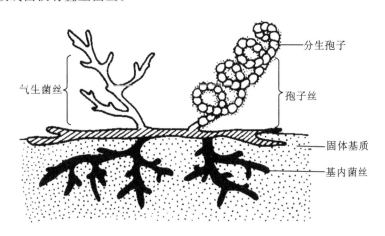

图 2-29 链霉菌的形态构造模式图

1. 基内菌丝

链霉菌的孢子落在适宜的固体基质表面,在适宜条件下吸收水分,孢子肿胀,萌发出芽,进一步向基质的四周表面和内部伸展,形成基内菌丝,又称初级菌丝(primary mycelium)或者营养菌丝(vegetative mycelium),直径在 0.2~0.8 μm 之间,色淡,主要功能是吸收营养物质和排泄代谢产物。可产生黄、蓝、红、绿、褐和紫等水溶色素和脂溶性色素,色素在放线菌的分类和鉴定上有重要的参考价值。放线菌中多数种类的基内菌丝无隔膜,不断裂,如链霉菌属和小单胞菌属等,但有一类放线菌,如诺卡氏菌型放线菌的基内菌丝生长一定时间后形成横隔膜,继而断裂成球状或杆状小体。

2. 气生菌丝

气生菌丝是基内菌丝长出培养基外并伸向空间的菌丝,又称二级菌丝(secondary mycelium)。在显微镜下观察时,一般气生菌丝颜色较深,比基内菌丝粗,直径为 1.0~1.4 μm,长度相差悬殊,形状直伸或弯曲,可产生色素,多为脂溶性色素。

3. 孢子丝

当气生菌丝发育到一定程度时,其顶端分化出的可形成孢子的菌丝,称为孢子丝,又称繁殖菌丝。孢子成熟后,可从孢子丝中逸出飞散。

放线菌孢子丝的形态及其在气生菌丝上的排列方式,随菌种不同而异,是链球菌菌种鉴定的重要依据。孢子丝的形状有直形、波曲、钩状、螺旋状,螺旋状的孢子丝较为常见,其螺旋的松紧、大小、螺数和螺旋方向因菌种而异。孢子丝的着生方式有对生、互生、丛生与轮生(一级轮生和二级轮生)等多种(图 2-30)。

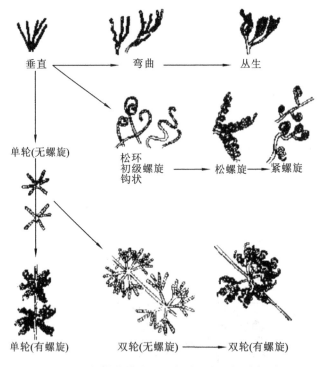

图 2-30 链霉菌的孢子丝各种形态、排列与演变

4. 孢子(spore)

孢子丝生长到一定阶段可形成孢子。在光学显微镜下,孢子呈球形、椭圆形、杆形、瓜子形、梭形和半月形等;在电子显微镜下还可看到孢子的表面结构:有的光滑,有的带小疣,有的带刺(不同种的孢子,刺的粗细、长短不同)或呈毛发状(图 2-31)。孢子表面结构也是放线菌菌种鉴定的重要依据。孢子的表面结构与孢子丝的形状、颜色也有一定关系,一般直形或波曲

形的孢子丝形成的孢子表面光滑,而螺旋形孢子丝形成的孢子,其表面有的光滑,有的带刺或呈毛发状。白色、黄色、淡绿、灰黄、淡紫色的孢子表面一般都是光滑型的,粉红色孢子只有极少数带刺,黑色孢子绝大部分都带刺或呈毛发状。

孢子含有不同色素,成熟的孢子堆也表现出特定的颜色,而且在一定条件下比较稳定,所以它也是鉴定菌种的依据之一。应指出的是,由于从同一孢子丝上分化出来的孢子,形状和大小可能也有差异,因此,孢子的形态和大小不能笼统地作为分类鉴定的依据。

孢子的形成是通过横隔分裂实现的,横隔分裂有两种方式:①细胞膜内陷,并由外向内逐渐收缩,最后形成完整的横隔膜,横隔膜将孢子丝分隔成许多无性孢子;②细胞壁和细胞膜同时内缩,并逐步缢缩,最后将孢子丝缢缩成一串无性孢子。

(a) 平滑　　(b) 疣状　　(c) 刺状　　(d) 毛发状

图 2-31　放线菌的孢子形状

三、放线菌的繁殖

放线菌主要通过形成无性孢子的方式进行繁殖,也可借菌体分裂为片段繁殖。放线菌长到一定阶段,一部分气生菌丝形成孢子丝,孢子丝成熟便分化形成许多孢子,称为分生孢子。孢子的产生有以下几种方式。

凝聚分裂形成凝聚孢子。其过程是孢子丝孢壁内的细胞质围绕核物质,从顶端向基部逐渐凝聚成一串体积相等或大小相似的小段,然后小段收缩,并在每段外面产生新的孢子壁而成为圆形或椭圆形的孢子。孢子成熟后,孢子丝壁破裂释放出孢子。多数放线菌按此方式形成孢子,如链霉菌孢子的形成多属此类型。

横隔分裂形成横隔孢子。其过程是单细胞孢子丝长到一定阶段,首先在其中产生横隔膜,然后在横隔膜处断裂形成孢子,称横隔孢子,也称中节孢子或粉孢子。一般呈圆柱形或杆状,体积基本相等,大小相似,一般为 $(0.7 \sim 0.8)\ \mu m \times (1 \sim 2.5)\ \mu m$。诺卡氏菌属按此方式形成孢子。

有些放线菌首先在菌丝上形成孢子囊(sporangium),在孢子囊内形成孢子,孢子囊成熟后破裂,释放出大量的孢囊孢子。孢子囊可在气生菌丝上形成,也可在营养菌丝上形成,或二者均可生成。孢子囊可由孢子丝盘绕形成,有的由孢子囊柄顶端膨大而形成。

小单胞菌科中多数种的孢子形成是在营养菌线上作单轴分枝,基上再生出直而短($5 \sim 10\ \mu m$)的特殊分枝,分枝还可再分枝杈,每个枝杈顶端形成一个球形、椭圆形或长圆形孢子,它们聚集在一起,很像一串葡萄,这些孢子亦称为分生孢子。

某些放线菌偶尔也产生厚壁孢子。放线菌孢子具有较强的耐干燥能力,但不耐高温,$60 \sim 65\ ℃$ 处理 $10 \sim 15\ min$ 即失去生活能力。放线菌也可借菌丝断裂的片断形成新的菌体,这种繁殖方式常见于液体培养基中。工业化发酵生产抗生素时,放线菌就以此方式大量繁殖。如果静置培养,培养物表面往往形成菌膜,膜上也可产生出孢子。

四、放线菌的菌落

放线菌的菌落由菌丝体组成。一般为圆形、光平或有许多皱褶,光学显微镜下观察,可见菌落周围具辐射状菌丝。总的特征介于霉菌与细菌之间,因种类不同可分为两类。

一类是由产生大量分枝和气生菌丝的菌种所形成的菌落。链霉菌的菌落是这一类型的代表。链霉菌菌丝较细,生长缓慢,分枝多而且相互缠绕,故形成的菌落质地致密、表面呈较紧密的绒状或坚实、干燥、多皱,菌落较小而不蔓延;营养菌丝长在培养基内,所以菌落与培养基结合较紧,不易挑起或挑起后不易破碎。当气生菌丝尚未分化成孢子丝以前,幼龄菌落与细菌的菌落很相似,光滑或如发状缠结。有时气生菌丝呈同心环状,当孢子丝产生大量孢子并布满整个菌落表面时,才形成絮状、粉状或颗粒状的典型的放线菌菌落;有些种类的孢子含有色素,使菌落表面或背面呈现不同颜色,带有泥腥味。

另一类菌落由不产生大量菌丝体的种类形成,如诺卡氏放线菌的菌落,黏着力差,结构呈粉性,用针挑起则粉碎。若将放线菌接种于液体培养基内静置培养,能在瓶壁液面处形成斑状或膜状菌落,或沉降于瓶底而不使培养基混浊;如以振荡培养,常形成由短的菌丝体所构成的球状颗粒。

五、放线菌的主要类群[*]

1. 链霉菌属

链霉菌属(*Streptomyces*)共 1000 多种,其中包括很多不同的种别和变种。它们具有发育良好的菌丝体,菌丝体有分枝,无隔膜,直径 0.4~1 μm,长短不一,多核。菌丝体有营养菌丝、气生菌丝和孢子丝之分,孢子丝再形成分生孢子。孢子丝和孢子的形态因种而异,这是链霉菌属分种的主要识别性状之一。

虽然一些链霉菌可见于淡水和海洋,但它主要生长在含水量较少、通气较好的土壤中。由于许多链霉菌产生抗生素的巨大经济价值和医学意义,使得人们对这类放线菌做了大量研究工作。研究表明,抗生素主要由放线菌产生,而其中 90% 又由链霉菌产生,常用的抗生素如链霉素、土霉素,抗肿瘤的博莱霉素、丝裂霉素,抗真菌的制霉菌素,抗结核的卡那霉素,能有效防治水稻纹枯的井冈霉素等,都是链霉菌的次生代谢产物。有的链霉菌能产生一种以上的抗生素,有化学上它们常常互不相关;全世界范围内不同地区发现的不同种别的链霉菌可能产生相同的抗生素;改变链霉菌的营养,可能导致抗生素性质的改变。这些链霉菌一般都能抵抗自身所产生的抗生素,而对其他链霉菌产生的抗生素可能敏感。尽管过去对产生抗生素的链霉菌研究很广,但对这些生物的生态学的相互关系了解甚少,这是今后应加强的。

链霉菌不仅种类繁多,而且其中 50% 以上都能产生抗生素。中国科学院北京微生物研究所根据气候菌丝的颜色(孢子堆的颜色)、基内菌丝的颜色、可溶性色素、孢子丝的形状、孢子的形状和表面结构等特征,将链霉菌分为 14 个种组,每个种组又包括许多不同的种。

2. 诺卡氏菌属

诺卡氏菌属(*Nocardia*)又名原放线菌属,它们能在培养基上形成典型的菌丝体,菌丝体有的弯曲如树根,有的不弯曲,具有长菌丝。这个属的特点是在培养 15 h 至 4 天后,菌丝体产

---

[*] 阅读材料。

生横隔膜,分枝的菌丝体突然全部断裂成长短近于一致的杆状或球状体或带权的杆状体。每个杆状体内至少有一个核,因此可以复制并形成新的多核的菌丝体。此属中多数种无气生菌丝,只有营养菌丝,以横隔分裂方式形成孢子。少数种在营养菌丝表面覆盖极薄的一层气生菌丝枝,即子实体或孢子丝。孢子丝为直形,个别种呈钩状或螺旋状,具横隔膜。以横隔分裂形成孢子,孢子呈杆状、柱形,其两端截平或呈椭圆形等。

菌落外貌与结构多样,一般比链霉菌菌落小,表面崎岖多皱,致密干燥,一触即碎,或者像面团;有的种菌落平滑或凸起,无光或发亮呈水浸状。

此属多为好气性腐生菌,少数为厌气性寄生菌,能同化各种糖类,有的能利用碳氢化合物、纤维素等。

诺卡氏菌主要分布于土壤。现已报道 100 余种,能产生 30 多种抗生素。如对结核分枝杆菌和麻风分枝杆菌有特效的利福霉素,对引起植物白叶枯病的细菌,以及原虫、病毒有作用的间型霉素,对革兰氏阳性细菌有作用的瑞斯托菌素等。另外,有些诺卡氏菌用于石油脱蜡、烃类发酵以及污水处理中腈类化合物的分解。

3. 游动放线菌属

游动放线菌属(*Actinoplanes*)通常在沉没于水中的叶片上生长。气生菌丝体一般有或极少;营养菌丝分枝或多或少,隔膜或有或无,直径 0.2~2.6 μm;以孢囊孢子繁殖,孢囊形成于营养菌丝体上或孢囊梗上,孢囊梗为直形或分枝,每分枝顶端形成一至数个孢囊,孢囊孢子通常略有棱角,并有一至数个发亮小体或几根端生鞭毛,能运动,是此属菌最特殊之处。

4. 弗兰克氏菌属

弗兰克氏菌属菌体呈丝状、纤细、稀疏,大多数种的菌丝直径为 0.3~0.5 μm,分枝具横隔。随着菌体的发育在菌丝顶端或菌丝间形成孢子囊,是菌丝多方分裂形成孢子堆的结构,形态多样,呈球形、圆锥形、梨形或钩状弯曲,大小不一,小的为 10~30 μm,大的达 100 μm。孢子为不规则多面体状,无鞭毛,不波动。弗兰克氏菌能形成具有固氮功能的顶囊,着生于顶囊柄上,再与菌丝相连,不同宿主来源的菌株在形态和大小上有一定差别。最显著的特征是能与非豆科木本植物共生固氮。

5. 小单胞菌属

小单胞菌属(*Micromonospora*)菌丝体纤细,直径 0.3~06 μm,无横隔膜、不断裂、菌丝体侵入培养基内,不形成气生菌丝。只在菌丝上长出很多分枝小梗,顶端着生一个孢子。菌落比链霉菌小得多,一般 2~3 mm,通常为橙黄色,也有深褐色、黑色、蓝色者;菌落表面覆盖着一薄层孢子堆。此属菌一般为好气性腐生。大多分布在土壤或湖底泥土中,堆肥的厩肥中也有不少。此属有 30 多种,也是产抗生素较多的一个属。例如,庆大霉素即由绛红小单胞菌和棘孢小单胞菌产生,有的能产生利福霉素、卤霉素等共 30 余种抗生素。现在认为,此属菌产生抗生素的潜力较大,而且有的种还能积累维生素 B_{12}。

第三节 其他原核微生物

一、立克次氏体

立克次氏体(rickettsia)为革兰氏阴性细菌,是一类专性寄生于真核细胞内的革兰氏阴性的原核生物,是介于细菌与病毒之间,而接近于细菌的一类原核生物。一般呈球状或杆状,是专性细胞内寄生物,主要寄生于节肢动物,有的会通过蚤、虱、蜱、螨传入人体,如斑疹伤寒、战壕热。

立克次氏体是1909年美国病理学副教授立克次(Howard Taylor Ricketts,1871—1910)在研究落基山斑疹热时首先发现的。第二年,他不幸因感染斑疹伤寒而为科学献身。1916年罗恰·利马首先从斑疹伤寒患者的体虱中找到,并建议取名为普氏立克次氏体,以纪念从事斑疹伤寒研究而牺牲的立克次和捷克科学家普若瓦帅克。1934年,我国科学工作者谢少文首先应用鸡胚培养立克次氏体成功。立克次氏体是个庞大的家族,科学家把它们分为3个属12个种。它们有些与动物有关,有些与人类有关。

(一) 立克次氏体的结构特征

立克次氏体细胞大小为$(0.3\sim0.6)$ μm×$(0.8\sim2.0)$ μm,有细胞形态,一般不能通过细菌滤器,可通过瓷滤器,在光学显微镜下清晰可见。细胞呈球状、杆状或丝状,有的多形性。有细胞壁,无鞭毛,呈革兰氏阴性反应(除恙虫病立克次氏体外),效果不明显。除少数外,均在真核细胞内营专性寄生,宿主一般为虱、蚤等节肢动物,并可传至人或其他脊椎动物。以二分裂方式进行繁殖,但繁殖速度较细菌慢,一般9~12 h繁殖一代。有不完整的产能代谢途径,大多只能利用谷氨酸和谷氨酰胺产能而不能利用葡萄糖或有机酸产能。立克次氏体大多数不能用人工培养基培养,须用鸡胚、敏感动物及动物组织细胞来培养。立克次氏体对热、光照、干燥及化学药剂抵抗力差,56 ℃保持30 min即可杀死,100 ℃很快死亡,对一般消毒剂、磺胺及四环素、氯霉素、红霉素、青霉素等抗生素敏感。同时立克次氏体有DNA和RNA两种核酸,但没有核仁及核膜,属于适应了寄生生活的α-变形菌。其基因组很小,如普氏立克次氏体的基因组为1.1 Mb,含834个基因。一般可培养在鸡胚、敏感动物或HeLa细胞株(子宫颈癌细胞)的组织培养物上。

(二) 致病性

立克次氏体可引起人与动物患多种疾病,如立氏立克次氏体可引起人类患落基山斑点热、普氏立克次氏体可引起人类患流行性斑疹伤寒、穆氏立克次氏体可引起人类患地方性斑疹伤寒、伯氏考克斯氏体可引起人类患Q热,恙虫热立克次氏体可引起人类患恙虫热(图2-32)。

立克次氏体在虱等节肢动物的胃肠道上皮细胞中增殖并大量存在于粪中。人受到虱等叮咬时,立克次氏体可随粪便从抓破的伤口或直接从昆虫口器进入人的血液并在其中繁殖,从而使人感染得病。当节肢动物再叮咬人吸血时,人血中的立克次氏体又进入其体内增殖,如此不断循环。和其他疾病一样,立克次氏体病是可以预防的。预防这类疾病同其他昆虫传播的疾病一样,首先应对昆虫等中间或储存宿主加以控制和消灭,如灭鼠、灭虱。

二、衣原体

衣原体为革兰氏阴性病原体,在自然界中传播很广泛。它没有合成高能化合物ATP、GTP的能力,必须由宿主细胞提供,因而成为能量寄生物,多呈球状、堆状,有细胞壁,一般寄生在动物细胞内。从前它们被划归为病毒,后来发现自成一类。衣原体是一种比病毒大、比细菌小的原核微生物,呈球形,直径只有0.3~0.5 μm,无运动能力,广泛寄生于人类、哺乳动物及鸟类,仅少数有致病性。

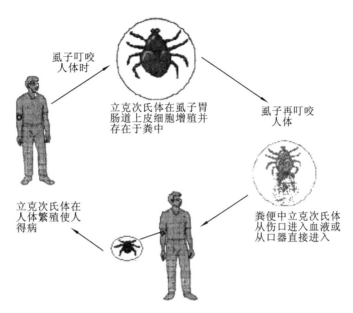

图 2-32 立克次氏体感染人体

（一）形态结构特征

衣原体在宿主细胞内繁殖有特殊的生活周期,在这个周期中可观察到原体和网状体两种不同的颗粒结构。①原体(elementary body,EB):直径为 0.2～0.4 μm 的小球形颗粒,有胞壁,内有核质和核蛋白体,是发育成熟的衣原体,为细胞外形式。姬姆萨染色呈紫色,吉曼尼兹染色呈红色。原体具有高度的感染性,在宿主细胞外较稳定,无繁殖能力,通过吞饮作用进入细胞内,原体在空泡中逐渐发育、增大成为网状体。②网状体(reticulate body,RB):或称始体(initial body),原体通过吞饮作用进入细胞内,由宿主细胞包围原体形成空泡,并在空泡内逐渐增大为网状体。网状体直径为 0.5～1.0 μm,圆形或椭圆形。网状体电子致密度较低,无胞壁,代谢活泼,以二分裂方式繁殖。网状体无感染性,Macchiavello 染色呈蓝色。网状体在空泡内发育成许多子代原体,这些子代原体也称为包含体,具体见表 2-4。

表 2-4 衣原体的原体(EB)与网状体(RB)的比较

项　　目	原体(EB)	网状体(RB)
大小	0.2～0.5 μm	0.5～1.5 μm
细胞壁	坚韧,对大分子无通透性	脆弱,对大分子有高度通透性
DNA	致密	松散
RNA∶DNA	1∶1	3∶1
甲硫氨酸、半胱氨酸	有	无
代谢活性	低	高
抵抗力	强	弱
生物功能	感染性	繁殖型(二等分裂)

成熟的原体从宿主细胞中释放,再感染新的易感细胞,开始新的发育周期,整个发育周期需 48～72 h(图 2-33)。

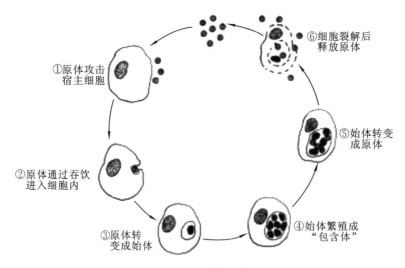

图 2-33　衣原体生活史

衣原体为专性细胞内寄生,不能用人工培养基培养,可用鸡胚卵黄囊及 HeLa-299、BHK-21、McCoy 等细胞培养。将接种标本的细胞培养管离心,促进衣原体黏附进入细胞;或在培养管内加入二乙氨乙基葡聚糖,以增强衣原体吸附于易感细胞,提高分离培养阳性率。根据抗原构造、包含体性质和对磺胺敏感性,衣原体可分为沙眼衣原体、肺炎衣原体、鹦鹉热衣原体三个种。沙眼衣原体有三个生物变种,即沙眼生物变种、性病淋巴肉芽肿生物和鼠生物变种。其中沙眼生物变种有 A、B、C、D、J、K 等血清型,性病淋巴肉芽肿生物变种有 L_1、L_2、L_3、L_{2a} 四种血清。用单克隆抗体识别鹦鹉热衣原抗原可分为 4 个血清型。肺炎衣原体只有 1 个血清型。衣原体耐冷不耐热,56～60 ℃仅存活 10 min,在－70 ℃可保存数年。0.1%甲醛、0.5%石炭酸 30 min 可将其杀灭,75%乙醇 0.5 min 可将其杀灭。对四环素、红霉素、螺旋霉素、强力霉素及利福平均很敏感。

(二) 致病性

衣原体能产生类似革兰氏阴性细菌所产生的内毒素,静脉注射小白鼠,能迅速使动物死亡。体外试验提示,衣原体表面脂多糖和脂蛋白可使其吸附于易感细胞,促进易感细胞吞噬衣原体,并能阻止吞噬体和溶酶体的融合,从而使衣原体在吞噬体体内繁殖并破坏吞噬体细胞。受衣原体感染的细胞代谢被抑制,最终被破坏。

已知的与人类疾病有关的衣原体有三种,分别是鹦鹉热衣原体、沙眼衣原体和肺炎衣原体。这三种衣原体均可引起肺部感染。鹦鹉热衣原体可通过感染有该种衣原体的禽类,如鹦鹉、孔雀、鸡、鸭、鸽等的组织、血液和粪便,以接触和吸入的方式感染给人类。沙眼衣原体和肺炎衣原体主要在人类之间以呼吸道飞沫、母婴接触和性接触等方式传播。

三、支原体

支原体是在 1898 年发现的,是一种简单的原核生物。其大小介于细菌和病毒之间。结构也比较简单,多数呈球形,没有细胞壁,只有三层结构的细胞膜,故具有较大的可变性。支原体可以在特殊的培养基上接种生长,用此法配合临床进行诊断。与泌尿生殖道感染有关的主要是分解尿素支原体和人型支原体两种,有 20%～30% 的非淋菌性尿道炎的患者,是由以上两种支原体引起的,是非淋菌性尿道炎及宫颈炎的第二大致病菌。在成年人的泌尿生殖道中分解尿素支原体和人型支原体感染率主要与性活动有关,也就是说,与性交次数的多少、性交对象的数量有关,不管男女两性都是如此。据统计,女性的支原体感染率更高些,说明女性的生殖道比男性生殖道更易生长支原体。另外,分解尿素支原体的感染率要比人型支原体的感染率高。

(一) 形态结构特征

支原体的大小为 $0.2\sim0.3~\mu m$,可通过滤菌器,常给细胞培养工作带来污染的麻烦。菌落小(直径 $0.1\sim1.0~mm$),在固体培养基表面呈特有的油煎蛋状。无细胞壁,不能维持固定的形态而呈现多形性,对渗透压敏感,对抑制细胞壁合成的抗生素不敏感。革兰氏染色不易着色,故常用 Giemsa 染色法将其染成淡紫色。细胞膜中胆固醇含量较多,约占 36%,对保持细胞膜的完整性具有一定作用。细胞膜含甾醇,比其他原核生物的膜更坚韧。凡能作用于胆固醇的物质(如二性霉素 B、皂素等)均可引起支原体膜的破坏而使支原体死亡。支原体基因组为一环状双链 DNA,相对分子质量小(仅为大肠杆菌的 1/5),合成与代谢很有限。肺炎支原体的一端有一种特殊的末端结构(terminal structure),能使支原体黏附于呼吸道黏膜上皮细胞表面,与致病性有关。

(二) 致病性

支原体不侵入机体组织与血液,而是在呼吸道或泌尿生殖道上皮细胞黏附并定居后,通过不同机制引起细胞损伤,如获取细胞膜上的脂质与胆固醇造成膜的损伤,释放神经(外)毒素、磷酸酶及过氧化氢等。巨噬细胞、IgG 及 IgM 对支原体均有一定的杀伤作用。呼吸道黏膜产生的 sIgA 抗体已证明有阻止支原体吸附的作用。在儿童中,致敏淋巴细胞可增强机体对肺炎支原体的抵抗力。

四、蓝细菌

蓝藻(cyanobacteria)是原核生物,又称蓝绿藻、蓝细菌;大多数蓝细菌的细胞壁外面有胶质衣,因此蓝藻又称黏藻。在所有藻类生物中,蓝藻是最简单、最原始的一种。蓝藻是单细胞生物,没有细胞核,但细胞中央含有核物质,通常呈颗粒状或网状,染色质和色素均匀地分布在细胞质中。有的含有蓝藻叶黄素,有的含有胡萝卜素,有的含有蓝藻藻蓝素,也有的含有蓝藻藻红素。红海就是由于水中含有大量藻红素的蓝藻,而使海水呈现出红色的。蓝细菌分布极广,普遍生长在淡水、海水和土壤中,并且在极端环境(如温泉、盐湖、贫瘠的土壤、岩石表面或风化壳中以及植物树干上等)中也能生长,故有"先锋生物"的美称。许多蓝细菌类群具有固氮能力。一些蓝细菌还能与真菌、苔藓类、苏铁科植物、珊瑚甚至一些无脊椎动物共生。如地衣即被看作是真菌与蓝藻共生的特殊低等植物。

(一) 形态结构特征

蓝细菌的细胞比细菌的大,其直径通常为 $3\sim10~\mu m$,最大的可达 $60~\mu m$,如巨颤蓝细菌。根据细胞形态差异,蓝细菌可分为单细胞和丝状体两大类。单细胞类群多呈球形、椭圆形和杆状,单生或呈团聚体,如黏杆蓝细菌和皮果蓝细菌等属;丝状体蓝细菌是有许多细胞排列而成的群体,包括:有异形细胞的,如鱼腥蓝细菌属;无异形细胞的,如颤蓝细菌属;有分枝的,如费氏蓝细菌属。蓝细菌的细胞构造与革兰氏阴性细菌相似。细胞壁有内、外两层,外层为脂多糖层,内层为肽聚层。许多种能不断地向细胞壁外分泌胶黏物质,将一群细胞或丝状体结合在一起,形成黏质糖被或鞘。细胞膜单层,很少有间体。大多数蓝细菌无鞭毛,但可以"滑行"。蓝细菌光合作用的部位称为类囊体,数量很多,以平行或卷曲方式贴近地分布在细胞膜附近,其中含有叶绿素和藻胆素(一类辅助光合色素)。蓝细菌的细胞内含有糖原、聚磷酸盐,以及蓝细菌肽等储藏物和能固定的羧酶体,少数水生性种类中还有气泡。在化学组成上,蓝细菌最独特之处是含有两个或多个双键组成的不饱和脂肪酸,而细菌通常只含有饱和脂肪酸和一个双键的不饱和脂肪酸。蓝细菌的细胞有几种特化形式,较重要的是异形胞、静息孢子、链丝段和内孢子。异形胞是存在于丝状体蓝细菌中的比营养细胞稍大、色浅、壁厚、位于细胞链中间或末端,且数目少而不定的细胞。异形胞是固氮蓝细菌的固氮部位。营养细胞的光合产物与异形胞的固氮产物,可通过胞间连丝进行物质交换。静息孢子是一种着生于丝状体细胞链中间或末端的形大、色深、壁厚的休眠细胞,细胞内有储藏性物质,具有抗干旱或冷冻的能力。链丝段又称连锁体或藻殖段,是长细胞断裂而成的短链段,具有繁殖功能。内孢子是少数蓝细菌种类在细胞内形成的球形或三角形的孢子,成熟后可释放,具有繁殖功能。蓝细菌通过无性方式繁殖。单细胞类群以裂殖方式繁殖,包括二分裂或多分裂。丝状体类群可通过单平面或多平面的裂殖方式加长丝状体,还常通过链丝段繁殖。少数类群以内孢子方式繁殖。在干燥、低温和长期黑暗等条件下,可形成休眠状态的静息孢子,当条件适宜时可继续生长。

(二)应用与危害

蓝细菌是一类古老的生物,它的发展使整个地球的大气从无氧状态发展到有氧状态,从而孕育了有氧生物的进化。有些蓝细菌种类有很大的经济价值,可以食用,如发菜念珠蓝细菌(*Nostoc flagelliforme*)、普通木耳念珠蓝细菌(*N. commune*)、盘状蓝细菌(*Spirulina plantensis*)、最大螺旋蓝细菌(*S. maxima*)等,其中后两种已经开发成保健食品"螺旋藻"。此外,还发现120多种蓝细菌具有固氮能力,特别是与满江红鱼腥蓝细菌(*Anabaena azollae*)共生的水生蕨类满江红,是一种良好的绿肥。

蓝细菌与水体环境质量关系密切,在水体生长旺盛时,能使水色变为蓝色或其他颜色,并且有的蓝细菌能发出草腥味或霉味。湖波中常见的蓝细菌有铜绿微囊藻、曲鱼腥藻等。某些种属的蓝细菌大量繁殖会引起"水华"(淡水水体)或"赤潮"(海水),导致水质恶化,引起一系列环境问题。在污水中或潮湿的土地上常见的有灰颤藻或巨颤藻。

五、原核微生物的比较

1977年,Woese等根据对微生物的16S rRNA或18S rRNA的碱基序列分析和比较后认为,生物界明显地存在三个发育不同的基因系统,即古菌、细菌和真核生物。古菌与细菌同属原核微生物,只有核区,无真核,但是在细胞壁组成、细胞膜组成和蛋白质合成的起始氨基酸、RNA聚合酶的亚基数等方面有明显差异(表2-5)。

表 2-5 细菌、古菌和真核生物的细胞结构与特性比较

特 性	细 菌	古 菌	真核生物
细胞结构	原核	原核	真核
内膜细胞器	无	无	有
核糖体大小	70S	70S	80S

续表

特 性	细 菌	古 菌	真核生物
细胞壁化学组分	含磷壁酸的肽聚糖	有类型变化,无磷壁酸	无磷壁酸
类脂膜	长链脂肪酸类脂	α分支链醚脂	长链脂肪酸类脂
气泡	有	有	无
产甲烷	无	有	无
无机化能营养	有	有	无
以叶绿体Ⅱ进行光合作用	有	无	有
固氮作用	有	有	无
对利福平	敏感	不敏感	不敏感
对氯霉素	敏感	不敏感	不敏感
对白喉毒素	不敏感	敏感	敏感

原核生物包含六大类群,人们通常把它统称为"三菌"和"三体":"三菌"即细菌(含古生菌)、放线菌和蓝细菌;"三体"是立克次氏体、衣原体和支原体。立克次氏体是介于细菌与病毒之间,许多方面类似细菌,营专性活细胞内寄生的原核微生物类群;衣原体是介于立克次氏体与病毒之间,能通过细菌滤器,专性活细胞内寄生的一类原核微生物;支原体是介于细菌与立克次氏体之间而不具细胞壁的原核微生物。而病毒是一类具有超显微、没有细胞结构、专性活细胞内寄生的微生物,它们在活细胞外具有一般化学大分子特征,一旦进入宿主细胞又具有生命特征。表2-6对立克次氏体、衣原体、支原体与真细菌及病毒的主要特征进行了比较。

表2-6 立克次氏体、衣原体、支原体、真细菌及病毒的主要特征

特 征	真细菌	立克次氏体	衣原体	支原体	病 毒
直径/μm	0.5~2.0	0.2~0.5	0.2~0.3	0.2~0.25	<0.25
过滤性	不能过滤	不能过滤	能过滤	能过滤	能过滤
革兰氏染色	阴性或阳性	阴性	阴性	阴性	无
细胞壁	坚韧的细胞壁	有细胞壁	有细胞壁	缺	无细胞结构
繁殖方式	二均分裂	二均分裂	二均分裂	二均分裂	复制
培养方式	人工培养	宿主细胞	宿主细胞	人工培养	宿主细胞
核酸种类	DNA和RNA	DNA和RNA	DNA和RNA	DNA和RNA	DNA或RNA
核糖体	有	有	有	有	无
大分子合成	有	进行	进行	有	只利用宿主
产ATP系统	有	有	无	有	无
增殖过程中结构完整性	保持	保持	保持	保持	失去
入侵方式	多样	昆虫媒介	不清楚	直接	取决于宿主性质
对抗生素	敏感	敏感	敏感	敏感(青霉素例外)	不敏感
对干扰素	有的敏感	有的敏感	有的敏感	不敏感	敏感

【视野拓展 1】

超 级 细 菌

　　超级细菌是一种利用基因工程技术培养出来的细菌。一般的细菌只能分解一种或两种污染物,而科学家用基因工程技术,将分解污染物的不同基因植入同一种细菌体内,可使其形成可以同时分解多种污染物的细菌,应用于海洋、湖泊、江河的净化。

　　另一种超级细菌是自然界突变的细菌,例如,澳大利亚科学家 Meghmallavarapu 教授最近发现一种专吃砒霜的超级细菌,该细菌可生存在受到砒霜污染的土壤中。这种细菌将极毒的砒霜(砷酸盐)氧化,变成毒性较低的亚砷酸盐。澳大利亚的农民以前用砒霜来控制牛羊的寄生虫而污染了农场,可利用这种超级细菌清理污染。

　　有的超级细菌是指突破了人类当前对付细菌感染的"最后堡垒"的抗生素的各种细菌。例如,一种名叫耐万古霉素肠球菌(简称 VRE)和抗甲氧西林(一种青霉素类抗生素)的金黄色葡萄球菌,一旦感染人体,对数种抗生素都具有抗药性,很难治疗。欧美国家首先发现了这两种超级细菌,曾导致数百个婴儿感染、多名死亡。超级细菌的危害引起了世人的高度关注。

　　据报道,美国每年因"超级细菌"导致的死亡人数达到 18000 例,超过了 2005 年美国死于艾滋病的 16000 人。同时,感染"超级细菌"的人数也在越来越多,发病率也呈上升趋势。

【视野拓展 2】

超级耐药菌

　　2011 年在中国杭州,研究超级耐药菌的专家在重症监护室的患者身上发现了一种新的"超级耐药菌"。超级耐药菌是对所有抗生素产生了抗药性的细菌的统称。能在人身上造成脓疮和毒疮,使肌肉坏死。这种病菌的可怕之处并不在于它对人体的杀伤力,而是在于它对抗生素的抵抗能力。对这种病菌,人们几乎无药可用。

　　研究人员认为,滥用抗生素是出现超级耐药菌的原因。抗生素诞生之初曾是杀菌的神奇武器,但细菌也逐渐进化出抗药性,近年来屡屡出现能抵抗多种抗生素的超级耐药菌。由于新型抗生素的研发速度相对较慢,对付超级耐药菌已经成为现代医学面临的一个难题。有一种叫脱脂物质脂质的东西能把细菌分成两个"社会"。这个东西在细胞壁中的含量决定了细菌能否被苯胺颜料着色。能被染色的称为革兰氏阳性细菌,另一种被称为革兰氏阴性细菌。MRSA 属于其中的革兰氏阳性细菌。起初,青霉素对革兰氏阴性细菌并不起作用,而少量 MRSA 菌株迅速获得了革兰氏阴性细菌的抗青霉素基因。而青霉素的广泛滥用,使人体环境对所有细菌变得恶劣。这给那些仅存的耐药细菌造成了巨大的进化压力,迫使它们调整所有的基因程式再生繁殖,最终 MRSA 这个原本稀少的品种变成了物竞天择后活下来的优势品种。

　　NDM-1 存在于细菌细胞内的质粒上,可以独立进行复制细菌的抗药性状,它以转导或接合方式传递此抗药性状给另一个细菌,从而使许多不同的细菌拥有可传递的抗药性状所以"超级耐药菌"真正对人类的威胁,是不断产生对多种抗生素具耐受性的许多种类细菌。滥用抗生素被国际医学界视为致使耐药性"超级耐药菌"出现的罪魁祸首。拥有13亿人口的中国是世界上滥用抗生素最为严重的国家之一,细菌整体耐药率远远高于发达国家。中国真正需要使用抗生素的患者数量仅约占20%,当前每年全世界有50%的抗生素被滥用,而我国这一比例接近80%。正是由于药物的滥用,使病菌迅速适应了抗生素的环境,各种超级病菌相继诞生。过去一个患者用几十单位的青霉素就能活命,而相同病情,现在几百万单位的青霉素已经没有效果了。因此目前全世界对抗生素滥用逐渐达成共识对其进行严格管理,抗生素的地位和作用受到怀疑。

也有专家认为,"超级耐药菌"这一名字并不准确,而且容易被人误解,称为"多重耐药菌"或者"多重肠杆菌属的耐药菌"更为准确。

【视野拓展3】

细 菌 发 电

1910年英国植物学家马克·皮特发现有几种细菌的培养液能产生电流,于是他以铂作为电极,放进大肠杆菌或普通酵母菌的培养液里,成功地制造出了世界上第一个细菌电池。之后不断有科学家开展此类应用性研究,美国科学家发明了一种利用生活污水发电的设备,不仅能发电,还可以分解水中的有害有机物。此外,美国科学家还发现一种嗜糖微生物,当其吃糖时,就伴随着电流的产生。作为一种绿色无污染的新型能源,细菌发电经过一个世纪的发展,逐步受到世界各国的重视。

利用细菌发电原理,可以建立较大规模的细菌发电站。计算表明,一个功率为1000 kW的细菌发电站,仅需要10 m^{3}体积的细菌培养液,每小时消耗200 kg糖即可维持其运转发电。这是一种不会污染环境的"绿色"电站,而且技术发展后,完全可以用诸如锯末、秸秆、落叶等废弃有机物的水解物来代替糖液。因此,细菌发电的前景十分诱人。

细菌电池在各个发达国家各显神通,在细菌发电研究方面取得了新的进展。美国设计出一种综合细菌电池,里面的单细胞藻类可以利用太阳光将二氧化碳和水转化为糖,然后再让细菌利用这些糖来发电。日本科学家同时将两种细菌放入电池的特种糖液中,让其中的一种细菌吞食糖浆产生醋酸和有机酸,而让另一种细菌将这些酸类转化成氢气,由氢气进入磷酸燃料电池发电。

人们还惊奇地发现,细菌还具有捕捉太阳能并把它直接转化成电能的特异功能。美国科学家在死海和大盐湖里找到一种嗜盐杆菌,它们含有一种紫色素,在把所接受的大约10%的阳光转化成化学物质时,即可产生电荷。科学家们利用它们制造出一个小型实验性太阳能细菌电池,结果证明是可以用嗜盐性细菌来发电的,用盐代替糖,其成本就大大降低了。由此可见,让细菌为人类供电已经不再遥远,不久的将来即可成为现实。

在淡水池塘中常见的一种细菌也可以用来连续发电。这种细菌不仅能分解有机污染物,而且还能抵抗多种恶劣环境。他们的发现有两个与众不同之处:首先是发电的细菌属于脱硫菌家族,这个家族的细菌在淡水环境中很普遍,而且已被人类用于消除含硫的有机污染物;其次是在外界环境不利或养分不足时,脱硫菌可以变成孢子态,而孢子能够在高温、强辐射等恶劣环境中生存,一旦环境有利又可以长成正常状态的菌株。用这种细菌制成的燃料电池,只要有足够的有机物作为"食物来源",电池中的细菌就能通过分解食物持续释放出带电粒子。

小　结

本章主要简述了原核微生物的六大类,即真细菌(古生菌)、放线菌、蓝细菌、支原体、立克次氏体和衣原体。它们除少数属古生菌外,多数属于广义的细菌。它们的共同特点是个体微小、形态简单、进化地位低、基因组为原核状态,细胞核的结构原始,无核膜包裹,细胞壁含有独特的肽聚糖,细胞内无细胞器分化。通过革兰氏染色将所有的原核生物分为革兰氏阳性和阴性两大类。

细菌是一大类群结构简单、种类繁多、主要以二分分裂方式繁殖和水生性较强的单细胞原核微生物。原核生物的共同结构有细胞壁(支原体除外)、细胞膜、细胞质、核区和各种内含物,部分种类的细胞壁外还有糖被(荚膜、黏液层)、鞭毛、菌毛和芽孢等特殊结构。芽孢高度耐热,在理论和实践上均有意义。

革兰氏阳性细菌和革兰氏阴性细菌细胞壁结构不同,使细菌在革兰氏染色后出现红色(革兰氏阴性细菌)和蓝紫色(革兰氏阳性细菌)两种不同的染色结果。在特殊情况下有原生质体、球形体、细菌L型三种细胞壁缺损的或无细胞壁的细菌存在。

细菌有间体、载色体、羧酶体等内膜系统。细胞质中有核糖体、储藏物、各种酶类、中间代谢物、质粒、气泡及各种营养物质和大分子的单体等。

菌落是由一个单细胞发展而来的细胞群体结构。而由几个菌落连在一起形成的片状或不规则状的结构称为菌苔。

放线菌是一类具有分枝状菌丝体的原核微生物。较高等的放线菌有基内菌丝、气生菌丝和孢子丝三种菌丝形态,主要通过形成无性孢子的方式进行繁殖。

立克次氏体是一类专性寄生于真核细胞内的革兰氏阴性原核微生物。以节肢动物为中间宿主;衣原体是一类在真核细胞内营专性能量寄生的革兰氏阴性原核微生物,生活史中存在原体和网状体两种状态,原体具有感染力,网状体是无感染力的;支原体是一类无细胞壁、介于细菌与立克次氏体之间的可独立生活的最小型原核微生物。蓝细菌是能进行产氧性光合作用的并具有固氮能力的原核微生物。

国际上普遍采用的细菌分类系统是美国布瑞德等人主持编写的《伯杰氏鉴定细菌学手册》。

复习思考题

1. 试比较原核生物主要类群的主要特征。
2. 图示肽聚糖的模式构造,并分析革兰氏阳性和革兰氏阴性细菌肽聚糖结构的差别。
3. 什么是缺壁细菌? 比较四种缺壁细菌的形成、特点和实际应用。
4. 简述革兰氏染色法的机制并说明此法的重要性。
5. 渗透调节皮层膨胀学说是如何解释芽孢的耐热机制的?

6. 简述菌落的概念,并说明细菌的细胞形态与菌落形态间的重要相关性。
7. 细菌的特殊构造有哪些？并说明其功能及应用。
8. 什么是芽孢？它在什么时候形成？试从其特殊的结构与成分说明芽孢的抗逆性。
9. 衣原体与立克次氏体都为专性活细胞内寄生,两者有何差别？

（宋金柱　曾小龙　孙新城）

第三章

真核微生物

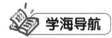

掌握酵母菌和霉菌等真核微生物的细胞结构、个体形态及菌落特征;理解真核微生物的概念;了解酵母菌、霉菌的孢子类型及其繁殖方式,熟悉酵母菌和霉菌代表属及其应用,掌握酵母菌的生活史;了解蕈菌生长发育过程及应用;能从宏观和微观上对原核微生物与真核微生物进行辨别。

重点:真菌的繁殖方式。

难点:真菌的无性繁殖与有性繁殖。

真核微生物(eukaryotes)是一大类有真正细胞核、核膜和核仁,能进行有丝分裂,细胞质有线粒体、部分还有叶绿体等细胞器(organelles)的微小生物的统称,其种类占微生物总数的95%以上。真核微生物不是一个单系类群,而是包含了属于不同生物界的几个类群,它们相互之间缺乏共同的进化联系,是多系进化类群。它们的共同特点都是肉眼难以观察,缺乏组织分化。其主要类群概括如下:

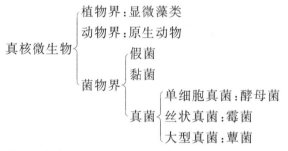

除红藻、褐藻、绿藻外,大多数藻类肉眼难以观察,称为显微藻类。其中,蓝藻为原核生物,其余均是能进行光合作用的真核微生物,但大多无组织分化。因其营养物质含量丰富、生长速度快、产量高等特点,在食品、医药、农业等方面有着重要的用途。

原生动物如眼虫、夜光虫、利什曼原虫等,形体微小,最小的只有 2~3 μm,大多在 10~200 μm,一般以有性和无性两种世代相互交替的方法进行生殖。它们有的对人类有益,有的有害。例如,草履虫能净化污水,痢原虫引起痢疾等。

菌物界是与动物界、植物界相并列的一大群无叶绿素、依靠细胞表面吸收有机养料、细胞壁一般含有几丁质的真核微生物。一般包括真菌、黏菌和假菌(卵菌)三类,种类繁多,估计全球存在约150万种。其中,真菌是最重要的真核微生物,我国真菌种数达18万种,占世界的

15%,已发表的真菌种名数约7500种。它们具有以下共同特点:①无叶绿素,不能进行光合作用;②一般具有发达的菌丝体;③细胞壁多数含几丁质;④营养方式为异养型;⑤以产生大量孢子进行繁殖;⑥陆生性较强。

真菌与人类关系极为密切,它是人类认识最早、应用最广的微生物。酒类、面包、酱油、豆腐乳等很多食品的制造都与真菌有关;有些真菌可以直接用作食品,如香菇、木耳、草菇、蘑菇等,它们不仅味道鲜美,而且营养丰富;名贵药材灵芝、喉头、茯苓等也是真菌。在发酵工业中,真菌广泛用来生产乙醇、抗生素(青霉素、头孢霉素、灰黄霉素等)、有机酸(柠檬酸、衣康酸、曲酸、葡萄糖酸等)、酶制剂(淀粉酶、糖化酶、果胶酶、蛋白酶、纤维素酶等)。此外,真菌在发酵饲料的生产、植物生长激素合成、生物防治虫害等方面也发挥了重要作用;真菌对土壤有机物质的分解和自然界的物质循环起着重要的作用;部分真菌对人类生活会造成危害,如许多霉菌会使农作物发生病虫害以及引起农产品、纺织品和其他工业产品的发霉变质;受真菌污染的食品,会腐败变质,降低或失去食用价值;真菌产生的毒素,会使人畜中毒;还有不少病原菌真菌会引起人和动物发生疾病,给人类健康带来危害。

本章以酵母菌和霉菌为例,重点介绍真菌的形态结构、繁殖方式、菌落特征及其工业应用。

知识链接

黏菌和假菌

黏菌(slime mold)是一类有趣的真核微生物,它们既像真菌,又似原生动物,有的学者曾称之为黏菌虫(mycetozoan),约有500种。在分类上,黏菌隶属于菌物界。它们的经济价值尚待研究开发。黏菌生活周期中有三个形态不同的阶段:原质团阶段、子实体阶段(形成孢子囊和孢子)、游动孢子阶段(孢子萌发产生游动孢子或配子)。黏菌无细胞壁,是研究细胞学、遗传学和生物化学的重要实验材料。有些黏菌能侵害栽培中的银耳、侧耳、烟草和甘薯。

假菌,又名卵菌(oomycetes),是具有多分枝的真核微生物,包括疫霉菌、霜霉菌和腐霉菌。许多是植物病原菌,常引起许多作物、花卉等灾难性真菌病虫害,如致病疫霉(Phytophthora infestans),每年会给全球造成数十亿美元的损失;Phytophthora ramorum 侵染橡胶树,造成美国太平洋沿海成片树木死亡。假菌由于具有丝状特性,在传统上被划分为菌物界。但近年通过生化分析、核糖体RNA序列、线粒体基因序列的研究分析发现,假菌与真正的真菌亲缘关系较远,而与原生生物界的金褐藻和不等鞭毛藻亲缘关系更近。

第一节 酵 母 菌

酵母菌(yeast)是一个通俗名称,一般泛指能发酵糖类的各种单细胞真菌,目前已知1000多种。根据酵母菌产生孢子的能力,可将其分为三类:形成孢子的株系属于子囊菌亚门和担子菌亚门;不形成孢子但主要通过出芽方式繁殖的称为不完全真菌,或者称"假酵母"(类酵母)。目前已知的酵母菌大部分属于子囊菌亚门。

酵母菌大多分布于偏酸性的含糖环境中,在水果(如葡萄)、蔬菜、蜜饯的表面、植物分泌物

（如仙人掌的汁）、果园的土壤中最为常见。在油田和炼油厂附近的土层中可找到利用石油的酵母菌。在一些昆虫体内也发现过酵母菌。酵母菌为兼性厌氧型微生物：酵母菌在氧气缺乏时，可将糖类发酵转化成 CO_2 和乙醇；酵母菌在有氧气的环境中，可将葡萄糖转化为 H_2O 和 CO_2。

酵母菌是第一个被人类利用的微生物，也是人类食用量最大、利用最广泛的一类微生物。在现代工业中，酵母菌被广泛应用于面包、乙醇与相关饮料、甘油、有机酸、酶制剂、单细胞蛋白（SCP）、维生素等的制作或生产中，并可提取核酸、辅酶A、细胞色素C、麦角固醇、谷胱甘肽、凝血质等贵重药品。

另外，因其细胞结构简单、易于培养、生长迅速，故而作为重要的模式生物，是遗传学和分子生物学的重要研究材料。酿酒酵母（*Saccharomyces cerevisiae*）在分子遗传学方面被人们认识最早，也是最早作为外源基因表达的酵母宿主。酵母表达系统是应用最为普遍的真核表达系统之一，已成功地表达了大量的酶及用于药物和疫苗的蛋白质。该系统安全、廉价，尤其适用于疫苗用蛋白质的表达。目前世界范围内使用的人甲肝、乙肝基因工程亚单位疫苗，主要是酵母表达系统表达的蛋白质。

但是，有些种的酵母菌也是发酵工业上的污染菌，能使发酵产量降低或产生不良气味；还可以引起果汁、果酱、蜂蜜、酒类、肉类等食品变质腐败。例如，少数耐高渗透压酵母菌如鲁氏酵母（*Saccharomyces rouxii*）、蜂蜜酵母（*Saccharomyces mellis*）可使蜂蜜、果酱败坏。有少数种还是人类的致病菌，如白色念珠菌（*Candida albicans*）会引起阴道炎等疾病。

由于不同的酵母菌在进化和分类地位上的异源性，因此很难对酵母菌作一个确切的定义，通常认为，酵母菌具有以下六个特点：①个体多以单细胞状态存在；②多数出芽生殖，也有裂殖；③能发酵糖类产能；④细胞壁常含甘露聚糖；⑤常生活在含糖量较高的偏酸性环境中；⑥大多数酵母菌属于腐生菌，极少数为寄生菌。

一、酵母菌的形状和大小

（一）酵母菌的形状

酵母菌是单细胞真菌，细胞形态因种而异，通常有圆形、卵圆形、椭圆形、腊肠形等，某些酵母菌还具有高度特异性形状，如柠檬形、尖形、三角形等（图3-1）。有些酵母菌如热带假丝酵母（*Candida tropicalis*），在芽殖后，长大的子细胞不与母细胞立即分离，而是继续出芽，细胞成串排列，连成分支的链状，称为假菌丝（图3-2）。

柠檬形酵母或尖形酵母在葡萄汁中多见，常在果汁发酵早期大量生长，对葡萄酒等果酒的风味和感官品质有明显的改善作用。近年研究发现：柠檬形酵母菌液能有效地延长水果保鲜期；从啤酒或葡萄汁中可分离出三角形酵母属（*Trigonopsis*）（非常少见）；在发酵腐烂的仙人球汁中出现的酵母菌是一种高度弯曲的隐球酵母（*Cryptococcus*）。

细胞的特殊形状虽是菌属的特征，但并不意味着个体发育的每个时期都具有这种形态。例如，柠檬形的尖端酵母出芽繁殖时，芽体呈球状，母细胞呈卵形。芽体的发育呈两极性，一个具有幼芽的卵形细胞在一极出芽，就会变成柠檬形。由于重复的二极出芽，较老的细胞就会有形状的变化（图3-3）。

（二）酵母菌的大小

酵母菌比细菌粗约10倍，其直径一般为 $2\sim5~\mu m$，长度为 $5\sim30~\mu m$，最长可达 $100~\mu m$。

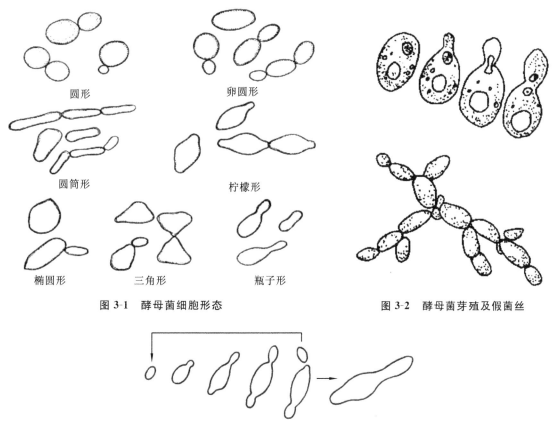

图 3-1 酵母菌细胞形态

图 3-2 酵母菌芽殖及假菌丝

图 3-3 柠檬形酵母菌不同出芽阶段的细胞形态

以酿酒酵母为例,其直径为 2.5~10 μm,长度为 4.5~21 μm。

各种酵母有其一定的大小和形态,但也与菌龄和培养条件有关。一般成熟的细胞大于幼龄的细胞,液体培养的细胞大于固体培养的细胞。有些种的细胞大小、形态极不均匀,而有些种的细胞则较为均一。

二、酵母菌的细胞结构

有关酵母菌细胞结构的描述,一般都是根据酿酒酵母(Saccharomyces cerevisiae)的研究资料获得的。不同属的酵母菌,细胞结构稍有变化。

酵母菌细胞的典型结构一般包括细胞壁、细胞膜、细胞质、细胞核、液泡、线粒体、核糖体、内质网、微体、高尔基体、内含物等(图 3-4)。此外,还有芽痕和蒂痕。

(一)细胞壁

细胞壁在细胞的最外侧,厚为 0.1~0.3 μm,质量为细胞干重的 18%~25%。在电镜下,啤酒酵母(Saccharomyces cerevisiae)细胞壁呈典型的"三明治"结构:外层为甘露聚糖(占细胞壁干重的 40%~45%),内层为葡聚糖(占细胞壁干重的 35%~45%),中间夹有一层蛋白质分子(占细胞壁干重的 5%~10%)(图 3-5)。另有少量的几丁质、脂类、无机盐等成分。

1. 葡聚糖

酵母葡聚糖(glucan)是一种不溶性的分支聚合物,主链以 β-1,3 糖苷键结合,链间穿插有

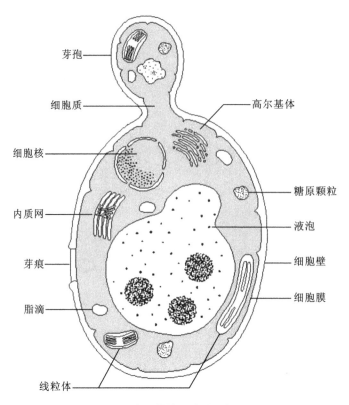

图 3-4　酵母菌的细胞结构模式图

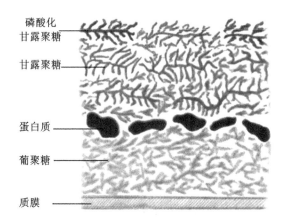

图 3-5　酵母菌细胞壁的结构模式图

β-1,6 糖苷键，为线性分子，由 1500 个葡萄糖残基聚合而成（图 3-6）。

作为细胞壁的内层物质，它赋予酵母菌细胞机械强度，维持细胞壁的强度。当细胞处于高渗的环境下而收缩时，它能维持细胞的弹性。

近年研究发现，酵母葡聚糖具有重要的生理功能，如增强免疫力、抗辐射、调节血脂等。酵母葡聚糖分为酸不溶性葡聚糖、碱不溶性葡聚糖和酸碱不溶性葡聚糖。具有生物活性的酵母葡聚糖主要是酸碱不溶性葡聚糖，即 β-1,3-葡聚糖。

2. 甘露聚糖

酵母的甘露聚糖（mannan）是甘露糖分子以 α-1,6 糖苷键相连的分枝状聚合物，位于细胞

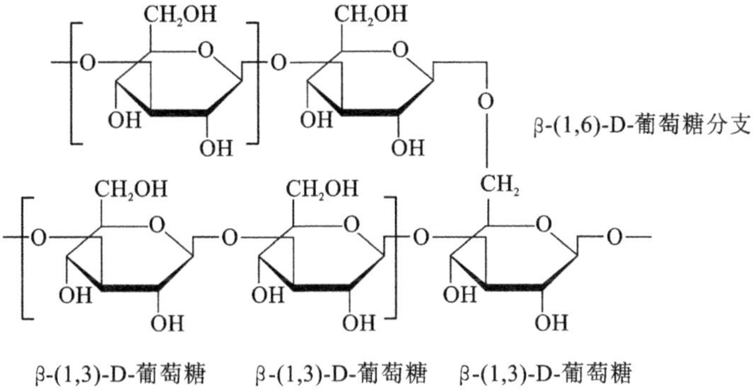

β-(1,6)-D-葡萄糖分支

β-(1,3)-D-葡萄糖   β-(1,3)-D-葡萄糖   β-(1,3)-D-葡萄糖

图 3-6 葡聚糖的分子结构图

壁外侧，呈网状，结合 5%～50% 的蛋白质，相对分子质量约为 90000。甘露聚糖-蛋白质复合物覆盖于细胞表面，渗入葡聚糖中而担负起结构上的功能。酵母甘露聚糖在葡萄酒中可以稳定酒石，稳定蛋白质，改善气味和口感，提高葡萄酒品质。

3. 蛋白质

酵母菌细胞壁的蛋白质大都和多糖类相结合。啤酒酵母（*Saccharomyces cerevisiae*）及假丝酵母属（*Candida*）酵母，常由于某种蛋白酶的作用而发生溶菌现象。研究发现，具有二硫键的蛋白质有助于细胞壁的稳定。

除此之外，在拿逊酵母属（*Nadsonia*）、红酵母属（*Rhodotorula*）、掷孢酵母属（*Sporobolomyces*）等的细胞壁中，几丁质含量很高。在啤酒酵母（*Saccharomyces cerevisiae*）中，几丁质大多局限在芽痕周围。一些裂殖酵母（*Schizosaccharomyces spp.*）中仅含葡聚糖而不含甘露聚糖，取代甘露聚糖的是含有较多的几丁质。

用玛瑙螺的胃液制备的蜗牛消化酶（内含纤维素酶、甘露聚糖酶、葡糖酸酶、几丁质酶和酯酶等 30 多种酶类）能有效消化酵母菌细胞壁，可用来制备酵母原生质体，也可用来水解酵母菌的子囊壁，借以把子囊孢子释放出来。

（二）细胞膜

酵母菌细胞膜紧贴于细胞壁内侧，包裹着细胞核、细胞质和各类细胞内含物。细胞膜的主要成分为蛋白质、类脂和少量糖类（主要含甘露聚糖），分别占细胞膜干重的 50%、40% 和 10%（图 3-7）。

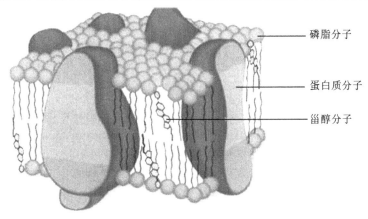

图 3-7 酵母菌细胞膜结构模式图

在酵母菌细胞膜所含的各种甾醇中,尤以麦角甾醇居多。它经紫外线照射后,可形成维生素 D_2。据报道,发酵酵母(*Saccharomyces fermentati*)所含的总甾醇量可达细胞干重的 22%,其中的麦角甾醇含量达细胞干重的 9.66%。此外,季氏毕赤氏酵母(*Pichia guilliermondii*)、酿酒酵母(*Saccharomyces cerevisiae*)、卡尔斯伯酵母(*Saccharomyces carlsbergensis*)、小红酵母(*Rhodotorula minuta*)和戴氏酵母(*Saccharomyces delbrueckii*)等,也含有较多的麦角甾醇。细胞膜中含有甾醇,这在原核微生物中是极为罕见的。

(三) 细胞质和细胞器

细胞质(cytoplasm)是细胞膜包围的除核区外的一切半透明、胶状、颗粒状物质的总称。酵母菌的细胞质主要由细胞质基质、内膜系统、细胞骨架和各种细胞器(线粒体、内质网、核糖体等)组成。

1. 线粒体

线粒体(mitochondria)是 1850 年发现的,1898 年命名。线粒体常为杆状或椭圆形,其直径一般为 0.5~1.0 μm,长度为 1.5~3.0 μm,但在不同类型细胞中,线粒体的形状、大小和数量差异甚大。

线粒体的构造较为复杂,由内、外两层膜包裹,囊内充满液态的基质(matrix),外膜平滑,内膜向内折叠形成嵴(cristae)。基质内含有与三羧酸循环有关的全部酶类,内膜上具有呼吸链酶系及 ATP 酶复合体(图 3-8)。

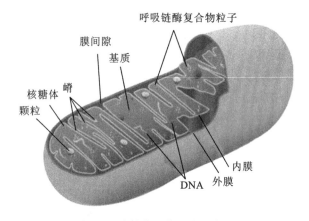

图 3-8 线粒体立体结构示意图

线粒体是细胞内氧化磷酸化和形成 ATP 的主要场所,有细胞"动力工厂"(power plant)之称。另外,线粒体有自身的 DNA 和遗传体系,但是合成能力有限。线粒体 1000 多种蛋白质中,自身合成的仅十余种。

线粒体的核糖体蛋白、氨酰 tRNA 合成酶、许多结构蛋白,都是由核基因编码,在细胞质中合成后,定向转运到线粒体内的,因此,线粒体只是一种半自主性的细胞器。

酵母菌的线粒体比高等动物的线粒体要小,直径 0.3~1.0 μm,长 0.5~3.0 μm。每个细胞可有 1~20 个线粒体,而在其他真核细胞中,线粒体的数量可多达 50 万个。酵母菌出芽生殖前期,线粒体变成丝状,并可分支,然后分裂进入子细胞和母细胞。

酵母线粒体中的 DNA 是一个环状分子,可编码若干呼吸酶,相对分子质量为 5×10^9,占酵母菌细胞 DNA 总量的 5%~20%,比高等动物的大 5 倍。线粒体 DNA 具有遗传的独立性,类似于原核生物的染色体。

近年研究发现,酵母菌细胞的线粒体是适应有氧环境而形成的。在厌氧或高糖(葡萄糖5%~10%)环境下,酵母菌只形成一种发育得较差的线粒体前体,该前体无氧化磷酸化能力,不能合成细胞色素 a_1、a_3 和 b,因而缺乏呼吸能力。但这种呼吸能力可在含非发酵性质的培养基中除去葡萄糖和通入空气后得到恢复。酿酒酵母也可能完全丧失呼吸能力,这种失去呼吸能力的细胞可由自然变异产生,比例可达 1%~10%。这种变异株在培养皿上形成小菌落,可以识别。

2. 内质网

内质网(endoplasmic reticulum,ER)是存在于细胞质中的由膜构成的呈游离或互相连续的囊泡状结构。

内质网分两类:一类是膜上附有核糖体颗粒,称为糙面内质网(rough ER),具有合成和运送胞外分泌蛋白至高尔基体中的功能;另一类为膜上不含核糖体的光面内质网(smooth ER),它与脂质代谢和钙代谢等密切相关,是合成磷脂的主要部位,主要存在于某些动物细胞中(图3-9)。

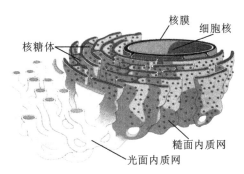

图3-9 内质网立体结构示意图

3. 核糖体

核糖体(ribosomes)主要由 RNA(rRNA)和蛋白质构成,是细胞内蛋白质合成的分子机器。在蛋白质合成时,核糖体既可以游离在细胞质中,也可以附着在内质网的表面。游离核糖体主要合成胞内蛋白。附着于核糖体合成的蛋白质主要有两类:一类是分泌蛋白,通过内质网运输到高尔基体,经加工包装后被分泌到细胞外;另一类是排列到质膜内的蛋白质。

与其他真核生物相同,酵母菌核糖体的沉降系数为80S,由60S和40S的大、小亚基组成。酿酒酵母(Saccharomyces cerevisiae)核糖体大亚基由28S、5S和5.8S三种rRNA和40±5种核糖体蛋白质组成;小亚基含有30±5种蛋白质和一种rRNA(18S rRNA)。

4. 微体

微体(microbody)是一种由单层膜包裹、内含一种或几种氧化酶类的球形细胞器。根据微体内含有的酶的不同,可以将微体分为过氧化物酶体、糖酵解酶体和乙醛酸循环体。微体的形态、大小及功能常因生物种类和细胞类型不同而异。例如,在糖液中生长的酵母菌,其过氧化物酶体很小,在甲醇溶液中较大,在脂肪酸培养基中非常发达,可迅速地把脂肪酸分解成乙酰辅酶A,供细胞利用。

5. 液泡

大多数酵母菌,特别是球形、椭圆形酵母菌,细胞中有1个液泡(vacuole),长形酵母菌有的有2个液泡,位于细胞的两端。在细胞静止阶段液泡较大,开始出芽繁殖时,液泡被收缩成

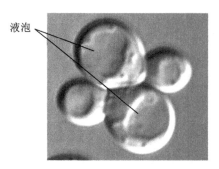

图 3-10　酵母菌细胞液泡电镜照片

许多小液泡,出芽完成后,小液泡可以合并,再一次形成大液泡。

生长旺盛的酵母菌的液泡中不含内含物,当细胞老化后,液泡中含有大量的内含物,如异染颗粒、糖原粒、脂肪粒以及各种水解酶和碱性氨基酸等。液泡的功能可能是储存物质。电子显微镜观察发现,液泡被一单层膜所包围,膜的内、外表面被直径为 8~12 nm 的颗粒所覆盖(图 3-10)。这些颗粒的功能尚不清楚,但它具有转移液泡中所储藏的物质的作用。

6. 储藏的物质

(1) 脂肪粒　酵母菌细胞中脂肪粒(lipid globule)的主要成分是 β-羟丁酸,可用苏丹黑或苏丹红染成黑色或红色。脂肪粒数目随菌龄而增加,并受培养基的影响。在较老的细胞内,许多小的脂肪粒还可以集聚成大的脂肪球(油滴)(图 3-11)。

当生长在含有限量氮源的培养基中时,一些菌种能大量地积累脂肪物质,脂肪含量可高达细胞干重的 50%~60%。当发酵供氧充足并有足够的糖时,其含量随发酵时间的延长而增加,发酵温度提高时,其含量也会增加。

(2) 聚磷酸盐　细胞质内存在着聚合度为 300~500 的聚磷酸盐(polyphosphate),它们是能源和磷源的储存物,可存在于不同的代谢过程中,如糖的运转和细胞壁多糖的生物合成。

(3) 肝糖　肝糖(polysaccharide glycogen)是酵母储藏的两种主要糖类之一。其相对分子质量较高,约为 1×10^7。肝糖由一树状的分子组成,主链的葡萄糖残基以 α-1,4 糖苷键相结合,分枝由 α-1,6 糖苷键构成,分枝点间有 12~14 个葡萄糖残基。酵母的肝糖含量因菌种和生长条件的不同而有很大变化。当氮源不足、生长受限,但仍有糖时,肝糖主要在平衡生长期积累。

(4) 海藻糖　海藻糖(trehalose)为非还原性的双糖,是酵母中储藏的第二种糖类。其含量与酵母的生长阶段有着密切的关系,它的量既可以少到忽略不计,也可以高到 16%。海藻糖不仅可以作为重要的能源物质,还能保护酵母在外界高温、脱水等恶劣条件下免受伤害,使细胞获得对逆境的抗性。

(5) 荚膜物质　酵母菌一般存在荚膜物质(capsular materials),使酵母菌呈现一定黏性,主要成分是以甘露聚糖或半乳聚糖为骨架的杂多糖。如新生隐球菌(*Cuyitococcus neofonmans*)细胞外有宽厚的荚膜(图 3-12),为主要致病物质。

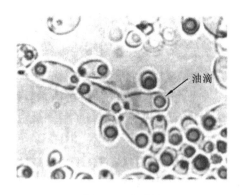

图 3-11　脂肪粒

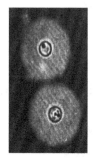

图 3-12　新生隐球菌荚膜

（四）细胞核和质粒

酵母菌具有真核生物典型的细胞结构，它的形态完整，多孔核膜包裹着的细胞核对细胞的生长、发育、繁殖、遗传和变异等起着决定性的作用。

1. 细胞核

酵母菌细胞核（nucleus）是酵母菌遗传信息（DNA）的储存、复制和转录的主要场所。两层厚 7~8 nm 的单位膜构成核膜，其上有许多核孔，是核内外物质进行交换的通道（图3-13）。核仁位于核内，是 RNA 合成的场所。核内的 DNA 以染色体的形式存在。

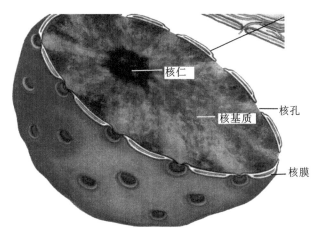

图 3-13　细胞核立体结构示意图

酿酒酵母（*Saccharomyces cerevisiae*）细胞核中有 17 条染色体，单倍体酵母菌细胞中的 DNA 含量为 1×10^{10}。多数染色体由不同程度、大范围的 GC 丰富的 DNA 序列和 GC 缺乏的 DNA 序列镶嵌组成。这种 GC 含量的变化与染色体的结构、基因的密度以及重组频率有关。酵母基因组另一个明显的特征是含有许多 DNA 重复序列，其中一部分为完全相同的 DNA 序列。

2. 质粒

除细胞核含 DNA 外，在酵母菌线粒体、"2 μm 质粒"及少数酵母菌线状质粒中也含有 DNA。

1967 年，在酿酒酵母（*Saccharomyces cerevisiae*）中首次发现 6 kb 左右、长约 2 μm、闭合环状的超螺旋 dsDNA 分子，称为"2 μm 质粒"，后来在多种酵母菌中均发现它的存在，一般每一细胞中含 60~100 个拷贝，占总 DNA 含量的 3%。该质粒最显著的特征是有两个 600 bp 长的反向重复序列（IR），这两个 IR 中间由一个 2.7 kb 的大单一区域和 2.3 kb 的小单一区域所间隔。在酵母菌细胞中，由于这两个 IR 间的相互重组，产生两种互变异构型的混合质粒，即 A 型和 B 型。该质粒只携带与复制和重组有关的 4 个蛋白质基因（REP1、REP2、REP3 和 FLP），不赋予宿主任何遗传表型，属隐秘性质粒。"2 μm 质粒"是酵母菌中进行分子克隆和基因工程的重要载体，以它为基础进行改建的克隆和表达载体已得到了广泛的应用。另一方面，该质粒也是研究真核基因调控和染色体复制的一个十分有用的模型，因而对该质粒的研究日益受到重视。

三、酵母菌的繁殖

多数酵母菌既有无性繁殖,也有有性繁殖,称为"真酵母";某些酵母没有有性繁殖,只有无性繁殖,如丝分孢子酵母(*mitosporic yeast*),被称为"假酵母"。在发酵工业中,酵母以无性繁殖中的芽殖为主。酵母菌的繁殖方式是鉴定酵母菌的重要特征之一。

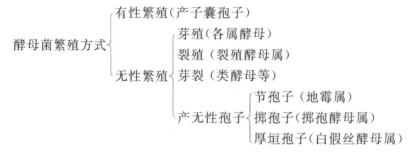

(一) 无性繁殖

无性繁殖是指不经过两性细胞的结合,只是营养细胞的分化形成同种新个体的过程。酵母菌的无性繁殖主要有以下形式。

1. 芽殖

芽殖(budding)是酵母菌最常见的繁殖方式。

(1) 酵母菌的出芽过程(图 3-14)　酿酒酵母在营养丰富和适宜条件下生长时,新合成的细胞壁物质通常在细胞的顶部插入,导致细胞壁的扩增。当生长达到细胞的同等大小时,细胞向外凸起,形成一个芽,随之新合成的细胞壁在芽与母细胞之间的部位插入,导致芽不断长大,同时复制的核与原生质体被导入芽内,最后在芽与母细胞的交界处形成隔壁,并与原来的母细胞分离,产生一个新的酵母菌细胞,此时在母细胞上留下一个芽痕(bud scar),在子细胞上相应地留下了一个蒂痕(birth scar)(图 3-15)。

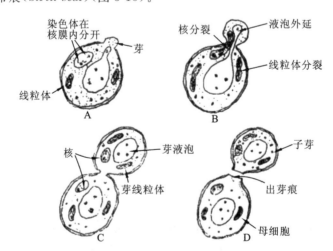

图 3-14　酵母菌细胞的出芽过程

由于多重出芽,致使酵母菌细胞表面有多个小突起(图 3-16)。如果酵母菌生长旺盛,在芽体尚未自母细胞脱落前,即可在芽体上又长出新的芽体,最后形成假菌丝(图 3-17、图 3-18)。是否形成假菌丝在酵母分类上具有重要意义,但由于假菌丝的形态会随培养条件改变,因而在

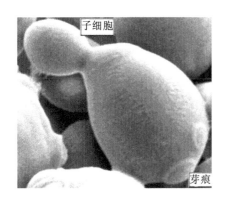

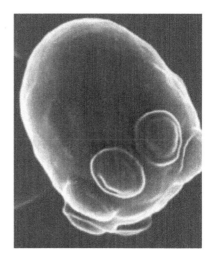

图 3-15　酵母菌细胞的芽殖与芽痕的电镜照片　　　　图 3-16　面包酵母的多个芽痕

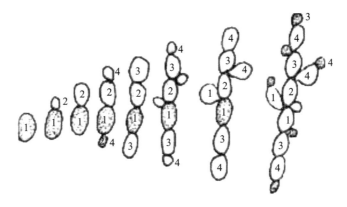

图 3-17　酵母菌假菌丝的形成示意图

图 3-18　酵母菌假菌丝的类型

注：从左至右依次为 *Mycotorula* 型、念球菌属（*Mycotorules*）型、假丝酵母属型、念球菌属（*Mycocadida*）型、芽殖酵母属（*Blastodenrion*）型。

分类学上参考价值不大。

（2）酵母的出芽方式　芽殖有几种方式：如果在母细胞一端出芽，为一端芽殖；如果在母细胞两端出芽，为二端芽殖，此时细胞为柠檬形；如果在母细胞三端出芽，细胞就呈三角形，这种情况较少；如果在母细胞的各个方向出芽，则为多端芽殖，这时菌体形状呈圆形、椭圆形或腊肠形，大多数酵母菌的出芽方式都是如此（图 3-19）。

（3）酵母的出芽数　一个酵母能形成的芽体数量是受到限制的。在酿酒酵母中，若营养不

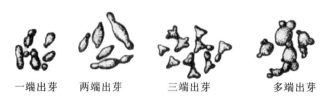

| 一端出芽 | 两端出芽 | 三端出芽 | 多端出芽 |

图 3-19　酵母菌出芽方式示意图

受到限制,产生的芽人为除去,每个细胞可产生 9～43 个芽。但在正常情况下,在达到平衡期的正常群体中,大多数细胞或没有出芽痕或只有很少的芽(1～6 个),仅少量的细胞有 12～15 个芽,也有的研究者认为常见的是以 20 个芽为限。

2. 裂殖

裂殖(fission)是裂殖酵母属(*Schizosaccharomyces*)主要的无性繁殖方式。裂殖酵母属的圆形或卵圆形细胞,长到一定大小后,细胞增大或伸长,核分裂,然后在细胞中产生隔膜,将两个细胞分开,末端变圆(图 3-20)。两个新细胞形成后又长大,重复这些循环。

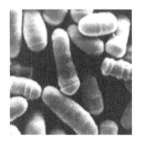 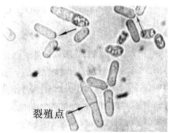 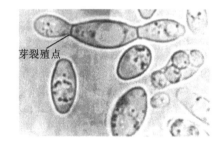

图 3-20　裂殖酵母(左)与裂殖方式(右)　　　　图 3-21　类酵母的芽裂繁殖

3. 芽裂

芽裂是一种介于出芽和横隔形成之间的一种裂殖法,这种繁殖法很少见。它首先是在芽基很宽的颈处出芽,然后形成一层横隔,使得芽体与母细胞分开(图 3-21)。这种繁殖可在类酵母属(*Saccharomycodes*)、拿逊酵母属(*Nadsonia*)和瓶形酵母属(*Pityrosporum*)中出现。

4. 无性孢子

(1) 掷孢子　掷孢子(ballistospore)是掷孢酵母属(*Sporobolomyces*)等少数酵母菌产生的无性孢子,外形呈肾状。这种孢子是在卵圆形营养细胞上生出小梗和对称的掷孢子。孢子成熟后,通过一种特有的弹射的方式将孢子射出(图 3-22)。因此,如果用倒置培养皿培养掷孢酵母并使其形成菌落,则在皿盖上可见到由掷孢子组成的菌落模糊镜像。

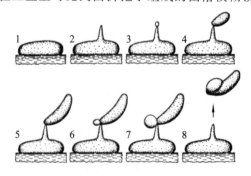

图 3-22　酵母菌掷孢子形成示意图

(2) 节孢子　地霉属(*Geotrichum*)酵母菌在培养初期,菌体为完整的多细胞丝状。培养后期,从菌丝内横隔处断裂,形成短柱状或筒状,或两端钝圆的细胞,称为节孢子(arthrospore)(图 3-23)。

 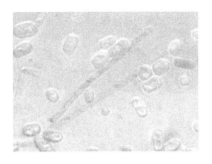

图 3-23　地霉属酵母菌落与节孢子显微照片

(3) 厚垣孢子　白假丝酵母(*Candida albicans*)在菌丝中间或顶端发生局部细胞质浓缩和细胞壁加厚,最后形成一些厚壁休眠体,称为厚垣孢子(chlamydospore)(图 3-24)。厚垣孢子对不良环境有较强的抵抗力。

无论是芽殖、裂殖、芽裂,还是无性孢子,细胞核没有经过减数分裂,这属于无性繁殖。有的酵母菌只发现无性繁殖,如人体病原菌的白假丝酵母(*Candida albicans*),用于石油发酵的热带假丝酵母(*Candida tropicalis*)等。

(二) 有性繁殖

图 3-24　白假丝酵母厚垣孢子的显微照片

经过两个性孢子结合而产生新个体的过程为有性繁殖。真菌的有性繁殖大多数经过质配、核配、减数分裂三个阶段。

两个性细胞接触后结合在一起,细胞质融合,但两个核暂不融合,称为双合子核细胞,每个核的染色体数目都是单倍的,可用 $n+n$ 表示,此过程称为质配;质配后,两个核融合(或结合),产生二倍体接合子核,可用 $2n$ 表示,此为核配过程;大多数真菌核配后立即进入第三个阶段,即减数分裂,核中的染色体数目又恢复到单倍体状态。

酵母菌有性繁殖主要是通过子囊孢子(ascospore)进行的。子囊孢子是在子囊(ascus,复数 asci)内产生的。

1. 子囊孢子形成过程

两个邻近的酵母菌细胞各伸出一根管状细胞质突起,然后相互接触并融合成一个通道,细胞质结合(质配),两个核在此通道内结合(核配),形成双倍体细胞,并随即进行 1~2 次减数分裂,形成 4 个或 8 个子核,每一子核和其周围的细胞质形成孢子。含有孢子的细胞称为子囊,子囊内的孢子称为子囊孢子(图 3-25)。孢子数目、大小、形状因种而异。

2. 子囊孢子的形状

不同酵母菌,其子囊、子囊孢子的形态各异,如球形、椭圆形、长方形、土星形、纺锤形、镰刀形等,可作为酵母菌分类、鉴定的重要依据(图 3-26)。

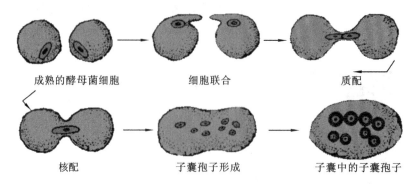

图 3-25　八孢裂殖酵母子囊孢子的形成过程

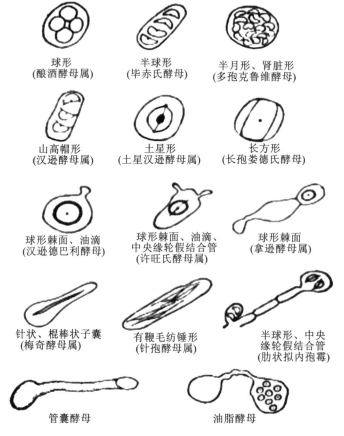

图 3-26　子囊与子囊孢子的形状

3. 子囊孢子形成的条件

二倍体酵母菌细胞在一定条件下才能形成单倍体子囊孢子。通常强壮、活力旺盛的幼龄细胞（种子连续传代三次）、营养充足的培养基、25～30 ℃、大量空气的条件适于产生子囊孢子。在实验室内，可选择适当的生孢子培养基，如石膏块或醋酸钠琼脂斜面等。

（三）酵母菌的生活史

个体经一系列生长、发育阶段后，产生下一代个体的全部过程，称为该生物的生活史或生命周期（life cycle）。酵母菌生活史各异，可分为以下三个类型。

1. 单倍体型

该类型典型的代表是八孢裂殖酵母(Schizosaccharomyces octosporus)。其特点如下:营养体主要以单倍体(n)形式存在,单倍体营养阶段较长,双倍体世代存在时间通常很短,仅在两个单倍体细胞和它们的核结合之后,以接合子形式存在,故双倍体不能独立生活。

其生活史如下:①单倍体营养细胞采用裂殖方式繁殖;②两个单倍体营养细胞接触形成接合管,进行质配、核配,形成双倍体的接合子;③双倍体的核马上进行减数分裂,形成 8 个单倍体子囊孢子;④子囊破裂散出子囊孢子,每个子囊孢子起营养细胞作用,借裂殖繁殖(图3-27)。

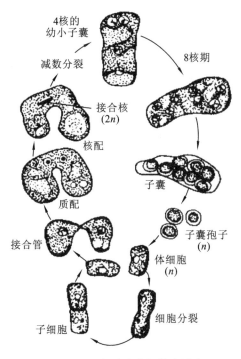

图 3-27 八孢裂殖酵母的生活史

2. 双倍体型

该类型的典型代表为路德类酵母(Saccharomyces ludwigii)。其特点如下:营养体主要以双倍体(2n)形式存在,子囊孢子在子囊内就成对结合,单倍体阶段存在时间很短,不能进行独立生活。

其生活史如下:①单倍体子囊孢子在子囊内成对结合,发生质配和核配;②结合后的双倍体细胞萌芽,穿破子囊壁;③双倍的营养细胞借芽殖繁殖;④在营养细胞内,核进行减数分裂,成为子囊,内含 4 个单倍体子囊孢子(图 3-28)。

3. 单双倍体型

该类型的典型代表为啤酒酵母(Saccharomyces cerevisiae)。该酵母一般以双倍体细胞形式存在,以出芽繁殖;在产孢子培养基上会形成 1~4 个子囊孢子,以单倍体细胞的形式存在。在单倍体细胞接触时,经质配、核配又可重新产生双倍体细胞。其特点如下:营养体以单倍体(n)或双倍体(2n)形式存在,单倍体和双倍体营养细胞都可以进行芽殖;通常双倍体营养细胞大,生长活力强,发酵工业上多利用双倍体细胞进行生产。

其生活史如下:①单倍体营养细胞以芽殖繁殖;②两个性别不同的营养细胞结合,质配后

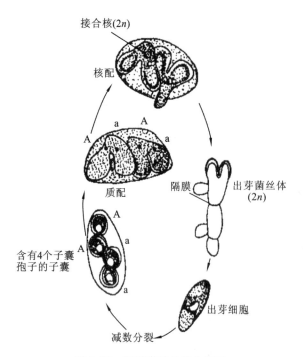

图 3-28 路德类酵母的生活史

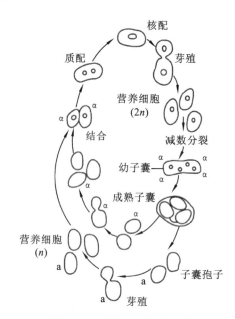

图 3-29 啤酒酵母的生活史

发生核配,形成双倍体;③双倍体细胞并不立即进行核分裂,而是以芽殖方式繁殖,成为双倍体营养细胞;④在特定条件下双倍体营养细胞转变为子囊,核减数分裂,形成 4 个子囊孢子;⑤单倍体子囊孢子作为营养细胞,芽殖繁殖(图 3-29)。

四、酵母菌的菌落

(一) 酵母菌的菌落特征

酵母菌细胞粗短,细胞间充满毛细管水,因而在固体培养基表面形成的菌落与细菌相仿。大多数酵母菌在平板培养基上形成的菌落较大而厚,湿润、较光滑,有一定的透明度,易挑取,质地均匀,正、反面及边缘与中央颜色较一致。长时间培养的酵母菌,菌落呈现皱缩状。菌落颜色较单调,多数为乳白色、矿烛色,少数为红色,个别为黑色,有酒香味。此外,凡不产假菌丝的酵母菌,菌落隆起,边缘圆整;产假菌丝的则菌落较平坦,表面和边缘粗糙。几种典型酵母菌的菌落形态如图 3-30 所示。

与细菌相比,酵母菌细胞大,细胞内颗粒较明显、细胞间隙含水量相对较少,无鞭毛,不能运动,所以菌落比细菌的要大、厚,外观较稠、不透明。

(二) 酵母菌液体培养特征

在液体培养基上,不同的酵母菌生长的情况不同。好气性酵母菌可在培养基表面上形成菌膜或菌醭,其厚度因种而异。有的酵母菌在生长过程中始终沉淀在培养基底部,还有的酵母菌在培养基中均匀生长,使培养基呈浑浊状态。

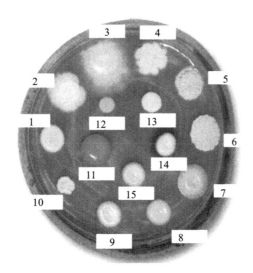

图 3-30　几种典型酵母菌的菌落形态

注:1—酿酒酵母(Saccharomyces cerevisiae);2—产朊假丝酵母(Candida utilis);
3—出芽短梗霉(Aureobasidium pullulans);4—多孢丝孢酵母(Trichosporon cutaneum);
5—荚复膜孢酵母(Saccharomycopsis capsularis);6—解脂复膜孢酵母(Saccharomycopsis lipolytica);
7—季也蒙有孢汉逊酵母(Hanseniaspora guilliermondii);8—碎囊汉逊酵母(Hansenula capsulata);
9—卡氏酵母(Saccharomyces carlsbergensis);10—鲁氏酵母(Sarcharomyces rouxii);
11—深红酵母(Rhodotorula rubra);12—玫红法佛酵母(Phaffia rhodozyma);
13—大型罗伦隐球酵母(Cryptococcus laurentii);14—美极梅奇酵母(Metschnikowia pulcherrima);
15—浅红酵母(Rhodotorula pallida)。

五、常见的酵母菌*

(一)啤酒酵母

啤酒酵母(Saccharomyces cerevisiae)细胞为球形或卵形,直径 $5\sim10~\mu m$,以出芽方式繁殖(图 3-31)。含有丰富的 B 族维生素和蛋白质,在生产中被广泛应用于啤酒酿造、酒精发酵及其他饮料发酵、面包生产、食用酵母、药用酵母、饲料酵母,以及细胞色素 C、核酸、麦角固醇、谷胱甘肽等生物活性物质的提取,具有较大的经济价值。在现代分子和细胞生物学中,啤酒酵母被用作真核模式生物,其作用相当于原核的模式生物大肠杆菌。

啤酒酵母分布广泛,在各种水果的表皮上、发酵的果汁、酒曲、土壤中,特别是果园土壤中都可分离到。

啤酒酵母在麦芽汁琼脂上的菌落为乳白色,有光泽,平坦,边缘整齐。在加盖片的玉米琼脂上不生假菌丝或有不典型的假菌丝。营养细胞可直接变为子囊,含 1~4 个圆形

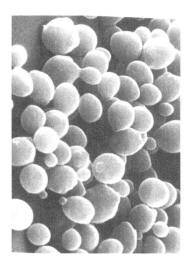

图 3-31　啤酒酵母的扫描电镜照片

---

* 阅读材料。

光面的子囊孢子。啤酒酵母能利用葡萄糖、麦芽糖、半乳糖及蔗糖,不能利用乳糖和蜜二糖,不能同化硝酸盐。在麦芽汁培养基中,25 ℃培养3天时,细胞呈圆形、卵形、椭圆形和香肠形。

按细胞长与宽的比例啤酒酵母分为三种类型。

1. 粗短型(细胞长/宽＜2)

细胞多为圆形、卵圆形或卵形。无假菌丝,或有较发达但不典型的假菌丝。主要用于酿造饮料酒和面包生产。啤酒酵母中的德国2号和德国12号(Rasse Ⅱ、Rasse Ⅻ)是有名的酒精生产酵母,但它们对高浓度盐类耐性差,只适用于糖化淀粉为原料时的酒精与白酒生产。

2. 中间型(细胞长/宽≈2)

细胞形状以卵形和长卵形为主,也有圆形或短卵形细胞。常形成假菌丝,但不发达也不典型。主要用于酿造葡萄酒,也用于啤酒、蒸馏酒和酵母生产。

3. 细长型(细胞长/宽＞2)

该组酵母又名台湾396号酵母,能耐高渗透压和高浓度盐,适合于用甘蔗糖蜜为原料生产酒精。

(二)裂殖酵母属

裂殖酵母属(*Schizosaccharomyces*)细胞为椭圆形或圆柱形。以芽殖进行无性繁殖(图3-32),子囊孢子进行有性繁殖,有时形成假菌丝。具有酒精发酵的能力,不同化硝酸盐。

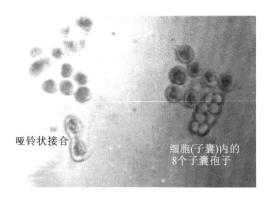

图3-32 粟酒裂殖酵母及其子囊孢子

裂殖酵母属中的裂殖酵母基因组为14 Mb,大约是大肠杆菌的4倍,与后生动物拥有许多相同的重要生物过程,包括染色体的结构和代谢,如染色体相对较大、着丝粒多重复性、复制起点复杂度低、异染色质组蛋白甲基化修饰等,这些特点在芽殖酵母中缺失或高度分化。

粟酒裂殖酵母(*Schizosaccharomyces pombe*)(图3-32)是这一属的重要菌种。最早是从非洲粟酒中分离出来的,以后不同的人曾多次在甘蔗糖蜜中分离得到。虽然与酿酒酵母同属子囊真菌,但在系统分类、细胞周期、rRNA的生物合成和基因的组织、结构及基因的表达调控等方面,两种酵母并不相同。

粟酒裂殖酵母在某些方面与高等动物有一定的相似性,因此,是一种良好的研究真核生物的模式生物,已在遗传学和分子生物学,包括有关交配型控制和细胞周期研究中被用作重要的模式生物。粟酒裂殖酵母在生物技术方面也具有重要价值,可用于氨基酸和单细胞蛋白的生产。

(三)假丝酵母属

假丝酵母属(*Candida*)细胞呈圆形、卵形或长形,无性生殖为多边芽殖,能形成假菌丝,也可形成真菌丝,可生成厚垣孢子,不能产生节孢子、掷孢子、子囊孢子。不少假丝酵母能利用正烷烃进行石油发酵脱蜡,并产生有价值的产品。其中氧化正烷烃能力较强的多是解脂假丝酵母(*Candida lipolytica*)、热带假丝酵母(*Candida tropicalis*)。有些种类可用作饲料酵母;很多种有酒精发酵能力;有的种能利用农副产品或糖类生产蛋白质;个别种类能引起人或动物疾病。

1. 产朊假丝酵母

产朊假丝酵母(*Candida utilis*)又名产朊圆酵母、食用圆拟酵母、食用球拟酵母,细胞呈圆形、椭圆形和圆柱形,大小为(3.5~4.5) μm×(7~13) μm。其蛋白质和B族维生素的含量均高于啤酒酵母,能以尿素和硝酸作为氮源,在培养基中不需要加入任何生长因子即可生长。在工业中是一种极为重要的微生物,常被用于生产多种生物活性物质,如谷胱甘肽及一些氨基酸和酶类。作为一种 GRAS(generally regarded as safe)安全生物,它和啤酒酵母、克鲁维酵母(*Kluyveromyces fragilis*)被美国的 FDA 认证为可作为食品添加剂的酵母菌。

麦芽汁培养基上的菌落为乳白色,平滑,有光泽或无光泽,边缘整齐或呈菌丝状。在加盖片的玉米粉琼脂培养基上,仅能生成一些原始的假菌丝或不发达的假菌丝,或无菌丝。液体培养无菌醭,管底有菌体沉淀,能发酵葡萄糖、蔗糖、棉子糖,不发酵麦芽糖、半乳糖、乳糖和蜜二糖。不分解脂肪,能同化硝酸盐。适宜生长温度为 25~28 ℃。特别重要的是,它能利用五碳糖和六碳糖,既能利用造纸工业的亚硫酸废液,也能利用糖蜜、木材水解液、马铃薯淀粉废料等生产出人畜可食用的蛋白质。

2. 解脂假丝酵母

从黄油、人造黄油、石油井口黑油土、炼油厂及动植物油脂生产车间,均可分离到解脂假丝酵母(*Candida lipolytica*)。它能利用的糖类很少,但分解脂肪和蛋白质的能力很强,能用廉价的石油为原料生产酵母蛋白,是石油发酵脱蜡和制取蛋白质的较优良的菌种。此外,还可生产脂肪酸、柠檬酸、维生素、谷氨酸等。细胞为卵形到长形,有的细胞可长达 20 μm。

在葡萄糖酵母汁蛋白胨液体培养基中培养,有菌醭产生,管底有菌体沉淀。麦芽汁琼脂斜面菌落为乳白色,黏湿,无光泽。有些菌株的菌落有皱褶或表面为菌丝状,边缘不整齐。在加盖玻片的玉米粉琼脂培养基上可见假菌丝或具横隔的真菌丝。真菌丝顶端或中间可见单个或成双的芽生孢子,有时芽生孢子轮生,有时呈假菌丝。

3. 热带假丝酵母

热带假丝酵母(*Candida tropicalis*)广泛存在于自然界中,可从水果、蔬菜、乳制品、土壤中分离出,也可存在于健康人体的皮肤、阴道、口腔和消化道等部位。

热带假丝酵母菌出芽繁殖,有假菌丝,有厚垣孢子、无子囊。一般情况下呈卵圆形(图3-33)。在葡萄糖酵母汁蛋白胨液体培养基中 25 ℃培养 3 天,细胞呈球形或椭球形,其大小为(4~8) μm×(6~11) μm,液面有醭或无醭,有环,菌体沉淀于管底。在麦芽汁琼脂斜面培养

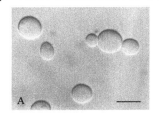
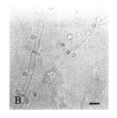

图 3-33　热带假丝酵母与其假菌丝

基上,菌落为白色到奶油色,无光泽或稍有光泽,软而平滑或部分有皱纹。培养时间长时,菌落变硬。在加盖玻片的玉米粉琼脂培养基上培养,可看到大量的假菌丝。

热带假丝酵母能发酵葡萄糖、蔗糖、麦芽糖和半乳糖,不利用乳糖、蜜二糖和棉子糖,不能同化硝酸盐,不分解脂肪。热带假丝酵母氧化烃类的能力强,在230~290 ℃石油馏分的培养基中,经22 h后,可得到相当于烃类质量92%的菌体,所以它是生产石油蛋白质的重要菌种。用农副产品和工业废物也可培养热带假丝酵母,如用生产味精的废液培养热带假丝酵母作饲料,既扩大了饲料来源,又减少了工业废水对环境的污染。

4. 白假丝酵母菌

白假丝酵母菌(*Canidia albicans*)又称白色念珠菌,广泛存在于自然界,也存在于正常人口腔、上呼吸道、肠道及阴道,为条件致病性真菌,可引起皮肤黏膜感染,如鹅口疮、外阴炎及阴道炎等,又可导致内脏器官及中枢神经的感染。近年来,随着广谱抗生素、皮质类固醇激素和免疫抑制剂的广泛应用,白假丝酵母菌感染呈上长趋势,并已跃居深部真菌感染的首位。

白假丝酵母呈圆形或卵圆形,革兰氏染色阳性,直径2~4 μm。出芽方式繁殖,常形成较长的假菌丝(图3-34)。在普通的琼脂、血琼脂培养基上,菌落呈类酵母型,有大量向下生长的营养假菌丝,表面光滑,呈灰白色或奶油色,有酵母味;如时间长,菌落增大成蜂窝状。在玉米粉培养基上可长出厚垣孢子。

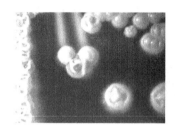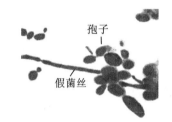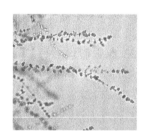

图3-34 白假丝酵母的菌落(SDA培养基)、假菌丝和厚垣孢子(SDA培养基)

(四)球拟酵母属

球拟酵母属(*Torulopsis*)与假丝酵母同属隐球酵母科,细胞为球形、卵形或略长形,生殖方式为多端出芽,无假菌丝,无色素。

在麦芽汁斜面上菌落为乳白色,表面皱褶,无光泽,边缘整齐或不整齐。在液体培养基中有沉渣及菌环出现,有时亦能产生菌醭。

球拟酵母耐高渗透压,可在高糖浓度的基质上生长,如在蜜饯、蜂蜜等食品上,会引起果汁、炼乳的腐败。如炼乳球拟酵母、球拟酵母在果汁、果酱中繁殖后,改变内容物的风味,并产生汁液浑浊和沉淀,当大量产CO_2时,可使容器膨胀爆裂。此属酵母有一定的经济意义,此属菌酒精发酵能力较弱,能产生乙酸乙酯(因菌种而异),增加白酒和酱油的风味。有些种能产生不同比例的甘油、赤鲜醇、D-阿拉伯糖醇,有时还有甘露醇。在适宜条件下,能将40%葡萄糖转化成多元醇,有的能产生有机酸、油脂等,有的能利用烃类生产蛋白质。

(五)红酵母属

红酵母属(*Rhodotorula*)属于隐球酵母科,细胞呈圆形、卵形或长形,大小为(2.3~5.0) $\mu m \times$(4.0~10) μm,某些菌株细胞较长,达12~16 μm,其宽度可增到7 μm,多边芽殖,多数种类没有假菌丝,有明显的红色或黄色色素。很多种因生荚膜而形成黏质状菌落,如黏红酵母

(*Rhodotorula glutinis*)，在麦芽汁琼脂斜面上培养 1 个月以上，菌苔颜色呈现珊瑚红色到橙红色或微带橘红色。表面可由光滑到褶皱，有光泽，质地黏稠有时发硬，其横切面扁平到有较宽的凸起，边缘不规则到整齐（图 3-35）。

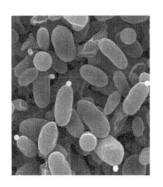
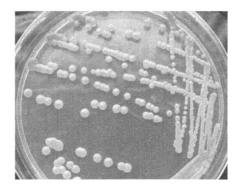

图 3-35　红酵母的细胞与菌落形态

红酵母属的菌种均无酒精发酵能力，但能同化某些糖类，不能以肌醇为唯一碳源，产脂能力较强。如黏红酵母（*Rhodotorula glutinis*）能产生脂肪，其脂肪含量可达干物质量的 50%～60%，可从菌体提取大量脂肪。但合成脂肪的速度较慢，如培养液中添加氮和磷，可加快其合成脂肪的速度。产 1 g 脂肪大约需 4.5 g 葡萄糖。有的种对正癸烷、正十六烷及石油有弱氧化作用，并能合成 β-胡萝卜素。此外，黏红酵母还可产生丙氨酸、谷氨酸、蛋氨酸等多种氨基酸。

但是，由于红酵母具有合成脂肪、葡萄糖的特性，被红酵母污染的酒液，会产生过多的脂肪酸和乙酸乙酯，也使糖含量偏高。啤酒中脂肪酸含量高，会形成不愉快的异香味；此外，啤酒污染红酵母属后，也会导致啤酒总酸偏高，双乙酰难以还原，也会使酵母的灭菌温度升高。

（六）毕赤氏酵母属

毕赤氏酵母属（*Pichia*）细胞具不同形状，多芽殖，多数能形成假菌丝。在子囊形成前，行同型或异型接合，或不接合。子囊孢子呈球形、帽形或星形，常有一油滴在其中（图 3-36）。子囊孢子表面光滑，有的孢子壁外层有疣点。每囊有 1～4 个孢子，子囊容易破裂放出孢子。不能同化硝酸盐，对正癸烷、十六烷的氧化力较强。日本曾用石油、农副产品和工业废料培养毕赤氏酵母生产蛋白质。毕赤氏酵母有的种能产生麦角固醇、苹果酸及磷酸甘露聚糖。该属酵母也是饮料酒类的污染菌，常在酒的表面生成白色干燥的菌醭。

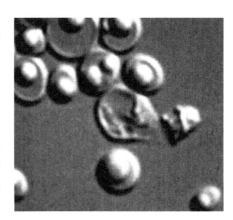

图 3-36　毕赤氏酵母子囊孢子显微照片

代表种为粉状毕赤氏酵母（*Pichia farinosa*）。粉状毕赤氏酵母是最近迅速发展、继酿酒酵母后被迅速推广的一种基因工程表达宿主。作为一种甲醇酵母，它对外源蛋白质的糖基化等更接近于哺乳动物细胞，而目前较为广泛使用的酿酒酵母往往出现过度糖基化，这些都是粉状毕赤氏酵母日益受到重视的主要原因，其表达系统已经迅速地成为重要的蛋白质表达系统之一，现广泛使用于各类实验室。

> **知识链接**
>
> **酵母菌——人类生理功能、疾病研究和药物高通量筛选的理想模型**
>
> 酵母菌是一种单细胞真核生物。它既有一切真核细胞生命活动最基本的重要特征,又有实验微生物所具备的背景清楚、生长迅速、易于操作等优点。现今遗传学、生物化学和细胞生物学中的许多规律性认识都是以酵母菌为研究材料得出的。酵母菌是世界上首个被测出基因组 DNA 全序列的真核生物,在它的 6607 个开放可读框(ORF)中已有 4752 个得到了证实,其中许多是与细胞基本生命活动密切相关的重要基因,在结构、功能方面与高等真核生物有很强的进化保守性。更为重要的是,在分子水平上,酵母菌与人类细胞在基因结构、代谢调控和信号传导等途径上具有高度的同一性。至今已发现有约 300 种蛋白质在人与酵母菌中是同等功能的,其中许多与人类疾病相关蛋白质类似。因此,以酵母菌为模型研究高等真核生物的重要生理功能和疾病(如癌症、老化、凋亡、神经退行性疾病等)发生、发展的分子机制,以及寻找药物作用靶点等都有其独特的优势。此外,基于酵母菌研究的模式生物技术(如基因敲除、基因功能补偿和酵母菌双杂交技术等)在生命科学的研究中,尤其是在后基因组时代对基因功能的研究中,得到了广泛的应用。随着当代生命科学的发展,酵母菌作为一种模式生物的实用性和高效性将在科研实践中得到更充分的体现。

第二节 霉 菌

霉菌(mould,mold)是一类形成菌丝体的真菌的统称,不属于系统学或分类学上的概念,而是一个通俗名称,是按照营养体类型的一致性来划定范畴的。凡在营养基质上形成绒毛状、棉絮状或蜘蛛网状菌体的真菌,均统称为霉菌,分属于真菌门的鞭毛菌亚门、接合菌亚门、子囊菌亚门和半知菌亚门。

霉菌在自然界中分布广泛,在海洋、陆地、高空中均有它们的踪迹。与酵母菌一样,霉菌喜偏酸性、糖质环境,大多为好氧型微生物,多为腐生菌,少数为寄生菌。

不少霉菌具有较强与较完整的酶系,其糖化酶、蛋白酶、淀粉酶、纤维素酶等的活力高,所以广泛应用在工业、农业、医药、环保等方面。如传统发酵中,霉菌多用于酱、酱油酿造,豆腐乳发酵和酿酒等。在近代工业中,霉菌被用来生产酒精、有机酸(柠檬酸、乳酸、葡萄糖酸、衣康酸)、抗生素(青霉素、头孢霉素、灰黄霉素)、维生素(核黄素)、甾体激素类药物、植物生长刺激素(赤霉素)、生物碱(麦角碱)等。粗糙脉孢菌(*Neurospora crassa*)在生化遗传学的基础理论研究中发挥着重要的作用。

霉菌也给人类带来极大的危害,常引起食品、纺织品、皮革、木器、纸张、光学仪器、电工器材等工业产品的霉坏、变质,并会引起植物病虫害,如马铃薯晚疫病、稻瘟病等。不少致病霉菌可引起人体和动物的浅部病变和深部病变,如皮肤癣菌引起的各种癣症。少数还能产生黄曲霉毒素等,造成严重的经济损失。

一、霉菌的形状和大小

霉菌由孢子萌发出芽,然后长出芽管,继而长出管状的菌丝(hyphae)。菌丝是霉菌营养体的基本单位。

菌丝在显微镜下呈管状(图 3-37),直径一般为 3~10 μm,与酵母菌细胞类似,比一般细菌或放线菌菌丝大几倍到几十倍。菌丝由坚硬的含几丁质的细胞壁包被,内含大量细胞器。菌丝内细胞质组分趋向于朝生长点的位置集中。菌丝较老的部位有大量液泡,并可能与较幼嫩的区域以横隔(称为隔)分开(图 3-38)。

菌丝在条件适合时,总是以顶端伸长方式向前生长,并产生许多分枝,相互交织在一起,构成菌丝体(mycelium)。

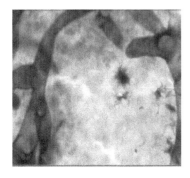

图 3-37 霉菌菌丝显微照片

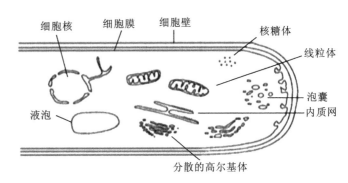

图 3-38 霉菌菌丝结构

(一)菌丝的类型

根据菌丝中是否存在隔膜,可把霉菌菌丝分成无隔菌丝和有隔菌丝两大类(图 3-39)。

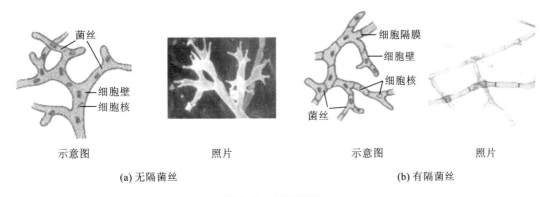

(a) 无隔菌丝　　　　　　　　　　　　(b) 有隔菌丝

图 3-39 霉菌的菌丝

1. 无隔菌丝

无隔菌丝是低等真菌如毛霉(*Mucor*)、根霉(*Rhizopus*)、犁头霉(*Absidia*)所具有的菌丝类型。菌丝中无隔膜,整个菌丝体为长管状单细胞,其中含有多个细胞核(图 3-39(a))。在菌丝生长过程中,只表现为菌丝的延长、核的分裂和细胞质量的增加,没有细胞数目的增多。

2. 有隔菌丝

有隔菌丝是高等真菌如青霉(*Penicillium*)、曲霉(*Asperillus*)所具有的菌丝类型。菌丝中有隔膜,被隔膜隔开的一段菌丝就是一个细胞,菌丝体由多个细胞组成。在菌丝生长过程中,细胞核的分裂伴随着细胞的分裂,每个细胞内有1个或多个细胞核(图3-39(b))。在隔膜上有1至多个小孔,使细胞之间的细胞质和营养物质可以相互沟通。如果菌丝断裂或有一个细胞死亡,小孔立即封闭,以避免活细胞内的营养物质外流或死细胞的分解产物流入,保证活细胞的正常生命活动。不同菌丝中横隔膜的结构不一样,有的为封闭式,有的为单孔式,有的为多孔式,还有的为复式(图3-40)。

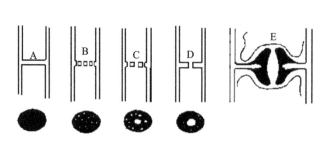

图 3-40 霉菌的有隔菌丝隔膜的类型

注:A—全封闭式;B、C—多孔隔;D—单孔隔;E—桶孔隔。

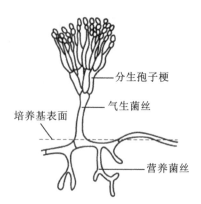

图 3-41 青霉的营养菌丝、气生菌丝与繁殖菌丝

(二)菌丝的特化

在固体培养基上培养的霉菌,其菌丝与放线菌菌丝相似。部分菌丝伸入培养基内吸收养料,称为营养菌丝;另一部分菌丝向空中生长,称为气生菌丝;有的气生菌丝发育到一定阶段,分化成繁殖菌丝(图3-41)。霉菌的营养菌丝和气生菌丝在长期进化过程中,对于环境条件有了高度的适应性,产生了种种形态和功能不同的特化构造。

1. 营养菌丝体的特化形式

(1)假根 根霉属(*Rhizopus*)真菌的匍匐枝与基质接触处分化形成根状菌丝,称为假根(rhizoid)(图3-42)。在显微镜下假根的颜色比其他菌丝要深,起固着和吸收营养的作用。孢囊梗从匍匐枝上产生,与假根对生,顶端产生孢子囊。孢子囊呈球形,其内产生大量孢囊孢子,有囊轴。孢子囊的壁易破裂。孢囊孢子呈球形或近球形,表面有饰纹。

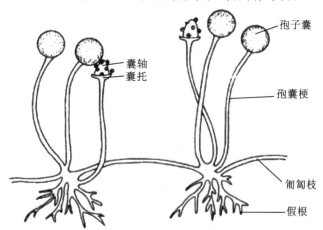

图 3-42 根霉的假根和匍匐枝示意图

（2）吸器　专性寄生真菌如锈菌、霜霉菌和白粉菌等，从菌丝上产生出来的旁枝，侵入细胞内分化成指状、球状、丝状和佛手状结构，称为吸器（haustorium）（图 3-43），主要是吸收细胞内的养料。

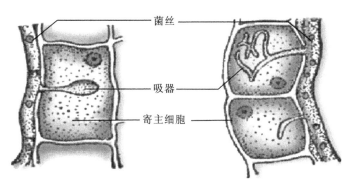

图 3-43　寄生真菌的吸器示意图

（3）菌核　菌核（sclerotium）是由菌丝紧密连接交织而成的休眠体，内层是疏松组织，外层是拟薄壁组织，表皮细胞壁厚、色深、较坚硬。菌核的功能主要是抵御不良环境。当环境适宜时，菌核能萌发产生新的营养菌丝或从上面形成新的繁殖体。菌核大小不一，大者如婴儿头，小如鼠粪或在显微镜下才能看到。许多菌核为著名的药材。如麦角是妇科常用药；茯苓的菌核可治小便不利、水肿腹泻、心悸失眠等症；猪苓的菌核可利尿渗湿，可治水肿、脚气、小便不利、泌尿系统感染和腹泻等症（图 3-44）。

图 3-44　几种霉菌菌核

（4）附着胞　许多植物寄生真菌在其芽管或老菌丝顶端发生膨大，并分泌黏性物，借以牢固地黏附在宿主的表面，这一结构就是附着胞（adhesive cell）。附着胞上再形成纤细的针状感染菌丝，以侵入宿主的角质层而吸取营养（图 3-45）。

（5）匍匐枝　毛霉目真菌如根霉，形成的具有延伸功能的匍匐状菌丝，称匍匐丝或匍匐枝

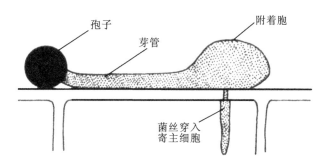

图 3-45　寄生真菌的附着胞

(stolon)(图 3-42)。在固体基质表面上的营养菌丝分化为匍匐状菌丝,隔一段距离在其上长出假根,伸入基质,假根之上形成孢囊梗;新的匍匐菌丝不断向前延伸,以形成不断扩展、大小无限制的菌落。

(6)菌网和菌环　有些捕食性霉菌,在菌丝分枝上形成环状菌丝,借以捕捉线虫,这称为菌环(图 3-46)。菌网由菌丝形成的网眼组成。每一网眼都极富于黏性,当线虫与之接触时,它就像捕蝇纸粘苍蝇一样,立刻把线虫粘住。然后,从菌网的粘虫处生出一小枝,穿透虫体而进入体内,吸收虫体内的营养物质。

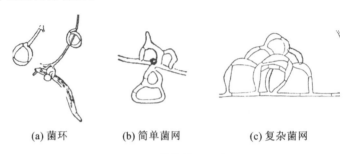

(a)菌环　　　(b)简单菌网　　　(c)复杂菌网

图 3-46　菌的菌环和菌网

(7)附着枝　若干寄生真菌由菌丝细胞生出 1～2 个细胞的短枝,以将菌丝附着于宿主上,这种特殊的结构就是附着枝(hyphopodium)(图 3-47)。一般认为它对附着于寄主植物的表面起作用。

(8)菌索　有些高等霉菌菌体平行排列,组成似长条状的绳索,称为菌索(rhizomorph)(图 3-48)。菌索周围有外皮,尖端是生长点,通常生长在腐朽的树皮下或地下,根状,白色或其他颜色,有助于霉菌迅速运输组织、促进菌体蔓延和抵御不良环境。

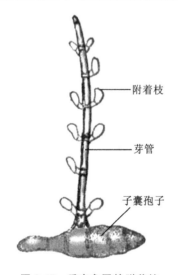

图 3-47　秃壳贝属的附着枝

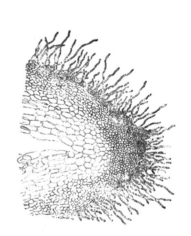

图 3-48　菌索

2. 气生菌丝体的特化形式

气生菌丝体主要特化成能产生孢子的各种形状不同的构造,称为子实体(fruiting body, fructification)。

(1)结构简单的子实体　曲霉属(*Asperillus*)或青霉属(*Penicillium*)等的分生孢子头(*conidialhead*)(图 3-49),根霉属(*Rhizopus*)和毛霉属(*Mucor*)等的孢子囊(sporangium)等都

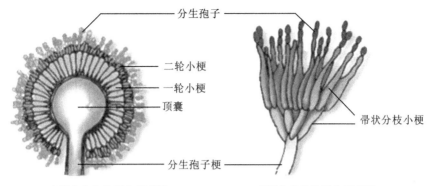

(a) 曲霉的分生孢子头示意图　　(b) 青霉的分生孢子头示意图

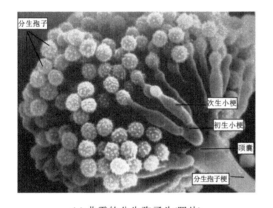
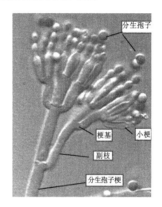

(c) 曲霉的分生孢子头(照片)　　(d) 青霉的分生孢子头(照片)

图 3-49　分生孢子头和分生孢子

是结构简单的子实体。

(2)结构复杂的子实体　如分生孢子器(pycnidium)、分生孢子座(sporodochium)、分生孢子盘(acervulus)等产无性孢子的子实体(图 3-50),产有性孢子的子囊果(ascocarp)等几种结构(图 3-51)。

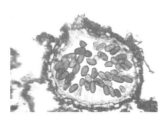

(a) 分生孢子器　　　　　(b) 分生孢子座　　　　　(c) 分生孢子盘

图 3-50　三种产无性孢子的复杂子实体

分生孢子器呈球形或瓶形结构,顶部有一小孔口,在孢子器的内壁四周表面或底部长有极短的分生孢子梗,在梗上产生分生孢子。分生孢子器遇水后,大量成熟的分生孢子即从孔口呈纽带状溢出。

分生孢子座是由分生孢子梗紧密聚集成簇而形成的垫状结构,顶端产生分生孢子,形成孢子座的结构。

分生孢子盘呈浅碟状,通常在寄主的角质层或表皮下发育,产生分生孢子梗和分生孢子。

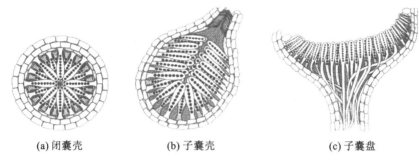

(a) 闭囊壳　　　　(b) 子囊壳　　　　(c) 子囊盘

图 3-51　子囊果的纵切面示意图

分生孢子梗簇生在一起形成盘状结构，有时其中还夹杂着刚毛。

子囊果是在子囊与子囊孢子发育过程中，从原来的雄器和雌器下面的细胞上生出的许多菌丝，有规律地将产囊菌丝包围，形成结构复杂的子实体。子囊果按其外形可分三类。

① 闭囊壳（cleistothecium）：子囊果完全封闭，呈圆球形，它是部分青霉、曲霉所具有的特征。

② 子囊壳（perithecium）：子囊果多少有点封闭，但留有孔口，似烧瓶形。

③ 子囊盘（apothecium）：子囊果开口，呈盘状。

二、霉菌的细胞结构

霉菌菌丝细胞的结构与酵母菌细胞十分相似，由细胞壁、细胞膜、细胞质、细胞核及各类细胞器构成。

1. 细胞壁

大多数霉菌细胞壁厚 100～250 nm，约占细胞干重的 30%。霉菌的细胞壁中不含肽聚糖，低等、水生的霉菌细胞壁含有较多的纤维素，较高等、陆生的霉菌细胞壁中以几丁质为主。霉菌的几丁质不同于动物几丁质，称为真菌几丁质，是由 N-乙酰葡糖胺以 β-1,4 葡萄糖苷键连接而成的多聚体，形成多层结构。在细胞的成熟过程中，细胞壁的成分会发生明显的变化。如粗糙脉孢菌（*Neurospora crassa*）的内层是几丁质层，外层为蛋白质层，亚顶端部位（次生壁形成区）由内至外是几丁质层、蛋白质层和糖蛋白网层，成熟区由内至外为几丁质层、蛋白质层、葡聚糖蛋白质层和葡聚糖层，最后是隔膜层（图 3-52）。

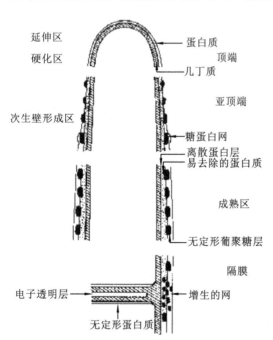

图 3-52　粗糙脉孢菌菌丝细胞壁结构

2. 细胞膜

霉菌的细胞膜与其他生物膜一样，是典型的单位膜结构，主要由蛋白质、磷脂组成，具甾醇。霉菌细胞膜向内凹陷、折叠形成质膜体，可能与菌龄和能量物质的储存有关。

3. 细胞质和细胞器

霉菌细胞质的主要成分与其他真核生物相

似,主要成分为水、蛋白质、类脂质、核糖核酸和少量的无机盐。在细胞质中存在着细胞核和液泡、线粒体、内质网、核糖体、膜边体(lomasome)等细胞器。

膜边体又称须边体、质膜外泡,是一种特殊的膜结构,位于菌丝细胞四周的质膜与细胞壁间,由单层膜包围(图3-53)。形状变化很大,有管形、囊形、球形、卵圆形或多层折叠形等,类似于细菌中的间体。膜边体可由高尔基体或内质网特定部位形成,各个膜边体能互相结合,也可与别的细胞器或膜相结合,其功能还不够清楚,可能与分泌水解酶或合成细胞壁有关。

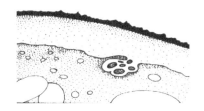

图 3-53 *Bipolaris maydis* 的膜边体

4. 细胞核

霉菌与其他真菌相似,细胞核也有双层的核膜包裹,其上有许多膜孔,核内有一核仁。一般来说,霉菌的细胞核较小,通常为椭圆形,直径为 $0.7\sim3~\mu m$,能通过菌丝隔膜上的小孔,在菌丝中很快地移动。但有些霉菌的细胞核较大,如蛙粪霉(*Basidiobolus ranarum*)的核直径约为 $25~\mu m$。核内有染色体结构,在细胞分裂间期以染色质状态存在,主要有 DNA 和蛋白质组成。霉菌核膜在核的分裂中一直存在,这有别于其他高等生物。

三、霉菌的繁殖

霉菌的生长与繁殖能力很强,而且繁殖方式多种多样:有无性方式、有性方式等。一般霉菌菌丝生长到一定阶段,先进行无性繁殖,到后期在同一菌丝体上产生有性繁殖结构,进行有性繁殖。在自然界中,孢子是主要的繁殖方式。霉菌单个个体产生的孢子数量经常是成千上万个,有时竟达几百亿、几千亿个,这对于霉菌的接种、培养、菌种选育、保藏、鉴定等工作非常有利,但易于造成污染、霉变、传播霉菌病虫害等。根据孢子形成方式、孢子的作用及本身的特点,霉菌的孢子可分为多种类型,概括如下:

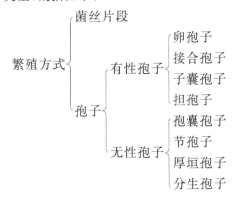

（一）菌丝片段

菌丝的生长是顶端生长,即前端的为幼龄菌丝,位于后面的为老龄菌丝。菌丝片段被接种到培养基中,在培养过程中,幼龄菌丝会重新形成新的生长点,通过顶端生长使菌丝延长。这条菌丝又可产生分枝菌丝。在固体培养基或在液体培养基中静止培养时,形成菌落;在液体培养基里振荡培养时,形成菌丝球。一般菌丝生长到一定阶段,先产生无性孢子,进行无性繁殖;到后期,在同一菌丝体上产生有性繁殖结构,产生有性孢子,进行有性繁殖。

（二）无性孢子

无性孢子是霉菌的主要繁殖方式，有些霉菌至今未发现有性繁殖。霉菌的无性孢子类型及主要特征见表3-1。

表3-1　霉菌的无性孢子及其特征

孢子名称	染色体倍数	内生或外生	数量（个）	形成特征	孢子外形特征	举例
孢囊孢子	n	内生	极多	在菌丝的特化结构，即孢子囊内形成	近圆形	根霉、毛霉
节孢子	n	外生	多	由菌丝断裂形成	常成串短柱状	白地霉
分生孢子	n	外生	极多	由分生孢子梗顶端细胞特化而成，为单个或簇生的孢子	极多样	曲霉、青霉
厚垣孢子	n	外生	少	部分菌丝变圆、细胞质浓缩，周围生出厚壁而形成	圆形、柱形等	总状毛霉

1. 孢囊孢子

孢囊孢子（sporangiospore）是一种内生孢子。霉菌发育到一定阶段，气生菌丝或孢囊梗（sporangiophore）顶端膨大，并在下方生出横隔，与菌丝分开，形成圆形、椭圆形或梨形的"囊状结构"，称为孢子囊（sporangium）。孢子囊逐渐长大，在囊的内部形成大量细胞核，并与其周围的细胞质浓缩，原来膨大的细胞壁成为孢囊壁，形成孢囊孢子（图3-54）。

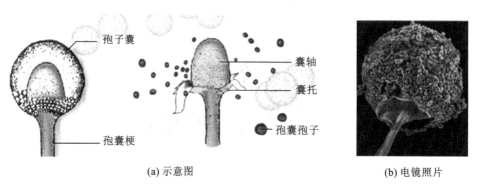

(a) 示意图　　　　　　　　　　(b) 电镜照片

图3-54　孢子囊与孢囊孢子

带有孢子囊的梗称为孢囊梗。孢囊梗伸入到孢子囊中的部分称为囊轴。孢子囊成熟后破裂，孢囊孢子扩散出来，遇适宜条件即可萌发成新个体。

孢囊孢子按运动性分为游动孢子（zoospore）和不动孢子（aplanospore）两类。

游动孢子主要是水生真菌的繁殖方式。游动孢子产生于由菌丝膨大而成的游动孢子囊内，孢子通常为圆形、梨形或肾形，具一根或两根鞭毛，鞭毛的亚显微结构为"9+2"型（图3-55），能够游动。如水霉（*Saprolegnia ferax*）的初生游动孢子为球形或梨形，顶生两条鞭毛（图3-56）。次生游动孢子为侧生鞭毛，呈肾形。

不动孢子又称静孢子，无鞭毛，不能游动，由陆生真菌产生。一般在不动孢子囊内形成，孢子囊壁破裂时随空气传播，如毛霉（*Mucor*）、根霉（*Rhizopus*）、犁头霉（*Absidia*）。

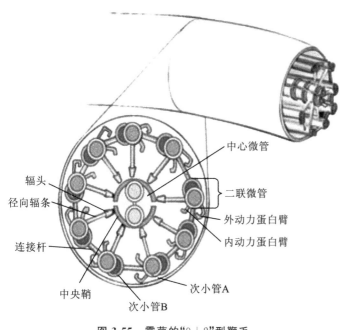

图 3-55 霉菌的"9+2"型鞭毛　　　　　图 3-56 水霉的无性生殖

2. 节孢子

节孢子(arthrospore)又称粉孢子或裂孢子,由菌丝断裂而成。菌丝生长到一定阶段,菌丝中间形成许多横隔,横隔处顺次断裂而产生的一种外生孢子,孢子形态多为短柱状、筒状或两端呈钝圆形(图 3-57)。

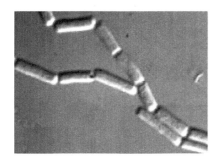
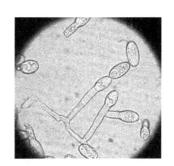

图 3-57 节孢子形成示意图与显微照片

3. 厚垣孢子

厚垣孢子(chlamydospore)又称厚壁孢子,是一种外生孢子。它是由菌丝中间(少数在顶端)的个别细胞膨大,细胞质浓缩、细胞壁变厚而形成的休眠孢子。厚垣孢子呈圆形、纺锤形或长方形,有的表面还有刺或疣的突起。它是霉菌度过不良环境的一种休眠细胞,可抵抗热与干燥等不良环境条件,一旦环境条件好转,就能萌发成菌丝体(图 3-58),如总状毛霉(*Mucor racemosus*)。

4. 分生孢子

分生孢子(conidium,condiospore)是霉菌中常见的一类无性孢子,属于外生孢子,大多数霉菌以此方式进行繁殖。它是由菌丝顶端或分生孢子梗(conidiophore)出芽或缢缩,生于菌丝细胞外的孢子。分生孢子着生于已分化的分生孢子梗或具有一定形状的小梗上,也有些真菌

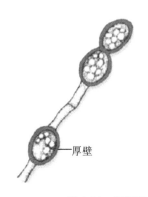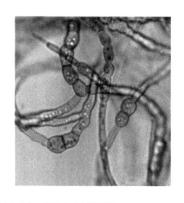

图 3-58　厚垣孢子形成示意图与显微照片

的分生孢子就着生在菌丝的顶端。

分生孢子的形状、大小、颜色、结构以及着生情况多样（图 3-59），是霉菌分类、鉴定的重要依据。如交链孢霉属（*Alternaria*）的分生孢子，着生于菌丝或其分枝的顶端，单生、成链或成簇排列，分生孢子梗的分化不明显（图 3-60）。曲霉属（*Aspergillus*）具有明显化的分生孢子梗，分生孢子梗顶端膨大成为顶囊，顶囊表面生出一层或两层辐射状小梗（初生小梗与次生小梗）。最上层小梗为瓶状，顶端着生成串的球形分生孢子（图 3-61）。青霉属（*Penicillium*）也具有明显的分生孢子梗，分生孢子梗形成一轮。梗的顶端不膨大，但具有可继续再分的指状分枝，每枝顶端有 2～3 个瓶状细胞，其上各生一串分生孢子（图 3-62）。

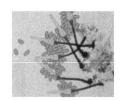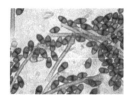

图 3-59　几种霉菌分生孢子的显微照片

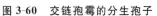

图 3-60　交链孢霉的分生孢子　　图 3-61　曲霉分生孢子扫描电镜照片　　图 3-62　青霉分生孢子扫描电镜照片

（三）有性孢子

霉菌有性繁殖主要通过产生有性孢子进行。与酵母菌相似，霉菌的有性孢子也是经过两个性细胞（或菌丝）相结合而形成的。有性孢子的形成过程也经过质配、核配和减数分裂三个阶段。大多数霉菌的菌体是单倍体，二倍体仅限于接合子（zygote）。在霉菌中，有性繁殖不及无性繁殖普遍，仅发生于特定条件下，而且一般培养基上不常出现。

有性繁殖方式因菌种不同而异,有的两条营养菌丝就可以直接结合,有的则由特殊的性细胞(性器官)-配子囊(gametangium)或由配子囊产生的配子(gamete)来相互交配,形成有性孢子。霉菌的有性繁殖存在同宗配合(homothallism)和异宗配合(heterothallism)两种情况。霉菌常见的有性孢子有卵孢子(oospore)、接合孢子(zygospore)、子囊孢子(ascospore)和担孢子(basidiospore, sporidium),各自的主要特征见表 3-2。

表 3-2 霉菌的有性孢子及其特征

孢子名称	染色体倍数	有性结构及其形成特征	举 例
卵孢子	$2n$	由大小不同的两个配子囊结合后发育而成,小型的配子囊称雄器,大型的配子囊称藏卵器	水霉
接合孢子	n 或 $2n$	由两个配子囊接合后发育而成,有两种类型。①同宗配合:同一菌体的菌丝可自身结合。②异宗配合:两种不同质的菌丝才能结合	匍枝根霉、大毛霉
子囊孢子	n	在子囊中形成。从产囊丝上产生子囊,子囊外被菌丝包围形成子实体,称为子囊果	粗糙脉孢霉
担孢子	n	两条单核菌丝结合成双核菌丝,并形成锁状联合,双核菌丝顶端细胞膨大成担子,双核减数分裂,分布于小梗中	蘑菇

1. 卵孢子

卵孢子主要分布在较高等的霉菌,如德氏腐霉(*Pythium debaryanum*)、水霉中。卵孢子是由两个大小不同的配子囊结合发育而成的。小型的配子囊称为雄器(antheridium),大型的配子囊称为藏卵器(oogonium)。藏卵器中的细胞质与雄器配合以前,收缩成一个或数个细胞质团,称卵球(oosphere)。当雄器与藏卵器配合时,雄器中的细胞质和细胞核通过受精管而进入藏卵器与卵球配合,此后卵球生出外壁即成为卵孢子(oospore)(图 3-63、图 3-64)。

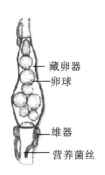 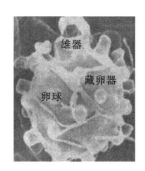 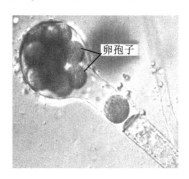

图 3-63 卵球与卵孢子

卵孢子的数量取决于卵球的数量。卵孢子外有厚膜包围,细胞内有大液泡和油滴。卵孢子的成熟过程长达数周或数月,故刚形成的卵孢子无萌发能力,经过一个休眠期才能萌发。

2. 接合孢子

接合孢子(zygospore)主要分布在接合菌纲,如匍枝根霉(*Rhizopus stolonifer*)、大毛霉(*Mucor mucedo*)中,由形态相同或略有不同的配子囊(gametangium)接合而成。两个相邻的菌丝相遇,各自向对方生出极短的侧枝,称为原配子囊(progametangium)。原配子囊接触后,

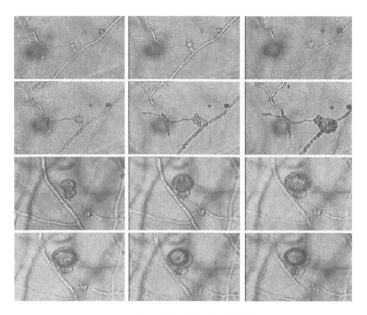

图 3-64 卵孢子的形成过程

顶端各自膨大并形成横隔,即为配子囊(gametangium),配子囊下面的部分称为配囊柄(suspensor)。相互接触的两个配子囊之间的横隔消失,发生质配与核配,同时外部形成厚壁,形成接合孢子(图 3-65、图 3-66)。在适宜的条件下,接合孢子可萌发成新的菌丝体。

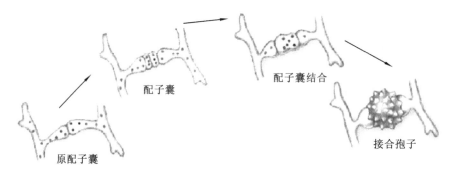

图 3-65 接合孢子的形成过程示意图

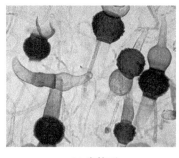
(a) 光镜下

(b) 电镜下

图 3-66 接合孢子显微照片

接合孢子为单细胞,在发育过程中形成 3~4 层壁,最外层变硬,形成瘤或刺,粗糙,或被短而卷曲的菌丝包围,呈深色。

接合孢子内细胞核的变化主要有两种方式:一种方式是接合孢子中的所有核在几天内全部成对融合并进行减数分裂,形成单倍体核,如冻土毛霉(M. hiemalis)和刺柄犁头霉(A. spinosa)属于这种形式;另一种方式为接合孢子中的核融合,但不进行减数分裂,故接合孢子中的核为二倍体,直到孢子萌发才进行减数分裂,如匍枝根霉和灰绿犁头霉属于此种方式。还有一些霉菌如布拉克须霉(Phycomyces blakeesleeanus),在其萌发出的孢子囊内同时具有单倍体核和双倍体核。

根据产生接合孢子的菌丝来源或亲和力不同,可将接合分为同宗配合(homothallism)和异宗配合(heterothallism)两种方式(图 3-67)。

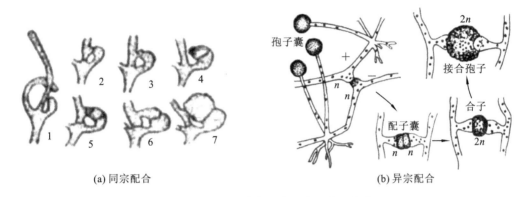

图 3-67　同宗配合与异宗配合形成示意图

同宗配合的菌丝体,每一菌体都是自身可孕的,不需别的菌体帮助,能独立地进行有性生殖,当同一菌体的两根菌丝甚至同一菌丝的分枝相互接触时,便可产生接合孢子,例如,有性根霉(Rhizopus sexualis)。异宗配合的菌体自身不孕,需要借助另一个可亲和菌体的不同交配型来进行有性生殖,即它需要两种不同菌系的菌丝相遇才能形成接合孢子,如匍枝根霉(Rhizopus stolonifer)。这种有亲和力的菌丝在形态上并无区别,通常用"+"或"-"符号来代表。如果一种菌系或配子囊为"+",那么与之接合的另一菌系或配子囊为"-"。

3. 子囊孢子

子囊孢子形成于子囊(ascus)中。同一菌丝或相邻的两菌丝上的两个大小和形状不同的性细胞互相接触并互相缠绕,经过受精作用后形成分枝的菌丝,称为产囊丝(ascogenous hyphae)。产囊丝经过减数分裂,产生子囊。每个子囊产生 2~8 个子囊孢子(ascospore)(图 3-68)。子囊孢子成熟后即被释放出来。子囊孢子的形状、大小、颜色、纹饰等差别很大(图 3-69),多用来作为子囊菌的分类依据。

在子囊和子囊孢子发育过程中,原来的雄器和藏卵器下面的细胞生出许多菌丝,有规律地将产囊丝包围,形成子囊果。

4. 担孢子

担孢子(basidiospore,sporidium)是担子菌产生的有性孢子。担子菌的两条单核菌丝以菌丝结合的方式产生双核菌丝(multinucleatedmycelium)(图 3-70)。在双核菌丝的两个核分裂之前,产生钩状分枝而形成锁状联合(clamp connection)(图 3-71),双核菌丝顶端细胞膨大称为担子(basidium)。担子内两个不同性别的核配合后形成 1 个二倍体的细胞核。二倍体核经减数分裂,形成 4 个单倍体核。同时在担子的顶端长出 4 个小梗,小梗顶端稍微膨大,4 个

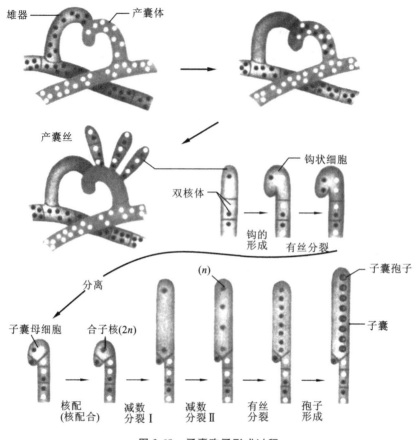

图 3-68 子囊孢子形成过程

图 3-69 霉菌的几种不同的子囊孢子

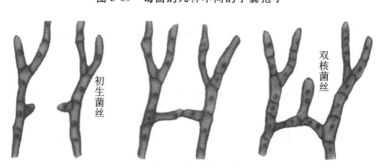

图 3-70 双核菌丝的形成

单倍体子核分别进入小梗的膨大部位,形成4个外生的单倍体的担孢子(图 3-72)。

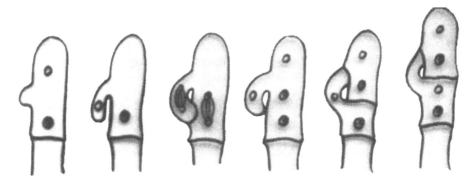

图 3-71 锁状联合形成示意图

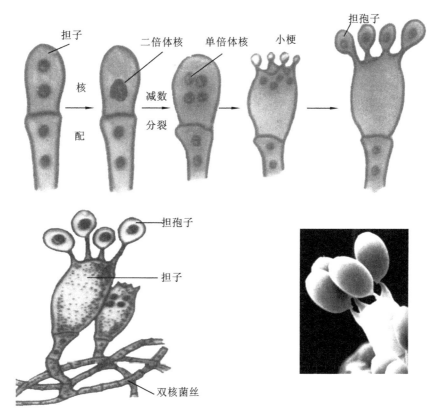

图 3-72 担孢子形成示意图与担孢子显微照片

锁状联合过程极为巧妙。当双核菌丝尖端细胞分裂时,在两核之间的部位,菌丝侧生一个钩状短枝,前一个核进入短枝内,后一个核仍留在菌丝中。两核同时进行一次有丝分裂,形成4个核,分裂后短枝中的一个核进入菌丝尖端,钩状短枝向下弯曲生长,接触原来菌丝壁,形成拱桥形。菌丝分裂后的4个核,有一对趋向菌丝尖端,钩状短枝基部形成横隔,短枝尖端与菌丝接触部位的细胞壁溶解,短枝中的另一核回到菌丝生长尖端后面的菌丝中,并生出另一横隔,将菌丝尖端的一对核与后面的菌丝隔开。当发育担子时,菌丝顶端双核细胞膨大,细胞质变浓厚,基部出现一个大液泡。担孢子多为圆形、椭圆形、肾形和腊肠形等。

(四) 霉菌的生活史

无性繁殖阶段是指一个无性孢子从萌发产生菌丝体,再由菌丝体产生无性孢子的阶段。有性繁殖阶段是指有性孢子萌发产生菌丝体,菌丝体分化出特殊的性器官,两个性器官经过质配、核配和减数分裂,产生有性孢子的过程。在霉菌的生活史中,包括无性阶段和有性阶段,两者交替进行。

如根霉属(*Rhizopus*)霉菌在无性繁殖时产生孢囊孢子,孢囊孢子在适宜条件下发芽、生长,重新产生孢囊孢子。有性繁殖时,两条菌丝体进行异宗接合,产生接合孢子。在经过一段休眠期后,接合孢子萌发,经减数分裂,长出孢囊梗,其顶端再发展成"接合孢子囊",产生孢囊孢子(图3-73)。

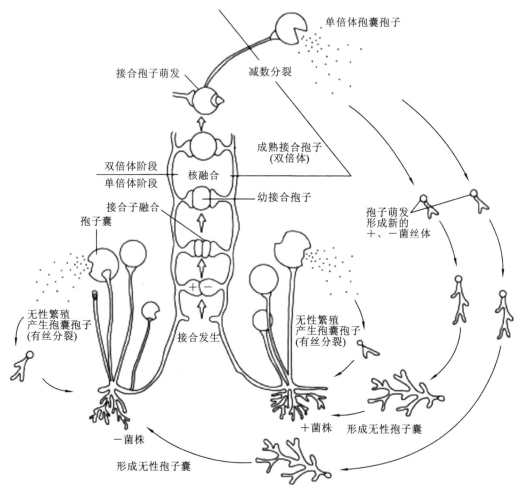

图 3-73 根霉属霉菌的生活史

有性繁殖过程与无性繁殖过程产生的孢子囊和孢囊孢子,从外观上看虽然是一样的,但由于其母细胞是杂合的结合子,因而具有两种接合型,这有别于无性循环中一个孢子囊只产生一种类型的孢子。其中的无性孢囊孢子可进入下一轮循环。

一般的霉菌大都具有这两个阶段,半知菌亚门尚未发现有性繁殖阶段。发酵工业中主要是利用霉菌的无性世代。

四、霉菌的菌落

(一) 菌落特征

在固体培养基上,霉菌有营养菌丝和气生菌丝的分化,气生菌丝间没有毛细管水,故它们的菌落与细菌、酵母菌的不同,而与放线菌的接近。

大量菌丝交织,使得霉菌菌落形态较大,一般比细菌菌落大几倍到几十倍。有些霉菌,如根霉(Rhizopus)、毛霉(Mucor)等生长速度很快,菌丝在固体培养基表面蔓延,菌落没有固定大小。也有不少种类的霉菌,如青霉(Penicillium)、曲霉(Aspergillus)等,其生长有一定的局限性。

霉菌菌落质地一般比放线菌疏松,外观干燥,不透明,呈现或紧或松的蛛网状、绒毛状或棉絮状;菌落与培养基的连接紧密,不易挑取,菌落正反面的颜色和边缘与中心的颜色常常不一致(图 3-74)。

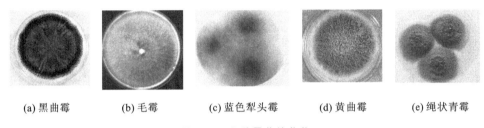

(a) 黑曲霉　　(b) 毛霉　　(c) 蓝色犁头霉　　(d) 黄曲霉　　(e) 绳状青霉

图 3-74　几种霉菌的菌落

由于气生菌丝与子实体的颜色,往往比营养菌丝的颜色深,所以菌落正反面颜色会呈现明显差别;越接近中心的气生菌丝,其生理年龄越大,发育分化和成熟也越早,颜色一般也越深,所以与菌落边缘尚未分化的气生菌丝相比,会有明显的颜色和结构上的差异。

同一种霉菌,在不同成分的培养基上形成的菌落特征可能有变化,但在一定培养基上形成的菌落,其大小、形状、颜色等却相对稳定,故菌落特征也是鉴定霉菌的重要依据之一。

(二) 液体培养特征

霉菌在液体培养基中进行通气搅拌或振荡培养时,菌丝体会相互缠绕,紧密扭结,纠缠成颗粒状的菌丝球,均匀地附着在发酵液中且不会长得过密,因而发酵液外观较稀薄,有利于发酵的进行。在液体培养基中静止培养时,菌丝往往在液体表面生长,在液面上形成菌膜。

五、常见的霉菌[*]

(一) 毛霉属

毛霉属(Mucor)霉菌种类较多,在自然界中广泛分布,在土壤、粪便、禾草及空气中均可存在。在高温、高湿度以及通风不良的条件下生长良好。

毛霉生长迅速,菌丝体发达,呈棉絮状。菌丝不具隔膜,有多个细胞核,无假根和匍匐菌丝。菌丝体在基质上或基质内能广泛蔓延,菌丝初期为白色,后呈灰白色至黑色(图 3-75)。

---

[*] 阅读材料。

以孢囊孢子进行无性繁殖,孢囊梗直接由菌丝体生出,一般单生、分枝,较少不分枝。分枝大致有两种类型:一是单轴式,即总状分枝;二为假轴状分枝。分枝顶端都生有孢子囊(图 3-76)。孢子囊呈黑色或褐色,表面光滑。有性繁殖则产生接合孢子。大多数毛霉生活史中无性阶段与有性阶段交替进行(图 3-77)。

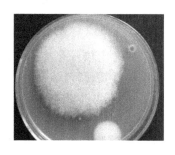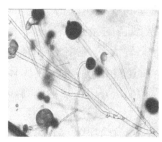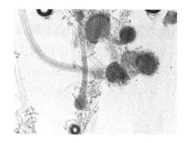

图 3-75　毛霉的菌落(受限制生长)特征与显微镜下的毛霉

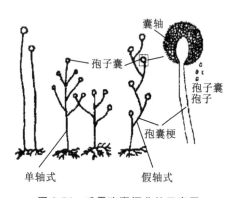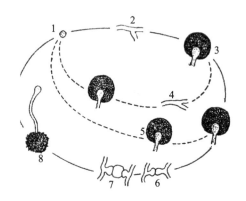

图 3-76　毛霉孢囊梗分枝示意图

图 3-77　毛霉的生活史

注:1—孢子;2—孢子萌发成菌丝;3—形成孢子囊;
4、5—同阶段的再形成;6、7—接合孢子的形成;
8—接合孢子的萌发。

毛霉是工业上重要的微生物之一,其淀粉酶的活力很强,可把淀粉转化为糖,在酿酒工业上多用作糖化菌。毛霉还能产生蛋白酶,有分解大豆蛋白质的能力,多用于制作豆腐乳和豆豉。有些毛霉能产生草酸、乳酸、琥珀酸、甘油、脂肪酶、果胶酶和凝乳酶等。代表性的毛霉主要有高大毛霉(*Mucor mucedo*)、鲁氏毛霉(*Mucor rouxianus*)和总状毛霉(*Mucor racemosus*)。

1. 鲁氏毛霉

鲁氏毛霉(*Mucor rouxianus*)为毛霉科鲁氏毛霉属,最初是从我国小曲中分离出来的,也是最早被用于阿明露法制造酒精的一个菌种。在马铃薯培养基上菌落呈黄色,在米饭上略带红色,孢子囊黄色。孢子梗具有短而稀疏的假轴状分枝。囊轴近球形,无色。孢囊孢子为椭圆形或拟椭圆形。厚垣孢子数量甚多,大小不一,黄色或褐色。未见接合孢子。

鲁氏毛霉的蛋白酶活力很高,是酒曲(小曲、酒药、大曲)的主要糖化菌之一,也是生产豆腐乳的菌种。另外,鲁氏毛霉能产乳酸、琥珀酸、甘油,但产量较低。近年来的研究发现,鲁氏毛霉也具有很好的分解几丁质的能力。

2. 总状毛霉

总状毛霉(*Mucor racemosus*)广泛分布于土壤、空气、粪便、谷物、酒曲及其他生霉水果、蔬菜上,是毛霉中分布最广的一种。最适生长温度为 20~25 ℃。菌落呈灰色或浅褐灰色,质地疏松,薄棉絮状。孢囊梗最初不分枝,后具短的、稀疏的单轴状分枝,长短不一。孢囊孢子呈近球形、宽椭圆形,单个无色,聚集在孢囊中呈灰色。形成大量厚垣孢子,其形状、大小不一致。有性繁殖形成接合孢子。接合孢子呈球形,有粗糙的突起。配囊柄对生,无色,无附属物。我国著名的四川豆豉即用此菌制成。总状毛霉能产生有机酸,亦对甾族化合物有转化作用。未见报道对人、植物及动物的危害。

(二)根霉属

根霉属(*Rhizopus*)在自然界分布很广,存在于空气、土壤以及各种器皿表面,并常出现于淀粉质食品上,引起馒头、面包、甘薯等发霉变质,或造成水果、蔬菜腐烂。

根霉与毛霉同属毛霉目(mucorales),很多特征相似,如菌丝体为白色、无隔、多核,气生性强,在培养基上交织成疏松的絮状菌落,生长迅速,可蔓延覆盖整个表面。有假根和匍匐菌丝(图 3-78),这是根霉的重要特征,也是它与毛霉最主要的区别。

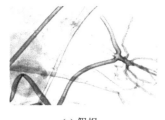

(a) 假根　　(b) 孢囊

图 3-78　根霉的假根与孢囊

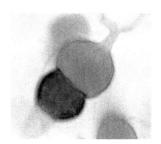

图 3-79　根霉的接合孢子

根霉的无性繁殖形成孢囊孢子,孢囊梗不分枝,直立,两三根菌丝丛生于假根上(图 3-78)。孢子呈灰黑色,球形、卵形或不规则,或有棱角,或有线纹,无色、浅褐色、蓝灰色。有时在匍匐菌丝上产生横隔,形成厚垣孢子。有性繁殖产生接合孢子(图 3-79),除有性根霉(*R. sexualis*)为同宗配合外,已知的其他种都是异宗配合。

根霉是工业上有名的生产菌种,其淀粉酶、糖化酶活性较强,有的用作发酵饲料的曲种。我国酿酒工业中,用根霉作为糖化菌种已有悠久的历史,同时也是家用甜酒曲的主要菌种。近年来在甾体激素转化、有机酸(延胡索酸、乳酸)的生产中被广泛利用。有些根霉会引起甘薯、瓜果或蔬菜霉烂。常见的根霉有匍枝根霉(*Rhizopus stolonifer*)、米根霉(*Rhizopus oryzae*)等。

1. 匍枝根霉

匍枝根霉(*Rhizopus stolonifer*)也称为黑根霉,分布广泛,常出现于生霉的食品上,瓜果、蔬菜等在运输和储藏过程中腐烂及甘薯软腐都与它有关。

匍枝根霉菌落初期呈白色,老熟后为灰褐色或黑色。具发达假根,多分枝,褐色;孢囊梗直立不分枝,1~10 枝丛生于假根上方,淡褐色。无性繁殖时,在假根处向上产生直立的孢囊梗,孢囊孢子形状不对称,近球形、卵形或多角形,表面有线纹,多有棱角,条纹明显,呈蜜枣状,褐色或蓝灰色,成熟时呈黑色;孢子囊呈球形或椭圆形,褐色或黑色;囊轴球形、椭圆形、卵形或不规则形状,膜薄平滑,淡褐色。有性繁殖利用接合孢子,孢子为球形、卵形,外膜刚硬,黑色,有瘤状突起;配囊柄膨大,普通一个孢子的两柄大小不同(图 3-80)。

匍枝根霉是目前发酵工业上常使用的微生物菌种,最适生长温度约为 28 ℃,超过 32 ℃ 不

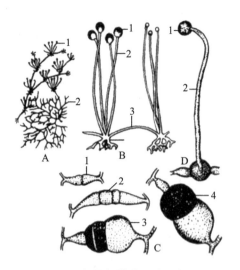

图 3-80　匍枝根霉的形态和繁殖

注：A.生长示意图：1—营养菌丝；2—匍匐菌丝
B.部分菌丝体：1—孢子囊；2—孢子囊梗；3—匍匐枝；4—假根
C.接合过程：1—突起；2—配子囊；3—配子囊柄；4—接合孢子
D.接合孢子萌发和形成：1—接合孢子囊；2—孢子囊柄。

再生长。匍枝根霉能转化甾族化合物，也应用于甾体激素、延胡索酸和酶制剂的生产。它不能利用硝酸盐，在察氏培养基上不能生长或生长极弱，但可利用硫酸铵代替硝酸钠。

2. 米根霉

米根霉（*Rhizopus oryzae*）在分类上属于根霉属（*Rhizopus*），在我国药酒和药曲中常见。该菌在 37～40 ℃均能生长。米根霉的淀粉酶活力极强，多作糖化菌使用；也具有酒精发酵能力及蛋白质分解能力，大量存在于酒药与酒曲中；能糖化淀粉、转化蔗糖，产生乳酸、反丁烯二酸及微量酒精，产 L（+）乳酸能力强，达 70％左右。

米根霉菌落疏松或稠密，最初呈白色，后变为灰褐色或黑褐色。菌丝匍匐爬行，无色。假根发达，分枝呈指状或根状，呈褐色。孢囊梗直立或稍弯曲，2～4 株成束，与假根对生，有时膨大或分枝，呈褐色。囊轴呈球形、近球形或卵圆形，呈淡褐色。孢子囊呈球形或近球形，壁有微刺，老后呈黑色。有厚垣孢子，其形状、大小不一致，未见接合孢子。

3. 华根霉

华根霉（*Rhizopus chinentis*）最适生长温度为 30 ℃，当发酵温度达 45 ℃时，一般还能生长。华根霉淀粉液化力强，有溶胶性，能产生酒精、芳香脂类等物质，在酒药与酒曲中大量存在。它是酿酒所必需的主要霉菌，也是酸性蛋白酶和豆腐乳生产中的主要菌种。

（三）曲霉属

曲霉属（*Aspergillus*）广泛分布在谷物、空气、土壤和各种有机物品上。生长在花生和大米上的曲霉，有的能产生对人体有害的真菌毒素，如黄曲霉毒素 B_1，能导致癌症，有的则能引起水果、蔬菜、粮食霉腐。

曲霉菌丝有隔膜，有足细胞，为多细胞霉菌（图 3-81）。无性繁殖产生分生孢子，孢子呈绿、黄、橙、褐、黑等颜色。分生孢子梗直接由营养菌丝产生。曲霉孢子穗的形态，包括分生孢子梗的长度、顶囊的形状、小梗着生是单轮还是双轮、分生孢子的形状、大小、表面结构及颜色

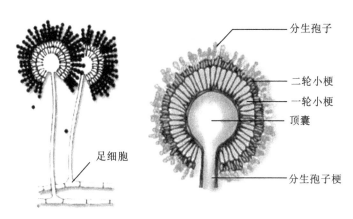

图 3-81 曲霉的足细胞与分生孢子穗结构示意图

等,都是菌种鉴定的依据。

曲霉属中的大多数仅发现了无性阶段,极少数可形成子囊孢子,故在真菌学中仍归于半知菌亚门。曲霉属是发酵工业和食品加工业的重要菌种,已被利用的近 60 种。两千多年前,我国就将其用于制酱,曲霉也是酿酒、制醋曲的主要菌种。现代工业利用曲霉生产各种酶制剂如淀粉酶、蛋白酶、果胶酶,有机酸如柠檬酸、葡萄糖酸、五倍子酸,农业上用作糖化饲料菌种。

1. 米曲霉

米曲霉(Aspergillus oryzae)属于黄曲霉群,是曲霉属中的一个常见种,分布甚广,主要分布于粮食、发酵食品、腐败有机物和土壤中。

米曲霉是产复合酶的菌种,除蛋白酶外,还能产淀粉酶、糖化酶、纤维素酶、植酸酶、果胶酶等。米曲霉不产生黄曲霉毒素,是我国传统酿造食品酱和酱油的主要生产菌种。米曲霉在酿酒生产中被作为糖化菌。此外,它还是曲酸的生产菌。米曲霉基因组所包含的信息可以用来寻找最适合米曲霉发酵的条件,这将有助于提高食品酿造业的生产效率和产品质量。米曲霉基因组的破译,也为研究由曲霉属真菌引起的曲霉病提供了线索。米曲霉也会引起工农业产品霉变。

米曲霉无性繁殖采用分生孢子。分生孢子头呈放射状,直径 150～300 μm。也有少数为疏松柱状。分生孢子梗长约 2 mm,近顶囊处直径达 12～25 μm,壁薄而粗糙。顶囊近球形或烧瓶形,直径 40～50 μm,上覆单层小梗,偶尔有双层,也有单、双层小梗同时存在于一个顶囊上。分生孢子幼时呈梨形或椭圆形,成熟后为球形或近球形,直径 4.5～7.0 μm,表面粗糙或近于光滑。菌落生长较快,10 天内直径可达 5～6 cm,质地疏松。初期呈白色、黄色,后转至黄褐色至淡绿褐色,但不呈绿色,背面无色(图 3-82)。

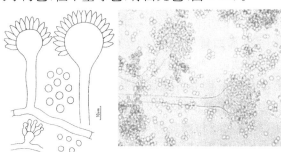
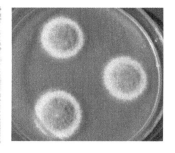

图 3-82 米曲霉的分生孢子头、分生孢子与菌落

2. 黄曲霉

黄曲霉(*Aspergillus flavus*)是一种常见的腐生真菌,多见于发霉的粮食、粮制品及其他霉腐的有机物上(图3-83)。

菌落生长较快,结构疏松,初带黄色,然后变成黄绿色,老后颜色变暗,平坦或有放射状皱纹,背面无色或略呈褐色(图3-84)。菌体有许多复杂的分枝菌丝构成。营养菌丝具有分隔;气生菌丝的一部分形成长而粗糙的分生孢子梗,顶端产生烧瓶形或近球形顶囊,表面产生许多小梗(一般为双层),小梗上着生成串的表面粗糙的球形、近球形或梨形分生孢子(图3-85)。有些菌系产生黑色的菌核。

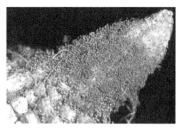
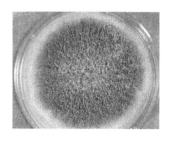

图3-83 玉米上的黄曲霉　　图3-84 黄曲霉菌落　　图3-85 黄曲霉分生孢子电镜照片

黄曲霉是酿造工业中的常见菌种,可用于产生淀粉酶、蛋白酶、果胶酶和磷酸二酯酶等,其产生液化型淀粉酶能力较黑曲霉强;蛋白质分解能力次于米曲霉。黄曲霉能分解DNA,产生5′-脱氧胞苷酸、5′-脱氧腺苷酸、5′-脱氧鸟苷酸和5′-脱氧胸腺嘧啶核苷酸。黄曲霉还能产溶血酶类物质,用于消除动脉及静脉血栓;能产生曲酸,可用作杀虫剂及胶片的脱尘剂。有的菌系能产多种有机酸,如柠檬酸、苹果酸、延胡索酸等。生长最适温度为37 ℃。

黄曲霉普遍存在于玉米、花生或黄豆中,有些菌系能产生黄曲霉毒素。1993年,黄曲霉毒素被世界卫生组织(WHO)的癌症研究机构划定为1类致癌物,是一种毒性极强的剧毒物质。黄曲霉毒素的危害性在于对人及动物肝脏组织有破坏作用,严重时,可导致肝癌甚至死亡。在天然污染的食品中以黄曲霉毒素B_1最为多见,其毒性和致癌性也最强。为了防止污染食品,我国现已停止使用会产生黄曲霉毒素的菌种,改用不产毒素的菌种。

黄曲霉与米曲霉极为相似,容易混淆。因而除了观察菌落个体特征外,还要结合生理特性加以区别。米曲霉在含0.05%茴香醛的察氏培养基上,分生孢子呈现红色,而黄曲霉则无此反应。另外,黄曲霉与寄生曲霉(*Aspergillus parasiticus*)十分相似,两者主要差别在于寄生曲霉的小梗是纯单层(图3-86)。

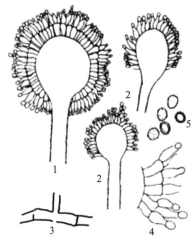

图3-86 黄曲霉分生孢子梗

注:1—双层小梗的分生孢子头;
2—单层小梗的分生孢子头;
3—分生孢子梗的基部(足细胞);
4—双层小梗的细微结构;5—分生孢子。

3. 黑曲霉

黑曲霉(*Aspergillus niger*)是曲霉属的一个常见种,广泛分布于世界各地的粮食、植物性产品和土壤中。黑曲霉具有多种活性强大的酶系,如淀粉酶、蛋白酶、果胶酶、纤维素酶和葡萄糖氧化酶等;还能产生多种有机酸,如抗坏血酸、柠檬酸、葡萄糖酸和没食子酸等,是生产柠檬酸和葡萄糖酸的重要菌种。另外,它还用于酒精工业、消化剂生产、果汁澄清、植物纤维精制、柑橘类罐头去苦味等。黑曲霉产生的纤维素 Cx 酶活力很强,有的菌株还可将羟基孕甾酮转化为雄烯。在农业上,黑曲霉常用作生产糖化饲料的菌种。

黑曲霉群中还包括乌沙米曲霉(又名字佐美曲霉)、邬氏曲霉、适用于甘薯原料的甘薯曲霉,以及由乌沙米曲霉变异而来的白曲霉。一些白曲霉中较优良的菌种不仅能分泌较丰富的淀粉酶、果胶酶和纤维素酶,而且酶系较纯,酶活力较强,同时又适于粗放培养,因此,为目前北方酒精厂及白酒厂所广泛采用。生长最适温度为 37 ℃,最低相对湿度为 88%,所以能导致水分较高的粮食霉变和其他工业器材霉变,有的可产生致癌性的黄曲霉毒素。

黑曲霉菌落蔓延迅速,初为白色,后变成鲜黄色直至黑色厚绒状。背面无色或中央略带黄褐色。无性繁殖产生分生孢子。分生孢子头状如菊花,褐黑色。分生孢子梗由足细胞上垂直生出,长短不一。顶囊呈大球形,小梗双层。分生孢子球形,呈黑色、黑褐色,平滑或粗糙(图3-87)。对紫外线以及臭氧的耐性强。菌丝发达,多分枝,有隔多核。曲霉的菌丝、孢子常呈现黑、棕、绿、黄、橙、褐等多种颜色,菌种不同,颜色各异。

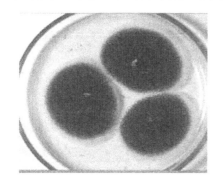 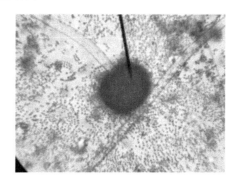

图 3-87　黑曲霉菌落与分生孢子显微照片

(四) 青霉属

青霉属(*Penieillium*)广泛分布于空气、土壤和各种物品上,常生长在腐烂的柑橘皮上,呈青绿色。青霉十分接近于曲霉,其中许多是常见的有害菌,其危害不亚于曲霉。在微生物实验中,它也是常见的污染菌。

青霉属在工业上有很高的经济价值。最著名的是生产抗生素,如产黄青霉系选育出来的某些菌系制造青霉素等。青霉素的发现和大规模的生产、应用,对抗生素工业的发展起了巨大的推动作用。此外,有的青霉菌还用于生产灰黄霉素、抗坏血酸、柠檬酸、延胡索酸、葡萄糖酸等有机酸及磷酸二酯酶、纤维素酶等酶制剂。非常名贵的娄克酸干酪、丹麦青干酪都是用青霉发酵制成的。

青霉有极不相同的代谢活动,不同的种都用葡萄糖作为原料可合成极为不同的物质,这在生产和利用方面有不可忽视的重要性。有学者把青霉分为 4 大组 41 系,承认了 137 个种和 4 个变种。到目前为止,已发现并可确定的新种已远不止此数。代表种是产黄青霉(*Penicillium chrysogenum*)、灰绿青霉(*Penicillium glaucum*)、点青霉(*Penicillium notatum*)等。

青霉的无性繁殖产生分生孢子,菌丝有横隔,细胞内通常为多核。分生孢子梗亦有横隔,光滑或粗糙。基部无足细胞,顶端无顶囊,其分生孢子梗经过多次分枝,产生几轮对称或不对称的小梗,形如扫帚,称为帚状体。帚状枝是由单轮或两次到多次分枝系统构成,对称或不对称(图 3-88)。分生孢子呈球形、椭圆形或短柱形,光滑或粗糙,大部分生长时呈蓝绿色,有时无色或呈各种淡色,但不呈乌黑色。

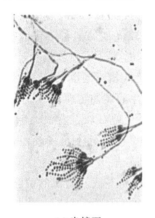
(a) 光镜下

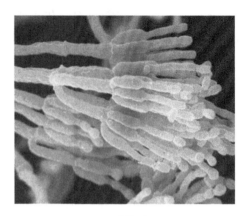
(b) 电镜下

图 3-88　青霉分生孢子梗的光镜与电镜照片

根据青霉帚状枝的形状和复杂程度,可将其分为四个组(图 3-89)。

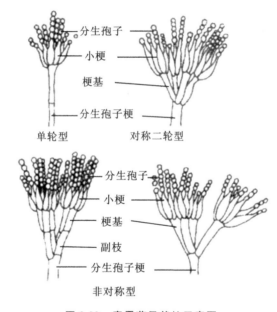

图 3-89　青霉菌帚状枝示意图

(1) 单纯青霉组　帚状枝由单轮小梗构成。

(2) 对称二轮青霉组　有紧密轮生的梗基,每个梗基着生细长尖锐的小梗,全部帚状枝大体对称于主轴(分生孢子梗),紧密,像漏斗状。分生孢子多为椭圆形。

(3) 不对称青霉组　包括一切帚状枝行两次或多次分枝,且不对称于主轴的种,即使接近对称,也没有二轮对称青霉那样的紧密结构及细长渐变尖锐的小梗。

(4) 多轮青霉组　帚状枝极为复杂,多次分枝,而且常是对称的。此组菌种为数较少,可能是类似属的过渡类型。

青霉属中大多数种的有性阶段至今还不知道。有少数种产生闭囊壳,其内形成子囊和子囊孢子,亦有少数菌种产生菌核。青霉的孢子耐热性较强,菌体繁殖温度较低。青霉属的营养菌丝体为无色、淡色,或具有鲜明的颜色,有横隔,为埋伏型,或为部分埋伏、部分气生型。气生菌丝为密毡状、松絮状,或部分结成菌丝索。大多数菌系渗出液很多,如产黄青霉(*Penicillium chrysogenum*)聚成醒目的淡黄色至柠檬黄色的大滴(图 3-90)。

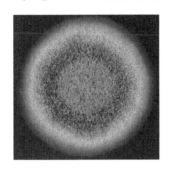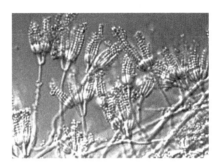

图 3-90 产黄青霉的菌落与帚状枝

(五)脉孢菌属

脉孢菌属(*Neurospora*)因子囊孢子表面有纵形花纹,犹如叶脉而得名,又称链孢霉(图3-91)。生长初期呈绒毛状,白色或灰色,匍匐生长,分枝。具隔膜,生长疏松,呈棉絮状。分生孢子梗直接从菌丝上长出,梗顶端形成分生孢子,一般为卵圆形,呈橘黄色或粉红色,常生在面包等淀粉性食物上,故俗称红色面包霉。大量分生孢子堆集成团时,外观与猴头菌子实体相似。

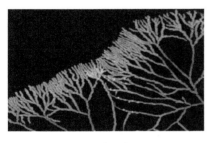

(a)菌丝体　　　　　　　　　　(b)子囊孢子

图 3-91 脉孢菌

脉孢菌的有性繁殖为异宗配合(图 3-92),产生子囊孢子。成熟的子囊壳呈暗褐色,梨形或卵形,孔口为乳头状。子囊壳内有多个子囊,但无侧丝,圆柱形,有短柄,每个子囊内一般含有 8 个子囊孢子,每 4 个为一交配系统。子囊孢子初期为无色透明,成熟时由橄榄色变为淡绿色,外壁上有突起。在一般情况下,脉孢菌很少进行有性繁殖。

脉孢菌是研究遗传学的好材料。因为它的子囊孢子在子囊内呈单向排列,表现出有规律的遗传组合。如果用两种菌杂交形成的子囊孢子分别培养,可研究遗传性状的分离及组合情况。脉孢菌菌体内含有丰富的蛋白质、维生素 B_{12} 等,有的用于发酵工业。最常见的菌种如粗糙脉孢菌(*Neurospora crassa*)(图 3-93(a))、好食脉孢菌(*Neurospora sitophila*)(图 3-93(b))。有的可造成食物腐烂。

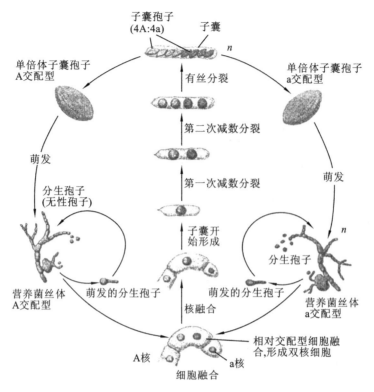

图 3-92 脉孢菌异宗配合过程

(a) 粗糙脉孢菌

(b) 好食脉孢菌

图 3-93 粗糙脉孢菌与好食脉孢菌

(六) 交链孢霉属

交链孢霉属（*Alternaria*）是土壤、空气、工业材料上常见的腐生菌，在植物的叶子、种子和枯草上也常见到，有的是栽培植物的寄生菌。菌丝为暗至黑色，有隔膜，以分生孢子进行无性繁殖。分生孢子梗较短，单生或丛生，大多数不分枝，与营养菌丝几乎无区别。分生孢子呈纺锤状或倒棒状，顶端延长成喙状，多细胞，有壁砖状分隔，分生孢子常数个成链，一般为褐色。孢子的形态及大小极不规律。尚未发现有性世代。菌落呈绒毛状，多为灰黑色至淡褐色、黑色。

有些菌种可用于生产蛋白酶，某些种可用于甾族化合物转化。交链孢霉能产生多种毒素，如交链孢霉酚、交链孢霉甲基醚、交链孢霉烯、细偶氮酸等。

（七）木霉属

木霉属（Trichoderma）为半知菌，分布较广，常分布在朽木、种子、动植物残体、有机肥料、土壤和空气中。木霉也常寄生于某些真菌的子实体上。栽培蘑菇中有时会污染木霉。

木霉的菌落生长迅速，呈棉絮状或致密丛束状，开始为白色、致密、圆形，向四周扩展，后从菌落中央产生绿色孢子，中央变成绿色。菌落周围有白色菌丝的生长带，最后整个菌落全部变成绿色。因而，菌落表面颜色为不同程度的绿色。有些菌株由于产孢子不良，几乎呈白色。菌落反面无色或有色，产孢区常排列成同心轮纹，气味有或无（图3-94）。菌丝透明，无色，有隔膜，有分枝，厚垣孢子有或无，间生于菌丝中或顶生于菌丝短侧分枝上，呈球形、椭圆形，无色，壁光滑。

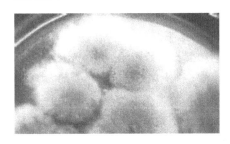  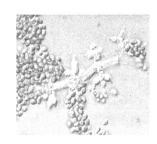

图3-94　木霉的菌落与菌丝　　图3-95　木霉的分生孢子梗、小梗和分生孢子示意图与显微照片

分生孢子梗为菌丝的短侧枝，其上对生或互生分枝，分枝上又可继续分枝，形成二级、三级分枝，终而形成似松柏式的分枝轮廓，分枝角度为锐角或几乎直角，束生、对生、互生或单生瓶状小梗。分枝的末端即为小梗，但有的菌株，主梗的末端为一鞭状而弯曲不孕菌丝。分生孢子由小梗相继生出而靠黏液把它们聚成球形或近球形的孢子头，有时几个孢子头汇成一个大的孢子头（图3-95）。分生孢子近球形或椭圆形、圆筒形、倒卵形等，壁光滑或粗糙，透明或亮黄绿色。

木霉属中代表性的菌种有绿色木霉（Trichoderma viride）、康氏木霉（Trichoderma koningii）等。

木霉的利用比较广泛。木霉含有很强的纤维素酶系，是纤维素酶的主要生产菌。有的木霉能合成核黄素，并可转化甾体。有的木霉能产生抗生素。有的木霉能产生多种抗菌物质，常用作植物促进剂和生物杀菌剂的生产。

知识链接

真菌及其毒素对人类的危害

真菌与农业生产有着密切的关系，真菌侵入植物体可引起植物病虫害，往往使农作物遭受重大损失，甚至颗粒无收。我国主要的栽培作物水稻、小麦等，大部分易受到真菌的侵袭而发生病虫害。如我国于1950年发生的麦锈病和1974年发生的稻瘟病，使小麦和水稻各减产60亿千克。

引起谷物、水果、食品、衣物、仪器设备及工业原料霉变的主要微生物为霉菌。据统计，全世界平均每年因霉变不能食（饲）用的谷物约占总产量的3%；蔬菜、水果因霉烂造成的损失更大。

不少致病真菌可引起人体和动物的浅部病变和深部病变，在已知道的约5万种真菌中,被国际确认的人、畜致病菌或条件致病菌已有200余种。随着广谱抗生素、抗肿瘤药物、糖皮质激素和免疫抑制剂在临床上的广泛应用,器官移植及导管技术的活跃开展,艾滋病和糖尿病的致病率不断上升,免疫受损患者不断增多,真菌病,特别是机会性真菌感染的发病率和病死率呈急剧上升趋势。统计显示,自20世纪80年代末以来,人类深部真菌病的发病率上升了3~5倍,这种现状已受到医学界的广泛关注。

真菌毒素是真菌在食品或饲料里生长所产生的代谢产物,对人类和动物都有害。真菌毒素造成中毒的最早记载是11世纪欧洲发生的由麦角菌的菌核产生的麦角碱引起的麦角中毒。急性麦角中毒的症状是产生幻觉和肌肉痉挛,进而发展为四肢动脉的持续性变窄而发生坏死。造成较大社会影响的真菌毒素中毒事件:1913年俄罗斯东西伯利亚的食物中毒造成白细胞缺乏病;1952年美国佐治亚州发生的动物急性致死性肝炎;1960年英国发生的火鸡黄曲霉毒素中毒症;我国20世纪50年代发生的马和牛的霉玉米中毒、甘薯黑斑病菌中毒、长江流域的赤霉病中毒、华南的霉甘蔗中毒等。

真菌毒素对人类有严重的伤害,表现在它能对人体产生长期的影响,引起免疫功能的伤害和产生遗传毒性、细胞毒性、致癌毒性等多个方面。一般情况下,真菌毒素的污染对人体的危害不像病毒和微生物污染那样明显,只有长期摄入特定的低水平的真菌毒素才会导致慢性疾病(如癌症)的发生,因而公众对真菌毒素的影响重视不够。现已查明,自然界存在的真菌毒素在200种以上,食用的粮食、食品常被真菌甚至真菌毒素污染,因此,必须加强粮食作物的防霉除毒措施,改良食品的保管条件和方法。

【视野拓展】

中国亟待开发的真菌

菌物界已知的约100个目中,半数以上在中国尚无人进行研究。在20余个已有人进行研究的目中,大半仅涉及其中的科名或属名。海洋真菌在中国基本上没有研究资料,仅有零星的有关海洋酵母的调查报告,淡水中的真菌仅有水霉和腐霉的零星报告。水生丝孢菌的研究刚刚起步,仅知50余种(全世界200余种),虫生真菌仅知180种(全世界已知900种)。土壤真菌缺少完整数据,研究得较好的主要是曲霉属(*Aspergillus*)和青霉属(*Penicillium*),其中曲霉属已知有89种(全世界已有350种),青霉属(*Penicillium*)约70余种(全世界有96种)。外生菌根菌已知642种,其中担子菌类612种,子囊菌类30种。内生菌根菌(VA菌根菌)已报道的约40种。地下菌(俗称块菌和假块菌)有极高的商品价值,全世界已知1000多种,而中国已报道的仅有60余种。其他的在植物组织内的内生真菌,寄生、共生或共栖在蜘蛛、多足类、甲壳类、水生昆虫、海洋浮游生物和草食哺乳动物胃里的真菌在中国尚无人研究。

第三节 大型真菌——蕈菌

蕈菌是一类能形成大型子实体真菌的通俗名称,不仅味道鲜美营养价值高,而且药效独特保健功能强。蕈菌广泛分布于世界各地,大型的肉质真菌约有70个属,12万余种,我国的蕈菌资源十分丰富,也是世界上最早栽培蕈菌的国家之一。蕈菌在分类学上属于真菌门,担子菌亚门和子囊菌亚门,其中绝大部分属担子菌(94.6%),少数属子囊菌(5.4%)。

蕈菌一般由菌丝体和子实体两部分组成。菌丝体是营养结构,存在于基质内,主要功能是分解基质,吸收、输送及储藏养分;子实体是繁殖结构,其主要作用是产生孢子,繁殖后代,是人们可食用的部分。食用菌的菌丝一般是多细胞的,菌丝被隔膜隔成了多个细胞,每个细胞可以是单核、双核或多核。

按照发育的不同,菌丝体可分为初生菌丝、次生菌丝和三次菌丝。初生菌丝由担孢子萌发而来,纤细,单核,因此又被称为单核菌丝,存在时间短,大多数种类的初生菌丝不能产生子实体,但有时初生菌丝体上可形成厚垣孢子、芽孢子和分生孢子等无性孢子。次生菌丝双核,由两条单核菌丝通过质配接合而成,每个细胞都具有两个核,又称为双核菌丝,是蕈菌菌丝存在的主要形式,只有双核菌丝体才能产生子实体。三次菌丝体是在子实体形成时特殊化和组织化了的双核菌丝,又称为结性双核菌丝,在某些担子菌中,这种三次菌丝的分化特别显著,并可分化为三个类型,即生殖菌丝、骨架菌丝和缠绕菌丝。根据初生菌丝接合形成双核菌丝方式的不同,分为同宗接合和异宗接合。同宗接合是指一个孢子萌发所形成的不同分枝的两条菌丝接合形成双核菌丝的现象。异宗接合是由两个孢子萌发的两条形态相似但性别不同的菌丝接合形成双核菌丝的现象。有些蕈菌的菌丝体在其一定的生长阶段或遇到不良环境时,部分分散的菌丝体可以相互扭结形成菌核、菌索、子座等特殊结构的菌丝体,菌核、菌索、子座和子实体中的菌丝体都是三次菌丝。

菌丝较细的双核菌丝细胞的分裂是通过一种称为锁状联合的特殊方式进行的。双核细胞分裂时,两核之间生出一钩状突体,一个核进入突体中,另一个留在细胞里。两核同时分裂。突体中的两个核一个核留在其中,另一个核进入细胞前端。细胞中的两个核一个前移,另一个留在后面。此时突体向下弯曲与菌丝细胞壁接触,接触处细胞壁溶化,成为桥形,同时突体基部产生隔膜。最后,突体中的核进入细胞,形成两个双核的子细胞。菌丝尖端继续生长,又开始新的锁状联合过程。

子实体是真菌繁衍后代的特化结构,也是人们主要食用的部分。担子菌的子实体称为担子果,是产生担孢子的部分。子囊菌的子实体称为子囊果,是产生子囊孢子的结构。子实体的形状多种多样,有伞状、喇叭状、笔状、头状、舌状、耳状和珊瑚状等,以伞状菌(即伞菌)为最多。伞菌子实体有菌盖、菌褶、菌柄、菌环和菌托等部分。

食用菌的生活史一般要经历孢子萌发生成单核菌丝、单核菌丝通过质配形成双核菌丝、双核菌丝经过扭结形成子实体、子实层中的某些双核细胞发育成有性孢子的过程。担子菌的有性繁殖是通过产生担孢子的方式进行的,双核菌丝大量增殖后,在温度、湿度等条件适宜时,菌丝体扭结形成子实体原基,之后逐渐发育成成熟的子实体。成熟子实体菌褶表面或菌管内壁的双核菌丝发育到一定时期顶端细胞膨大,其中的两个核融合形成一个二倍体核,此核经过两次分裂,其中一次为减数分裂,产生4个单倍体子核。这时顶细胞膨大形成棒状的担子。然后担子生出4个小梗,小梗顶端稍膨大,四个子核分别进入4个小梗,每个核发育成一个担孢子。孢子发育成熟后从子实体上弹射出来。子囊菌的有性繁殖是某些双核菌丝发育成子囊,子囊内的核进行核配,再经过减数分裂与有丝分裂形成4个或8个子囊孢子。有些食用菌还可进行无性繁殖的小循环,如银耳的菌丝可形成芽孢子,香菇的菌丝能形成厚垣孢子,子囊菌类食用菌的菌丝可形成分生孢子。这些无性孢子遇到合适的环境条件都可以萌发形成菌丝体。

蕈菌属异养型微生物。有腐生型、共生型和兼性寄生型三类。平菇、香菇、蘑菇等大部分蕈菌是腐生型的;松口蘑、牛肝菌等属共生型的;密环菌等属于兼性寄生型的。蕈菌所需要的营养物质有碳源、氮源、无机盐和生长因素。另外对基质水分、空气湿度、环境温度、光照度、通气量、基质的酸碱度等都有一定的要求。大多数蕈菌要求pH值在5～5.5之间;菌丝生长阶段一般不需要光照和二氧化碳,而且在无光照的情况下生长状态更好。子实体发育阶段需要少量的散射光和二氧化碳的刺激。

第四节 原核微生物与真核微生物的比较

真核微生物与原核微生物在某些方面具有相似性,如细胞基本结构都包含细胞壁、细胞质、内含物等;都采用多种方式进行繁殖,并以无性繁殖为主;形体微小,大多需要显微镜观察。但在细胞组成成分、繁殖方式、菌落等方面仍存在着巨大的差异。本节从宏观和微观上,对两类微生物的细胞、繁殖方式、菌落进行简单的比较。

一、细胞水平上的差异比较

真核微生物细胞通常比原核微生物细胞大几倍到几十倍,在细胞组成上存在着很大的差异,具体如下。

(一)细胞壁组成

在原核微生物细菌、放线菌中,细胞壁主要由肽聚糖构成;支原体不具有细胞壁结构;古细菌细胞壁中无真正的肽聚糖,而是假肽聚糖。

真核微生物的酵母菌的细胞壁呈"三明治"结构,富含葡聚糖、甘露聚糖、蛋白质;低等、水生的霉菌细胞壁含有较多的纤维素,较高等、陆生的霉菌细胞壁中以几丁质为主。在细胞的成熟过程中,细胞壁的成分会发生明显的变化。

(二)细胞膜组成

原核微生物,除了支原体以外,细胞膜上一般不含胆固醇等甾醇,这一点与真核微生物明显不同。真核微生物细胞膜一般都含有甾醇成分。

(三)细胞质与细胞器

原核微生物的细胞质由细胞膜包围,并有细胞膜大量褶皱内陷入细胞质中,形成间体,不含其他分化明显的细胞器。

真核微生物细胞膜不内陷,内含多种细胞器,如进行能量代谢的线粒体和光合作用的叶绿体等。各种细胞器有各自的膜包围,细胞器膜与细胞膜之间无直接关系。各种细胞器如线粒体、叶绿体带有自己的DNA,可自主复制。

(四)细胞核组成

原核微生物细胞核是由双螺旋DNA构成的一条染色体,仅形成一个核区,没有核膜包围,无核仁,称为原核或拟核,无组蛋白与之相结合。

真核微生物的遗传物质以双螺旋DNA构成一条或一条以上的多条染色体群,形成一个真核,有核膜包围,膜上有孔,有核仁,明显有别于周围的细胞质,并有组蛋白与之相结合。

(五) 鞭毛结构

真核微生物的鞭毛与原核生物的鞭毛,在运动功能上虽然相同,但在构造、运动机制、消耗能源方式等方面,有着显著的差异。

原核微生物鞭毛结构简单,主要构造是基体、钩形鞘和鞭毛丝三部分;鞭毛的运动为旋转马达式。真核微生物鞭毛粗,结构复杂,鞭杆的横切面为"9+2"型;鞭毛的运动为挥鞭式。

(六) 核糖体组成

原核生物和真核生物的蛋白质合成都是在核糖体上进行,但大小不同。原核生物的核糖体为70S,由50S和30S的两个亚基构成。真核生物的核糖体为80S,由60S和40S两个亚基构成。各亚单位在构成上有区别。

细菌、放线菌与酵母菌、霉菌在细胞水平上的差别见表3-3。

表 3-3 细菌、放线菌与酵母菌、霉菌在细胞水平上的比较

比较项目	细菌	放线菌	酵母菌	霉菌
细胞大小	较小(通常直径<2 μm)	较小(直径大约1 μm)	较大(通常直径2~5 μm)	较大(通常直径>2 μm)
细胞壁成分	主要肽聚糖	含肽聚糖	葡聚糖、甘露聚糖、蛋白质	纤维素、几丁质
细胞器	无	无	有	有
鞭毛结构	如有,则细而简单	如有,则细而简单	无鞭毛	如有,则粗而复杂
细胞膜中有甾醇	无(支原体例外)	无	有	有
细胞核	原核,无核膜、核仁	原核,无核膜、核仁	真核,有核膜、核仁	真核,有核膜、核仁
减数分裂	无	无	有	有
相互关系	单个分散或有一定排列方式	单个分散或假菌丝状	丝状交织	丝状交织
形态特征	小而均匀,个别有芽孢	大而分化	细而均匀	粗而分化

二、繁殖方式的差异比较

真核微生物除了无性繁殖外,还具有有性繁殖,并且产生大量的孢子,具有无性、有性交替进行的生活史,这是原核微生物所不具有的。原核、真核微生物繁殖方式的比较见表3-4。

表 3-4 细菌、放线菌与酵母菌、霉菌繁殖方式的比较

项 目	细菌	放线菌	酵母菌	霉菌
无性繁殖方式	大多二分裂	无性孢子	大多芽殖、无性孢子	无性孢子
有性繁殖方式	无	无	有性孢子	有性孢子
无性孢子				
节孢子	无	无	有	有
掷孢子	无	无	有	无
厚垣孢子	无	有	有	有
分生孢子	无	有	无	有
孢囊孢子	无	有	无	有
有性孢子				
卵孢子	无	无	无	有
接合孢子	无	无	无	有
子囊孢子	无	无	有	有
担孢子	无	无	无	有

三、菌落差异的比较

菌落的特征是微生物鉴定的重要形态指标。细菌、酵母菌均为单细胞微生物,菌落特征有共性。放线菌和霉菌均有菌丝体构成,菌落特征有相似之处。但仍有一定的差异,四类微生物菌落基本特征见表 3-5。

表 3-5 四类微生物菌落基本特征的比较

特征比较	单细胞微生物		菌丝状微生物	
	细菌	酵母菌	放线菌	霉菌
含水状态	很湿或较湿	较湿	干燥或较干燥	干燥
外观形态	小而突起或大而平坦	大而突起	小而紧密	大而疏松或大而致密
菌落透明度	透明或稍透明	稍透明	不透明	不透明
菌落与培养基结合程度	不结合	不结合	牢固结合	较牢固结合
菌落颜色	多样	单调,一般乳白色	十分多样	十分多样
菌落正反面颜色差别	相同	相同	一般不同	一般不同
菌落边缘	一般看不到细胞	可见球形、卵圆形或假丝状细胞	有时可见细丝状细胞	可见粗丝状细胞

续表

特征比较	单细胞微生物		菌丝状微生物	
	细菌	酵母菌	细菌	酵母菌
细胞生长速度	一般很快	较快	慢	一般较快
气味	一般有臭味	多带酒香味	常有泥腥味	往往有霉味

【视野拓展】

单细胞蛋白

蛋白质是维持生命的基本物质,它是组成人体器官、组织和体内酶、激素以及免疫球蛋白的主要成分。在世界范围内,蛋白质缺乏的问题已存在多年,据食品和农业组织(FAO)报告,在发展中国家,60% 的居民食物中蛋白质不足。以传统方法发展农业、养殖业和畜牧业,要使蛋白质的量飞跃增长很难,而在耕地减少、水资源枯竭的情况下增加蛋白质的量就更加困难了。因此,利用非食用和废弃资源开发和生产微生物菌体蛋白(即单细胞蛋白,Single cell protein 简称 SCP)是补充蛋白质来源的重要途径。

通过培养某些酵母、细菌、霉菌、蘑菇和单细胞藻类等微生物,所获得的单细胞蛋白营养物质极为丰富。其中:蛋白质含量高达菌体干重的 40%~80%(酵母 45%~55%;细菌 60%~80%;霉菌菌丝体 30%~50%;单细胞藻类如小球藻等 55%~60%),比大豆高 10%~20%,比肉、鱼、奶酪高 20% 以上;氨基酸的组成较为齐全,含有人体必需的 8 种氨基酸,尤其是谷物中含量较少的赖氨酸。一般成年人每天食用 10~15 g 干酵母就能满足自身对氨基酸的需要量。单细胞蛋白中还含有多种维生素、糖类、脂类、矿物质,以及丰富的酶类和生物活性物质,如辅酶 A、辅酶 Q、谷胱甘肽、麦角甾醇等,易于消化吸收。另外,某些单细胞蛋白具有抗氧化能力,可使食物不容易变质,常用于婴儿米粉及汤料、佐料中;有些单细胞蛋白还能提高食品的某些物理性能,如在意大利烘饼中加入活性酵母,可以提高饼的延薄性能。酵母的浓缩蛋白因具有显著的鲜味已被广泛用作食品增鲜剂。

培养微生物所生产单细胞蛋白,具有以下优点。第一,微生物对生长条件的适应性强,可利用多种廉价原料进行生产,原料来源广泛,常见原料主要有以下几类:①农业废物、废水,如秸秆、蔗渣、甜菜渣、木屑等含纤维素的废料及农林产品的加工废水;②工业废物、废水,如食品、发酵工业中排出的含糖有机废水、亚硫酸纸浆废液等;③石油、天然气及相关产品,如原油、柴油、甲醇、乙醇等;④H_2、CO_2 等废气;⑤利用藻类生产 SCP 只需要二氧化碳作为碳源,以阳光为能源进行光合作用,就可以在开放池塘中很好地生长。第二,微生物生长繁殖快,短时间内可获得大量产品,生产率高。微生物的倍增时间比牛、猪、鸡等快千万倍,如细菌、酵母菌的倍增时间为 20~120 h,霉菌和绿藻类为 2~6 h,植物 1~2 周,牛 1~2 个月,猪 4~6 周。据估计,一头 500 kg 公牛每天生产蛋白质 0.4 kg,而 500 kg 酵母至少生产蛋白质 500 kg。第三,单细胞蛋白是通过培养单细胞生物而获得的菌体蛋白质,用于生产 SCP 的单细胞生物包括微型藻类、非原质细菌、酵母菌类和真菌。生产不受季节气候的制约,易于人工控制,同时由于在大型发酵罐中立体式培养,占地面积少。如年产 10 万吨 SCP 工厂,以酵母计,按含蛋白质 45% 计算,一年所产蛋白质为 45000 吨。一亩大豆按亩产 200 kg 计,含蛋白质 40%,则一年为 80 kg 蛋白质,所以,一个SCP工厂所产的蛋白质相当于562500亩土地所产的大豆。

当前全世界面临三大难题：食物、环境和能源。随着经济的发展，人民生活水平的提高，人类对蛋白质尤其是营养价值高的动物蛋白质的需求愈来愈多。开发生产单细胞蛋白是解决这一难题的重要途径之一。因此，利用非食用资源和废弃资源开发和推广微生物生产单细胞蛋白是补充蛋白质来源不足的重要途径，发展单细胞蛋白生产工业有极其重要的意义。

任何一种新型食品原料的问世都会产生安全性和可接受性等问题，单细胞蛋白也不例外。联合国蛋白质咨询组对单细胞蛋白的安全性评价做出以下规定：生产用菌株不能是病原菌，不产生毒素；对生产用资源要提出一定要求；对最终产品还必须进行动物毒性试验、遗传、哺乳、致畸及变异效应试验。这些试验通过之后还要做人的临床试验，测定SCP对人的可接受性和耐受性等。就单细胞蛋白本身而言，由于其核酸含量为4%～18%，而食用过多的核酸可能会引起痛风等疾病。此外，单细胞蛋白作为一种食物，人们在习惯上还存在接受性的问题，但这些问题，通过微生物学家与相关科学家的合作与努力，在不久的将来一定会得到圆满的解决。

小　结

真核微生物是一大类有真正细胞核、核膜和核仁，能进行有丝分裂，细胞质有线粒体、部分还有叶绿体等细胞器(organelles)的微小生物的统称。其中，酵母菌和霉菌是两类非常重要的真核微生物。

酵母菌为单细胞真菌，是第一个被人类利用的微生物，也是一种重要的模式生物，在食品、医药、遗传行业应用广泛，少数为致病菌。

酵母菌细胞通常为球状、卵圆形、椭圆形、腊肠形等，有的能形成假菌丝。细胞壁呈典型的"三明治"结构，细胞膜含甾醇。有分化的细胞器，并执行各自功能，如线粒体(进行氧化磷酸化，是形成ATP的主要场所)、内质网(糙面内质网合成，运送胞外分泌蛋白)、核糖体(80S，由60S和40S的大小亚基组成，蛋白质合成的分子机器)、液泡(储存物质，参与芽殖过程)。细胞质内含有大量储藏物，如脂肪粒、聚磷酸盐、肝糖、海藻糖、荚膜物质等。细胞核是遗传信息(DNA)的储存、复制和转录的主要场所，有单位膜构成，有核膜、核仁、核孔。2 μm质粒是酵母菌中进行分子克隆和基因工程的重要载体。

芽殖是酵母菌最常见的无性繁殖方式。由酵母菌细胞向外凸起，形成芽体。出芽有多种方式，大多酵母采用多端芽殖。裂殖酵母属采用裂殖，类酵母属等采用芽裂繁殖。掷孢酵母属能产生掷孢子；地霉属酵母菌产节孢子；假丝酵母属能形成厚垣孢子。酵母菌的有性繁殖主要经过三个阶段：质配、核配、减数分裂，形成子囊孢子。无性繁殖是主要的繁殖方式。

酵母菌生活史各异，可分为三个类型：营养体以单倍体(n)形式存在(如八孢裂殖酵母)、营养体以双倍体($2n$)形式存在(如路德类酵母)、营养体以单倍体(n)/双倍体($2n$)形式存在(如酿酒酵母)。每种类型各有自己的特点。酵母菌菌落与细菌有相似之处。

霉菌是一类形成菌丝体的真菌的统称，是一个通俗名称。与酵母一样，霉菌喜偏酸性、糖质环境，大多为好氧型微生物，具有较强的与较完整的酶系，在工业、医药等行业广泛应用。粗糙脉孢菌在生化遗传学的基础理论研究中发挥着重要的作用。霉菌也能给人类带来极大的危害。

　　菌丝是霉菌营养体的基本单位。菌丝相互交织在一起,形成菌丝体。菌丝分成无隔菌丝和有隔菌丝两大类。菌丝在功能上产生分化,营养菌丝、气生菌丝可分别特化,形成特异结构。营养菌丝体特化会形成假根(固着和吸收营养)、吸器(吸收养料)、菌核(休眠体)、附着胞(吸收营养)、匍匐枝(菌丝延伸)、菌环菌网(捕食)、附着枝(附着)、菌索(运输、菌丝蔓延)等结构。气生菌丝主要特化成能产生孢子的子实体构造,如产无性孢子的分生孢子头、分生孢子器、分生孢子座、分生孢子盘;产有性孢子的子囊果等。

　　低等、水生的霉菌细胞壁含有较多的纤维素,较高等、陆生的霉菌细胞壁中以几丁质为主。在细胞的成熟过程中,细胞壁的成分会发生明显的变化。霉菌细胞膜向内凹陷、折叠形成质膜体。细胞质中存在着细胞核、液泡、线粒体、内质网、核糖体、膜边体等细胞器。细胞核较小,通常为椭圆形。

　　霉菌的繁殖主要通过产孢子进行,存在无性繁殖、有性繁殖交替进行的生活史,无性繁殖是主要方式。无性孢子有孢囊孢子、节孢子、厚垣孢子、分生孢子,其中分生孢子是最常见的一类。有性孢子有卵孢子、接合孢子、子囊孢子、担孢子等。每种孢子形成方式、结构均有差异。霉菌菌落特征与放线菌相似。

复习思考题

1. 名词解释

真菌　　　酵母菌　　　霉菌　　　菌丝　　　菌丝体　　　假菌丝
芽痕　　　孢囊孢子　　子囊孢子　　卵孢子　　接合孢子　　分生孢子
锁状联合　同宗配合　　异宗配合　　担孢子　　酵母菌芽殖

2. 简述酵母菌的三种生活史。
3. 酵母菌的繁殖方式有哪些?
4. 霉菌的无性繁殖与有性繁殖方式各有哪些?
5. 试从微观和宏观上,分别对酵母菌与细胞、放线菌与霉菌进行比较。
6. 如何在显微镜下正确区别曲霉菌和青霉菌、毛霉属和根霉属?
7. 真菌的菌丝可以分化成哪些特殊的形态结构?它们的功能是什么?
8. 举两三个例子,说明酵母菌、霉菌与人类的关系。
9. 试述原核微生物与真核微生物的主要区别。
10. 概述酵母菌和霉菌的分子生物学研究进展。

(张桂香　李学如　方尚玲)

第四章

病毒

学海导航

掌握病毒的特点、概念、组成、形态结构、增殖过程和病毒的一步生长曲线；了解噬菌体的概念、主要性质；了解噬菌过程、溶源性转换；理解植物病毒、昆虫病毒，了解亚病毒的概念。

重点：病毒结构与化学组成。

难点：病毒的增殖过程。

病毒（virus）是一类体积微小，无完整细胞结构，只含一种类型核酸（DNA 或 RNA），严格活细胞内寄生，以复制方式增殖的非细胞型微生物。其主要特点是：①体积非常微小，一般需用电子显微镜放大千万倍以上才能观察到；②无完整的细胞结构，主要成分为核酸和蛋白质，而且只含有一种类型核酸（DNA 或 RNA）；③严格活细胞内寄生，只能在一定种类的活细胞中增殖；④繁殖方式是复制；⑤对干扰素敏感，对抗生素不敏感。

病毒种类繁多，包括动物病毒、植物病毒、真菌和细菌病毒（噬菌体）等。根据国际病毒分类委员会（The International Committee on Taxonomy of Viruses，ICTV）2012 年公布的最新报告，病毒分为 6 个目，87 个科，19 个亚科，349 个属，2284 个种。动物病毒是引起人类和动物感染的重要病原。病毒所致的传染病不仅数量多，而且传染性强，有的病情严重、病死率高或病后留有后遗症。如流感、病毒性肝炎、艾滋病等可造成世界性大流行，而狂犬病、病毒性脑炎和出血热等疾病则死亡率很高。除传染病外，近年来还发现许多病毒与肿瘤、自身免疫病等疾病的发生有密切关系；发酵工业中的噬菌体污染会严重影响生产；此外，病毒可用于动、植物病虫害的防治；病毒是分子生物学和基因工程研究中的重要材料和工具。

因此，病毒与人类的关系亦越来越密切。熟悉、掌握病毒学的基础知识及其与人类的关系，以便更好地利用病毒为人类服务，更有效地预防、控制和消灭病毒性疾病。

第一节　病毒的形态结构和化学组成

一、病毒的大小与形态

（一）病毒的大小

病毒体（virion）是指完整成熟的病毒颗粒，具有病毒典型的形态、结构和感染性。病毒的大小是指病毒体的大小,测量单位是纳米(nanometer,nm)。各种病毒的大小相差很大,一般病毒介于 50~250 nm 之间,其中绝大多数病毒都在 100 nm 左右;目前发现的最大的病毒是潘多拉病毒(Pandoravirus),是 2013 年法国研究人员在澳大利亚墨尔本附近淡水池塘泥沼中生活的阿米巴变形虫体内分离到的。它比一般病毒大得多,长度达 1 μm,直径 0.5 μm,DNA 基因组有 250 万个碱基对,体积几乎与小型细菌相仿,用普通显微镜能够观察到。最小的病毒是口蹄疫病毒,只有约 10 nm,小 RNA 病毒和微小 DNA 病毒直径在 20~30 nm 之间(图 4-1)。

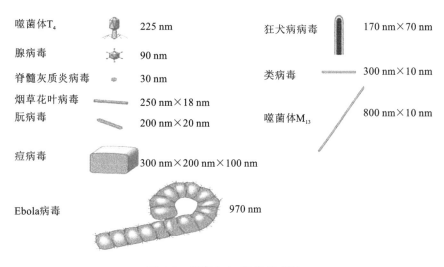

图 4-1 病毒大小、形态模式图

(二)病毒的形态

直到 20 世纪 30 年代电子显微镜的发明,人们才在电子显微镜下初次直观地看到了病毒颗粒,才真正了解了病毒的形态、结构。

病毒的形态多种多样(图 4-1)。绝大多数动物病毒呈球形或近似球形;植物病毒多呈杆状或丝状,某些动物病毒也呈丝状;此外,还有呈砖形(痘病毒)、子弹形(狂犬病病毒);噬菌体(bacteriophage)多呈蝌蚪形。有些病毒形态比较固定,如小 RNA 病毒呈球形,有些则呈多形性,如正黏病毒(orthomyxovirus),有球形、丝状和杆状。

二、病毒的结构

病毒在形态和大小方面虽有很大差异,但其结构却有共同之处。病毒的结构可分为基本结构和辅助结构。

基本结构包括病毒的核心(core)和衣壳(capsid),二者构成核衣壳(nucleocapsid)。有些病毒在核衣壳的外面有包膜(envelope)包绕,包膜上有病毒基因编码的蛋白质刺突(spike)。有包膜的病毒,称为包膜病毒(enveloped virus)。无包膜病毒又叫裸露病毒(naked virus),核衣壳就是其病毒体(图 4-2)。

1. 病毒核心

病毒核心(viral core)位于病毒的中心,是病毒体的中心结构,其成分主要由病毒核酸即 DNA 或 RNA 组成。除核酸外,还可能有少量病毒基因编码的非结构蛋白,是病毒增殖中所

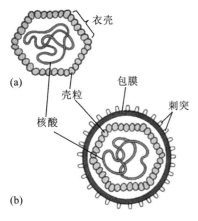

图 4-2 病毒结构模式图

需要的功能蛋白,如病毒核酸多聚酶、转录酶或逆转录酶等。

2. 病毒衣壳

病毒衣壳(viral capsid)位于核酸外围,包绕病毒核酸,是包围在病毒核心外面的一层蛋白质结构。它是由一定数量的壳粒(capsomere)按一定的排列方式组成的蛋白质外壳。不同的病毒体,衣壳所含壳粒的数目和排列方式不同,可作为病毒鉴别和分类的依据。

根据壳粒的排列方式,病毒结构有下列几种对称型。

(1) 螺旋对称型(helical symmetry) 壳粒沿着螺旋形病毒核酸链对称排列(图 4-3),如正黏病毒、副黏病毒及弹状病毒等。

(2) 二十面体对称型(icosahedral symmetry) 病毒核酸聚集成团,其衣壳的壳粒呈立体对称排列,构成有 20 个等边三角形的面、12 个顶角、30 条棱边的立体结构。在其棱边、三角形面及顶角上皆有对称排列的壳粒。大多数病毒顶角的壳粒由 5 个同样的壳粒包围,称为五邻体(penton);而在三角形面上的壳粒,周围都有 6 个相同的壳粒,称为六邻体(hexon)。不同病毒其壳粒数目不相同,例如腺病毒有 252 个壳粒,而小 RNA 病毒仅有 32 个壳粒。这可作为病毒鉴别及分类的依据之一(图 4-4)。

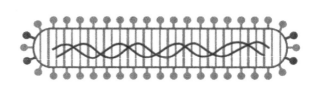

图 4-3 病毒螺旋对称型模式图

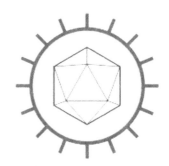

图 4-4 病毒二十面体对称型模式图

(3) 复合对称型(complex symmetry) 病毒体结构复杂,既有立体对称形式又有螺旋对称形式,如痘病毒和噬菌体(图 4-5)。

某些种类病毒除具有上述基本结构之外,还有以下辅助结构。

1. 病毒包膜

病毒包膜(viral envelope)是包绕在病毒核衣壳外面的双层膜。主要成分是蛋白质、多糖

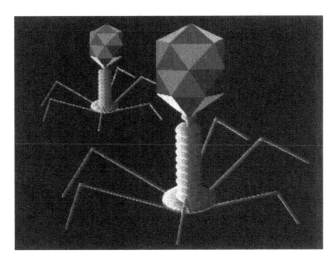

图 4-5 病毒二十面体立体对称型模式图

及脂类,常以糖蛋白或脂蛋白形式存在。有些病毒,其包膜表面有突起,称为包膜子粒(peplomer)或刺突(spike)(图 4-2)。包膜病毒对脂溶剂(如乙醚、氯仿和胆汁)敏感。包膜病毒(如呼吸道病毒)可被胆汁灭活,故一般不能经消化道感染。

包膜的主要功能如下。①维护病毒体结构的完整性:包膜中脂类的主要成分是磷脂、胆固醇及中性脂肪,它们能加固病毒体的结构。②具有与宿主细胞膜亲和及融合的性能:病毒体包膜与细胞膜脂类成分同源,彼此易于亲和及融合,因此包膜与病毒入侵细胞及感染性有关。③具有病毒抗原的特异性:病毒包膜中含有的糖蛋白或脂蛋白均具有抗原性,如根据甲型流感病毒的血凝素(hemagglutinin,HA)抗原性不同可划分亚型。

2. 其他辅助结构

如腺病毒在二十面体的各个顶角上有触须样纤维(antennal fiber),亦称纤维刺突或纤突,能凝集某些动物红细胞,毒害宿主细胞。

三、病毒的化学组成

病毒的基本化学组成是核酸和蛋白质,有些病毒还含有一定量的脂类及糖类等。成熟的病毒至少是由一种或几种蛋白质和一种核酸组成,只有少数几种例外,它们仅以核酸形式存在,如类病毒。

（一）病毒核酸

病毒的核酸分 DNA 和 RNA 两大类,一种病毒只含有一种特定类型的核酸,DNA 或 RNA,两者不同时存在,以此分为 DNA 病毒和 RNA 病毒两大类。病毒核酸的存在形式具有多样性,形状上有线状或环状,构成上有单链或双链,有分节段的或不分节段的。DNA 病毒大多是双链,但细小病毒(parvovirus)和环状病毒(circovirus)除外;RNA 病毒大多是单链,但呼肠病毒(reovirus)除外。通常是以 mRNA 的碱基序列作为标准,凡与此相同的核酸链称为正链(positive strand),与其互补的为负链(negative strand)。因此,单链 RNA 分正链(+ssRNA)和负链(−ssRNA)。如果是+ssRNA,可直接作为 mRNA;而−ssRNA 则需先合成具有 mRNA 功能的互补链。单链 DNA 也有正链(+ssDNA)和负链(−ssDNA)之分。

为了维持核酸的稳定性,病毒核酸往往形成特殊的结构形式,如痘病毒的双链 DNA 分子共价交联成发夹样末端(hairpin ends)。腺病毒及细小病毒的 DNA 分子有末端反向重复序列(inverted terminal repeats)。有些病毒核酸分子的 5′端还与病毒的蛋白质共价结合,以起保护作用,例如小 RNA 病毒、杯状病毒就是如此。一般＋ssRNA 病毒如小 RNA 病毒、杯状病毒的 3′端有聚 A 尾(polyadenylate);5′端加帽(capped),如黄病毒(flavivirus);也有两者均有,例如冠状病毒和披膜病毒。

不同种类的病毒,核酸含量差别较大,细小病毒仅由 5000 个核苷酸组成,而最大的潘多拉病毒含 250 万个核苷酸。流感病毒的核酸不到病毒颗粒质量的 1%,大肠杆菌噬菌体 T_2、T_4、T_6 的核酸约占病毒颗粒的一半或更多。病毒核酸大小通常为 3～400 kb,相对分子质量(16～160)$\times 10^6$。如果平均 1 kb 为一个基因,小病毒可能仅含 3～4 个基因,大病毒则可含几百个基因。

核酸是病毒的遗传物质,病毒核酸含量与其结构和功能有一定的关系。结构复杂的病毒有较多的核酸,结构简单的病毒只需较少的核酸。

病毒核酸携带病毒全部的遗传信息,决定了病毒的感染、增殖、遗传、变异等生物学性状,其主要功能如下。

1. 病毒复制的模板

病毒进入活细胞内,首先释放出核酸,进行自我复制,复制出大量同样的子代核酸。病毒核酸转录生成病毒 mRNA,再以 mRNA 为模板翻译出病毒所需的蛋白质,包括病毒结构蛋白和非结构蛋白(酶类等),最后再由病毒核酸与蛋白质装配成具有感染性的完整病毒颗粒。

2. 决定病毒的特性

病毒核酸编码病毒全部遗传信息。由它复制的子代病毒体均保留着亲代病毒的特性,如形态结构、致病性、抗原性等,亦称病毒的基因组(genome)。若病毒核酸发生碱基置换或移码突变等变异,则病毒的性状也发生改变。

3. 部分病毒的核酸具有感染性

实验证实,有些病毒经化学方法除去衣壳蛋白,所获得的核酸进入宿主细胞后能增殖而引起感染,称为感染性核酸(infectious nucleic acid)。感染性核酸不容易吸附宿主细胞,容易被体液中及细胞膜上的核酸酶降解,因此其感染性比完整病毒体低。因其不受衣壳蛋白和宿主细胞表面受体的限制,所以它感染宿主的范围比完整病毒广,例如脊髓灰质炎病毒不能感染鸡胚与小鼠细胞,但其感染性核酸对它们有感染能力。

(二)病毒蛋白质

蛋白质是病毒的另一类主要成分,包括结构蛋白(structural protein)和非结构蛋白(nonstructural protein)。非结构蛋白是指由病毒基因组编码的,在病毒复制或基因表达调控过程中具有一定功能,但不结合于病毒颗粒中的蛋白质。结构蛋白是指构成形态成熟的有感染性的病毒颗粒所必需的蛋白质,约占病毒总重量的 70%,少数低至 30%～40%,包括衣壳蛋白、包膜蛋白和毒粒酶等。

衣壳蛋白构成病毒衣壳(capsid)。衣壳是由一定数量壳粒(capsomere)组成的。壳粒是衣壳的形态学亚单位。用 X 线衍射和化学检测,发现壳粒是由一条或多条多肽链折叠形成的蛋白质亚基组成,因此多肽分子是构成衣壳蛋白的最小单位,是衣壳的化学亚单位。衣壳蛋白的主要功能如下。①构成病毒的衣壳,保护病毒核酸:衣壳蛋白组成的衣壳包绕着核酸,可使核酸免遭环境中核酸酶和其他理化因素(如紫外线、射线等)的破坏。②裸露病毒的衣壳蛋白参与病毒的吸附、侵入,构成感染的第一步,决定病毒的宿主亲嗜性。③病毒的表面抗原:衣壳蛋白具有良好抗原性,当病毒进入机体后,能引起特异性体液免疫和细胞免疫,不仅有免疫防御作用,有时也可引起免疫病理损伤。

包膜蛋白是构成病毒包膜结构的蛋白质,包括包膜糖蛋白和基质蛋白两类。包膜糖蛋白多突出于病毒体外,构成刺突(或纤突蛋白)。包膜蛋白的主要功能如下:①与宿主细胞表面受体相互作用启动病毒感染发生,介导病毒的侵入。②还可能具有凝集脊椎动物红细胞、细胞融合以及酶等活性。例如,流感病毒包膜上有血凝素(hemagglutinin,HA)和神经氨酸酶(neuraminidase,NA)两种包膜蛋白。血凝素对呼吸道上皮细胞和红细胞有特殊的亲和力;神经氨酸酶能破坏易感细胞表面受体,便于病毒从细胞内释放。③病毒的主要表面抗原,如根据甲型流感病毒的血凝素的抗原性不同可划分亚型。④基质蛋白构成膜脂双层与核衣壳之间的结构,具有支撑包膜、维持病毒形态结构的作用,并在病毒成熟过程中发挥重要作用。

毒粒酶根据功能大致分为两类:一类参与病毒侵入、释放等过程,如噬菌体 T_4 的溶菌酶;一类参与病毒的大分子合成,如逆转录病毒的逆转录酶。

(三) 脂类与糖类

病毒的脂质与糖类均来自宿主细胞。脂质主要存在于病毒的包膜上,主要是磷脂(50%~60%)和胆固醇(20%~30%)等。用脂溶剂可去除包膜中的脂质,使病毒失活。因此,常用乙醚或氯仿处理病毒,再检测其活性,以确定该病毒是否具有包膜结构。这些脂类是包膜病毒成熟并以出芽(budding)方式释放时,穿过并直接从宿主细胞膜、核膜或空泡膜上获得的脂类。病毒脂质与病毒的吸附和侵入有关,也是引起机体发热、中毒等症状的主要物质。

除病毒的核酸中所含戊糖外,有的病毒还含有少量的糖类,为核糖或脱氧核糖和磷酸组成的核酸骨架。包膜病毒中的糖类以寡糖侧链的形式与蛋白质结合,形成包膜糖蛋白。

【视野拓展】

病毒的真正发现人

100多年来,烟草花叶病毒在病毒学发展史及至遗传学、生物化学以及当代基因工程中起到了至关重要的作用,它使人们了解到什么是病毒、病毒的结构、病毒的侵染、复制以及抗病毒基因工程,等等。时至今日,它仍然是病毒学工作者的宠儿。

1859年斯威腾(Van Swieten)是最初描述烟草花叶病症状的人。但是明确知道病毒病则是1886年的事了。当时在荷兰工作的德国人麦尔(Adolf Mayer)把烟草花叶病株的汁液注射到健康烟草的叶脉中,引起了烟草的花叶病,证明这种病是可以传染的。1892年,俄国的伊万诺夫斯基(Ivanowski)不但重复了麦尔的试验,而且发现其病原能通过细菌所不能通过的过滤器,可是他本人并没有意识到这一现象的重要意义,反而抱怨他用的过滤器出了毛病。用这个出了"毛病"的过滤器滤过的细菌培养液,保持了几个月都未污染细菌的事实,也没能改变他的看法。荷兰的一位细菌学家贝杰林克(Beijerinck)敢于正视现实,1898年他重复并肯定了伊万诺夫斯基的结果,证明了显微镜下看不到病原物,用培养细菌的方法也培养不出来,但它能扩散到凝胶中。因此他得出结论:病原是一种比细菌还小的"有传染性的活的流质"。

真正发现病毒存在的是贝杰林克,给病毒起拉丁名叫"virus"的也是他。伊万诺夫斯基和贝杰林克通过他们创造性的工作发现了烟草花叶病毒,从而开创了独立的病毒学研究的历程。"virus"一词刚刚传到中国时,有人把它译成"毒素"。我国微生物学界的老前辈俞大绂先生最初直译为"威罗斯",后来改为"病毒",即能致病的毒物。

第二节 病毒的增殖

病毒结构简单,不具有能独立进行代谢的酶系统,因此,病毒的增殖与细菌、真菌等都不同,只有进入活的易感宿主细胞内,由宿主细胞提供合成病毒核酸与蛋白质的原料,如低相对分子质量前体成分、能量、必要的酶等,病毒才能增殖。它是以病毒自身的核酸分子为模板,在DNA(或RNA)多聚酶和其他必需因素作用下,先合成子代病毒基因组,再合成病毒结构蛋白,经过装配成完整病毒颗粒,从宿主细胞中释放出子代病毒的过程。这种以病毒核酸分子为模板进行复制的过程,称为自我复制(self-replication)。

一、病毒的正常增殖过程

从病毒接触宿主细胞开始,经过核酸复制,最后从宿主细胞中释放出来的整个过程,称为一个复制周期(replicative cycle)。它是一个连续的过程,可以划分为五个阶段:吸附、穿入、脱壳、生物合成、装配与释放(图4-6)。了解病毒的复制周期,对于掌握病毒的致病性及防治,都有重要意义。

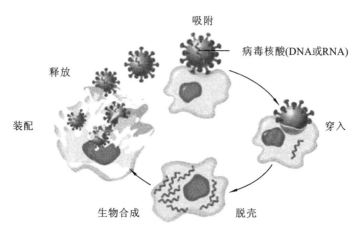

图 4-6 病毒的复制周期

(一) 吸附

吸附(adsorption)是病毒感染宿主细胞的第一步,也是关键的一步。主要是通过病毒体表面的吸附蛋白(viral attachment protein,VAP)与易感细胞表面特异性受体(也称为病毒受体,virus receptor)相结合。

VAP一般为裸露病毒的衣壳蛋白或包膜病毒的包膜糖蛋白。细胞表面受体则为有效结合病毒粒子的细胞表面结构。大多数噬菌体的病毒受体为细菌细胞壁上的磷壁酸分子、脂多糖分子以及糖蛋白复合物,有的则位于菌毛、鞭毛或荚膜上。大部分动物病毒的病毒受体为镶嵌在细胞膜脂质双分子层中的糖蛋白,也有的是糖脂或唾液酸寡糖苷。植物病毒迄今尚未发现有特异性细胞受体,其进入植物细胞的机制是通过伤口或媒介传播。

病毒的细胞受体具有种系和组织特异性,决定了病毒的组织亲嗜性(tropism)和感染宿主的范围(宿主谱)。不同种属的病毒其细胞受体不同,甚至同种不同型的病毒以及同型不同株的病毒,细胞受体也可能不相同;如小RNA病毒衣壳蛋白特定序列能与人及灵长类动物细胞表面脂蛋白受体结合,而腺病毒衣壳触须样纤维能与细胞表面特异性蛋白相结合。包膜病毒大多通过包膜糖蛋白与细胞受体结合,如:流感病毒血凝素糖蛋白与细胞表面受体唾液酸结合发生吸附;人类免疫缺陷病毒(HIV)包膜糖蛋白gp120的受体是人Th细胞表面CD4分子;EB病毒则能与B细胞CD21受体结合。另一方面,有些不同种属的病毒却有相同的细胞受体,其吸附和感染可对其他病毒的感染产生干扰。细胞表面拥有的受体数不尽相同,最敏感细胞可含10万个受体。常见病毒的VAP与宿主细胞受体见表4-1。

表4-1 常见病毒的VAP与宿主细胞受体

病　　毒	VAP	宿主细胞的受体
脊髓灰质炎病毒	VP1～VP3	特异膜受体(Ig超家族成员)
鼻病毒	VP1～VP3	黏附因子Ⅰ(ICAM-Ⅰ)
埃可病毒(ECHO)	VP1～VP3	连接素
甲型流感病毒	HA	唾液酸
麻疹病毒	HA	CD46
单纯疱疹病毒(HSV)	gB,gC,gD	硫酸乙酰肝素聚糖及FGF受体
EB病毒(EBV)	gp350	CD21
人巨细胞病毒(CMV)	CD13样分子	MHCI类抗原的β2m
人类免疫缺陷病毒(HIV)	gp120	CD4,CCR5,CXCR4
狂犬病病毒	GpG	乙酰胆碱受体(横纹肌细胞)
呼肠病毒	δ1蛋白	β-肾上腺素受体

吸附过程可分为静电吸附和特异性吸附两个阶段,特异性吸附对病毒感染细胞至关重要。细胞及病毒颗粒表面都带负电荷,Ca^{2+}、Mg^{2+}等阳离子能降低负电荷,促进静电吸附。静电吸附可以发生在0～37℃的温度范围内,温度越高病毒吸附效率也越高。静电吸附没有严格的特异性,呈可逆性结合状态。吸附过程可在几分钟到几十分钟内完成。特异性吸附是病毒表面的VAP分子与敏感细胞膜上的特异病毒受体互补性的结合,吸附牢固,不可逆。特异性结合的程度与温度成正比。

(二)穿入

病毒感染和增殖的本质,是病毒进入宿主细胞内进行核酸复制与转录的过程。穿入(penetration)是病毒颗粒或病毒核酸进入宿主细胞内的过程。病毒与细胞表面结合后,可通过胞饮、融合、直接穿入等方式进入细胞。①胞饮(endocytosis):也称吞饮,类似吞噬,病毒与细胞表面结合后,细胞膜内陷形成类似吞噬泡,将病毒整体包裹进细胞质内(图4-7)。②融合(fusion):病毒包膜与细胞膜融合,这一过程包括病毒融合蛋白与细胞第二受体的作用,如

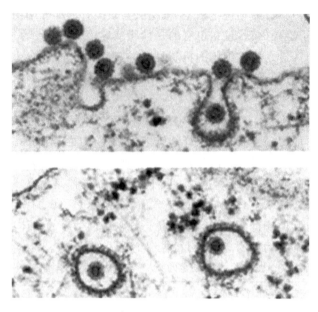

图 4-7 病毒以胞饮方式穿入宿主细胞

HIV 与 CCR5 的结合。病毒包膜和细胞膜融合后,将病毒的核衣壳释放到细胞质内。③少数裸露病毒在吸附时,细胞表面的酶类使病毒某些衣壳蛋白的多肽成分发生改变,协助病毒脱壳,使病毒核酸直接穿入细胞膜。裸露病毒主要以胞饮和直接穿入的方式侵入,包膜病毒常以融合的方式进入。

（三）脱壳

脱壳(uncoating)是指病毒颗粒脱去包膜、衣壳暴露核酸的过程。病毒脱去蛋白衣壳(简称脱壳)后,核酸才能发挥作用。不同病毒具有不同的脱壳过程,有些是先穿入后脱壳;有的在穿入的同时脱包膜,再脱衣壳;有的则在穿入的同时完成脱衣壳。所以穿入和脱壳可能是前后连续的过程,也可能是同时发生的,例如噬菌体依靠尾端的溶菌酶在细菌细胞壁开一小孔,尾鞘收缩,尾髓刺入,注入头部的核酸,而衣壳则留在细胞外。多数病毒穿入细胞后,在细胞溶酶体酶的作用下,脱去衣壳蛋白,释放病毒核酸。少数病毒脱壳过程比较复杂,例如痘病毒的脱壳分为两步,先由溶酶体酶作用脱去外壳蛋白,再经病毒编码产生的脱壳酶脱去内层衣壳,方能使核酸完全释放出来。

病毒脱壳包括脱包膜和脱衣壳两个过程。包膜病毒主要在穿入的过程中脱包膜,裸露病毒则只有脱衣壳的过程。

1. 脱包膜

（1）在细胞表面脱包膜　病毒吸附宿主细胞后,使其表面的融合蛋白(F)裂解为具有高度疏水性 N-端的亚单位,可插入宿主细胞膜,导致病毒包膜与细胞膜融合,核衣壳进入细胞质。

（2）在吞饮泡内脱包膜　如流感病毒或痘病毒被宿主细胞吞饮形成内吞小体(endosome),外层包膜蛋白发生构象变化,暴露融合多肽,使其与内吞小体膜融合,将病毒核衣壳释入细胞质。

2. 脱衣壳

脱衣壳是在脱壳酶的作用下,使病毒核衣壳进一步裂解释放出核酸,此过程主要发生在细胞质内,也有的在细胞核内。吞饮泡和溶酶体可能起着将完整核衣壳送入这些部位的作用。

(四) 生物合成

病毒生物合成(biosynthesis),是指在病毒基因控制下的病毒核酸和蛋白质的合成过程,是在宿主细胞内进行的过程。病毒脱壳后,利用宿主细胞提供的环境和物质(如 dNTP、酶、能量等),合成大量病毒核酸和结构蛋白。

病毒生物合成一般分早期和晚期两个阶段。

早期阶段,是病毒的早期基因在细胞内进行转录、翻译,产生病毒生物合成中必需的酶类,及某些抑制或阻断细胞核酸和蛋白质合成的非结构蛋白,以利于病毒进一步复制,同时阻断了宿主细胞的正常代谢。

晚期阶段,是根据病毒基因组指令,开始复制病毒核酸,并经过病毒晚期基因的转录、翻译而产生病毒的结构蛋白。病毒生物合成阶段用电镜方法在细胞内查不到完整病毒,用血清学方法也测不到病毒抗原存在,故被称为隐蔽期(eclipse phase)。各病毒隐蔽期长短不一,如脊髓灰质炎病毒为 3~4 h,披膜病毒为 5~7 h,正黏病毒为 7~8 h,副黏病毒为 11~12 h,腺病毒为 16~17 h。

除正黏病毒和逆转录病毒外,RNA 病毒均在细胞质内复制。

病毒的增殖过程虽千差万别,但其基因组的转录和复制方式有相似性。根据病毒核酸类型不同、转录 mRNA 及合成蛋白质的方式,将病毒的生物合成过程分为七个类型,即双链 DNA 病毒、单链 DNA 病毒、双链 RNA 病毒、正单链 RNA 病毒、负单链 RNA 病毒、逆转录病毒及嗜肝 DNA 病毒。

1. 双链 DNA 病毒

由于痘病毒本身携带转录酶,可在细胞质内进行 mRNA 的转录。除痘病毒外,其他双链 DNA 病毒的转录是在细胞核内进行的。以单纯疱疹病毒为例,dsDNA 病毒复制的早期阶段,是病毒利用宿主细胞核内的依赖 DNA 的 RNA 多聚酶,转录早期 mRNA,再于细胞质内的核糖体翻译出早期蛋白。早期蛋白主要是非结构蛋白,包括 DNA 多聚酶、脱氧胸腺嘧啶激酶及调控基因和抑制细胞代谢的多种酶类,用于子代 DNA 的复制。晚期阶段包括子代 DNA 复制和晚期蛋白的合成。DNA 的复制以半保留复制的方式进行,即在解链酶作用下亲代 DNA 双链解开为正、负两条单链;再分别以这两条单链为模板,利用早期合成的 DNA 多聚酶,复制出子代 DNA。然后以子代 DNA 分子为模板,转录晚期 mRNA,继而在细胞质核糖体内翻译出病毒结构蛋白,主要为衣壳蛋白(图 4-8)。

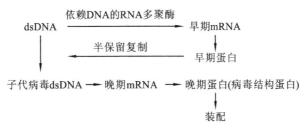

图 4-8　dsDNA 病毒复制

2. 单链 DNA 病毒

ssDNA 病毒种类很少,细小 DNA 病毒、圆环病毒属此类。该类病毒生物合成时,首先以亲代单链 DNA 为模板,合成互补链,与亲代 DNA 链形成 dsDNA 复制中间型(replicative intermediate,RI)。然后解链,双链 DNA 中间体再按半保留方式,复制出又一对双链 DNA,以不含亲代 DNA 链的双链 DNA 为模板转录 mRNA,以含亲代 DNA 链的双链 DNA 中新合成的互补链为模板,半保留复制出新的子代单链核酸。

3. 双链 RNA 病毒

dsRNA 病毒在自身的依赖 RNA 的 RNA 多聚酶作用下,转录出 mRNA,然后再翻译出早期蛋白或晚期蛋白。双链 RNA 复制时,必须先以原负链为模板复制出正链 RNA,再由正链 RNA 复制出新的负链,构成子代双链 RNA(图 4-9)。

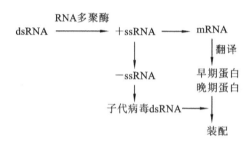

图 4-9　dsRNA 病毒的复制

4. 正单链 RNA 病毒

人和动物的 RNA 病毒多为单链 RNA 病毒,生物合成多在宿主细胞质内,如小 RNA 病毒、黄病毒和某些出血热病毒等。+ssRNA 本身具有 mRNA 功能,可直接在宿主细胞核糖体上翻译出早期蛋白,如 RNA 聚合酶等。首先全基因组翻译出大分子多聚蛋白,在细胞或病毒编码的蛋白酶作用下切割成为功能蛋白及结构蛋白。在病毒 RNA 聚合酶作用下,合成与亲代互补的负链 RNA,形成双链 RNA 复制中间型,其中正链 RNA 又可为 mRNA 翻译病毒晚期蛋白,如衣壳蛋白及其他结构蛋白;以负链 RNA 为模板复制子代病毒 RNA,进而再装配与释放(图 4-10)。

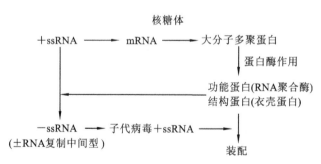

图 4-10　+ssRNA 病毒的复制

5. 负单链 RNA 病毒

大多数包膜病毒属于-ssRNA 病毒,如流感病毒、狂犬病病毒等。因为这些病毒自身含有依赖 RNA 的 RNA 多聚酶,故能以病毒 RNA 为模板进行复制,但-ssRNA 不能直接作为 mRNA 翻译病毒蛋白质。在生物合成过程中,-ssRNA 首先转录出互补+ssRNA,形成复制中间体(±RNA),产生更多的正链 RNA,以其中部分正链 RNA 为模板复制出子代负链 RNA,部分正链 RNA 起 mRNA 作用,翻译出病毒的结构蛋白和非结构蛋白。

6. 逆转录病毒

人类免疫缺陷病毒(human immunodeficiency virus,HIV)和人类 T 细胞白血病病毒

(human T cell lymphotropic virus,HTLV)是逆转录病毒(retrovirus)。此类病毒自身携带逆转录酶(依赖 RNA 的 DNA 聚合酶),基因组由两条相同的正链 RNA 组成,称为正单链双体 RNA。在生物合成过程中,先以病毒 RNA 为模板,在病毒逆转录酶的作用下,以病毒 RNA 为模板,合成互补的负链 DNA(cDNA),构成 RNA∶DNA 中间体。中间体中的 RNA 链被 RNA 酶 H 水解。DNA 链进入细胞核内,在 DNA 多聚酶作用下,复制成双链 DNA。双链 DNA 在整合酶的作用下整合到宿主细胞的染色体 DNA 上,成为前病毒(provirus),可随宿主细胞的分裂进入子代细胞。当各种因素刺激前病毒活化而进行自身转录时,在宿主细胞 RNA 多聚酶Ⅱ作用下,前病毒在细胞核内转录出子代病毒 RNA 和 mRNA。mRNA 在胞浆核糖体上翻译出子代病毒的结构蛋白和非结构蛋白(图 4-11)。

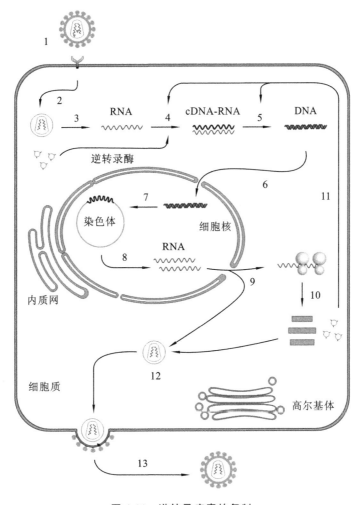

图 4-11 逆转录病毒的复制

7. 嗜肝 DNA 病毒(DNA 逆转录病毒)

乙型肝炎病毒(hepatitis B virus,HBV)的复制属于此类型。HBV 基因组是由长链(负链)和短链(正链)组成的不完全闭合环状双链 DNA。核酸复制时:①在 HBV DNA 多聚酶的作用下,以负链 DNA 为模板,正链 DNA 延长形成完整的双链环状 DNA;②在细胞 RNA 多聚酶Ⅱ作用下,以负链 DNA 为模板进行转录,形成 0.8 kb、2.1 kb、2.4 kb 和 3.5 kb 的四种 mRNA,前三者进入细胞质中翻译病毒蛋白,而 3.5 kb RNA 具有双重作用,除了作为翻

DNA 聚合酶、HBcAg 和 HBeAg 前体蛋白的 mRNA 外,还可作为合成子代病毒 DNA 的模板(被称为前基因组),与 DNA 多聚酶共同被包入 HBV 内壳内;③在 HBV 的逆转录酶作用下,以 3.5 kb RNA 为模板,逆转录出全长的 HBV 负链 DNA;④在 RNA 酶 H 作用下 RNA 链被水解,由 DNA 多聚酶再合成互补的正链 DNA(图 4-12)。通常不等正链合成完毕,即被包裹到包膜中,因此,子代病毒的基因组常为不完整闭合环状双链 DNA。

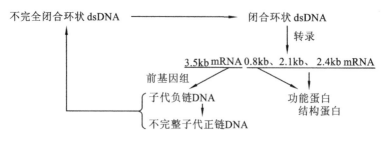

图 4-12 乙型肝炎病毒的复制

(五)装配与释放

子代病毒核酸和蛋白质合成之后,在细胞质或细胞核内组装为成熟的病毒颗粒的过程,称为装配(assembly)。不同种类的病毒在细胞内装配的部位不同,除痘病毒外,大多数 DNA 病毒都在细胞核内装配。合成的结构蛋白迁移到细胞核内,与核内子代病毒 DNA 组装成核衣壳;RNA 病毒与痘病毒则在细胞质内装配。

装配是一个逐步完成的过程,一般经过核酸浓集、壳粒聚合和核酸装入等步骤。裸露病毒先形成空心衣壳,病毒核酸从衣壳裂隙间进入,形成核衣壳,即装配为成熟的病毒体。包膜病毒则需要从核膜、胞质内膜或细胞膜获得包膜,才能成为完整的病毒体。病毒的包膜是从细胞膜系统(浆膜或核膜)的特定部位获得的,当病毒编码的特异糖蛋白插入细胞膜时,装配的核衣壳与此处细胞膜结合而获得包膜(图 4-13)。包膜的脂质来源于宿主细胞,而包膜的蛋白质(包括糖蛋白)是由病毒基因组编码的,具有病毒的特异性和抗原性。

病毒颗粒的组装率很低,经常形成缺乏感染性、有免疫反应性的无核酸空病毒颗粒(空衣壳),或形成核酸不完整的缺陷病毒(defective virus);有时还错误组装,衣壳里装入宿主的DNA,缺乏病毒核酸及功能。

成熟的病毒体移出宿主细胞的过程称为释放(release)。不同种类的病毒释放的方式不同。裸露病毒多采用溶细胞性释放(细胞崩解),即病毒装配完成后,宿主细胞裂解,子代病毒一次性全部释放到周围环境中。包膜病毒常以出芽方式释放,通常宿主细胞膜可被修复,细胞仍能存活一段时间,继续分裂增殖。此外,还有其他方式,如巨细胞病毒,很少释放到细胞外,而是通过细胞间桥或细胞融合在细胞之间传播;某些肿瘤病毒,其基因组以整合方式随细胞的分裂而存在于子代细胞中。

病毒复制周期的长短与病毒种类有关,如小 RNA 病毒为 6~8 h,正黏病毒为 15~30 h。每个宿主细胞产生子代病毒的数量也因病毒和细胞不同而异,多者可产生 10 万个病毒。

二、病毒的异常增殖与干扰现象

病毒在细胞内增殖是病毒与细胞相互作用的过程。病毒在细胞内大量复制的同时也影响细胞正常代谢,导致细胞损伤或死亡。但当细胞不能提供病毒增殖所需要的条件和物质时,病

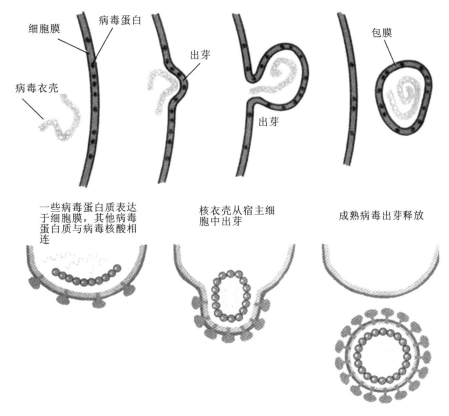

图 4-13 病毒以出芽方式释放

毒则不能完成复制过程,这属于病毒的异常增殖。

病毒的异常增殖主要由宿主细胞和病毒两个方面的因素造成。

(一) 宿主细胞因素

病毒进入宿主细胞后,细胞不能为病毒增殖提供所需要的酶、能量及必要的成分,使病毒在其中不能合成本身的成分;或者虽能合成部分或全部病毒成分,但不能装配和释放,这个感染过程称为顿挫感染(abortive infection)。不能为病毒增殖提供条件的细胞,称为非容纳细胞(non-permissive cell)。能为病毒提供条件,可产生完整病毒的细胞称为容纳细胞(permissive cell)。

(二) 病毒因素

1. 缺陷病毒

缺陷病毒(defective virus)是指因病毒基因组不完整或基因发生改变,而不能进行正常增殖的病毒。当与其他病毒共同感染宿主细胞时,若其他病毒能为缺陷病毒提供所需要的条件,缺陷病毒就又能完成正常增殖而产生完整的子代病毒,将这种有辅助作用的病毒称为辅助病毒(helper virus)。腺病毒伴随病毒(adeno-associated virus,AAV)就是一种缺陷病毒,用任何细胞培养都不能增殖,但当与腺病毒共同感染细胞时,却能产生成熟病毒。腺病毒就是辅助病毒。

缺陷病毒虽然不能复制,但却具有干扰同种成熟病毒体进入细胞的作用,称其为缺陷干扰颗粒(defective interfering particle, DIP)。缺陷干扰颗粒具有正常病毒的衣壳和包膜,只是内含缺损的基因组。缺陷干扰颗粒不仅能干扰非缺陷病毒的复制,还能影响细胞的生物合成。

2. 伪病毒

伪病毒(pseudovirion)是缺陷病毒的另一种形式,它不含有病毒基因组,而是在病毒复制时,衣壳将宿主细胞DNA的某一片段包装进去,用电镜可以观察到这种类病毒颗粒,它不能复制。

3. 干扰现象

干扰现象(interference)是指当两种病毒感染同一细胞时,可发生一种病毒抑制另一种病毒增殖的现象。干扰现象不仅可发生在异种病毒之间,也可在同种不同型或不同株病毒之间发生。可以发生在活病毒之间,灭活病毒也能干扰活病毒。病毒之间的干扰现象能够阻止发病,可以使感染终止、宿主康复。但在使用疫苗预防病毒性疾病时,也应注意合理使用疫苗,避免由于干扰而影响疫苗的免疫效果。发生干扰的可能机制:①一种病毒的吸附改变了受体,抑制了另一种病毒的吸附;②病毒吸附时,与宿主细胞表面受体结合而改变了宿主细胞代谢途径,阻止了另一种病毒的吸附和穿入等复制过程;③一种病毒诱导细胞产生的干扰素(interferon, IFN)抑制了另一种病毒的增殖。

第三节　常见病毒简介*

一、噬菌体

噬菌体(bacteriophage 或 phage)是指感染细菌、真菌、放线菌或螺旋体等微生物的病毒。噬菌体的体积微小,需用电子显微镜观察。噬菌体由核酸和蛋白质组成,它必须在活的菌体内寄生,有严格的宿主特异性。

(一) 形态与结构

噬菌体多为蝌蚪形,也有呈球形和细杆状者。大多数噬菌体呈蝌蚪形,有头部和尾部之分。头部由蛋白质外壳包绕核酸组成,为六边形立体对称。尾部由蛋白质组成,包括尾领、尾鞘和尾髓,尾部末端有尾板、尾刺和尾丝,与吸附宿主有关(图4-14)。

(二) 噬菌体与宿主菌的关系

噬菌体感染细菌有两种后果:一是噬菌体增殖,宿主菌被裂解,建立溶菌周期;二是噬菌体核酸与宿主菌染色体整合,噬菌体成为前噬菌体,宿主菌变成溶源性细菌,建立溶源状态。根据与宿主菌的关系,噬菌体分为两种类型:能在宿主菌中复制增殖,产生大量子代噬菌体,导致宿主菌裂解,称为烈(毒)性噬菌体(virulent phage);整合在细菌染色体上的噬菌体核酸,称为前噬菌体(prophage)。以前噬菌体的形式存在,不产生子代噬菌体,也不裂解宿主菌,噬菌体DNA随宿主菌基因组复制而复制,并随宿主菌的分裂而分配到子代宿主菌中,称为温和噬菌体(temperate phage)或溶源性噬菌体(lysogenic phage)。

---

* 阅读材料。

第四章 病毒

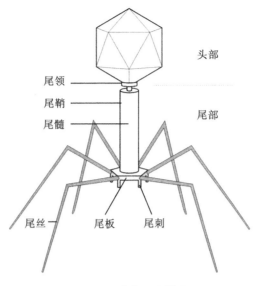

图 4-14 噬菌体结构模式图

1. 溶菌周期

1) 烈性噬菌体的复制

溶菌周期是指噬菌体在宿主菌内增殖的过程,烈性噬菌体只有溶菌周期,即从吸附到细菌裂解释放出子代噬菌体的过程,包括吸附和穿入、生物合成、成熟释放三个阶段。

(1) 吸附和穿入　噬菌体感染细菌时,其尾丝为吸附器官,能识别宿主菌表面的特殊受体,然后分泌酶类溶解细胞壁,使细胞壁出现小孔,尾髓再收缩,将头部的核酸注入宿主菌内,蛋白质外壳留在宿主菌细胞外。

(2) 生物合成　进入宿主菌内的噬菌体核酸,首先转录翻译产生早期蛋白(核酸复制所必需的酶类),进行晚期转录并复制子代核酸,再转录产生噬菌体的结构蛋白(头部外壳和尾部)。子代噬菌体的核酸与蛋白质按一定程序装配成完整的子代噬菌体颗粒。

(3) 成熟释放　当宿主菌细胞内的子代噬菌体达到一定数量时,噬菌体合成酶类溶解宿主菌而使细胞突然裂解,释放出的噬菌体再次感染其他敏感的细菌。

噬菌体裂解细菌,在液体培养基中的菌液由混浊变为透明,在固体培养基的表面,可出现透亮的无菌生长的溶菌空斑,即噬(菌)斑(plaque)。理论上讲,每个空斑都是由一个噬菌体复制增殖,并裂解宿主菌后形成的。常用噬斑形成单位(plaque forming unit,PFU)反映样品中活病毒的数量,通常以 PFU/mL 表示。

2) 一步生长曲线(潜伏期、裂解期、平稳期)

一步生长曲线是定量描述烈性噬菌体生长规律的曲线,反映了每种噬菌体的三个重要的特征参数:潜伏期(latent phase)和裂解期(rise phase)的长短及裂解量(burst size)。一步生长曲线最初为研究噬菌体复制而建立,现已推广到研究动物病毒及植物病毒的复制。

一步生长曲线包括潜伏期、裂解期(释放期)和平稳期(图 4-15)。

(1) 潜伏期　噬菌体的核酸侵入宿主细胞以后至第一个成熟噬菌体粒子装配前的一段时间。它又可以分为两个阶段。隐蔽期(eclipse phase):在潜伏期前期,人为裂解宿主菌,裂解液无感染性的一段时间,此时细胞正处于复制噬菌体核酸和合成蛋白质衣壳的阶段。胞内累积期(intracellular accumulation phase):潜伏后期,即在隐蔽期后,如果人为裂解宿主菌,细胞

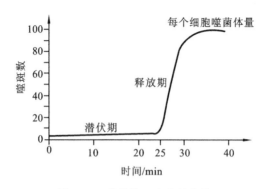

图 4-15 噬菌体一步生长曲线

裂解液已呈现感染性的一段时间,此时细胞已经开始装配噬菌体,电镜下也可以观察到噬菌体颗粒的存在。

(2) 裂解期(释放期)　在潜伏期后的宿主菌迅速裂解、溶液中噬菌体颗粒急速增加的阶段。尽管烈性噬菌体裂解宿主细胞具有突发性,是瞬间发生的,但宿主菌群体中的各个细胞的裂解不可能是同步的,所以可出现较长的裂解期。

(3) 平稳期　平稳期(plateau)是感染后的宿主细胞已经全部裂解,溶液中噬菌体效价达到最高峰的时期。在这个时期,每个宿主细胞释放的平均噬菌体颗粒数,即为裂解量。

一步生长曲线的基本实验步骤:①将适量的烈性噬菌体接种于高浓度敏感宿主菌细胞培养物,以保证每个细胞最多只能吸附一个噬菌体;②吸附数分钟后,向混合培养物中加入适量的该噬菌体的抗血清,以中和尚未吸附的噬菌体;③然后用保温的培养液高倍稀释此混合液,以免发生第二次吸附和感染,同时终止抗血清的作用,然后置于适宜的温度下培养,建立同步感染;④定时取样,测噬菌体的效价(即在平板上培养,计数噬斑数)。以感染时间为横坐标,病毒的效价为纵坐标,绘制出的反映病毒特征的一步生长曲线。

2. 溶源状态

温和噬菌体感染细菌后不增殖,不裂解细菌,其核酸以前噬菌体的形式成为细菌染色体DNA的一部分,并能与细菌染色体一起复制,当细菌分裂时又能传至子代细菌,这种状态称为溶源状态(lysogeny)。染色体上带有前噬菌体的细菌称为溶源性细菌(lysogenic bact-eria)。温和噬菌体有三种存在状态:①游离的完整噬菌体颗粒,具有感染性;②噬菌体核酸游离于宿主菌胞浆内,既不整合也不复制;③前噬菌体。温和噬菌体既可以表达噬菌体性状,前噬菌体也可以使宿主菌性状发生改变。由于前噬菌体存在于宿主菌内,导致宿主菌基因和性状发生改变的现象,称为溶源性转换(lysogenic conversion)。例如,白喉棒状杆菌产生白喉毒素、肉毒梭菌产生肉毒毒素、化脓性链球菌产生红疹毒素,都与溶源性转换有关,这些毒素基因都是前噬菌体。沙门菌、志贺菌等抗原结构和血清型别也受溶源性噬菌体的控制,若失去前噬菌体则相关性状亦发生改变。

温和噬菌体可偶尔自发地或在某些理化或生物因素的诱导下,整合的前噬菌体脱离宿主菌染色体,进入溶菌周期导致宿主菌裂解,并产生子代成熟噬菌体。因此,温和噬菌体既有溶菌周期,又有溶源周期(图4-16)。

(三) 噬菌体与发酵工业

噬菌体对实践的关系主要体现在对发酵工业的危害上,如乳制品、酶制剂、氨基酸、有机溶

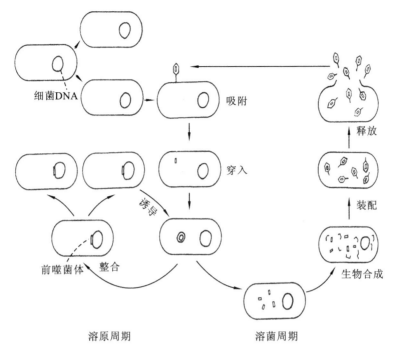

图 4-16　溶源性噬菌体的溶源周期与溶菌周期

剂、抗生素、微生物农药和菌肥生产等。由于它的个体比细菌小数百倍，可以附着于尘埃随风飘移，能长久地扩散和传播，并能脱离宿主而存活。它在宿主细胞内能大量迅速繁殖子代噬菌体，如在十几分钟至一个小时，一个细胞感染一个噬菌体后可以释放出数十个至数百个子代噬菌体。一旦发生噬菌体污染，会导致发酵异常、倒罐，使工业生产遭到严重损失。

当发酵液受噬菌体严重污染时，会出现发酵周期延长，碳源消耗缓慢；发酵液变清，镜检时有大量异常菌体出现；发酵产物形成缓慢或根本不形成；用敏感菌做平板检查时，出现大量噬菌斑；用电子显微镜观察时，可见到噬菌体颗粒存在。当出现以上现象时，轻则延长发酵周期，影响产品产量和质量，重则引起倒罐甚至工厂被迫停产。这种情况在谷氨酸发酵、细菌淀粉酶或蛋白酶发酵、丙酮丁醇发酵以及各种抗生素发酵中是司空见惯的，应严加防范。

为防治噬菌体的危害，要在提高工作人员思想认识的基础上，建立"防重于治"的观念。预防噬菌体污染的措施主要有如下几点：不使用可疑菌种；严格保持环境卫生；不排放或随便丢弃活菌液；加强管道及发酵罐灭菌；不断筛选抗性菌种，并经常轮换生产菌种；严格执行相关制度。一旦发现噬菌体污染，要及时采取如下合理措施。

（1）尽快提取产品　如果发现污染时发酵液中的代谢产物含量已较高，应及时提取或补加营养并接种抗噬菌体菌种后再继续发酵，以挽回损失。

（2）使用药物抑制　目前防治噬菌体污染的药物很有限，在谷氨酸发酵中，加入某些金属螯合剂（如 0.3%～0.5% 草酸盐、柠檬酸铵）可抑制噬菌体的吸附和侵入；加入 1～2 μg/mL 金霉素、四环素或氯霉素等抗生素或 0.1%～0.2% 的吐温 60、吐温 20 或聚氧乙烯烷基醚等表面活性剂，均可抑制噬菌体的增殖或吸附。

（3）及时改用抗噬菌体的生产菌株。

二、植物病毒

植物病毒(plant virus)是指能感染高等植物、藻类等真核生物的病毒。病毒的发现、病毒首次被结晶、核蛋白是病毒最基本的组分、病毒结构以及核糖核酸(RNA)是遗传信息的载体等,这些重要的发现都是以烟草花叶病毒(TMV)作为研究对象的。20世纪40年代,随着分子生物学的兴起,结构简单便于研究的病毒曾经占据了研究模型的领先地位。后来,逐渐被更容易培养和定量研究的噬菌体所取代。

(一)形态结构

大多数植物病毒属于单链RNA病毒,无包膜,核衣壳呈二十面体对称或螺旋对称,形成球状、杆状或丝状的颗粒。大多数植物病毒是由一种衣壳蛋白组成形态大小相同的亚基,多个亚基组成衣壳。病毒核心是病毒核酸。

(二)传播特点

植物最外层有丰富的纤维素成分,能抵抗病毒的侵入,所以植物病毒通过伤口才能侵入。在实验室,常用摩擦叶面人为造成轻微伤口接种某些植物病毒。农田操作如移植、嫁接、摘心、整枝、打杈时,手沾染含病毒的汁液,可以造成病毒的传播。病毒还可以通过植物根在土壤中生长时所造成的天然伤口传染。在自然界中,植物病毒最重要的传播媒介是节肢动物,如昆虫和螨等。某些植物病毒既能在植物,也能在昆虫体内繁殖。已知大约有400种昆虫可传播200种以上的病毒,其中以叶蝉和蚜虫最主要,能传播约70种病毒。除昆虫外,传播媒介还有真菌、线虫等。植物本身没有体液免疫和细胞免疫,因此感染后,病毒能在植物体内一直存活,直至宿主死亡。除个别可通过花粉传播(如大麦条纹花叶病毒)外,植物病毒一般很难进入植物茎尖的分生组织,也不能通过种子传播。

(三)主要感染症状

植物病毒对宿主的专一性较差,如TMV可感染十余科、百余种草本和木本植物。植物被病毒侵染后,可表现出局部症状或系统症状。局部症状只限于病毒侵染位点附近,组织常形成退绿或坏死的斑点。系统症状是随着新生叶的形成而出现的,常见的症状如下。

(1) 斑点　坏死斑或退绿斑,可呈圆形、环形、条状、条点或闪电状,或沿叶脉呈橡叶状。

(2) 花叶　叶片上出现小区域的深绿、浅绿相间,或黄、绿相间,或白、绿相间的斑纹,有的完全黄化或红化。

(3) 器官畸形　矮化、叶卷曲、扭曲、皱缩、茎肿大、丛枝、果畸形等。

三、人类和脊椎动物病毒

人类和各种脊椎动物,包括哺乳动物、禽类、爬行类、两栖类和鱼类等,都有其相应的病毒存在。脊椎动物病毒(viruses of vertebrates)是以脊椎动物(包括人类)为宿主的病毒。脊椎动物的病毒性疾病很多,有的引起大流行及人畜大量死亡,有的危害健康并造成严重的经济损失,如人类的天花、肝炎、流行性出血热、脊髓灰质炎、麻疹、流感、狂犬病和各种脑炎等,以及畜禽的牛瘟、猪瘟、鸡新城疫、口蹄疫、马传染性贫血病等。目前研究得较为深入的是与人类健康和经济利益密切相关的少数脊椎动物病毒。

已知300余种病毒与人类健康有关,大约75%的人类传染病是病毒引起的。人类感染病毒多数呈隐性感染,少数为有症状的显性感染。显性感染可表现为急性感染、慢性感染(如乙型肝炎病毒感染)、潜伏感染(如疱疹病毒感染)和慢发病毒感染(如麻疹病毒感染引起的亚急性硬化性全脑炎)等。少数病毒如巨细胞病毒、风疹病毒等,可通过胎盘感染胎儿,造成先天性感染,引起死胎、流产、早产及先天性畸形,是优生学研究的重要课题。有些病毒基因全部或部分地与受感染的细胞染色体整合,引起细胞转化,有的还与肿瘤的发生有关,如伯基特淋巴瘤(Burkitt's lymphoma,BL)及鼻咽癌与EB病毒感染有关,原发性肝癌与乙型肝炎病毒感染有关,子宫颈癌与人乳头瘤病毒感染有关等。人类病毒性疾病多数能痊愈,严重感染可引起死亡或遗留后遗症。

脊椎动物病毒在进化过程中与宿主和周围环境相互影响,病毒的结构功能发生变化,形成了不同的传播途径。有的病毒通过直接或间接接触传播,有的通过呼吸道或肠道传播,有的通过媒介昆虫的叮咬和动物咬伤创口而进入机体,有的经母体胎盘或产道感染胎儿及新生儿。

在不同的环境中,很多病毒产生不同毒力的毒株,而且由于抗原变异,多种病毒出现了不同的血清型,如鼻病毒有100多个型。最引人注目的是流感病毒、口蹄疫病毒、蓝舌病毒等的变异不断出现(表4-2)。

表4-2 各类病毒的形态、核酸类型的比较

病毒	结构特点	形态	宿主
脊椎、无脊椎动物病毒	多数为ssRNA和dsDNA,核衣壳呈立体对称形或螺旋对称形,多数有包膜	多数为球形、少数杆状或丝状	人和动物
植物病毒	主要为ssRNA,大多数无包膜	杆状、二十面体	植物
噬菌体	主要为dsDNA,仅少数有包膜	多数为蝌蚪形和二十面体	细菌和真菌

20世纪70年代以来,全球不断出现新的传染病,其中50%以上是病毒引起的。从近几年发生的传染性非典型肺炎、高致病性禽流感等新发传染病的流行病学调查结果来看,动物与新发传染病密切相关。许多因素如环境改变、人类和动物密切接触、病原因子的变异、农业行为方式改变等,可以导致人兽共患病发生,社会和文化因素同样起到一定作用。人类与其他动物的和平共处,维护生态平衡,是控制新发传染病的重要方面。

【视野拓展】

天花病毒的去留

天花(Smallpox)是由天花病毒引起的一种烈性传染病,无药可治,历史上曾经导致数以亿计的人感染和死亡。因患者痊愈后脸上会留有麻子,"天花"由此得名。1979年10月26日联合国世界卫生组织宣布,全世界已经消灭了天花。天花是人类靠自身的力量消灭的第一个,目前也是唯一的一个病毒性传染病。天花病毒至今仍然保留在美国亚特兰大的疾病控制和预防中心,以及俄罗斯国家病毒和生物技术中心两个实验室中。

1996年世界卫生组织成员首次认同应该销毁实验室里的天花病毒样本,此后又多次讨论这一问题,然而销毁时间却一拖再拖。围绕是否销毁天花病毒,各国政府和学术界一

直争论不休。主张彻底消灭的人认为:彻底消灭所有天花病毒,是避免天花死灰复燃、卷土重来和可能被用做生物制剂的最佳良策。但另一些科学家认为,天花病毒不应该从地球上完全清除。其理由:一是保留生物多样性,在未来研究中可能还要用到它;二是对付生物恐怖威胁。美国政府在天花病毒样本的去留问题上态度十分坚决,多次向全世界表示反对销毁现存的天花病毒样品。

在历史上,曾经不止一次出现过实验室致病微生物散出的事件。影响较大的事故是1979年的苏联炭疽菌流出事件,共有几十人受感染死亡。2003年新加坡环境卫生研究院实验室由于工作人员操作程序不当,发生病毒实验室感染事故。2004年4月中国疾控中心传染病预防控制所实验室也发生两起类似事故。这些事故都提醒着人们,存放在实验室的病毒是潜在的危险因素。如何处理好保留病毒与病毒泄漏之间的关系,是问题的关键。天花病毒是人类的手下败将,也是一种重要的战略资源,涉及国家安全。大家争议的焦点也许不在于是否保存,而是由谁保存、怎么保存、保存的目的到底是什么等。

四、昆虫病毒

广义地讲,昆虫病毒(insect viruses)是指以昆虫作为宿主,可在宿主种群中传播的一类病毒。这些病毒与昆虫宿主之间在长期进化过程中,已经建立了平衡关系,虽然它能在昆虫体内增殖,但一般对昆虫不致病。所以,昆虫病毒狭义的概念是指,以昆虫为宿主并对昆虫有致病性的病毒,是引起昆虫致病和死亡的重要病原体。研究这些病毒,能更好地保护有益昆虫(如家蚕、蜜蜂)、杀灭农林害虫(如棉铃虫、松毛虫)和卫生昆虫(如跳蚤、人虱)。在发展农林生产、加强公共卫生以及人类环境保护方面,都有重要意义。

昆虫病毒在形态、结构上比较特殊,其突出的特点是,它们大都在宿主细胞内由大量多角体蛋白聚集成直径几微米的蛋白结晶性的包含体(inclusion body),光镜下可以看见,称为多角体(polyhedra,简称IB或PIB)。多角体内的病毒只有从多角体中释放出来,才有侵染宿主细胞的能力。多角体具有保护病毒免受不良环境影响的作用。除了形成多角体的病毒外,还有许多不形成多角体的昆虫病毒。

根据多角体的有无、形态、生成部位等特点,大体上可将昆虫病毒分成五类。①核型多角体病毒:多角体于细胞核内形成。②质型多角体病毒:多角体于细胞质内出现。③颗粒体病毒:椭圆形颗粒状包含体存在于细胞核或细胞质内。④昆虫痘病毒:椭圆形与纺锤形包含体存在于细胞质内,但纺锤形包含体是不包埋病毒粒子的。⑤非包含体病毒:不形成包含体,病毒粒子游离地存在于细胞质内或细胞核内。

随着昆虫病毒数量和种类的发现日益增加,对这种分类法进一步完善和逐渐成熟起来。昆虫病毒可分为7个科(1999):杆状病毒科(Baculoviridae)、呼肠病毒科(Reoviridae)、痘病毒科(Poxviridae)、细小病毒科(Parvoviridae)、虹彩病毒科(Iridoviridae)、弹状病毒科(Rhabdoviridae)、小RNA病毒科(Picornaviridae)。据统计,已发现的昆虫病毒1600多株,我国发现230余株。研究历史最长、防治应用最广的是杆状病毒科的核型多角体病毒、颗粒体病毒,以及呼肠病毒科的质型多角体病毒。

(一)核型多角体病毒

核型多角体病毒(nuclear polyhedrosis virus,NPV)是一类能在昆虫宿主细胞核内形成多角体的杆状病毒,是研究得最早、最详细的一类昆虫病毒,分类上属于杆状病毒科(Baculoviridae)A 亚群。

核型多角体病毒颗粒包藏在多角体内。多角体蛋白在自然界中非常稳定,可以保护病毒颗粒免受阳光中紫外线的杀伤和提高对低温的耐受力,因此,在多角体的保护下,核型多角体病毒在自然界可以存活许多年。多角体蛋白在碱性环境下易溶解,而害虫的消化液恰恰是碱性,这正是核型多角体病毒杀虫的关键所在。当害虫将多角体连同食物吃进腹中时,多角体蛋白在强碱性的消化液中迅速溶解,释放病毒颗粒,病毒侵入害虫的中肠细胞,在细胞核中大量复制。子代病毒从中肠细胞中释放出来,继续感染其他细胞,几乎在害虫所有细胞的细胞核中复制,导致害虫全身性感染,这个过程将要进行 3~4 天。在感染后期,害虫取食减少,体色变淡,活动减少。接下来大量的多角体蛋白被迅速合成,包裹病毒颗粒。此时在显微镜下观察,几乎害虫身体的每一个细胞中都有多角体。在病毒编码的蛋白质酶和几丁质酶的作用下,细胞崩解释放出大量的子代病毒。值得注意的是,每种核型多角体病毒只对一种或几种昆虫有效,有些核型多角体病毒对人类是有害的,如家蚕核型多角体病毒可以对蚕桑业造成毁灭性的打击,大规模流行的对虾病毒病也是由一种核型多角体病毒引起的。

目前,核型多角体病毒是应用最广泛的昆虫病毒。科学家一直致力于研制利用核型多角体病毒制成的对人畜和环境都安全的生物农药。在中国已进入大田试验的生产示范的核型多角体病毒杀虫剂有棉铃虫 NPV、斜纹夜蛾 NPV、油桐尺蠖 NPV、茶黄毒蛾 NPV、舞毒蛾 NPV、美国白蛾 NPV、杨尺蠖 NPV、甘蓝夜蛾 NPV 等。

(二) 颗粒体病毒

颗粒体病毒(granulosis virus,GV)是有包含体的昆虫病毒,分类上属于杆状病毒科 B 亚群。其包含体称颗粒体(granule),先在被感染细胞的核内形成,当核膜破裂后可溢出到细胞质内。包含体很小,直径为 $0.1\sim0.3~\mu m$,长 $0.3\sim1.0~\mu m$。在电子显微镜下呈卵形、椭圆形、长卵形等。每个包含体内一般只有一个病毒颗粒。

染病的幼虫常于幼虫期即死,有时也可活至蛹期或成虫期。从染病到死亡所经时间因虫而异。一般 4~5 天,可长至 34 天(如黏虫)。感染初期无明显病征,之后出现反应迟钝和停止取食,随后虫体颜色发生改变,染病虫体可能膨大或收缩。已死幼虫体壁脆弱,破后流出含大量颗粒体的乳白色液体。病死虫体有时用腹足倒挂枝叶上,呈"Λ"形。

(三) 质型多角体病毒

质型多角体病毒(cytoplasmic polyhedrosis virus,CPV)是一类在昆虫细胞质中增殖形成包含体的球形病毒。其包含体和 NPV 相似,也是多角体,但只在被感染细胞的细胞质内形成。质型多角体可以呈六角形、四角形、球形、椭圆形等,直径为 $0.5\sim25~\mu m$。1 个多角体可包埋 100~10000 个病毒颗粒。病毒颗粒为球形,直径 30~60 nm,有双层二十面体衣壳,每个衣壳的 12 个顶角上各有一条突起。CPV 可感染鳞翅目、双翅目、膜翅目、鞘翅目、脉翅目的昆虫,以鳞翅目和双翅目为主。

CPV 作为杀虫剂应用得不多,主要原因是它只侵染中肠上皮细胞。病毒进入虫体消化道后,被碱性消化液溶解而释放出来,继而侵入中肠上皮细胞,在细胞质内增殖,也可传染至前后肠细胞。形成多角体后,有半数以上的病毒颗粒不被包埋而游离释放到细胞间隙,再次感染健康细胞。最后细胞解体,多角体脱落在中肠腔。染病昆虫早期食欲不振、躯体变小,有时虫体比例不当,头部显得大。中肠中多角体的增多使体色变为黄色或浅白色等。中肠细胞液化后,多角体可被呕出或由粪便排出。病虫一般经 7~20 天死亡。

当前 CPV 用于害虫防治的有日本赤松毛虫(Dendrolimus spectabilis)。昆虫病毒对害虫的防治也有其局限性,如感染的潜伏期较长,一般从感染到致死需 7~14 天或更长时间。由于其专一性较强,杀虫谱较窄,所以如果仅用于短期速效性防治,在经济上和使用效果上不如高效低毒的化学农药,但从害虫综合治理方面考虑,利用病毒防治害虫具有重要的意义和前途。

第四节 亚 病 毒

亚病毒(subvirus)是一类比普通病毒更小、结构更简单,没有完整的病毒结构,仅有某种核酸而不含蛋白质,或仅有蛋白质而不含核酸,能够侵染动植物的微小病原体,包括类病毒、卫星病毒、卫星 RNA、朊病毒。

一、类病毒

20 世纪 70 年代初期,美国学者 Diener 及其同事在研究马铃薯纺锤块茎病(potato spindle tuber disease,PSTD)病原时,观察到病原无病毒颗粒和抗原性、对酚等有机溶剂不敏感、耐热(70~75 ℃)、对高速离心稳定(说明它的相对分子质量小)、对 RNA 酶敏感等特点,表明病原不是普通病毒,而是一种游离的小分子 RNA,从而提出了类病毒(viroid)的概念。在这个概念提出之前,人们从未怀疑病毒是由蛋白质和核酸构成的最小的感染性因子,是复杂生命体系的最低极限。类病毒的研究,对生命起源和进化、生命过程的实现等生命科学的重大理论问题的揭示有重要意义。

类病毒是一类能感染某些植物的单链闭合环状 RNA 分子,它侵入宿主细胞后能自我复制,使宿主致病或死亡。类病毒基因组小,仅由 246~399 个核苷酸组成。其 RNA 分子呈棒状结构,由一些碱基配对的双链区和不配对的单链环状区相间排列而成。它们的共同特征是在二级结构分子中央有一段保守区,高度保守的序列决定类病毒的种类。靠近这一保守中心区的左侧有一个多聚嘌呤区。棒状结构左侧序列保守性强,右侧变异性大。例如,马铃薯纺锤块茎类病毒(potato spindle tuber viroid,PSTVd)(图 4-17)是由 359 个核苷酸组成的一个共价闭合环状 RNA 分子。

图 4-17 PSTVd 的结构模式图

类病毒 RNA 没有 mRNA 活性,不编码多肽。它的复制是在宿主细胞核中借助宿主 RNA 聚合酶的作用进行的。

迄今已发现的类病毒多为植物类病毒,能引发多种植物病,例如番茄簇顶病、柑橘裂皮病、黄瓜白果病、椰子死亡病等,危害很大。不同的类病毒具有不同的宿主范围,如对 PSTVd 敏感的宿主植物,除茄科外,还有紫草科、桔梗科、石竹科、菊科等。柑橘裂皮类病毒(Citrus exocortis viroid,CEVd)的宿主范围比 PSTVd 窄些,它可侵染蜜柑科、菊科、茄科、葫芦科等经济植物。类病毒主要通过植物表面的机械损伤感染高等植物,也可以通过花粉和种子垂直传播,如 PSTVd。类病毒感染后有较长的潜伏期,呈持续性感染。其致病机制可能是通过 RNA 分子直接干扰宿主细胞的核酸代谢,类病毒与人类疾病的关系尚不清楚。

二、卫星病毒

卫星病毒是在研究类病毒过程中发现的一种与植物病毒有关的致病因子,它必须依赖于辅助病毒才能完成复制。卫星病毒可分为两大类:凡核酸能够编码自身衣壳蛋白,能包裹形成形态学和血清学与辅助病毒不同的颗粒,通常称为卫星病毒(satellite virus);本身没有编码外壳蛋白的遗传信息,而是装配于辅助病毒的外壳蛋白中,则称为卫星 RNA(satellite RNA)。如大肠杆菌噬菌体 P_4 缺乏编码衣壳蛋白的基因,需辅助病毒大肠杆菌噬菌体 P_2 同时感染,才能完成增殖过程。丁型肝炎病毒(HDV)必须利用乙型肝炎病毒的包膜蛋白才能完成复制周期。常见的卫星病毒还有腺相关病毒(AAV)、卫星烟草花叶病毒(STMV)、卫星玉米白线花叶病毒(SMWLMV)、卫星稷子花叶病毒(SPMV)等。

三、卫星 RNA

卫星 RNA 是一种由 500~2000 个核苷酸构成的单链核糖核酸,它单独没有侵染性,必需依赖辅助病毒才能进行侵染和复制,它与辅助病毒基因组之间无同源性。它本身具有遗传性但不编码蛋白质,它需要辅助病毒提供外壳蛋白,与辅助病毒基因组包裹在同一病毒颗粒内,因此可以把它看作是病毒的分子寄生物。卫星 RNA 复制时常干扰辅助病毒的增殖,从而可改变症状的表现,使症状减轻。国内外科学家均证明了,带有卫星 RNA 的烟草植株感染黄瓜花叶病毒(CMV)的症状明显减轻。因此,利用卫星 RNA 防治植物病毒病被认为是一项实用、有效、安全,而且有明显经济效益的措施。

随着对病毒基因组的深入研究,在越来越多的植物病毒中发现了卫星 RNA,为扩大卫星 RNA 的应用创造了条件。然而,自然界中并非所有的病毒都具有卫星 RNA,卫星 RNA 本身具有较高的突变率。病毒的卫星 RNA 不能彻底地抑制寄生病毒的复制,而且对一种植物起保护作用的卫星 RNA,可能对另一些植物却是有害的。这些不足在一定程度上限制了 RNA 的利用。

四、朊病毒

朊病毒亦称朊粒、蛋白质侵染因子(prion, proteinaceous infectious agents),它是一种比病毒小、不含核酸、有侵染性的蛋白质分子。朊病毒是 1982 年美国学者 Prusiner 在研究羊瘙痒病致病因子时发现的:他对 prion 的生化和分子生物学特性以及与动物传染性海绵状脑病(transmissible spongiform encephalopathy, TSE)的相关性等进行了大量细致的研究,Prusiner 因此而获得了 1997 年诺贝尔生理学和医学奖。

Prion 引起的感染潜伏期长,感染者对 Prion 不产生免疫应答,一旦发病则呈慢性、进行性、致死性中枢神经系统疾病。它可以引起人和动物致死性中枢神经系统慢性退化性疾病,如人的库鲁病(kuru,一种震颤病)、克雅病(Creutzfeldt-Jakob Disease, CJD,一种早老年痴呆病)、致死性家族失眠症(fatal familiar insomnia, FFI)、格斯综合征(Gerstmann-Straussler syndrome,GSS)等。动物的羊瘙痒病(scrapie)、牛海绵状脑病(bovine spongiform encephalopathy,BSE 或称疯牛病 mad cow disease)、猫海绵状脑病(feline spongifoem encephalopathy,FSE)等。

Prion 的本质是朊病毒蛋白(prion protein,PrP),正常人和动物细胞 DNA 中有编码 PrP 的基因,表达产物用 PrP^C 表示,相对分子质量为 33000～35000。致病性朊病毒蛋白用 PrP^{SC} 表示,它具有抗蛋白酶 K 水解的能力,可特异地出现在被感染的脑组织中,呈淀粉样形式存在。正常细胞表达的 PrP^C 与羊瘙痒病的 PrP^{SC} 为同分异构体,它们的氨基酸序列相同,但空间结构不同,PrP^C 有 42% 的 α 螺旋和 3% 的 β 折叠,而 PrP^{SC} 约有 30% 的 α 螺旋和 43% 的 β 折叠。不同的空间结构使 PrP^{SC} 溶解度降低、对蛋白酶的抗性增加。

表 4-3 PrP^C 与 PrP^{SC} 的比较

项目	PrP^C	PrP^{SC}
分子构象	α 螺旋 42%,β 折叠 3%	α 螺旋 30%,β 折叠 43%
对蛋白酶 K 的敏感性	敏感	抵抗
在非变性去污剂中	可溶	不溶
存在位置	正常及感染动物	感染动物
致病性	无	致病并传染

关于 PrP^{SC} 在人或动物体内的确切复制机制,目前尚不明确。有观点认为,正常的 PrP^C 分子缓慢改变构象,经过 PrP^C-PrP^{SC} 中间体,再转变形成 PrP^{SC} 分子。在这个过程中,可能有未知蛋白质(protein X)起着调节 PrP^C 的转化或维持 PrP^{SC} 构象的作用。

【视野拓展】

破纪录的超大病毒的发现,或成为第四生命域

2003 年法国科学家发现了当时已知的世界上最大的病毒,命名为拟态病毒(Mimivirus)。时隔十年,法国微生物学家从水体沉积物中的变形虫(阿米巴)中又发现了两种比 Mimivirus 更大的病毒:*Pandoravirus salinus* 是从智利 Tunquen 河口的沉积物中采集到的;*Pandoravirus dulcis* 则来自澳大利亚墨尔本附近的一个淡水池塘。二者都寄生在变形虫的体内。新发现的超大病毒归为 Pandoravirus 属,命名为 Pandoravirus(潘多拉病毒)。普通病毒的大小在 10～100 nm 之间,较大的天花病毒也只有 300 nm。2003 年发现的 Mimivirus 病毒则有 400 nm,新发现的超大型病毒长度约为 1 μm,这已经使其他病毒相形见绌。Pandoravirus 除了体积超大之外,还具有超大的 DNA:它有 2500 个基因,而大多数病毒 DNA 只有 10 个基因。在生物分类系统中,生物演化树包括真细菌、古菌和真核生物三个域,而作为非细胞生物的病毒并不包含在生物分类系统中。Pandoravirus 的发现提出了一系列全新的科学问题,甚至预示着第四个生命域(domain)的出现。

小　结

病毒是一类体积非常微小，不具备细胞结构，极其简单的生命形式。它和所有生物一样，具有遗传、变异、进化等生命特征。病毒有高度的寄生性，完全依赖宿主细胞的能量和代谢系统获取生命活动所需的物质和能量。离开宿主细胞，它只是无生命的化学分子，遇到宿主细胞，它就可以通过复制方式进行繁殖而显示出典型的生命体特征。只要是活的细胞，病毒都可以在其中复制，包括人、动物、植物、细菌和真菌细胞。所以病毒是介于生物与非生物之间的一种原始的生命体。

从在地球上存在的时间上看，病毒比人类的历史更长，在某种意义上它更具有生命力。在生物进化过程中，所有生命都是平等的。人类应该怎样看待自然、看待自然界中以不同生命形态出现的各种生物，以及和这些生物之间的关系？病毒和人类之间相互依存、相互斗争是长期的甚至永恒的过程，对自然界的作用也远不止对人类、动植物的致病上，它所起的作用人类所知甚少。

亚病毒是一些比真病毒还小、结构更简单、仅具有病毒核酸或仅有蛋白质的感染性因子，包括四类：类病毒、卫星病毒、卫星 RNA 和朊病毒；在亚病毒中，仅类病毒和朊病毒能独立复制，卫星病毒及卫星 RNA 必须依赖辅助病毒进行复制。亚病毒的发现，是 20 世纪生命科学中的一件大事，对开展生物学基础理论的研究、促进人类保健事业和推动生产实践的发展均具有重大的意义。

现在我们处在一个后工业的发展时代，处在一个传染病全球危机的时代。人类的行为不断改变着环境，病毒会不断地适应环境，这是导致病毒变异的重要原因之一。有些变异并不引起人类、动植物疾病，但有的变异会导致更严重的疾病。随着我们技术的不断改进，新病毒还会不断地被发现。人类只有更多地规范自身的行为，尽可能不去过分地干预自然，尊重科学，才能使人类更加健康。

复习思考题

1. 名词解释

病毒　　　　病毒体　　　　病毒衣壳　　　包膜病毒　　　裸露病毒
复制周期　　一步生长曲线　植物病毒　　　昆虫病毒　　　缺陷病毒
顿挫感染　　辅助病毒　　　非容纳细胞　　噬菌体　　　　溶源性转换
前噬菌体　　烈性噬菌体　　温和噬菌体　　亚病毒　　　　类病毒
卫星病毒　　卫星 RNA　　　朊病毒

2. 简述病毒的特点。
3. 简述病毒的形态、基本结构。
4. 简述病毒化学组成及功能。
5. 简述病毒复制的一般过程。病毒在宿主细胞内增殖的结果如何？
6. 包膜病毒什么时候获得它们的包膜？简述其过程。
7. 何谓潜伏期、裂解量？简述噬菌体一步生长曲线各期的特点。
8. 简述噬菌体的特性。噬菌体溶菌过程如何？

9. 叙述温和噬菌体的生活史。
10. 如何检查细菌是否感染了噬菌体？
11. 噬菌体与发酵工业的关系如何？
12. 类病毒的定义。试述类病毒与植物病毒的异同点。
13. 举例说明昆虫病毒的害与益。
14. 目前国内外植物病毒研究的热点和前沿是什么？
15. 举例说明植物病毒在农业中的地位及其应用前景。
16. 如何理解病毒、人类、自然界三者之间的关系？

（李　梅　朱德全）

第五章 微生物的营养

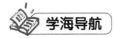

了解微生物的营养类型、营养物质输送方式;掌握微生物营养要素及碳源谱、氮源谱中主要的培养基原料;重点掌握培养基配制的原则和方法。

重点:培养基的配制的原则和方法。

难点:营养物质进入细胞的方式及特点。

各种生物都需要从外界环境中不断地摄取营养物质以获取能量及合成自身的细胞组分,微生物也不例外。也需要通过代谢,产生能量,用以合成细胞物质,同时产生废物并排泄到体外,从而保证生命能够维持与延续下去。那些能够满足微生物机体生长、繁殖和完成各种生理活动所需的物质称为营养物质(nutrient)。营养物质在机体中的作用可概括为参与细胞组成、构成酶的活性成分与物质运输系统、提供机体进行各种生理活动所需要的能量。微生物摄取和利用营养物质的过程称为营养(nutrition)。营养物质是微生物生存的物质基础,而营养是微生物维持和延续其生命形式的一种生理过程。微生物的营养是微生物生理学的重要研究领域,了解营养物质在微生物生命活动中的生理功能以及微生物从外界摄取营养物质的具体机制是控制和利用微生物的基础。

第一节 微生物的营养物质

微生物可利用的营养物质种类繁多,有些微生物能利用的营养物质非常广泛,包括塑料等高分子化合物和一些对其他生物有毒的物质。有些微生物对营养要求较严格。人们如何了解微生物的营养需要呢?分析微生物细胞的化学组成及其代谢产物的化学成分,是确定微生物营养的重要依据。

一、微生物细胞的化学组成

微生物细胞水分含量为 70%~90%,其余为干物质,仅占 10%~30%。其中有机物(蛋白质、糖、脂、核酸、维生素等及其降解产物)占干物质的 90%~97%,无机物(盐)占 3%~10%(图 5-1)。

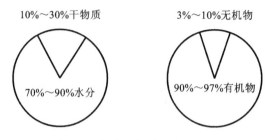

图 5-1 微生物化学组成示意图

1. 水分

水是细胞中的一种主要成分,一般可占细胞重量的 70%~90%。例如,细菌含水 75%~85%,酵母菌含水 70%~85%,霉菌含水 85%~90%。但芽孢和孢子的含水量要低得多,大约为 40%。

2. 干物质

微生物机体的干物质由有机物和无机物组成(表 5-1)。有机物占干物质重量的 90%~97%,蛋白质、糖、脂、核酸、维生素等及其降解产物等都是有机物的常见形式。无机物(灰分)占干物质重量的 3%~10%,参与有机物组成或单独存在于细胞质内,其中以磷的含量最多,约占灰分的 50%,其次是 S、Ca、Mg、K、Na 等大量元素和 Cu、Mn、Zn、B、Mo、Co、Ni 等微量元素。

表 5-1 微生物细胞的化合物组成(占干重的质量分数)

微生物	蛋白质	糖类	核酸	脂质	灰分
细菌	50.00~60.00	6.00~15.00	15.00~25.00	5.00~10.00	1.34~13.86
酵母菌	35.00~45.00	30.00~45.00	5.00~10.00	5.00~10.00	6.50~10.17
霉菌	25.00~40.00	40.00~55.00	2.00~8.00	5.00~10.00	5.95~12.20

微生物细胞与其他高等动植物一样,也是由碳、氢、氧、氮、磷、硫、钾、钠、镁、钙、铁、锰、铜、钴、锌、钼等化学元素组成。其中,碳、氢、氧、氮、磷、硫六种元素占细胞干重的 97%。C、H、O、N 是所有生物体的有机元素。糖类和脂质由 C、H、O 组成,蛋白质由 C、H、O、N、S 组成,核酸由 C、H、O、N、P 组成。根据元素组成分析数据(表 5-2),可得出微生物的化学组成实验式,例如细菌和酵母菌的实验式为 $C_5H_8O_2N$,霉菌的实验式为 $C_{12}H_{18}O_7N$。也有资料报道,细菌和霉菌的化学组成实验式分别为 $C_5H_7O_2N$ 和 $C_{10}H_{17}O_6N$。要明确的是,微生物的化学组成实验式不是分子式,它只是说明组成有机体的各种元素之间有一定的比例关系。例如 $C_5H_8O_2N$ 是表明细菌机体的 C、H、O、N 的物质的量之比为 5∶8∶2∶1,在培养微生物时可按一定的营养比例供给营养,以便微生物能更好地生长繁殖。

表 5-2 微生物的元素组成(占干重的质量分数)

元素	细菌	酵母菌	根霉
C	50.40	49.80	47.90
H	6.78	6.70	6.70
O	30.52	31.10	40.16
N	12.30	12.40	5.24

表中的数据一般取平均值,其含量往往随培养条件、菌龄的不同而改变。从元素水平上看,各类微生物基本上是相同的;但从化合物的水平来看,则各类微生物在其漫长的进化过程中已有显著的分化,特别是在对碳源和氮源的要求上,不同微生物有明显不同,但他们对各类基本营养物质的要求基本相同。

微生物细胞的化学组成同时还与菌龄、培养条件、所处环境及微生物本身的生理特性有关。例如,幼龄或在氮源丰富的培养基上生长的细胞含氮量较高,铁细菌、硫细菌和嗜盐细菌则分别含有较高的铁、硫、钠和氯等元素。

二、微生物的营养物质及其功能

以上分析了微生物的化学组成,组成微生物细胞的化学元素分别来自微生物生存所需要的营养物质,即微生物生长所需的营养物质应该包含有组成细胞的各种化学元素。微生物生长所需要的元素主要由相应的有机物与无机物提供,小部分可以由分子态的气体物质提供。

微生物种类繁多,营养要求各不相同,根据营养物质在机体中生理功能的不同,可将它们分为碳源、氮源、能源、无机盐、生长因子和水六大类。

1. 碳源

在微生物生长过程中,凡能为微生物提供所需碳素或碳架来源的营养物质称为碳源(carbon source)。碳源物质在细胞内经过微生物的分解利用等一系列复杂的化学变化后,成为微生物自身的细胞物质(如糖类、脂、核酸、蛋白质)和代谢产物。同时,绝大部分碳源物质在细胞内生化反应过程中还能为机体提供维持生命活动所需的能量,因此碳源物质往往也可作为能源物质。需要指出的是,一些以 CO_2 为唯一或主要碳源的微生物生长所需的能源并不是来自碳源物质。

微生物体内碳素含量最多,微生物的细胞物质及代谢产物几乎都含有碳,约占干重的50%,所以碳素既是构成菌体成分的主要元素,又是产生各种代谢产物和细胞内储藏物质的重要原料,还是大多数微生物代谢所需能量的来源。所以碳素是微生物细胞需要量最大的元素,又称大量营养物(macronutrients)。

能作为微生物生长的碳源的种类极其广泛,既有简单的无机含碳化合物(无机碳源)(如 CO_2、$NaHCO_3$、$CaCO_3$ 等),也有复杂的天然有机含碳化合物(有机碳源),它们是糖和糖的衍生物、脂类、醇类、有机酸、烃类、芳香族化合物以及各种含碳的化合物。少数种类还能以 CO_2 或 CO_3^{2-} 中的碳素为唯一或主要的碳源。

自养型微生物能以 CO_2 或 CO_3^{2-} 中的碳素为唯一或主要的碳源来合成各种物质。CO_2 是一个被彻底氧化了的物质,当它被还原为糖类时,需要能量。光能自养菌如蓝细菌经光合作用获得能量。化能自养菌如硝化细菌则利用无机物氧化时释放出的化学能。因此自养型微生物的碳源和能源分别来自不同的物质。

异养型微生物的碳源是有机碳化物,同时也作为能源。它们能利用的碳源种类很多。例如糖类、脂肪、氨基酸、简单蛋白质、脂肪酸、丙酮酸、柠檬酸、淀粉、纤维素、半纤维素、果胶、木质素、醇类、醛类、烷烃类、芳香族化合物(如酚、萘、菲及蒽等)、氰化物(如氰化钾、氢氰酸和丙烯腈)、各种低浓度的染料等(表 5-3)。但其中糖类(葡萄糖、果糖、乳糖、淀粉、糊精等)是微生物最广泛利用的碳源。在糖类中,单糖优于双糖和半乳糖,己糖优于戊糖;葡萄糖、果糖优于甘露糖和半乳糖;淀粉明显优于纤维素和几丁质等纯多糖;纯多糖明显优于琼脂和木质素等杂多糖。其次是醇、有机酸和脂类。氨基酸和蛋白质既可提供氮素,也能提供碳素,但用作碳源时不够经济。因葡萄糖、蔗糖容易被微生物吸收和利用,所以它们通常作为培养微生物的主要碳源。

表 5-3 微生物的碳源物质

种类	碳源物质	备注
糖	葡萄糖、果糖、麦芽糖、蔗糖、淀粉、半乳糖、乳糖、甘露糖、纤维二糖、纤维素、半纤维素、甲壳素、木质素等	单糖优于双糖和多糖;己糖优于戊糖;葡萄糖、果糖优于甘露糖和半乳糖;淀粉明显优于纤维素和几丁质等纯多糖;纯多糖明显优于琼脂和木质素等杂多糖
有机酸	糖酸、乳酸、柠檬酸、延胡索酸、低级脂肪酸、高级脂肪酸、氨基酸等	与糖类比效果较差,有机酸较难进入细胞,进入细胞后会导致 pH 值下降。当环境中缺乏碳源物质时,氨基酸可被微生物作为碳源利用
醇	乙醇	在低浓度条件下被某些酵母菌和醋酸菌利用
脂	脂肪、磷脂	主要利用脂肪,在特定条件下将磷脂分解为甘油和脂肪酸而加以利用
烃	天然气、石油、石油馏分、液体石蜡等	利用烃的微生物细胞表面有一种由糖脂组成的特殊吸收系统,可将难溶的烃充分乳化后吸收利用
CO_2	CO_2	为自养型微生物所利用
碳酸盐	$NaHCO_3$、$CaCO_3$、白垩等	为自养型微生物所利用
其他	芳香族化合物、氰化物、蛋白质、肽、核酸等	当环境中缺乏碳源物质时,可被微生物作为碳源而降解利用。利用这些物质的微生物在环境保护方面有重要作用

将微生物作为一个整体来说,微生物能利用的碳源物质虽然很多,但对不同种类微生物而言,其利用碳源的能力是有差别的。有的微生物碳源谱很广,能广泛利用各种类型的碳源,而有些微生物可利用的碳源物质则比较少。例如假单胞菌属(*Pseudomonas*)中的某些种可以利用 100 多种不同类型的有机化合物作为碳源,而一些甲基营养型(methylotrophs)微生物只能利用甲醇或甲烷等一碳化合物作为碳源。

2. 氮源

在微生物生长过程中,凡是能够供给微生物所需氮素来源的营养物都称为氮源(nitrogen source)。氮源主要用来合成细胞中的含氮物质,一般不作为能源,只有少数自养型微生物能利用铵盐、硝酸盐同时作为氮源与能源。把微生物可利用的氮源范围,称为氮源谱,微生物氮源谱也非常广泛,从 N_2、无机氮化合物(无机氮源)到复杂的有机氮化合物(有机氮源),它们均能在不同程度上被微生物所利用(表 5-4)。

表 5-4 微生物利用的氮源物质

种 类	氮源物质	备 注
蛋白质类	蛋白质及其不同程度降解产物(胨、肽、氨基酸等)	大分子蛋白质难以进入细胞,一些真菌和少数细菌能分泌胞外蛋白酶,将大分子蛋白质降解利用,而多数细菌只能利用相对分子质量较小的降解产物

续表

种 类	氮源物质	备 注
氨及铵盐	NH_3、$(NH_4)_2SO_4$等	容易被微生物吸收利用
硝酸盐	KNO_3等	容易被微生物吸收利用
分子氮	N_2	固氮微生物可利用,但当环境中有化合态氮源时,固氮微生物就失去固氮能力
其他	嘌呤、嘧啶、脲、胺、酰胺、氰化物	可不同程度地被微生物作为氮源加以利用。大肠杆菌不能以嘧啶作为唯一氮源,在氮限量的葡萄糖培养基上生长时,可通过诱导作用先合成分解嘧啶的酶,然后再分解并利用嘧啶

不同微生物对氮源的利用能力不同。微生物对氮源的利用具有一定的选择性,利用速度快的,称为速效氮源,利用速度慢的成为迟效氮源。例如,土霉素产生菌在生长过程中既可以利用硫酸铵,也可以利用玉米浆、黄豆饼粉、花生饼粉作为氮源,而且它们利用硫酸铵与玉米浆的速度比利用黄豆饼粉与花生饼粉的速度快。这是因为硫酸铵中的氮是以还原态氮的形式存在的,可以直接被菌体吸收与利用,玉米浆中的氮则主要是以蛋白质的降解产物和以蛋白质中的有机氮形式存在的。而降解产物特别是氨基酸又直接可以通过转氨作用等方式被机体利用;而黄豆饼粉和花生饼粉中的氮则主要以大分子蛋白质形式存在,需要进一步降解成小分子的肽和氨基酸后才能被微生物吸收利用,速度较慢。因此在土霉素发酵中硫酸铵与玉米浆通常是以速效氮源的形式被利用,黄豆饼粉与花生饼粉则是以迟效氮源的类型被利用。速效氮源通常有利于机体的生长,迟效氮源则有利于代谢产物的形成。在工业发酵过程中,往往是将速效氮源与迟效氮源按一定的比例制成混合氮源加到培养基里,以控制微生物的生长时期与代谢产物形成期的长短,达到提高产量的目的。

在实验室或生产上常用的氮源有碳酸铵、硝酸盐、硫酸铵、尿素、氨等。许多腐生型细菌、肠道菌、动植物致病菌一般都能利用铵盐或硝酸盐作为氮源。例如,大肠杆菌、产气肠杆菌、枯草杆菌、铜绿假单胞菌等都可以利用硫酸铵、硝酸铵作为氮源,放线菌可以利用硝酸钾作为氮源,霉菌可以利用硝酸钠作为氮源等。

在实验室里常用的有机氮源有牛肉浸膏、蛋白胨、酵母浸膏、鱼粉、蚕蛹粉、黄豆饼粉、花生饼粉、玉米浆等。

许多腐败细菌、寄生性细菌、霉菌、酵母菌等可以利用的氮源有蛋白质或蛋白质的降解产物。对于许多微生物来说,通常可以利用无机含氮化合物作为氮源,也可以利用有机含氮化合物作为氮源。

以无机氮化合物为唯一氮源培养微生物时,培养基会表现出生理酸性或生理碱性。例如:以$(NH_4)_2SO_4$为氮源时,NH_4^+被利用后,培养基的pH值下降,故这类氮源被称为"生理酸性盐";相反,以KNO_3为氮源时,NO_3^-被利用后,培养基的pH值升高,故被称为"生理碱性盐";以NH_4NO_3为氮源时,可以避免pH值大幅度升降,因为,其中的NH_4^+和NO_3^-都可以作为氮源而被利用。但是,由于两者被利用的速度不一样,培养基的pH值还是会出现波动。根据微生物对氮源利用的差异将其分为三种类型:一是固氮微生物,它能以空气中的分子态氮(N_2)为唯一氮源,通过固氮酶系统将其还原成NH_3,进一步合成所需的各种有机氮化物;二是氨基酸自养型,它能以无机氮(铵盐、硝酸盐和尿素等)为唯一氮源,合成氨基酸,进而转化为蛋白质及其他含氮有机物，这是数量最大，种类最多的一个类群；三是氨基酸异养型，不能合成某些必需的氨基酸，必须从外源提供这些氨基酸才能生长。绿色植物和很多微生物均为氨基酸自养型生物，动物和部分异养型微生物为氨基酸异养型生物。如乳酸细菌(*Lactobacillus*)需要谷氨酸、天门冬氨酸、半胱氨酸、组氨酸、亮氨酸和脯氨酸等外源氨基酸才能生长。

将微生物分为氨基酸自养型和异养型有重要的实践意义。人和直接为人类服务的动物都需外界提供现成的氨基酸或蛋白质，这些蛋白质和氨基酸来自绿色植物。植物蛋白质的生产受气候、时间等因素制约，其产量远不能满足人类和养殖业对蛋白质食物和蛋白质饲料的需要。利用氨基酸自养型微生物将廉价的尿素、铵盐和硝酸盐等无机氮转化为菌体蛋白或各种氨基酸，是解决人类食物和其他动物饲料蛋白质不足的一个重要途径。

3. 能源

为微生物生命活动提供最初能量来源的营养物质和辐射能称为能源(energy)。根据来源不同可以把能源分为两类：一是化学物质，化能有机异养型微生物的能源为有机物，与它们的碳源相同。化能无机自养型微生物的能源为无机物，与它们的能源物质不同。二是辐射能，是光能自养型和光能异养型微生物的能源。化能无机自养型微生物的能源都是一些还原态的无机物，例如 NH_4^+、NO_2^-、S、H_2S、H_2 和 Fe^{2+} 等。能利用这种能源的微生物都是一些原核生物，包括亚硝酸细菌、硝酸细菌、硫化细菌、硫细菌、氢细菌和铁细菌等。在微生物生长过程中，具体某一种营养物质可同时兼有几种营养要素的功能，如氨基酸既可以作为某些微生物的碳源和氮源，又是能源。

4. 无机盐

无机盐(mineral salts)是微生物生长必不可少的一类营养物质，它们为机体生长提供必需的金属元素。这些金属元素在机体中的生理作用主要是参与酶的组成(酶活性中心的组成成分和酶的激活剂)、调节细胞渗透压、控制细胞的氧化还原电位、构成微生物细胞的组分；维持生物大分子和细胞结构的稳定性和作为某些微生物生长的能源物质等(如 S、Fe^{2+} 等)。

一般微生物生长所需要的无机盐有硫酸盐、磷酸盐、氯化物以及含有钠、钾、镁、铁等金属的化合物。

其中，P、S、K、Ca、Mg、Na 和 Fe 等元素参与细胞结构组成并与能量转移、细胞透性调节功能有关。微生物对它们的需要浓度在 $10^{-4} \sim 10^{-3}$ mol/L，称为大量元素。而 Cu、Zn、Mn、Mo、Co、Ni、Sn、Se 等元素一般是酶的辅助因子，微生物对其需要浓度在 $10^{-8} \sim 10^{-6}$ mol/L 范围内，称为微量元素。

1) 大量元素

(1) 磷　磷在细胞中对微生物的生长、繁殖、代谢等都起着极其重要的作用：①磷是微生物细胞合成核酸、核蛋白、磷脂及其他含磷化合物的重要元素；②磷是辅酶Ⅰ(NAD^+)、辅酶Ⅱ($NADP^+$)、辅酶 A、各种腺苷磷酸(AMP、ADP、ATP)等的组分；③磷在糖代谢磷酸化过程中起关键性的作用；④腺苷磷酸中的高能磷酸键在能量储存和传递过程中起重要作用；⑤磷酸盐是重要的缓冲剂，它可调节 pH 值；⑥磷酸盐可促进巨大芽孢杆菌的芽孢萌发和发育。

(2) 硫　硫是含硫氨基酸(胱氨酸、半胱氨酸、甲硫氨酸)的组成成分，一些酶的活性基如硫胺素、生物素、辅酶 A、谷胱甘肽等都含有硫基(—SH，也称硫氢基)。硫和硫化物是好氧硫细菌的能源，好氧硫细菌从无机硫化物和有机硫化物的氧化过程中取得能量、硫元素和氢供体。

(3) 镁　镁是己糖磷酸化酶、异柠檬酸脱氢酶、肽酶、羧化酶等的活化剂，是光合细菌的菌绿素和藻类叶绿素的重要组分。镁在细胞中起稳定核糖体、细胞膜和核酸的作用。镁的缺乏会使核糖体和细胞膜遭受破坏,微生物生长停止。不同微生物对镁的需求量不同,如革兰氏阳性细菌和革兰氏阴性细菌对镁的需求量相差很大。

(4) 铁　铁是过氧化氢酶、过氧化物酶、细胞色素、细胞色素氧化酶等的组分,是细胞色素和氧化还原反应必不可少的电子载体,在电子传递体系中起至关重要的作用。铁是铁细菌的能源,铁细菌在氧化铁的过程中获得能量。不同的微生物对铁的需求量不同。如大肠杆菌需铁 2 mg/L;破伤风杆菌、梭状芽孢杆菌需铁量为 0.5～0.6 mg/L。

(5) 钙　钙是微生物重要的阳离子,是蛋白酶的激活剂,是细菌芽孢的重要组分。钙离子在细菌芽孢的热稳定性中起着关键性的作用,并且还与细胞壁的稳定性有关。另外,钙离子还是细菌感受态的建立所需要的。

(6) 钾　钾也是微生物重要的阳离子,钾不参与细胞结构物质的组成,但它是许多酶的激活剂。钾离子对磷的传递、ATP 的水解、苹果酸的脱羧反应等都起重要作用,也与细胞质的胶体特性和细胞膜的透性有关。钾促进糖类的代谢,在细胞内积累的浓度往往要比培养基中高出许多倍。

(7) 钠　主要参与细胞渗透压的维持。

2) 微量元素

微量元素是微生物维持正常生长发育所必需的元素,包括 Cu、Zn、Mn、Mo、Co、Ni 等。它们极微量时就可刺激微生物的生命活动。许多微量元素是酶的组分,或是酶的激活剂(表5-5)。如果微生物在生长过程中缺乏微量元素,就会导致细胞生理活性降低甚至停止生长。

表 5-5　微量元素的生理功能

元　素	生 理 功 能
锌	存在于乙醇脱氢酶、乳酸脱氢酶、碱性磷酸酶、醛缩酶、RNA 与 DNA 聚合酶中
锰	存在于过氧化物歧化酶、磷酸烯醇式脱羧酶、柠檬酸合成酶中
钼	存在于硝酸盐还原酶、固氮酶、甲酸脱氢酶中
硒	存在于甘氨酸还原酶、甲酸脱氢酶中
钴	存在于谷氨酸变位酶中
铜	存在于细胞色素氧化酶中
钨	存在于甲酸脱氢酶中
镍	存在于脲酶中,为氢细菌生长所必需

由于不同微生物对营养物质的需求不尽相同,因此微量元素这个概念也是相对的。微量元素通常混杂在天然有机营养物、无机化学试剂、自来水、蒸馏水、普通玻璃器皿中,如果没有特殊原因,在配制培养基时没有必要另外加入微量元素。值得注意的是,许多微量元素是重金属,如果它们过量,就会对微生物细胞产生毒害作用,而且单独一种微量元素过量产生的毒害作用更大,因此有必要将培养基中微量元素的量控制在正常范围内,并注意各种微量元素之间保持恰当的比例。

5. 生长因子

某些微生物在一般含有碳源、氮源、无机盐的培养基里培养时还不能生长或生长极差,但当在这种培养基里加进某种组织(或细胞)提取液时,这些微生物就能生长得很好。说明这种组织(或细胞)里含有某些微生物生长所需要的因子。

生长因子（growth factor）通常是指那些微生物生长所必需而且需要量很小，但微生物自身不能合成或合成量不足以满足机体生长需要的有机化合物。生长因子不提供能量，也不参与细胞结构组成，它们大多为酶的成分，与微生物代谢有着密切的关系。各种微生物生长需要的生长因子的种类和数量是不同的。

生长因子虽是一种重要的营养要素，但它与碳源、氮源和能源物质不同，并非所有微生物都需从外界吸收，有些微生物可以自身合成。只有当某些微生物具有碳源、氮源、无机盐、水等四大类营养物质后仍生长不好时，才需要供给生长因子（表5-6）。多数真菌、放线菌和不少细菌均有合成生长因子的能力，例如，酵母菌能合成核黄素，链霉菌和丙酸杆菌能合成维生素 B_{12} 等。各种乳酸菌、动物致病菌、支原体等则需要从外界吸收多种生长因子才能维持正常生长，如一般的乳酸菌都需要多种维生素，某些微生物及其营养缺陷型需要碱基，支原体需要甾醇等。在酵母浸出液、动物肝浸出液和麦芽浸出液中含有多种生长因子，如果对某些微生物生长所需要的生长因子的本质不了解，通常可在培养基中加入上述天然物质。

表5-6 某些微生物生长所需的生长因子

微生物	生长因子	需要量/mL
弱氧化醋酸杆菌（Acetobacter suboxydans）	对氨基苯甲酸	0～10 ng
	烟碱酸	3 μg
丙酮丁醇梭菌（Clostridium acetobutylicum）	对氨基苯甲酸	0.15 ng
Ⅲ型肺炎链球菌（Streptococcus pneumoniae）	胆碱	6 μg
肠膜明串珠菌（Leuconostoc mesenteroides）	吡哆醛	0.025 μg
金黄色葡萄球菌（Staphylococcus aureus）	硫胺素	0.5 ng
白喉棒状杆菌（Corynebacterium diphtheriae）	β-丙氨酸	1.5 μg
破伤风梭状芽孢杆菌（Clostridium tetani）	尿嘧啶	0～4 μg
阿拉伯糖乳杆菌（Lactobacillus arabinosus）	烟碱酸	0.1 μg
	泛酸	0.02 μg
	甲硫氨酸	10 μg
粪链球菌（Streptococcus faecalis）	叶酸	200 μg
	精氨酸	50 μg
德氏乳杆菌（Lactobacillus delbruckii）	酪氨酸	8 μg
	胸腺核苷	0～2 μg
干酪乳杆菌（Lactobacillus casei）	生物素	1 ng
	麻黄素	0.02 μg

按微生物与生长因子间的关系将微生物分为三种类型：一是生长因子自养型微生物，能自身合成各种生长因子，不需外界供给。通常把这种不需生长因子而能在基础培养基上生长的菌株称为野生型或原养型菌株。多数真菌、放线菌和部分细菌属于这种类型。二是生长因子异养型微生物，它们自身缺乏合成一种或多种生长因子的能力，需外源提供所需生长因子才能生长。通常将由于自发或诱发突变等原因从野生型菌株产生的需要特定生长因子才能生长的菌株称为营养缺陷型（auxotroph）菌株。乳酸菌、各种动物病原菌和支原体等属于生长因子异养型微生物。三是生长因子过量合成微生物，它们在代谢活动中向细胞外分泌大量的维生

第五章 微生物的营养

素等生长因子,可用于维生素的生产。如阿舒假囊酵母(*Eremotheciumashbya*)的维生素 B_2 产量可达 2.5 g/L 发酵液。

根据生长因子的化学结构和它们在机体中的生理作用的不同,可将生长因子分为维生素(vitamin)、氨基酸和嘌呤或嘧啶碱基三大类。氨基酸用于蛋白质的合成,嘌呤和嘧啶用于核酸合成,维生素是小分子有机物质,通常用来组成酶的辅助因子的部分或全部,而且很少量就能满足需要。

1)维生素(vitamin)

最早发现的生长因子在化学本质上是维生素,目前发现的多种维生素都可以起到生长因子的作用,有的微生物自己不能合成维生素,只有外加后生长。这些维生素主要是 B 族维生素、硫胺素、叶酸、泛酸、核黄素等。如生产味精需加生物素。各种维生素的功能见表 5-7。有些微生物需要几种维生素才能生长。例如粪肠球菌需要 8 种不同的维生素才能生长。

表 5-7 维生素及其在代谢中的作用

化 合 物	代谢中的作用
对氨基苯甲酸	四氢叶酸的前体,一碳单位转移的辅酶
生物素	催化羧化反应的酶的辅酶
辅酶 M	甲烷形成中的辅酶
叶酸	四氢叶酸包括在一碳单位转移辅酶中
泛酸	辅酶 A 的前体
硫辛酸	丙酮酸脱氢酶复合物的辅基
尼克酸	NAD、NADP 的前体,它们是许多脱氢酶的辅酶
维生素 B_6	参与氨基酸和酮酶的转化
核黄素(维生素 B_2)	黄素单磷酸(FMN)和 FAD 的前体,它们是黄素蛋白的辅基
维生素 B_{12}	辅酶 B_{12} 包括在重排反应里(为谷氨酸变位酶)
硫胺素(维生素 B_1)	硫胺素焦磷酸脱羧酶、转醛醇酶和转酮醇酶的辅基
维生素 K	甲基酮类的前体,起电子载体作用(如延胡索酸还原酶)

许多微生物都能合成大量的维生素,使它们在工业中得到应用。几种脂溶性和水溶性维生素已部分或全部地应用于工业发酵生产中。这些维生素包括维生素 B_{12}(链霉菌属、丙酸杆菌属、假单胞杆菌属)、辅酶 A(短杆菌属)、维生素 C(葡萄杆属、欧文氏菌属、棒杆菌属)等。目前研究的焦点是提高产量和发掘产生大量其他维生素的微生物。

2)氨基酸(amino acid)

不同微生物合成氨基酸的能力差异很大。有的细菌能自己合成所需的全部氨基酸,不需要从外界补充;有的细菌合成氨基酸的能力很弱,如肠膜明串珠菌需要从外界补充 19 种氨基酸和维生素才能生长。

3)碱基(nucleobase)

嘧啶和嘌呤是核酸和辅酶的重要组分,是许多微生物必需的生长因子。有的微生物不仅不能合成嘧啶和嘌呤,而且不能将补充的嘧啶和嘌呤结合在核苷酸上,必须供给核苷酸。

目前也发现有其他生长因子,如血红素(来自血红蛋白或细胞色素)是流感嗜血菌的生长因子,而一些支原体需要胆固醇作为生长因子。

可以利用某些微生物对生长因子需求的专一性,对多种物质进行微生物定量生长效应测定。例如,乳杆菌属和链球菌属中的某些种可用来对大多数维生素和氨基酸进行微生物测定。先将缺乏待测生长因子的含有过量其他营养物质的培养基分装于试管中,接入用于测定的微生物,然后在这些试管中加入不同量的该生长因子的标准样品及待测样品,在适宜的条件下培养后,以微生物的生长量对标准样品的量作图,得到标准曲线,在理想情况下,生长量与标准样品的量呈线性关系。然后根据加入待测样品试管中微生物的生长量,对照标准曲线,就可以知道待测样品中该生长因子的含量。这种方法专一性强,敏感且简单。目前维生素 B_{12} 及生物素的测定仍用这种方法。

6. 水

水是微生物生长所需要的另外一种重要物质,是微生物营养中不可缺少的。水在细胞中的主要生理功能如下:①起到溶剂与运输介质的作用,营养物质的吸收与代谢产物必须以水分为介质才能完成;②参与细胞内一系列生物化学反应;③维持蛋白质、核酸等生物大分子稳定的天然构象;④是热的良导体,因为水的比热高,能有效地吸收代谢过程中产生的热量并及时地将热迅速散发出体外,从而有效地控制细胞内温度的变化;⑤维持细胞自身的正常形态;⑥微生物通过水合作用与脱水作用控制由多亚基组成的细胞结构,如酶、微管、鞭毛及病毒颗粒的组装与解离。

水在细胞中的存在形式有两种:结合水和游离水。结合水与溶质或其他分子结合在一起,很难加以利用;游离水则可以被微生物利用。微生物细胞内游离水与结合水的比例大约为4∶1。不同生物及不同细胞结构中游离水的含量有较大的差别(图 5-2)。

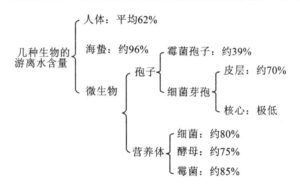

图 5-2 几种生物的游离水含量示意图

微生物生长环境中可实际利用的自由水或游离水的含量常以水的活度(water activity,a_w)表示。水活度值是指在同温同压下,溶液的蒸气压力与同样条件下纯水蒸气压力之比,即 $a_w = P_w/P_w^0$,式中 P_w 代表溶液蒸气压力,P_w^0 代表纯水蒸气压力。纯水 a_w 为 1.00,溶液中溶质越多,a_w 越小。微生物一般在 a_w 为 0.60~0.99 的条件下生长(表 5-8),a_w 过低时,微生物生长的停滞期延长,比生长速率和总生长量减少。微生物不同,其生长的最适 a_w 也不同。一般而言,细菌生长最适 a_w 较酵母菌和霉菌高,而嗜盐微生物生长最适 a_w 则较低。

表 5-8 几类微生物生长最低 a_w

微 生 物	a_w
一般细菌	0.90~0.98
一般酵母菌	0.87~0.91

续表

微　生　物	a_w
霉菌	0.80～0.87
嗜盐细菌	0.75
嗜盐真菌	0.65～0.75
嗜高渗酵母菌	0.61～0.65

三、微生物的营养类型

所有生物生长需要碳、氢、氧外，还需要能源和电子。根据微生物对这些需求不同，可将它们划分为不同的营养类型（表 5-9）。根据碳源、能源及氢供体性质的不同，可将绝大部分微生物分为光能无机自养型（光能自养型）、光能有机异养型（光能异养型）、化能无机自养型（化能自养型）和化能有机异养型（化能异养型）四种类型（表 5-10）。

表 5-9　微生物的营养类型（Ⅰ）

划分依据	营养类型	特　　点
碳源	自养型（autotrophs）	以 CO_2 为唯一或主要碳源
	异养型（heterotrophs）	以来源于其他生物的现有还原型有机物为碳源
能源	光能营养型（phototrophs）	以光为能源
	化能营养型（chemotrophs）	以有机物或无机物氧化释放的化学能为能源
氢供体	无机营养型（lithotrophs）	以还原性无机物为氢供体
	有机营养型（organotrophs）	以有机物为氢供体

表 5-10　微生物的营养类型（Ⅱ）

营养类型	氢供体	碳源	能源	举　　例
光能无机自养型（光能自养型）	H_2、H_2S、S 或 H_2O	CO_2	光能	紫硫细菌、绿硫细菌、蓝细菌、藻类
光能有机异养型（光能异养型）	有机物	有机物	光能	红螺细菌、紫色非硫细菌、绿色非硫细菌
化能无机自养型（化能自养型）	H_2、H_2S、Fe^{2+}、NH_3 或 NO_2^-	CO_2	化学能（无机物氧化）	氢细菌、硫杆菌、亚硝化单胞菌属（*Nitrosomonas*）、硝化杆菌属（*Nitrobacter*）、甲烷杆菌属（*Methanobacterium*）、醋杆菌属（*Acetobacter*）
化能有机异养型（化能异养型）	有机物	有机物	化学能（有机物氧化）	真菌、原生动物、大多数非光合细菌（包括大多数致病菌）

1. 光能自养型

这类微生物利用光能作为能源，以 CO_2 或 CO_3^{2-} 中的碳素为唯一或主要的碳源进行光合作用获取生长所需要的能量，还原 CO_2 的氢供体是还原态的无机化合物（H_2O、H_2S 或 $Na_2S_2O_3$ 等）。它们都含有一种或几种光合色素（如叶绿素或菌绿素）。

藻类和蓝细菌细胞内含有叶绿素，它们能与高等植物一样利用水的光解产生氧气并还原

CO_2 为有机碳化合物,其反应通式为

$$CO_2 + H_2O \xrightarrow[\text{叶绿素}]{\text{光能}} [CH_2O] + O_2 \uparrow$$

光合细菌(如绿硫细菌、紫硫细菌)与蓝细菌不同,它们的细胞内虽然含有类似于叶绿素的菌绿素,但不能进行以 H_2O 为氢供体的非环式光合磷酸化作用,也不产生氧气。光合细菌吸收光能,以 H_2S 和硫酸盐为氢供体,同化 CO_2,产生元素硫,代表性反应为

$$CO_2 + 2H_2S \xrightarrow[\text{菌绿素}]{\text{光能}} [CH_2O] + H_2O + 2S$$

$$Na_2S_2O_3 + 2CO_2 + 3H_2O \xrightarrow[\text{菌绿素}]{\text{光能}} 2[CH_2O] + Na_2S_2O_4 + H_2SO_4$$

2. 光能异养型

光能异养型微生物也能利用 CO_2,但必须在有机物存在的条件下才能生长,不能以 CO_2 作为唯一碳源,人工培养还需供给外源的生长因子;所以不同于能利用 CO_2 作为唯一碳源的自养型。

例如,一种深红红螺菌利用异丙醇作为氢供体进行光合作用时,可以将 CO_2 还原成细胞中的物质,并积累丙酮。

$$2(CH_3)_2CHOH + CO_2 \xrightarrow[\text{菌绿素}]{\text{光能}} 2CH_3COCH_3 + [CH_2O] + H_2O$$

目前已利用光能异养型微生物,如红螺菌科(Rhodospirillaceae)中的红螺菌属、红假单胞菌属和红微菌属来净化高浓度有机废水,由于它们能高效地利用废水中的小分子脂肪酸、醇并具有多种代谢途径,因此在高浓度有机废水的处理中具有很大的优势。这对处理污水,净化环境,很有发展前途。

光能无机自养型和光能有机异养型微生物可利用光能生长,在地球早期生态环境的演化过程中起重要作用。

3. 化能自养型

这类微生物生长所需要的能量来自无机物氧化过程中放出的化学能,以 CO_2 或碳酸盐作为唯一或主要碳源进行生长时,利用 H_2、H_2S、Fe^{2+}、NH_3 或 NO_2^- 等作为电子供体使 CO_2 还原成细胞中的物质。

如硫细菌通常以 H_2S、S、$S_2O_3^{2-}$ 等还原态无机硫化合物的氧化获得能量,其反应式为

$$H_2S + O_2 \longrightarrow SO_4^{2-} + 2H^+$$
$$2S + 2H_2O + 3O_2 \longrightarrow 2SO_4^{2-} + 4H^+$$
$$S_2O_3^{2-} + H_2O + 2O_2 \longrightarrow 2SO_4^{2-} + 2H^+$$

又如,氧化亚铁硫杆菌可把 FeO 氧化为 Fe,Fe 氧化率达 95%~100%,并释放出能量。

$$Fe^{2+} \longrightarrow Fe^{3+} + e^- + Q$$

用氧化亚铁硫杆菌氧化黄铁矿时,可以生成硫酸和硫酸高铁,硫酸高铁是强氧化剂和溶剂,可以溶解矿物,如溶解铜矿析出铜元素,用这类微生物来开矿冶金称为细菌冶金,是开采贫矿和尾矿的有效办法,用细菌浸出 Fe 的速度比完全氧化快 56~60 倍。

化能无机自养型只存在于微生物中,可在完全无机及无光的环境中生长。它们广泛分布于土壤及水环境中,参与地球物质循环。

4. 化能异养型

凡以有机物为碳源、能源和氢供体的微生物称为化能有机异养型微生物,也称为化能异养型微生物。该类微生物生长所需要的能量均来自于有机物氧化过程中放出的化学能,生长所

需要的碳源主要是一些有机化合物，如淀粉、糖类、纤维素、有机酸等。该类型包括的微生物种类最多，作用也最强。已知的绝大多数细菌、放线菌、全部真菌和原生动物属于此类型。

由于栖息场所和摄取的养料不同，可将异养型微生物分为腐生型和寄生型两大类。其中腐生型微生物利用无生命的有机物获得营养物质，多数细菌、放线菌和真菌为这一类型。寄生型微生物从活的寄主体内获取营养物质，如病毒。除此以外，还存在中间类型（兼性腐生或兼性寄生），即既可以腐生也可以寄生。如结核分枝杆菌、痢疾杆菌就是兼性寄生菌。

应该指出的是，无论哪种分类方式，不同营养类型之间的界限并非是绝对不变的，虽然在分类上某一特定微生物只属于上述四种类型中的一种，但是，微生物的代谢不会以人类的意志为转移：某些微生物在代谢方面表现出很强的灵活性。异养型微生物并非不能利用 CO_2，只是不能以 CO_2 为唯一或主要碳源进行生长，而且在有机物存在的情况下也可将 CO_2 同化为细胞中的物质。同样，自养型微生物也并非不能利用有机物进行生长。另外，有些微生物在不同生长条件下生长时，其营养类型也会发生改变，例如，紫色非硫细菌在没有有机物时可以同化 CO_2，为自养型微生物，而当有机物存在时，它又可以利用有机物进行生长，此时它为异养型微生物。再如，紫色非硫细菌在光照和厌氧条件下可利用光能生长，为光能营养型微生物，而在黑暗与好氧条件下，依靠有机物氧化产生的化学能生长，则为化能营养型微生物。微生物营养类型的可变性和代谢上的灵活性看似复杂混乱，但这无疑是它们能够适应不断变化的环境的一个优点。

四、微生物对营养物质的吸收

微生物对营养物质的利用是从对它们的吸收开始的。进行吸收的前提是营养物质必须进入细胞，营养物质只有进入到微生物细胞中才能经过微生物细胞中一系列复杂的代谢作用进行分解利用。其中微生物细胞的各种透过屏障，营养物质本身及微生物细胞当时所处的环境都影响营养物质进入细胞。

营养物质通过微生物表面的物质交换进入细胞。细胞的表面为细胞壁和细胞膜，所以细胞壁和细胞膜是物质进出微生物细胞的必经之地。但是，细胞壁对物质进出微生物的影响不大。由于细胞膜具有高度选择透性而在营养物质的进入与代谢产物的排出上起着极其重要的作用。细胞膜具有磷脂双分子层结构，所以物质的通透性与物质的脂溶性程度直接有关。一般地说，物质脂溶性（或非极性）程度越高，越容易透过细胞膜。另外，物质的通透性也与它的分子大小有关。气体与小分子物质比较容易透过细胞膜。许多大分子物质如糖类、氨基酸、核苷酸、离子（如 H^+、Na^+、K^+、Ca^{2+}）以及细胞的很多代谢产物等都是非脂溶性的，按理说，它们很难透过细胞膜，但它们借助于细胞膜上的转运蛋白也可以自由进出细胞。水虽然不溶于脂，但由于水分子小、不带电荷，加之水分子的双极性结构，所以也能迅速地透过细胞膜。影响营养物质进出细胞的另一个重要因素是微生物当时所处的环境（如温度，pH 值和离子强度）。温度通过影响物质的溶解度，细胞膜的流动性及运输系统的活性来影响微生物的吸收能力。pH 值和离子强度通过影响物质的电离程度来影响物质进入细胞的能力。当环境存在诱导物质运输系统形成的物质时，有利于微生物吸收营养物质，而环境中代谢过程的抑制剂解偶联剂以及能与细胞膜的蛋白质或脂类等成分发生作用的物质（如巯基乙醇，重金属离子等）都可以在不同程度上影响物质的运输速率。另外，被运输的物质的结构类似物也影响微生物细胞吸收被动运输物质的速率。例如 L-刀豆氨酸、L-赖氨酸或 D-精氨酸都能降低酿酒酵母吸收 L-精氨酸的能力。

微生物对营养物质吸收的机制是专一性的，也就是说只吸收有需要的物质，吸收不能利用的物质对微生物细胞不利。微生物通常生活在营养物质贫瘠的环境中，因此他们必须具有将营养物质从细胞外低浓度环境中运输到细胞内高浓度环境中的逆浓度运输的能力。由于营养物质具有多样性和复杂性，所以微生物有多种方式对营养物质进行运输。目前，一般认为营养物质进入细胞的方式主要有单纯扩散、促进扩散、主动运输和基团移位。前两者不需消耗能量，是被动的；后两者需要消耗能量，是主动的，并在营养物质的运输中占主导地位。

1. 单纯扩散

单纯扩散（simple diffusion）又称为被动扩散，是物质进出细胞最简单的一种方式，是营养物质通过细胞膜上的小孔，由高浓度的细胞外环境向低浓度的细胞内顺浓度梯度进行扩散的方式。这种扩散方式是非特异性的，但细胞膜上的含水小孔的大小和形状对参与扩散的营养物质分子有一定的选择性。物质在扩散过程中，营养物质既不与膜上的各类分子发生反应，自身分子结构也不发生变化。扩散是一种最简单的物质跨膜运输方式，为纯粹的物理学过程。物质扩散的动力来自参与扩散的物质在膜内外的浓度差，即浓度梯度。一旦细胞膜两侧的物质浓度梯度消失（即细胞膜两侧的物质浓度相等），扩散就达到了动态平衡。但是，由于进入细胞的营养物质不断被消耗，使细胞内始终保持较低的浓度，所以细胞外的物质才能不断地扩散进入细胞。单纯扩散这一过程为纯粹的物理过程，不消耗细胞的能量。被扩散的分子不发生化学反应，其构象也不会变化。由于细胞膜主要由磷脂双分子层和蛋白质组成，而且膜上分布有含水膜孔，膜内外表面为极性表面，中间为疏水层，因而物质跨膜扩散的能力和速率与该物质的性质有关，分子小、脂溶性强、极性小的物质易通过扩散进出细胞。另外，温度高时，细胞膜的流动性增加，有利于物质扩散进出细胞，而 pH 值与离子强度通过影响物质的电离程度而影响物质的扩散速率。

扩散并不是微生物细胞吸收营养物质的主要方式，水是唯一可以通过扩散自由通过细胞膜的分子，脂肪酸、乙醇、甘油、苯、一些气体分子（O_2、CO_2）及某些氨基酸在一定程度上也可通过扩散进出细胞。

通过这种方式运送的物质主要是一些气体（如 O_2、CO_2）、水、一些水溶性小分子（如乙醇、甘油）、少数氨基酸等。影响单纯扩散的因素主要有被运输物质的大小、溶解性、极性、膜外 pH 值、离子强度和温度等。一般相对分子质量小、脂溶性强、极性小、温度高时营养物质容易被吸收。

该过程没有特异性和选择性，扩散速度很慢，因此不是细胞获取营养物质的主要方式。

2. 促进扩散

与单纯扩散一样，促进扩散（facilitated diffusion）也是物质的一种被动运输方式，这个过程中不消耗能量，参与运输的物质本身的分子结构不发生变化，不能进行逆浓度运输，运输速率与膜内外物质的浓度差成正比。

营养物质透过细胞膜的速度慢，不能满足微生物对营养物质的需要，有些非脂溶性物质，如糖、氨基酸、金属离子等，不能通过由碳、氢组成的非极性区。但是，微生物具有一些特殊的生理结构，能帮助上述物质顺利而快速地通过细胞膜，这些特殊结构就是位于细胞膜上的特异性蛋白（底物特异载体蛋白）。

促进扩散与扩散的不同之处在于通过促进扩散进行跨膜运输的物质需要借助与载体（carrier）的作用才能进入细胞，而且每种载体都具有较高的专一性，只运输特定的物质。被运输物质与相应载体之间存在一种在细胞膜内外的大小不同的亲和力，这种亲和性变化通过载体分子的构象变化而实现。当物质与相应载体在细胞外亲和力大而在细胞内亲和力小时,通过被运输物质与相应载体之间亲和力的大小变化,使该物质与载体发生可逆性的结合与分离,可导致物质穿过细胞膜进入细胞。

促进扩散的载体主要是一些促进物质进行跨膜运输的蛋白质,它自身在这个过程中不发生化学变化,而且在促进扩散中载体只影响物质的运输速率,并不改变该物质在膜内、外形成的动态平衡状态,被运输的物质在膜内、外浓度差越大,促进扩散的速率越快,但是当被运输物质浓度过高而使载体蛋白饱和时,运输速率就不再增加了,这些性质都和酶的作用特征相类似,因此载体蛋白也称为透过酶(permease)。透过酶大都是诱导酶,只有在环境中存在机体生长所需的营养物质时,相应的透过酶才合成。

细胞膜上有多种透过酶,每种透过酶具有很强的运输专一性,一种渗透酶只选择性地运送某类紧密相关的物质。如葡萄糖载体蛋白只转运葡萄糖,芳香族氨基酸载体蛋白只转运芳香族氨基酸而不转运其他氨基酸,通过细胞膜进入细胞。在这一过程中,渗透酶借助于自身构象的变化,加速将营养物质从细胞的外表面运送到细胞膜的内表面并释放,这一过程也是依靠浓度梯度驱动的,不消耗代谢能量。

这种特异性的扩散,主要存在于真核生物中,在原核生物中比较少见。通过促进扩散进入细胞的营养物质主要有氨基酸、单糖、维生素及无机盐等。

尽管人们对促进扩散的机制有很多研究,但是,对这一过程并未完全了解。似乎载体蛋白横跨细胞膜,当营养物质在膜外与其结合时,载体蛋白构象发生了变化,并将营养物质释放到细胞内,然后再提取蛋白质回复原来的构象,并随时准备与细胞外的营养物质分子结合进行下一轮的运输(图5-3)。

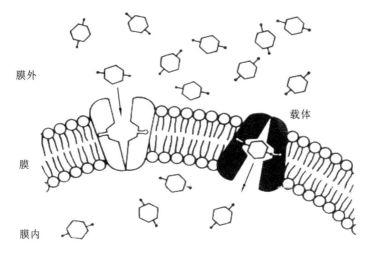

图5-3 促进扩散模式图

在此过程中不消耗其他能量,只要细胞外营养物质的浓度高于细胞内,营养物质分子就可以通过这种方式不断地进入细胞内。

3. 主动运输

尽管促进扩散在细胞外浓度高时能有效地将营养物质运输到细胞内,但当微生物细胞内所积累的营养物质浓度高于细胞外的浓度时,营养物质就不能顺浓度梯度扩散到细胞内,而是逆浓度梯度被"抽"进细胞内。这一过程需要透过酶和消耗能量。透过酶在此过程中起改变平衡点的作用(一般的酶只改变反应达到平衡的速率)。这种需要消耗代谢能量和透过酶(特异性载体蛋白)的逆浓度梯度吸收营养物质的过程,叫做主动运输。因主动运输也需要载体蛋白的参与,所以对被运输的物质也有高度的专一性,被运输的物质和载体蛋白之间存在亲和力,而且在细胞膜内、外亲和力不同,膜外亲和力大于膜内亲和力。因此当被运输物质在细胞外与载体蛋白亲和力大时,能形成载体复合物,当进入膜内侧时,载体构象发生变化,与结合物的亲和力降低,营养物质便被释放出来。

主动运输(active transport)和促进扩散一样都需要膜载体的参与,并且被运输物质与载体蛋白的亲和力改变也与载体蛋白构型的改变有关。二者之间最大的区别在于,在主动运输过程中载体蛋白构型的变化需要消耗能量且可进行逆浓度差进行,而促进扩散则不能。细菌中主动运输所需能量大多来自质子动势(proton motive force,PMF)。质子动势是一种来自膜内、外两侧质子浓度差(膜外质子浓度大于膜内质子浓度)的高能量级的势能。它是质子化学梯度与膜电位梯度的总和。质子动势可在电子传递时产生,也可以在ATP水解时产生。新陈代谢抑制剂可以阻止细胞产生能量而抑制主动运输,但对促进扩散没有影响。

主动运输的具体方式有多种,主要有初级主动运输、次级主动运输、Na^+,K^+-ATP酶(Na^+,K^+-ATPase)系统及ATP偶联主动运输等。

(1) 初级主动运输(primary active transport)

初级主动运输是质子的一种运输方式,具体是指由电子传递系统、ATP酶或细菌嗜紫红质引起的质子运输方式。呼吸能、化学能和光能的消耗,引起细胞内质子(或其他离子)外排,导致细胞膜内、外建立质子浓度差(或电位差)而形成能化膜(energized membrane)。不同微生物的初级主动运输方式不同,好氧型微生物和兼性厌氧微生物在有氧条件下生长时,物质在细胞内氧化释放的电子在位于细胞膜上的电子传递链上传递的过程中伴随着质子外排;厌氧型微生物利用发酵过程中产生ATP,在位于细胞膜上的ATP酶的作用下,ATP水解生成ADP和磷酸,同时伴随着质子向细胞外分泌;光合微生物吸收光能后,光能激发产生的电子在电子传递过程中也伴随着质子外排;嗜盐细菌紫膜上的细菌嗜紫红质吸收光能后,引起蛋白质分子中某些化学基团pK值发生变化,导致质子迅速转移,在膜内外建立质子浓度差。

(2) 次级主动运输(secondary active transport)

能化膜在质子浓度差(或电位差)消失过程中,往往伴随着其他物质的运输,称为次级主动运输。主要有三种方式:同向运输(symport)是指某种物质与质子通过同一载体按同一方向运输。除质子外,其他带电荷离子(如钠离子)建立起来的电位差也可引起同向运输;逆向运输(antiport)是指某种物质(如Na^+)与质子通过同一载体按相反方向进行运输;单向运输(uniport)是指质子浓度差在消失过程中,可促使某些物质通过载体进出细胞,运输结果通常导致细胞内阳离子(如K^+)积累或阴离子浓度降低。

(3) Na^+,K^+-ATP酶(Na^+,K^+-ATPase)系统

丹麦学者斯克(J. C. Skou)在1957年发现了存在于细胞膜上的一种重要的离子通道蛋白——Na^+,K^+-ATP酶(Na^+,K^+-ATPase),时隔40年后,他与其他两位学者分享了1997年诺贝尔化学奖。Na^+,K^+-ATP酶的功能是利用ATP的能量将Na^+由细胞内"泵"出细胞外,并将细胞外的K^+"泵"入细胞内。该酶由大、小两个亚基组成,大亚基可被磷酸化,其作用机制见图5-4。E为非磷酸化酶,与Na^+的结合位点朝向膜内,与Na^+有较高的亲和力,而与K^+的亲和力低。当E与Na^+结合后,在Mg^{2+}存在的情况下,ATP水解使E磷酸化,促使E构象发生变化而转变成E′,并导致与Na^+的结合位点朝向膜外,E′与Na^+的亲和力降低,而与

K^+ 的亲和力升高,此时细胞外的 K^+ 将 Na^+ 置换下来,E' 与 K^+ 结合后,K^+ 的结合位点朝向膜内,E' 去磷酸化,该酶构象再次发生变化,转变成 E,Na^+ 将 K^+ 置换下来。Na^+,K^+-ATP 酶作用的结果是使细胞内 Na^+ 浓度低而 K^+ 浓度高,这种状况并不因环境中 Na^+、K^+ 浓度高低而改变,例如大肠杆菌 K_{12} 在培养基中 K^+ 浓度非常低(0.1 mmol/L)时,仍然可以从环境中吸收 K^+,导致细胞内 K^+ 浓度达到 100 mmol/L。细胞内维持高浓度 K^+ 是保证许多酶的活性和蛋白质的合成所必需的。由于 Na^+,K^+-ATP 酶将 Na^+ 由细胞内"泵"出细胞外,并将细胞外 K^+ "泵"入细胞内,因此常将该酶称为 Na^+,K^+ 泵。

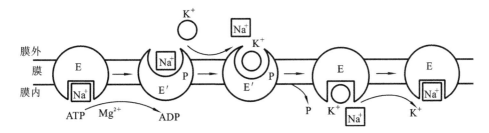

图 5-4　Na^+,K^+-ATP 酶(Na^+,K^+-ATPase)系统示意图

4. 基团移位

基团移位(group translocation)是一种既需特异性载体蛋白又需耗能的运输方式,但溶质在运输前、后会发生分子结构的变化。与主动运输不同的是,它有一个复杂的运输系统来完成物质的运输。基团移位主要存在于厌氧型和兼性厌氧型细菌中。目前尚未在好氧型细菌及真核生物中发现这种运输方式,也未发现氨基酸通过此方式进行运输。

基团移位的最典型例子是磷酸转移酶系统,大肠杆菌摄入葡萄糖就是依靠磷酸转移酶系统(PTS)实现的(图 5-5)。该系统通常由酶 I、酶 II 和热稳定蛋白(HPr)等蛋白质组成。酶 I 是非特异性的,是磷酸烯醇式丙酮酸-己糖磷酸转移酶,在细胞质里。酶 II 共有三种:IIa、IIb、IIc,其中 IIa 为细胞质蛋白,无底物特异性;IIb 和 IIc 均为膜蛋白,具有底物特异性,可由不同的糖诱导产生,对各种特定的糖起作用,外界的糖与特定的酶 II 结合,引起酶构型的变化,糖被送入膜内,进行磷酸化之后,即不再流出细胞外。热稳定蛋白是一种低相对分子质量的可溶性蛋白,它结合在细胞膜上,起着高能磷酸载体的作用。

营养物质(以糖为例)被运送的过程如下:

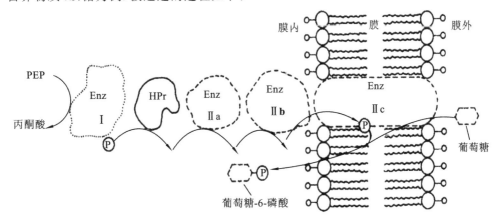

图 5-5　大肠杆菌 PTS 运输系统

$$\text{PEP} + \text{HPr} \xrightarrow{\text{酶 I}} \text{磷酸-HPr} + \text{丙酮酸(在细胞质中进行)}$$

$$\text{磷酸-HPr} + \text{糖} \xrightarrow{\text{酶 II}} \text{糖-磷酸} + \text{HPr(在细胞膜上进行)}$$

此过程中，在酶Ⅰ存在时，先是 HPr 被磷酸烯醇式丙酮酸磷酸化形成磷酸-HPr，并被转移到细胞膜上。在膜的外侧，外界供给的糖由渗透酶携带到细胞膜上，在特异性酶Ⅱ的催化下，糖被磷酸-HPr 磷酸化，形成糖-磷酸，渗透酶将在膜上已经被磷酸化的糖携带到细胞内，随即被代谢。基团移位是通过单向性的磷酸化作用实现的。细胞膜对大多数磷酸化的化合物有高度的不渗透性。所以，磷酸化的糖一旦形成就被截留在细胞内，这是细胞内的糖浓度比细胞外高得多的原因。

通过基团移位进入细胞的物质有糖（葡萄糖、甘露糖、果糖及糖的衍生物 N-乙酰葡糖胺等）、嘌呤、嘧啶、脂肪酸、核苷、乙酸等。

除上述四种主要的主动运输方式外，在微生物中还存在一些其他的主动运输方式。其中有一种是 ATP 水解不建立膜内、外质子浓度差，而是直接偶联物质的运输，L-谷氨酰胺、L-鸟氨酰胺、L-鸟氨酸和 D-核糖可以通过这种方式运输；在大肠杆菌中，能量的消耗可以导致柠檬酸透过酶的构象变化而使之活化，促进柠檬酸进入细胞；在金黄色葡萄球菌中，在脱氢酶作用下，乳酸氧化偶联着载体蛋白分子构象变化，促使物质进入细胞。

上述四种运输方式的模式图见图 5-6，它们之间的差异见表 5-11。

主动运输是微生物吸收营养物质的一种主要方式，很多无机离子、有机离子和一些糖类（乳糖、葡萄糖、麦芽糖等）等都是通过这种方式进入细胞的，对于很多生存在低浓度营养环境中的微生物来说，主动运输是影响其生存的重要营养吸收方式。

表 5-11 四种跨膜运输方式的比较

比较项目	单纯扩散	促进扩散	主动运输	基团移位
特异性载体蛋白	无	有	有	有
运输速度	慢	快	快	快
溶质运输方向	由浓到稀	由浓到稀	由稀到浓	由稀到浓
平衡时内外浓度	相等	相等	内部浓度高得多	内部浓度高得多
运输分子的特异性	无	有	有	有
能量消耗	不需要	不需要	需要	需要
运输前后的溶质分子	不变	不变	不变	改变
载体饱和效应	无	有	有	有
与溶质类似物的竞争性	无	有	有	有
运输抑制剂	无	有	有	有
运输对象举例	H_2、CO_2、O_2、甘油、乙醇、少数氨基酸、盐类、代谢抑制剂	SO_4^{2-}、PO_4^{3-}、糖（真核生物）	氨基酸、乳糖等糖类、Na^+、Ca^{2+} 等无机离子	葡萄糖、果糖、甘露糖、嘌呤、核苷、脂肪酸

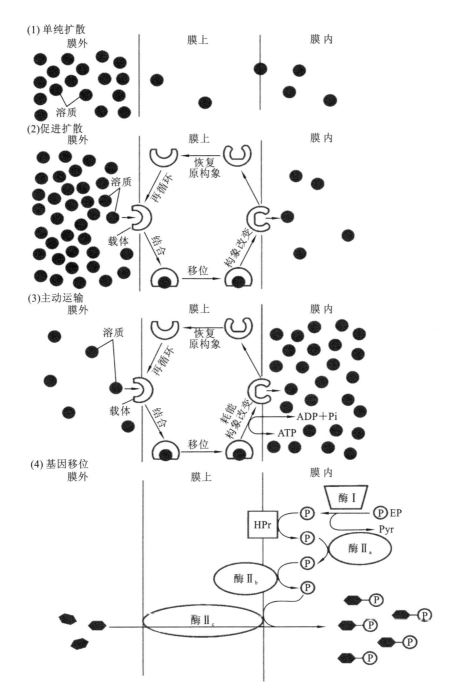

图 5-6 物质进出微生物细胞的四种方式

5. 膜泡运输

有些微生物特别是原生动物通过膜泡运输(membrane vesicle transport)进行营养物质的运输。如变形虫通过趋向性运动靠近营养物质后将该物质吸附到膜表面,然后在吸附该物质附近处的细胞膜开始内陷,逐渐将营养物质包围,最终形成一个含有该营养物质的膜泡,随后膜泡离开细胞膜而进入细胞质中,营养物质通过这种运输方式由细胞外进入细胞内。如运输的是固体营养物质,则将这种营养物质运输方式称为胞吞作用(phagocytosis);如果膜运输的是液体,则称为胞饮作用(pinocytosis)。膜泡运输一般分为五个时期,即吸附期、膜伸展期、膜泡迅速形成期、附着膜泡形成期和膜泡释放期。

> **知识链接**
>
> ### 铁的载体运输
>
> 铁是细胞内重要蛋白质或酶的重要组分,在氧代谢、电子传递、RNA合成及其他细胞代谢中起重要作用。几乎所有微生物都需要从环境中获得铁。由于铁(Fe^{3+})及其衍生物非常难溶,造成微生物对铁的吸收十分困难。细菌在进化中形成了许多策略来获取铁:厌氧条件下,有足够可溶的Fe^{2+}可供厌氧菌吸收利用;在好氧条件下,细菌和真菌可合成多种低相对分子质量的铁螯合物,称为嗜铁素(siderophore);低铁条件下,细胞合成嗜铁素并分泌到细胞外,嗜铁素以高亲和力结合环境中的Fe^{3+},Fe^{3+}-嗜铁素复合物随即被相应的转运体转运到细胞内。嗜铁素介导的铁吸收机制是细菌获得Fe^{3+}最常见的形式,此外还存在其他机制:①一些细菌病原体直接识别血红素或含有血红素的蛋白如血红蛋白(haemoglobin)、血红素结合蛋白(hemopexin)及结合珠蛋白(haptoglobin)等,从血红素中获得Fe^{3+};②分泌相对分子质量为20000的hemophores,与自由的血红素或含有血红素的蛋白质结合,通过特定的外膜转运体吸收;③直接从铁传递蛋白或乳铁传递蛋白中获得Fe^{3+}。无论何种转运机制,含有铁的底物都与特定的外膜转运体结合完成转运,但外膜转运体不能水解ATP来驱动转运,为了获取能量,外膜转运体必须和内膜蛋白复合物相互作用,这些内膜蛋白复合物由TonB、ExbB和ExbD组成,它们组装成一个由1个或2个拷贝的TonB和多个拷贝的ExbB和ExbD组成的复合物,并形成一个多聚体为外膜转运体提供能量。这种依赖TonB的外膜转运体(TBDTs)以不需能量的形式高效结合底物,通过与TonB相互作用,从而驱动底物穿过外膜。

第二节 培 养 基

培养基是人工配制的适合微生物生长繁殖或积累代谢产物的营养基质。由于微生物种类、营养类型以及我们工作目的不同,培养基的配方和种类很多,但是,培养基的制备还是有章可循的:自然界和培养基中存在的常量营养物见表5-12。

表 5-12 自然界和培养基中存在的常量营养物

元素	环境中营养物存在的一般形式	培养基中提供的化合物形式
C	CO_2、有机化合物	葡萄糖、麦芽糖、乙酸、丙酮酸等数百种化合物或混合物(如酵母、蛋白胨等)
H	H_2O、有机化合物	H_2O、有机化合物
O	H_2O、O_2、有机化合物	H_2O、O_2、有机化合物

续表

元素	环境中营养物存在的一般形式	培养基中提供的化合物形式
N	NH_3、NO_3^-、N_2、含氮有机化合物	无机氮：NH_4Cl、$(NH_4)_2SO_4$、KNO_3、N_2 有机氮：氨基酸、核苷酸及许多其他含氮有机化合物
P	PO_4^{3-}	KH_2PO_4、K_2HPO_4
S	H_2S、SO_4^{2-}、有机硫化物、金属硫化物（FeS、CuS、ZnS、NiS 等）	Na_2SO_4、Na_2SO_3、Na_2S、半胱氨酸或其他含硫化合物
K	溶液中 K^+ 或多种钾盐	KCl、KH_2PO_4、KNO_3
Mg	溶液中 Mg^{2+} 或多种镁盐	$MgCl_2$、$MgSO_4$
Na	溶液中 Na^+ 或 $NaCl$ 或其他钠盐	$NaCl$
Ca	溶液中 Ca^{2+} 或 $CaSO_4$ 或其他钙盐	$CaCl_2$、$CaCO_3$、$CaSO_4$
Fe	溶液中 Fe^{2+} 或 Fe^{3+} 或 FeS、$Fe(OH)_3$ 以及其他多种铁盐	$FeCl_3$、$FeSO_4$、许多螯合铁离子的溶液（EDTA 中 Fe^{3+} 的、柠檬酸盐中的 Fe^{3+} 等）
Mo		Na_2MoO_4
Cu		$CuSO_4$
Mn		$MnSO_4$

一、培养基的设计与配制原则

1. 明确目的

明确目的就是明确培养基的用途，即要制备的培养基是用来培养什么样的微生物，是为了得到菌体还是得到发酵产物等。总体而言，所有微生物生长繁殖均需要培养基含有碳源（能源）、氮源、无机盐、生长因子和水。但不同微生物对营养物质的需求是不一样的，即使同一种微生物，因培养目的的不同，对营养的需求也是不一样的，因此根据不同微生物的营养需求配制针对性强的培养基是微生物工作者必须掌握的一项基本技术。

就微生物的主要类型而言，有细菌、放线菌、酵母菌、霉菌及病毒等之分，培养它们所需的培养基各不相同。在实验室中常用牛肉浸膏蛋白胨培养基（或简称普通肉汤培养基）培养细菌；用高氏 1 号合成培养基培养放线菌；培养酵母菌一般用麦芽汁培养基或马铃薯蔗糖培养基；培养霉菌一般用查氏合成培养基或马铃薯葡萄糖培养基。病毒培养可以用对其敏感的相应实验动物，寄主或细胞。

就微生物的营养类型而言，有自养型（化能自养与光能自养）和异养型（化能异养与光能异养）之分。自养型微生物能用简单的无机物合成自身需要的糖、脂类、蛋白质、核酸、维生素等复杂的有机物，因此培养自养型微生物的培养基完全可以（或应该）由简单的无机物组成。例如，培养化能自养型的氧化硫硫杆菌，在该培养基配制过程中并未专门加入其他碳源物质，而是依靠空气中和溶于水中的 CO_2 为氧化硫硫杆菌提供碳源。

培养其他化能自养型微生物与上述培养基成分基本类似，只是能源物质有所改变。对光能自养型微生物而言，除需要各类营养物质外，还需要光照来提供能源。培养异养型微生物需要在培养基中添加有机物，而且不同类型异养型微生物的营养要求差别很大，因此其培养基组成也相差甚远。例如,培养大肠杆菌的培养基组成比较简单,而有些异养型微生物的培养基的成分非常复杂,如肠膜明串珠菌需要生长因子,配制培养肠膜明串珠菌的合成培养基时,需要在培养基中添加的生长因子多达 33 种,因此通常采用天然有机物来为它提供生长所需的生长因子。

如果培养微生物是为了获取微生物细胞或作为种子培养基用,一般来说,营养成分应该丰富些,尤其是氮源含量宜高些,即碳氮比(严格地讲,碳氮比是指培养基中碳元素与氮元素的摩尔比,但有时也指培养基中还原糖与粗蛋白之比)低,这样有利于微生物的生长与繁殖。反之,如果是为了获取代谢产物或用作发酵培养基,氮源含量宜低些,即碳氮比应该高些,以使微生物不至于过旺生长而有利于代谢产物的积累。

如果培养微生物是用于实验研究,必须明确是一般培养,还是用于精细的生理、代谢或遗传等方面的研究。如属前者,可尽量按天然培养基的要求来设计,如为后者,则主要应考虑设计一种合成培养基。

2. 营养协调

通过菌体成分分析可知,在微生物的细胞中不同元素有比较稳定比例(表 5-2)。所以在设计与配制培养基时,除了应考虑加入微生物生长所必需的一切营养物质外,还要注意,营养物质浓度与配比要合适。

微生物生长所需要的营养物质,如果浓度太低,则不能满足微生物生长的需要;如果浓度太高,则会抑制微生物的生长。如高浓度糖类、无机盐、重金属离子等不仅不能维持和促进微生物的生长,反而还会起到抑制或杀菌作用。

另外,培养基中各营养物质之间的配比也直接影响微生物的生长繁殖和(或)代谢产物的形成和积累,其中碳氮比的影响较大。例如,在利用微生物发酵生产谷氨酸的过程中,培养基碳氮比为 4∶1 时,菌体大量繁殖,谷氨酸积累少;当培养基碳氮比为 3∶1 时,菌体繁殖受到抑制,谷氨酸产量则大量增加。再如,在抗生素发酵生产过程中,可以通过控制培养基中速效氮(或碳)源与迟效氮(或碳)源之间的比例来控制菌体生长与抗生素的合成。

另外,矿物质元素离子的比例会影响营养物质的渗透和其他代谢活动。单种离子浓度过高时,会对微生物产生毒害作用。如高浓度钠盐对细菌有毒,适量的钾、钙离子可以抵抗钠离子的毒性。同样,加生长因子时也要注意比例适当,以使微生物能稳定地吸收生长因子。

3. 条件适宜

微生物的生长除了取决于营养因素外,还受 pH 值、渗透压、氧气和氧化还原电位等理化因素的影响,而微生物的生长反过来又会影响环境条件。为使微生物能良好地生长、繁殖或积累代谢产物,必须创造合适的生长条件。

(1) pH 值

不同微生物生长繁殖或产生代谢产物所要求的最适 pH 值各不相同,因此配制培养不同微生物和不同培养目的的培养基的 pH 值也不同,以满足不同类型微生物的生长繁殖或产生代谢产物。一般来讲,细菌与放线菌适于在 pH 值 7.0~7.5 的范围内生长,酵母菌和霉菌通常在 pH 值 4.5~6.0 的范围内生长。

在微生物生长繁殖和代谢过程中,营养物质的消耗,以及代谢产物的形成与积累,都会导致培养基 pH 值发生变化,所以,若不对培养基 pH 值进行控制,微生物生长速度或(和)代谢产物的产量就会降低。维持培养基 pH 值的相对恒定,通常是在培养基中加入 pH 缓冲剂,常用的缓冲剂是一氢和二氢磷酸盐(如 K_2HPO_4 和 KH_2PO_4)组成的混合物。K_2HPO_4 溶液呈碱性,KH_2PO_4 溶液呈酸性,等量的两种物质的混合溶液的 pH 值为 6.8。当培养基中酸性物质积累导致 H^+ 浓度增加时,H^+ 与弱碱性盐结合形成弱酸性化合物,培养基 pH 不会过度降低;如果培养基中 OH^- 浓度增加,OH^- 则与弱酸性盐结合形成弱碱性化合物,培养基 pH 也不会过度升高。

$$K_2HPO_4 + H^+ \longrightarrow KH_2PO_4 + K^+$$
$$KH_2PO_4 + K^+ + OH^- \longrightarrow K_2HPO_4 + H_2O$$

K_2HPO_4/KH_2PO_4 缓冲剂只能在一定的 pH 值范围(pH 6.4~7.2)内起调节作用,而有些微生物,如乳酸菌会大量产酸,这时 K_2HPO_4/KH_2PO_4 缓冲剂就难以起到缓冲作用,解决的办法是,可在培养基中添加难溶于水的碳酸盐如 $CaCO_3$ 来进行调节,$CaCO_3$ 不会使培养基 pH 值过度升高,即可以不断地中和微生物产生的酸,同时释放出 CO_2,将培养基 pH 值控制在一定范围内。

$$CO_3^{2-} \underset{-H^+}{\overset{+H^+}{\rightleftharpoons}} HCO_3^- \underset{-H^+}{\overset{+H^+}{\rightleftharpoons}} H_2CO_3 \rightleftharpoons CO_2 + H_2O$$

在培养基中还存在着一些天然的缓冲系统,如氨基酸、肽、蛋白质等都属于两性电解质,它们也可起到一定的缓冲剂作用。

$$H_3N^+-\underset{R}{CH}-COOH \underset{+H^+}{\overset{-H^+}{\rightleftharpoons}} H_2N-\underset{R}{CH}-COOH \underset{+H^+}{\overset{-H^+}{\rightleftharpoons}} H_2N-\underset{R}{CH}-COO^-$$

(2)渗透压

渗透压(osmotic pressure)是可用压力来量度的一个物化指标,它表示两种浓度不同的溶液间被一个半透性薄膜隔开时,稀溶液中的水分子会透过此膜到浓溶液中去,直到浓溶液产生的机械压力足以使两边的水分子进出达到平衡为止,这时由浓溶液中的溶质所产生的机械压力,即为渗透压。渗透压的大小是由溶液中所含有的分子或离子的数量所决定的,等重的物质,其分子或离子越小,则数量越多,因而产生的渗透压就越大。

等渗溶液适宜微生物的生长,高渗溶液会使细胞发生质壁分离,而低渗溶液则会使细胞吸水膨胀,对细胞壁脆弱或丧失的各种缺壁细胞(如原生质体、球状体、支原体)来说,在低渗溶液中还会破裂。在发酵生产中,为了提高生产量,趋向于采用较高浓度的培养基,但应以不超过微生物的最适渗透压为前提。

(3)氧化还原电位(oxidation-reduction potential)

氧化还原电位又称氧化还原电势(redox potential,ϕ),它是度量某氧化还原系统中的还原剂释放电子或氧化剂接受电子趋势的一种指标,其单位是伏(V)或毫伏(mV)。

不同类型微生物生长对氧化还原电位的要求不一样,一般好氧性微生物在 ϕ 为 0.1 V 以上时可正常生长,一般以 0.3~0.4 V 为宜,厌氧性微生物只能在 ϕ 低于 0.1 V 条件下生长,兼性厌氧微生物在 ϕ 为 0.1 V 以上进行好氧呼吸,在 0.1 V 以下时进行发酵。ϕ 与氧分压和 pH 值有关,也受某些微生物代谢产物的影响。在 pH 值相对稳定的条件下,可通过增加通气量(如振荡培养、搅拌)提高培养基的氧分压,或加入氧化剂,从而增加 ϕ;在培养基中加入抗坏血酸、硫化氢、半胱氨酸、谷胱甘肽、二硫苏糖醇等还原性物质可降低 ϕ。培养基中加入氧化还原指示剂刃天青可对氧化还原电位进行间接测定。

4. 经济节约

经济节约的原则也是不可忽视的,尤其是在设计、制备大规模生产用的培养基时更应如此。在保证微生物生长与积累代谢产物需要的前提下,经济节约原则大致有如下几点:"以粗代精""以野代家""以废代好""以简代繁"(表 5-13)"以烃代粮""以纤代糖""以氮代铵""以国产代进口"等。

表 5-13　链霉素发酵培养基"以简代繁"的效果

培养基	培养40 h产量	培养66 h产量	培养100 h产量	培养140 h产量	培养160 h产量
丰富培养基	1.00	1.00	1.00	1.00	1.00
稀薄培养基	1.26	1.25	1.16	1.07	1.13
过稀薄培养基	0.75	0.74	0.86	0.92	0.93

注:表中数据指相对产量。

在配制培养基时应尽量利用廉价且易于获得的原料作为培养基成分,特别是在发酵工业中,培养基用量很大,利用低成本的原料更体现出其经济价值。工农业生产中常以污染环境的废弃物作为培养微生物的原料。例如,糖蜜(制糖工业中含有蔗糖的废液)、乳清(乳制品工业中乳糖的废液)、豆制品工业废液及黑废液(造纸工业中含有戊糖和己糖的亚硫酸纸浆)等都可作为培养基的原料。工业上的甲烷发酵主要利用废水、废渣作为原料,在我国农村,利用粪便及禾草为原料发酵产生甲烷已被推广。另外,大量的农副产品或制品,如麸皮、米糠、玉米浆、酵母浸膏、酒糟、豆饼、花生饼、蛋白胨等都是常用的发酵工业原料。

某制药厂改进链霉素发酵液中的原有配方,设法减去 30%～50% 的黄豆饼粉、25% 的葡萄糖和 20% 硫酸铵,不仅减少了原料,还提高了产量。

以大气中氮、铵盐、硝酸盐或尿素等一类非蛋白质或非氨基酸廉价原料用作发酵培养基的原料,让微生物转化成菌体蛋白质或含氮的发酵产物供人们利用。

以野生植物原料代替栽培植物原料,如木薯、橡子、薯芋等都是富含淀粉质的野生植物,可以部分取代粮食用于工业发酵的碳源。

对微生物来说,各种粗原料营养更加完全,效果更好。而且在经济上也节约。

开发利用纤维素这种世界上含量最丰富的可再生资源。将大量的纤维素农副产品转变为优质饲料、工业发酵原料、燃料及人类的食品及饮料。

以石油或天然气副产品代替糖质原料来培养微生物。生产石油蛋白将石油产品转化成一些产值更高的高级醇、脂肪酸、环烷酸等化工产品和若干合成物;对石油产品的品质进行改良,如脱硫、脱蜡等。

5. 灭菌处理

由于微生物培养基营养丰富,配制后为避免杂菌污染,因此对所用器材及工作场所进行消毒与灭菌。对培养基而言,更是要进行严格的灭菌。对培养基一般采取高压蒸汽灭菌,一般培养基在 1.05 kg/cm² 压力下 121.3 ℃灭菌 15～30 min 可达到灭菌目的。在高压蒸汽灭菌过程中,长时间高温会使某些不耐热物质遭到破坏,如使糖类物质形成氨基糖、焦糖,因此含糖培养基常在 0.56 kg/cm² 压力下 112.6 ℃灭菌 15～30 min,某些对糖要求较高的培养基,可先将糖进行过滤除菌或间歇灭菌,再与其他已灭菌的成分混合;长时间高温还会引起磷酸盐、碳酸盐与某些阳离子(特别是钙、镁、铁离子)结合形成难溶性复合物而产生沉淀,因此,在配制用于观察和定量测定微生物生长状况的合成培养基时,常需在培养基中加入少量螯合剂,避免培养基中产生沉淀而影响吸光度的测定,常用的螯合剂为乙二胺四乙酸(EDTA)。还可以将含钙、镁、铁等离子的成分与磷酸盐、碳酸盐分别进行灭菌,然后再混合,避免形成沉淀;高压蒸汽灭菌后,培养基 pH 值会发生改变(pH 值会降低 0.2 左右),可根据微生物的培养要求,在培养基灭菌前后加以调整。在配制培养基过程中,泡沫的存在对灭菌处理极为不利,因为泡沫中的空气形成隔热层,可使泡沫中微生物难以被杀死。因而有时需要在培养基中加入消泡剂以减少泡沫的产生,或适当提高灭菌温度,延长灭菌时间。

以上讲的是微生物培养基设计与配制的一般原则。另外,培养基的配制还有一定的方法和顺序,在此作一简单介绍:在烧杯中加一定量的蒸馏水(或去离子水,视实验要求而定),按配方称取各营养成分,然后将各营养成分逐一加入(按配方顺序加入),待每一成分溶解后方可加入下一成分,否则会出现沉淀。为了避免产生含金属元素的沉淀,可加入螯合剂 EDTA(乙二胺四乙酸)、NTA(氮川三乙酸)等。EDTA 的常用浓度为 0.1 g/L。各种成分的加入顺序是:①缓冲化合物;②各种有机无机元素;③微量元素;④维生素及其他生长因子。待全部营养成分配齐后,用浓度为 100 g/L 的 NaOH 或浓度为 100 g/L 的 HCl 调整 pH 值。由于在微生物培养过程中会产生有机酸、CO_2 和 NH_3 等产物,它们会改变培养基的 pH 值。所以,连续培养时需加入缓冲剂,如 KH_2PO_4、K_2HPO_4、Na_2CO_3、$NaHCO_3$、NaOH 等,pH 值调好后,经分装并尽快置于高压蒸汽灭菌锅内灭菌,否则会被杂菌污染,并破坏其固有的成分和性质。

二、培养基的类型及应用

培养基的种类繁多,可从不同角度进行分类。

1. 按对培养基成分的了解程度分

1) 天然培养基

天然培养基(complex media)是采用动植物组织或微生物细胞或它们的提取产物或粗消化产物等配制的成分含量不完全清楚且不恒定的营养基质。配制这类培养基常用牛肉浸膏、酵母浸膏、麦芽汁、蛋白胨、牛奶、血清、马铃薯、玉米粉、麸皮、花生饼粉、土壤浸液、稻草浸汁、羽毛浸汁、胡萝卜汁、椰子汁等(表 5-14)。如培养细菌的牛肉浸膏蛋白胨培养基(表 5-15),培养酵母的麦芽汁培养基及基因克隆技术中常用的 LB(Luria-Bertani)等都属于天然培养基。天然培养基具有诸多优点,如取材方便,营养丰富,而且配制方便;其缺点是所用物质的成分不稳定,营养成分难以控制,实验结果的重复性差。因此,天然培养基适用于实验室的一般粗放性实验和工业生产中的种子培养。

表 5-14 牛肉浸膏、蛋白胨及酵母浸膏等的来源及主要成分

营养物质	来　源	主　要　成　分
牛肉浸膏	瘦牛肉组织浸出汁浓缩而成的膏状物质	富含水溶性糖类、有机氮化合物、维生素、盐等
蛋白胨	将肉、酪素或明胶用酸或蛋白酶水解后干燥而成的粉末状物质	富含有机氮化合物、也含有一些维生素和糖类
酵母浸膏	酵母菌细胞的水溶性提取物浓缩而成的膏状物质	富含 B 族维生素,也含有有机氮化合物和糖类

续表

营养物质	来源	主要成分
玉米浆	用亚硫酸浸泡玉米淀粉时的废水,经减压浓缩而成的浓缩液。干物质占50%,棕黄色,久置沉淀	提供可溶性蛋白质、多肽、小肽、氨基酸、还原糖和B族维生素
甘蔗糖蜜和甜菜糖蜜	制糖厂除去糖结晶后的下脚废液,棕黑色	主要含蔗糖和其他糖,还有氨基酸、有机酸、少量的维生素等

2) 合成培养基

合成培养基(synthetic media)是由化学成分和性质完全了解的物质配制而成的营养基质,也称为化学限定培养基。为精确定量配制已知成分而成的培养基,如氯化钠、磷酸钾、硫酸镁、氨基酸、葡萄糖、维生素和水。放线菌的高氏1号培养基、霉菌的查氏培养基、氧化硫硫杆菌培养基和大肠杆菌培养基(表5-15)都是合成培养基。合成培养基的特点是营养物质的成分及其浓度完全清楚,组分精确,重复性强,但与天然培养基相比,其成本较高,微生物在其中的生长速度较慢。许多营养要求复杂的异养型微生物在合成培养基上不能生长,且配制方法较麻烦。这类培养基一般适用于在实验室进行微生物营养要求、代谢、分类鉴定、生物量测定、菌种选育及遗传分析等方面的研究。

表 5-15 各类培养基成分

牛肉浸膏蛋白胨培养基	高氏1号培养基	查氏培养基	氧化硫硫杆菌培养基	大肠杆菌培养基	马铃薯蔗糖(葡萄糖)培养基
牛肉浸膏 3 g	可溶性淀粉 20 g	蔗糖 30 g	粉状硫 10 g	葡萄糖 0.5 g	马铃薯 200 g
蛋白胨 5 g	K_2HPO_4 1 g	K_2HPO_4 1g	$MgSO_4$ 0.5g	$NH_4H_2PO_4$ 1 g	蔗糖(葡萄糖)20 g
NaCl 5 g	NaCl 1 g	$NaNO_3$ 3 g	$(NH_4)_2SO_4$ 0.4g	$MgSO_4$ 0.2 g	水 1000 mL
水 1000 mL	$FeSO_4$ 0.01 g	$FeSO_4$ 0.01 g	$FeSO_4$ 0.01 g	K_2HPO_4 1 g	pH 自然
pH 7.2~7.4	KNO_3 1 g	KCl 0.5 g	KH_2PO_4 4g	NaCl 5 g	
	$MgSO_4$ 0.5 g	$MgSO_4$ 0.5 g	CaCl 0.25g	水 1000 mL	
	水 1000 mL	水 1000 mL	水 1000 mL		
	pH 7.2~7.4	pH 6.0	pH 7.0~7.2	pH 7.2~7.4	

3) 半合成培养基

半合成培养基(semi-synthetic media)是在天然有机物基础上加入某种(些)无机盐类或在合成培养基的基础上加入某种(些)已知成分的化学药品配制而成的营养基质。这类培养基能更有效地满足微生物的营养要求,微生物生长良好,在微生物学工作中,半合成培养基是应用最广泛的一类培养基。如培养真菌用的马铃薯蔗糖(葡萄糖)培养基(表5-15)。

2. 按培养基的物理状态分

1) 固体培养基

固体培养基(solid media)是指在液体培养基中加入一定量(通常为1.5%~2.0%)的凝固剂,在一般培养温度下呈固体状态的培养基。理想的凝固剂应具备以下条件:不被所培养的微生物分解利用;在微生物生长的温度范围内保持固体状态,在培养嗜热细菌时,由于高温容易引起培养基液化,通常在培养基中适当增加凝固剂来解决这一问题;凝固剂凝固点温度不能太低,否则将不利于微生物的生长;凝固剂对所培养的微生物无毒害作用;凝固剂在灭菌过程中不会被破坏;透明度好,黏着力强;配制方便且价格低廉。常用的凝固剂有琼脂(agar)、明胶(gelatin)和硅胶(silicage)。

琼脂由藻类(海产石花菜)中提取的一种高度复杂的多糖,主要由琼脂糖和琼脂胶两种多糖组成。大多数微生物不能降解琼脂,琼脂在 40 ℃左右固化,约 96 ℃熔化,灭菌过程中不会被破坏,且价格低廉。明胶是由动物的皮、骨等熬制而成的胶原蛋白制备而成的产物,是最早用来作为凝固剂的物质。明胶 20 ℃凝固,28~35 ℃熔化。而且某些细菌和许多真菌产生的非特异性胞外蛋白酶以及梭菌产生的特异性胶原酶都能液化明胶,目前已较少作为凝固剂。硅胶是由无机的硅酸钠(Na_2SiO_3)及硅酸钾(K_2SiO_3)被盐酸及硫酸中和时凝聚而成的胶体。它不含有机物,所以特别适合配制分离与培养自养型微生物的培养基。硅胶一旦凝固,就无法再熔化。

相比之下,对绝大多数微生物而言,琼脂(表 5-16)是最理想的凝固剂。

表 5-16 琼脂与明胶主要特性比较

内 容	琼 脂	明 胶
主要成分	胶质多糖	蛋白质
主要来源	海藻	兽骨
常用浓度/(%)	1.5~2	5~12
熔点/℃	96	25
凝固点/℃	40	20
透明度	高	高
黏着力	强	强
耐加压灭菌	强	弱
pH 值	微酸	酸性
灰分/(%)	16	14~15
氧化钙/(%)	1.15	0
氧化镁/(%)	0.77	0
氮/(%)	0.4	18.3
微生物利用能力	绝大多数微生物不能利用	许多微生物能利用

除在液体培养基中加入凝固剂制备的固体培养基外,一些由天然固体基质制成的培养基也属于固体培养基。例如,由马铃薯块、胡萝卜条、小米、麸皮及米糠等制成固体状态的培养基就属于此类。又如生产酒的酒曲,生产食用菌的棉子壳培养基。

在实验室中,固体培养基一般是加入平皿或试管中,制成培养微生物的平板或斜面。固体培养基为微生物提供了一个营养表面,单个微生物细胞在这个营养表面进行生长繁殖,可以形成单个菌落。固体培养基常用来进行微生物的分离、鉴定、活菌计数及菌种保藏等。

2) 液体培养基

把各种材料的抽提物或化学药品按一定量溶于定量的水中,即得到液体培养基(liquid media)。配制时不需要添加凝固剂而呈液体状态。微生物在液体培养基中生长时,可以通过振荡或搅拌来增加培养基的通气量,同时也使微生物更均匀地接触和利用营养物质,这有利于微生物的生长和代谢产物的积累。目前,微生物发酵工业或微生物制品工业大都采用液体培养基在发酵罐中进行深层培养或深层通气培养。实验室中,多用液体培养基观察微生物的生长特性,如好氧或兼性厌氧微生物,常使液体培养基变得混浊或产生沉淀、絮凝等。液体培养基还用于研究微生物的某些生理生化特性,如糖类发酵、V.P 反应、吲哚产生、硝酸盐还原等。此外,土壤微生物区系分析时,也应用液体培养基进行稀释培养计数以反映各生理类群的数量关系。

3) 半固体培养基

半固体培养基(semi-solid media)是指在液体培养基中加入少量凝固剂配制而成的质地柔软的培养基,加入的量较固体培养基少,通常为 0.2%~0.7%。这种培养基常用来观察细菌的运动性,经穿刺培养后,可运动的细菌沿穿刺线向外活动,在穿刺线周围都有细菌生长发育;不能运动的细菌则只在穿刺线内生长。半固体培养基也常用于观察细菌对糖类的发酵能力,因为在发酵过程中产生的气体,可以以气泡状态保持在培养基内而易于识别。另外,半固体培养基还可用于细菌趋化性研究、厌氧菌的培养及细菌和酵母菌的菌种保藏等。

3. 按培养基的用途分

1) 基础培养基

尽管不同微生物的营养要求各不相同,但大多数微生物所需的基本营养物质是相同的。含有一般微生物生长繁殖所需的基本营养物质的一种培养基,称为基础培养基(basic medium)。例如牛肉浸膏蛋白胨培养基,其中含有一般腐生性细菌所需的营养成分,是适用于细菌培养的最常见的基础培养基。同理,马铃薯蔗糖(葡萄糖)琼脂培养基、麦芽汁琼脂培养基,可作为酵母菌和霉菌的基础培养基。

基础培养基也可以作为一些特殊培养基的基础成分,再根据某种微生物的特殊营养需求,在基础培养基中加入所需营养物质。培养某种营养缺陷型菌株,可先配制基础培养基,之后再加入缺陷型菌株需要的那种营养成分即可。例如,培养细菌营养缺陷型菌株用的基础培养基成分为:

K_2HPO_4 30 g;$MgSO_4 \cdot 7H_2O$ 100 mg;KH_2PO_4 10 g;$MnSO_4 \cdot 4H_2O$ 10 mg;NH_4NO_3 5 g;$FeSO_4 \cdot 7H_2O$ 10 mg;Na_2SO_4 1 g;$CaCl_2$ 5 mg;蒸馏水 1000 mL。

配好后置于冰箱备用,使用时,将基础培养液稀释 10 倍,加入 1% 葡萄糖,对于某种营养缺陷型细菌的培养,可加入一定量(如 50 μg/mL)所缺陷的生长因子,调节 pH 值,灭菌使用。

2) 加富培养基

加富培养基(enrichment medium)也称营养培养基、富集培养基,即在基础培养基中加入某些特殊营养物质制成的一类营养丰富的培养基,这些特殊营养物质包括血液、血清、酵母浸膏、动植物组织液等。加富培养基一般用来培养营养要求比较苛刻的异养型微生物,如培养百日咳博德氏菌(*Bordetella pertussis*)需要含有血液的加富培养基。加富培养基还可以从混杂有多种微生物的材料中富集和分离某种(类)微生物,这是因为加富培养基含有某种微生物所需的特殊营养物质,该种微生物在这种培养基中的生长速度比其他微生物快,并逐渐富集而占优势,逐步淘汰其他微生物,从而容易达到分离该种微生物的目的。因此,加富培养基常用于菌种筛选工作。

除营养要求外,不同微生物对环境条件的要求也不相同。如厌氧与好氧,高温与低温及耐高渗与不耐高渗等。因此,利用加富培养基分离和培养所需的某种微生物时,必须同时考虑培养基成分和培养环境两个因素,才能达到预期目的。

第五章 微生物的营养

从某种意义上讲,加富培养基类似选择培养基,两者区别在于,加富培养基是用来增加所要分离的微生物的数量,使其形成生长优势,从而分离到该种微生物;选择培养基则一般是抑制不需要的微生物的生长,使所需要的微生物增殖,从而达到分离所需微生物的目的。

3)鉴别培养基

鉴别培养基(differential medium)是一类通过在培养基中添加某种化学物质而将目的微生物与其他微生物区分开来的培养基。在培养基中加入某种特殊化学物质,某种微生物在培养基中生长后能产生某种代谢产物,而这种代谢产物可以与培养基中的特殊化学物质发生特定的化学反应,产生明显的特征性变化,根据这种特征性变化,可将该种微生物与其他微生物区分开来(表5-17)。

表5-17 一些鉴别培养基

培养基名称	加入的化学物质	微生物代谢产物	培养基特征变化	主 要 用 途
酪素培养基	酪素	胞外蛋白酶	蛋白水解圈	鉴别产蛋白酶菌株
明胶培养基	明胶	胞外蛋白酶	明胶液化	鉴别产蛋白酶菌株
油脂培养基	食用油、土温、中性红指示剂	胞外脂肪酶	由淡红色变成深红色	鉴别产脂肪酶菌株
淀粉培养基	可溶性淀粉	胞外淀粉酶	淀粉水解圈	鉴别产淀粉酶菌株
H_2S试验培养基	醋酸铅	H_2S	产生黑色沉淀	鉴别产H_2S菌株
糖发酵培养基	溴甲酚紫	乳酸、醋酸、丙酸等	由紫色变成黄色	鉴别肠道细菌
远藤氏培养基	碱性复红、亚硫酸钠	酸、乙醛	带金属光泽深红色菌落	鉴别水中大肠菌群
伊红美蓝培养基	伊红、美蓝	酸	带金属光泽深紫色菌落	鉴别水中大肠菌群

用于鉴别肠道杆菌中的某些细菌的伊红美蓝((Eosin Methylene Blue)agar EMB)培养基就是一种鉴别培养基。此培养基含有酪蛋白样的氨基酸混合物、酵母浸液、适量的无机盐、0.04%的伊红Y、0.0065%的美蓝和供做试验的糖。常用于食品、乳制品、水源标本中的革兰氏阴性肠道菌的分离和鉴别。其培养基的成分见表5-18。

表5-18 EMB培养基的成分

成分	蛋白胨	乳糖	蔗糖	K_2HPO_4	伊红Y	美蓝	蒸馏水
含量/g	10	5	5	2	0.4	0.065	1000 调pH值至7.2

EMB培养基含有伊红和美蓝两种染料作为指示剂。蛋白胨提供细菌生长发育所需的氮源、维生素和氨基酸,乳糖提供发酵所需的碳源,磷酸氢二钾维持缓冲体系,伊红Y和美蓝抑制绝大部分革兰氏阳性细菌的生长。琼脂是凝固剂。大肠杆菌可发酵乳糖产酸造成酸性环境时,这两种染料结合形成复合物,结果与两种染料结合形成深紫色菌落。由于伊红还发出略呈绿色的荧光,因此在反射光下可以看到深紫色菌落表面有绿色金属闪光。而肠道内的沙门氏菌和志贺氏菌不发酵乳糖,所以形成无色菌落。这样就可以将无害的大肠杆菌与致病的沙门氏菌和志贺氏菌区别开来。伊红和美蓝还起着抑制某些细菌(革兰氏阳性细菌与一些难以培养的革兰氏阴性细菌)生长的作用。此外,伊红和美蓝这两种染料在pH值低时结合形成沉

淀,可起到产酸指示剂的作用。

鉴别培养基主要用于微生物的快速分类鉴定,以及分离和筛选产生某种代谢产物的微生物菌种。

4) 选择培养基

选择培养基(selected medium)是用来将某种或某类微生物从混杂的微生物群体中分离出来的培养基。根据不同种类微生物的特殊营养需求或对某种化学物质的敏感性不同,在培养基中加入相应的特殊营养物质或化学物质,抑制不需要的微生物的生长,而不妨碍(或有利于)所需微生物的生长。

选择培养基的设计与制备有两种策略。一是"投其所好法",即依据某些微生物的特殊营养需求进行设计。例如:利用以纤维素或液体石蜡作为唯一碳源的选择培养基,可以从混杂的微生物群体中分离出能分解纤维素或液体石蜡的微生物;利用以蛋白质作为唯一氮源的选择培养基,可以分离产胞外蛋白酶的微生物;缺乏氮源的选择培养基可用来分离固氮微生物。二是"投毒法",即在培养基中加入某种化学物质,这种化学物质没有营养作用,对所需分离的微生物无害,但可以抑制或杀死其他微生物,例如,在培养基中加入数滴10%酚可以抑制细菌和霉菌的生长,从而由混杂的微生物群体中分离出放线菌;在培养基中加入亚硫酸铵,可以抑制革兰氏阳性细菌和绝大多数革兰氏阴性细菌的生长,而革兰氏阴性的伤寒沙门氏菌(Salmomnella typhi)可以在这种培养基上生长;在培养基中加入染料亮绿(brilliant green)或结晶紫(crystal violet),可以抑制革兰氏阳性细菌的生长,从而达到分离革兰氏阴性细菌的目的;在培养基中加入青霉素、四环素或链霉素,可以抑制细菌和放线菌的生长,而将酵母菌和霉菌分离出来。在基因工程中,重组菌的筛选也可以通过载体上所含的抗性标记基因通过加有相应抗生素的抗性平板来进行。

【视野拓展】

汤飞凡对微生物学的贡献

汤飞凡,中国第一代医学病毒学家。在病毒学发展的早期,他用物理方法研究阐明病毒的本质。1955年他首次分离出沙眼衣原体,是世界上发现重要病原体的第一个中国人。汤飞凡(1897.8.20-1958.9.30)医学微生物学家,湖南醴陵人,又名瑞昭。1914年入湘雅医学专门学校,1921年毕业,获湘雅医学院医学博士学位。任教于北京协和医院。1926年被派往美国哈佛大学医学院从事细菌学研究。1929年回国后,任上海中央大学医学院副教授、教授、细菌学系主任,1932年后兼任上海雷氏德医学研究院细菌学系主任。1935年任英国国立医学研究院研究员。1937年后,任上海医学院细菌学教授,中央防疫实验生物制品技术处处长,创建昆明卫生防疫处。1947年在世界微生物学会第四次大会上当选为常委。中华人民共和国成立后,历任卫生部北京生物制品研究所所长,中国科学院菌种保藏委员会研究员兼主任。1957年被聘为中国科学院生物学部委员,汤飞凡是中华医学会理事,中国微生物学会理事长,全国生物制品委员会主任委员。毕生从事病毒的研究。20世纪30年代和魏曦共同对支原体进行研究,否定了沙眼细菌病因说;1955年7月,汤飞凡采用了研究立克次氏体常用的卵黄囊接种。只做了8次试验就分离出了一株病毒。这个世界上第一株沙眼病毒被汤飞凡命名为TE8,T表示沙眼,E表示鸡卵,8是第8次试验,后来许多国家的实验室把它称为"汤氏病毒"(沙眼衣原体)。1958年9月,拔白旗开始了,在医学界,要拔的白旗都是反右运动中的一流学者,1958年9月30日晨,汤飞凡自尽。1980年6月,中国眼科学会收到国际眼科防治组织(IOAT)的一封短函:因为汤博士在关于沙眼病原研究和鉴定中的杰出贡献,国际眼科防治组织决定向他颁发沙眼金质奖章。希望能够得到汤博士的通信地址,以便向他发出正式邀请,参加1982年11月在旧金山举行的第25届国际眼科学大会。沙眼防治的最高荣誉终于属于汤飞凡,可是IOAT不知道,他们准备推荐申报诺贝尔奖的大师,早已不在人世了。汤飞凡撰有《沙眼病原学研究:接种鸡胚,分离病毒》等论文30多篇。被认为最有希望获得诺贝尔奖的中国人。

小 结

微生物摄取和利用营养物质的过程称为营养。能够满足微生物机体生长、繁殖和完成各种生理活动所需的物质称为营养物质。营养物质包括碳源、氮源、能源、无机盐、生长因子和水六大类。

根据碳源、能源及氢供体的不同,可将微生物分为光能自养型、光能异养型、化能自养型和化能异养型四种类型。营养物质进入细胞的方式主要有四种:单纯扩散、促进扩散、主动运输(初级主动运输、次级主动运输、Na^+,K^+-ATP酶系统)、基团移位。另外,在原生动物中尚有膜泡运输。

培养基是人工配制、适合微生物生长繁殖和产生代谢产物的营养基质。设计和配制培养基是进行有关微生物的科学研究和生产实践的最基本技术之一。在设计和配制培养基时,应遵循一定的原则,即"目的明确,营养协调,条件适合,经济节约"。

培养基的主要类型:按对培养基成分的了解程度分为天然培养基、合成培养基和半合成培养基;按培养基的物理状态分为固体培养基、液体培养基和半固体培养基;按培养基的用途分为基础培养基、加富培养基、鉴别培养基和选择培养基。

复习思考题

1. 为何精确确定微生物对微量元素的营养要求非常困难?
2. 为什么生长因子常常是氨基酸,嘌呤和嘧啶,而葡萄糖通常不是生长因子?
3. 简述营养与营养物质的关系。
4. 什么叫微生物的营养类型?根据能源、碳源和电子供体可将微生物划分为哪些营养类型?
5. 试对四种物质运输方式进行比较。
6. 配制培养基的原则和步骤有哪些?
7. 什么是鉴别培养基和选择培养基?
8. 什么叫水活度?它对微生物的生命活动有何影响?
9. 为什么微生物的营养类型多种多样,而动植物营养类型则相对比较单一?
10. 试述化能异养型微生物的营养需求。在什么地方才能发现这些微生物?

(孙新城 胡仁火)

第六章

微生物的新陈代谢

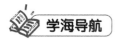 学海导航

了解微生物代谢类型的特点及多样性和主要发酵途径；理解主要的产能方式；掌握代谢调控的原理，达到运用所学知识调控代谢过程和提高发酵代谢物产量的目的。

重点：主要的产能代谢方式。

难点：微生物的代谢调控方式与机制。

微生物从外界摄取营养物质后，在其体内经过一系列的生化反应，继而获得能量和合成细胞物质的前体物质，这一系列的生化反应过程称为微生物的代谢(microbial metabolism)。也就是说，微生物的新陈代谢是微生物活细胞中一切生化反应的统称。

和其他动植物一样，微生物所具有的代谢能力也是其生命活动最为基本的特征之一。微生物体内进行着能量和物质的循环，这主要是由物质代谢和能量代谢过程来完成的。物质代谢包括分解代谢(catabolism)和合成代谢(anabolism)，而能量代谢包括产能代谢(exergonic metabolism)和耗能代谢(metabolism)。物质代谢和能量代谢有着千丝万缕的关系，物质代谢往往伴随着能量代谢，两者相辅相成，因为分解代谢伴随着能量的产生，合成代谢却需耗费能量。

分解代谢是指微生物细胞通过不同酶系将体内的复杂大分子降解成简单小分子，并伴随着能量和还原力生成的过程；合成代谢是指通过合成酶系利用体内的简单小分子、ATP和还原力合成复杂大分子的过程。合成代谢虽然看似分解代谢的逆过程，其实两者之间是在不同区域发生的代谢过程。

微生物代谢和动植物体内的代谢过程既有高度的统一性，又有自身的独特性。在生物化学课程中对生物体代谢的统一性已经有了详细的介绍，本章侧重于介绍微生物代谢的独特性。微生物代谢的独特性主要集中体现在其代谢类型的多样性方面，它可利用的底物有着极大的宽广性，自然界中几乎没有它不可分解的天然有机物质。

第一节　微生物的产能代谢

微生物在生命活动过程中，需进行蛋白质、核酸、脂类和多糖等各种细胞物质的合成以进行生长和繁殖，也需对营养物质进行主动吸收，还会进行鞭毛运动、细胞质流动以及细胞核分

裂等过程,这些生命活动都需要耗费能量,这些能量的来源主要是化学能和光能。那么微生物是如何获得自然界中的这些能量的呢?能量转换方式有哪些呢?这些都是微生物能量代谢的基本问题。

一、细胞中的生物氧化还原反应

在微生物细胞体内,都在进行着物质的氧化还原反应,比如三羧酸循环中异柠檬酸脱氢脱羧转化为 α-酮戊二酸,琥珀酸脱氢转化为延胡索酸等。糖、脂肪、蛋白质等物质在生物体内经过一系列连续的氧化还原反应逐步分解并放出能量,该过程称为生物氧化(biological oxidation)。在氧化还原反应中,凡是失去电子的物质称为电子供体;得到电子的物质称为电子受体。如还伴随有氢的转移时则又分为供氢体和受氢体。生物氧化反应过程中会伴随着能量发生变化,全反应过程的净能量变化决定于电子最初供体和最终受体之间还原电位之差。还原电位指的是各种化学基质失去电子而被还原的电位,用 E_0' 表示,以伏(V)或毫伏(mV)为单位。一种物质的还原电位越大,表明它越容易还原,即该物质越容易从其他物质获取电子,并将其他物质氧化,它本身是较强的氧化剂。几种典型生物氧化还原系统成员的电位如表6-1所示。

表6-1 几种典型生物氧化还原系统成员的 E_0'(V)

氧化还原系统	E_0'/V	氧化还原系统	E_0'/V
$2H^+/H_2$	-0.42	$Cyt\ c_1\ Fe^{3+}/Fe^{2+}$	$+0.22$
$NAD(P)^+/NAD(P)H+H^+$	-0.32	$Cyt\ c\ Fe^{3+}/Fe^{2+}$	$+0.25$
$FMN^+/FMNH_2$	-0.30	$Cyt\ a\ Fe^{3+}/Fe^{2+}$	$+0.29$
$FAD^+/FADH_2$	-0.06	$Cyt\ a_3\ Fe^{3+}/Fe^{2+}$	$+0.55$
$Cyt\ b\ Fe^{3+}/Fe^{2+}$	$+0.04$(或 0.10)	$Cyt\ c\ Fe^{3+}/Fe^{2+}$	$+0.25$
$CoQ/CoQH_2$	$+0.07$	$1/2O_2/H_2O$	$+0.82$

生物氧化的过程可分为脱氢(或电子)、递氢(或电子)和受氢(或电子)等三个不同阶段。

化能异养型微生物可从有机物中脱出氢和电子,化能自养型微生物可从 H_2、H_2S 或 H_2O 中脱出氢和电子,光能型微生物可从 H_2O 或 H_2S、脂肪酸或醇类等简单有机物中脱出氢和电子作还原 CO_2 的氢供体。

在细胞内进行的氧化还原反应中,电子从最初供体转移到最终受体,而且电子的转移一般都需经由中间载体(电子传递体)进行传递完成。一般来说,参与传递的电子载体有四类:黄素蛋白、细胞色素、铁硫蛋白和辅酶Q。在这四类电子载体中,除了辅酶Q以外,接受和提供电子的氧化还原中心都是与蛋白质相连的辅基或辅酶。如细胞色素氧化酶的铁卟啉辅基,各种脱氢酶的 NAD^+、FMN 和 FAD 等辅酶分子。辅酶 NAD^+(烟酰胺腺嘌呤二核苷酸)和 $NADP^+$(烟酰胺腺嘌呤二核苷酸磷酸)就是细胞中常见的游离电子载体,它们也是氢载体,能携带一个质子和两个电子,在反应中另一个质子(H^+)来自溶液。$NAD^+ + 2e^- + 2H^+$ 产生 $NADH + H^+$,为简略起见一般将 $NADH + H^+$ 书写为 NADH。尽管 NAD^+ 和 $NADP^+$ 具有相同还原势($-320\ mV$),但在细胞中前者直接用于产能反应(分解代谢),后者主要用于合成反应。

电子载体最后要将氢和电子交给受氢体,受氢体既可为有机物,也可为 O_2 或其他无机物。于是,从脱氢、递氢到受氢整个过程的完成,就产生了能量。

二、化能型微生物产能代谢方式

化能型微生物包括自然界绝大多数细菌、所有放线菌、所有真菌和所有原生动物,它们的能源来自有机物或无机物的氧化分解,通过底物水平磷酸化或氧化磷酸化来产生 ATP。

从底物脱出氢和电子后,根据最终电子受体性质的不同,微生物产生能量的方式有三种,即发酵、有氧呼吸和无氧呼吸。

(一) 发酵

发酵(fermentation)作用是指在厌氧条件下微生物细胞内发生的一种氧化还原反应。也就是说,它是一种不需要分子态氧(O_2)作电子受体的氧化作用,为厌氧代谢,在此过程中电子供体和受体都是有机物分子。作为基质的有机物质只是部分碳原子被氧化,所形成的某些中间产物又作为受氢体接受氧化过程中释放的氢和电子而形成新的代谢产物,并释放出能量。微生物的发酵作用最常见于糖类的厌氧降解作用中,特别是葡萄糖的代谢,酒精发酵和乳酸发酵就是这类作用的典型代表(见第二节)。发酵产生能量(ATP)的机制主要是通过底物水平磷酸化来完成的,即由底物氧化过程中产生的高能化合物将磷酸键转移到 ADP 分子上而形成 ATP。这是生理学意义上的含义,而一般工业上所指的发酵完全不同,工业上的发酵含义则较广泛,凡是利用微生物进行生产的过程,无论是在有氧条件下还是在无氧条件下,统称为发酵,如酵母菌和乳酸杆菌等菌剂、抗生素、柠檬酸及酒精的发酵生产等。

发酵是厌氧微生物在生长过程中获能的一种主要方式。但这种氧化不彻底,只释放出一部分能量,大部分能量仍储存在有机物中。例如,酵母菌利用葡萄糖进行酒精发酵时,一分子葡萄糖仅释放出 225.7 kJ 的能量,其中约有 62.7 kJ 储存在 ATP 中,其余能量(225.7－62.7＝163 kJ)以热散失,而大部分能量仍储存在产物酒精中。

有些兼性厌氧菌在无氧条件下也能进行发酵作用,这时若通入氧气发酵作用会受到抑制,这一现象首先是由巴斯德发现的,称为巴斯德效应。如利用酵母菌进行酒精发酵生产时,若通入 O_2,则发酵作用减慢,酒精产量下降。

(二) 有氧呼吸

有氧呼吸(aerobic respiration)又称好氧呼吸,是一种最普遍又最为重要的产能方式,其产能特点是微生物在氧化底物时,脱下的氢和电子经完整的电子传递链(electron transport chain,ETC)(图 6-1)传递给最终电子受体——分子氧,生成了水,并释放出大量能量。其中

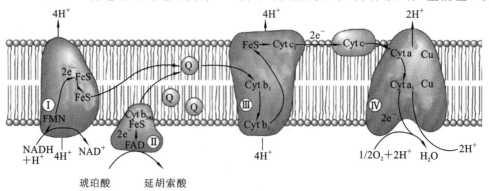

图 6-1　生物电子传递链示意图

一部分转移到 ATP 中,另一部分则以热的形式散出。例如,一分子葡萄糖在有氧条件下完全氧化成 CO_2 和 H_2O 时可放出 2875.8 kJ 的自由能,其中约有 1254 kJ 储存在 ATP 中,其余以热的形式散出,这是一种不论递氢还是受氢都必须在有氧条件下完成的生物氧化过程,是一种通过氧化磷酸化的高效产能方式。因此,有氧呼吸的特点是必须有氧气参加,底物氧化彻底,产能量大。有氧呼吸是需氧和兼性厌氧微生物在有氧条件下进行的生物氧化方式。

【视野拓展】

微生物燃料电池

1911 年 Potter 首先发现利用细菌可产生电流,直到 20 世纪 70 年代,提出并确定了微生物燃料电池技术的定义。微生物燃料电池是一种利用微生物的代谢作用,将储存于有机物的化学能转换为电能的装置。其构造及工作原理如图 6-2 所示,该装置由阳极区、阴极区和外接负载组成。阳极区维持厌氧条件,将特定的厌氧性或兼性厌氧性微生物和有机底物加入其中,有机物就会在阳极反应器中被分解成二氧化碳、电子、氢离子。电子由阳极经外部电路传导至阴极;氢离子从阳极区经质子交换膜传递到阴极区。在阴极区,氧化物(一般为氧气)、电子和氢离子三者发生反应而生成还原物。整个过程中有机物在阳极区被微生物降解,电子在阴阳两极间的电位差驱动作用下从阳极流动到阴极而产生电能。

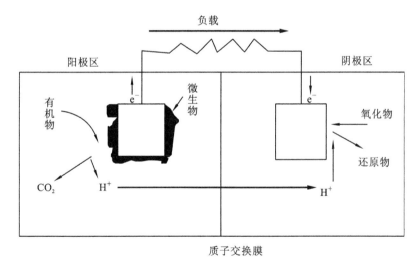

图 6-2 微生物燃料电池工作原理示意图

微生物燃料电池是一种新型、便捷的能源装置,可以利用各种有机物、无机物以及微生物呼吸的代谢产物、发酵产物、污水等作为燃料,是目前环境领域的研究热点。微生物燃料电池除了可以对废水进行有效处理外,还可以为人类提供清洁能源,具有清洁、安全、低噪音、高效、低辐射以及利于操作等特点。

化能异养菌以有机物,如葡萄糖、淀粉、纤维素等作为呼吸底物,绝大多数化能异养型微生物是通过三羧酸循环来彻底分解丙酮酸等有机底物进行产能的;而化能自养菌是以无机物作为呼吸底物进行产能以获得还原 CO_2 所需要的 ATP 和 H 的,如氢细菌、硫细菌、硝化细菌和铁细菌分别利用氢气(H_2)、含硫无机物(H_2S,S,$S_2O_3^-$)、氨(NH_3)或亚硝酸(HNO_2)、Fe^{2+} 等底物来产能。

与化能异养型微生物相比(葡萄糖完全氧化时的 $\Delta G^{0'}$ 是 -686 kcal/mol),化能自养型微生物的产能效率是很低的。在所有还原态的无机物中,除了 H_2 的氧化还原电位比 NAD^+/NADH 的稍低一些外,其余都明显高于它,因此化能自养菌在进行有氧呼吸时,各种无机底物脱氢后电子都必须按相应的氧化还原电位的位置进入电子传递链(ETC)的部位(图 6-3)。

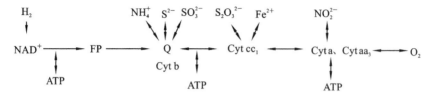

图 6-3　化能自养菌的呼吸链组成及各种无机底物脱氢后电子进入呼吸链的部位

化能异养型微生物的有氧呼吸代表类型主要是利用己糖进行三羧酸循环,在生物化学课程中已作了详细介绍,在此不再赘述。这里将介绍化能自养菌的主要代表类型。

1. 氨的氧化

某些微生物可氧化氨(NH_3)产生能量供其生长之用,一般来说,NH_3 需要先氧化为亚硝酸(HNO_2),然后再氧化为硝酸(HNO_3),这两个阶段分别由亚硝化细菌(nitrosifyer)和硝酸化细菌(nitrobacter)来完成,该两种细菌统称为硝化细菌。

它们合成有机物的过程表示如下。

亚硝化细菌:　　　　　$2NH_3 + 3O_2 \Longrightarrow 2HNO_2 + 2H_2O +$ 能量

硝酸化细菌:　　　　　$2HNO_2 + O_2 \Longrightarrow 2HNO_3 +$ 能量

　　　　　　　$6CO_2 + 6H_2O +$ 能量 $\Longrightarrow C_6H_{12}O_6 +$ 其他物质

硝化作用必须通过这两类菌的共同作用才能完成。亚硝化细菌包括亚硝化单胞菌属、亚硝化球菌属、亚硝化螺菌属和亚硝化叶菌属中的细菌。硝酸化细菌包括硝化杆菌属、硝化球菌属和硝化菌属中的细菌。

亚硝化菌和硝酸化细菌在偏碱性的条件下生长,它们在土壤中常常相互伴随着生存,并且生长得都比较缓慢,平均代时在 10 h 以上。我们知道,亚硝酸对于人体来说是有害的,这是因为亚硝酸与一些金属离子结合以后可以形成亚硝酸盐,而亚硝酸盐又可以和胺类物质结合,形成具有强烈致癌作用的亚硝胺。而土壤中的亚硝酸转变成硝酸后,很容易形成硝酸盐,从而成为可以被植物吸收利用的营养物质。由此我们看到,硝化细菌与人类的关系十分密切。

知识链接

有机废物与水产养殖

在水产养殖过程中,池塘中会产生大量的有机废物(包括动植物的尸体、粪便、残余饵料及某些代谢产物等),这些物质很快会被水中的异养型微生物摄取利用,代谢过程中产生的氨就排泄到水中了。水中的氨有两种不同的形式:一是氨(NH_3),二是铵(NH_4^+)。氨有毒,而铵无毒。两者在水中相对百分率由水中的 pH 值来决定,水中 pH 值越高,则水中所含有毒氨的百分率也越高，在酸性的水中，有毒的氨几乎不存在。只要水质偏向碱性，一部分铵就会自然地转化成氨，当水中的氨浓度达到养殖动物的致死浓度时，便会造成养殖动物的大量死亡。一般来说，养殖池中如果没有硝化细菌存在，必然会面临氨含量激增的危险。但如果水中含有足够数量的硝化细菌，它就可以不断地吸收利用水中的铵，使氨氮、亚硝酸盐等物质迅速转化成硝酸盐等，转化生成的硝酸盐再被水生植物吸收利用，最终就可实现水环境中氨的清除。通过硝化作用，整个池水的生态平衡系统处于一个稳定状态，池塘中的水产养殖品种也能够安全健康地生长。

2. 硫的氧化

某些微生物可利用还原态无机硫化物如 H_2S、S 或 FeS_2 等作为能源，最后生成硫酸及其盐类，该过程称为硫化作用。进行硫化作用的微生物主要是硫细菌，可分为有色硫细菌和无色硫细菌两大类。有色硫细菌含有光合色素，可利用光能并能以元素硫和硫化物作为电子供体来同化 CO_2，在此不再讲述其代谢过程，可参照"光能营养型微生物的产能代谢方式"的相关内容进行学习。而无色硫细菌包括化能自养菌和化能异养菌。下面介绍无色硫细菌中几个不同类型的代表。

(1) 硫杆菌　土壤与水中最重要的化能自养硫化细菌是硫杆菌属（*Thiobacillus*）的许多种，它们能够氧化硫化氢、黄铁矿、元素硫等形成硫酸，从氧化过程中获取能量。

$$2H_2S + O_2 \longrightarrow 2H_2O + 2S + 能量$$
$$2FeS_2 + 7O_2 + 2H_2O \longrightarrow 2FeSO_4 + 2H_2SO_4 + 能量$$
$$2S + 3O_2 + 2H_2O \longrightarrow 2H_2SO_4 + 能量$$

除脱氮硫杆菌（*Thiobaccilus denitrificans*）是一种兼性厌氧菌外，其余都是需氧微生物。生长最适温度为 28～30 ℃。有的硫杆菌能忍耐很酸的环境，甚至嗜酸。常见的有氧化硫硫杆菌（*T. thiooxidans*）、氧化亚铁硫杆菌（*T. ferrooxidans*）和排硫硫杆菌（*T. thioparus*）等。

(2) 丝状硫黄细菌　它们属化能自养菌，有的也能营腐生生活，生存于含硫的水中，能将 H_2S 氧化为元素硫。主要有两个属，即贝氏硫菌属（*Beggiatoa*）和发硫菌属（*Thiothrix*），前者丝状体游离，后者丝状体通常固着于固体基质上。此外，菌体螺旋状的硫螺菌属（*Thiospira*）、球形细胞带有裂片的硫化叶菌属（*Sulfolobus*）、细胞圆形到卵圆形的卵硫菌属（*Thiovulum*）等细胞内都含有硫粒，也都能代谢硫黄。

3. 氢的氧化

氢细菌（*Hydrogen bacteria*）是一种能利用分子氢氧化所产生的能量来同化 CO_2 的兼性化能自养菌，它们也能利用其他有机物进行生长。也就是说，氢细菌能以氢为电子供体，以 O_2 为电子受体，以 CO_2 为唯一碳源进行生长。它们大多呈革兰氏阴性，如假单胞菌属（敏捷假单胞菌、嗜糖假单胞菌）、产碱菌属（真养产碱菌、争沧产碱菌）中的若干种，以及副球菌属（脱氮微球菌）和放线菌中的若干种（*Nocardia saturnea* 等）。

氢细菌细胞膜上有泛醌、维生素 K_2 及细胞色素等组分。氢的氧化可通过电子和氢离子在呼吸链上的传递产生 ATP 和用于细胞合成代谢所需要的还原力。

氢细菌尽管都以氢气为电子供体，但电子受体却不尽相同，有氧气、硝酸盐、硫酸盐、二氧化碳等，产物不同，应用也不尽相同。目前对氢细菌的应用集中在两个方面：温室气体的固定、水污染中酸根离子的去处。

4. 铁的氧化

铁细菌(Iron bacteria)是一种利用分子态氧将二价铁离子氧化为三价铁离子,利用其能量固定二氧化碳的化能自养型细菌。如氧化亚铁硫杆菌(*Thiobacillus ferrooxidans*)在酸性条件下可氧化二价铁和固定二氧化碳。该菌也可利用硫和无机硫化物。生长的最适 pH 值为 2.5~4.0。氧化铁离子时,需要硫酸,其反应式为

$$4FeSO_4 + O_2 + 2H_2SO_4 \longrightarrow 2Fe_2(SO_4)_3 + 2H_2O$$

在该菌的呼吸链中发现了一种含铜蛋白质(rusticyanin),它与集中细胞色素 C 和一种细胞色素 a_1 氧化酶构成电子传递链。二价铁离子由细胞色素 c 还原酶作用而生成三价铁离子。在电子传递系统中生成 ATP,由 ATP 电子逆流还原 NAD 进行二氧化碳的还原。

化能自养型微生物以无机物作为能源,一般产能效率低(表 6-2),生长慢,但从生态学角度看,它们所利用的能源物质是一般化能异养型生物所不能利用的,因此它们与产能效率高、生长快的化能异养型微生物之间并不存在生存竞争。

表 6-2 化能自养型微生物氧化无机物产能情况

反应	$\Delta G^{0'}$/(kcal/mol)
$H_2 + 1/2O_2 \longrightarrow H_2O$	-56.6
$NO_2^- + 1/2O_2 \longrightarrow NO_3^-$	-17.4
$NH_4^+ + 3/2O_2 \longrightarrow NO_2^- + H_2O + 2H^+$	-65.0
$S^0 + 3/2O_2 + H_2O \longrightarrow H_2SO_4$	-118.5
$S_2O_3^{2-} + 2O_2 + 2H_2O \longrightarrow 2SO_4^{2-} + 2H^+$	-223.7
$2Fe^{2+} + 2H^+ + 1/2O_2 \longrightarrow 2Fe^{3+} + H_2O$	-11.2

注:1 kcal=4.18 kJ。

(三) 无氧呼吸

无氧呼吸(anaerobic respiration)又称为厌氧呼吸,是指化合物氧化脱下的氢和电子经呼吸链传递,最终交给外源无机氧化物(特殊有机受氢体为延胡索酸)的过程。与有氧呼吸不同的是,在这个过程中并没有分子氧参加,而是以无机氧化物如 NO_3^-、NO_2^-、SO_4^{2-}、$S_2O_3^-$ 或 CO_2 等代替分子氧作为最终电子受体。与有氧呼吸相同的是,无氧呼吸过程中底物氧化脱下的氢和电子也经过细胞色素等一系列中间传递体,并伴随着磷酸化作用产生 ATP,底物也可被彻底氧化。但与有氧呼吸相比,因最终电子受体为无机氧化物,一部分能量转移给它们,因此生成的能量不如有氧呼吸多。例如,一分子葡萄糖以 KNO_3 作为最终电子受体进行无氧呼吸时仅放出 1793.2 kJ 的自由能,其余能量则转移于所生成的 NO_2^- 中。

进行厌氧呼吸的微生物主要是厌氧菌和兼性厌氧菌,它们的活动可以造成反硝化作用(也称为脱氮作用)、脱硫作用和甲烷发酵作用等。

1. 硝酸盐呼吸

硝酸盐呼吸(nitrate respiration)又称反硝化作用(denitrification),是指某些兼性厌氧微生物利用硝酸盐作为呼吸链的终端受氢体,把它还原成亚硝酸、NO、N_2O 直至 N_2 的过程。能以 NO_3^- 为最终受氢体的细菌称为反硝化细菌或硝酸盐还原菌,如地衣芽孢杆菌(*Bacillus licheniformis*)、铜绿假单胞菌(*Pseudomonas aeruginosa*)和脱氮硫杆菌(*Thiobacillus denitrificans*)等。在通气不良的土壤环境条件中,反硝化作用会造成氮肥的损失,且其中间

产物 NO 和 N_2O 还会污染环境。但在土壤板结的环境中,反硝化菌又具有松土作用,它能排除过多的水分,保证土壤中有良好的通气条件。硝酸盐是一种容易溶解于水的物质,通常是通过水从土壤流入水域中。如果没有反硝化作用,硝酸盐将在水中积累,从而会导致水质变坏、地球上氮素循环的中断。

2. 硫呼吸

硫呼吸(sulphur respiration)是一种以无机硫作为呼吸链的最终受氢体并产生 H_2S 的无氧呼吸过程。在硫呼吸过程中,元素 S 被还原为 H_2S。能进行硫呼吸的都是一些兼性或专性厌氧菌,例如氧化乙酸脱硫单胞菌(*Desulfuromonas acetoxidans*)、古生菌中的脱硫球菌属(*Desulfurococcus*)和热变形菌属(*Thermoproteus*)等。

3. 硫酸盐呼吸

硫酸盐呼吸(sulfate respiration)是指呼吸链末端受氢体是 SO_4^{2-} 的无氧呼吸过程,是一类称为硫酸盐还原细菌(或反硫化细菌)的严格厌氧菌在无氧条件下获取能量的方式。该类细菌把呼吸链传递的氢交给 SO_4^{2-},形成 SO_3^{2-}、$S_3O_6^{2-}$、$S_2O_3^{2-}$ 及 H_2S。

4. 碳酸盐呼吸

碳酸盐呼吸(carbonate respiration)是一类以 CO_2 或 HCO_3^- 作为呼吸链末端受氢体的无氧呼吸过程。根据还原产物的不同,碳酸盐呼吸分为两类:产甲烷碳酸盐呼吸和产乙酸碳酸盐呼吸,分别发生于产甲烷细菌(*Methanogenus*)和产乙酸细菌(*Acetogenic bacteria*)中。产甲烷细菌广泛分布于自然界中含有机物的厌气环境(沼泽地、淤泥及粪池)及反刍动物瘤胃中。

三、光能营养型微生物的产能代谢方式

光能营养型微生物包括光能自养型微生物和光能异养型微生物。在自然界中,能进行光能营养的生物包括藻类、蓝细菌、光合细菌和嗜盐菌等。光能微生物可以像绿色植物一样进行光合作用,通过利用光能固定 CO_2 合成有机物。地球上每年有四五千亿吨碳转化为有机物,其中约 1/3 是由海洋微生物来完成的。

(一) 光合微生物类群

1. 藻类

藻类植物是地球上最重要的初级生产者,它们通过光合同化生产有机碳的总量约为高等植物的 7 倍,同时固氮藻类和固氮细菌每年约能固定 1.7 亿吨氮素。因此,藻类不仅是人类和动物极其重要的食物源,而且它们在光合作用中放出的氧也是大气中氧的最重要的来源。不言而喻,它们对自然生态系统的物质循环及环境质量有深刻的影响。

藻类植物广泛地分布在海洋和各种内陆水体中(包括湖泊、水库、江河、溪水、沼泽、池塘、泉水、冰雪等)以及潮湿地表,其中生长在内陆淡水水体中的为淡水藻,分布于海洋和内陆咸水水体中的为咸水藻。

2. 蓝细菌

蓝细菌(Cyanobacteria)又称蓝绿菌、蓝藻或蓝绿藻,或称为蓝菌门,其中还包括发菜、螺旋藻等生物;蓝细菌是一种大型原核生物,能进行产氧性光合作用。虽然传统上归于藻类,但近期发现它没有细胞核等,与细菌非常接近,因此现时已被归入细菌域。蓝细菌在地球上已存在约 30 亿年,是目前(截至 2012 年)以来发现的最早的光合放氧生物,对地球表面从无氧的大气环境变为有氧环境起了巨大的作用。但由于人类活动的影响,一些富营养化的水体中蓝细

菌异常大量地繁殖,从而引起了水质恶化,严重时可造成鱼类死亡。

3. 光合细菌

光合细菌(photosynthetic bacteria,PSB)是地球上出现最早、自然界中普遍存在、具有原始光能合成体系的原核生物,是在厌氧条件下进行不放氧光合作用的细菌的总称。它们是一类没有形成芽孢能力的革兰氏阴性细菌,分为3个科(红螺菌科、着色菌科和绿菌科),可以光作为能源、能在厌氧光照或好氧黑暗条件下利用自然界中的有机物、硫化物、氨等作为供氢体兼碳源进行光合作用。光合细菌广泛分布于自然界的土壤、水田、沼泽、湖泊、江海等处,主要分布于水生环境中光线能透射到的缺氧区。比如利用光能营养的有色硫细菌,可从光中获得能量,依靠体内含有的光合色素,进行光合作用同化CO_2。光合细菌主要分为自养和异养两大类。

(1) 光能自养型　这类光合细菌在进行光合作用时,能以元素硫和硫化物作为同化CO_2的电子供体,常见的如着色菌科(Chromatiaceae)和绿菌科(Chlorobiaceae)中的有关种(俗称紫硫菌和绿硫菌)。其主要反应式为

$$CO_2 + 2H_2S \longrightarrow [CH_2O] + 2S + H_2O$$
$$2CO_2 + H_2S + 2H_2O_2 \longrightarrow [CH_2O] + H_2SO_4$$

(2) 光能异养型　该类光合细菌主要以简单的脂肪酸、醇等作为碳源或电子供体,也可以硫化物或硫代硫酸盐(但不能以元素硫)作为电子供体,能进行光照厌氧或黑暗微好氧呼吸。目前,多用于高浓度有机废水的处理。常见种类大多为红螺菌科(*Rhodospirillaceae*),如球形红杆菌(*Rhodobacter spheroides*)、沼泽红杆菌(*R. palustris*)等。

4. 嗜盐细菌

嗜盐细菌属于古细菌,分为一科(嗜盐菌科)六属:嗜盐杆菌属、嗜盐小盒菌属、嗜盐富饶菌属、嗜盐球菌属、嗜盐嗜碱杆菌属、嗜盐嗜碱球菌属。嗜盐菌营养方式为光合作用,有细胞壁,但细胞壁中不含肽聚糖。嗜盐菌必须在高盐(3.5~5.0 mol/L NaCl)环境中才能生长,如在天然地盐湖和太阳蒸发盐池中生存。

(二) 光合磷酸化

光合磷酸化是将光能转变为化学能的过程。在这种转化过程中光合色素起着重要作用。微生物中蓝细菌、光合细菌以及嗜盐细菌的光合色素的光合磷酸化特点均有所不同。

1. 光合色素

光合色素(photosynthetic pigment)是在光合作用中参与了光吸收、光能传递或引起原初光化学反应的色素。高等植物和大部分藻类的光合色素是叶绿素 a、b 和类胡萝卜素;在许多藻类中除叶绿素(chl)a、b 外,还有叶绿素 c、d 和藻胆素,如藻红素和藻蓝素;在光合细菌中的光合色素是细菌叶绿素(亦称为"菌绿素",Bchl)等;在嗜盐菌中则是一种类似视紫红质的色素 11-顺-视黄醛(11-cis-retinal)。

叶绿素 a、b 和细菌叶绿素都由一个与镁配合的卟啉环和一个长链醇组成,它们之间仅有很小的差别(图 6-4)。类胡萝卜素是由异戊烯单元组成的四萜,藻胆素是一类色素蛋白,其生色团是由吡咯环组成的链,不含金属,而类色素都具有较多的共轭双键。除盐细菌中的假视紫红质(一种胡萝卜素)外,它们都不直接参与光化学反应,只参与光的吸收和能量的传递,所以曾称为辅助色素。但叶绿素 b 和一部分叶绿素 a 也不直接参加光化学反应,也可看作辅助色素。几类色素的吸收光谱不同,特别是藻红素和藻蓝素的吸收光谱与叶绿素的相差很大,这对

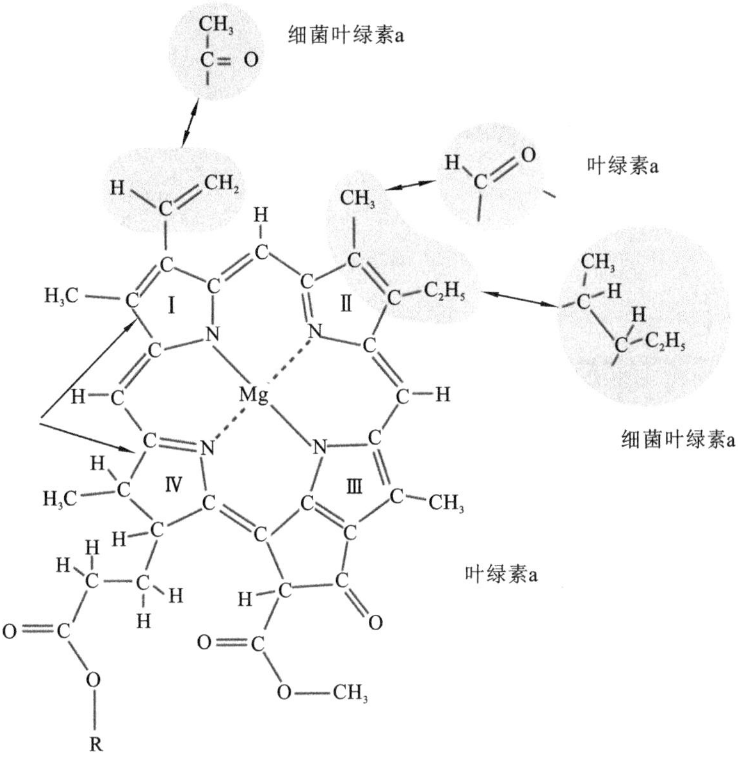

图 6-4　叶绿素和细菌叶绿素的分子结构式

于在海洋里生活的藻类适应不同的光质条件有生态意义。

2. 光合磷酸化的种类

1）非环式光合磷酸化

蓝细菌进行光合作用依靠叶绿素。和高等植物一样,蓝细菌在光合作用中还原 CO_2 的电子来自水的光解,并有氧的释放,我们把这类光合作用称为放氧型光合作用。放氧型光合作用属非环式光合磷酸化(图 6-5),其特点是,它有由光合色素组成的Ⅰ与Ⅱ两个光反应系统。蓝细菌中的非环式电子传递,不但能产生 ATP,而且还能提供 $NADPH+H^+$。系统Ⅰ的光合色素为叶绿素 P_{700},它吸收光能后释放电子,电子通过铁还蛋白将 $NADP^+$ 还原为 $NADPH+H^+$。系统Ⅱ的 P_{680} 吸收光能后释放电子,经质体醌(一种醌类衍生物)、细胞色素 b、细胞色素 f、质体蓝素等传递体,最后将电子交给系统Ⅰ的 P_{700}。系统Ⅱ失去的电子以水的光解所放出的电子来补充。在整个电子传递过程中有 ATP 产生。

2）环式光合磷酸化

环式光合磷酸化主要存在于光合细菌中,在整个反应体系中电子在光能的驱动下循环式传递而进行了光合磷酸化。它们是在厌氧条件下靠细菌叶绿素进行光合作用的。细菌叶绿素是光合细菌的光反应色素,目前已发现有 a、b、c、d 和 e 等五种。光合细菌在光合作用中还原固定 CO_2 的电子来自还原型无机硫、氢气或有机物,它们比 H_2O 的氧化还原电位还要低,所以容易氧化;因为不能利用 H_2O 作电子供体,没有氧气的释放,所以称为非放氧型光合作用。首先,细菌叶绿素吸收光能处于激发状态,放出高能电子。电子通过铁氧还蛋白、CoQ、细胞色素 b 和细胞色素 c 的电子传递系统,最后返回细菌叶绿素,在电子传递过程中产生 ATP,传递过程见图 6-6。

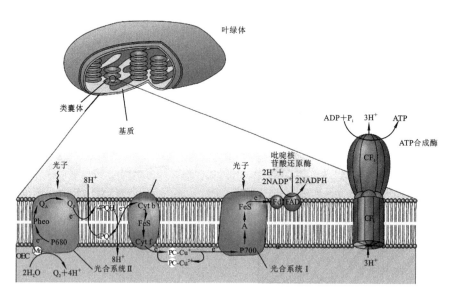

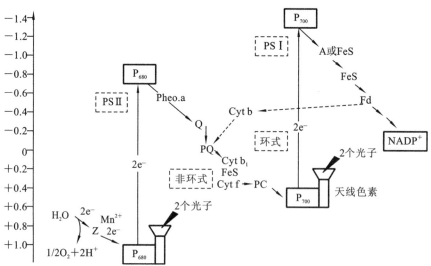

图 6-5 非环式光合磷酸化产能机制

发生环式光合磷酸化的光合细菌主要包括着色菌属（Chromatium）、红假单胞菌属（Rhodopseudomonas）、红螺菌属（Rhodospirillum）、绿菌属（Chlorobium）和绿弯菌属（Chloroflexus）。这类光合细菌在环境中有氢气时，氢能直接用来产生 NADH；当无氢气时，则需利用 H_2S、$S_2O_3^{2-}$、S^0、Fe^{2+} 等无机物提供电子或氢质子，通过消耗 ATP 来逆向驱动电子流动交给 NAD^+ 生成 NADH。

3）紫膜光合磷酸化

嗜盐菌可通过两条途径获取能量，一条是有氧存在下的氧化磷酸化途径，另一条是有光存在下的某种光合磷酸化途径。嗜盐菌在无叶绿素或菌绿素参与的条件下吸收光能产生 ATP 的过程称为紫膜光合磷酸化。它是一种新型光合磷酸化产能途径，仅存在于嗜盐菌中。

在低氧压或厌氧情况下进行光照培养时，盐生盐杆菌（Halobacterium halobium）和红皮盐杆菌（H. cutirubrum）等极端嗜盐性细菌会在细胞膜上形成斑状紫色膜，这就是紫膜，它约

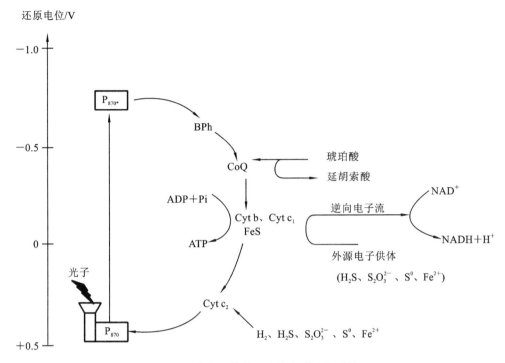

图 6-6　紫色细菌的环式光合磷酸化系统

占全膜的 50%，由脂类和蛋白质组成。现在对盐生盐杆菌的紫膜研究最为透彻,研究发现该菌的紫膜是由三个菌视紫素(bR)蛋白分子构成的三聚体形成的一个刚性二维六边形的稳定特征结构。紫膜中含有的菌视紫素(或称细菌视紫红质),是由菌视蛋白与类胡萝卜素色素以 1:1 结合组成的。嗜盐菌的菌视紫素可强烈地吸收 570 nm 处的绿色光谱区,菌视紫素的视觉色基(发色团)通常以一种全-反式结构存在于膜内侧,它可被激发并随着光吸收暂时转换成顺式状态,这种转型作用的结果使 H^+ 质子转移到膜的外面,随着菌视紫素分子的松弛和黑暗时吸收细胞质中的质子,顺式状态又转换成更为稳定的全-反式异构体,再次的光吸收又被激发,转移 H^+，如此循环,形成质膜上的 H^+ 质子梯度差,即质子泵(H^+泵),产生电化势,菌体利用这种电化势在 ATP 酶的催化下,进行 ATP 的合成,为菌体储备生命活动所需要的能量。嗜盐菌的紫膜及其光合磷酸化如图 6-7 所示。

紫膜的结构和功能的特点决定了紫膜材料可作为优良的纳米生物材料之一。它的结构上的稳定性是一般的生物材料不可能达到的。也许由于二维六角型晶格结构的缘故,在器件所要求的干膜状态下,紫膜可以在 $-30 \sim 140\ ℃$ 的状态下不失去活性,此时一般的蛋白质早已变性。

第二节　葡萄糖的发酵作用

如前所述,发酵是厌氧条件下微生物细胞内发生的一种生物氧化过程。可供微生物发酵的底物主要为葡萄糖和其他单糖(淀粉等多糖类物质需转化为单糖才能用于发酵)、氨基酸和脂肪酸等。己糖是各种多糖的主要组成单位,同时对于大多数异养型微生物来说,己糖是最重

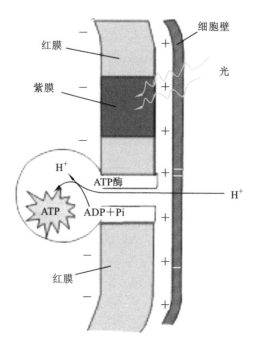

图 6-7　嗜盐菌的紫膜及其光合磷酸化

要的碳源和能源,也是微生物细胞壁、荚膜和储藏物的主要组成成分,尤其是葡萄糖和果糖,可以直接进入糖代谢途径逐步分解成各种中间代谢产物,并释放出能量。本节着重以葡萄糖为例说明它在厌氧条件下细胞内的转化过程。

一、葡萄糖的脱氢反应

(一) EMP 途径

EMP 途径是指在不需要氧的条件下 1 分子葡萄糖转化成 1,6-二磷酸果糖后,在醛缩酶催化下,裂解并由此生成 2 分子丙酮酸的过程。葡萄糖经 EMP 途径降解成丙酮酸的总反应式为

$$C_6H_{12}O_6 + 2NAD^+ + 2Pi + 2ADP \longrightarrow 2CH_3COCOOH + 2NADH + 2H^+ + 2ATP$$

反应过程如图 6-8 所示,该途径可分为两个阶段发生。第一阶段,葡萄糖先后连续经过二次磷酸化转变成 1,6-二磷酸果糖。然后再在本途径中特征性的醛缩酶的作用下将 1,6-二磷酸果糖分解成 2 分子的中间代谢产物:3-磷酸甘油醛和磷酸二羟丙酮,3-磷酸甘油醛可与磷酸二羟丙酮进行互转。因此,由 1,6-二磷酸果糖可生成 2 分子 3-磷酸甘油醛。至此,还未发生氧化还原反应,所有的反应均不涉及电子的转移。

在第二阶段,3-磷酸甘油醛转化为 1,3-二磷酸甘油酸,此过程是氧化反应过程,辅酶为 NAD^+,接受氢原子则形成 NADH。与葡萄糖-6-磷酸的磷酸键不同,1,3-二磷酸甘油酸的两个磷酸键属于高能磷酸键,在 1,3-二磷酸甘油酸转化为 3-磷酸甘油酸和后续的磷酸烯醇丙酮酸转化为丙酮酸的过程中,合成出 4 分子 ATP。经过 EMP 途径,最后总共生成了 2 分子丙酮酸、2 个 NADH 和 4 个 ATP。由于前面葡萄糖在进行磷酸化时用去了 2 个 ATP,所以净得 2 个 ATP,至此糖酵解反应完成。

EMP 途径在反应过程中生成的几种磷酸化中间产物及终产物丙酮酸在合成代谢中起着

第六章 微生物的新陈代谢

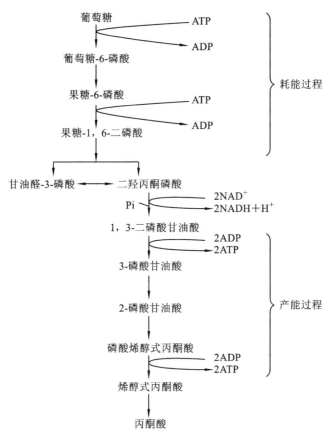

图 6-8 葡萄糖经过 EMP 途径产生能量和还原力的过程

重要作用,并且为微生物生理活动提供所需的 ATP 和 NADH。其中 NADH 生成后不能积存,必须重新氧化为 NAD^+。因为甘油醛-3-磷酸的氧化反应只有在 NAD^+ 存在时才能进行,一旦所有的 NAD^+ 都被转化为 NADH,葡萄糖的氧化就终止了。这可以通过将丙酮酸进一步还原,使 NAD^+ 可以得到补充而确保葡萄糖产能代谢的顺利进行。在进行有氧呼吸时 1 分子 NADH 经呼吸链氧化可生成 3 分子 ATP;而在发酵时 NADH 将分子中的氢交给中间代谢物而氧化为 NAD^+,这时 NADH 并非为微生物提供能量,而是提供还原力。

(二)磷酸戊糖途径(pentose phosphate pathway,PPP 途径)

磷酸戊糖途径又称己糖—磷酸途径(hexose monophosphate pathway,HMP 途径),它是从 6-磷酸葡萄糖酸开始分解,即在单磷酸己糖基础上进行的降解作用。PPP 途径的重要特点是在作用过程中形成五碳糖分子,故称为磷酸戊糖途径。反应步骤见图 6-9。PPP 途径可分为两个阶段。第一阶段为氧化阶段:第一阶段由 G-6-P 脱氢生成 6-磷酸葡糖酸内酯开始,然后水解生成 6-磷酸葡糖酸,再氧化脱羧生成 5-磷酸核酮糖。$NADP^+$ 是所有上述氧化反应中的电子受体。第二阶段为非氧化阶段:5-磷酸核酮糖经过一系列转酮基及转醛基反应(图 6-10),经过磷酸丁糖、磷酸戊糖及磷酸庚糖等中间代谢物最后生成 3-磷酸甘油醛及 6-磷酸果糖,后二者还可重新进入 EMP 途径而进行代谢。此阶段是磷酸戊糖之间的基团转移、缩合(分子重排)生成一系列七碳、四碳、三碳化合物,最后使 6-磷酸己糖再生。总反应式为

葡萄糖-6-磷酸 $+ 7H_2O + 12NADP^+ \longrightarrow 12NADPH + 12H^+ + 6CO_2 + Pi$

磷酸戊糖途径的主要特点是葡萄糖直接氧化脱氢和脱羧,不必经过糖酵解和三羧酸循环,脱氢酶的辅酶不是 NAD^+ 而是 $NADP^+$,产生的 NADPH 作为还原力以供生物合成使用,而不是传递给 O_2,无 ATP 的产生和消耗。NADPH 比 NADH 多一个磷酸基,连接于腺苷分子的核糖环上。这两种辅酶的功能不同,NADH 产生于氧化反应中用于 ATP 形成,而 NADPH 是生物合成作用的还原剂。大多数好氧和兼性好氧微生物中都具 PPP 途径。而且在同一微生物中往往同时存在 PPP 和 EMP 途径,两者在不同菌种中所占比例不同。如酵母菌对葡萄糖的利用,其中 87% 是走 EMP 途径,剩余 13% 则走 PPP 途径;青霉 77% 走 PPP 途径,而 23% 走 EMP 途径。

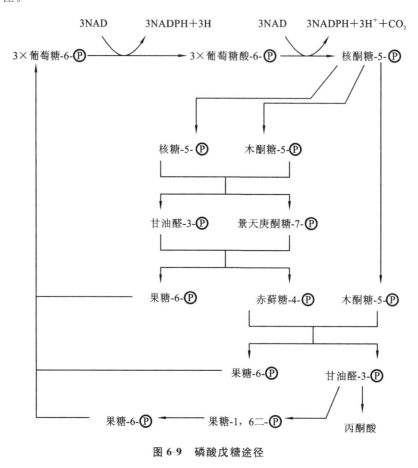

图 6-9　磷酸戊糖途径

(三) ED 途径

ED 途径 (Entner-Doudoroff pathway) 又称 2-酮-3-脱氧-6-磷酸葡糖酸 (KDPG) 途径,该途径是 Entner 和 doudoroff 在研究嗜糖假单胞菌的代谢时发现的,所以简称为 ED 途径。这是存在于某些缺乏完整 EMP 途径的微生物中的一种替代途径,为微生物所特有。特点是葡萄糖只经过 4 步反应即可快速获得由 EMP 途径须经 10 步反应才能够形成的丙酮酸。能利用这条途径的微生物远不如 EMP 途径和 PPP 途径那样普遍,主要存在于假单胞菌属中的一些细菌。在分解葡萄糖的过程中,首先是将葡萄糖转变成 6-磷酸葡萄糖,再氧化为磷酸葡萄糖酸,进一步转变成 2-酮-3-脱氧-6-磷酸葡萄糖酸 (KDPG),后者再在特征性的 KDPG 醛缩酶作用下裂解生成丙酮酸和 3-磷酸甘油醛,3-磷酸甘油醛可进入 EMP 途径转变成丙酮酸

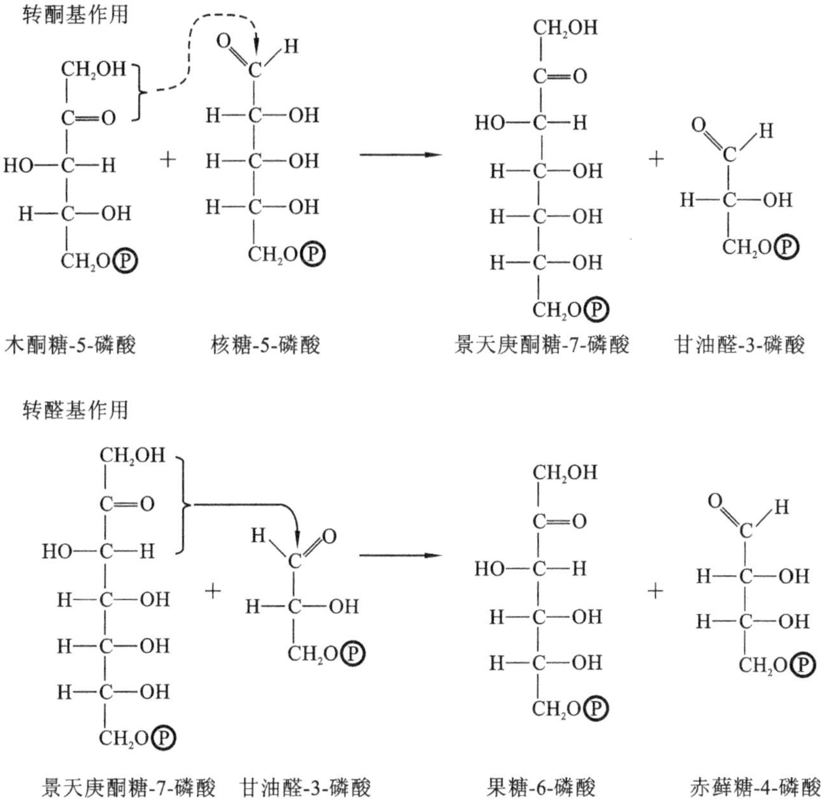

[图示：磷酸戊糖途径中的转酮基与转醛基反应]

转酮基作用：木酮糖-5-磷酸 + 核糖-5-磷酸 → 景天庚酮糖-7-磷酸 + 甘油醛-3-磷酸

转醛基作用：景天庚酮糖-7-磷酸 + 甘油醛-3-磷酸 → 果糖-6-磷酸 + 赤藓糖-4-磷酸

图 6-10　磷酸戊糖途径中的转酮基与转醛基反应示意图

（图 6-11）。这条途径的产能水平较低，1 分子葡萄糖分解为 2 分子丙酮酸时，只净得 1 分子 ATP 和 2 分子 NADH。

总反应：葡萄糖＋Pi＋ADP＋NADP$^+$＋NAD$^+$ ⟶ 2 丙酮酸＋ATP＋NADH＋NADPH＋2H$^+$

在极端嗜热古菌和极端嗜盐古菌中，葡萄糖的分解是靠经过修饰的 ED 途径而进行的，而且其初期的中间产物不经过磷酸化。ED 途径在革兰氏阴性细菌中分布较广，是少数 EMP 途径不完整的细菌如林氏假单胞菌和运动发酵单胞菌（*Zymomonas mobilis*）等降解葡萄糖的主要途径。

（四）磷酸解酮糖酶途径（WD 途径）

在微生物降解己糖的过程中，除了 EMP、HMP 和 ED 途径外，还有一条途径即磷酸解酮酶途径（phosphoketolase pathway）为少数细菌所独有，特征性酶是磷酸解酮酶（phosphoketolase）。由于该途径是由沃勃（Warburg）、狄更斯（Dickens）和霍克（Horecker）等人发现的，故称为 WD 途径。磷酸解酮酶有两种，一种是磷酸戊糖解酮酶，另一种是磷酸己糖解酮酶，对应于这两种酶的途径分别被称为磷酸戊糖解酮途径（PK 途径）和磷酸己糖解酮途径（HK 途径）。

磷酸戊糖解酮途径的关键酶系是 5-磷酸-木酮糖磷酸解酮酶，它催化 5-磷酸-木酮糖裂解为 3-磷酸甘油醛和乙酰磷酸的反应，具体见图 6-12。而磷酸己糖解酮途径的关键酶系是 6-磷酸-果糖磷酸解酮酶，它催化 6-磷酸-果糖裂解产生乙酰磷酸和 4-磷酸-赤藓糖，具体见图 6-13。

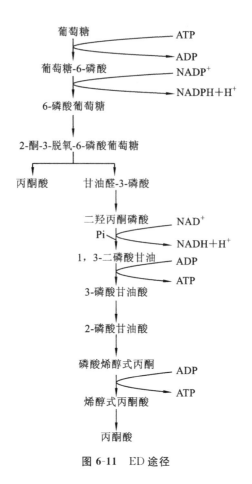

图 6-11 ED 途径

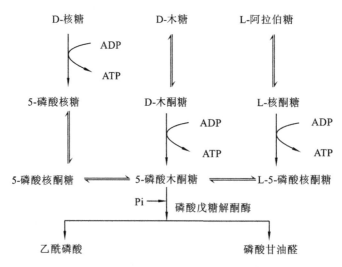

图 6-12 磷酸戊糖解酮(PK)途径

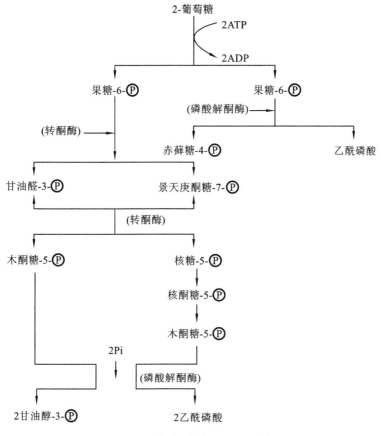

图 6-13 磷酸己糖解酮(PK)途径

二、葡萄糖的发酵类型

由葡萄糖经上述几个脱氢途径,降解至丙酮酸后,丙酮酸的进一步代谢去向视不同的微生物和环境条件而异。在有氧条件下通过三羧酸循环彻底氧化成 CO_2,生成的 $NADH+H^+$ 和 $FADH_2$ 进入呼吸链将 H^+ 和电子交给最终受体分子氧生成水,获得能量。在无氧条件下一些微生物可以进行发酵作用将丙酮酸转化为各种发酵产物。微生物所进行的各种发酵,常常是以它们的终产物命名,如酒精发酵(也称为乙醇发酵)、乳酸发酵、丁酸发酵等。由于发酵过程中有机物不完全降解,并且一般只有底物水平磷酸化作用,因而其产能水平低。

(一) 酒精发酵

酒精发酵(alcoholic fermentation)是丙酮酸在无氧条件下生成乙醇的过程。目前发现多种微生物可以发酵葡萄糖产生乙醇,能进行酒精发酵的微生物包括酵母菌、根霉、曲霉和某些细菌。一般来说,酵母菌和霉菌都是利用 EMP 途径来进行同型酒精发酵的。但不同的细菌进行酒精发酵时,其发酵途径却各不相同,比如:厌氧发酵单胞菌是利用 ED 途径分解葡萄糖为丙酮酸,进行同型酒精发酵最后得到乙醇;而某些生长在极端条件下的严格厌氧菌,如胃八叠球菌(*Sarcina ventriculi*)、肠杆菌(*Enterobacteriaceae*),则是利用 EMP 途径来进行异型酒精发酵,生成乙醇和乳酸。

典型的酒精发酵是指由酵母菌,尤其是酿酒酵母所进行的产生乙醇的过程,其产物是乙醇和二氧化碳,生成途径是葡萄糖经 EMP 途径降解为 2 分子丙酮酸,然后在丙酮酸脱羧酶的作用下生成乙醛和 CO_2,乙醛接受糖酵解中产生的 $NADH+H^+$ 的氢,在乙醇脱氢酶的作用下还原成乙醇。丙酮酸脱羧酶是酒精发酵的关键酶,主要存在于酵母菌细胞中,它以焦磷酸硫胺素(TPP)为辅基,催化丙酮酸脱羧形成乙醛。

这样在厌氧条件下,每分子葡萄糖经酵母菌酒精发酵后产生 2 分子乙醇、2 分子 CO_2 和 2 分子 ATP。

根据在不同条件下代谢产物的不同,可将酵母菌利用葡萄糖进行的发酵分为三种类型:如以乙醛(丙酮酸脱羧)为受体生成乙醇,这种发酵称为酵母的一型发酵;当环境中存在亚硫酸氢钠时,不能以乙醛作为受体,而以磷酸二羟丙酮作为受体时,产物为甘油,称为酵母的二型发酵;在弱碱性条件下(pH 7.6),乙醛因得不到足够的氢而积累,两个乙醛分子间会发生歧化反应,一个作为还原剂形成乙酸,一个作为氧化剂形成乙醇,受体为磷酸二羟丙酮,发酵产物为甘油、乙醇和乙酸,称为酵母的三型发酵。这种发酵方式不产生能量,只能在非生长的情况下进行。

在酵母菌的酒精发酵过程中,如将厌氧条件改为好氧条件,向高速发酵的培养基中通入氧气,则葡萄糖消耗减少,乙醇合成终止。当重新恢复厌氧条件时,葡萄糖分解又再次加速,并伴随着大量乙醇的产生,这种现象称为巴斯德效应(pasteur effect)。该效应为呼吸抑制发酵而产生的作用,这是因为从呼吸(完全氧化)所得的能量,要远大于等量糖发酵所得的能量,因此为了获得对维持生命活动所需的能量,酵母菌在有氧情况下就不会进行发酵产乙醇作用。这也说明生物体可根据氧的有无,来调节糖的分解量,而使能量得到节制。

通过 ED 途径产生的丙酮酸对运动发酵单胞菌这类微好氧菌(microaerobe)来说,可脱羧生成乙醛,乙醛又可进一步被 NADH 还原为乙醇。所以运动发酵单胞菌也能进行酒精发酵,其产物也是乙醇和二氧化碳,这种经 ED 途径而发酵生产乙醇的方法称为细菌酒精发酵,其乙醇合成途径不同于酵母菌。由于细菌的酒精发酵与酵母菌的酒精发酵由葡萄糖分解成乙醇的途径完全不同,产能水平也不相同,前者产能效率低(1 mol ATP/1 mol 葡萄糖),较后者少一半。近年来,细菌酒精发酵已用于工业生产,并比传统的酵母酒精发酵具有较多的优点(表 6-3):①糖的吸收速度要比酵母高 1~2 倍;②酒精得率比酵母高;③生长过程完全不要氧气;④比酵母易于进行遗传工程处理,以获得耐高温、耐酒精和能利用多种碳源的优良工程菌。缺点:现有菌株所能发酵底物局限于葡萄糖、果糖、蔗糖。

表 6-3　酵母菌和细菌酒精发酵作用的比较

	酵母菌酒精发酵	细菌酒精发酵	
	同型酒精发酵	同型酒精发酵	异型酒精发酵
途径	EMP 途径	ED 途径	WD 途径
代表菌	酿酒酵母	假单胞菌	肠膜明串珠
反应式	葡萄糖+2ADP+Pi⟶2 乙醇+2CO_2+2ATP	葡萄糖+ADP+Pi⟶2 乙醇+2CO_2+ATP	葡萄糖+ADP+Pi⟶乙醇+乳酸+CO_2+2ATP
优点	产能较高	适宜高浓度的葡萄糖,吸收葡萄糖速度比酵母菌快,生长过程完全不需要氧气	产生酒精的同时产乳酸

续表

	酵母菌酒精发酵	细菌酒精发酵	
	同型酒精发酵	同型酒精发酵	异型酒精发酵
缺点	不适宜高浓度的葡萄糖	发酵底物局限于葡萄糖、果糖、蔗糖	该途径不能单独存在

(二) 乳酸发酵

乳酸是细菌发酵最常见的终产物,一些能够产生大量乳酸的细菌称为乳酸细菌。乳酸发酵(lactic acid fermentation)有同型乳酸发酵(homolactic fermentation)和异型乳酸发酵(heterolactic fermentation)之分。在乳酸发酵过程中,发酵产物中只有乳酸的称为同型乳酸发酵;发酵产物中除乳酸外,还有乙醇、乙酸及CO_2等其他产物的,称为异型乳酸发酵。它们在菌种、发酵途径、产物和产能水平上均不相同。

引起同型乳酸发酵的乳酸细菌,称为同型乳酸发酵菌,有双球菌属(*Diplococcus*)、链球菌属(*Streptococcus*)及乳酸杆菌属(*Lactobacillus*)等。其中工业发酵中最常用的菌种是乳酸杆菌属中的一些种类,如德氏乳酸杆菌(*L. delhruckii*)、保加利亚乳酸杆菌(*L. bulgaricus*)、干酪乳酸杆菌(*L. casei*)等。同型乳酸发酵的基质主要是己糖,同型乳酸发酵菌发酵己糖是通过EMP途径产生乳酸的。同型乳酸发酵的过程:葡萄糖经EMP途径降解为丙酮酸,不经脱羧,而是在乳酸脱氢酶的作用下被$NADH+H^+$还原为乳酸,其结果是1分子葡萄糖产生2分子乳酸和2分子ATP。其总反应式为

$$C_6H_{12}O_6 + 2ADP + 2Pi \longrightarrow 2CH_3CHOHCOOH + CH_3CH_2OH + 2ATP$$

异型乳酸发酵基本上都是通过磷酸解酮酶途径(即WD途径)进行的。其中肠膜明串球菌(*Leuconostos mesentewides*)、葡萄糖明串球菌(*Leuconostoc dextranicum*)、短乳杆菌(*Lactabacillus brevis*)和番茄乳酸杆菌(*Lactobacillus lycopersici*)等在发酵葡萄糖等己糖时则利用HK途径经由6-磷酸葡萄糖酸生成5-磷酸核酮糖,再经异构作用生成5-磷酸木酮糖。后者经磷酸酮糖裂解反应生成甘油醛-3-磷酸和乙酰磷酸。在发酵戊糖时,则利用PK途径,磷酸戊糖解酮酶催化木酮糖-5-磷酸裂解生产乙酰磷酸和甘油醛-3-磷酸。继而甘油醛-3-磷酸进一步转变成丙酮酸后可以通过还原丙酮酸生成乳酸,而乙酰磷酸则还原为乙醇(图6-14)。当在发酵葡萄糖时,1分子葡萄糖可发酵产生1分子乳酸,1分子乙醇和1分子CO_2,并且只产生1分子ATP,产生的乳酸和能量都只相当于同型乳酸发酵的一半。

总反应式如下:

$$C_6H_{12}O_6 + ADP + Pi \longrightarrow CH_3CHOHCOOH + CH_3CH_2OH + CO_2 + ATP$$

双叉乳酸杆菌(*Lactobacillus bifidus*)和两歧双歧乳酸菌(*Bifidobacterium bifidus*)等是通过磷酸己糖解酮酶途径将2分子葡萄糖发酵为2分子乳酸和3分子乙酸,并产生5分子ATP(图6-15),总反应式为

$$2C_6H_{12}O_6 + 5ADP + 5Pi \longrightarrow 2CH_3CHOHCOOH + 3CH_3COOH + 5ATP$$

乳酸发酵在工业上用于生产乳酸,在农业上用于青储饲料的发酵。此外,在食品加工上也有广泛应用。制作青储饲料、腌泡菜和渍酸菜的原理是人为地创造缺氧条件以抑制好氧性腐败微生物的生长,促使乳酸细菌利用植物中的可溶性养分进行乳酸发酵,产生乳酸。由于产生乳酸后使pH值下降,因此,可通过乳酸发酵抑制其他微生物的活动。并且无论腌泡菜、渍酸

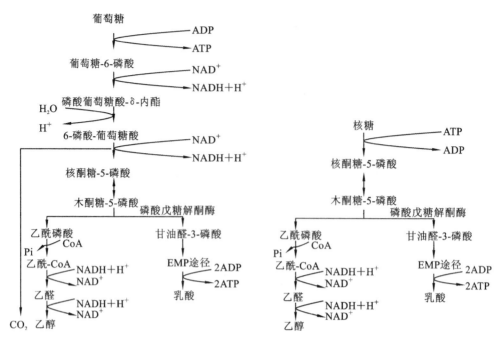

图 6-14 异型乳酸发酵的"经典"途径,以 *Leuconostoc. mesenteroides* 为例

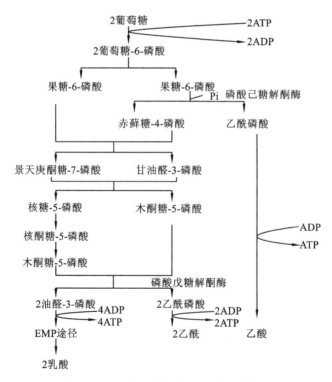

图 6-15 异型乳酸发酵的双歧杆菌途径

菜或青储饲料都不会降低营养价值,而能使之提高。这是因为乳酸细菌既无分解纤维素的酶,又无水解蛋白质的酶。因此,它们不会破坏植物细胞,也不会使蛋白质降解。因而乳酸在饲料青储过程中起到了防腐、增加饲料风味和促进牲畜食欲的作用。

（三）丁酸发酵

这是由专性厌氧的梭状芽孢杆菌所进行的一种发酵，因产物中有丁酸，故称为丁酸发酵。可由多种厌氧性的梭状芽孢杆菌产生，如丁酸梭菌（*Clostridium butyricurn*）。其具体步骤为，葡萄糖经 EMP 途径产生丙酮酸，由丙酮酸进一步生成乙酰辅酶 A、H_2 和 CO_2。其中乙酰辅酶 A 既可以由自身 2 分子缩合成乙酰乙酰辅酶 A 后还原成丁酰辅酶 A 并进而转化成丁酸（图 6-16），也可以生成乙酰磷酸，这是一个高能化合物，它可以将磷酸交给 ADP 生成乙酸和 ATP，因此，在丁酸发酵产物中有丁酸、乙酸、CO_2 和 H_2。

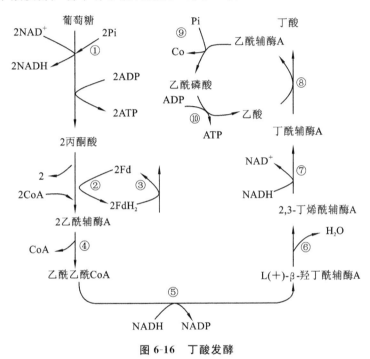

图 6-16 丁酸发酵

注：①PEP 磷酸葡萄糖转移酶系统和 EMP 途径中的酶系；②丙酮酸铁氧还蛋白氧化还原酶；③氢化酶；④乙酰辅酶 A 乙酰转移酶；⑤L(+)β-羟丁酰辅酶 A 脱氢酶；⑥烯酰水合酶；⑦丁酰辅酶 A 脱氢酶；⑧辅酶 A 转移酶；⑨磷酸转乙酰酶；⑩乙酸激酶。

由于细菌种类和反应条件不同，还可生成丙酮、丁醇、乙醇、异丙醇等，在生成丙酮和丁醇特别多时，称为丙酮-丁醇发酵（图 6-17）。进行丙酮丁醇发酵的菌种是丙酮丁醇梭菌。发酵产物除乙酸、丁酸、CO_2 和 H_2 外，还有丙酮、丁醇，故得名。在丙酮丁醇发酵过程中，发酵前期主要产酸，后期酸量下降，大量累积丙酮、丁醇。丙酮来自乙酰乙酸的脱羧；丁醇来自丁酸的还原。

另一类丁醇、异丙醇的发酵产生菌是丁醇梭菌。主要发酵产物是丁醇、异丙醇、丁酸、乙酸、CO_2 和 H_2 等，异丙醇由丙酮还原而成。

（四）2,3-丁二醇发酵

产气肠杆菌（*Enterobacter aerogenes*）在发酵过程中可将由葡萄糖发酵而来的丙酮酸缩合、脱羧而生成乙酰甲基甲醇，它再进一步还原成 2,3-丁二醇。在碱性条件下，2,3-丁二醇易被氧气氧化成二乙酰。二乙酰可与蛋白胨中含胍基物质发生化学反应，生成红色化合物。若加入 1-萘酚和肌酸可促使此反应进行，此反应称为 VP 试验（Vogos-Prouskauer test）。大肠

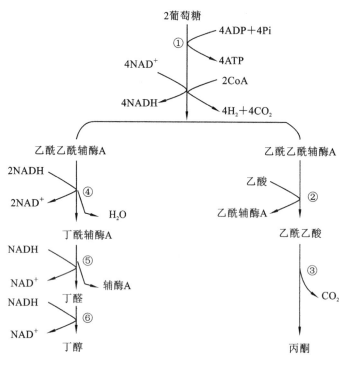

图 6-17 丙酮-丁醇发酵

注：①同丁酸发酵；②辅酶 A 转移酶；③乙酰乙酸脱羧酶；④L(+)β-羟丁酰辅酶 A 脱氢酶，烯酰水合酶和丁酰辅酶 A 脱氢酶；⑤丁醛脱氢酶；⑥丁醇脱氢酶。

杆菌无此反应，故可与产气肠杆菌区别。

由于产气肠杆菌发酵葡萄糖将 2 分子丙酮酸转化成 1 分子中性的二乙酰，故产酸量少，pH 值升高，而大肠杆菌（Escherichia coli）产酸较多，它使 pH 值降至 4.2 以下，所以若往发酵液中加入甲基红指示剂，则产气肠杆菌发酵液为橙黄色，大肠杆菌发酵液为红色，这就是甲基红试验。

（五）混合酸发酵

进行此类发酵的主要是肠道细菌，如大肠杆菌等。由于其发酵产物含有甲酸、乙酸、乳酸等有机酸，故称为混合酸发酵（mixed acid fermentation），又称为甲酸型发酵。除有机酸外，还有 CO_2 和 H_2，有的还有 2,3-丁二醇。所有上述产物的种类及含量都因菌种不同而变化，故可用来鉴定菌种。比如，甲酸又称蚁酸，它由丙酮酸裂解而成。甲酸在酸性条件下（pH<6.2）易被分解为 CO_2 和 H_2，该反应由甲酸氢解酶催化。在肠道菌中，有些菌不具有甲酸氢解酶，如志贺氏菌（Shigella），故发酵葡萄糖时只产酸不产气，据此可与其他产气菌种区分。

由上所述，在微生物中许多发酵类型都与丙酮酸代谢有关，这也形成了丙酮酸代谢的多样性。丙酮酸是 EMP 途径的关键产物，由它出发，在不同微生物中可进入不同的发酵途径，其中有些发酵类型只为某种菌所特有，具有特殊性，常用于微生物分类上鉴别和区分菌种。例如，酿酒酵母和运动发酵单胞菌（Zymomonas mobilis）的同型酒精发酵，由德氏乳杆菌（Lactobacillus delbrueckii）、嗜酸乳杆菌（Lactobacillus acidophilus）和乳酸乳球菌（Lactococcus lactis）等进行的同型乳酸发酵，大肠杆菌的混合酸发酵，谢氏丙酸杆菌（Propionibacterium shermanii）的丙酸发酵，产气肠杆菌（Enterobacter aerogenes）的 2,3-丁二醇发酵等。图 6-18 是不同微生物利用丙酮酸转化成各种发酵产物的一些例子。

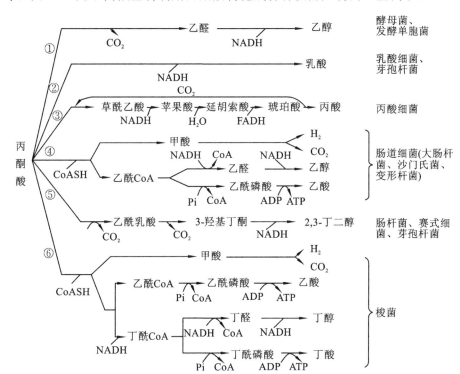

图 6-18 微生物由 EMP 途径中的丙酮酸出发进行的 6 条发酵途径

第三节 微生物的合成代谢

在前两节中,我们讨论了微生物如何进行分解代谢和能量代谢过程,分解代谢往往也伴随着能量的释放,分解代谢过程中产生了小分子前体物质、能量和还原力,这三大要件为微生物的合成代谢提供了保证,使得微生物可以利用简单的小分子物质合成复杂大分子物质,如蛋白质、核酸、多糖和脂类等化合物。自养型微生物往往利用无机物就能够完全合成自身所需要的复杂有机物;而化能异养型微生物所需要的能量、小分子物质和还原力则主要是由分解代谢提供的。分解反应和合成反应有着密切的相互联系或有着共同的中间代谢产物,但合成代谢绝不是分解代谢的简单逆转。

在糖类、蛋白质、核酸、脂质和维生素等重要物质的合成方面,微生物遵循着与其他生物相同的合成机制,本节仅介绍一些微生物所特有的、重要的和有代表性的合成代谢途径,包括自养型微生物的 CO_2 固定以及生物固氮、肽聚糖和微生物次生代谢产物的合成等。

一、CO_2 固定

光能自养型微生物包括微藻类、蓝细菌和光合细菌,含有叶绿素,以光为能源、CO_2 为碳源合成菌体物质或代谢产物;化能自养型微生物以 CO_2 为碳源,能源主要有 H_2、H_2S、NH_4^+、NO_2^-、Fe^{2+} 等(表 6-4)。

各种自养型微生物通过氧化无机物和光合磷酸化获取能量固定CO_2。在微生物中CO_2固定的4条途径为卡尔文循环、厌氧乙酰辅酶A途径、逆向TCA循环途径、羟基丙酸途径。

表6-4 固定CO_2的微生物种类

能源	好氧/厌氧	微生物
光能	好氧	微藻类、蓝细菌
	厌氧	光合细菌
化能	好氧	氢细菌、硝化细菌、硫细菌、铁细菌
	厌氧	甲烷菌、醋酸菌

(一)卡尔文循环

卡尔文循环(Calvin cycle)是光能自养型微生物和化能自养型微生物固定CO_2的主要途径。1,5-二磷酸核酮糖羧化酶(ribulose biphosphate carboxylase,RuBisCO)和磷酸核酮糖激酶(phosphoribulokinase)是本途径中两种特有的酶。利用卡尔文循环进行CO_2固定的生物包括绿色植物、蓝细菌、多数光合细菌(光能自养型)和硫细菌、铁细菌、硝化细菌等好氧的化能自养菌。卡尔文循环是光合作用中暗反应的一部分,反应场所为叶绿体内的基质。循环可分为三个阶段:羧化、还原和二磷酸核酮糖的再生。

1. CO_2的摄取期:碳的固定——羧化反应

催化起始步骤是1,5-二磷酸核酮糖羧化酶(RuBisCO)将3分子的CO_2固定在3个1,5-二磷酸核酮糖(简称RuBP)上,反应的产物是一种含六个碳而且非常不稳定的中间产物,该中间产物立即就会分裂为2分子的3-磷酸甘油酸(PGA),这样就形成了6分子的PGA,反应过程如图6-19所示。

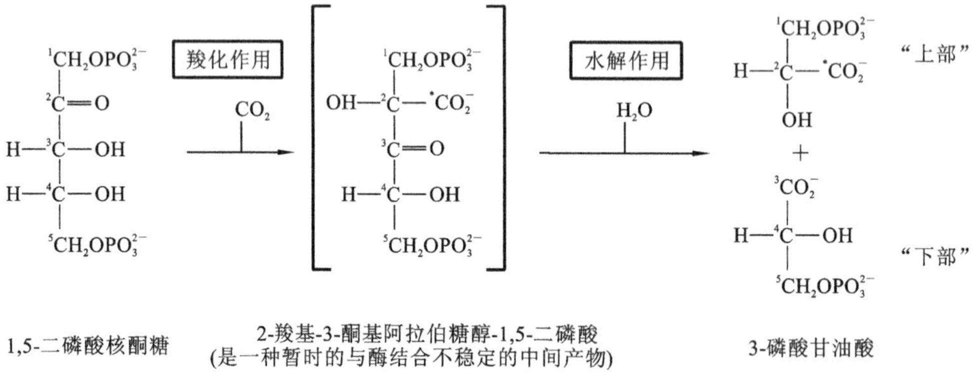

图6-19 CO_2的固定起始过程中的羧化反应

2. 碳的还原期:3-磷酸甘油醛的合成——还原反应

每分子PGA在消耗1分子ATP的情况下被酶催化形成1,3-二磷酸甘油酸(BPGA)。然后1分子的BPGA再被NADPH还原生成2分子的3-磷酸甘油醛(G3P)。这样在一个循环中就形成了6分子的G3P,其中1分子脱离了循环而被细胞用去形成糖类,但是其他的5分子的G3P则必须被回收以形成3分子的RuBP。

3. 二磷酸核酮糖(RuBP)再生期

在一连串复杂的反应中,经过上述还原反应形成的5分子G3P在卡尔文循环的最后一个步骤被重新形成了 3 分子的 RuBP。现在新合成的 RuBP 又可准备好接收 CO_2，启动下一轮的循环反应的顺利进行。在合成 1 分子 G3P 方面，卡尔文循环总共需消耗 9 分子的 ATP 和 6 分子的 NADPH，这些 ATP 和 NADPH 可由光合作用的光反应过程来提供。单独的光反应和单独的卡尔文循环都不能利用 CO_2 来制造葡萄糖。光合作用是一种在完整的叶绿体中会自然发生的现象，而且叶绿体整合了光合作用的两个阶段。

如果以产生 1 个葡萄糖分子来计算，则卡尔文循环的总式为

$$6CO_2 + 12NAD(P)H + 18ATP \longrightarrow C_6H_{12}O_6 + 12NAD(P)^+ + 18ADP + 18Pi$$

如图 6-20 所示为卡尔文循环的概括。

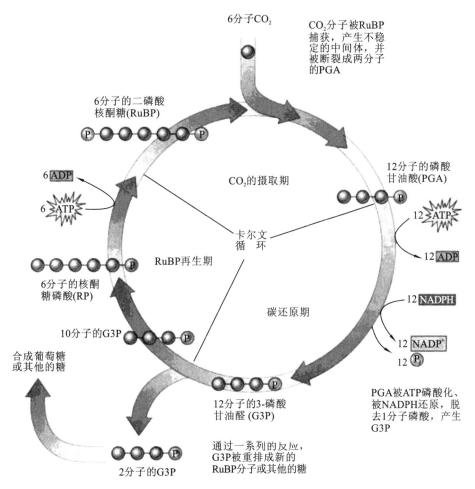

图 6-20　卡尔文循环

（二）厌氧乙酰辅酶 A 途径

厌氧乙酰辅酶 A 途径又称活性乙酸途径(activated acetic acid pathway)。这是一种非循环式的 CO_2 固定机制，许多利用 H_2 作为电子供体的厌氧微生物，如细菌域中的硫酸盐还原菌、同型产乙酸菌、革兰氏阳性细菌等都可采用厌氧乙酰辅酶 A 途径固定 CO_2。此外，古生球菌属的硫酸盐还原菌及产甲烷菌也是采用该途径固定 CO_2。

1932 年，Fischer 及其同事发现废水中的一种微生物能够将 H_2 和 CO_2 转化为乙酸：

$$4H_2 + 2CO_2 \longrightarrow CH_3COOH + 2H_2O \tag{1}$$

1942年，Fontain 等发现一种嗜热菌 *Clostridium thermoaceticum* 可催化如下的反应：

$$C_6H_{12}O_6 + 2H_2O \longrightarrow 2CH_3COOH + 8H + 2CO_2$$
$$2CO_2 + 8H \longrightarrow CH_3COOH + 2H_2O$$
$$C_6H_{12}O_6 \longrightarrow 3CH_3COOH \tag{2}$$

反应(1)、(2)的共同生化本质是厌氧乙酰辅酶 A 途径。厌氧乙酰辅酶 A 途径由两条还原支路组成：甲基支路和羧基支路(图 6-21)。当同型乙酸菌以 CO_2 和 H_2 为底物时，以氢气为能源，利用该代谢途径同化 CO_2 作为碳源。厌氧乙酰辅酶 A 途径是一条产能效率较低的途径，乙酸激酶在催化乙酰磷酸变为乙酸时，通过底物水平磷酸化(SLP)生成 1 mol ATP，但在甲基四氢叶酸合成酶催化甲酸转变为甲基四氢叶酸时，消耗 1 mol ATP，因此该途径通过底物水平磷酸化净生成的 ATP 为 0。菌体生长所需能量主要通过在代谢过程中形成跨膜离子浓度梯度差以促进 ATP 的生成。

厌氧乙酰辅酶 A 途径与卡尔文循环、逆向三羧酸循环及 3-羟基丙酸循环不同，是一条线性的"一碳"途径，不需要循环的多碳受体固定 CO_2。

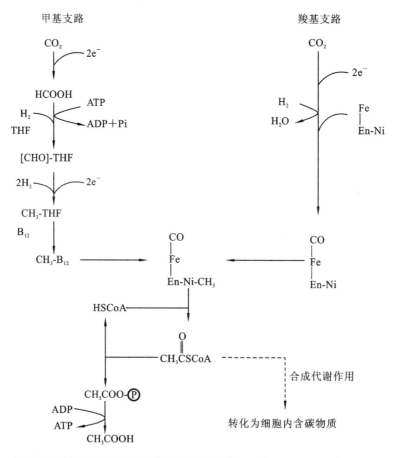

图 6-21 厌氧乙酰辅酶 A 途径

（三）逆向 TCA 循环

逆向 TCA 循环（reverse TCA cycle）又称为还原柠檬酸循环（reductive citric acid cycle），在 *Chlorobium*（绿菌属）的一些绿硫细菌和一些硫酸盐还原菌中是采用本循环途径进行 CO_2 固定的，其总反应为

$$3CO_2 + 12H + 5ATP \longrightarrow 丙糖-\text{Ⓟ}$$

反应起始于柠檬酸的裂解产物草酰乙酸，草酰乙酸可作为 CO_2 受体，经过数步反应后可羧化固定 2 个 CO_2，最后形成 1 分子柠檬酸，接着柠檬酸又被依赖于 ATP 的柠檬酸裂合酶（citrate lyase）裂解为乙酰辅酶 A 和草酰乙酸，新产生的乙酰辅酶 A 又再固定 1 分子的 CO_2 后，就可进一步形成丙酮酸、丙糖-Ⓟ 和己糖-Ⓟ 等一系列构成细胞所需要的重要合成原料了。

（四）羟基丙酸途径（hydroxypropionate pathway）

近年来人们在橙色绿屈挠菌（*Chloroflexus aurantiacus*）和一些古细菌，如金属硫化叶菌（*Sulfolobus metallicus*）等中发现了一种新的 CO_2 固定途径，由于这一途径以 3-羟基丙酸为特征性代谢中间物，因此称为 3-羟基丙酸途径，具体见图 6-22。3-羟基丙酸途径具有与其他三个途径不同的鲜明特点：首先，它是一个双循环偶联的代谢过程；其次，途径中涉及多种多功能酶，这在其他的自养途径中并不常见；此外，途径中的关键中间产物 3-羟基丙酸在生物代谢过程中十分罕见。

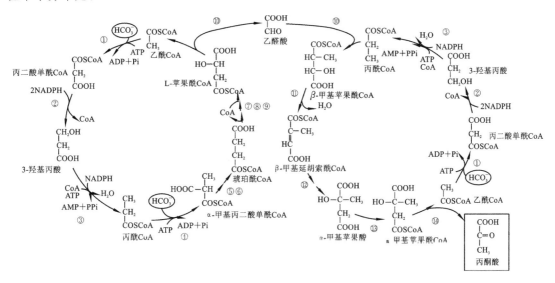

图 6-22 橙色绿屈挠菌中的 3-羟基丙酸途径

（摘自：刘冰，等. 3-羟基丙酸途径研究进展[J]. 化学与生物工程，2007，24(7)：8-11）

注：①乙酰辅酶 A 羧化酶；②丙二酸单酰辅酶 A 还原酶；③丙酰辅酶 A 合成酶；④丙酰辅酶 A 羧化酶（E1 C1 61 41 11 3）；⑤甲基丙二酸单酰辅酶 A 异构酶；⑥甲基丙二酸单酰辅酶 A 变位酶；⑦琥珀酰辅酶 A：L-苹果酸辅酶 A 转移酶；⑧琥珀酸脱氢酶；⑨延胡索酸水合酶；⑩L-苹果酰辅酶 A/β-甲基苹果酰辅酶 A 裂合酶；⑪，⑫未知反应；⑬琥珀酰辅酶 A：α-甲基苹果酰辅酶 A 转移酶；⑭α-甲基苹果酰辅酶 A 裂合酶。

3-羟基丙酸途径的起始物质是乙酰辅酶 A，在前一个 3-羟基丙酸循环中，乙酰辅酶 A 经过丙二酸单酰辅酶 A 和 3-羟基丙酸等中间物转化为丙酰辅酶 A，此过程中固定了 1 分子的 CO_2；丙酰辅酶 A 经过 α-甲基丙二酸单酰辅酶 A、琥珀酰辅酶 A 等中间物转化为 L-苹果酰辅

酶 A，此过程中又固定了 1 分子的 CO_2；随后 L-苹果酰辅酶 A 在 L-苹果酰辅酶 A/β-甲基苹果酰辅酶 A 裂合酶的作用下分解为乙酰辅酶 A 和乙醛酸，乙醛酸同样又在这个酶的作用下进入后一循环过程甲基苹果酸循环中。

3-羟基丙酸途径涉及多种化学物质，这对于利用现代生物技术生产化学品有着重要的指导意义。3-羟基丙酸是乳酸的异构体，可以生产 1,3-丙二醇、丙烯酸、丙二酸、丙烯酰胺等多种有用的工业产品下游产物。在美国能源部 2004 年公布的一份报告中就将 3-羟基丙酸列为 12 种最具潜力的生物基平台生产的化工品之一。随着石油等化石能源开采消费的逐渐耗竭，发展生物基化工产品已成大势所趋，有理由相信 3-羟基丙酸途径的研究将会为这些高价值化工品的生物法生产提供丰富的理论背景。

知识链接

利用微藻固定 CO_2 的技术研究

近些年来，为了减缓温室效应而实现 CO_2 的减排，已经在世界范围内达成了广泛共识。2008 年，我国成为世界 CO_2 排放量最大的国家，2009 年我国的能源消耗又增加了 6.3%，二氧化碳排放量也相应地增加，因此我国政府在温室气体减排方面面临着前所未有的国际压力，国家的可持续发展也面临着新的挑战。因此，无论是出于对环境问题的考虑还是对我国未来经济发展的考虑，我们都应当着力发展更高效的 CO_2 减排技术。

国内外开展了利用 CO_2 固定技术来实现 CO_2 减排的大量研究，可以将现有的技术手段分为物理封存与化学吸收两大类。物理封存主要是通过深海注射与地质封存来完成，被封存的 CO_2 可能会随着时间的推移而逐渐释放到大气当中，也还可能在地下与矿物质发生反应而影响地质结构甚至影响地下生物群落，留下无法预知的隐患。由此可知，该方法无法真正解决问题，只不过是将危机向后推延了而已。化学吸收方法目前应用较广泛，但是却存在共同的技术缺陷，如需要高浓度的 CO_2、气体压缩与传输的成本较高、高能耗等。此外，化学固定手段如果处理不当还可能造成环境的二次污染。

近年来，CO_2 生物固定技术受到了越来越多的关注。在自然界中，光合作用对 CO_2 的利用是地球上 CO_2 固定的最主要形式，在碳循环中起决定作用。因此，利用生物方法固定 CO_2 既能友好于环境，又可以通过光合作用来生产多种产品。生物方法对 CO_2 的固定可以分为绿色植物与光合微生物两类，由于绿色植物单位面积的种植量较低而且生长缓慢，因此尚不具备工业化潜力。光合微生物及酶固定 CO_2 的研究取得了一些进展，目前有望实现大规模工业生产的是微藻和氢细菌等微生物。微藻在繁殖自身菌体时，可将 CO_2 转化为生物柴油等液体燃料或者利用 CO_2 生产有用物质，如蛋白质和类脂等；氢细菌在固定 CO_2 的同时还能积累大量的胞内糖原，还可以将 CO_2 还原转化为异柠檬酸和苹果酸、甲醇、乙醇和甲烷等物质。微生物或酶法固定 CO_2 也存有一些瓶颈问题，如细胞生长繁殖速度慢和菌体密度低，酶种类少、转化效率低和途径单一等缺点。微生物和酶固定 CO_2 技术今后的主要研究方向：①开发光生物反应器以满足微藻类生长所需的光强；②构建高效固定 CO_2 的基因工程菌株；③进一步研究微生物和酶固定 CO_2 的机理，为 CO_2 固定研究提供理论支持；④开发新的高效分离技术以分离还原产物；⑤与其他还原 CO_2 的技术（如光催化和电化学还原等）相结合，用于合成各种化学品及高分子材料。

二、生物固氮作用

(一) 固氮微生物

生物固氮是固氮微生物的一种特殊的生理功能,已知具固氮作用的微生物有近50个属,包括细菌、放线菌和蓝细菌(即蓝藻),它们的生活方式、固氮作用类型有较大区别,但细胞内都具有固氮酶。不同固氮微生物的固氮酶均由钼铁蛋白和铁蛋白组成。固氮酶必须在厌氧条件下,即在低的氧化还原条件下才能催化反应。固氮作用过程十分复杂,其作用机制目前还不完全清楚。

根据固氮微生物与高等植物的关系,固氮微生物可分为自生固氮菌、共生固氮菌以及联合固氮菌。它们所进行的固氮作用分别称为自生固氮、共生固氮和联合固氮。

1. 自生固氮菌

自生固氮菌(*Azotobacteria*)是自由生活在土壤或水域中,能独立进行固氮作用的某些细菌。这类细菌可以以分子态氮(N_2)为氮素营养,它将分子态氮还原为NH_3,再合成氨基酸、蛋白质,包括好氧性细菌,如固氮菌属、固氮螺菌属以及少数自养菌;兼性厌氧菌,如克雷伯氏菌属;厌氧菌,如梭状芽孢杆菌属的一些种;还有光合细菌如红螺菌属、绿菌属以及蓝细菌(蓝藻),如鱼腥藻属、念珠藻属等。

2. 共生固氮菌

共生固氮菌在与植物共生的情况下才能固氮或才能有效地固氮,固氮产物氨可直接为共生体提供氮源。共生固氮效率比自生固氮效率高数十倍。主要有根瘤菌属(*Rhizobium*)的细菌与豆科植物共生形成的根瘤共生体,弗氏菌属(*Frankia*)与非豆科植物共生形成的根瘤共生体;某些蓝细菌与植物共生形成的共生体,如念珠藻或鱼腥藻与裸子植物苏铁共生形成苏铁共生体,红萍与鱼腥藻形成的红萍共生体等。在实验条件下培养自生固氮菌,培养基中只需加入碳源(如蔗糖、葡萄糖)和少量无机盐,不需加入氮源,固氮菌可直接利用空气中的氮(N_2)作为氮素营养;如培养根瘤菌,则需加入氮素营养,因为根瘤菌等共生固氮菌,只有与相应的植物共生时,才能利用分子态氮(N_2)进行固氮作用。

3. 联合固氮菌

近年来在上述两个类型之间,人们又提出了一个中间类型,称为联合固氮菌。即有的固氮菌生活在某些植物根的黏质鞘套内或皮层细胞间,不形成根瘤,但有较强的专一性,如雀稗固氮菌与点状雀稗联合,生活在雀稗根的黏质鞘套内,固氮量可达15~93千克/(公顷·年)。其他如生活在水稻、甘蔗及许多热带牧草的根际的微生物,由于与这些植物根系联合,因而都有很强的固氮作用。

(二) 固氮的生化机制

1. 固氮反应的必要条件

生物固氮反应的发生需要具备六大要件:固氮酶(nitrogenase)、能量(ATP)、还原力NAD(P)H、N_2、Mg^{2+}、严格的厌氧微环境。固氮反应需要大量还原力,因为在固氮过程中$N_2:H=1:8$,而且还必须以NAD(P)H+H$^+$的形式提供,[H]由铁氧还蛋白(Fd)或黄素氧还蛋白(Fld)电子载体进行传递。

2. 固氮酶

生物固氮是固氮微生物特有的一种生理功能,这种功能是在固氮酶的催化作用下进行的。固氮酶是一种能够将分子氮还原成氨的酶。固氮酶是一种复合蛋白质,由固二氮酶和固二氮酶还原酶两种独立的蛋白质构成:组分Ⅰ称为固二氮酶,含有铁和钼,叫做钼铁蛋白;组分Ⅱ称为固二氮酶还原酶,是一种只含有铁的蛋白质,也叫做铁蛋白。只有铁蛋白和钼铁蛋白同时存在,固氮酶才具有固氮的作用。

固氮酶对氧极其敏感,所以固氮需要有严格厌氧的微环境。固氮时还需要有 Mg^{2+} 的存在。应该指出,固氮酶对 N_2 不是专一的,它也可还原其他一些化合物,特别是还原乙炔的反应,灵敏度高,测定简便。所以乙炔还原法成了当今固氮研究中测定纯酶制剂固氮活力和天然固氮系统固氮活力的一种常规方法。

3. 生物固氮过程

可以用下面的反应式概括表示整个固氮过程:

$$N_2 + 8H^+ + nATP + 8e^- \longrightarrow 2NH_3 + H_2 + nADP + nPi$$

固氮可分为以下两个阶段,如图 6-23 所示。

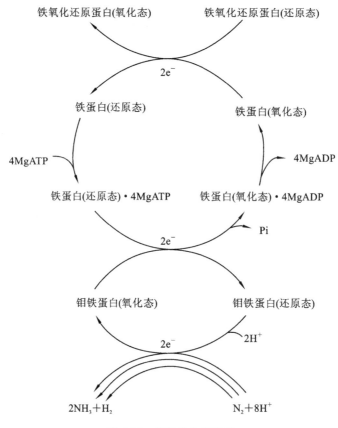

图 6-23 固氮的生化途径

(1) 固氮酶的形成 还原型吡啶核苷酸的电子经载体铁氧还蛋白(Fd)或黄素氧还蛋白(Fld)传递到组分Ⅱ的铁原子上形成还原型组分Ⅱ,它先与 ATP-Mg 结合生成变构的组分Ⅱ-Mg-ATP 复合物;然后再与此时已与分子氮结合的组分Ⅰ一起形成 1∶1 的复合物——固氮酶。

第六章 微生物的新陈代谢

（2）固氮阶段　固氮酶分子的一个电子从组分Ⅱ-Mg-ATP复合物转移到组分Ⅰ的铁原子上，由此再转移给钼结合的活化分子氮。通过6次这样的电子转移，将1分子氮还原成2分子NH_3。组分Ⅱ-Mg-ATP复合物转移电子以后恢复成氧化型，同时ATP水解成为ADP+Pi。实际上，在1分子氮还原形成2分子NH_3的过程中有8个电子转移，其中的2个电子以氢气的形式用去，但其原因尚不清楚，不过有证据表明，H_2的产生是固氮酶反应机制中一个不可分割的组成部分。固氮作用的产物NH_3与相应的α-酮酸结合生成相应的氨基酸，然后进一步合成蛋白质或其他有关的化合物。

三、肽聚糖的合成

肽聚糖是绝大多数原核生物细胞壁的独特组分，它对维持细菌细胞结构和正常生命活动起着重要作用。肽聚糖的合成途径极其复杂，通过革兰氏阳性细菌中的金黄色葡萄球菌的肽聚糖合成机制进行了研究，发现肽聚糖的整个合成途径约有20步之多。根据合成反应部位的不同，可将合成过程分成细胞质中、细胞膜上以及细胞膜外合成等三个阶段（图6-24）。正因为肽聚糖合成不是在一个地方完成的，所以合成过程中必须要有能够转运与控制肽聚糖结构元件的载体参与。已知的载体有两种：一种是尿苷二磷酸（UDP）；另一种是细菌萜醇。

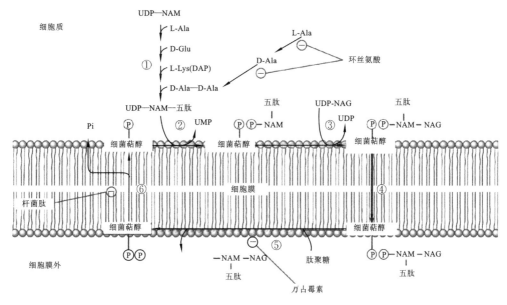

图 6-24　肽聚糖合成的主要阶段和途径

下面以金黄色葡萄球菌的肽聚糖合成为例来阐述其具体合成过程。

第一阶段：在细胞质中合成胞壁酸五肽（Park核苷酸）。首先是由葡萄糖经过下列一系列反应步骤生成UDP-NAM和UDP-NAG，见图6-25；UDP-NAM和UDP-NAG合成好后，可在UDP-NAM上逐步加上氨基酸生成UDP-NAM-五肽（Park核苷酸），它们都需要UDP作为载体。

第二阶段：在细胞膜上由N-乙酰胞壁酸五肽与N-乙酰葡糖胺合成肽聚糖单体——双糖肽亚单位。这一阶段中有一种称为细菌萜醇（Bcp）的脂质载体参与，这是一种由11个类异戊二烯单位组成的C_{55}类异戊二烯醇，它通过两个磷酸基与N-乙酰胞壁酸相连，载着在细胞质中形成的UDP-N-乙酰胞壁酸五肽转移到细胞膜上，与停留在细胞膜上的N-乙酰葡糖胺结合，

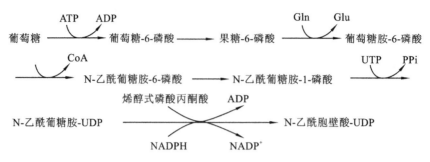

图 6-25 N-乙酰葡糖胺和 N-乙酰胞壁酸的合成途径

并在 L-Lys 上接上五肽(Gly)$_5$,形成双糖肽亚单位。

第三阶段:已合成的双糖肽插在细胞膜外的细胞壁生长点中并交联形成肽聚糖。这一阶段的第一步是多糖链的伸长。双糖肽先是插入细胞壁生长点上作为引物的肽聚糖骨架(至少含 6 个肽聚糖单体的分子)中,通过转糖基作用使多糖链延伸一个双糖单位;第二步通过转肽酶的转肽作用(transpeptidation)使相邻多糖链交联,见图 6-26 所示。转肽时先是 D-丙氨酰-D-丙氨酸间的肽链断裂,释放出一个 D-丙氨酰残基,然后倒数第 2 个 D-丙氨酸的游离羧基与邻链甘氨酸五肽的游离氨基间形成肽键而实现交联。

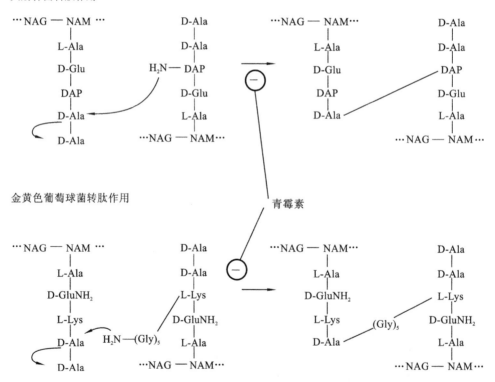

图 6-26 大肠杆菌和金黄色葡萄球菌的转肽作用(可被青霉素抑制)

四、微生物次生代谢物的合成

次生代谢是相对于初生代谢而提出的一个概念。一般认为,初生代谢是一类普遍存在于一切生物中的代谢,与生物生存有关,涉及维持生命活动的物质和能量循环过程。而次生代谢是指微生物在一定的生长时期,以初生代谢产物为前体,合成一些对微生物的生命活动无明确功能的物质的过程。这一过程的产物,即为次生代谢产物。有人把超出生理需求的过量初生代谢产物也看作是次生代谢产物。

次生代谢与初生代谢关系密切,初生代谢的关键性中间产物往往是次生代谢的前体,两者之间有着很紧密的联系(图 6-27),比如糖发酵降解过程中的乙酰辅酶 A 是合成四环素、红霉素的前体。

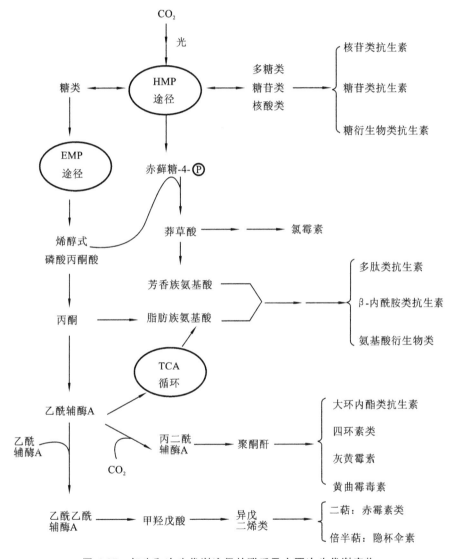

图 6-27 初生和次生代谢途径的联系及主要次生代谢产物

目前所知,由微生物产生的次生代谢产物达数万种之多,化学组成多种多样,可以是糖苷类、多肽类、萜烯类、芳香类等化合物,代谢途径多样,可以通过糖代谢、莽草酸、氨基酸或乙酸延伸途径来产生。①糖代谢延伸途径:由糖类转化、聚合产生的多糖类、糖苷类和核酸类化合物进一步转化而形成核苷类、糖苷类和糖衍生物类抗生素。②莽草酸延伸途径:由莽草酸分支途径产生氯霉素等。③氨基酸延伸途径:由各种氨基酸衍生、聚合形成多种含氨基酸的抗生素,如多肽类抗生素、β-内酰胺类抗生素、D-环丝氨酸和杀腺癌菌素等。④乙酸延伸途径(可分两条支路):其一是乙酸经缩合后形成聚酮酐,进而合成大环内酯类、四环素类、灰黄霉素类抗生素和黄曲霉毒素;其二是经甲羟戊酸而合成异戊二烯类,进一步合成重要的植物生长刺激素——赤霉素或真菌毒素——隐杯伞素等。

根据次生代谢产物的作用,可将其分为抗生素、激素、毒素和色素。

(一) 抗生素

抗生素(antibiotics)是微生物(包括细菌、真菌、放线菌属)或高等动植物在生活过程中所产生的具有抗病原体或其他活性的一类次级代谢产物,它能干扰其他生活细胞的发育功能。继 Fleming(1929)和 Waksman(1944)分别发现了青霉素和链霉素之后,迄今报道的抗生素已有 1.65 万种左右(2008 年数据),但由于对动物的毒性或副作用等原因,目前真正具有实用价值的却只有青霉素、链霉素、四环素类、红霉素、新生霉素、利福平、放线菌素等 100 种左右。

(二) 激素与色素

微生物能产生激素(hormone)以刺激动物、植物生长或性器官的发育,如吲哚乙酸和赤霉素等。赤霉菌(*Gibberella fujikuroi*)是一种可引起水稻发生恶苗病的霉菌。赤霉菌体内可产生赤霉素。赤霉菌是迄今为止成功用于商业化生产的唯一真菌。

不少微生物在代谢过程中产生各种有色的产物,使菌体或培养基呈现不同颜色。例如由黏质沙雷氏菌(*Serratia marcescens*)产生灵菌红素,在细胞内积累,使菌落呈红色。有的微生物将产生的色素(pigment)分泌到细胞外,使培养基呈现颜色。红曲霉(*Monascus purpureus*)产生的红曲菌素颜色呈鲜红色,常用于酿制红豆腐乳。

(三) 毒素

少数微生物能产生对人和动植物有毒害作用的物质,称为毒素(toxin)。可根据产生菌的不同而将毒素分为细菌毒素和真菌毒素两类。

1. 细菌毒素

许多致病细菌都能产生细菌毒素(bacterial toxin),且种类很多。毒素根据在产生菌细胞中存在的部位,分成内毒素和外毒素两大类,前者处于细胞壁上,后者可分泌到细胞外。外毒素的危害远比内毒素强。

外毒素由两个蛋白质亚基构成。有毒性的部分为 A,是一种酶;与细胞结合的部分叫 B,B 使外毒素结合到寄主细胞的特定组分上,这个组分多半是酶。

内毒素是革兰氏阴性细菌细胞壁中的一种成分,叫做脂多糖。内毒素脂多糖分子由菌体特异性多糖、非特异性核心多糖和脂质 A 三部分构成。脂质 A 是内毒素的主要毒性组分。不同革兰氏阴性细菌的脂质 A 结构基本相似。因此,凡是由革兰氏阴性细菌引起的感染,虽菌种不一,其内毒素导致的毒性效应大致相同。

大部分细菌产生的毒素是蛋白质类的物质,如破伤风梭菌(*Clostridium tetani*)产生的破伤风毒素,白喉杆菌(*Corynebacterium diphtheriae*)产生的白喉毒素,肉毒梭菌(*Clostridium botulinum*)产生的肉毒素,以及苏云金杆菌(*Bacillus thuringiensis*)产生的伴胞晶体等。

2. 真菌毒素

真菌毒素是真菌在食品或饲料里生长所产生的代谢产物,对人类和动物都有害。目前已知的有 300 多种结构非常不同的真菌毒素,危害最大且广泛的毒素见表 6-5。其中黄曲霉

(*Aspergillus flavus*)和寄生曲霉(*A. parasiticus*)产生的黄曲霉毒素(aflatoxins)具有强烈毒性,可引起人和动物肝癌。该毒素非常耐热,只有通过长时间高温(100~120 ℃)作用,才能使其大部分失活。在一般情况下,巴氏消毒法或烘烤面包的热度(中心最高温度为 100 ℃)难以使黄曲霉毒素完全灭活。这些毒素对强酸和强碱较敏感。黄曲霉和寄生曲霉广泛存在于土壤、灰尘、植物及其果实上,特别是在热带和亚热带的核果类和谷类上更为常见。

表 6-5 食品或饲料原料中真菌毒素的产毒菌及病症

毒素	产毒菌	致病及症状	易携食品
黄曲霉毒素	黄曲霉(*Aspergillus flavus*)、寄生曲霉(*A. parasiticus*)	肝癌,肝硬化,致畸,糙皮病	花生,粮食
麦角生物碱	麦角菌(*Claviceps purpurea*)	麦角中毒	黑麦面包
赭曲霉毒素 A	赭曲霉(*A. ochraceus*)、纯绿青霉(*Penicillium viridicatum*)等	肾病,肠炎	粮食,花生
3-硝基丙酸	深酒色青霉(*Penicillium atrovenetum*)、米曲霉(*Aspergillus oryzae*)、节菱孢(*Arthrinium spp.*)	呕吐、脑部损伤、抽搐	甘蔗
展青霉素	棒曲霉(*A. clavatus*)、扩展青霉(*Penicillium expansum*)、丝衣霉(*Byssochlamys*)等	恶心,器官中毒(肝、肾、肺等)	水果
镰孢菌毒素 a)玉米赤霉烯酮 b)单端孢霉烯族化合物(如 T2 毒素)	禾谷镰刀菌(*Fusarium graminearum*)等多种镰刀菌、木素木霉(*Trichoderma lignorum*)、梨孢镰刀菌(*F. poae*)、拟枝孢廉刀菌(*F. sporotrichioides*)	雌激素亢进,流产,不孕,皮肤黏膜损伤,中毒性白细胞缺少症	粮食
橘青霉素	各种青霉和曲霉	致畸	粮食和腐烂的西红柿

第四节 微生物的代谢调控与发酵生产应用

微生物在新陈代谢过程中,在进行分解代谢的同时也在进行着合成代谢,细胞内各种代谢反应错综复杂,各个反应过程之间是相互制约、彼此协调的,可随环境条件的变化而迅速改变代谢反应的速度,这主要是因为微生物细胞内有着一整套极为精细的代谢调节(或称代谢调控,regulation of metabolism)系统。在一般情况下,细胞内只合成所需的中间代谢产物,严格防止氨基酸、核苷酸等物质的积累。一旦有新的外源氨基酸或核苷酸等物质进入细胞内,细胞将会立即停止该物质的合成,只有该物质消耗达到一定的低浓度阈值时,细胞才会重新开启合成的大门。细胞是如何精准地做到这种代谢调控的呢?这是因为细胞既可以通过控制酶的合成量或活性,也可以通过控制细胞膜的通透性来实现这种精细调控。

一、酶活性调节

酶活性调节是通过酶分子构象或分子结构的改变来调节其催化反应速率的,调节的是已有酶分子的活性,是在酶化学水平上发生的。酶活性的调节可分为激活与抑制两种方式。这两种调节方式可以使微生物细胞对环境变化迅速作出反应,因为底物的性质和浓度、环境因子以及其他酶的存在都有可能激活或抑制酶的活性。酶活性调节的机制主要有两种——变构调节和酶分子的修饰调节。

1. 变构调节

在一个由多步反应组成的代谢途径中,末端产物通常会反馈抑制该途径的第一个酶,这种酶通常被称为变构酶(allosteric enzyme)。变构酶通常是某一代谢途径的第一个酶或是催化某一关键反应的酶。变构酶既有能与底物结合的活性中心(称为催化部位或活性部位),也还有一个能与最终产物结合的部位,称为调节中心(或称为变构部位)。在某些重要的生化反应中,反应产物的积累往往会抑制该反应中酶的活性,这是由于反应产物与酶的结合改变了酶的构象,从而抑制了底物与酶活性中心的结合。

变构调节往往通过反馈抑制来完成,反馈抑制这种调节方式又分为协同反馈、累积反馈和顺序反馈等多种类型,在生物化学课程中已作了详细介绍。

2. 修饰调节

修饰调节是指酶蛋白分子中的某些基团可以在其他酶的催化下发生可逆的共价修饰,从而导致酶活性的改变,使之处于活性和非活性的互变状态,从而导致调节酶的活化或抑制,以控制代谢的速率和方向。磷酸化、去磷酸化作用是最常见的共价修饰调节类型,此外还有乙酰化与去乙酰化,甲基化与去甲基化等可逆调节系统。

二、酶合成的调节

微生物还可以通过控制酶基因的表达来调节酶的合成量,进而调节代谢速率,这是一种在基因水平上的代谢调节,与遗传因子密切相关,是调节基因作用的结果。

凡能促进酶生物合成的现象,称为诱导,而能阻碍酶生物合成的现象,则称为反馈阻遏。与上述调节酶活性的反馈抑制相比,其优点是通过阻止酶的过量合成,有利于节约生物合成的原料和能量。其调节方式有两种。

1. 诱导

根据酶的生成是否与环境中所存在的该酶底物或其有关物的关系,可把酶划分成组成酶(constitute enzyme)和诱导酶(induced enzyme)两类。组成酶是细胞固有的经常以较高浓度存在的酶类,例如 EMP 等细胞内中间代谢途径中的有关酶类。诱导酶则是细胞为适应环境中的外来底物或其结构类似物而临时合成的一类酶。例如,大肠杆菌分解乳糖的半乳糖苷酶就属于诱导酶。又如,催化淀粉分解为糊精、麦芽糖等的 α-淀粉酶也是一种诱导酶,多种微生物都能产生这种酶。如果将能合成 α-淀粉酶的菌种培养在不含淀粉的葡萄糖溶液中,它就直接利用葡萄糖而不产生 α-淀粉酶;如果将它培养在含淀粉的培养基中,它就会产生活性很高的 α-淀粉酶。

诱导酶的合成除取决于诱导物以外,还取决于细胞内所含的基因。如果细胞内没有控制某种酶合成的基因,即便有诱导物存在也不能合成这种酶。因此,诱导酶的合成取决于内因和外因两个方面。诱导酶在微生物需要时合成，不需要时就停止合成。这样，既保证了代谢的需要，又避免了不必要的浪费，增强了微生物对环境的适应能力。

2. 反馈阻遏

反馈阻遏是指在合成过程中有生物合成途径的终点产物对该途径的一系列酶的量进行调节而引起的阻遏作用。反馈阻遏是基因转录水平上的调节，产生效应慢，但可更彻底地控制代谢和减少末端产物的合成。阻遏作用有利于生物体节省有限的养料和能量。阻遏的类型主要有末端代谢产物阻遏和分解代谢产物阻遏两种。在某些代谢途径中，因末端代谢产物的过量累积而引起酶合成的阻遏作用称为末端代谢产物阻遏。但在某些情况下，有时细胞内同时存有两种可供分解的底物 A 和 B 时，从而会出现底物 A 利用快，而底物 B 利用慢，这是因为可优先利用的底物 A 阻止了底物 B 分解酶的合成。例如，有人将大肠杆菌培养在含乳糖和葡萄糖的培养基上，发现该菌可优先利用葡萄糖，并于葡萄糖耗尽后才开始利用乳糖，这就产生了两个对数生长期中间隔开一个生长延迟期的"二次生长现象"。其原理是，葡萄糖的存在阻遏了分解乳糖酶系的合成，这一现象称葡萄糖效应。由于这类现象在其他代谢的普遍存在，后来就把类似葡萄糖效应的阻遏统称为分解代谢产物阻遏。

三、细胞膜透性调节

微生物细胞膜是位于细胞壁内侧，包围细胞质的一层薄膜。细胞膜是一个具高度选择性的屏障，把细胞质与外界环境分隔开，使细胞获得一个相对稳定的内环境。细胞从外部环境中吸收营养物质进入细胞内，或者将细胞内产生的代谢产物分泌至细胞外，都要通过细胞膜。因此，细胞可通过调节膜的通透性大小来实现对代谢过程的调节作用。当在培养基中存在速效和迟效的碳源或氮源时，微生物菌体的生长往往会出现二次生长现象。其原因，除了分解代谢物阻遏作用外，还与细胞对速效和迟效营养成分的先后准入次序有关，因为运输迟效营养成分的载体只有在速效营养成分耗尽后才会合成。

四、代谢调节在发酵生产工业中的应用

在工业生产上常会采用微生物发酵生产某种代谢产物的方法，比如，利用微生物发酵生产柠檬酸和乳酸等各种有机酸、维生素、氨基酸和抗生素等产品。在发酵工业中，调节微生物代谢过程的方法很多，包括添加前体物或诱导物、控制发酵工艺等生物化学方法，还包括菌种遗传特性的改变和细胞膜渗透性的调控等各种措施。

1. 生物化学方面的调控措施

影响微生物代谢过程的化学因子包括 pH 值、溶氧水平和营养物质浓度等，其中在发酵过程中通过向培养基中添加前体物质，可以成功地绕过反馈阻遏或反馈抑制的作用而实现产量的大幅度增加。例如，在利用异常汉逊氏酵母进行色氨酸发酵时，过量合成的目的产物会对合成途径中的 3-脱氧-2-酮-D-阿拉伯庚酮糖-7-磷酸合成酶有反馈抑制作用，而影响色氨酸的产量。如果向培养基中直接加入邻氨基苯甲酸（图 6-28），就跨过了 3-脱氧-2-酮-D-阿拉伯庚酮糖-7-磷酸合成阶段，从而就解除了前面的反馈抑制，从而可大幅度提高色氨酸的产量。

也可通过添加诱导物来提高诱导酶的合成量。从提高诱导酶的合成量来说，最好的办法往往不是添加酶的底物，而是底物的衍生类似物。

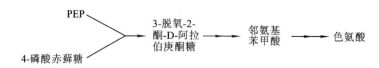

图 6-28 异常汉逊氏酵母的色氨酸生物合成途径

2. 菌种遗传特性的改变

如前所述,在正常活细胞内,每种物质的代谢都有着严格的调控机制,其中间代谢产物或终产物都不会被大量积累。若要选育某种目的产物(可以是代谢过程中的中间产物或终产物)的高产菌种,就必须打破或解除原有正常的调控体系,并建立新的调控体系。这往往需要改变代谢途径以解除反馈抑制,或者需要选育抗反馈调节突变株来完成。突破微生物的自我调控机制,目前通常采用如下措施来达到积累目的产物的目标。

(1) 通过选育营养缺陷型或渗漏缺陷突变株来切断支路代谢

营养缺陷型菌株是指野生菌株发生基因突变后,合成途径中某种功能酶丧失了活性,代谢途径发生了阻断而不能合成终产物。因此在缺陷型菌株中终产物的反馈调节(包括反馈抑制和反馈阻遏)作用就在基因水平上得到了解除,这样中间产物或另一分支途径中的末端产物就得以积累。

渗漏缺陷突变株是指遗传性障碍不完全的缺陷型,也就是这种基因突变只使某种酶的活性下降而不是完全失去活性,因此菌株仍然能够少量地合成某一种代谢终产物。因为菌株不能过量地合成终产物,因此就不会引起反馈抑制,所以也就不会影响到所需要的目的中间代谢产物的积累。

(2) 选育抗反馈调节突变株来解除反馈调节

抗反馈调节突变株,是指一种对反馈抑制不敏感或阻遏有抗性的组成型突变株。这种突变株可采用代谢拮抗物(也就是目的产物的结构类似物)抗性实验来筛选获得。因反馈调节作用被解除,所以能累积大量末端代谢产物。这种突变株,往往是因为调节基因发生了突变,另外,这种突变株不易发生回复突变,获得的突变性能稳定性好,因此它在生产上被广泛应用。一般来说,在分支合成途径中不宜采用此方法直接选育高产菌株,而应先选取合适的营养缺陷型菌株,再选取具有一定结构类似物抗性的菌株,这样产量才会有可能得到大幅度的提高。

3. 细胞膜渗透性的调控

微生物的细胞膜对于细胞内、外物质的运输具有高度选择性。细胞内合成的目标代谢产物不能顺利地运到细胞外,所以积累的物质很自然地通过反馈调节作用限制了它的进一步合成。如果能采取生理学或遗传学方式,设法改变细胞膜的通透性,就可以使细胞内的代谢产物大量地运输到细胞外,从而可提高产量。比如可通过限量提供生物素、添加脂肪酸类似物改变细胞膜的结构,进而改变膜的透性;还可以通过在发酵培养基中添加表面活性剂,或添加抗生素破坏细胞膜的完整性来增加细胞膜的通透性,以促进细胞内产物运输到细胞外。

小 结

能量代谢贯穿于分解代谢和合成代谢中,能量的产生和利用是微生物代谢的重要内容。一般来说,微生物通常可以氧化利用有机物、无机物和吸收利用光能来获得能量。绝大多数微生物是化能型生物,它们利用有机物或无机物通过底物水平磷酸化或氧化磷酸化作用产生通用能源 ATP。生物氧化过程实质上是一个脱氢、递氢和受氢的过程。生物氧化根据最终受氢体的不同分为发酵(以内源中间产物为受氢体)和呼吸(以氧或氧化物为受氢体)。呼吸分为无氧呼吸和有氧呼吸,有氧呼吸的最终受氢体是 O_2;无氧呼吸的最终受氢体可以是 NO_3^-、NO_2^-、SO_4^{2-}、$S_2O_3^{2-}$、CO_3^{2-}、延胡索酸、甘氨酸等氧化态化合物。化能自养型微生物通过氧化无机物(H_2、NO_2^-、NH_4^+、S、H_2S、Fe^{2+}、S、H_2S 等)获得 ATP,不仅获得的能量少,而且还要花费大量的能量来固定 CO_2,因此生长缓慢。光能自养型微生物利用各种形式的光合磷酸化获得 ATP,如它们利用循环光合磷酸化(厌氧光合细菌)、非循环光合磷酸化(蓝细菌)以及紫膜光合磷酸化(嗜盐古细菌),通过固定 CO_2 合成有机物进行生长繁殖。

对于葡萄糖底物来说,脱氢方式有 EMP、HMP 和 ED 途径等,不同的脱氢方式产生的中间代谢产物不一样,当脱出的氢和电子转移到不同的中间代谢产物后,发生进一步的酶反应后产生的发酵产物种类多样,如酒精、乳酸和丁醇等与人类生产生活密切相关的物质。

微生物的合成代谢途径繁多,具有代表性的重要途径有 CO_2 的固定、生物固氮、细胞壁肽聚糖的合成和次生代谢产物的合成。

微生物细胞内发生着多种复杂的生命活动,具有极为精确的调节机制,主要通过调节酶活性、酶的合成量或细胞膜通透性来进行代谢调控。代谢调控机制具有可塑性强、灵敏度高的特点。因此可通过控制发酵工艺、选育抗反馈调节突变株或营养缺陷型菌株、提高细胞膜通透性来提高许多重要中间代谢物的发酵产量。

复习思考题

1. 名词解释

发酵　　　　　　有氧呼吸　　　　　　无氧呼吸　　　　　　紫膜
同型酒精发酵　　同型乳酸发酵　　　　异型乳酸发酵　　　　巴斯德效应
乙醛酸循环　　　共生固氮菌　　　　　"Park"核苷酸　　　　葡萄糖效应
二次生长　　　　抗反馈调节突变株

2. 微生物代谢的显著特点是什么?
3. 发酵和呼吸两者的主要区别在哪里?
4. 无氧呼吸有什么特点?试述几种主要类型的无氧呼吸及有关细菌的生态学作用。
5. 试述化能自养细菌的特点以及它们的生态学作用。
6. 为什么化能自养细菌生长缓慢、细胞产率低?
7. 光能微生物的能量代谢有什么特点?
8. 在绿色细菌、紫色细菌和蓝细菌的光合作用过程中,光合作用是否相同?并就叶绿素类型、光合系统、产能方式、氢供体以及有无氧气产生等方面列表比较绿色细菌、紫色细菌与蓝细菌的异同。
9. 葡萄糖发酵的主要途径有哪几条?论述这几条途径在微生物生命活动中的重要性。
10. 试述酵母菌酒精发酵与细菌酒精发酵间的异同点。
11. 试述同型乳酸发酵与异型乳酸发酵之间的不同点。
12. 试述不同类型的发酵在细菌分类学上的应用。
13. 酵母菌在厌氧条件下的酒精发酵是否会因培养基中有适量亚硫酸钠($NaHSO_3$)而改变?为什么?

14. 试述细菌固氮作用机理和必要条件。
15. 试述肽聚糖生物合成的特点及其大致过程。
16. 何为初生代谢和次生代谢？两者间有何联系与区别？
17. 酶活力调节的特点是什么？它主要是通过什么方式来调节的？
18. 如何利用代谢调控提高微生物发酵产物的产量？

（胡申才　李朝霞）

第七章

微生物的生长及其控制

学海导航

掌握微生物的分离和纯培养技术以及生长的测定方法；了解微生物生长曲线的定义、环境因素对其影响的基本概念；理解微生物生长各时期的特点、培养和控制技术。

重点：微生物生长曲线，微生物培养及测定。

难点：控制微生物生长繁殖的条件及原理。

第一节 微生物生长的研究方法

一、微生物的分离方法

微生物在自然界中几乎都是混杂在一起的，它们无处不在，从混杂的微生物群体中获得只含有某一种或某一株微生物的过程称为微生物的分离与纯化。要想达到纯培养的目的，首先是建立无菌状态，防止其他微生物的混入，然后在适宜培养基上以正确的分离技术获得微生物纯培养物。

纯种分离的基本原理就是将样品进行一定的稀释，使得每个微生物细胞尽量能够分散单独存在，再采用适宜的方法将某个细胞分离出来，此细胞就成为纯种。常用纯种分离的方法主要有两类：一类是单细胞(或单孢子)分离，有单细胞挑取法。第二类是单菌落分离，有平板划线法、平板分离法、涂布平板法、选择培养基分离法。后者因操作简便，是微生物学实验常用分离方法。

由 Kock(科赫)建立的采用平板分离微生物纯培养的技术简便易行，100 多年来一直是各种菌种分离的最常用手段。下面介绍几种常用的微生物分离技术。

(一) 平板划线法

平板划线法(streak plate method)是这样操作的：用接种环以无菌操作蘸取少许待分离的样品(如含菌体浓度太高，可适当稀释)，在无菌平板表面进行连续划线、之字形分区划线(图7-1)，接种环分区划完"1"区线，再划"2"区起始线时，要经火焰灼烧冷却后且以一定角度经过已划过的"1"区线，以此类推划"3"区线。为保证微生物细胞数量随着划线次数的增加而减少，

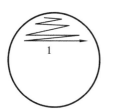 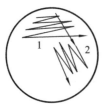  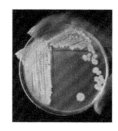

图 7-1 平板划线法

并逐步分散开来,应做到划线适宜:可使微生物逐个分散,经培养后,可在平板表面得到单菌落。因此这是微生物学研究中更常用的纯种分离方法之一。连续划线分离法主要用于杂菌不多的标本,分区划线分离法适用于杂菌量较多的标本。

(二) 涂布平板法

涂布平板法(spread plate method)是这样操作的:先将待分离的样品用无菌生理盐水作10倍梯度稀释(如$1:10, 1:10^2, 1:10^3, 1:10^4, \cdots$),然后取不同稀释液少许备用;将已熔化并冷却至50℃左右的培养基倒入无菌平皿,制成无菌平板,冷却凝固后,将一定量的某一稀释度的样品悬液滴加在平板表面,再用无菌玻璃涂棒将菌液均匀分散至整个平板表面,经培养后挑取单个菌落(图7-2上)。

(三) 稀释倒平板法

稀释倒平板法(pour plate method)是这样操作的:先将待分离的样品用无菌生理盐水作10倍梯度稀释,然后取不同稀释液少许备用;再将备用样品稀释液与已熔化并冷却至50℃左右的琼脂培养基混合,摇匀后,倾入灭过菌的培养皿中,待琼脂凝固后,制成可能含菌的琼脂平板,保温培养一定时间即可出现菌落。如果稀释得当,在平板表面或琼脂培养基中可出现分散的单个菌落,这个菌落可能就是由一个细菌细胞繁殖形成的(图7-2下)。随后挑取该单个菌落,或重复以上操作数次,便可得到纯培养。

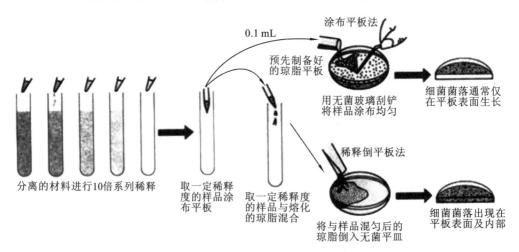

图 7-2 涂布平板法和稀释倒平板法示意图

由于将含菌材料先加到还较烫的培养基中再倒平板易造成某些热敏感菌的死亡,而且采用稀释倒平板法也会使一些严格好氧菌因被固定在琼脂中间缺乏氧气而影响其生长,因此涂布平板法是热敏菌、严格好氧菌常用的纯种分离方法。

(四) 选择培养分离法

选择培养分离法(selection medium separation)即可利用选择平板进行直接分离,也可先富集培养后再分离纯化;没有一种培养基或一种培养条件能够满足自然界中一切生物生长的要求,在一定程度上所有的培养基都是选择性的。在一种培养基上接种多种微生物,只有能生长的才生长,其他被抑制。如果某种微生物的生长需要是已知的,也可以设计一套特定环境使之特别适合这种微生物的生长,因而能够从自然界混杂的微生物群体中把这种微生物选择性地培养出来,尽管在混杂的微生物群体中这种微生物可能只占少数。这种通过选择培养进行微生物纯培养分离的技术称为选择培养分离技术,它对于从自然界中分离、寻找有用的微生物特别重要。在自然界中,除了极特殊的情况外,在大多数场合下微生物群落是由多种微生物组成的,因此,要从中分离出所需的特定微生物是十分困难的,尤其当某一种微生物所存在的数量与其他微生物相比非常少时,仅采用一般的平板稀释法几乎是不可能分离到该种微生物的。例如,若某处的土壤中的微生物数量在 10^8 个/克时,必须稀释到原浓度的 $1/10^6$ 才有可能在平板上分离到单菌落,而如果所需的微生物的数量仅为 $10^2 \sim 10^3$ 个/克,显然就不可能在一般通用的平板上得到该微生物的单菌落。要分离这种微生物,必须根据该微生物的特点,包括营养、生理、生长条件等,采用选择培养分离的方法:或抑制大多数其他微生物的生长,或使环境更利于该细菌的生长,经过一定时间培养后,该细菌在群落中的数量上升,再通过平板稀释等方法对它进行纯培养分离。

1. 利用选择平板进行直接分离

主要根据待分离微生物的特点选择不同的培养条件,有多种方法可以采用。例如,在从自然环境中筛选壳聚糖酶产生菌时,可以在培养基中添加壳聚糖制备培养基平板,微生物生长时若产生壳聚糖酶则会水解壳聚糖,在平板上形成透明的水解圈。通过菌株培养时产生的壳聚糖水解圈对产酶菌株进行筛选,可以减少工作量,将那些大量的非产壳聚糖菌株淘汰;再如,要分离耐高温菌,可在高温条件下进行培养;要分离某种抗生素抗性菌株,可在加有抗生素的平板上进行分离;有些微生物如黏细菌能在琼脂平板表面滑行,可以利用它们的滑动特点进行分离纯化,因为滑行能使它们自己和其他不能移动的微生物分开。可将微生物群落点种到平板上,让微生物滑行,从滑行前沿挑取接种物接种,反复进行,得到纯培养物。

2. 富集培养

根据不同微生物间生命活动特点的不同,制定特定的环境条件,投其所好,使仅适应该条件的微生物旺盛生长,从而使其在群落中的数量大大增加,成为优势菌群,人们能够更容易地从自然界中分离到所需的特定微生物。富集条件可根据所需分离的微生物的特点从物理、化学、生物等多个方面进行选择,如温度、pH值、紫外线、高压、光照、氧气、营养,等等。通过富集培养使原本在自然环境中占少数的微生物的数量大大提高后,可以再通过稀释(倒平板)或平板划线等操作得到纯培养物。

(五) 单细胞(单孢子)分离法

单细胞(孢子)分离法(Single cell(spore) separation)是采取显微分离法从混杂群体中直接分离单个细胞或单个个体进行培养以获得纯培养的培养方法。显微操作仪种类很多,一般是通过机械、空气或油压传动装置来减小手的动作幅度,在显微镜下用毛细管或显微针、钩、环等挑取单个微生物细胞或孢子以获得纯培养。

单细胞分离法的难度与细胞或个体的大小成反比，较大的微生物如藻类、原生动物较容易，个体很小的细菌则较难。对于较大的微生物，可采用毛细管提取单个个体，并在大量的灭菌培养基中转移清洗几次，除去较小微生物的污染。这项操作可在低倍显微镜（如解剖显微镜）下进行。对于个体相对较小的微生物，需采用显微操作仪，在显微镜下进行。在没有显微操作仪时，也可采用一些变通的方法在显微镜下进行单细胞分离，例如将经适当稀释后的样品制备成小液滴在显微镜下观察，选取只含一个细胞的液体来进行纯培养物的分离。单细胞分离法对操作技术有比较高的要求，多限于在高度专业化的科学研究中采用。

二、微生物的培养方法

微生物只有在合适的条件下才能生长，不同的微生物由于种类不同，它们的培养方式也不同。根据培养时是否需要氧气，可分为好氧培养和厌氧培养两大类。

（一）好氧培养

好氧培养也称"好气培养"，就是说这种微生物在培养时，需要有氧气加入，否则就不能生长良好。主要分为液态和固态培养，在实验室中，三角烧瓶液体培养多数是通过摇床振荡，使外界的空气源源不断地进入瓶中。在发酵工程中，采用深层液体通风培养法向培养液中强制通风，促进氧的溶解。最常用的是机械搅拌通风发酵罐（图7-3）。固态培养在实验室的斜面培养中是通过棉花塞从外界获得无菌的空气，而在食用菌制种和酱油酿造业则是通过机械通风使微生物既可获得充足的氧气，又有利于散发热量，这对真菌来说，还十分有利于产生大量孢子。

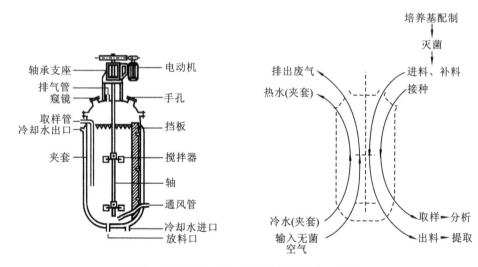

图7-3 机械搅拌通风发酵罐的构造及其运转原理

（二）厌氧培养

厌氧培养也称"厌气培养"。这类微生物在培养时，不需要氧气参加。在厌氧微生物的培养过程中，最重要的一点就是要除去培养基中的氧气。一般可采用下列几种方法。①降低培养基中的氧化还原电位：常将还原剂如谷胱甘肽、巯基醋酸盐等，加入到培养基中，便可达到目的。②化合去氧：这也有很多方法，主要有焦性没食子酸吸收氧气法、磷吸收氧气法、好氧菌与厌氧混合培养吸收氧气法、植物组织如发芽的种子吸收氧气法、氢气与氧气化合除氧法。③隔绝阻氧:深层液体培养;用液体石蜡封存;半固体穿刺培养。④替代驱氧:用二氧化碳驱赶代替氧气;用氮气驱赶代替氧气;用真空驱赶代替氧气;用氢气驱赶代替氧气;用混合气体驱赶代替氧气。早期主要采用高层琼脂柱法、厌氧培养皿法,现在主要采用厌氧罐技术、亨盖特(Hungate)滚管技术(图 7-4)和厌氧手套箱技术(图 7-5)。

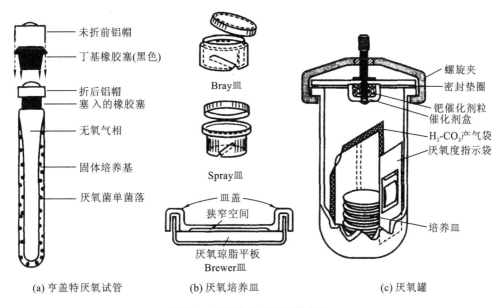

图 7-4 厌氧微生物的培养装置

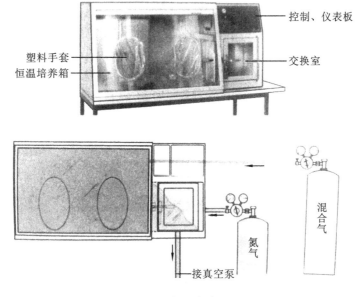

图 7-5 厌氧手套箱外观图

三、微生物生长的测定方法

微生物特别是单细胞微生物,体积很小,个体的生长很难测定,而且也没有什么实际应用价值。因此,测定它们的生长不是依据细胞个体的大小,而是测定群体的增加量,即群体的生长。例如用直接或间接的方法测定群体的增加量;或测定群体的细胞质的量;或测定细胞中某些生理活性的变化等。就一般单细胞微生物而言,尤其在对数生长期,细菌的生长量与细菌的数目成正比。因此,在某些情况下,细菌的数目就表示了它的生长量。测定生长量的方法很多,概括起来有以下几种。

(一) 直接计数法(又称全数法)

1. 涂片染色法

将已知体积的待测材料,均匀地涂布在已知面积的载玻片上,经固定染色后,在显微镜下计算染色涂片上的细菌数。一般在载玻片 1 cm² 的面积上,均匀涂布 0.01 mL 样品。很显然,在显微镜下要观察整个涂布区域是较困难的,因此,人们常常任意选择几个乃至十几个视野来计算细胞的数量。如果借助镜台测微尺测得视野的直径,就可计算了。视野的面积(面积=πR^2,R 为视野的半径),然后用 1 cm² 内的视野数乘以每个视野中的细胞平均数,再乘以 100(因只用了 0.01 mL 样品涂布),就等于每毫升菌液的细胞数。其计算公式如下:1 mL 原菌液含菌数=视野中的平均菌数×1 cm²/视野面积×100×稀释倍数。

2. 计数器测定法

用特制的细菌计数器或血球计数器进行计数。取一定容积稀释的单细胞微生物悬液置于计数器载玻片与盖玻片之间的计数室内。由于计数室的容积是已知的(总面积为 1 mm²,高 0.1 mm),并有一定刻度,因此,可根据计数器刻度内的细菌数,计算出样品中的含菌数。

根据计数器小格数目的不同,可概括成两个换算公式:

(1) 16 个中格×25 个小格的计数器 读取 4 个中格菌数,1 mL 原菌液含菌数=100 小格内菌数/100×400×10000×稀释倍数

(2) 25 个中格×16 个小格的计数器 读取 5 个中格菌数,1 mL 原菌液含菌数=80 小格内菌数/80×400×10000×稀释倍数

上述两种计数器有一个共同特点,即每一个大方格均由 16×25=400 个小方格组成,故可将上面两个公式归纳成一个通式:1 mL 原菌液含菌数 = 每小格平均菌数×4000000×稀释倍数

3. 比例计数法

将待测的细菌悬液与等体积血液混合后涂片,在显微镜下可以测得细菌数与红细胞数的比例。由于 1 mL 血液中红细胞数是已知的,如正常的男性 1 mm³ 血液中含 400 万~500 万个,女性为 350 万~450 万个。这样,通过细菌数与红细胞数的比例,就可计算出 1 mL 样品中的细菌数。测定空气和水中的微生物时,由于含菌数低,需将一定体积的样品通过特制的滤器进行浓缩。

上述三种方法都属于显微镜直接计数法,这些方法在许多有关微生物生长的研究工作中很重要;但也有一定的局限性,主要表现为死、活细胞不易区分。为解决这一矛盾,已有用特殊染料作活菌染色后再用光学显微镜计数的方法。例如,用美蓝液对酵母菌染色后,其活细胞为无色,而死细胞则为蓝色,故可分别计数。又如,细菌经吖啶橙染色后,在紫外光显微镜下可观察到活细胞发出橙色荧光,而死细胞则发出绿色荧光,从而可进行活菌和总菌计数。小的细胞很难在显微镜下观察,有一些细胞可能被遗漏。浓度太低的细胞悬液不能使用此法,可以计数的最低的群体细胞数与细胞大小有关,就大多数细菌而言,悬液中每毫升含菌应在 10^6 个以上。

4. 电子自动计数器计数法

电子计数器的工作原理,就是测定一个小孔中液体的电阻变化。电子自动计数器具有一个特制的有孔玻璃薄膜,当定量的细胞悬液中的菌体高速地通过小孔时,由于悬液与菌体的导电性不同,小孔的电导率下降,并形成一个脉冲,从而就自动记录在电子记录尺标装置上。这样,一份已知体积的含有待测细胞的菌悬液,让其通过这一小孔,每当一个细胞通过时就产一个脉冲被记录下来。此设备可以高速测定菌数,而且结果也较精确。但是,电子计数器不能区别细胞与其他颗粒,因此,菌悬液中应无其他碎片。

5. 比浊法

这是测定悬液中细胞数的快速方法。其原理是悬液中细胞浓度与混浊度成正比,与透光度成反比。菌体是不透光的,光速通过菌悬液时则会引起光的散射或吸收,从而降低透光量。细菌越多,透光量越低,吸光度越高。因此,可借助于分光光度计在一定波长(450~650 nm)下测定菌悬液的吸光度以反映细菌的浓度。

(二) 间接计数法(又称为活菌计数法)

直接计数法测定的是死、活细胞总数。在多数情况下,人们所关心的是计算活菌数。间接计数法是基于每个分散的有机体在适宜的培养基中具有生长繁殖的能力,并且一个活细胞能形成一个菌落,此即"菌落形成单位"(cfu),根据每皿上形成的菌落数乘以稀释度就可推算出菌样的含菌数,因此,菌落数就是待测样品所含的活菌数。此法所得的数值往往比直接法测定的数字小。

平板菌落计数法　像稀释倒平板法一样,先将待测菌液作梯度 10 倍稀释,使平皿上长出的菌落数在 30~300 个。然后将最后三个稀释度的稀释液各取一定量(一般为 1.0 mL)与熔化并冷至 50 ℃ 左右的琼脂培养基一起,倾入无菌平皿中摇匀,静置,待凝固后进行保温培养,通过平皿上出现的菌落数,便可推算出原菌液含菌数。计算公式:

$$每毫升总活菌数 = 同一稀释度三次重复的菌落平均数 \times 稀释倍数$$

此法由于个人掌握程度的不同,结果常不稳定。其成败关键在于应使样品充分均匀,而且每个稀释度的菌液应各用一支无菌吸管,以减少吸管壁因存在油脂等物粘上细菌而影响计数的精确度(有时误差高达 15%)。如先将三角瓶待测样品液充分振荡 15~30 min,再静置 30 s 后,用刻度吸管吸取 1 mL 加入 9 mL 无菌生理盐水试管中(吸管不要碰到无菌生理盐水),摇匀即制成 10^{-1} 稀释液;换用另一支 1 mL 灭菌吸管将 10^{-1} 稀释液吹吸几次使其混匀,再吸取 1 mL 移入下一支盛有 9 mL 无菌生理盐水试管中,摇匀即制成 10^{-2} 稀释液;依据同法稀释制成 10^{-3}、10^{-4}、10^{-5} 和 10^{-6} 稀释液。另取 6 支灭菌刻度吸管(图 7-6)吸取不同稀释液 1 mL 放入已灭菌培养皿中(如吸取稀释液稀释倍数顺序由高到低吸取时,用 1 支吸管即可),再倒入熔化且冷却至 50 ℃ 左右的琼脂培养基,每个平板约为 15 mL,混匀样品稀释液和培养基,静置,待凝固后进行倒置保温培养一段时间,统计平板上单个菌落数,即可计算出待测样品的含菌数,测定结果为 1.53×10^5 cfu/mL(采用的是混合平板法)。如用涂布平板法,加入平板中的稀释液取样量应为 0.2 mL,倒平板和涂布后要分别让水分干后,最后再倒置保温培养。

平板菌落计数法是教学、生产、科研中最常见的一种活菌计数法。它不仅适用于多种材料,而且,即使样品中含菌数量极少也可以测出。常用于测定水、土壤、牛奶、食品及其他材料中的活菌数。应该注意的是,如果在待测样品中含有不同生理类型的有机体,则在实验条件下或实验期间内不一定能生长并形成菌落。此外,意外的损伤也可导致菌数减少,例如有些细

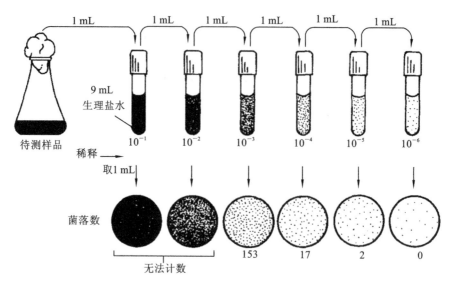

图 7-6 平板菌落计数法的一般步骤

菌,可能在稀释和倾倒平皿等过程中遭到损伤而影响细菌生长。处于熔化状态的琼脂培养基温度较高,某些易受温度影响的微生物往往不能存活;加之人们无法看出产生菌落细胞,因而不能绝对肯定一个菌落仅来源于一个细胞。

从前面可看出,活菌计数法尽管有一定的局限性,但它能提供其他方法不能获得的资料,所以在食品、医学及卫生微生物学中经常采用。为了消除上述方法的复杂性,现在不论是培养基、培养条件还是稀释方法、计算方法,以及结果分析等,经过多年的实践,目前已制定了严格的标准。

工作量大、含菌浓度很低的样品(如空气、水等)活菌数的测定,应将待测样品通过微孔薄膜(如硝化纤维素薄膜)过滤浓缩,再与膜一起放到培养基或浸透了培养液的支持物表面培养,然后根据菌落数推知样品的含菌数。

(三)测定细胞内容物的量

1. 测定细胞总含氮量来确定细菌浓度

蛋白质是细胞的主要物质,含量比较稳定,而氮又是蛋白质的重要组成。氮的测定方法要点:从一定量培养物中分离出细菌,洗涤,以除去培养基带入的含氮物质。再用凯氏定氮法测定总含氮量,以表示细胞质的量。一般细菌:蛋白质总量=含氮量×6.25。

此法只适用于细胞浓度较高的样品,它的操作过程较麻烦,主要用于科学研究。

2. DNA 含量测定法

此法利用 DNA 与 DABA-HCl(即新配制的 20% 的 3,5-二氨基苯甲酸-盐酸溶液)能显示特殊荧光而设计。将一定容积培养物的菌悬液,通过荧光强度,求得 DNA 的含量,可以直接反映细胞内容物的量。

3. 测定细胞干重法

单位体积培养物中,细胞的干重可用来表示菌体的生长量。将单位体积培养液中的菌体,以清水洗净,然后放入干燥器内加热或减压干燥。其菌体干重可直接用精密仪器测定。一般来说,细菌的干重为湿重的 20%~25%,即 1 mg 干菌体,相当于 4~5 mg 湿菌体,相当于 $(4~5) \times 10^9$ 个菌体。此法较为直接而又可靠,主要用于调查研究。但只适用于菌体浓度较高的样品,而且要求样品中不含非菌体的干物质。

4. 其他生理指标测定法

微生物新陈代谢的结果,必然要消耗或产生一定量的物质,以表示微生物的生长量。一般生长旺盛时消耗的物质就多,或者积累某种代谢产物也多。例如,通过测定微生物对氧的吸收、发酵糖产酸量,或测定谷氨酸在氨基脱羧酶作用下产生 CO_2 的多少来推知细菌生长情况。这是一种间接方法。使用时必须注意:作为生长指标的那些生理活动项目,应不受外界其他因素的影响或干扰。

可以看出,每种方法都各有优点和局限性。只有在考虑了这些因素与所要解决的问题之间的关系以后,才能对具体的方法进行选择。正如前面说过的,平板菌落计数法是微生物学中应用最多的常规方法,掌握这一方法的原理和实际操作,很有必要。但此法在理论上仅能反映活细胞数。另外,当用两种不同的方法测量细菌的生长量时,其结果不一致是完全可能的,例如对静止期培养物进行显微镜计数时比平板菌落计数法所得的数字高得多,因前者包括所有的活细胞与死细胞。而后者只能反映出活细胞数。

测定微生物生长量,在理论研究和实际应用中都十分重要。当我们要对细菌在不同培养基中或不同条件下的生长情况进行评价或解释时,就必须使用量的术语来表示生长。例如,可以通过细菌生长的快慢来判断某一条件是否适合。生长快的条件,最终的细胞总收获量可能没有另一些条件下的收获量大。在另一些条件下,生长速率虽然较低,但它可在一段较长的时间内不断增加,我们可以根据需要选择不同的培养条件。因此,只有具备了有关生长的定量方面的知识,才能在实际应用中作出正确的选择,以利于科研和生产。

(四)丝状微生物菌丝长度的测定

对于丝状微生物,特别是丝状真菌,通常是通过测定固体培养基上菌丝的长度变化来反映它们的生长速率的。对生长快的真菌,每隔 24 h 测定一次,对生长缓慢的真菌可数天测定一次,直到菌落覆盖了整个平皿,由此求出菌丝的生长速度。常见方法如下。

(1) 培养基表面菌体生长速率测定法 主要测定一定时间内在琼脂培养基表面的菌落直径的增加量。

(2) 培养料中菌体生长速率测定法 主要测定一定时间内在固体培养料中菌丝体向前延伸的距离。

(3) 单个菌丝顶端生长速率测定法 在显微镜下借助目镜测微尺测定在一定时间内单个菌丝的伸长长度。为了维持菌丝生长,可在载玻片上先用双面胶做一个小室,内盛培养液,将菌丝置于小室后,盖上盖玻片,置显微镜下观察测定。

第二节 微生物的生长

一、微生物的个体生长

微生物在适宜的环境条件下,不断地吸收营养物质,并按照自己的代谢方式进行代谢,如果同化作用大于异化作用,则细胞质的量不断增加,体积得以加大,表现为生长。简单地说,生长就是有机体的细胞组分(constituent)与结构在量方面的增加。单细胞微生物如细菌,生长往往伴随着细胞数目的增加。当细胞增长到一定程度时,就以二分裂方式形成两个基本相同的子细胞,子细胞又重复以上过程。在单细胞微生物中,由于细胞分裂而引起的个体数目的增加称为繁殖。在多细胞微生物中,如某些霉菌,细胞数目的增加如不伴随着个体数目的增加,只能叫生长,不能叫繁殖。例如菌丝细胞的不断延长或分裂产生同类细胞均属生长,只有通过形成无性孢子或有性孢子使得个体数目增加的过程才叫做繁殖。个体经过繁殖发展成为一个群体,所以个体和群体之间有以下关系:个体生长→个体繁殖→群体生长。即群体生长=个体生长+个体繁殖。

在一般情况下,当环境条件合适时,生长与繁殖始终交替进行。从生长到繁殖是一个由量变到质变的过程,这个过程就是发育。

下面主要介绍细菌个体的生长,即细胞结构的复制、扩增、分裂与控制等相关内容。

(一)染色体的复制与分离

细菌个体生长包括染色体复制、细胞生长、横隔壁形成、细胞分裂等不可分割的阶段,它把亲本遗传信息传递给子代,使细菌个体生长中的遗传特性能保持高度的连续性和稳定性。

(二)细胞壁扩增

细菌个体细胞生长过程中,只有通过细胞壁扩增,才能使细胞体积扩大。研究表明:球菌在生长过程中,新合成的肽聚糖是固定在赤道板附近插入,导致新老细胞壁能明显地分开,原来的细胞壁被推向两端。而杆菌在生长过程中,新合成的肽聚糖在细胞壁中是新老细胞壁呈间隔分布,证明新合成的肽聚糖不是在一个位点而是在多个位点插入。

新合成的肽聚糖插入到原来的细胞壁上的机制为:肽聚糖短肽中第三个氨基酸是含两个氨基的氨基酸,它通过本身的氨基与另一个肽聚糖短肽中第四个氨基酸的羧基相连接形成肽键,使之形成一个完整的整体。新合成的肽聚糖可以通过本身的二氨基氨基酸的氨基连到原来的细胞壁肽聚糖短肽中第四个氨基酸的羧基上,或通过新合成肽聚糖短肽中第四个氨基酸的羧基连到原来细胞壁肽聚糖短肽中第三位的二氨基氨基酸的游离氨基上,导致细胞壁肽聚糖链的扩增。这从分子水平上说明了细胞壁扩增的方式。

(三)细胞的分裂

当细菌的各种结构复制完成之后就进入分裂时期。此时在细菌的中间位置,通过细胞膜内陷并伴随新合成的肽聚糖插入,导致横隔壁向心生长,最后在中心会合,完成一次分裂,将一个细菌分裂成两个大小相等的子细菌。细胞在生长和分裂过程中伴随着细胞壁的裂解和闭合两个过程:前者将细胞壁打开,以利于合成的细胞壁物质插入;后者则是在新合成的细胞壁物质插入后的开口处重新闭合形成一个完整的细胞壁,以利于机体生存。

二、微生物同步生长及获得方法

(一)微生物同步生长的概念

在培养中,细菌群体能以一定速率生长,但所有细胞并非同时进行分裂,也就是说,培养中的细胞不处于同一生长阶段,它们的生理状态和代谢活动也不完全一样。例如,在一支试管或摇瓶中研究某种微生物的生长、生理生化特性,其结果实际上是针对培养物中所有微生物在某一阶段的。很显然,群体不能完全代表个体,然而,进行个体研究又是很困难的。为了解决这一问题,就必须设法使群体处于同一发育阶段,使群体和个体行为变得一致,在这种需求的推动下,目前产生了单细胞的同步培养(synchronous culture)技术。

使培养的微生物处于同一生长水平、生长发育在同一阶段上的培养方法叫同步培养法;利用上述实验室技术控制细胞的生长,使它们处于同一生长阶段,所有的细胞都能同时分裂,这种生长方式叫同步生长(synchronous growth);用同步培养法所得到的培养物叫同步培养或同步培养物。这样就可以用研究群体的方法来研究个体水平上的问题。

(二)微生物同步生长获得方法

获得同步培养的方法很多,最常用的有以下几种。

1. 机械法

机械法又称选择法,具体包括如下几种方法。

(1)离心沉降分离法 处于不同生长阶段的细胞,其个体大小不同,通过离心可使大小不同的细胞群体在一定程度上分开。有些微生物的子细胞与成熟细胞大小差别较大,易于分开。然后用同样大小的细胞进行培养便可获得同步培养物。

(2)过滤分离法 应用各种孔径大小不同的微孔滤膜,可将大小不同的细胞分开。例如选用适宜孔径的微孔滤膜,将不同步的大肠杆菌群体过滤,由于刚分裂的幼龄菌体较小、能够通过滤孔,其余菌体都留在滤膜上面,将滤液中的幼龄细胞进行培养,就可获得同步培养物。

(3)硝酸纤维素薄膜法 ①将菌液通过硝酸纤维素薄膜,由于细菌与滤膜带有不同电荷,所以不同生长阶段的细菌均能附着于膜上;②翻转薄膜,再用新鲜培养液过滤,培养;③附着于膜上的细菌进行分裂,分裂后的子细胞不与薄膜直接接触,由于菌体本身的重量,加之它所附着的培养液的重量,便下落到收集器内;④收集器在短时间内收集的细菌处于同一分裂阶段,用这种细菌接种培养,便能得到同步培养物(图7-7)。

图7-7 硝酸纤维素薄膜法

机械法同步培养物是在不影响细菌代谢的情况下获得的,因而菌体的生命活动必然较为正常。但此法有其局限性,有些微生物即使在相同的发育阶段,个体大小也不一致,甚至差别很大,这样的微生物不宜采用这类方法。

2. 调整生理条件的同步法

调整生理条件的同步法又称为诱导法,此法主要通过控制环境条件如温度、营养物等来诱导同步生长。

(1)温度调整法 将微生物的培养温度控制在亚适温度条件下一段时间,它们将缓慢地进行新陈代谢,但又不进行分裂。换句话说,使细胞的生长在分裂前不久的阶段稍微受到抑制,然后将培养温度提高或降低到最适生长温度,大多数细胞就会进行同步分裂。人们利用这种现象已设计出多种细菌和原生动物的同步培养法。

(2)营养条件调整法 即控制营养物的浓度或培养基的组成以达到同步生长。例如限制碳源或其他营养物,使细胞只能分裂一次而不能继续生长,从而获得了刚分裂的细胞群体,然后再转入适宜的培养基中,它们进入同步生长。对营养缺陷型菌株,同样可以通过控制它所缺乏的某种营养物质而达到同步化。例如大肠杆菌腺嘧啶(thymine)缺陷型菌株,先将其放在不含胸腺嘧啶的培养基内培养一段时间,所有的细胞分裂后,由于缺乏胸腺嘧啶,新的DNA无法合成而停留在DNA复制前期,随后在培养基中加入适量的胸腺嘧啶,于是所有的细胞都同步生长。诱导同步生长的环境条件多种多样。不论哪种诱导因子都必须具有以下特性:不影响微生物的生长,但可特异性地抑制细胞的分裂,当移去(或消除)该抑制条件后,微生物又可立即同时出现分裂。研究同步生长诱导剂的作用,有助于揭示微生物细胞分裂的机制。

(3) 用最高稳定期的培养物接种　从细菌生长曲线可知,处于最高稳定期的细胞,由于环境条件不利,细胞均处于衰老状态,如果移入新鲜培养基中,同样可得到同步生长。

除上述三种方法外,还可在培养基中加入某种抑制蛋白质合成的物质(如氯霉素),诱导一定时间后再转到另一种完全培养基中培养。用紫外线处理、对光合性微生物的菌体采用光照与黑暗交替处理办法等,均可达到同步化的目的。芽孢杆菌,可通过诱导芽孢在同一时间内萌发的方法得到同步培养物。

不过,环境条件控制法有时会给细胞带来一些不利的影响,它打乱了细胞的正常代谢。

3. 抑制DNA合成法

DNA的合成是一切生物细胞进行分裂的前提。利用代谢抑制剂阻碍DNA合成相当一段时间,然后再解除抑制,也可达到同步化的目的。试验证明:氨甲蝶呤(amethopterin)、5-氟脱氧尿苷、羟基尿素、胸腺苷、脱氧腺苷和脱氧鸟苷等,对细胞DNA合成的同步化均有作用。1969年有人成功地进行了这样的试验:在细胞的无性繁殖系的组织培养中,用 $6\sim 10$ mol/L 的氨甲蝶呤或5-氟脱氧尿苷处理培养物,在16 h 内可以抑制DNA的合成。这种药物主要通过抑制胸腺核苷酸合成酶而阻碍胸腺核苷酸的合成。当加入 4×10^{-6} mol/L 胸腺苷至培养物中时,便能解除这种抑制,细胞即可进行同步化生长。

总之,机械法对细胞正常生理代谢影响很小,而对那些即使是相同的成熟细胞,其个体大小差异悬殊者则影响较大,不宜采用;而诱导同步分裂虽然方法较多,应用较广,但它对正常代谢有时影响较大。化学诱导同步化的本质还是一个尚待研究的问题。因此,必须根据待试微生物的形态、生理性状来选择适当的方法。

应该明确,同步生长的时间,因菌种和条件而变化。由于同步群体的个体差异,同步生长不能无限地维持,往往会逐渐被破坏,最多能维持 $2\sim 3$ 个世代,又逐渐转变为随机生长,即非同步化状态。

三、微生物的群体生长及其规律

大多数细菌的繁殖速度都很快。大肠杆菌在适宜条件下,每20 min左右便可分裂一次,如果始终保持这样的繁殖速度,一个细菌48 h内,其子代总重量可达 2.2×10^{31} g,这是一个巨大的数字。然而,实际情况是不可能的。那么,细菌的群体生长规律到底怎样呢?

将少量单细胞纯培养接种到一个恒定容积的新鲜液体培养基中,在适宜的条件下培养,定时取样测定细菌含量,可以看到以下现象:开始有一短暂时间,细菌数量并不增加,随之细菌数目增加很快,继而细菌数又趋稳定,最后逐渐下降。如果以培养时间为横坐标,以细菌数目的对数或生长速度为纵坐标作图,可以得到如图7-8所示的曲线,称为生长曲线或繁殖曲线。对单细胞微生物而言,虽然生长和繁殖是两个不同的概念,但由于在测定方法上,多以细菌数增

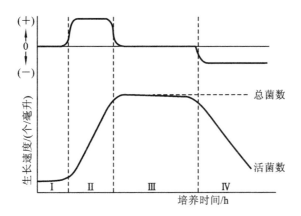

图 7-8 微生物的典型生长曲线

注：Ⅰ—延迟期；Ⅱ—对数期；Ⅲ—稳定期；Ⅳ—衰亡期。

加（即繁殖）作为生长指标，所以它们的繁殖也可视为群体的生长，所以，生长曲线代表细菌在一个新的适宜的环境中生长繁殖直至衰老死亡全过程的动态变化。

根据微生物的生长速率常数，即每小时分裂次数的不同，一般可把典型生长曲线粗分为延迟期、对数期、稳定期和衰亡期等四个时期。

（一）延迟期

处于延迟期（lag phase）细菌细胞的特点可概括为分裂迟缓、代谢活跃。细胞体积增长较快，尤其是长轴，例如巨大芽孢杆菌，在延迟期末，细胞平均长度比刚接种时大 6 倍以上；细胞中 RNA 含量增高，细胞质嗜碱性加强；对不良环境条件较敏感，对氧的吸收、二氧化碳的释放以及脱氨作用也很强，同时容易产生各种诱导酶等。这些都说明细胞处于活跃生长中，只是细胞分裂延迟。在此阶段后期，少数细胞开始分裂，细菌繁殖曲线略有上升。

延迟期出现的原因，可能是为了调整代谢。当细胞接种到新的环境（如从固体培养接种至液体培养基）后，需要重新合成所需的酶、辅酶或某些中间代谢产物，以适应新的环境。

延迟期的长短与菌种的遗传性、菌龄以及接种前后所处的环境条件等因素有关，短的只需几分钟，长的可达几小时。因此，深入了解延迟期产生的原因，采取缩短延迟期的措施，在发酵工业上具有十分重要的意义。在生产实践中，通常采取的措施有增加接种量，在种子培养中加入发酵培养基的某些营养成分，采用最适种龄（即处于对数期的菌种）的健壮菌种接种以及选用繁殖快的菌种等措施，以缩短延迟期，加速发酵周期，提高设备利用率。

在延迟期末，每个细胞已开始分裂，但并非所有的机体都同时结束这一时期，所以细菌数逐渐增加，曲线稍有上升，直至这一阶段结束，进入下一阶段。

（二）对数期

对数期（log phase）又称指数期（exponential phase）。在此期，细胞代谢活性最强，组成新细胞物质最快，所有分裂形成的新细胞都生活旺盛。这一阶段的突出特点是细菌数以几何级数增加，细菌数目的增加与细胞质总量的增加，与菌液混浊度的增加均呈正相关。这时，细菌纯培养的生长速率也就是群体生长的速率，可用代时（generation time）表示。所谓代时，即单个细胞完成一次分裂所需的时间，亦即增加一代所需的时间（也叫增代时间或世代时间）。在此阶段，由于代时稳定，因此，只要知道了对数期中任何两个时间的菌数，就可求出细菌的代时。

单细胞微生物，在对数期细胞数据按几何级数增加，1→2→4→8→…，若以乘方的形式表示，即 $2^0 \to 2^1 \to 2^2 \to 2^3 \to \cdots \to 2^n$。很清楚，这里的指数 n 就是细菌分裂的次数或增殖的代数。也就是 1 个细菌繁殖 n 代可产生 2^n 个细菌。

在时间 t_1 时，菌数为 x_1，经过一段时间，到 t_2 时，繁殖 n 代后，菌数为 x_2，则 $x_2 = x_1 \cdot 2^n$，取对数 $n = (\lg x_2 - \lg x_1)/\lg 2 = 3.3(\lg x_2 - \lg x_1)$。

因此代时（G）可以表示

$$G = (t_2 - t_1)/n = \frac{t_1 - t_0}{3.3(\lg x_2 - \lg x_1)}$$

例如，某细菌在接种时的细胞浓度为 100 个/mL，经 200 min 的培养，细胞浓度增至 10000000 个/mL，求该菌的代时和繁殖代数。

根据公式 $G = \dfrac{t_1 - t_0}{3.3(\lg x_2 - \lg x_1)}$，$t_1$ 为接种的时间，为 0，$x_1 = 100$，t_2 为培养时间（200 min），$x_2 = 10000000$。

$n = 3.3(\lg 10^7 - \lg 10^2) = 3.3 \times 5 = 16.5$，代入上式得 $G = 200/16.5 = 12.1$。

即在上述培养物中，该细菌的代时为 12.1 min，200 min 内共繁殖了 16.5 代。

在一定条件下，各种菌的代时是相对稳定的，大多数种为 60 min 左右，有的长达 30 多小时，而有的繁殖极快，代时只有 10 min 左右。不同的细菌，其对数期的代时不同，同一种细菌，由于培养基组成和物理条件的影响，如培养温度、培养基 pH 值、营养物的性质等，代时也不相同。

处于对数期的微生物，其个体形态、化学组成和生理特性等均较一致，代谢旺盛，生长迅速，代时稳定，所以它是研究基本代谢的良好材料，也是发酵生产的良好种子，如果用作菌种，往往延迟期很短甚至检查不出，这样可在短时间内得到大量微生物，以缩短发酵周期。

（三）稳定期

稳定期（stationary phase）又称恒定期或最高生长期。处于稳定期的微生物，新增殖的细胞数与老细胞的死亡数几乎相等，整个培养物中二者处于动态平衡，此时生长速度又逐渐趋向零。

在一定容积的培养基中，细菌为什么不能按对数期的高速率无限生长呢？这是由于对数期细菌活跃生长引起周围环境条件发生了一系列变化，某些营养物质消耗，有害代谢产物积累，以及诸如 pH 值、氧化还原电位、温度等的改变，限制了菌体细胞继续以高速度进行生长和分裂。

此阶段初期，细菌分裂的间隔时间开始延长，曲线上升逐渐缓慢。随后，部分细胞停止分裂，少数细胞开始死亡，致使细胞的新生与死亡速率处于动态平衡。这时培养物中细胞总数达到最高水平，接着死亡细胞数大大超过新增殖细胞数，曲线出现下降趋势。

稳定期的细胞内开始积累储藏物，如肝糖、异染颗粒、脂肪粒等，大多数芽孢细菌也在此阶段形成芽孢。如果为了获得大量菌体，就应在此阶段收获，因这时细胞总数量最高；这一时期也是发酵过程积累代谢产物的重要阶段，某些放线菌抗生素的大量形成也在此时期。

从上可以得出，稳定期的微生物，在数量上达到了最高水平，产物的积累也达到了高峰，此时，菌体的总产量与所消耗的营养物质之间存在着一定关系，这种关系，生产上称为产量常数，可用下式表示：$\gamma =$ 菌体总生长量/消耗营养物质总量。式中 γ 的值可说明该种细菌同化效率的高低。根据这一原理，可用适当的微生物作为指示，对维生素、氨基酸或核苷酸等进行定量的生物测定。稳定期的长短与菌种和外界环境条件有关。生产上常常通过补料、调节 pH 值、调整温度等措施,延长稳定期,以积累更多的代谢产物。

(四) 衰亡期(decline phase)

稳定期后如再继续培养,细菌死亡率逐渐增加,直至死亡数大大超过新生数,群体中活菌数目急剧下降,出现了"负生长",此阶段称为衰亡期。其中有一段时间,活菌数以几何级数下降,故有人称之为"对数死亡阶段"。这一阶段的细胞,有的开始自溶,产生或释放出一些产物,如氨基酸、转化酶、外肽酶或抗生素等。菌体细胞也呈现多种形态,有时产生畸形,细胞大小悬殊,有的细胞内多液泡,革兰氏染色反应的阳性菌变成阴性反应等。在学习细菌生长曲线的有关知识时,应注意各生长期之间的过渡阶段。从图 7-8 中可以看到,培养物是逐渐地从一个生长期进入下一个生长期的。也就是说,并不是所有细胞在接近某一生长期的末尾时均处于完全相同的生理状态,因此,在细菌生长的整个周期中,细菌数和培养时间,若以线性关系表示,往往是一条缓慢上升以后又逐渐下降的曲线,而不是一个阶段分明的直线。

认识和掌握细菌生长曲线,不仅对指导发酵生产具有很大的作用,而且对科学研究也是十分必要的。例如,为了得到研究材料,往往少不了要预计一细胞群体生长到一定数量水平需要多长时间,这就必须计算生长速率和代时。另外,正确认识正常生长曲线的完整含义也很重要:在某个生长时期细胞年幼而代谢活跃,哪个时期细胞老化并濒于死亡。同时,在不同的生长期里理化因子对微生物的影响不同。一般来说,对数生长期的细胞较为一致,因此常用于研究细胞的新陈代谢。

四、连续培养

将微生物置于一定容积的培养基中,既不补充营养也不移去培养物,培养到一定程度时一次性收获,此称为分批培养(batch culture)。当微生物在分批培养方式下生长达到对数期后期时,一方面以一定的速度流进新鲜培养基并搅拌,另一方面以溢流方式流出培养液,使培养物达到动态平衡,其中的微生物就能长期保持对数期的平衡生长状态和稳定的生长速率。这种方法称为连续培养(continuous culture)。连续培养不仅可随时为微生物的研究提供生理状态的实验材料,而且可提高发酵工业的生产效益和自动化水平。此法已成为当前发酵工业的发展方向。

最简单的连续培养装置(图 7-9)包括无菌培养基容器、过滤装置以及可自动调节流速(培养基流入,培养物流出)的控制系统,必要时还装有通气、搅拌设备。连续培养装置的一个主要参数是稀释率(D)。

连续培养主要有恒浊连续培养和恒化连续培养两种(表 7-1)。

表 7-1 恒浊器与恒化器的比较

装置	控制对象	生长限制因子	培养液流速	生长速度	产物	应用范围
恒浊器	菌体密度（内控制）	无	不恒定	最高生长速度	大量菌体或与菌体生长相平行的代谢产物	生产为主
恒化器	培养液流速（外控制）	有	恒定	低于最高生长速度	不同生长速度的菌体	实验室为主

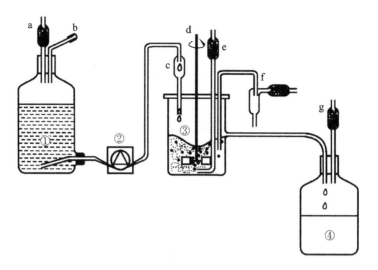

图 7-9 连续培养装置

注：①—培养液储备瓶，其上有过滤器(a)和培养基进口(b)；②—蠕动泵；③—恒化器，其上有培养基入口(c)、搅拌器(d)、空气过滤装置(e)和取样口(f)；④—收集瓶，其上有过滤器(g)。

用于工业发酵时称为连续发酵(continuous fermentation)。我国已用于丙酮、丁醇的发酵生产中。连续发酵的最大优点是取消了分批发酵各批之间的时间间隔，从而缩短了发酵周期，提高了设备利用率。另外，连续发酵便于自动控制，从而可降低动力消耗及体力强度，产品也较均一。连续发酵中杂菌污染和菌种退化问题较突出。

(一) 恒浊连续培养

不断调节流速而使细菌培养液浊度保持恒定的连续培养方法称为恒浊连续培养(Constant turbidity in continuous culture)。在恒浊连续培养中装有浊度计，借光电池检测培养室中的浊度(即菌液浓度)，并由光电效应产生的电信号强弱变化，来自动调节新鲜培养基流入和培养物流出培养室的流速。当培养室中浊度超过预期数值时，流速加快，浊度降低；反之，流速减慢，浊度增加，以此维持培养物的某一恒定浊度。如果所有培养基中有过量的必需营养物，就可使菌体维持最高的生长速率，恒浊连续培养，可以不断提供具有一定生理状态的细胞；可以得到以最高生长速率进行生长的培养物。在微生物工业中，为了获得大量菌体以及菌体相平行的代谢产物时，使用此法具有较好的经济效益。

(二) 恒化连续培养

控制恒定的流速，使由于细菌生长而耗去的营养物及时得到补充，培养室中营养物浓度基本恒定，从而保持细菌的恒定生长速率，故称恒化连续培养(Chemostat continuous culture)，又称为恒组成连续培养。已知营养物浓度对生长有影响，但营养物浓度高时并不影响微生物的生长速率，只有在营养物浓度低时才影响生长速率，而且在一定的范围内，生长速率与营养物的浓度成正相关，营养物浓度愈高，则生长速率也高。

恒化连续培养的培养基成分中，必须将某种必需的营养物(生长限制因子)控制在较低的浓度，而其他营养物均为过量，这样，细菌的生长速率将取决于限制性因子的浓度。随着细菌的生长，限制因子的浓度降低，细菌生长速率受到限制，这样，通过自动控制系统控制限制因子的流速,就能使细菌保持恒定的生长速率。用不同浓度的限制性营养物进行恒化连续培养,可以得到不同生长速率的培养物。

能作为恒化连续培养的限制因子的物质很多,这些物质必须是微生物生长所必需的,在一定浓度范围内能决定该微生物生长速率的。常用的限制性营养物质有作为氮源的氨、氨基酸,作为碳源的葡萄糖、麦芽糖、乳酸,以及生长因子、无机盐等。

恒化连续培养多用于微生物学的研究。从遗传学角度来讲,它允许我们作长时间的细菌培养而能从中分离出不同的变种;从生理学方面看,它使我们能观察到细菌在不同生活条件下的变化,尤其是 DNA、RNA 及蛋白质合成的变化;同时它也是研究自然条件下微生物生态体系比较理想的实验模型,因为,生长在自然界的微生物一般都处于低营养浓度条件下,生长也较慢。而恒化连续培养正好可通过调节控制系统来维持培养基成分的低营养浓度,使之与自然条件相类似。

第三节　环境因素对微生物生长的影响

生长是微生物与外界环境因素共同作用的结果。环境条件的改变在一定限度内,可能引起微生物形态,以及生理、生长、繁殖等特征的改变,当环境条件的变化超过一定极限时,则可导致微生物死亡。研究环境条件与微生物之间的相互关系,有助于了解微生物在自然界的分布与作用,从而有利于人们更好地利用微生物。

本节将较多地涉及与微生物相关的各种物理、化学因素。以下先介绍几个有关的术语,然后再展开讨论。

(1) 防腐　防腐(antisepsis)是一种抑菌作用。利用某些理化因子,使物体内、外的微生物暂时处于不生长、繁殖但又未死亡的状态。这是一种防止食品腐败和其他物质霉变的技术措施。如低温、干燥、盐腌、糖渍等。

(2) 消毒　消毒(disinfection)是指杀死或消除所有病原微生物的措施,消毒可达到防止传染病传播的目的。例如,将物体煮沸(100 ℃)10 min 或 60~70 ℃加热处理 30 min,可杀死病原菌的营养体,但绝非杀死所有的芽孢,常用于牛奶、食品以及某些物体表面的消毒。利用具有消毒作用的化学剂(又叫消毒剂,disinfectant),也可进行皮肤等的消毒。

(3) 灭菌　灭菌(sterilization)是指用物理或化学因子,使任何物体中的所有生活微生物,永久性地丧失其生活力,包括最耐热的细菌芽孢。这是一种彻底的杀菌措施。通过灭菌的物品不再存在任何有生命的有机体。

(4) 化疗　化疗(chemotherapy)即化学治疗,是指利用某些具有选择毒性的化学药物(如磺胺)或抗生素,对生物体的深部感染进行治疗,可以有效地消除宿主体内的病原体,但对宿主却没有或基本上没有损害。

一、影响微生物生长的物理因素及其控制

(一) 温度

1. 温度对微生物生长的影响

温度是影响有机体生长与存活的最重要的因素之一。它对生活机体的影响表现在两方

面：一方面，随着温度的上升，细胞中的生物化学反应速率和生长速率加快，在一般情况下，温度每升高 10 ℃，生化反应速率增加一倍；另一方面，机体的重要组成如蛋白质、核酸等对温度都较为敏感，它们随着温度的增高可能遭受不可逆的破坏。因此，只有在一定范围内，机体的代谢活动与生长繁殖才随着温度的上升而增加，当温度上升到一定程度开始对机体产生不利影响时，如再继续升高，则细胞功能急剧下降甚至死亡。

就总体而言，微生物生长的温度范围较广，已知的微生物在 $-12\sim100$ ℃均可生长。而每一种微生物只能在一定的温度范围内生长。各种微生物都有其生长繁殖的最低温度、最适温度、最高温度和致死温度。

(1) 最低生长温度　微生物能进行繁殖的最低温度界限。处于这种温度条件下的微生物生长速率很低，如果低于此温度则生长完全停止。

(2) 最适生长温度　使微生物迅速生长繁殖的温度叫最适生长温度。不同微生物最适合生长的温度不一样。应该着重指出：最适生长温度不一定是一切代谢活动的最好温度。其他微生物的试验也得到了类似的结果。从上述可知，最适生长温度是某微生物群体生长繁殖速度最快的温度，其代时也最短。但它不等于发酵的最适温度，也不等于积累代谢产物的最适温度，更不等于积累某一代谢产物的最适温度。在较高温度条件下，细胞分裂虽然较快，但维持时间不长，容易老化。相反，在较低温度下，细胞分裂虽较慢，但维持时间较长，细胞总产量较高。同样，发酵速度与代谢产物积累量之间也有类似关系。所以，研究不同微生物在生长或积累代谢产物阶段时的不同最适温度，对提高发酵生产的效率具有十分重要的意义。现在，国外利用电子计算机，通过对发酵温度最佳点的计算，发现在青霉素发酵生产时，各阶段如采用变温培养比在 25 ℃下进行恒温培养产量提高 14%以上。变温培养的具体做法是，接种后在 30 ℃下培养 5 h，将温度降至 25 ℃培养 35 h，再下降至 20 ℃培养 40 h 后放罐。

(3) 最高生长温度　微生物生长繁殖的最高温度界限。在此温度下，微生物细胞易于衰老和死亡。微生物所能适应的最高生长温度与细胞内酶的性质有关。例如，细胞色素氧化酶以及各种脱氢酶的最低破坏温度常与该菌的最高生长温度有关。

(4) 致死温度　最高生长温度若进一步升高，便可杀死微生物。这种杀死微生物的最低温度界限即为致死温度。致死温度与处理时间有关，在一定温度下处理时间愈长，死亡率愈高。严格地说，10 min 内能杀死细菌的最低温度称为致死温度。测定微生物的致死温度一般在生理盐水中进行，以减少有机物质的干扰。

微生物按其生长温度范围可分为低温型微生物、中温型微生物、高温型微生物、极端嗜热微生物四类。

1) 低温型微生物

低温型微生物又称嗜冷微生物，它们可在较低的温度下生长。它们常分布在地球两极地区的水域和土壤中，这里大部分地区几乎终年冰冻，即使在其微小的液态水间隙中也有微生物的存在；它们或者分布在平均温度为 5 ℃左右的海洋中，或者分布在只有 $1\sim2$ ℃的海洋深处；有的分布于冷泉。冷藏食物的腐败往往由这类微生物引起。

低温型微生物可分为专性嗜冷和兼性嗜冷两种。专性嗜冷微生物的最适生长温度是 15 ℃或更低，最高生长温度约为 20 ℃，可在零度以下甚至 -12 ℃的环境中生长。它们分布在常冷的环境中，不能耐受室温条件。因此，这类微生物在常规实验室中研究十分困难，所用的培养基和设备，使用前都必须预冷，而且还必须在冷室或冷柜中进行。而兼性嗜冷微生物则分布较广，但最适生长温度仍为 20 ℃左右，而最高生长温度为 35 ℃或更高。它们虽然也可在

0 ℃生存,但生长不良,在培养基上几个星期才能观察到明显的生长。细菌、霉菌等类群中都有兼性嗜冷微生物的种属。冷藏的肉类、鱼类、牛奶和其他乳制品、罐头、水果、蔬菜等,由于嗜冷微生物的生长,常导致食物变质甚至腐败。温度愈低,腐败愈慢,只有当食物被坚实地冻结时,微生物的生长才是不可能的。定居和生长在冷藏食物上的微生物是兼性嗜冷菌,而专性嗜冷菌尚未在冷藏食物中发现。

但有些存在于肉类上的霉菌-10 ℃仍能生长,萤光极毛杆菌可在-4 ℃生长,并造成冰冻食品变质腐败。有的微生物能在低温下生长的机制还不大清楚,但至少可以认为:第一,细胞内的酶在低温下仍能有效地发挥作用,可能正是这个原因,嗜冷微生物的最高生长温度都较低,一般在30~40 ℃酶就很快失活;第二,与其他微生物相比,细胞膜中不饱和脂肪酸含量较高,因而推测,可能由于它们的细胞膜在低温下仍保持半流动状态,从而能进行活跃的物质代谢。

低温也能抑制微生物的生长。在0 ℃以下时,菌体内的水分冻结,生化反应无法进行而停止生长。0 ℃以上时,那些中温和高温型的微生物,因细胞膜内饱和脂肪酸的含量较高而被"冻结",致使营养物质无法进入细胞而停止生长。此外,在细菌细胞内还含有许多复合体物质,如核糖体、异构酶等,它们是由两个或两个以上的高分子以疏水键结合而成。低温能使这种结合不稳定,复合体呈松散状态而失去活性,细菌便停止生长。

可是,有的微生物在冰点以下就会死亡,即使能在低温下生长的微生物,低温处理时,开始也有一部分死亡。主要原因可能是细胞内水分变成了冰晶,造成了细胞明显脱水;另外,冰晶往往还造成细胞尤其是细胞膜的物理损伤。在实践中,为了防止物理损伤,常采用快速冷冻的方法。

由于低温对微生物具有抑制或杀死作用,故低温保藏食品已是最常用的方法。低温的作用主要是抑菌,如果食品中已经污染了病原微生物,则仍有传播疾病的可能,所以在冷藏食物的全过程中,要注意卫生,防止染菌。处于低温条件下的大多数微生物,虽然代谢活力降低,生长繁殖停滞,但仍维持存活状态,一旦遇到适合的生活环境就可生长繁殖,因此,低温又广泛用于保藏菌种。不同的微生物对低温的抵抗能力不一样。多数在4~7 ℃的冰箱内保存可存活较长时间,在-196 ℃的液氮中酵母菌可存活3天,乳酸链球菌存活100天以上,而蓝细菌15 min内即死去。可是芽孢和真菌孢子置于-270 ℃的液态氮中一定时间后仍不丧失出芽力。但有些致病菌对低温特别敏感,如淋病奈瑟氏球菌、脑膜炎球菌和流感杆菌等,在冰箱中比室温下更易死亡,故不能低温保藏。

中温型微生物在低温下只是停止生长,并非全部死亡。大肠杆菌在-20 ℃比-2 ℃存活率要高。有人试验,在-20 ℃条件下保存了一年的乳酪,其中的细菌数仅从250万/mL减少到68万/mL。

幼龄菌对突然降低的温度很敏感。如大肠杆菌从45 ℃骤然降至10 ℃时,95%被杀死;如果逐渐降温,则死亡很少。这种现象被称为冷休克(cold shock)。老龄菌对骤然降温不及幼龄菌敏感。冷休克的原因尚待研究。

应该注意的是,如以低温保藏菌种,切忌冷冻与熔化交替进行。否则对细胞影响很大。

2)中温型微生物

绝大多数微生物属于这一类,最适生长温度在20~40 ℃,最低生长温度在10~20 ℃,最高生长温度在40~50 ℃。它们又可分为室温性微生物和体温性微生物。室温性微生物适于20~30 ℃生长,如土壤微生物、植物病原微生物。体温性微生物多为人及温血动物的病原菌,它们生长的极限范围为 10~45 ℃，最适生长温度与其宿主体温相近，在 25~40 ℃，人体寄生菌为 37 ℃ 左右。

中温型微生物为什么不能在低于 10 ℃ 的条件下生长呢？有人以大肠杆菌为材料进行了试验，认为与蛋白质的合成和反馈抑制有关。低于 10 ℃ 时蛋白质的合成过程不能启动，一旦启动，蛋白质便可继续延长，直至完成。另外，10 ℃ 以下的低温，使很多酶对反馈抑制变得异常敏感。

3) 高温型微生物

它们适于在 45~50 ℃ 甚至更高的温度中生长，在自然界中的分布仅局限于某些地区，如温泉、肥堆、发酵饲料、日照充足的土壤表面等腐烂有机物中。比如，肥堆在发酵过程中温度常高达 60~70 ℃。能在 55~70 ℃ 中生长的微生物有芽孢杆属、甲烷杆菌属等；分布于温泉中的细菌，有的可在近于 100 ℃ 的高温中生长。这些耐高温的微生物，常给罐头工业、发酵工业等带来麻烦。

就所有微生物来说，耐热能力并不一样，一般而言，原核生物比真核生物能在更高的温度下生长，非光合性生物比光合性生物能在较高温度下生长，构造简单的生物比构造复杂的生物能在较高温度下生长。一个类群中只有少数种属能生活于接近这一类型的温度上限。

高温型微生物能在如此高的温度下生存和生长，可能的原因：菌体内的酶和蛋白质比起中温型微生物更能抗热，尤其是蛋白质对热更稳定；高温型微生物的蛋白质合成机构（核糖体和其他成分）对高温也具有较大的抗性；细胞膜中饱和脂肪酸含量高，它比不饱和脂肪酸可以形成更强的疏水键，从而使膜在高温下能保持其稳定性并具有正常的功能。同一类型的细菌，在一定的温度范围内，为了适应各种生活条件，常常改变自己细胞膜中饱和脂肪酸的比例，以保持膜的流动性。例如大肠杆菌 ML30 细胞膜中脂肪酸的变化情况，很能说明问题。

如果超过了最高生长温度则导致微生物死亡。不同微生物的致死温度不同。多数细菌、酵母菌、霉菌的营养细胞和病毒，在 50~65 ℃ 保持 12 min 可致死；有的更敏感，如梅毒密螺旋体在 43 ℃ 保持 10 min 即死亡。有的却恰好相反，嗜热脂肪芽孢杆菌的抗热性很强，营养细胞可在 80 ℃ 下生长，121 ℃ 保持 12 min 才能死亡；噬菌体较其宿主细胞抗热，一般在 65~80 ℃ 失活，所以通常先用 60 ℃ 处理 15~20 min 致死宿主细胞而分离得到噬菌体。放线菌和霉菌孢子比营养细胞的抗热性强，76~80 ℃ 保持 10 min 才能被杀死。但以细菌芽孢抗热性最强，100 ℃ 以下处理相当长时间才能致死。所以，耐高温的顺序为，芽孢＞孢子＞营养细胞和菌丝体。

同一菌种不同菌株或不同菌龄，其抗热性也可能不同。一般幼龄的比老龄的对热敏感。

培养基的成分对微生物的抗热性也有影响。例如，在富含蛋白质的培养基上生长的细菌，可能由于在菌体周期形成了一层蛋白质膜而提高了抗热能力。

高温致死微生物主要是引起蛋白质和核酸不可逆的变性，或者破坏了细胞的其他组成，或者可能因为脂肪膜被热溶解而形成了极小的孔，使细胞内含物泄漏而引起死亡。

高温致死微生物的作用，现已广泛用于消毒灭菌，高温灭菌的方法分为干热与湿热两大类。在某一温度下，湿热灭菌比干热灭菌效果好。例如，肉毒梭状芽孢杆菌，采用湿热灭菌 121 ℃ 保持 10 min 即可杀死芽孢。如果在干燥状态下，用热空气杀菌，则需 180 ℃ 保持 10 min 才能杀死。所以干热灭菌常采用 160~180 ℃ 保持 1~2 h 才能达到完全灭菌的目的。

4) 极端嗜热微生物

它属于古细菌，并以能还原硫化物和在极端高温环境下生活为特点。在富含硫的温泉、泥盆地和温度在100 ℃以上的热土,中等酸度或极端酸性中均有极端嗜热菌存在。可以进行多种形式的呼吸作用,但必须有硫存在,单质硫可作为电子供体,如嗜热球菌(*Thermococcus*)可氧化各种有机物,如葡萄糖、小肽、淀粉等进行厌氧呼吸,以及单质硫作为电子受体还原为H_2S。又如热网菌(*Pyrodictium*)可利用H_2作为能源,进行无机化能营养,在厌氧条件下,以无机盐为基质,补充H_2和单质硫。可以在高达110 ℃生长,有机物对其生长有促进作用,但不能代替H_2。极端嗜热菌代表菌株还有水栖嗜热菌(*Thermus aquaticus*)、热嗜酸支原体(*Thermoplasma acidophila*)、嗜酸热硫化叶菌(*Sulfolobus acidocaldarius*)、热变形菌(*Thermoproteus*)。它们的耐热机制有如下几种假说:①类脂的特殊结构;②重要的代谢产物(tRNA)的迅速再合成;③菌体蛋白质和酶对热稳定性;④核糖体的热稳定性。以上几种假说均有待进一步研究。

2. 高温灭菌

高温的致死作用,主要是它可以引起蛋白质、核酸和脂质等重要生物高分子发生降解或改变其空间结构等,从而变性或破坏。微生物的热致死温度取决于微生物本身和受热的方式。一般来说,对热的承受能力,革兰氏阳性细菌的孢子＞革兰氏阳性细菌的营养细胞＞革兰氏阴性细菌。

高温灭菌分为干热灭菌和湿热灭菌。高温时细胞内的蛋白质凝固性与其本身的含水量有关,菌体受热时,环境和细胞内含水量越大,蛋白质凝固就越快,反之,含水量越小,凝固越慢。因此,干热灭菌所需温度高,时间长;在同样的温度和相同作用时间下,湿热灭菌比干热灭菌更有效。

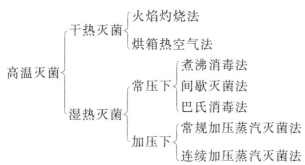

1) 干热灭菌

(1) 火焰灼烧法　此法灭菌彻底,迅速简便,但使用范围有限。常用于接种工具、污染物品以及实验动物尸体等废弃物的处理。

(2) 烘箱热空气法　主要在干燥箱中利用热空气进行灭菌。通常160 ℃处理1～2 h便可达到灭菌的目的。如果被处理物传热性差、体积较大或堆积过挤,需适当延长时间。此法只适用于玻璃器皿、金属用具等耐热物品的灭菌。其优点是可保持物品干燥。

2) 湿热灭菌

(1) 高压蒸汽灭菌法　实验室及生产中常用的灭菌方法。在常压下水的沸点为100 ℃,如果加压则可提供高于100 ℃的蒸汽。加之蒸汽热穿透力强,可迅速引起蛋白质凝固变性。所以高压蒸汽灭菌在湿热灭菌法中效果最佳、应用较广。

高压蒸汽灭菌常在高压蒸汽锅中进行。它是一个密闭的系统,通常具有外套、夹层和内胆,锅中可以充满饱和蒸汽,并可在一段时间内使之维持一定温度和压力。使用时要完全排出锅内的空气而代之以饱和蒸汽。

此法适用于各种耐热物品的灭菌,如一般培养基、生理盐水等各种缓冲溶液、玻璃器皿、工作服等。常采用 0.1 MPa 的蒸汽压,121 ℃的温度下处理 15~30 min,即可达到灭菌的目的。灭菌所需时间和温度取决于被灭菌物品的性质、体积与容器类型等。对体积大、热传导性较差的物品,加热时间应适当延长。

(2) 煮沸消毒法　物品在水中煮沸(100 ℃)15 min 以上,可杀死细菌的所有营养细胞和部分芽孢。如延长煮沸时间,并在水中加入 1% 碳酸钠或 2%~5% 石炭酸,则效果更好。这种方法适用于注射器、解剖用具等的消毒。

(3) 间歇灭菌法　用流通蒸汽反复几次处理的灭菌方法。将待灭菌物品置于阿诺氏灭菌器或蒸锅(蒸笼)及其他灭菌器中,常压下 100 ℃处理 15~30 min,以杀死其中的营养细胞。冷却后,置于一定温度(28~37 ℃)保温过夜,使其中可能残存的芽孢萌发营养细胞,再以同样方法加热处理。如此反复三次,可杀灭所有芽孢和营养细胞,以达到灭菌的目的。此法的缺点是灭菌比较费时,一般只用于不耐热的药品、营养物、特殊培养基等的灭菌。在缺乏高压蒸汽灭菌设备时亦可用于一般物品的灭菌。

(4) 巴斯德消毒法(巴氏消毒法)　用较低的温度处理牛奶、酒类等饮料,以杀死其中的病原菌如结核分枝杆菌、伤寒杆菌等,但又不损害营养与风味。如用 62~63 ℃处理 30 min,若以 71 ℃,只需 15 min。处理后的物品应迅速冷却至 10 ℃左右。这种方法只能杀死大多数腐生菌的营养体而对芽孢无损害。此法是基于结核分枝杆菌的致死温度 62 ℃、15 min 而规定的。这种消毒方法是巴斯德发明的,故称巴斯德消毒法。

目前人们正在研究 γ 射线和高能电离辐射作为食品保藏剂是否合适的问题。在冷藏室中若装上能减少表面污染的紫外灯则保藏效果更好。罐头和包装食品常用适当的辐射剂量进行消毒,有人称之为"辐射巴斯德消毒"。此法是用中等剂量的辐射,能杀死 98% 以上的微生物,而不是 100%。这种"冷消毒"只引起食物温度略有升高。

3. 低温抑菌

低温的作用主要是抑菌。它可使微生物的代谢活力降低,生长繁殖停滞,但仍能保持活性。低温法常用于保藏食品和菌种。

(1) 冷藏法　将新鲜食物放在 4 ℃冰箱保存,防止腐败。这种储藏一般只能维持几天,因为低温下耐冷微生物仍能生长,造成食品腐败。利用低温下微生物生长缓慢的特点,可将微生物斜面菌种放置于 4 ℃冰箱中保存数周至数月。

(2) 冷冻法　家庭或食品工业中采用 −20~−10 ℃的冷冻温度,使食品冷冻成固态加以保存,在此条件下,微生物基本上不生长,保存时间比冷藏法长。冷冻法也适用于菌种保藏,所用温度更低,如 −20 ℃低温冰箱,或 −70 ℃超低温冰箱,或 −195 ℃液氮。

(二) 氧气

微生物对氧的需要和耐受能力在不同的类群中差别很大,根据它们和氧的关系,可把它们粗分成好氧微生物(好氧菌,aerobes)和厌氧微生物(厌氧菌,anaerobes)两大类,并可进一步细分为五类(图 7-10)。

1. 好氧菌

好氧菌又可分为专性好氧菌、兼性厌氧菌和微好氧菌三类。

(1) 专性好氧菌　必须在较高浓度分子氧的条件下才能生长,它们有完整的呼吸链,以分子氧作为最终氢受体,具有超氧化物歧化酶(SOD)和过氧化氢酶,绝大多数真菌和多数细菌、放线菌都是专性好氧菌,例如醋杆菌属、固氮菌属、铜绿假单胞菌和白喉棒状杆菌等。振荡、通气、搅拌都是实验室和工业生产中常用的供氧方法。

(2)兼性厌氧菌 以在有氧条件下的生长为主也可兼在厌氧条件下生长的微生物,有时也称"兼性好氧菌"。它们在有氧时靠呼吸产能,无氧时则借发酵或无氧呼吸产能;细胞含 SOD 和过氧化氢酶。它们在有氧条件下比在无氧条件下生长得更好。许多酵母菌和不少细菌都是兼性厌氧菌。例如酿酒酵母、地衣芽孢杆菌以及肠杆菌科的各种常见细菌,包括大肠杆菌、产气肠杆菌和普通变形杆菌等。

(3)微好氧菌 只能在较低的氧分压下才能正常生长的微生物。微好氧菌也是通过呼吸链并以氧为最终氢受体而产能的细菌。霍乱弧菌、氢单胞菌属、发酵单胞菌属和弯曲菌属等都属于这类微生物。

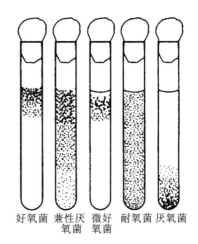

图 7-10 五类对氧关系不同的微生物在半固体琼脂柱中的生长状态(模式图)

2. 厌氧菌

厌氧菌又可分为耐氧菌和(专性)厌氧菌。

(1)耐氧菌 耐氧性厌氧菌简称为耐氧菌,它是一类可在分子氧存在下进行发酵性厌氧生活的厌氧菌。它们的生长不需要任何氧,但分子氧对它们也无害。它们不具有呼吸链,仅依靠专性发酵和底物水平磷酸化而获得能量。耐氧的机制是细胞内存在 SOD 和过氧化物酶(但缺乏过氧化氢酶)。通常的乳酸菌多为耐氧菌,例如乳酸乳杆菌、肠膜明串珠菌、乳链球菌和粪肠球菌等;非乳酸菌类耐氧菌如雷氏丁酸杆菌等。

(2)厌氧菌 有一般厌氧菌与严格厌氧菌(专性厌氧菌)之分。该类微生物的特点如下:①分子氧对它们有毒,即使短期接触也会抑制甚至致死;②在空气或含 $10\%CO_2$ 的空气中,它们在固体或半固体培养基表面不能生长,只有在其深层无氧处或在低氧化还原电位的环境下才能生长;③生命活动所需能量是通过发酵、无氧呼吸、循环光合磷酸化或甲烷发酵等提供的;④细胞内缺乏 SOD 和细胞色素氧化酶,大多数还缺乏过氧化氢酶。常见的厌氧菌有梭菌属、拟杆菌属、梭杆菌属、双歧杆菌属以及各种光合细菌和产甲烷菌等。其中产甲烷菌属于古生菌类,它们都属于极端厌氧菌。

(三)酸碱度

环境中的酸碱度通常以氢离子浓度的负对数即 pH 值来表示。例如纯水的氢离子浓度是 $1×10^{-7}$ mol/L,因此它的 pH 值为 7。pH<7 呈酸性,pH>7 呈碱性。环境中的 pH 值对微生物的生命活动影响很大,主要作用在于:引起细胞膜电荷的变化,从而影响了微生物对营养物质的吸收;影响代谢过程中酶的活性;改变生长环境中营养物质的可给性以及有害物质的毒性。

每种微生物都有其最适 pH 值和一定的 pH 值范围。在最适范围内酶活性最高,如果其他条件合适,微生物的生长速率也最高。大多数细菌、藻类和原生动物的最适 pH 值为 6.5~7.5,在 pH 4.0~10.0 之间也能生长。放线菌一般在微碱性,即 pH 7.5~8.0 的环境中适宜生长。酵母菌和霉菌在 pH 5~6 的酸性环境中生长,但生存范围为 pH 1.5~10。有些细菌甚至可在强酸性或强碱性环境中生活,例如氧化硫杆菌能在 pH 1~2 的环境中生活,有些硝化细菌能在 pH 11 的环境下活动。

微生物在基质中生长,由于代谢作用而引起物质的转化,从而改变了基质的氢离子浓度。例如,乳酸菌分解葡萄糖产生乳酸,增加了基质中氢离子浓度,pH 值下降,基质被酸化。尿素细菌分解尿素后产生氨,pH 值上升,基质被碱化。而肺炎克氏杆菌利用葡萄糖产酸,使基质 pH 值下降到 5,当葡萄糖耗尽后,菌体分解其酸性产物,并氧化它们成为 CO_2 和 H_2O,结果 pH 值又回升至 7。

环境 pH 值的不断变化,使得微生物继续生长受阻,当超过最低或最高 pH 值时,将引起培养物的死亡。为了维持微生物生长过程中 pH 值的稳定,不仅配制培养基时要注意调节 pH 值,而且往往还要加入缓冲剂。最常用的缓冲剂是弱酸或弱碱的盐类。当培养基中氢离子浓度发生改变时,可吸收或释放氢离子以保持 pH 值的稳定。不同的缓冲剂适用于不同的 pH 值范围,pH 6~8 时磷酸盐(如 K_2HPO_4 和 KH_2PO_4)是良好的缓冲剂,在培养基中广泛应用。在微酸性条件下,柠檬酸盐是一种良好的缓冲剂,而在碱性时则以硼酸盐和甘氨酸为好。缓冲剂有近百种,选用的主要原则是要确定它们对培养物没有直接影响。也可通过选用中性基质如蛋白质、氨基酸作为培养基的组成成分来调整环境的 pH 值。在工业发酵过程中,如果大量产酸,常以 $CaCO_3$ 作为缓冲剂,以不断中和细菌产生的酸。

正如温度对微生物的影响一样,微生物生长繁殖的最适 pH 值与其合成某种代谢产物的 pH 通常是不一致的。例如丙酮丁醇梭菌,生长繁殖的最适 pH 值是 5.5~7.0,而大量合成丙酮丁醇的最适 pH 值却为 4.3~5.3。

同一种微生物由于环境的 pH 值不同,可能积累不同的代谢产物。在不同的发酵阶段,微生物对 pH 值的要求也有差异。例如黑曲霉在 pH 2~3 的环境中发酵蔗糖,其产物以柠檬酸为主,只产极少量的草酸;当改变 pH 值使之接近中性时,则产生甘油和醋酸;当 pH 值高于 8 时,发酵产物除乙醇外,还有甘油和醋酸。因此,在发酵过程中,根据不同的目的,常采用变更 pH 值的方法,以提高生产效率。

此外,还可利用微生物对 pH 值要求的不同,促进有益微生物的生长或控制杂菌的污染。例如栖土曲霉用固体培养法生产蛋白酶时,在基质中加入 $NaCO_3$ 使之呈碱性,能有效地抑制杂菌的生长,从而有利于提高蛋白酶的产量。

虽然微生物可在较广的 pH 值范围内生长,但是,各种微生物细胞内的 pH 值多接近于中性。细胞中很多组分如 DNA、ATP、叶绿素等能被酸性环境破坏,而 RNA 和磷脂类则对碱性环境敏感;细胞内酶的最适 pH 值也多接近于中性,而细胞质中的酶和胞外酶作用的最适 pH 值则接近环境的 pH 值。微生物细胞具有保持内环境接近中性的能力。

强酸与强碱具有杀菌力。无机酸如硫酸、盐酸等杀菌力虽强,但腐蚀性也大,实际上不宜作为消毒剂。某些有机酸如苯甲酸可用作防腐剂。在面包及食品中加入丙酮可防霉。酸菜、饲料青储则是利用乳酸菌发酵产生的乳酸抑制腐败性微生物的生长的缘故。

强碱可用作杀菌剂,但由于它们的毒性大,其用途局限于对排泄物及仓库、棚舍等环境的消毒。强碱对革兰氏阴性细菌的杀灭作用比对革兰氏阳性细菌强。耐酸性细胞如结核分枝杆菌抗碱力特强。实验室中对结核分枝杆菌做检查前,先将待检查样品(如痰)以强碱(4% KOH)处理 30 min,使样品中的物质液化,这样的强碱条件是其他微生物所不能耐受的。

(四)氧化还原电位

氧化还原电位(Eh)对微生物生长有明显的影响。环境中氧化还原电位不仅与氧分压有关,也受 pH 值的影响。pH 值越低,则氧化还原电位越高;pH 值高时,氧化还原电位低。自然环境中,氧化还原电位的上限是 +0.82 V,这是在环境中存在高浓度 O_2 而没有利用 O_2 系统时的情况。下限是 -0.42 V,这是一个富含 H_2 的环境。

各种微生物生长所要求的氧化还原电位不一样,一般好氧性微生物的电位在 0.1 V 以上均可生长,最适电位为 0.3~0.4 V。厌氧性微生物只能在低于 0.1 V 的电位生长。兼性厌氧微生物在 0.1 V 以上的电位时进行好氧呼吸,在 0.1 V 以下时进行发酵。

微生物生长过程中可能改变周围环境中的氧化还原电位。如微生物借代谢作用产生还原性抗坏血酸、H_2S 或有机硫氢化物(半胱氨酸、谷胱甘肽、二硫苏糖醇)等可降低氧化还原电位。O_2 的消耗也将使电位下降。往培养基中通入空气或加入氧化剂可提高氧化还原电位以培养好氧微生物;向培养基中加入还原性物质能降低氧化还原电位,以培养厌氧微生物。

氧化还原电位影响微生物细胞内许多酶的活性,也影响细胞的呼吸作用。好气性微生物的氧化酶系的活动需要有较高的氧化还原电位。而厌气性微生物的一些脱氢酶系(包括辅酶Ⅰ和电子传递体、铁氧还蛋白和黄素蛋白等)只能在氧化还原电位很低的环境中活动。

影响培养基中氧化还原电位的因素很多,分子态氧的影响(空气的影响)尤为重要。其次是培养基中氧化还原物质的影响。而环境的氧化还原电位取决于多种氧化还原物质的综合影响,例如微生物琼脂平皿培养在接触空气的情况下,厌氧性微生物不能生长,如果在培养基中加入还原性物质(如半胱氨酸、硫代乙醇等)后同样接触空气,有些厌氧性细胞就能生长。但是微生物在生长过程中也可使其环境中发生一定程度的改变。由于呼吸消耗氧和积累一些还原性物质,如抗坏血酸、H_2S 或有机硫氢化合物(半胱氨酸、谷胱甘肽、二硫苏糖醇等),常导致环境中氧化还原电位降低,像好气性化脓链球菌在液体培养基中生长时,能使培养液的最初氧化还原电位由 0.3 V 逐渐降至 0.15~0.2 V。因此,当好气性微生物与厌气性微生物生活在一起时,前者能为后者创造有利的氧化还原电位。

(五) 辐射

辐射是指通过空气或外层空间以波动方式从一个地方传播或传递到另一地方的能源。它们或者是离子或者是电磁波。电磁辐射包括可见光、红外线、紫外线、X 射线和 γ 射线等。光量子所含能量随不同波长而改变,一般波长愈长,则所含能量愈低,反之则高(图 7-11)。在辐射能中无线电波最长,对生物效应最弱;红外辐射波长在 800~1000 nm,可被光合细菌作为能源;可见光部分的波长为 380~760 nm,是蓝细菌等藻类进行光合作用的主要能源;紫外辐射的波长为 136~400 nm,有杀菌作用。可见光、红外辐射和紫外辐射的最强来源是太阳。由于大气层的吸收,紫外辐射与红外辐射不能全部到达地面;而波长更短的 X 射线、γ 射线、β 射线和 α 射线(由放射性物质产生)、宇宙射线(从外空到达地面)。这些辐射,往往引起 H_2O 与其他物质的电离,对微生物亦起到有害作用,故被作为一种灭菌措施。

1. 紫外辐射

紫外线是非电离辐射,它们使被照射物的分子或原子中的内层电子提高能级,但不引起电离。以波长 265~266 nm 的杀菌力最强。

紫外辐射对微生物有明显的致死作用,是强杀菌剂,已有专门制造的紫外杀菌灯管,在医疗卫生和无菌操作中广泛应用。由于紫外线穿透能力差,不易透过不透明的物质,即使一薄层玻璃也会被滤掉大部分,故紫外杀菌灯只适用于空气及物体表面消毒。紫外辐射对细胞的有害作用,是由于细胞中很多物质对紫外线的吸收,例如细胞质中的核酸及其碱基对紫外线吸收

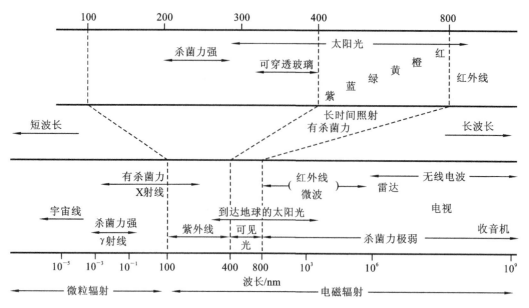

图 7-11 不同波长辐射与杀菌作用关系

能力特强,吸收峰为 260 nm,而蛋白质的吸收峰为 280 nm。当这些辐射能作用于核酸时便能引起核酸的变化,重则破坏其分子结构,妨碍蛋白质和酶的合成,轻则引起细胞代谢机能的改变而发生变异。微生物细胞经照射后,在有氧情况下,产生光化学氧化反应,生成的过氧化氢(H_2O_2),能发生强烈氧化作用,引起细胞死亡。紫外辐射的杀菌机制是复杂的,现知主要是由于它对 DNA 的作用,最明显的是形成胸腺嘧啶二聚体。

紫外辐射的杀菌效果,因菌种及生理状态而异,照射时间和剂量的大小也有影响。干细胞比湿细胞对紫外辐射抗性强,孢子比营养细胞更具抗性,带色的细胞能更好地抵抗紫外辐射。经紫外辐射处理后,受损伤的微生物细胞若再暴露于可见光中,一部分可恢复正常,称光复活现象。光复活的程度与暴露在可见光下的强度、时间、温度等条件有关。

2. 电离辐射

X 射线与 α 射线、β 射线和 γ 射线均为电离辐射。它们的波长很短,有足够的能量从分子中驱逐出电子而使之电离。电离辐射的杀菌作用不是靠辐射直接与细胞作用的,而是间接地通过射线引起环境中水分子、细胞中水分子在吸收能量后导致电离所产生的自由基起作用的,这些游离基团能与细胞中的敏感大分子反应并使之失活。

电离辐射效应无专一性。α 射线是带有阳电荷的氦原子核,具有很强的电离作用,但穿透力很弱,甚至纸片都能阻挡;β 射线是中子转变为质子时放出的带阴电荷的射线,电离作用不太强,但穿透力比 α 射线大;γ 射线是由某些放射性同位素如 ^{60}Co 发射出的高能辐射,具较强的穿透力,能致死所有的生物。考虑到 γ 射线的强穿透力和强的杀菌效应,现已制造出了用于不耐热的大体积物品消毒的 γ 射线装置。而 α 射线与 β 射线由于电离辐射作用较强,故具有抑菌或杀菌作用。某些化合物如碘化钾等对电离辐射具有保护作用。

(六) 干燥

水分对于维持微生物的正常生命活动是必不可少的。干燥会导致细胞失水而造成代谢停止以至死亡。不同的微生物种类,干燥时微生物所处的环境条件,干燥的程度等均影响干燥对微生物的效果。革兰氏阴性细菌如淋病球菌对干燥特别敏感,几小时便死去;结核分枝杆菌又特别耐干燥,在此环境中,100 ℃保持 20 min 仍能生存;链球菌用干燥法保存几年而不丧失致病性。休眠孢子抗干燥能力也很强,在干燥条件下可长期不死,这一特性已用于菌种保藏,如常用沙土管来保藏有孢子的霉菌。生产或科研中常用真空干燥法来保藏细菌、病毒及立克次氏体达数年之久。此外,用于干菌苗、干疫苗的制造效果也颇有价值。在日常生活中常用烘干、晒干和熏干等方法来保存食物。

真空干燥法,首先将细胞悬于少量保护剂(例如血清、血浆、肉汤、蛋白胨、脱脂牛乳)溶液中,分装在安瓿内,置于 $-75 \sim -45$ ℃低温中迅速冰冻,随即抽成真空,使达到真空干燥状态。

(七)渗透压

水或其他溶剂经过半透性膜而进行扩散的现象就是渗透。渗透产生渗透压,渗透压是溶剂通过半透性膜时产生的压力,其大小与溶液浓度成正比。

适宜于微生物生长的渗透压范围较广,而且它们往往对渗透压有一定的适应能力。在等渗溶液(0.85% NaCl)中微生物生长得很好。突然改变渗透压,微生物常能适应这种改变。对一般微生物来说,它们的细胞若置于高渗溶液(如 20% NaCl)中,水将通过细胞膜从低浓度的细胞内进入细胞周围的溶液中,造成细胞脱水而引起质壁分离,使细胞不能生长甚至死亡。相反,若将微生物置于低渗溶液(如 0.01% NaCl)或水中,外环境中的水将从溶液进入细胞内引起细胞膨胀,甚至使细胞破裂。

由于一般微生物不能耐受高渗透压,所以日常生活中常用高浓度的盐或糖保存食物,如腌渍蔬菜、肉类及蜜饯等。糖的浓度通常为 50%~70%,盐的浓度为 10%~15%。由于盐的相对分子质量小,并能离解,在两者浓度相等的情况下,盐的保存效果好于糖。

有些微生物能在较高渗透压的环境中生长,如嗜盐微生物(生活于死海或含盐量高的海水中)可在 15%~30% 的盐溶液中生长。

在自然界,水中盐分浓度变化很大,即水的可利用率或者说水活性差异很大,为什么很多细菌能在水活性不同的条件下生长呢?例如淡水、蔬菜和水果的水活性接近 100%,因此,各类微生物都在其中生长。海水及盐湖的水活性为 75% 左右,所以只有一部分微生物(嗜盐菌)能生长。就目前所知,水的利用率(水活性)与其所含的溶质多少有关,一般来说,溶质浓度与水的利用率成反比。细菌能调节体内的离子浓度,以适应各种不同的渗透压力,钾离子与渗透压的调节作用最密切。当菌体处于高渗溶液(如 23.4% NaCl+0.24% KCl)内时,细胞中能大量积累钾离子(可高出外环境 64~140 倍);反之则排出钾离子。

从以上叙述可知,溶液中渗透压的大小与水的利用率(可给性)有密切的关系。如果环境溶液中溶质浓度过高,溶液的渗透压很大,那么微生物中的水就会渗出而形成生理性干燥,从而就失去了生理活动的能力。

(八)过滤除菌

过滤除菌是将液体通过某种多孔的材料,使微生物与液体分离。现今大多用膜滤器除菌(图 7-12)。膜滤器用微孔滤膜作材料,通常由硝酸纤维素制成,可根据需要选择 25~0.025 μm 的特定孔径。含微生物的液体通过微孔滤膜时,大于滤膜孔径的微生物被阻拦在膜上,与滤液分离。微孔滤膜具有孔径小、价格低、滤速快、不易阻塞、可高压灭菌及可处理大容量液体等优点。但也有使用小于 0.22 μm 孔径滤膜时易引起滤孔阻塞的缺点,而当使用 0.22 μm 孔径滤膜时,虽可基本滤除溶液中存在的细菌,但病毒及支原体等仍可通过。

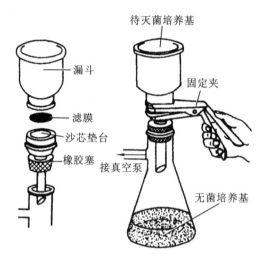

图 7-12　目前常用的膜滤器

过滤除菌可用于对热敏感液体的灭菌,如含有酶或维生素的溶液、血清等,还可用于啤酒生产代替巴氏消毒法。

(九) 超声波

超声波(频率在 20000 Hz 以上)具有强烈的生物学作用。超声波的作用是使细胞破裂,所以几乎所有的微生物都能受其破坏,其效果与频率、处理时间、微生物种类、细胞大小、形状及数量等均有关系。淋病奈瑟氏球菌对其极为敏感,而发光细胞却要处理 1.5 h 才死亡。病毒的抗性较强。一般来说,高频率比低频率杀菌效果好,球菌较杆菌抗性强。细胞芽孢具更强的抗性,大多数情况下不受超声波影响。

超声波可导致微生物细胞破裂、内含物外溢,因此,科研中常用此法破碎细胞。

二、影响微生物生长的化学因素及控制

(一) 醇类

乙醇是脱水剂、蛋白质变性剂,也是脂溶剂,可使蛋白质脱水、变性,损害细胞而具杀菌能力。50%～70%的乙醇便可杀死营养细胞;70%的乙醇杀菌效果最好,70%～100%的乙醇效果较差。无水乙醇可能与菌体接触后迅速脱水,表面蛋白质凝固,形成了保护膜,阻止了乙醇分子进一步渗入有关。使用时应根据消毒物品干燥与否来确定使用的浓度。乙醇是普遍使用的消毒剂,常用于实验室内的玻棒、玻片及其他用具的消毒。甲醇的杀菌力较乙醇差,而且对人,尤其是对眼睛有害,不适于作消毒剂。此外,醇类物质,随着相对分子质量的增大,其杀菌力增强:戊醇>丁醇>丙醇>乙醇>甲醇。高级醇虽杀菌力强于乙醇,但由于丙醇以上的醇不易与水相混,故一般不用作消毒剂。

(二) 醛类

醛类的作用主要是使蛋白质烷基化,改变酶或蛋白质的活性,使微生物的生长受到抑制或死亡。甲醛也是一种常用的杀细菌与杀真菌剂,效果良好。纯甲醛为气体状,可溶于水,福尔马林是 37%～40%的甲醛水溶液。

由于甲醛具有腐蚀性而且刺激性很大,所以不宜在人体中使用,一般用10%的甲醛溶液进行熏蒸以消毒厂房、无菌室或者传染病患者的家具、房屋等。

（三）酚类

酚类对细菌的有害作用可能主要是使蛋白质变性,同时又有表面活性剂的作用,破坏细胞膜的透性,使细胞内含物外溢。当浓度高时是致死因子,反之则起抑菌作用。例如:0.5%~1%的苯酚水溶液可用于皮肤消毒,但具刺激性;2%~5%的溶液可用于消毒痰、粪便与用具;3%~5%的溶液有很好的杀菌效果;5%的则用作喷雾以消毒空气。芽孢、病毒对抗酚类的能力比细菌营养细胞强:细菌的芽孢在5%的石炭酸溶液中仍可存活几小时。

苯酚常用来作为比较其他化学消毒剂杀菌能力的标准,该标准常用酚系数（石炭酸系数）表示。将某一消毒剂作不同浓度的稀释,在一定条件、一定时间（一般10 min）致死全部供试微生物（常用金黄色葡萄球菌或伤寒沙门氏菌）的最高稀释度与达到同样效果的苯酚的最高稀释的比值,即为酚系数。酚系数越大,表明该消毒剂杀菌能力越强。利用此方法可测知不同杀菌剂的杀菌能力,但由于各种杀菌剂的杀菌机理不同,因此酚系数仅有一定的参考价值。

甲酚是酚的衍生物,杀菌力比苯酚强几倍。甲酚在水中的溶解度较低,但在皂液与碱性溶液中易形成乳浊液。市售的消毒剂煤酚皂液（来苏尔）就是甲酚与肥皂的混合液,常用3%~5%的溶液来消毒皮肤、桌面及用具等。

（四）表面活性剂

具有降低表面张力效应的物质称为表面活性剂。这类物质加入培养基中,可影响细胞的生长与分裂。

纯水的表面张力为72 dyn/cm^2,如果其中存在营养物质,则常使表面张力降至46~65 dyn/cm^2,这时大多数细菌可良好生长。如果在培养基中加入表面活性剂,则可显著影响细菌的生长繁殖,以及影响细菌的形态、革兰氏染色反应、运动性、芽孢形成与萌发等。

1. 肥皂

肥皂是温和的杀菌剂,为脂肪酸钠盐。它对肺炎球菌或链球菌有效,但对葡萄球菌、革兰氏阴性细菌、细菌芽孢、结核分枝杆菌无效。一般认为,肥皂的作用是机械性地移去微生物。微生物附着于肥皂泡沫中而易被水冲洗掉。

2. 合成去垢剂

由于合成去垢剂的去污力强,在硬水中不形成沉淀,所以其应用范围越来越广,其中有些也用作消毒剂。

合成去垢剂分为阳离子去垢剂、阴离子去垢剂和非离子型去垢剂三种。十六吡啶氯化物（即漂白粉）消毒能力较强;十二烷基硫酸钠（洗衣粉）和肥皂都是阴离子表面活性剂,其杀菌效力相当于苯酚的2~3倍,对致病性球菌非常有效,所以是很好的杀菌剂;非离子型表面活性剂对微生物无作用。

（五）染料

染料,特别是碱性染料,在低浓度下可抑制细菌生长。例如碱性三苯甲烷染料（triphenylmethane dye）,包括孔雀绿、亮绿、结晶紫等。革兰氏阳性细菌比革兰氏阴性细菌对染料更敏感。结晶紫1:200000~1:300000的稀释液可抑制革兰氏阳性细菌,而抑制革兰氏阴性细菌的浓度则要高10倍才行。1:100000浓度的孔雀绿可抑制金黄色葡萄球菌,而1:

30000 就可抑制大肠杆菌。由于这些染料具有选择性抑菌的特点，故常在培养基中加入低浓度(1∶100000)的染料配制成选择培养基，只有革兰氏阴性细菌可以生长。此法可用于大肠杆菌的鉴别试验。

结晶紫也是杀真菌剂或抑真菌剂，1∶10000 的浓度可致死念珠霉与圆酵母等真菌，1∶1000000则表现为抑制作用。

三苯甲烷染料作用机理不大清楚，可能是干扰了细胞的氧化过程；有人认为，可能是离子交换作用，即细菌的离子与染料的离子交换，使细菌的蛋白质失去了活性。

吖啶染料包括吖啶黄(acriflavine)、二氨基吖啶基，亦称原黄素(proflavine)，对革兰氏阳性细菌较为有效，它们可用来处理伤口、冲洗眼部与灌洗膀胱等。

（六）氧化剂

氧化剂作用于蛋白质的巯基，使蛋白质和酶失活，强氧化剂还可破坏蛋白质的氨基和酚羟基。常用的氧化剂有卤素、过氧化氢、高锰酸钾。

碘是强杀菌剂，3％～7％的碘溶于 70％～83％的乙醇中配制成碘酊，是皮肤及伤口有效的消毒剂。另外，以 2％的碘与 2.4％的碘化钠溶于 70％的乙醇中，刺激性较小，而仍有杀菌效能。5％的碘与 10％的碘化钾水溶液也是有效的皮肤消毒剂，但不如碘酊那样易于浸透皮肤。现已发展到用有机碘化物杀菌。碘一般都作外用药。据试验，1％的碘酒或 1％的碘油溶液，10 min 内可杀死一般的细菌和真菌，并使病毒灭活。碘的杀菌机制还不清楚，有人认为，它的作用可能是碘不可逆地与菌体蛋白质(或酶)中的酪氨酸结合。碘的杀菌作用还可能由于它是氧化剂。

氯气或氯化物，这是一类最广泛应用的消毒剂。氯气用于饮用水的消毒。自来水厂和游泳池中常用$(0.2\sim0.5)\times10^{-6}$ g/L 的氯气消毒。氯化物有次氯酸盐等。5％～20％次氯酸钙$[Ca(ClO)_2]$的粉剂或溶液，常用作食品及餐具、乳酪厂的消毒。氯气和氯化物的杀菌机制，是与水结合产生了次氯酸(HClO)，次氯酸易分解产生新生态氧，这是一种强氧化剂，对微生物起破坏作用。病毒比细菌抗性强，在 400×10^{-6} g/L 氯的条件下，10 min 内仍然存活。

（七）重金属及其化合物

一些重金属离子是微生物细胞的组成成分，当培养基中这些重金属离子浓度低时，对微生物生长有促进作用，反之则会产生毒害作用；也有些重金属离子的存在，不管浓度大小，对微生物的生长均会产生有害或致死作用。因此，大多数重金属及其化合物都是有效的杀菌剂或防腐剂。其作用最强的是 Hg、Ag 和 Cu。它们杀菌作用，有的易与细胞蛋白质结合而使之变性；有的在进入细胞后与酶上的—SH 基结合而使酶失去活性。重金属盐类是蛋白质的沉淀剂，能产生抗代谢作用，或者与细胞内的主要代谢产物发生螯合作用，或者取代细胞结构上的主要元素，使正常的代谢物变为无效的化合物，从而抑制微生物的生长或导致微生物死亡。

1. 汞

汞化合物有二氯化汞($HgCl_2$)、氯化亚汞(Hg_2Cl_2)和有机汞。二氯化汞又名升汞，是杀菌力极强的消毒剂之一，1∶500～1∶2000 的升汞溶液对大多数细菌有致死作用，实验室中曾用 0.1％的 $HgCl_2$ 消毒非金属器皿。由于汞盐对金属有腐蚀作用，而且对人及动物有剧毒，其应用受到较大的限制。现已合成了许多汞有机化物，如硫柳汞、袂塔酚(metaphen)等。这些化合物对大多数细菌有效，而对人及动物毒性较低，故常用作消毒剂、植物保护剂或用于血清和疫苗的保存。红汞(汞溴红)也是最常用的消毒剂之一。

2. 银

银长期以来作为一种温和防腐剂而被使用。0.1%～1%的硝酸银($AgNO_3$)用于皮肤消毒。新生婴儿常用1%的硝酸银滴入眼内以预防传染性眼炎。蛋白质与银或氧化银制成的胶体银化物，刺激性较小，也可作为消毒剂或防腐剂。

3. 铜

硫酸铜是主要的铜化物杀菌剂，对真菌及藻类效果较好。在农业上为了杀伤真菌、螨以防治某些植物病虫害，常用硫酸铜与石灰以适当比例配制成波尔多液使用。

4. 砷、铋、锑等

曾用作化学疗剂来医治梅毒病和某些原生动物所引起的疾病。特别是三价砷的有机化合物，如砷凡纳明(606)、新砷凡纳明(914)，对人及动物毒性轻微，曾经是治疗梅素病的特效药。这些化学疗剂，由于对人及动物毒性大，故不宜作为消毒剂。

（八）酸碱类

酸碱类物质可抑制或杀灭微生物。生石灰常以1∶4～1∶8配成糊状，消毒排泄物及地面。有机酸解离度小，但有些有机酸的杀菌力反而大，其作用机制是抑制酶或代谢活动，并非酸度的作用。苯甲酸、山梨酸和丙酸广泛用于食品、饮料等的防腐，在偏酸性条件下有抑菌作用。

三、化学治疗剂对微生物生长的影响

能直接干扰病原微生物的生长、繁殖并可用于治疗感染性疾病的化学药物即为化学疗剂。它能选择性地作用于病原微生物新陈代谢的某个环节，使其生长受到抑制或致死。但对人体细胞毒性较小，故常用于口服或注射。化学疗剂种类很多，按其作用与性质又分为抗代谢物和抗生素等。

（一）抗代谢物

有些化合物在结构上与生物体所必需的代谢物很相似，甚至可以和特定的酶结合，从而阻碍了酶的功能，干扰了代谢的正常进行，这些物质称为抗代谢物(antimetabolite)。抗代谢物如果与正常代谢物同时存在，能产生一种竞争性拮抗作用，即竞争性地与相应的酶结合，只有当正常代谢物的量少或不存在时，抗代谢物才有作用。

抗代谢物种类较多，如叶酸对抗物(磺胺类药物)、嘌呤对抗物(6-巯基嘌呤)、氨基酸对抗物(5-甲基色氨酸)、吡哆醇对抗物(异烟肼)等。

磺胺类药物是最常用的化学疗剂，抗菌谱较广，能治疗多种传染性疾病，能抑制大多数革兰氏阳性细菌(如肺炎球菌、β-溶血性链球菌等)和某些革兰氏阴性细菌(如痢疾杆菌、脑膜炎球菌、流感杆菌等)的生长繁殖，对放线菌也有一定作用。磺胺类药物都是氨苯磺胺的衍生物。磺胺分子中含有一个苯环、一个对位氨基和一个磺酰胺基，前者与抗菌作用密切相关。

磺胺衍生物与磺胺相比，化学治疗特性更优良，因为它们对细菌的毒性大而对人及动物毒性较弱。现有一种磺胺增效剂(甲氧苄氨嘧啶(TMP))，它不仅能增强磺胺的作用，也能增强多种抗生素的作用，同时它本身的抗菌能力也较磺胺强，所以又称抗菌增效剂。

磺胺类药物广泛用于临床，是由于它们与微生物生长所必需的代谢物对氨基苯甲酸

(PABA)间的竞争性抑制作用,细菌生长所必需的对氨基苯甲酸可以自行合成,也可从外界环境中获得。若自行合成时,正常情况下,对氨基苯甲酸则和二氢蝶啶在二氢叶酸合成酶的作用下,合成二氢叶酸。二氢叶酸再通过二氢叶酸还原酶的作用,生成四氢叶酸。然而磺胺的结构与对氨基苯甲酸极其相似,在一定条件下,它们竞争性地与二氢叶酸合成酶结合,阻止或取代了对氨基甲酸掺入到叶酸分子中去,从而阻断了细菌细胞重要组分叶酸的合成(图7-13)。而叶酸是一种辅酶,在氨基酸、维生素的合成中起重要作用,缺乏此酶,细菌细胞活力受到明显破坏。磺胺抑制细菌的生长是因为许多细菌需要自己合成叶酸而生长。由于人和动物可利用现成的叶酸(亦称蝶酰谷氨酸)生活,因此不受磺胺的干扰。

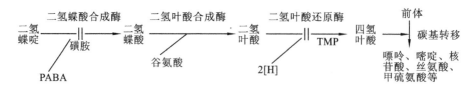

图 7-13　磺胺类药物抗菌机制

已知的抗代谢物种类较多,作用机制各不相同,另外,异烟肼又名雷米封,是吡哆醇类抗代谢物,是最有效的抗结核分枝杆菌的药物之一。它能渗入机体细胞,并作用于细胞内的结核分枝杆菌。其杀菌机制尚待研究。有人认为,异烟肼能与体内的醛、酮体、丙酮酸等结合成腙,其中吡哆醇或丙酮酸是细菌代谢所必需的物质,异烟肼可能是通过与其结合而影响了结核分枝杆菌的生长繁殖。

(二) 抗生素

抗生素是另一类重要的化学疗剂。大多数抗生素是由某些生物合成或半合成的化合物。具有低浓度时就可抑制或杀死其他微生物的作用,是临床上经常使用的重要药物。早在3000多年前,我国劳动人民就用长了霉的豆腐处理脓肿、溃疡以及用霉来控制脚部感染,这实际上就是抗生素化疗的开端。随着现代科学技术的发展,现已发掘、报道了几千种抗生素,试制生产了几百种,经常使用的有几十种。对抗生素的化学性质、结构,抗生素的生物合成途径以及抗生素的合理使用,扩大应用等方面都开展了广泛的研究,而且对其抑菌和杀菌作用方式也进行了深入的探讨。

抗生素的作用对象有一定的范围,这个作用范围称为该抗生素的抗菌谱。氯霉素、金霉素、土霉素、四环素等可抑制多种微生物,故称为广谱抗生素,而青霉素主要作用于革兰氏阳性细菌,多黏菌素只能杀死革兰氏阴性细菌,所以称为窄谱抗生素。抗生素的作用方式也随抗生素而异,或者是可逆的(抑菌),或者是不可逆的(杀菌)。同时也与抗生素使用浓度有关,低浓度时抑菌,高浓度时杀菌。现知它们的抗菌作用,总起来讲,主要是阻止微生物新陈代谢的某些环节,钝化某些酶的活性。一切代谢活动几乎都由酶催化。但是,不同细菌的化学组成不同,因而催化合成细胞物质的酶也各不相同,由于抗生素只作用于某一特定的酶,这种酶对某些微生物是必需的,而对另一些微生物则不然,从而导致抗生素对生物的作用对象也具有选择性。据研究,抗生素的作用位点大致有以下几种:有的抑制细菌壁的形成,有的影响细胞膜的功能,有的干扰蛋白质的合成,有的阻碍核酸的合成等。

1. 抑制细胞壁的形成

细菌壁的生理功能之一,是保护细胞在高渗条件下不致破裂或崩解。能抑制细胞壁合成的抗生素有青霉素、杆菌肽、环丝氨酸等。用青霉素处理革兰氏阳性细菌,最后会引起菌体的膨胀或崩解。

青霉素的作用机制,主要是抑制细胞壁的重要组分——肽聚糖的合成。革兰氏阳性细菌的细胞壁主要是由肽聚糖组成的。例如金黄色葡萄球菌的细胞壁,它是由 N-乙酰葡萄胺和 N-乙酰胞壁酸交叉连接成多糖链,每个胞壁酸上连接着一条短肽链,肽链之间再通过五甘氨酸的肽桥相互连接,从而构成了细胞壁肽聚糖的多层网状立体结构。五甘氨酸的肽桥的一端与肽链的 L-赖氨酸连接,另一端则与倒数第二位的 D-丙氨酸连接,而肽链最后的一个 D-丙氨酸,通过转肽作用而被解脱。

青霉素 β-内酰胺环结构与 D-丙氨酸末端结构很相似,从而能够占据 D-丙氨酸的位置与转肽酶结合,并将酶灭活,肽链彼此之间无法连接,因而抑制了细胞壁的合成。细胞壁失去了防止渗透压破坏的保护作用,在低渗透环境下,菌体溶解死亡。这一作用可在实验室观察到,在有青霉素存在的条件下,细菌的形态、大小往往很不正常。对人和高等动物细胞却无影响,而且青霉素主要作用于活跃生长的细菌。

多氧霉素(polyoxin)是一种效果好的杀真菌剂,其作用是阻碍细胞壁中几丁质的合成,因此对细胞壁主要纤维素组成的藻类就没有什么作用。这一族抗生素中,多氧霉素 D 是防治植物病虫害最好的农用抗生素之一,多氧霉素 A 对烟草花叶病毒有抑制作用。在农业上,多氧霉素用于防治水稻纹枯病、苹果斑点落叶病及蔬菜丝核病有极好的效果,对人及鱼类无毒害,这是一种很有前途的抗生素。

总之,能抑制细胞壁肽聚糖合成的抗生素主要作用于革兰氏阳性细菌,对革兰氏阴性细菌效果较差;另外,这类抗生素对生长旺盛的细菌有明显效果,而对静息细菌细胞则效果不明显,这是因为这些抗生素对完整的细菌壁无作用。

2. 影响细胞膜的功能

某些抗生素(antibiotics),尤其是多肽类抗生素,如多黏菌素、短杆菌素等,主要引起细胞膜损伤,导致细胞物质的泄漏。像多黏菌素能与细胞膜结合,使脂多糖解体,脂蛋白部分改变,因而对革兰氏阴性细菌有较强的杀菌作用。在多黏菌素分子内含有极性基团和非极性部分,极性基团与膜中磷脂起作用,而非极性部分则插入膜的疏水区,在静电引力作用下,膜结构解体,菌体内的主要成分如氨基酸、核苷酸和钾离子等漏出,造成菌体死亡。这种抗生素对人和动物毒性较大,常作外用药。

作用于真菌细胞膜的大部分是多烯类抗生素,如制霉菌素、两性霉素 B 等。它们主要与膜中的固醇类结合,从而破坏细胞的结构,引起细胞内物质泄漏,表现出抗真菌作用,但对细菌无效。

3. 干扰蛋白质合成

能干扰蛋白质合成的抗生素种类较多,它们都能通过抑制蛋白质生物合成来抑制微生物的生长,而并非杀死微生物。不同的抗生素抑制蛋白质合成的机制不同,有的作用于核糖体亚基,如卡那霉素、链霉素、春雷霉素等主要作用于 30S 亚基,而氯霉素、林可霉素、红霉素等则作用于 50S 亚基,以抑制其活性;但不同的抗生素之间,常表现出拮抗作用,有的抗生素可以阻止另一种抗生素与核糖结合而失去抗菌作用。此外,有的抗生素是在蛋白质合成的不同阶段上起作用的。不管哪种方式,最终都是抑制蛋白质的生物合成。由于细菌的核糖体与人及高等动物的核糖体有差别,故这类抗生素具有选择毒性,被用作化学疗剂。

4. 阻碍核酸的合成

这类抗生素主要是通过抑制 DNA 或 RNA 的合成来抑制微生物细胞的正常生长繁殖的。

核酸是合成菌体蛋白质的基础。不同的抗生素作用的机制也不相同：有的通过与核酸上的碱基结合，形成交叉连接的复合体以阻碍双链 DNA 解链，从而影响 DNA 的复制，如丝裂霉素（自力霉素）；有的则可切断 DNA 的核苷酸链，使 DNA 分子断裂以干扰 DNA 的复制，如博莱霉素（争光霉素）；有的作用于核苷酸，导致酶活性降低或丧失，如利福霉素能与 RNA 合成酶结合，抑制 RNA 的合成酶反应起始过程；放线菌素也能与双链 DNA 结合而抑制其酶促反应。此外，丝裂霉素可以引起 DNA 酶活性提高，导致 DNA 部分地裂解。

放线菌素 D（更生霉素）也是一种抗癌抗生素，属多肽类。它的作用是干扰 RNA 聚合酶的转录过程，使 RNA 链停止延长。但放线菌素 D 只能与双链 DNA 结合而不能与单链 DNA 结合，而且只能阻止依赖于 DNA 和 RNA 的某些物质的合成，而无碍于 DNA 的合成，所以对单链 RNA 病毒无效果。同时它们也是研究大分子生物合成的有用工具，用它可以区别 RNA 的合成是否依赖于 DNA。

有的抗生素可嵌入到 DNA 分子上，破坏 DNA 分子的立体构型，影响 DNA 聚合酶同 DNA 结合，影响 RNA 聚合酶在 DNA 链上的移动，从而抑制 DNA 的复制和转录。

此外，有些抗生素可作用于呼吸链，影响能量的有效利用，从而妨碍了微生物的生长。尤其是好气性微生物，通过呼吸以产生 ATP。有的抗生素如抗霉素是呼吸链电子传递系统的抑制剂，使微生物呼吸作用停止；有的是能量转移的抑制剂，使能量不能用于合成 ATP，如寡霉素；有的则是一种解偶联剂，在它的作用下，呼吸虽可进行，但不能合成 ATP。

（三）微生物的抗药性

微生物与周围环境之间关系十分复杂。虽然不良的环境条件对微生物的生长会产生不良影响，但是，微生物对于不良的环境条件也能产生主动反应，例如趋避运动，或产生适应性而赖以生存。

适应性是微生物在有害条件下能够生存的一种能力，并受遗传信息的控制。不同的微生物往往能适应不同的环境条件，有的对某些化学药物具有适应性，有的对高温或低温有适应性，有的则对 pH 值、辐射、重金属离子等不良理化因素具有适应性。下面着重介绍微生物对药物的适应性（或称抗性）。

随着化学疗剂的广泛应用，某些病原微生物如葡萄球菌、大肠杆菌、痢疾杆菌、结核分枝杆菌等日益严重地出现抗药现象，给传染病的医疗带来了困难，而且有可能继续成为一种威胁，从而引起了广泛的重视。

临床上重要的抗药性菌的抗药性主要表现为以下几种。

1. 菌体内产生了钝化或分解药物的酶

将有活性的药物转变成没有抗菌作用的产物。例如葡萄球菌的有些菌株能抗青霉素，就是由于它们产生了青霉素酶（β-内酰胺酶），使青霉素分子中的 β-内酰胺环开裂而丧失了抑菌作用。类似的抗生素如头孢霉素类也因遭受类似的作用而失效。现在，通过半合成青霉素来改变青霉素分子结构，以保护 β-丙酰胺环，使其难以受到 β-内酰胺酶的破坏，从而克服了某些病原菌的抗药性。又如 2010 年 8 月 11 日，《柳叶刀》杂志一篇文献报道，一种称为 NDM-1 的肠杆菌科细菌，对绝大多数常用抗生素耐药。该报道引起了国内外广泛关注，媒体称之为"超级细菌"，该细菌内存在一种 β-内酰胺酶基因，该基因发现者认为它起源于印度新德里，因此将其命名为"新德里金属 β-内酰胺酶-1"（NDM-1）基因。带有 NDM-1 基因的细菌，能水解 β-内酰胺类抗菌药物（如青霉素 G、氨苄西林、甲氧西林、头孢类等抗生素），因而对这些广谱抗生素具有耐药性。但对多黏菌素E和替加环素这两种抗生素敏感。

另外,有些病原微生物产生了某些其他的酶类,通过乙酰化、磷酸化和腺苷化作用,使抗生素的分子结构发生改变。例如有些肠道细菌、葡萄球菌能产生转乙酰基酶,此酶在乙酰辅酶A的参与下,先使氯霉素侧链上的第三位羟基乙酰化,接着又将第一位羟基乙酰化,使具有抗菌活性氯霉素转变成无毒性的1,3-双乙酸氯霉素。

氯霉素是治疗伤寒病的常用抗生素之一,由于耐药性菌株的产生,严重地影响了对伤寒病患者的治疗。

抗卡那霉素的微生物,在细胞内产生了卡那霉素-磷酸转移酶,在ATP的参与下,将卡那霉素转变成3-磷酸卡那霉素而使卡那霉素失活;抗链霉素的菌株,在细胞内形成了链霉素-磷酸转移酶和链霉素-腺苷转移酶,在它们的作用下,使这些抗生素失去了活性。其反应过程如下:卡那霉素＋ATP→卡那霉素-磷酸转移酶→3-磷酸卡那霉素＋ADP。

2. 改变细胞膜的透性而导致抗药性的产生

这类抗性菌株具有阻挠抗微生物剂进入细胞的能力,或具有依赖于能量的主动转运机制排出已进入细胞的药物的能力。现已观察到抗四环素的肠道细菌的细胞内,四环素积累量减少,试管内产生的人工抗药菌株也有这种情况。因而认为这是细胞膜通透性降低的结果。详细情况尚待继续研究。

3. 细胞内被药物作用的部位发生了改变

目前最典型的例子是核糖体发生了改变。例如对链霉素敏感的菌株,由于链霉素与其核糖体(30S亚单位)结合,干扰了蛋白质的合成,从而起到了抑菌或杀菌作用。后来在大肠杆菌中得到了抗链霉素的菌株,它的核糖体(30S亚单位)发生了改变,链霉素再也不能与之结合,从而使链霉素对该菌株失效。

有的微生物改变了对某种药物敏感酶的性质,使之获得了抗药性。据报道,有的抗磺胺药物的菌株,通过突变,改变了二氢叶酸合成酶的性质,合成了一种对磺胺药物不敏感的酶。总之,在抗药性机制方面还可能存在着其他多种方式,有待进一步研究。

临床上在治疗细菌性疾病时,为了避免细菌耐药性的产生,应注意如下几点:①最好按细菌药敏结果选药;②抗菌药使用剂量要充足,疗程要适当,小剂量和频繁更换抗菌药可导致耐药菌的产生;③有计划地分期分批交替使用抗菌药物,可使原先对某种抗菌药耐药的细菌在一段时期内停止接触该药而丧失耐药性;④避免不必要的长期、局部和预防性应用同种抗菌药;⑤筛选新的更有效的抗菌药。

知识链接

能降低细菌耐药性的未来抗生素

抗生素的主要功能是杀死细菌,但往往会"滥杀无辜"而出现很多副作用。美国科学新闻网站曾有文章表示,将来最有效的抗生素可能并不杀死任何细菌。相反,药物仅仅是阻止细菌间的相互"交谈"。

抗药性是抗生素在阻止一些致命细菌的过程中产生的。它的产生是因为在服用一剂抗生素后,抗生素强烈的药性先消灭那些受感染最严重的细菌,而微生物也可以针对它产生耐药性,微生物本身会像我们人体一样进行自卫、防御、反击,最后的结果就是耐药。

如果有一种特别的抗生素,它不杀死那些相对温和、危险性不大的细菌,那么,产生抗药性的可能也就会随之降低。要达到这样的目的,其中的一个办法就是干扰细菌之间不断传递的分子信号流。

个别细菌监测信号分子的强度,可以提供一个大致的行为指示。当信号达到一定水平,也就是当特定人体的细菌细胞数量已经达到"临界值"时,细菌便改变它们的行为。当细菌达到"临界值"时,致病菌就会从良性状态转为非良性状态,从而开始分泌毒素攻击主体。

阻断细菌的信息系统就有可能阻止这一转变,人为地使细菌的攻击信息无法发出,就可以使细胞处于安全的形势下,这使人体免疫系统有充足的时间将细菌清除出体外。David Spring 和他的研究小组正与 Martin Welch 设计一种抗体,它将像酶那样加快信号分子的自然衰退,这可以确保细菌不能收到触发它们改变行为的攻击命令。在自然瓦解这些信号分子时,这种抗体必须能够绑定到短暂过渡过程中的化学组成里,并与它们同归于尽。这给研究人员造成了一个棘手的问题,因为在相匹配的抗体测试中,作为过渡的化学组成太不稳定。

Spring 的团队将 20 世纪 90 年代初发现的细菌酶-AiiA 放入已备有法定数目信号分子的试管中,以随时测量衰退反应的速率。当他们增加了一定数量的人造分子结构后,反应速率下降。由于这一成功,现在该小组开始在实际和人工抗体中寻找相匹配的酶,研究工作正在进行中,有望取得突破。

小 结

从混杂的微生物群体中获得纯培养是生产和研究所必须掌握的实验技术。常用纯种分离的方法主要有两类:一类是单细胞(或单孢子)分离,有单细胞挑取法;另一类是单菌落分离,有平板划线法、平板分离法、涂布平板法、选择培养基分离法。

微生物生长与繁殖两个过程很难分开,个体生长是有机体的细胞组分与结构在量方面的增加,群体生长是细胞数量或细胞物质量的增加。单细胞微生物在适宜的液体培养基中,在适宜的温度、通气等条件下培养,微生物群体生长可分为迟缓期、对数生长期、稳定生长期和衰亡期四个时期。

根据微生物研究目的的不同,可采用不同培养方法,主要有单批培养、同步培养、连续培养三种方法。通过选择法和诱导法的条件控制,可以获得同步培养物,通过及时补充营养物质和及时取出培养物降低代谢产物,可形成对数生长期或稳定生长期相应延长达到连续培养。

微生物生长分别可以用直接计数法、间接计数法、测定细胞内容物的量、丝状微生物菌丝长度的测定等四类方法进行测量。

每种微生物的生长都有各自的最适条件,如温度、氧、pH 值、渗透压等,高于或低于最适要求都会对微生物生长产生影响。利用各种化学物质和物理因素可以对微生物生长、繁殖进行有效的控制,从而就能够有效地利用微生物,避免微生物的危害。

复习思考题

1. 获得目的微生物的纯培养分离技术有哪些?简述其特点和适用范围。

2. 试分析影响微生物生长的主要因素及它们影响微生物生长繁殖的机制。
3. 说明测定微生物生长的意义、微生物生长测定方法的原理，比较各种测定方法的优缺点。
4. 何为细菌的繁殖曲线？简述各个时期的特点。如何利用微生物生长规律指导工业生产？
5. 与分批发酵相比，连续培养有何优点？
6. 控制微生物生长繁殖的主要方法有哪些？
7. 微生物与温度之间的关系如何？高温是如何杀菌的？为什么湿热灭菌比干热灭菌更有效？
8. 什么叫灭菌？灭菌方法有几种？试述其优缺点。
9. 嗜冷微生物为什么能在低温环境下生长繁殖？
10. 微生物对氧化还原电位有何要求？在培养过程中氧化还原电位如何变化？如何控制？
11. 试述嗜热微生物特性及耐热机制。
12. 简述耐氧厌氧菌的耐氧机制和氧对严格厌氧菌毒害机制。
13. 试述抗生素抑菌和杀菌机制及细菌耐药性机制。如何避免细菌耐药性的产生？
14. 设计一个从土壤中分离一株产碱性蛋白酶菌株的实验方案，简述其关键步骤。

（贾建波　李　伟　方尚玲）

第八章

微生物的遗传和变异

学海导航

了解证明 DNA 是遗传物质的三个经典实验的原理和过程，掌握微生物基因突变、遗传的基本规律以及原核微生物基因转移与重组的方式；了解微生物遗传育种的过程和基本方法；了解真核微生物准性生殖等特殊遗传方式；同时了解微生物菌种衰退、复壮和菌种保藏的基本原理与方法；拓展了解微生物染色体基因组和染色体外遗传因子（质粒、转座子）的结构与基本特点与基因工程流程。

重点：基因突变机制、原核微生物基因转移与重组的方式。

难点：原核微生物基因重组的方法。

从遗传学研究角度来看，微生物有着许多有别于其他生物的生物学特性，例如，个体结构极其简单，营养体一般都是单倍体，易于在成分简单的合成培养基上大量生长繁殖，繁殖速度快，易于累积不同的代谢产物，菌落形态特征的可见性与多样性，环境条件对微生物群体中各个体作用的直接性与均匀性，以及在进化进程中存在多种原始的有性生殖类型等。这就使得微生物在当代生物遗传学基本理论问题探索中成为人们最热衷、首选的研究对象。

遗传(heredity 或 inheritance)和变异(variation)是一切生物体的基本特征，我们在讨论微生物的遗传和变异时，经常提到下面几个概念。

(1) 遗传型(genotype) 又称基因型，它是指某一生物个体所包含的全部遗传因子（即基因组）的总和。遗传型是一种内在可能性或潜力，其实质是遗传物质上所负载的特定遗传信息。遗传物质起决定性作用，而外界环境可以影响其表型。

(2) 表型(phenotype) 又称表现型，指某一生物体所具有的一切外表特征和内在特性的总和，是其遗传型在合适环境下通过代谢和发育而得到的具体表现。它是具有一定遗传型的个体，在特定环境条件下通过生长发育所表现出来的形态等生物学特征的总和。表型是由遗传型所决定的，但也和环境有关，即：遗传型＋环境条件→→表型。

(3) 变异(variation) 生物体在某种外因或内因作用下所引起的遗传物质结构或数量的改变。变异的特点：①概率低；②性状的幅度大；③新性状具稳定性和遗传性。

(4) 饰变(modification) 不涉及遗传物质结构改变而只发生在转录、转译水平上的表型变化。饰变的特点：①个体变化相同；②性状变化的幅度小；③新性状不具有遗传性。例如黏质沙雷氏菌(*Serretia marcescens*，又称黏质赛氏杆菌)，在 25 ℃培养时，可产生深红色的灵杆菌素，这是一种饰变，但当在 37 ℃培养时，则不产生色素，再在 25 ℃下培养时，又恢复产生色素的能力。

如果说遗传是指子代和亲代相似的现象,那么变异就是子代与亲代间出现差异的现象。遗传保证了物种的存在和延续,而变异则推动了物种的进化和发展。微生物遗传规律的深入研究,不仅促进了现代分子生物学和生物工程等学科的发展,而且还为育种工作提供了丰富的理论基础,促使育种工作向着自觉、高效、定向、远缘杂交等方向发展。

第一节 遗传变异的物质基础

一、核酸是遗传变异的物质基础

遗传变异有无物质基础以及何种物质可承担遗传变异功能的问题,是生物学中的一个重大理论问题。过去曾有过种种争论和推测,直到1944年后,利用微生物这一实验对象进行了三个著名的经典实验,才以确凿的事实证实了脱氧核糖核酸(deoxyribonucleic acid,DNA)是遗传变异的物质基础。

（一）转化实验

1928年,英国细菌学家格里菲斯(F. Griffith)首先发现 *Streptococcus pneumoniae*(肺炎链球菌,旧称"肺炎双球菌")的转化现象。肺炎链球菌是一种病原菌,存在两种类型:光滑型(S, Smooth)和粗糙型(R, Rough)。S型有荚膜,菌落光滑,能使人和动物得病死亡。R型无荚膜,菌落粗糙,不能使人和动物得病。Griffith发现将R型肺炎双球菌与经加热杀死的S型菌株混合后注射小鼠,能导致小鼠发病死亡,同时意外地从死鼠血液中分离到了活的S型菌株。因此他认为是S型菌株和R型菌株发生了转化(transformation),并推测在加热杀死的S型细菌细胞内可能存在一种转化物质,它能通过某种方式进入R型细胞,并使R型细胞获得稳定的遗传性状(图8-1)。

1944年,O. T. Avety、C. M. Macleod 和 M. Mccarty 从热死的S型中提纯了可能作为转

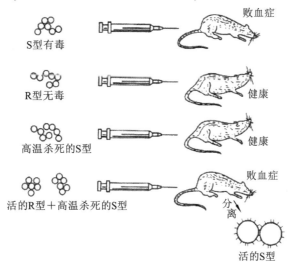

图8-1 动物体内的转化试验

化因子的各种成分,并在离体条件下进行了转化实验(图 8-2):

图 8-2　肺炎链球菌体外转化实验

(1) 从活的 S 菌中抽提各种细胞成分(DNA、RNA、蛋白质、荚膜多糖等);
(2) 对各组分与活的 R 型菌株进行转化试验。

从上述结果中可知,只有 S 型细菌的 DNA 才能将 R 型肺炎链球菌转化为 S 型,而且 DNA 纯度越高,转化效率也越高,甚至只取用纯度为 6×10^{-6} g 的 DNA 时,仍有转化能力。这就说明,S 型菌株转移给 R 型菌株的,绝不是某一遗传性状(如荚膜多糖等)的本身,而是以 DNA 为物质基础的遗传因子。

(二) 噬菌体感染实验

为进一步证明生物的遗传物质是 DNA,1952 年 A. Hershay 和 M. Chase 利用放射性同位素示踪元素,对大肠杆菌(*E. coli*)的 T_2 噬菌体做了噬菌体感染实验(图 8-3)。他们首先将 *E. coli* 培养在放射性 $^{32}PO_4^{3-}$ 或 $^{35}SO_4^{2-}$ 作为 P 或 S 源的培养基中,结果 ^{35}S 存在于蛋白质中,而 ^{32}P

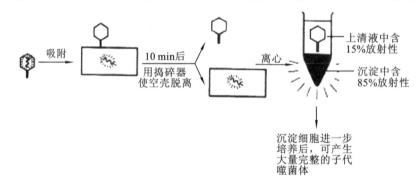

(a) 用含 ^{32}P-DNA 核心的噬菌体作感染

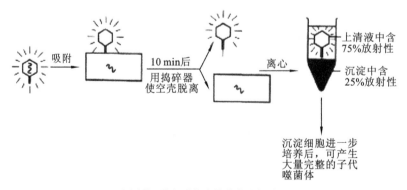

(b) 用含 ^{35}S-蛋白质外壳的噬菌体作感染

图 8-3　T_2 噬菌体感染大肠杆菌实验

只存在于核酸中;然后让 T_2 噬菌体侵染,从而使 T_2 也被标记上 ^{35}S 和 ^{32}P;接着让具放射性的 T_2 噬菌体感染不含放射性元素的大肠杆菌,并在噬菌体复制前进行搅动并离心,得上清液和沉淀物。结果发现 ^{35}S 位于上清液而 ^{32}P 位于底部,说明蛋白质外壳没有进入 *E. coli*,它由于搅动而脱落,且较轻,故位于上清液;而 DNA 进入了菌体,且较重,故被沉淀下来。随后对沉淀液进行培养时发现有大量完整的 T_2 噬菌体出现,因此证实了 DNA 是遗传信息的载体。

（三）植物病毒的重建实验

1965 年美国学者法朗克-康勒特(H. Fraenrel-Conrat)用含 RNA 的烟草花叶病毒(TMV)进行了植物病毒重建实验(图 8-4)。他将 TMV 经弱碱、尿素、去垢剂等处理,将它的蛋白质外壳与 RNA 核心分离,RNA 在没有蛋白质包裹的情况下,也能感染烟草,且能分离出正常的 TMV 病毒粒子,因此证明核酸(这里是 RNA)是遗传物质。

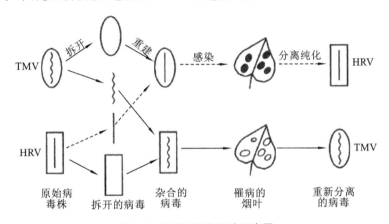

图 8-4　TMV 重建实验示意图

另外,H. Fraenrel-Conrat 还选用了另一株与 TMV 近似的霍氏车前花叶病毒(HRV)进行实验。从图 8-4 中可以看出,用 TMV 的 RNA 和 HRV 的蛋白质外壳重建的杂合病毒去感染烟草时,烟叶上出现的是典型的 TMV 病斑。再从病斑中分离出来的新病毒则是未带有任何 HRV 痕迹的典型 TMV 病毒,反之亦然。通过这种用两株不同植物病毒的核酸(这里是 RNA)和蛋白质的拆、合与相互对换的巧妙实验,令人信服地证实了核酸是遗传物质的基础。

知识链接

朊病毒的发现和思考

无论是 DNA 还是 RNA,它们是遗传物质的基础已是无可辩驳的事实。但朊病毒的发现对"蛋白质不是遗传物质"的定论也带来了一些疑问。PrP^{sc} 是具有传染性的蛋白质致病因子,迄今未发现它含有核酸,但已知的传染性疾病的传播必须有核酸组成的遗传物质才能感染宿主并在宿主体内自然繁殖。这是不是生命界的又一特例呢?这个问题值得生命科学家探索、思考。

二、微生物的遗传物质

遗传物质在生物体细胞内中有多种多样的存在形式。原核细胞和真核细胞中的遗传物质存在的形式也不完全相同。按其在细胞中存在形式可分成染色体 DNA 和染色体外 DNA;另外还有一种独立于染色体外,能进行自主复制、主要存在于各种原核微生物细胞中的细胞质遗传因子——质粒(plasmid)。以下介绍遗传物质在细胞中存在的部位和方式。

(一) 遗传物质存在的不同层次

1. 细胞水平

从细胞水平来看,不论是真核微生物还是原核微生物,它们的大部分或几乎全部 DNA 都集中在细胞核或核区(核质体)中。在不同种微生物细胞或者在同种微生物的不同类型细胞中,细胞核的数目是不同的。例如:杆状细菌细胞内大多存在两个核质体,而球菌一般仅一个;酿酒酵母(*Saccharomyces cerevisiae*)、黑曲霉(*Aspergillus niger*)、构巢曲霉(*A. nidulans*)、产黄青霉(*Penicillium chrysogenum*)等真菌一般是单核的,而粗糙脉孢菌(*Neurospora crassa*)和米曲霉(*A. oryzae*)则是多核的;藻状菌类真菌和放线菌类的菌丝细胞是多核的,而它们的孢子则是单核的。

2. 细胞核水平

从细胞核水平来分析,真核生物与原核生物之间存在着一系列明显的差别。前者的核有核膜包裹,形成有固定形态的真核,核内的双链 DNA 与组蛋白结合在一起,形成在光学显微镜下可见的染色体即核基因组(genome);而后者的核则无核膜包裹,呈松散无定形的核质体存在状态,其中的 DNA 呈环状双链结构,且不与蛋白质相结合。除了细胞核遗传物质 DNA 外,在真核生物和原核生物细胞质内还存在着一类游离于细胞核或核质体之外、能够进行自主复制的核外遗传物质结构,广义上讲,它们都可称之为质粒(plasmid)。例如真核生物中的各种细胞质基因(叶绿体、线粒体、中心体等),草履虫 killer 品系中的卡巴颗粒,酿酒酵母(*S. cerevisiae*)中的 2 μm 质粒(长约 6300 bp,每个细胞约含 30 个)等;原核生物中的质粒种类很多,例如细菌致育因子(即 F 因子,fertility factor)、抗药性因子(即 R 因子,resistance factor)、大肠杆菌素因子(Col,colicinogenic factor)等。

目前,质粒在理论和应用上的研究越来越多,足以显示出它的重要性,这一点在后续和其他章节里均有论述。现先将微生物核外染色体的种类归纳如下。

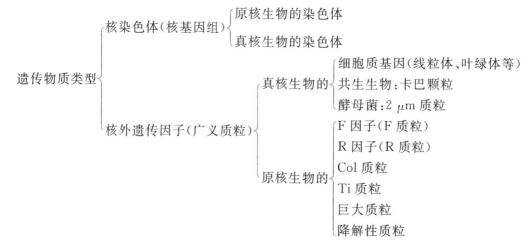

3. 染色体水平

在不同的生物体的每个细胞核内,有不同数目的染色体。真核微生物常有较多的染色体,如酵母菌属为17(单倍体),汉逊酵母属为4(双倍体),脉孢菌属为7(单倍体)等;在原核生物中,每一个核质体只由一个裸露的光学显微镜下无法看到的双链环状 DNA 组成。所以,对原核生物来说,染色体水平实际上与核酸水平无异。

除染色体数目外,染色体的套数也有不同。如果在一个细胞中只有一套相同功能的染色体,那么它就是一个单倍体。自然界中的微生物大部分都是单倍体的(高等动、植物的生殖细胞也都是单倍体);相反,包含有两套相同功能染色体的细胞,称为双倍体(或2倍体)。只有少数微生物(如酿酒酵母)的营养细胞以及由两个单倍体的性细胞通过接合或体细胞融合而形成的合子,才是双倍体(高等动、植物的体细胞都是双倍体)。在原核生物中,通过基因重组的转化、转导或接合等方式而获得外源染色体片段时,只能形成一种不稳定的结构,称为部分双倍体细胞。

4. 核酸水平

从核酸的种类来看,绝大多数生物的遗传物质是 DNA,只有部分病毒(其中多数是植物病毒,还有少数是噬菌体)的遗传物质才是 RNA。在真核生物中,DNA 总是缠绕着组蛋白,两者一起构成了复合物,即染色体;而原核生物的 DNA 都是单独存在的。从核酸的结构来看,大多数微生物的 DNA 是双链的,只有极少数病毒的核酸为单链结构(如大肠杆菌的 $\Phi \times 174$ 和 fd 噬菌体等);同样地,RNA 也有双链与单链之分,前者如大多数真菌病毒,后者如大多数 RNA 噬菌体。从 DNA 的长度来看,真核生物的 DNA 要比原核生物的长得多,但不同生物间的差别很大。如酵母菌的 DNA 长约 6.5 mm,大肠杆菌的 DNA 长 1.1~1.4 mm,枯草杆菌(*Bacillus subtilis*)的约 1.7 mm,嗜血流感杆菌(*Haemophilus influenzea*)的为 0.832 mm。可以设想,这样长的 DNA 分子,它所包含的基因数量是极大的,例如,枯草杆菌约含 10000 个,大肠杆菌约为 7500 个,T_2 噬菌体约有 360 个,而最小的 RNA 噬菌体 MS2 却只有 3 个。此外,同是双链 DNA,其存在状态也有所不同,在原核生物中都呈环状;在病毒粒子中有呈环状的,也有呈线状的;在细菌质粒中,DNA 呈超螺旋("麻花")状。

5. 基因水平

"基因"一词是由丹麦生物学家 W. Johansen 于1909年提出来的,他用"基因"这个述语来代替孟德尔的"遗传因子"。直到20纪世50年代以后,"基因"才有一个较明确的概念。概括地说:"基因"是一个具有遗传因子效应的 DNA 片段,是编码多肽、rRNA 和 tRNA 的多核苷酸序列,是遗传物质的最小功能单位。

在生物体内,一切具有自主复制能力的遗传功能单位均可称为基因。基因的物质基础是一条以直线排列、具有特定核苷酸序列的核酸片段。每个基因一般含 1000 bp(碱基对),相对分子质量约为 6.7×10^5。基因可分为两种:结构基因和调控基因(或序列)。前者用于编码酶及结构蛋白的合成,后者则用于控制结构基因的转录。

基因组(genome)是一个物种的单倍体的所有染色体及其所包含的遗传信息的总称,或者说是细胞或病毒中的所有基因以及非基因的 DNA 序列的总称。原核生物和真核生物基因组有以下特点。

原核微生物基因组特点:①基因组较小,无核膜包裹,形式多样,可以是 DNA,也可以是 RNA,有单链的,也有双链的,有双链环状分子(如细菌染色体 DNA 和质粒),也有线状分子。②具有操纵子结构,即功能相关的结构基因常常连在一起,并转录在同一个 mRNA 分子中,称为 polycistronic mRNA(多顺反子 mRNA),然后再加工成各种蛋白质的模板 mRNA。③绝大部分基因组 DNA 分子用于编码蛋白质(以单拷贝基因为主),少量非编码部分(如间隔区)通常包含调控序列。④具有基因重叠现象,即同一段 DNA 片段能够编码两种甚至三种蛋白质分子。⑤除真核生物病毒外,基因排列是连续的,即不含内含子序列。

真核生物基因组特点:①基因组 DNA 与组蛋白结合形成染色体,有核膜包裹,除配子细胞外,体细胞内的基因组多为双倍体。②基因转录产物为单顺反子 mRNA (monocistron mRNA),即一个结构基因转录一个 mRNA,翻译一条多肽链。③基因间存在大量重复序列,其长度可长可短(2 至数百乃至上千个 bp)。重复频率可分高度重复(达 10^6)、中度重复($10^3 \sim 10^4$)、低度重复甚至单拷贝序列,还有反向重复序列和复杂的重复单位等。值得注意的是,某些 DNA 编码区序列(如 rRNA 基因、tRNA 基因、组蛋白基因等结构基因)也是大量重复或多拷贝的。④基因组中不编码的区域多于编码区域。⑤基因是不连续的,即在结构基因内部存在许多不编码蛋白的间隔序列(intervening sequences),称为内含子(intron),编码区则称为外显子(exon)。内含子与外显子相间排列,转录时一起被转录下来,然后在 RNA 加工时内含子被切掉,外显子连接在一起形成成熟的 mRNA,作为翻译蛋白质的模板。⑥基因组远大于原核生物,且有许多复制起点,但每个复制子的长度较小。

真核生物的基因与原核生物的基因组的主要特点比较见表 8-1。

表 8-1 真核生物与细菌、古生菌基因组的主要特点比较

比较内容	染色体特点	遗传信息的连续性	操纵子结构	结构基因拷贝数/重复序列	负责信息传递功能的基因(复制、转录、翻译)
真核生物 Saccharomyces cerevisiae(酿酒酵母)的基因组	典型的真核染色体结构	有间隔区(非编码区)和内含子序列,断裂基因	没有明显的操纵子结构	高度重复	真核生物类
细菌 Escherichia coli 的基因组	染色体为双链环状的 DNA 分子(单倍体)	一般不含内含子,遗传信息是连续的而不是中断的	大量存在	单拷贝重复序列少而短	细菌类
古生菌 Methanococcus jannaschii(詹氏甲烷球菌)的基因组	染色体为双链环状的 DNA 分子(单倍体);另外有 5 个组蛋白基因,暗示其染色体结构类似真核生物	一般不含内含子,遗传信息是连续的而不是中断的	大量存在	单拷贝重复序列少而短	类似于真核生物

下面对研究较清楚的原核生物的基因调控系统作一简介。

从基因的功能上来看,原核生物的基因是通过它的调控系统而发挥作用的。

其中，原核生物的基因调控系统是由一个操纵子(operon)和它的调节基因(regulator gene)组成的。一个操纵子又包含三种基因，即结构基因(structure gene)、操纵基因(operator)和启动基因(promotor)。操纵基因与结构基因紧密连锁在一起，它能控制结构基因转录的开放或关闭。启动基因是转录起始的部位。操纵基因和启动基因不能转录 RNA，不产生任何基因产物。前者是阻遏蛋白附着的部位，后者则是 RNA 多聚酶附着和启动的部位。调节基因一般是处在与操纵子有一定间隔距离(一般小于 100 个碱基)的部位。它是能调节操纵子中结构基因活动的基因。调节基因可以转录出自己的 mRNA，并经过转译产生阻遏蛋白，后者能识别和附着在操纵基因上。阻遏蛋白与操纵基因的相互作用可使 DNA 双链无法分开，从而阻挡了 RNA 聚合酶沿着结构基因移动，关闭了结构基因的活动。

6. 密码子水平

遗传密码(genetic code)是指 DNA 链上各个核苷酸的特定排列顺序。每个密码子(coden)由三个核苷酸序列即一个三联体(triplet)所组成，一般都用 mRNA 上三个连续的核苷酸表示，它是负载遗传信息的基本单位。蛋白质是生物体内的各种生理、生化功能的具体执行者。但是，蛋白质分子并无自主复制能力，它是按 DNA 分子结构上遗传信息的指令而合成的。其间要经历一段复杂的过程：大体上要先把 DNA 上的遗传信息转移到 mRNA 分子上去，形成一条与 DNA 碱基顺序互补的 mRNA(即转录，transcription)。由于 DNA 是双链，作为转录的模板只能选用其中的一条"有意义链"，这种现象亦称为不对称转录。然后，再由 mRNA 上的核苷酸顺序去决定合成蛋白质时的氨基酸排列顺序(即转译，translation)。20 世纪 60 年代初，许多科学工作者经过深入的研究，终于找出了转录与转译间的相互关系，破译了遗传密码的奥秘，并发现各种生物都遵循着一套共同的密码。由于 DNA 上的三联密码子要通过转录形成 mRNA 密码后才能与氨基酸相对应，因此，三联密码子一般都用 mRNA 上的三个核苷酸顺序来表示。

由 4 种核苷酸组成三联密码子的组合可多达 64 种，但它们用于决定 20 种氨基酸的编码已显多余。在长期的生物进化过程中，这一问题早已被解决：如有些密码子的功能是重复的(可同时编码多个氨基酸，称为兼并密码子)，而另一些则被用作翻译"起始密码"(AUG)或"终止密码"(UAA、UGA 和 UAG)。

7. 核苷酸水平

上述基因水平，实际上是一个遗传功能单位，密码子水平是一个信息单位，而这里的核苷酸水平(即碱基水平)可认为是一个最低突变单位或交换单位。在绝大多数生物的 DNA 中，都只含腺苷酸(AMP)、胸苷酸(TMP)、鸟苷酸(GMP)和胞苷酸(CMP)4 种脱氧核苷酸，但也有少数例外，它们含有一些被修饰过的稀有碱基，例如大肠杆菌的 T 偶数噬菌体的 DNA 上就含有少量的 5-羟甲基胞嘧啶。

(二) 原核生物的质粒

1. 质粒的特点

质粒(plasmid)是一种独立于原核生物染色体外，能进行自主复制的细胞质遗传因子，具有小型共价闭合环状 DNA 分子,即 cccDNA(circular, covalently closed DNA),具有超螺旋状的结构(目前也发现有少数质粒属于线性),主要存在于各种原核微生物细胞中。其相对分子质量一般在 $10^6 \sim 10^8$ 间,大小为细菌染色体的 0.5%～3%。

细菌质粒上携带着某些核基因组上所没有的基因,使其被赋予了某些对其生存并非必不可少的特殊功能(例如接合、固氮、抗药、产毒、产特殊酶或降解毒物等)。质粒是一种细胞内独立存在的复制子(replicon),如果其复制与核基因组同步,则称为严紧型复制控制(stringent replication control),此类质粒在细胞中一般只含 1~2 个;另一类质粒的复制与核基因组不同步,称为松弛型复制控制(relaxed replication control),在细胞一般含 10~15 个或更多质粒。还有些少数质粒可以在不同菌株间发生转移。如 F 因子和 R 因子等。

革兰氏阴性细菌中多数质粒的复制方式与染色体复制类似,包括在复制起始位点的开始,围绕环形分子的双向复制,出现 θ 型中间体等。也有些质粒是单向复制的。参与质粒复制的酶均为细胞中正常的酶,质粒本身的遗传因子控制着复制的起始时间,以及将复制后的质粒分配到两个子细胞中。而在革兰氏阳性细菌中多数质粒的复制是通过滚环机制,这种复制会形成单链的中间体,因此这些质粒有时就是单链 DNA 质粒。已知多数线型质粒的复制机制是以一种蛋白结合在双链的 5′末端,从而引导 DNA 的合成。

某些质粒(如 F 因子)具有与核染色体整合和脱离的功能,这类质粒称为附加体(episome)。另外,某些质粒可在质粒间,或与核染色体间发生重组。

有许多种方法可以将宿主细胞中的质粒消除,例如吖啶类染料、丝裂霉素 C、紫外线、利福平、重金属离子或高温等因素处理含质粒的细胞时,由于质粒的复制受到抑制,而核染色体的复制仍继续进行,最终可以使子代细胞中的质粒得到稀释而大大减少。

质粒的分离过程大致可包括细胞的裂解、蛋白质和 RNA 的去除和设法使染色体 DNA 与质粒 DNA 相分离等几个步骤。其中特别是以质粒 DNA 与染色体 DNA 相分离的步骤为最重要。经分离后的质粒,可直接用电子显微镜、琼脂糖或聚丙烯酰胺凝胶电泳来鉴定。即使同一种质粒,如果其构象稍有不同,其电泳迁移速度也就不同,从而可对它们进行分离。如果用已知相对分子质量的 DNA 片段与待测相对分子质量的 DNA 片段的电泳迁移率进行比较,就可测定后者的相对分子质量。质粒 DNA 经限制性内切酶水解后,从凝胶电泳谱上出现的区带数目,可以推测出酶切位点的数目,并且可以测出不同区带(片段)的大小,即可画出该质粒的限制性酶切图谱。另外,利用密度梯度离心法也可以对质粒进行鉴定,只是方法较复杂罢了。

2. 质粒的种类

大多数质粒控制着宿主的一种或几种特殊的性状,具有一定表现型,按其表现型不同大致可分为五类,具体见表 8-2。

表 8-2 原核生物质粒的种类

种　　类	代　　表
1. 接合性质粒	E. coli 的 F 质粒;Pseudomonas(假单胞菌属)的 pfdm 和 K 质粒;Vibrio cholerae(霍乱弧菌)的 P 质粒;Streptomyces(链霉菌属)的 SCP 质粒
2. 抗药性质粒:抗各种抗生素,抗重金属等离子(汞,镉,镍,钴,锌,砷)	肠道细菌和 Staphylococcus(葡萄球菌属)的 R 质粒

续表

种　　类	代　　表
3. 产细菌素和抗生素质粒	肠道细菌；*Clostridium*（梭菌属）；*Streptomyces*
4. 具生理功能的质粒 ①利用乳糖、蔗糖、尿素、固氮等 ②降解辛烷、樟脑、萘、水杨酸等 ③产生色素 ④结瘤和共生固氮	肠道细菌 *Pseudomonas Erwinia*（欧文氏菌）；*Staphylococcus aureus Rhizobium*（根瘤菌属）
5. 产毒质粒 ①外毒素、K 抗原（荚膜抗原）、内毒素 ②致瘤 ③引起龋齿 ④产凝固酶、溶血素、溶纤维蛋白酶和肠毒素	*Escherichia coli Agrobacterium tumcfaciens*（根癌土壤杆菌）； *Streptococcus mutans*（变异链球菌）； *Staphylococcus aureus*（金黄色葡萄球菌）

下面将微生物中典型的几种质粒作一简介。

(1) F 质粒(fertility plasmid) 又称为致育因子(fertility factor)或性因子(sex factor)，又称 F 因子，是最早发现的一种与大肠杆菌的有性生殖现象(接合作用)有关的质粒。它决定细菌的性别，与细菌接合作用有关。其大小约 100 kb，相对分子质量为 6.3×10^7，小型 cccDNA，分为复制控制区、插入与缺失区和转移操纵子等三个部分。它能够为 94 个中等大小的多肽进行编码，而其中有 1/3 的基因与接合作用有关。F 因子除在大肠杆菌等肠道细菌中存在外，还存在于假单胞菌属、嗜血杆菌属、链球菌属等细菌中。

(2) R 质粒(resistance plasmid) 又称为 R 因子或抗性质粒。最初是从痢疾治愈者体内分离到的痢疾志贺氏菌中发现的，后来又从沙门氏菌属、弧菌属、芽孢杆菌属、假单胞菌属和葡萄球菌属中找到，是目前研究较多、较充分的质粒之一。R 质粒主要包括抗药性和抗重金属两大类。带有抗药性质粒的细菌有时对于几种抗生素或其他药物呈现抗药性。例如 R1 质粒 (94 kb) 可使宿主对氯霉素(Chlorampenicol, Cm)、链霉素(Streptomycin, Sm)、磺胺 (Sulfonamide, Su)、氨苄青霉素(Ampicillin, Ap)和卡那霉素(Kanamycin, Km) 等五种药物具有抗性，并且这些抗性基因成簇地排列于 R1 抗性质粒上。研究表明，细菌的抗药性主要是 R 因子在不同菌株之间的转移所致。抗重金属 R 质粒能使宿主细胞对许多金属离子呈现抗性，包括碲(Te^{6+})、砷(As^{3+})、汞(Hg^{2+})、镍(Ni^{2+})、铅(Co^{2+})、银(Ag^+)、镉(Cd^{2+})等。在肠道细菌中发现的 R 质粒，约有 25% 是抗汞离子的，而铜绿假单胞菌(*Pseudomonas aeruginosa*)中约占 75%。

R 质粒一般由相连的两个 DNA 片段组成，其中一个称为抗性转移因子(resistance transfer factor, RTF)，它含调节 DNA 复制和转移的基因；另一个称为抗性决定子(r-determinant，又称 r 决定子)，含有抗性基因，如青霉素抗性基因(pen^r)、氨苄青霉素抗性基因(amp^r)、氯霉素抗性基因(cam^r)、四环素抗性基因(str^r)、卡那霉素抗性基因(kan^r)及磺胺药物抗性基因(sul^r)等。

另外，R 质粒在细胞内的拷贝数可从 1～2 个到几十个，分属严紧型和松弛型复制控制。后者经氯霉素处理后，拷贝数甚至可达到 2000～3000 个。由于 R 因子对多种抗生素有抗性，因此常作为筛选时的理想标记，也可用作基因载体。

(3) Col 因子(colicinogenic factor) 又称为大肠杆菌素质粒或产大肠杆菌素因子,因首先发现于大肠杆菌中而得名。该质粒含有编码大肠菌素的基因。大肠菌素是细菌体内的一种蛋白质,它通过抑制复制、转录、翻译或能量代谢等而专一性地杀死近缘且不含 Col 质粒的菌株,而其宿主却不受影响。原因是该质粒本身编码一种免疫蛋白,能使宿主对大肠杆菌素有免疫作用,故不受其伤害。Col 质粒相对分子质量为 $(4\sim 8)\times 10^4$,分两类,分别以 Col E1 和 Col Ib 为代表。前者相对分子质量小,约为 5×10^6,是多拷贝和非转移性的;后者的相对分子质量约为 80×10^6,只有 1~2 个拷贝,可通过性毛转移。但由于 Col 因子有较弱的阻遏系统,它不能像 F 因子或 R 因子那样在群体中快速传播。Col 因子的菌株,由于质粒本身编码一种免疫蛋白,从而对大肠杆菌素有免疫作用,不受其伤害。

另外,某些革兰氏阳性细菌产生的细菌素具有商业应用价值,例如一种乳酸细菌所产生的细菌素 NisinA,能够强烈地抑制另一些革兰氏阳性细菌生长而有利于食品工业的保藏。

(4) 毒性质粒 许多致病菌的致病性是由其所携带的质粒引起的,这些质粒具有编码毒素的基因,如苏云金杆菌含有编码 δ 内毒素(伴孢晶体中)的质粒、大肠杆菌含有编码肠毒素的质粒、根癌土壤杆菌(*Agrobacterium tumefaciens*)含有 Ti 质粒(Tumor inducing plasmid)等。

其中具有代表性的是 Ti 质粒。该质粒的宿主是根癌土壤杆菌,它可引起许多双子叶植物产生根癌病变。其致病机制是,根癌土壤杆菌侵染植物后,Ti 质粒被转移进植物细胞,并与植物核染色体组发生整合,干扰控制细胞分裂的激素调节系统,从而导致植物细胞合成正常植物所没有的冠瘿碱(opines)化合物,使无控制瘤状增生。Ti 质粒长 200 kb,是一种大型质粒。当前,Ti 质粒已成为植物遗传工程研究中的重要载体。一些具有重要性状的外源基因可借 DNA 重组技术设法插入到 Ti 质粒中,并进一步使之整合到植物染色体上,以改变该植物的遗传性,达到培育植物优良品种的目的。

(5) 降解性质粒 目前仅在假单胞菌属中发现。该质粒可为一系列降解复杂有机物质的酶蛋白进行编码,从而使宿主细菌能利用一般细菌所难以分解的复杂有机物质作为碳源(如石油、塑料、有机磷农药等)。这些质粒往往以其所分解的底物来进行命名,如 CAM(樟脑)质粒、OCT(辛烷)质粒、XYL(二甲苯)质粒、SAL(水杨酸)质粒、MDL(扁桃酸)质粒和 TOL(甲苯)质粒等。

(6) 巨大质粒(rnega 质粒) 近年来在根瘤菌属(*Rhizobium*)中发现的一种质粒,其相对分子质量为 $(200\sim 300)\times 10^6$,比一般质粒大几十倍至几百倍,故称为巨大质粒。质粒上有一系列固氮基因。

(7) 生理功能性质粒 如丙酮丁醇梭菌(*Clostridum acetobutylicum*)的产丙酮丁醇质粒,广泛分布于链霉菌属(*Streptomyces*)中的多种产抗生素质粒,欧文氏菌属(*Erwinia*)和葡萄球菌属(*Staphylococcus*)中的产色素质粒,以及若干种肠道杆菌所具有的利用乳糖、蔗糖、尿素和固氮等功能的质粒。

(8) 隐秘质粒(cryptic plasmid) 上述几种类型的质粒均具有某种可检测的遗传表型,但有一些被称为隐秘质粒的却不显示任何表型效应,它们的存在只有通过物理的方法(例如用凝胶电泳检测细胞抽提液)才能被发现。目前对它们存在的生物学意义还不了解。

3. 质粒的特性

(1) 质粒的不亲和性(incompatibility) 细菌通常含有一种或多种稳定遗传的质粒,这些质粒可认为是彼此亲和的(compatible)。如不同质粒不能共存于同一细胞中,这种特性称为质粒不亲和性(incompatibility)。根据某些质粒在同一细菌中能否并存,可将其分成许多不亲和群(incompatibility group)。能在同一细菌细胞中并存的质粒属于不同的不亲和群,而不能在同一细菌细胞中并存的质粒则属于同一不亲和群。这是因为质粒的不亲和性主要与复制和分配有关。不能在同一细胞共存的质粒是因为它们共享一个或多个共同的复制因子或相同的分配系统,故它们属于同一不亲和群。只有具有不同的复制因子或分配系统的质粒才能共存于同一细胞中,所以它们必然属于不同的不亲和群。

(2) 质粒的稳定性　正常条件下质粒在细胞分裂前复制,以特殊的分配机制来保证它在子代细胞中的均等分配,从而实现质粒遗传的稳定性。细胞学研究结果表明,质粒分配方式可能与染色体的相似,都是依附于细胞膜特定位点的方式,随细胞分裂而均等分配到子细胞中。

知识链接

真核生物质粒

细菌中存在质粒是人们熟知的现象,在真核生物的细胞中也有质粒存在,只不过不像细菌那样普遍。由于质粒一般和核染色体没有关系,因此表现出一种非孟德尔式遗传模式,和细胞器 DNA 的一些传递途径较为相似。大部分真核质粒没有明显的表型效应,只能用一些分子水平技术才能检测到它。

多数酵母菌中也含有一种典型的质粒,称为 $2~\mu m$ 质粒(图 8-5),在酿酒酵母菌中,$2~\mu m$ 质粒的拷贝数约为每个细胞 30 个,这是目前研究得比较深入且具有广泛应用价值的酵母质粒,可用于构建基因工程载体。虽然在不同的酵母菌株中观察到 $2~\mu m$ DNA 有不同的限制性图谱,但它们的基本结构都具有以下特点。

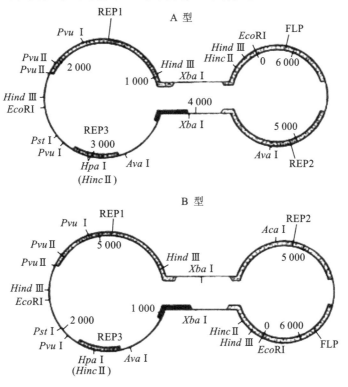

图 8-5　$2~\mu m$ 质粒的基本结构

它们是封闭环状的双链 DNA 分子，周长约 2 μm（6 kb 左右），以高拷贝数存在于酵母菌细胞中，每个单倍体基因组含 60~100 个拷贝，约占酵母菌细胞总 DNA 的 30%；各含约 600 bp 长的一对反向重复顺序；由于反向重复顺序之间的相互重组，使 2 μm 质粒在细胞内以两种异构体（A 和 B）的形式存在；该质粒只携带与复制和重组有关的 4 个蛋白质基因（REP1、REP2、REP3 和 FLP），不赋予宿主任何遗传表型，属隐秘性质粒。

另一真核质粒例子是在夏威夷发现的脉孢菌中存在着一种衰老品系，它在一般的培养基上不能生长，不久死亡，人们称这个品系为"Kalilo"，夏威夷语意思就是"死亡之门"。Kalilo 品系仅在穿入培养基一定的深度时才能生长，然后就会死去，在未死前将这个品系进行杂交，其致死能力将以母体遗传的方式传递给后代。现已发现这种衰老的特征是由一长 9 kb 的线粒体质粒决定的，这种质粒叫做 Kal DNA，它可以独立地存在于细胞质中，而且是无害的。但一旦插入 mtDNA 中就可引起逐步死亡。在死亡的细胞中，大部分 mtDNA 分子都有 Kal DNA 的插入。推测这个品系的衰老和死亡可能是由于插入 Kal DNA 的干扰或破坏了线粒体的正常功能。因此看来 Kal DNA 就像是个"分子寄生虫"。

第二节　微生物的突变

一个基因内部遗传结构或 DNA 序列的任何改变，简称突变，是变异的一种，泛指细胞内（或病毒粒内）遗传物质的分子结构或数量突然发生的可遗传的变化，可自发或诱导产生。突变概率很低（10^{-9}~10^{-6}），从自然界分离到的菌株一般称为野生型菌株（wild type strain），简称野生型。野生型经突变后形成的带有新性状的菌株，称为突变株（mutant），又称为突变体或突变型。突变是生物的基本属性，在广义上，突变是指染色体数量、结构及组成等遗传物质发生多种变化，包括基因突变和染色体畸变。一个基因内部遗传结构或 DNA 序列的任何改变而导致的遗传变化称为基因突变，因其发生变化的范围很小（可能仅涉及一对或少数几对碱基），所以又称点突变。而染色体畸变则是染色体 DNA 的大面积变化（损伤）现象，包括大段染色体的缺失、重复、倒位等。突变是重要的生物学现象，它是一切生物自然遗传进化的根源。由重组或附加体等外源性遗传物质的整合而引起的 DNA 改变，则不属于突变的范围。

在微生物中，突变的发生较为频繁。研究突变的规律，不但有助于了解基因定位和基因功能等基本理论问题，而且还为诱变育种或医疗保健工作中有效地消灭病原微生物等问题提供了必要的理论基础。

一、突变的类型

微生物的突变类型极为多样，人们可以从不同的角度来进行不同的分类，并冠以不同的名称。比如按突变后突变体（mutant，即突变株）的表型是否能在选择培养基上被快速选择出来，可将其分为选择性突变（selection mutant）与非选择性突变（non-selectable mutant）。其中：选择性突变又可分为营养缺陷、抗性突变、抗原突变、条件致死突变等类型，往往具有选择性标记；非选择性突变可分为形态突变、产量突变等类型，往往只有一些性状、数量上的差别。

下面简介几种典型的突变类型。

1. 形态突变型

形态突变型(morphological mutant)是指由于突变而引起的细胞形态变化或菌落形态改变的那些突变型,属非选择性变异类型。如细菌的鞭毛、芽孢或荚膜的有无,菌落的大小、外形的光滑、粗糙或颜色等变异;放线菌或真菌产孢子的多少、外形或颜色的变异等。

2. 生化突变型

生化突变型是指一类发生代谢途径变异但没有明显的形态变化的突变型,属选择性突变类型。

(1) 营养缺陷型

营养缺陷型(auxotroph)是一类由基因突变引起代谢过程中某酶合成能力丧失的突变型,它们必须在原有培养基中添加相应的营养成分才能正常生长。营养缺陷型在科研和生产实践中有着重要的应用(详见后续讨论)。

(2) 抗性突变型

抗性突变型(resistant mutant)是指一类能抵抗有害理化因素的突变型,可分为抗药性、抗紫外线或抗噬菌体等突变类型。它们十分常见且极易分离,一般只需要在含一定浓度抑制生长的药物,或施加某种物理因素,或含某种噬菌体的固体平板培养基上涂布大量的被测敏感细胞,经一定时间培养后即可获得。抗性突变型在遗传学基本理论研究中十分有用,它常作为选择性标记菌种。

(3) 抗原突变型

抗原突变型(antigenic mutant)是指由于基因突变而引起的抗原结构发生突变的变异类型。如细胞壁缺陷变异(L型细菌)、荚膜变异或鞭毛变异等。

3. 条件致死突变型

某菌株或病毒经基因突变后,在某种条件下可正常地生长繁殖并实现其表型,而在另一种条件下却无法生长繁殖,这种具有致死效应的突变类型被称为条件致死突变型(conditional lethal mutant)。Ts突变株(温度敏感突变株)是一类典型的条件致死突变株。例如,大肠杆菌的某些菌株可在37 ℃下正常生长,却不能在42 ℃下生长等;某些T_4噬菌体突变株能在25 ℃下感染其 E. coli 宿主,却不能在37 ℃时感染。有时这种突变型也可用于提高代谢产物的产量。如某一菌株在30 ℃时菌体正常生长,40 ℃时菌体死亡,但经诱变处理后,可使其在30 ℃时积累菌体,40 ℃时积累代谢产物。

4. 产量突变型

由于基因突变而获得的代谢产物产量上高于或低于原始菌株的突变株,称为产量突变(biomass mutant)。前者为正突变,后者为负突变。筛选高产正变株在微生物育种在实践中极其重要。

除上述几种典型的突变类型外,还有毒力、发酵能力、代谢产物的种类突变等类型。

二、微生物突变的特点与频率

1. 突变的特点

整个生物界,由于遗传物质的本质是相同的,所以显示在遗传变异的特点上都遵循着同样的规律,故突变的特点也具有一致性,这在基因突变的水平上尤为明显。下面以细菌的抗药性为例,来说明基因突变的一般特点。

(1) **不对称性** 不对称性是指突变的性状与引起突变的原因间无直接的对应关系。例如,细菌在青霉素的作用下,出现了抗青霉素的突变体;在紫外线的作用下,出现了抗紫外线的突变体;在较高的培养温度下,出现了耐高温的突变体等。表面上看来,会认为正是由于青霉素、紫外线或高温的"诱变",才产生了相对应的突变性状。事实恰恰相反:这里的青霉素、紫外线或高温仅仅只是起着淘汰原有非突变型(敏感型)个体的作用;如果说它有诱变作用(例如其中的紫外线),也可以诱发任何性状的变异,而不是专一地诱发抗紫外线的一种变异。这一结论似乎不符合事实,但后面要介绍的三个经典实验却巧妙地验证了它。

(2) **自发性** 各种性状的突变,可以在没有人为诱变因素处理的情况下自然地发生,即自然界中时时刻刻都存在着自发的突变,不以人的意志为转移。

(3) **稀有性** 自发突变随时发生,但突变的频率是较低的,一般在 $10^{-9} \sim 10^{-6}$ 间。

(4) **独立性** 每一种突变都是相对独立的,没有相互关联。在某一群体中,既可发生抗青霉素的突变型,也可发生抗链霉素或任何其他药物的突变型,而且还可发生其他任何性状的突变型。某一基因的突变,既不提高也不降低其他任何基因的突变率。

(5) **诱变性** 通过诱变剂可提高突变率。一般可提高 $10 \sim 10^5$ 倍。不论是通过自发突变或诱发突变(诱变)所获得的突变株,它们之间并无本质上的差别,因为诱变剂仅起着提高诱变率的作用。

(6) **稳定性** 由于突变的本质是遗传物质结构上发生了稳定的变化,所以产生的新变异性状也是稳定的,可遗传的。

(7) **可逆性** 由原始的野生型基因变异为突变型基因的过程,称为正向突变(forward mutation),相反的则称为回复突变或回变(reverse mutation)。实验证明,任何性状既有正向突变,也可发生回复突变,只是往往这种回复突变是不完全的。

2. 突变率

突变率(mutation rate)是指每一个细胞在每一世代中发生某一性状突变的概率。如突变率为 10^{-8} 的,表示某一细胞在 10^8 次分裂中会发生一次突变。也可以用一个群体在第二代中产生突变株的数目来表示,如一个 10^8 个细胞的群体,当其分裂为 2×10^8 个细胞时,其平均发生一次突变的突变率为 10^{-8}。

每种突变都是随机独立发生的,同时发生两种突变的概率是极低,大约是这两种突变率的乘积。例如,巨大芽孢杆菌(B. megaterium)抗异烟肼的突变率是 5×10^{-5},而抗氨基柳酸的突变率是 1×10^{-6},而两者同时发生抗性的突变率是 8×10^{-10},近乎两者的乘积。

知识链接

基因突变符号

常用的基因突变符号:每个基因座位用其英文单词的头 3 个英文字母的小写来表示,如组氨酸:his;其座位上的不同基因突变则在 3 个英文小写字母后加一个大写字母表示,如 $hisA$、$hisB$ 代表组氨酸的 A 基因和 B 基因;在 3 个字母的右上方可用不同符号表示微生物的突变型,如 his^+、his^- 分别表示组氨酸原养型和缺陷型,gal^+、gal^- 分别表示能发酵半乳糖和不能发酵半乳糖,str^s、str^r 分别表示对链霉素敏感和具抗性。

三、突变的机制

(一)证明突变不对称性的经典实验

在各种基因突变中,抗性突变最为常见。但过去很长一段时间中,对抗性产生的原因争论很大。一种观点认为,抗性突变是通过环境适应而发生的,即抗性因素诱发出来的,突变的原因与突变性状间是相对应的,故称其为"驯化"或"驯养"。另一种看法则认为,基因突变是自发的,且与环境诱因是不相对应的。由于突变涉自发、诱发、诱变剂、筛选条件等多种因素,致使这两种观点长期存在争论。自1943年起,通过几个严密的科学实验,才初步解决了这场纷争。

1. 变量试验

变量试验(fluctuation test)又称波动试验或彷徨试验。1943年美国学者鲁里亚(S. Luria)和德尔波留克(M. Delbrack)设计了此试验(图8-6)。

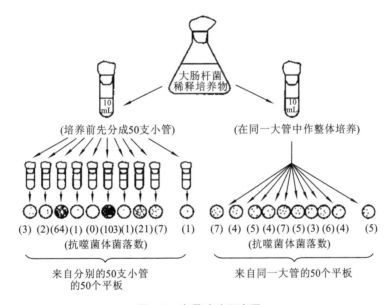

图 8-6 变量试验示意图

该试验的要点是:取对噬菌体 T_1 敏感的大肠杆菌对数期肉汤培养物,用新鲜培养液稀释成浓度为 10^3/mL 的细菌悬液,然后在甲、乙两试管内各装 10 mL。接着把甲管中的菌液先分装在 50 支小试管中(每管装 0.2 mL),保温 24～36 h 后,把各小管的菌液分别倒在 50 个预先涂有 T_1 噬菌体的平板上,经培养后计算各皿上所产生的抗噬菌体的菌落数;乙管中的 10 mL 菌液不经分装先整管保温 24～36 h,然后才分成 50 份加到同样涂有 T_1 噬菌体的平板上,适当培养后,同样分别看各皿上产生的抗性菌落数。

结果指出,来自甲管的 50 皿中,各皿间抗性菌落数相差极大(图8-6,左),而来自乙管的则各皿数目基本相同(图8-6,右)。这就说明,大肠杆菌抗噬菌体性状的突变,不是由环境因素即 T_1 噬菌体诱导出来的,而是在它们接触到噬菌体前,在某一次细胞分裂过程中随机地自发产生的。噬菌体在这里仅起着淘汰原始的未突变的敏感菌和甄别抗噬菌体突变型的作用。利用这一方法,还可计算突变率。

2. 涂布实验(Newcombe Experiment)

1949年，Newcombe设计了一种与"变量试验"相似，方法更为简便地证实了同一观点的实验，这就是涂布试验(图8-7)。

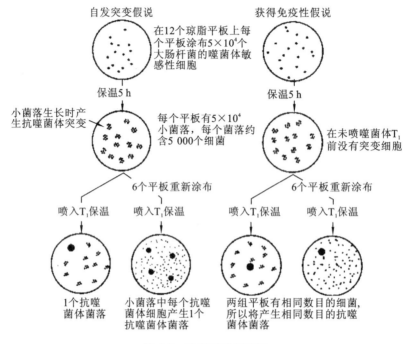

图8-7 涂布试验示意图

与变量试验不同，他用的是固体平板培养法。先在12只培养皿平板上各涂以数目相等(5×10^4)的大量对噬菌体T_1敏感的大肠杆菌，经过5 h培养，它们繁殖了约12.3代，在培养皿上长出大量微菌落(每一菌落约含5100个细菌)。取其中6只培养皿直接喷上T_1噬菌体，另6只培养皿则先用灭菌玻棒把上面的微菌落重新均匀涂布一次，然后喷上T_1噬菌体，经培养过夜后，计算这两组培养皿上所形成的抗噬菌体菌落数。结果发现，在涂布过的一组中，共有抗性菌落353个，要比未经涂布过的(仅28个菌落)高得多。这也意味着该抗性突变发生在未接触噬菌体前，而噬菌体的加入只起甄别这类突变是否发生的作用，而不是诱导突变的因素。

3. 平板影印(replica plating)培养试验

1952年，莱德伯格(Lederberg)夫妇设计了一种更为巧妙的影印培养法，直接证明了微生物的抗药性突变是自发产生，并与相应的环境因素毫不相干的论点(图8-8)。

该方法实质上是使在一系列培养皿的相同位置上能出现相同菌落的一种接种培养方法。其基本过程是：首先取一块比培养皿略小的木块，一端用丝绒布包起来，做成"印章"并灭菌，用于在不同平板培养基上转移接种之用；然后用此"印章"从长有菌落的非选择性平板上蘸取各单菌落细胞，平行转移接种到不同类型的选择性培养基平板上(如含链霉素平板)；待共同培养后，对选择性和非选择性平板上相同位置的菌落对比观察；根据选择性平板上产生抗性菌落的位置，即可从最初非选择性原始平板相应位置处找到该抗性突变菌落。据报道，用这种方法，可把母平板上10%~20%的细菌转移到绒布上，并可利用它约接种8个子培养皿。因此，通过影印培养法，可以从在非选择性条件下生长的细胞群体中，分离出各种类型的突变种。影印培养法不仅在微生物遗传理论研究中，而且在育种实践中具有重要应用。

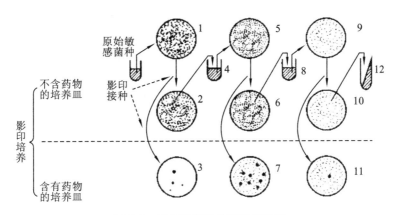

图 8-8 平板影印培养试验示意图

上述几位著名学者在实验设计和方法创新方面,采用的是最简便的方法,解决的却是十分重大的基础理论问题,这对于培养我们的科学创新思维具有很好的借鉴意义。

(二)基因突变及其机制

基因突变的原因是多种多样的,机制具有多样性,可以是自发的或诱发的。一般可概括如下:

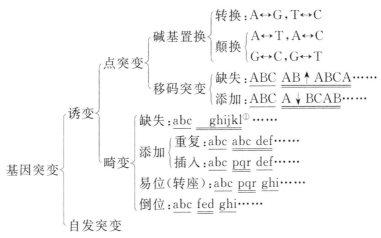

1. 自发突变(spontaneous mutation)的机制

引起基因突变的原因很多,可以是自发的,也可以是诱发的。自发突变是指在没有人工参与下生物体自然发生的突变。但绝不意味着这种自发突变是没有原因的,而是人们认识不到而已。下面介绍几种自发突变的可能机制。

(1)背景辐射和环境因素引起突变　不少"自发突变"实质上是由于一些原因不详的低剂量诱变因素的长期综合诱变效应。例如,充满宇宙空间的各种短波辐射或高温诱变效应,以及自然界中普遍存在的一些低浓度的诱变物质的作用等。

(2)微生物自身有害代谢产物的诱变效应　通过对环境诱变原的研究发现,通常某些存在于细胞内的代谢产物也具有诱变原性。如微生物细胞内的硫氰化合物、重氮丝氨酸等。再如过氧化氢,它是微生物体内一种较普遍的代谢产物,它对某些种类的微生物(如脉孢菌)有诱变作用,被称为"内源诱变剂"。

(3)互变异构效应　由于 ATCG 四种碱基在化学结构上发生异构化现象而引起 DNA 复

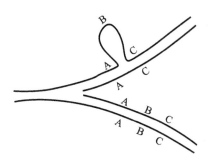

图 8-9 环状突出效应引起自发突变

制合成时出现错误。如 T 和 G 会以酮式或烯醇式两种互变异构的状态出现,而 C 和 A 则可以以氨基式或亚氨基式两种互变异构状态出现,从而造成正常的 A∶T 和 G∶C 碱基配对变为 A∶C 和 G∶T 配对。

(4) 环出效应 即环状突出效应。在 DNA 复制过程中,如果其中一单链上偶然产生一小环,则会因其上的基因越过复制而发生遗传缺失,从而造成自发突变(图 8-9)。

(5) 转座导致的突变 由转座因子引起的插入或缺失可诱导自发突变。这是我国学者提出的"Indel 诱变假说"。

2. 诱发突变(induced mutation)的机制

凡能显著提高突变频率的理化因子,都可称为诱变剂(mutagen)。诱变剂的种类很多,其作用方式多样。即使是同一种诱变剂,也常有几种作用方式。

(1) 碱基的置换(substitution) 对 DNA 来说,碱基对的置换属于一种微小的损伤,有时也称点突变(point mutation)。它只涉及一对碱基被另一对碱基所置换。置换又可分为两个亚类,一类叫转换(transition),即 DNA 链中的一个嘌呤被另一个嘌呤或一个嘧啶被另一个嘧啶所置换;另一类叫颠换(transversion),即一个嘌呤被一个嘧啶或一个嘧啶被一个嘌呤所置换。对于一个具体诱变剂来说,既可同时引起转换与颠换,也可只具有其中的一种功能。根据化学诱变剂是直接还是间接地引起置换,可把置换的机制分成直接和间接两种。

① 直接引起置换的诱变剂 诱变剂可直接与核酸的碱基发生化学反应,不论在体内还是在离体条件下均有作用。诱变剂主要有亚硝酸、羟胺和各种烷化剂(硫酸二乙酯、甲基磺酸乙酯、N-甲基-N-硝基-N-亚硝基胍、N-甲基-N-亚硝基脲、乙烯亚胺、环氧乙烷、氮芥等)。在这些诱变剂中除羟胺只引起 G∶C 转换为 A∶T 外,其余都是可使 G∶C 和 A∶T 发生互变。能引起颠换的诱变剂很少,如部分烷化剂。亚硝酸可使碱基发生氧化脱氨作用,故它能使 A 变为 H,或使 C 变为 U,从而发生转换。转换过程:腺嘌呤经氧化脱氨后变成烯醇式次黄嘌呤(He);由 He 通过自发产生的互变异构效应而形成酮式次黄嘌呤(Hk);DNA 双链第一次复制,结果 Hk 因其在 6 位上含有酮基,故只能与 6 位上含有氨基的胞嘧啶(C)配对;DNA 双链的第二次复制时,其中的 C 按常规与 G 配对,最终实现了转换。

② 间接引起置换的诱变剂 引起这类变异的诱变剂都是一些碱基类似物,如 5-溴尿嘧啶(5-BU)、5-氨基尿嘧啶(5-AU)、8-氮鸟嘌呤(8-NG)、2-氨基嘌呤(2-AP)和 6-氯嘌呤等。它们的作用是通过活细胞的代谢活动掺入到 DNA 分子中后而引起的,故是间接的。例如:5-BU 是 T 的代谢类似物。当把某一微生物培养在含 5-BU 的培养液中时,细胞中有部分新合成的 DNA 的 T 被 5-BU 所取代。5-BU 一般以酮式状态存在于 DNA 中,因仍可正常地与 A 配对,这时并未发生碱基对的转换;但当 5-BU 以烯醇式状态出现在 DNA 中时,当 DNA 进行复制时,在其相对位置上出现的就是 G,而不是 A,因而引起了碱基对从原来的 A∶T 配对变至 G∶C 配对的转换。

(2) 移码突变(frame-shift mutation) 诱变剂使 DNA 分子中的一个或少数几个核苷酸的增添(插入)或缺失,从而使该部位后面的全部遗传密码发生转录和转译错误的一类突变。主要的诱变剂是:吖啶类染料(原黄素、吖啶橙和 α-氨基吖啶等),以及一系列称为 ICR 类的化合物(由烷化剂与吖啶类相结合的化合物)。其诱变机制还不清楚,有人认为,由于它们是一种平面型三环分子,结构与一个嘌呤-嘧啶对十分相似,故能嵌入两个相邻 DNA 碱基对之间,造

第八章　微生物的遗传和变异

成螺旋的部分解开,从而在 DNA 复制过程中,会使链上增添或缺失一个碱基。结果引起了移码突变。

(3) 染色体畸变　某些理化因子,如 X 射线等的辐射及烷化剂、亚硝酸等,除能引起点突变外,还会引起 DNA 大面积损伤,即染色体畸变(chromosomal aberration)。它既包括染色体结构上的缺失、重复、插入、易位和倒位,也包括染色体数目的变化。①缺失是指染色体丢掉了某一区段(部分片段)。因而会失去某些基因,并直接影响到基因的排列顺序、基因间的相互关系。②重复是指染色体上个别区段的增加。在一对同源染色体的不同部位上各有一个断裂点,一条染色体的断片接到另一条染色体的相应部位,结果使后者发生重复。③倒位是指正常染色体的某区段断裂后,中间断裂的片段倒转 180°又重新连接愈合。④易位是染色体上一区段断裂后再顺向或逆向地插入到同一条染色体的其他部位上。染色体间畸变是指非同源染色体间的易位。染色体畸变在高等生物中一般很容易观察到,在微生物中,尤其是在原核生物中,只是近年来才证实了它的存在。

以上讨论了三类诱变的机制,实际上,许多理化因子的诱变作用都不是单一功能的。例如:上面曾讨论过的亚硝酸就既有碱基对的转换作用,又有诱发染色体畸变的作用;一些电离辐射也可同时引起基因突变和染色体畸变作用。

知识链接

跳跃基因

过去,人们总认为基因是固定在染色体 DNA 上的一些不可移动的核苷酸片段。但后来,发现 DNA 的易位广泛存在于原核和真核细胞中(20 世纪 40 年代美国遗传学家 Barbara Meclintock 首先在玉米中发现了染色体易位,他获 1983 年度诺贝尔奖)。有些 DNA 片段不但可在染色体上移动,而且还可从一个染色体跳到另一个染色体上,从一个质粒跳到另一个质粒或染色体上,甚至还可从一个细胞转移到另一个细胞中。在这些 DNA 顺序的跳跃过程中,往往导致 DNA 链的断裂或重接,从而产生重组交换或使某些基因启动或关闭,结果导致突变的发生。这似乎就是自然界所固有的"基因工程"。目前已把在染色体组中或染色体组间能改变自身位置的一段 DNA 序列称为转座因子(transposable element),也称为跳跃基因(jumping gene)或可移动基因(moveable gene)。

转座因子主要有三类,即插入序列(IS,insertion sequence)、转座子(Tn,transposon,又称转位子、易位子)和 Mu 噬菌体(即 mutator phage,诱变噬菌体),现分述如下。

(1) IS　其特点是相对分子质量最小(仅 0.7~1.4 kb),只能引起转座(transposition)效应而不含其他任何基因。可以在染色体、F 因子等质粒上发现它们。已知的 IS 有五种,即 IS1、IS2、IS3、IS4 和 IS5。$E.\ coli$ 的 F 因子和核染色体组上有一些相同的 IS(如 IS2、IS3 等),通过这些同源序列间的重组,就可使 F 因子插入到 $E.\ coli$ 的核染色体组上,从而使后者成为 Hfr 菌株。因 Is 在染色体组上插入的位置和方向不同,引起的突变效应也不同。IS 引起的突变可以回复,其原因可能是 IS 被切离,如果因切离部位有误而带走 IS 以外的一部分 DNA 序列,就会在插入部位造成缺失,从而发生新的突变。

(2) Tn　与 IS 和 Mu 噬菌体相比,Tn 的相对分子质量是居中的(一般为 2~25 kb)。它含有几个至十几个基因,其中除了与转座作用有关的基因外,还含有抗药基因或乳糖发酵基因等其他基因。Tn 虽能插到受体 DNA 分子的许多位点上,但这些位点似乎也不完全是随机的,其中某些区域更易插入。

(3) Mu 噬菌体　它是 E. coli 的一种温和噬菌体。与必须整合到宿主染色体特定位置上的一般温和噬菌体不同,Mu 噬菌体并没有一定的整合位置。与 IS 和 Tn 两种转座因子相比,Mu 噬菌体的相对分子质量最大(37 kb),它含有 20 多个基因。Mu 噬菌体引起的转座可以引起插入突变,其中约有 2% 是营养缺陷型突变。

上述是染色体的各种畸变类型。染色体畸变在高等真核生物中一般很容易观察到,但在微生物中,尤其是在原核生物中,还是近年来才证实的。另外,许多理化诱变剂的诱变作用不是单一的。例如:上述的亚硝酸就既能引起碱基对的转换,又能诱发染色体畸变;电离辐射既可引起基因突变,又可引起染色体畸变。

四、DNA 的损伤及其修复

已知的 DNA 损伤类型极多,机体对其修复的方式也各异。发现较早和研究得较深入的是紫外线的作用。

1. 紫外线对 DNA 的损伤及其修复

对紫外线来说,嘧啶要比嘌呤敏感得多,嘧啶的光化产物主要是二聚体(TT,TC,CC)和水合物(图 8-10)。其中了解较清楚的是胸腺嘧啶二聚体的形成和消除。

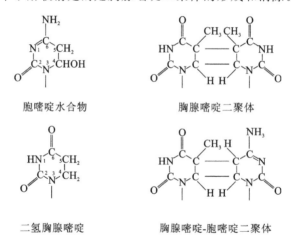

图 8-10　嘧啶的紫外线光化学反应产物

紫外线的主要作用是使同链 DNA 的相邻嘧啶间形成共价结合的胸腺嘧啶二聚体。二聚体的出现会减弱双链间氢键的作用,并引起双链结构发生扭曲变形,阻碍碱基间的正常配对,从而有可能引起突变或死亡。在互补双链间形成嘧啶二聚体的机会较少。但一旦形成,就会妨碍双链的解离,因而影响了 DNA 的复制和转录,并使细胞死亡。微生物能以多种方式修复损伤后的 DNA,修复方法主要有以下两种。

(1) 光复活作用　把经紫外线照射后的微生物暴露于可见光下时,可明显降低其死亡率的现象,称为光复活作用(photoreactivation)。现已了解,经紫外线照射后形成的带有胸腺嘧啶二聚体的 DNA 分子,在黑暗中会被一种光激活酶(photoreactivating enzyme)即光裂合酶(photolyase)结合,当形成的复合物暴露在可见光(300~500 nm)下时,会因获得光能而发生解离,从而使二聚体重新分解成单体。与此同时,光激活酶也从复合物中释放出来,以便重新执行功能。

由于在微生物中一般都存在着光复活作用,所以在进行紫外线诱变育种等工作时,只能在避光(或红光)下进行照射及处理照射后的菌液,并放置在黑暗条件下培养。另外,利用紫外线进行消毒时,也需要在黑暗条件下进行。

(2) **暗修复作用**(dark repair) 又称切除修复作用(excision repair)。它是用来修复活细胞内被损伤的 DNA 的一种机制。该修复系统除了碱基错误配对和单核苷酸插入不能修复外,几乎所有其他 DNA 损伤(包括烷化剂、X 射线和 γ 射线等)均可修复,修复与光无关。修复过程(图 8-11)有四种酶参与:①内切核酸酶在胸腺嘧啶二聚体的 5′一侧切开一个 3′-OH 和 5′-P 的单链缺口;②外切核酸酶从 5′-P 至 3′-OH 方向切除二聚体,并扩大缺口;③DNA 聚合酶以 DNA 的另一条互补链作模板,从原有链上暴露的 3′-OH 端起逐个延长,重新合成一段缺失的 DNA 链;④通过连接酶的作用,把新合成的寡核苷酸的 3′-OH 末端与原链的 5′-磷酸末端相连接。

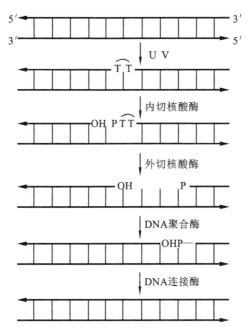

图 8-11 含胸腺嘧啶二聚体的 UV 损伤 DNA 的暗修复过程

2. 其他形式的 DNA 损伤修复

(1) **重组修复** 发生在 DNA 复制过程或复制之后,不切除 DNA 损伤部位的修复。DNA 链在复制时,受损的模板作用消失,互补单链(新链)里留下空隙,产生诱导信号;然后 *recA* 基因被诱导,产生大量重组蛋白,与新链缺口结合,引起子链和母链交换;交换后母链的缺口,通过聚合作用,以对侧子链为模板合成的 DNA 片段填充;最后连接酶连接新、旧链完成复制。

(2) **SOS 修复** 一种能够引起误差修复的紧急呼救修复,是在无模板 DNA 情况下合成酶的诱导修复。在正常情况下无活性有关酶系,但当 DNA 大面积受损伤而复制又被抑制情况下则发出信号,激活有关酶系,并对 DNA 损伤进行修复。其中 DNA 多聚酶起着重要作用。在无模板情况下,DNA 进行修复再合成,并将 DNA 片段插入受损 DNA 空隙处。SOS 修复属于易误修复,可造成修复误差,同时引起突变。

(3) **DNA 聚合酶的校正修复作用** DNA 多聚酶除了协助多核苷酸聚合外,还具有从 3′

到 5′ 的核酸外切酶作用,依靠这一作用,能在复制过程中随时切除不正常的核苷酸。

第三节 微生物的基因重组

把两个不同性状个体内的遗传基因转移到一起,经过遗传分子的重新组合而形成新遗传型个体的方式,称为基因重组(gene recombination)或遗传重组(genetic recombination)。重组可使生物体在未发生突变的情况下,也能产生新遗传型个体。

重组是分子水平上的一个概念,可以理解成是遗传物质分子水平上的杂交,而一般所说的杂交(hybridization),则是细胞水平上的一个概念。杂交中必然包含重组,而重组则不限于杂交这一种形式。真核微生物中的有性杂交、准性杂交(parasexual hybridization)及原核生物中的转化、转导、接合和原生质体融合等都是基因重组在细胞水平上的反映(表 8-3)。

表 8-3 微生物中各类基因重组形式的比较

供体和受体间的关系	重组范围	整套染色体		局部杂合	
		高频率	低频率	部分染色体	个别或少数基因
细胞融合或联结	性细胞	真菌的有性生殖			
	体细胞		真菌的准性生殖		
细胞间暂时沟通				细菌的接合	性导
细胞间不接触	吸收游离 DNA 片段				转化
	噬菌体携带 DNA				转导
由噬菌体提供遗传物质*	完整噬菌体				溶源转变
	噬菌体 DNA				转染

* 虽不属重组,但与转导和转化有某些相似之处,可供比较。

基因重组是杂交育种的理论基础。由于杂交育种是选用已知性状的供体和受体菌种作为亲本,因此不论在方向性还是自觉性方面,都比诱变育种前进了一大步。另外,利用杂交育种往往还可消除某一菌株在做长期诱变处理后所出现的产量上升缓慢的现象,因此,它是一种重要的育种手段。但由于杂交育种的方法较复杂,工作进度较慢,因此还很难像诱变育种技术那样得到普遍的推广和使用,尤其在原核生物领域中,应用转化、转导或接合等重组技术来培育高产菌株的例子还不多见。

一、原核微生物的基因重组

原核微生物的基因重组形式很多,机制较为原始,主要方式有转化、转导、接合和原生质体融合等几种形式。

(一)转化(transformation)

1. 定义

受体菌(recipient cell;receptor)直接吸收了来自供体菌(donor cell)的 DNA 片段,通过交换,把它组合到自己的基因组中,从而获得了供体菌的部分遗传性状的现象称为转化或转化作用。转化后的受体菌称为转化子(transformant)。转化现象的发现(F. Griffith,1928 年),尤其是转化因子 DNA 本质的证实(O. T. Avery,1944 年),是现代生物学发展史上的一个重要里程碑,并由此开创了分子生物学这门崭新的学科。

转化现象在原核生物中较为普遍,能够发生转化作用的微生物种类有肺炎链球菌(*Streptococcus pneumoniae*)、嗜血杆菌属(*Haemophilus*)、芽孢杆菌属(*Bacillus*)、奈瑟氏球菌属(*Neisseria*)、根瘤菌属(*Rhizobium*)、链球菌属(*Streptococcus*)、葡萄球菌属(*Staphylococcus*)、假单胞菌属(*Pseudomonas*)、黄单胞菌属(*Xanthomonas*)等 20 多种菌。在放线菌和蓝细菌中,以及少数真核微生物如酵母(*Saccharomyces cerevisiae*),粗糙脉孢菌(*Neurospora crassa*)和黑曲霉(*Aspergillus niger*)中,也有少量报道。在细菌中,肠杆菌科的一些种很难进行转化(如 *E. coli*)。其主要原因是,外来 DNA 难以掺入到细胞中,并且受体细胞内常存在能降解线性 DNA 的核酸酶。如果用 $CaCl_2$ 处理大肠杆菌成球状,则可发生低频率的转化。

2. 感受态(competence)

感受态是指受体细胞最易接受外源 DNA 片段并实现其转化的一种生理状态。研究发现,能发生转化的受体细胞都处于感受态。因此感受态细胞(competent cell)是指具有摄取外源 DNA 能力的细胞(比一般细胞大 1000 倍)。感受态受遗传控制,但也存在个体差异。不同细胞感受态出现的时期不同,如有的出现在生长曲线中的对数后期,有的则出现在对数末期或稳定期。在外界环境中,环腺苷酸(cAMP)及 Ca^{2+} 对细胞的感受态影响最大。如有人发现,cAMP 可使嗜血杆菌细胞群体的感受态水平提高 10000 倍。

调节感受态的一类特异蛋白称为感受态因子。现已知感受态因子是一种胞外蛋白质,它可以催化外来 DNA 片段的吸收或降解细胞表面某种成分,以让细胞表面的 DNA 受体显露出来,便于接合和转化。

3. 转化因子(transforming factor)

转化因子的本质是离体的 DNA 片段(包括高度提纯的或存在于微生物自溶物中的)。一般认为,经过多次抽提操作后,每一转化 DNA 片段的相对分子质量都小于 1×10^7,约占细菌染色体组的 0.3%,其上平均约含 15 个基因。而粗制的 DNA 则相对分子质量较大。每个感受态细胞约可掺入 10 个转化因子。转化的频率往往是很低的,一般只有 0.1%~1%,最高者也只达 10%左右。据研究,呈质粒形式(双链,共价闭合环状 DNA)的转化因子,其转化率最高,因为它进入受体菌后,可不必同受体染色体重组即可进行复制和表达(当然也有"流产性"的转化);一般的转化因子都是线状双链 DNA;也有少数报道认为线状单链 DNA 也有转化作用。

4. 转化过程

如图 8-12 所示,转化过程可分为以下几个阶段:①供体双链 DNA 片段与感受态受体菌细胞壁表面的特定接受位点结合。此反应最初是可逆的,但随着与细胞膜蛋白的进一步作用,它与细胞壁的结合就变得十分稳定而不可逆了;②在吸附位点上的 DNA 被核酸内切酶分解,形成片段;③DNA 双链中的一条单链被膜上的另一种核酸酶降解,降解产生的能量协助把另一条单链推进受体细胞。相对分子质量小于 5×10^5 的 DNA 片段不能进入细胞;④来自供体的单链 DNA 片段在细胞内与受体细胞核染色体组上的同源区段配对,接着受体染色体组上的相应单链片段被切除,并被外来的单链 DNA 交换、整合和取代重组,形成一个杂合 DNA 区段(供体 DNA-受体 DNA 复合物);⑤受体菌的染色体组进行复制,杂合区段分离成两个,其中之一获得了供体菌的转化基因,再通过 DNA 复制和细胞分裂而形成转化子;另一个未获得,

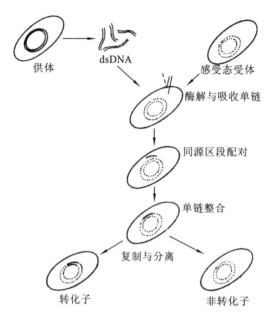

图 8-12 转化过程示意图

细胞与原始受体菌一样。

如果把噬菌体或其他病毒的 DNA（或 RNA）抽提出来，让它去感染感受态的宿主细胞，并进而产生正常的噬菌体或病毒后代，这种特殊的转化现象称为转染（transfection）。它与转化的不同之处是，病毒或噬菌体并非遗传基因的供体菌，中间也不发生任何遗传因子的交换或整合，最后也不产生具有杂种性质的转化子。目前把病毒 DNA 转移至动物细胞的过程称为转染。

（二）转导（transduction）

以缺陷噬菌体（defective phage）为媒介，把供体细胞的 DNA 小片段携带到受体细胞中，通过交换与整合从而使后者获得前者部分遗传性状的现象称为转导。转导现象最早（1952年）是由诺贝尔奖获得者 J. Lederberg 等首先在鼠伤寒沙门氏杆菌（*Salmonella typhimurium*）中发现的。以后在许多原核微生物中都陆续发现了转导现象，如 *E. coli*、*Bacillus*、变形杆菌属（*Proteus*）、假单胞杆菌属（*Pseudomonas*）、志贺氏杆菌属（*Shigella*）和葡萄球菌属（*Staphylococcus*）等。

获得新遗传性状的受体细胞称为转导子（transductant），而携带供体部分遗传物质（DNA 片段）的噬菌体称为转导噬菌体。在噬菌体内仅含有供体菌 DNA 的称为完全缺陷噬菌体，而在噬菌体内同时含有供体 DNA 和噬菌体 DNA 的则称为部分缺陷噬菌体（即部分噬菌体 DNA 被供体 DNA 所替换）。转导是一种遗传物质通过噬菌体的携带而转移的基因重组现象，是由噬菌体介导的细菌细胞间进行遗传交换的一种方式。转导现象在自然界中普遍存在，它在低等生物的进化过程中，是一种产生新基因组合的重要方式。

根据噬菌体和转导 DNA 产生途径的不同，可将转导分为普遍性转导和局限性转导。

1. 普遍性转导（generalized transduction）

通过极少数完全缺陷噬菌体对供体菌任何小片段 DNA 进行"误包装"，而将其遗传性状传递给受体菌的现象，称为普遍性转导。作为普遍性转导媒介的噬菌体一般是温和噬菌体。

普遍性转导又可分为完全普遍性转导和流产普遍性转导两种。

（1）完全普遍性转导（complete transduction）　如果该DNA片段能与受体菌DNA同源区段配对，通过遗传物质的双交换而进行基因重组并形成稳定的转导子，则称为完全普遍性转导。如鼠伤寒沙门氏杆菌的P_{22}噬菌体、大肠杆菌的P_1噬菌体和枯草芽孢杆菌的PBS_1和SP_{10}等噬菌体中都能进行完全普遍性转导（图8-13）。

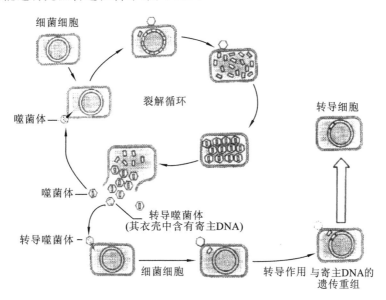

图 8-13　完全普遍性转导示意图

（2）流产普遍性转导（abortive transduction）　如果该转导DNA片断不能与受体菌DNA进行交换、整合和复制，而只以游离和稳定的状态存在，且仅进行转录、转译和性状表达，则称为流产普遍性转导。发生流产普遍性转导的受体细胞在其进行分裂后，只能将这段外源DNA分配给一个子细胞，而另一子细胞仅获得其转录、转译而形成的少量产物（酶），因此在表型上仍可出现轻微的供体菌特征。但每经分裂一次，就得到一次"稀释"。所以，这种能在选择培养基上形成微小菌落的现象就成了流产转导子的特点。

2. 局限性转导（specialized transduction）

通过某些缺陷的温和噬菌体把供体菌的少数特定基因携带到受体菌中，并获得表达的转导现象称为局限性转导。转导后获得了供体部分遗传特性的重组受体细胞称为局限性转导子。

1954年在大肠杆菌K12菌株中发现，某些部分缺陷的温和噬菌体（temperate phage）把供体菌的少数特定基因转移到受体菌中的转导现象。当温和噬菌体感染受体菌后，其染色体会整合到受体菌染色体DNA中特定位点上，从而使宿主细胞发生溶源化。如果该溶源菌因诱导而发生裂解时，在前噬菌体插入位点两侧的少数宿主基因（如大肠杆菌的λ前噬菌体，其两侧分别为 *gal* 和 *bio* 基因）会因偶尔发生的不正常切割而连在噬菌体DNA上（当然，噬菌体也将相应一段DNA遗留在宿主染色体上），两者同时包入噬菌体外壳中（图8-14）。这样，就产生了一种特殊的噬菌体——缺陷噬菌体，它们除含大部分自身的DNA外，缺失的基因被位于前噬菌体整合位点两侧附近的宿主基因（如 *Bio* 或 *Gal* 基因）所取代。因此，当这样带有 *Bio* 或 *Gal* 基因的噬菌体侵染另一个细菌时，就能把上述两个基因中的一个带给受体菌，并进行基因重组而使受体菌产生 *Bio* 或 *Gal* 基因表达性状。如果将引起普遍转导的噬菌体称为"完全

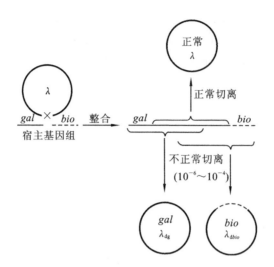

图 8-14 正常 λ 噬菌体和具有局限性转导能力的缺陷型 λ 噬菌体的产生机制

注：λ_{dgal} 或 λ_{dg} 为带有半乳糖基因的缺陷 λ 噬菌体；λ_{dbio} 为带有生物素基因的缺陷 λ 噬菌体。

缺陷噬菌体"的话，则能引起局限性转导的噬菌体就是一种"部分缺陷噬菌体"。

根据转导子出现的频率高低，局限性转导又可分为低频转导和高频转导两种。

(1) 低频转导(low frequency transduction，LFT)　由于宿主染色体上进行不正常切离的频率极低，因而在裂解物中所含的部分缺陷噬菌体的比例是极低的($10^{-6} \sim 10^{-4}$)，被称为 LFT 裂解物。用这一裂解物去感染受体菌时，就可获得极少量的转导子。

(2) 高频转导(high frequency transduction，HFT)　形成转导子的频率很高，理论上可达 50%。其原因是供体菌为双重溶源菌，它同时有两种噬菌体 DNA 整合在细菌的染色体上。例如，大肠杆菌 K12 双重溶源菌为 $E.\ coli$ K12(λ/λ_{dgal})，其前噬菌体为 λ 和 λ_{dgal}。其中 λ_{dgal} 噬菌体带有供体 gal(发酵半乳糖基因)，但丢失了部分噬菌体本身的 DNA；而 λ 噬菌体为正常噬菌体，不带 gal 基因，但可起辅助 λ_{dgal} 转导作用(又称辅助噬菌体)。这样，一个双重溶源菌裂解时便可同时等量地释放出 λ_{dgal} 和 λ 两种噬菌体，被称为 HFT 裂解物。当用这种 HFT 裂解物再去感染另一个 $E.\ coli\ gal^-$ 受体菌时，即可高频率地将其转化为 $E.\ coli\ gal^+$ 转导子。故这种局限性转导就称为高频转导。

还有一个现象被称为溶源转变(lysogenic conversion)，是指当温和噬菌体感染其宿主而使之发生溶源化时，由于噬菌体基因整合到宿主基因组上而使后者获得除免疫以外的新性状的现象。当宿主丧失这一噬菌体时，通过溶源转变而获得的性状也同时消失。溶源转变与转导有本质上的不同，首先是它的温和噬菌体不携带任何供体菌的基因；其次，这种噬菌体是完整的，而不是有缺陷的。溶源转变的典型例子是不产毒素的白喉棒状杆菌(*Corynebacterium diphtheriae*)菌株在被 β 噬菌体感染而发生溶源化时，会变成产白喉毒素的致病菌株；另一例子是鸭沙门氏菌(*Salmonella anatum*)用 E_{15} 噬菌体感染而引起溶源化时，细胞表面的多糖结构会发生相应的变化。最近，国内有人发现在红霉素链霉菌(*Streptomyces erythreus*)中的噬菌体 P_4 也具有溶源转变能力，它决定了该菌的红霉素生物合成及形成气生菌丝等能力。因为溶源化现象在自然界中存在较普遍，因此可以推测，它在微生物自然进化中有一定的作用。

（三）接合

供体菌（"雄性"）通过其性毛与受体菌（"雌性"）直接接触，把 F 质粒或携带的不同长度的核基因组片段传递给后者，而产生的遗传信息的转移和重组过程称为接合（conjugation）。前者传递不同长度的单链 DNA 给后者，并在后者细胞中进行双链化或进一步与核染色体发生交换、整合，从而使后者获得供体菌的遗传性状。把通过接合而获得新性状的受体细胞称为接合子（conjugant）。

1946 年，Joshua Lederberg 和 Edward L. Taturm 设计了一个著名的实验，即细菌的多重营养缺陷型杂交实验，证明了原核生物的接合现象。在细菌和放线菌中均存在接合现象，例如大肠杆菌（*E. coli*）、沙门氏菌（*Salmonella*）、志贺氏菌（*Shigella*）、赛氏杆菌（*Serratia*）、弧菌（*Vibrio*）、固氮菌（*Azotobacter*）、克氏杆菌（*Klebsiella*）和假单胞杆菌（*Pseudomonas*）等革兰氏阴性细菌，以及链霉菌属（*Streptomyces*）和诺卡氏菌属（*Nocardia*）等放线菌最为常见。此外，接合还可发生在不同属的一些种间，如大肠杆菌与沙门氏菌间或沙门氏菌与志贺氏菌之间。

在细菌中，接合现象研究得最清楚的是大肠杆菌。根据对接合行为的研究，发现大肠杆菌是有性别分化的。决定它们性别的因子即为 F 因子（如前所述，又称为致育因子或称为性质粒），约占细胞总染色体含量的 2%，属于附加体（episome）的质粒，即既可脱离染色体 DNA 在细胞内独立存在，也可插入（即整合）到染色体 DNA 上。根据 F 因子在细胞内存在位置的不同可分为 F^+ 菌株（雄性，具有性毛）、F^- 菌株（雌性，不具有性毛）、Hfr 菌株（高频重组菌株，其 F 因子整合到核基因组 DNA 上）、F' 菌株（游离的 F 因子，但带有一小段核基因组 DNA 片段）。

以上具有 F^+、Hfr、和 F' 的菌株作为"雄性"细胞，均可与作为"雌性"细胞的 F^- 菌株通过性毛发生接合作用，从而使后者发生基因重组和性状的改变（图 8-15）。

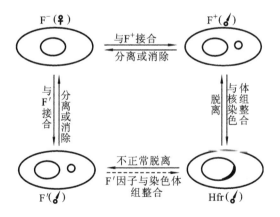

图 8-15　F 因子的存在方式及其相互关系

其中 Hfr 和 F^- 接合情况较为复杂。因为它与 F^- 接合后的重组频率比 F^+ 接合后的重组频率高出几百倍以上，故称为高频重组菌株。在 Hfr 细胞中，存在着与染色体特定位点相整合的 F 因子（产生频率约 10^{-5}）。当它与 F^- 菌株发生接合时，Hfr 染色体在 F 因子处发生断裂，由环状变成线状。整段线状染色体转移至 F^- 细胞的全过程约需 100 min。在转移时，由于断裂发生在 F 因子前端而使 F 因子处于整个断裂线状染色体 DNA 的末端，所以在接合转移时必然要等 Hfr 的整条染色体 DNA 全部转移完成后，F 因子才能完全进入 F^- 细胞。但事

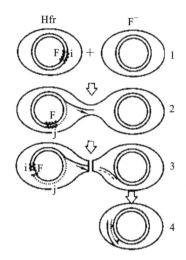

图 8-16　Hfr 与 F⁻ 菌株的接合中断试验示意图

实是,由于种种原因,这种线状染色体 DNA 在转移过程中经常会发生断裂,所以 Hfr 的许多基因虽可进入 F⁻,但越在前端的基因,进入的机会就越多,故在 F⁻ 中出现重组子的时间就越早,频率也高。而 F 因子因位于最末端,故进入的机会最少,引起性别转化的可能性也最小。因此,Hfr 与 F⁻ 接合的重组频率虽高,但很少出现 F⁺(图 8-16)。

Hfr 菌株的染色体转移与 F⁺ 菌株的 F 因子转移过程基本相同。所不同的是,进入 F⁻ 的单链染色体片段经双链化后,与宿主染色体 DNA 形成部分合子(merozygote,又称半合子),然后两者的同源染色体进行交换,一般认为要经过两次或两次以上的交换后才发生遗传重组。

由于上述转移过程存在着严格的顺序性,所以,在实验室中可以每隔一定时间人为地利用强烈搅拌(例如用组织捣碎器或杂交中断器)等措施中断接合过程,从而可以获得呈现不同数目 Hfr 性状的 F⁻ 接合子。根据这一实验原理,就可选用几种有特定整合位点的 Hfr 菌株,在不同时间使接合中断,最后根据 Hfr 被转移到 F⁻ 中的时间早晚(用分钟表示)和所表达出的性状画出一幅比较完整的环状染色体图(chromosome map),并将相关基因定位。这就是 1955 年由伍尔曼(Wollman)和雅各布(Jacob)创造的中断杂交(interrupted mating experiment)法的基本原理,也是人们最初认识原核微生物染色体环状特性和部分基因定位的主要方法。

(四)原生质体融合

通过人为的方法,使遗传性状不同的两细胞的原生质体发生融合,以产生重组子的过程称为原生质体融合(protoplast fusion)(也称细胞融合)。所获重组子称为融合子(fusant)。这项技术是继转化、转导和接合之后,于 20 世纪 70 年代后期发展起来的一种较为有效的遗传物质转移手段。能进行原生质体融合的细胞极为广泛,不仅有原核生物细胞,而且还包括各种真核生物细胞。

微生物细胞融合原理和主要过程是,先准备两个有选择性遗传标记的突变株,在高渗溶液中,用适当的脱壁酶(如细菌可用溶菌酶或青霉素处理,真菌可用蜗牛酶、纤维素酶或相应的脱壁酶处理)去除细胞壁,再将形成的原生质体离心聚集,并加入促融合剂 PEG(聚乙二醇,polyethylene glycol)或借电脉冲等因素促进融合,然后在高渗溶液中稀释,涂在能使其再生细胞壁或进行分裂的培养基上,待形成菌落后,通过影印接种法,将其接种到各种选择性培养基上,最后鉴定它们是否是稳定的融合子(重组子),最后再测定它的有关生物学性状或生产性能(图 8-17)。

有关原生质体融合的机制还有待深入研究。细胞融合现象的发现,为一些还未发现转化、转导或接合的原核生物的遗传学研究和育种技术的提高创造了有利的条件,还使种间、属间、科间甚至更远缘的微生物或高等生物细胞间进行融合,以期得到生产性状极其优良的新物种。

上述介绍的四种原核微生物基因重组方式各有特点,现比较于表 8-4 中。

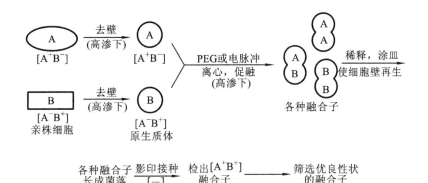

图 8-17 原生质体融合技术示意图

表 8-4 原核微生物四种基因重组方法的比较

类　型	受体与供体是否接触	DNA 传递媒介	重组涉及 DNA 大小
接合	是	F 因子	部分染色体
转导	否	噬菌体	一个或少数几个基因
转化	否	无	一个或少数几个基因
原生质体融合	原生质体接触	原生质体	2 个细胞的基因组

二、真核微生物的基因重组

真核生物在 DNA 的形状、转移和重组等方面与原核生物有很大的区别。原核生物基因组往往是单一的环状 DNA 分子,而真核生物基因组多为含线型 DNA 分子的染色体形式。因此,细胞核的复杂形式及核中许多染色体的存在使得真核生物基因的重组与分离机制更加规则。典型的真核生物细胞根据其染色体数目可分为单倍体和二倍体两种类型,而真核微生物既可以是单倍体也可以是双倍体,其各自寿命的长短与菌种有关。真核微生物的有丝分裂是随 DNA 复制、染色体收缩、分裂并均分成相同的两套进入两个子细胞的过程。而减数分裂是能引起细胞内二倍体转化为单倍体的过程;减数分裂往往进行两次分裂,其分裂终产物往往是 4 个单倍体配子。卵细胞由雌性个体产生,而精子则由雄性个体产生,但大多数真核微生物没有明显的性别之分,只能分为不同的接合型。

理论上讲,真核微生物基因重组的方式可以有有性杂交、准性杂交、原生质体融合和转化等形式。但在自然环境中存在较多的是有性生殖(杂交)和准性生殖(杂交)两种基因重组形式。

(一) 有性杂交

有性杂交(sexual hybridization)是发生在细胞水平上的一种遗传重组方式,一般指性细胞间的接合和随之发生的染色体重组,同时产生新遗传型后代的一种方式。能产生有性孢子的酵母菌、霉菌和蕈菌,原则上都可以用与高等动、植物杂交育种相似的有性杂交方法进行育种。现在以应用甚广的酿酒酵母(*Saccharomyces cerevisiae*)为例来加以介绍。

酿酒酵母有其完整的生活史(见第三章)。从自然界中分离到的,或在工业生产中应用的酵母菌株,一般都是它们的双倍体细胞。将不同生产性状的甲、乙两个亲本(双倍体)分别接种到产孢子培养基(如醋酸钠培养基等)斜面上,使其产生子囊,经过减数分裂后,在每个子囊内会形成4个子囊孢子(单倍体)。用蒸馏水洗下子囊,经机械法(加硅藻土和液体石蜡,在匀浆器中研磨)或酶法(如用蜗牛消化酶处理)破坏子囊,再经离心,然后将获得的子囊孢子涂布平板,就可以得到单倍体菌落。把两个不同性别亲体("+"和"-")的单倍体细胞密集在一起就有更多机会出现双倍体的杂交后代。由于这种双倍体细胞与单倍体细胞有很大不同,易于识别,因此可以从中筛选出优良性状的个体。

生产实践中利用有性杂交培养优良品种的例子很多。例如,用于酒精发酵的酵母和用于面包发酵的酵母虽属同一酿酒酵母,但两者是不同的菌株,表现在前者产酒精率高而对麦芽糖和葡萄糖的发酵力弱,后者则产酒精率低而对麦芽糖和葡萄糖的发酵力强。两者通过杂交,就得到了既能产酒精,又能将其残余的菌体综合利用作为面包厂和家用发面酵母的优良菌种。

(二) 准性杂交

1. 准性生殖

要了解准性杂交(parasexual hybridization),先介绍准性生殖(表8-5)。1953年Pontecorvo等在研究构巢曲霉时首先发现了准性生殖现象。它是一类不产生有性孢子的丝状真菌,不经过减数分裂就能导致基因重组的生殖过程。准性生殖是一种类似于有性生殖,但更原始的一种生殖方式,它可使同种生物两个不同菌株的体细胞发生融合,且不以减数分裂的方式导致低频率的基因重组的一种育种方式。准性生殖常见于某些真菌,尤其是半知菌(Fungi Imperfecti)如构巢曲霉(Aspergillus nidulans)等中。以下为准性生殖的几个阶段(图8-18)。

表8-5 准性生殖与有性生殖的比较

项目	准性生殖	有性生殖
参与接合的亲本细胞	形态相同的体细胞	形态或生理上有分化的性细胞
独立生活的异核阶段	有	无
接合后双倍体的细胞形态	与单倍体基本相同	与单倍体明显不同
双倍体变为单倍体的途径	通过有丝分裂	通过减数分裂
接合发生的概率	偶然发生,概率低	正常出现,概率高

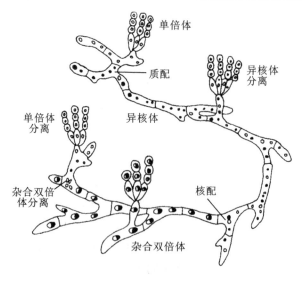

图8-18 半知菌的准性生殖示意图

(1) 菌丝联结(anastomosis) 它发生在一些形态上没有区别的,但在遗传性上可以有差别的两个同种亲本的体细胞(单倍体)间。发生联结的频率一般极低。

(2) 形成异核体(heterocaryon) 两个体细胞经联结后,使原有的两个单倍体核集中到同一个细胞中,于是就形成了异核体。异核体能独立生活。

(3) 核融合(nuclear fusion)或核配(caryogamy) 在异核体中的双核,偶尔可以发生核融合,产生双倍体杂合子核。如构巢曲霉(*Aspergillus nidulans*)和米曲霉(*Aspergillus oryzae*)核融合的频率为$10^{-7} \sim 10^{-5}$。某些理化因素如樟脑蒸气、紫外线或高温等的处理,可以提高核融合的频率。

(4) 体细胞交换(somatic crossing-over)和单倍体化 体细胞交换即体细胞中染色体的交换,也称为有丝分裂交换(mitotic crossing-over)。双倍体杂合子性状极不稳定,在其进行有丝分裂过程中,其中的极少数核中的染色体会发生交换和单倍体化,从而形成了极个别的具有新性状的单倍体杂合子。如果对双倍体杂合子用紫外线、γ射线或氮芥等进行处理,就会促进染色体断裂、畸变或导致染色体在两个子细胞中的分配不均,因而有可能产生各种不同性状组合的单倍体杂合子。

2. 准性杂交

从准性生殖的过程可以看出,该过程可出现很多新的基因组合,因此可成为遗传育种的重要手段,对一些没有性过程但有重要生产价值的半知菌育种工作来说,提供了重要的手段,如国内在灰黄霉素生产菌即荨麻青霉(*Penicillium urticae*)的育种中,曾用准性杂交(breeding by parasexuality)的方法取得了较大的成效,其主要步骤见图 8-19。

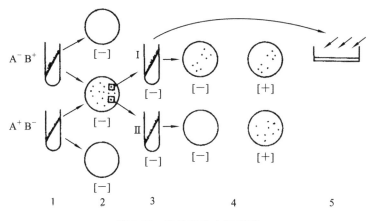

图 8-19 准性杂交主要步骤

(1) 选择亲本 选择来自不同菌株的合适的营养缺陷型作为准性杂交的亲本。由于在荨麻青霉等不产生有性孢子的霉菌中,只有极个别的细胞间才发生联结,而且联结后的细胞在形态上无显著的特征可区别。因此,与研究细菌的接合一样,必须借助于营养缺陷型这类很好的选择性突变作为杂交亲本的性状指标(如图 8-19 中的[A$^-$ B$^+$]与[A$^+$ B$^-$])。

(2) 强制异合 用人为的方法强制两菌株形成异核体。将[A$^-$ B$^+$]和[A$^+$ B$^-$]两菌株所产生的分生孢子($10^6 \sim 10^7$)混匀,用基本培养基[—]倒培养皿平板;另外对单一亲本的分生孢子也分别倒[—]平板,作为对照。经过一段时间的培养后,要求前者只出现几十个菌落,而后者则不长菌落。这时,出现在前者上的便是由[A$^-$ B$^+$]和[A$^+$ B$^-$]两菌株的体细胞联结所形成的异核体或杂合二倍体菌落。

(3) 移单菌落　将培养皿上长出的这种单菌落移种到基本培养基[−]的斜面上。

(4) 验证稳定性　检验新菌株是不稳定的异核体，还是稳定的杂合二倍体。先把斜面菌株的孢子洗下，用基本培养基倒夹层平板，经过一段时间的培养后，加上一层完全培养基[+]。如果在基本培养基上不出现或仅出现少数菌落，而加上完全培养基后却出现了大量菌落，那么它就是一个不稳定的异核体菌株；如果在基本培养基上出现多数菌落，而加上完全培养基后菌落数并无显著增多，那么它就是一个稳定的杂合二倍体菌株。在实际中，发现多数菌株都属于不稳定的异核体。

(5) 促进变异　把上述稳定菌株所产生的分生孢子用紫外线、γ射线或氮芥等理化因子进行处理，以促使其发生染色体交换、染色体在子细胞中分配不均、染色体缺失或畸变以及点突变等，从而使分离后的杂交子代（单倍体杂合子）进一步增加新性状突变的可能性。

通过以上步骤，再经过一系列生产性状的测定，就有可能筛选出比较理想的准性杂交种。

第四节　微生物育种

我们学习和研究微生物遗传学的目的，就是为了更好地利用和控制微生物的遗传变异特性，使之为工农业生产服务，造福人类。在生物进化过程中，微生物形成了完善的代谢调节机制，处于平衡生长状态，其变化高度有序，对外界环境条件的改变能迅速作出反应，进行正常代谢的微生物不会有代谢产物的积累。而微生物育种的目的就是利用微生物遗传学的原理和方法，人为地在 DNA 水平上解除或突破微生物的代谢调节控制，使某种代谢产物过量积累，把生物合成的代谢途径朝人们所希望的方向加以引导，或者促使细胞内发生基因的重新组合优化遗传性状，实现人为控制微生物，获得我们所需要的高产、优质和低耗的菌种。微生物育种目前主要是利用诱变、杂交、原生质体融合技术以及基因工程等方法改造或构建我们所需要的菌株。

一、微生物基因突变育种

（一）自发突变育种

在学习诱变育种之前，我们首先了解自发突变与育种（breeding by spontaneous mutation），人们利用微生物的自发突变可以获得一些优良品种，主要有如下两种方式。

1. 从生产中自然选种

在日常的工业生产中，微生物总是以一定频率发生着自发突变，一些有经验的微生物学工作者有时会发现正向的突变株，若及时抓住良机进行分离、纯化、试验就可获得较优良的生产菌株。例如，从污染噬菌体的发酵液中有可能分离到抗噬菌体的自发突变株。又如，在酒精工业中，曾有过一株分生孢子为白色的糖化菌"上酒白种"，就是在原来孢子为黑色的宇佐美曲霉（*Aspergillus usamii*）3578 发生自发突变后，及时从生产过程中挑选出来的。这一菌株不仅产生丰富的白色分生孢子，而且糖化率比原菌株强，培养条件也比原菌株粗放。

2. 定向培育优良品种

定向培育是指利用微生物自发突变特性，用某一特定选择条件和因素（如温度、药物）长期处理某微生物群体，并不断移种传代（目的是增加突变频率），以达到累积并选择相应自发突变株的目的。这是一种古老的育种方法，由于自发突变频率低，变异程度轻微，故过程缓慢。例

第八章 微生物的遗传和变异

如巴斯德曾用 42 ℃ 定向培养炭疽杆菌,使该菌丧失了产芽孢能力和致病力,据此人们制成了活菌疫苗,接种于牛羊等体内可预防疾病。再如,当今世界上应用最广的预防结核病制剂卡介苗(BCG vaccine)的获得,就是经历了 13 年,经过 230 多代移种而获得成功的。

(二)诱变育种

诱变育种(breeding by induced mutation)是指采用人工处理方法(物理或化学等诱变剂)处理微生物细胞群,促使其显著提高突变率,然后再采用简便、快速和高效的筛选方法,从中挑选出少数符合育种目的突变株。当前在工业生产中使用的高产菌种,很多都是采用此方法诱导出来的。最突出的例子是青霉素生产菌株。1943 年时,产黄青霉(*Penicillium chrysogenum*)每毫升发酵液只产生约 20 单位的青霉素,通过诱变育种以及其他措施的配合,目前的发酵单位已比原来提高了 3000~4000 倍。人工诱变与自发突变相比可大大提高微生物的突变率,使人们可以简便、快速地筛选出各种类型的突变株,作为生产和研究之用。

诱变育种除能提高产量外,还可达到改进产品质量、扩大品种和简化生产工艺等目的。从方法上来说,它具有方法简便、工作速度快和收效显著等优点,是目前最广泛使用的育种手段。

1. 诱变育种的基本环节

诱变育种的具体操作环节很多,且常因工作目的、育种对象和操作者的安排而有所差异,但其中最基本的环节和步骤却是大致相同的,如图 8-20 所示。

2. 诱变育种的原则

(1)选择简便有效的诱变剂 诱变剂(表 8-6)的种类很多,有物理诱变剂如紫外线(UV)、激光、X 射线、Y 射线、中子等,化学诱变剂如烷化剂、羟胺、亚硝酸、碱基类似物、吖啶类染料等,但我们要尽量选择简便易行、切实有效的方法。在选用理化因子作诱变剂时,在同样效果下,应选用最方便的因素;而在同样方便的情况下,则应选择最高效的因素。有了合适的诱变剂,还要采用简便有效的诱变方法。例如在物理诱变剂中,以紫外线最为方便,常将紫外灯(15 W)在无可见光情况下照射被诱变物,时间为 10~20 s,距离 30 cm 左右。而在化学诱变剂中,以 N-甲基-N′-硝基-N-亚硝基胍(NTG)、甲基磺酸乙酯(EMS)、亚硝基甲脲(NMU)等烷化剂最为有效和常用。

表 8-6 若干化学和物理诱变剂及其作用机制

诱 变 剂	作 用 机 制	结 果
碱基类似物	掺入作用	AT↔GC 转换
羟胺	同胞嘧啶起羟化反应	GC→AT 转换
亚硝酸	DNA 交联	AT→GC 转换 缺失
烷化剂	烷化碱基作用;脱嘌呤作用;烷化碱基的互变异构作用;DNA 链的交联作用;糖与磷酸骨架的断裂	碱基置换(AT↔GC 转换、AT→TA 颠换、GC→CG 颠换)及染色体畸变
吖啶类	个别碱基的插入或缺失	移码突变
紫外线照射	形成嘧啶二聚体;形成嘧啶的水合物;DNA 交联;DNA 断裂	AT→GC 转换、AT→GC 颠换、移码突变
电离辐射	脱氧核糖与碱基之间化学键及脱氧核糖与磷酸之间化学键的断裂;自由基对 DNA 的作用	AT↔GC 转换、移码突变及染色体畸变

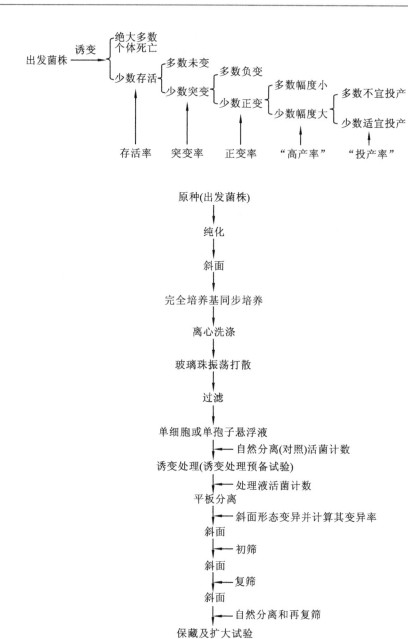

图 8-20 微生物诱变育种的基本环节和步骤

(2) 挑选优良的出发菌株　出发菌株(original strain)是指用于育种的起始菌株。有利性状是高产、生长速度快、营养要求粗放、产孢子早而多等。这一点主要是在生产中积累的经验。①选择生产中选育过的自发突变株；②采用具有有利性状的菌株(生长速度快,营养要求低等)；③选择已发生过其他变异的菌株,以提高其他诱变因素的敏感性；④选择增变菌株,因为它对诱变剂的敏感性较高；⑤选择能产生所需代谢物的菌株。

(3) 最好处理单细胞(单孢子)悬液　在进行诱变育种时,所处理的细胞必须是单孢子或单细胞悬液状态。其目的:一是单细胞悬液分散均匀,可以均匀地接触诱变剂；二是可避免长出不纯菌落。在某些微生物中,即使用这种单细胞悬液来处理,还是很容易出现不纯菌落,这是由于在许多微生物的细胞内同时含有几个核的缘故。

(4) 选用合适的诱变剂量　选择一个既能显著提高诱变率,又能增加变异幅度的剂量。各种诱变剂有不同的剂量表示方式。物理因素诱变剂量等于强度乘以时间,化学因素诱变剂量由一定温度下浓度与处理时间决定。在提高诱变率的基础上,既能扩大变异幅度,又能促使变异移向正变范围的剂量,就是合适的诱变剂量。

(5) 充分利用复合处理的协同效应(synergism)　①两种或多种诱变剂的先后使用;②同一种诱变剂重复使用;③两种或多种诱变剂的同时使用。采用复合处理方法,可显著提高诱变效果。

(6) 利用形态、生理与产量间的相关指标选择　要充分利用在实践中积累的经验,加快筛选的速度,例如,人们在对产维生素 B_2 的阿舒假囊酵母的筛选过程中发现,高产株的形态特征是,菌落直径呈现中等大小(8~10 mm),色泽深黄,表面光滑,菌落各部分呈辐射对称等。另外,一些生理指标也可作为选择的一种手段。

(7) 设计高效的筛选方案和方法　通过诱变处理后,大部分菌株呈现负突变。而只有少数是正突变,因而在筛选过程就像沙里淘金,故人们设计了筛选方案。

①筛选方案　在实际工作中,一般认为采用把筛选过程分为初筛与复筛两个阶段的筛选方案为好。前者以量(选、留菌株的数量)为主,后者以质(测定性状数据的精确度)为主。

②筛选方法　初筛可在平板上进行,也可在摇瓶中进行,两者各有利弊。初筛的特点是快速简便,工作量小,直观性强(可直接观察到生长圈、变色圈、透明圈等现象);缺点是发酵罐中液体深层条件难以在初筛过程中满足。复筛必须在摇瓶中进行,以便对突变株的生产性能作比较精确的定量测定。一般是将微生物接种在三角瓶内的液体培养基中作振荡培养,然后对培养液进行分析测定。其优点是,培养液接近发酵罐的条件,能够测定到较精确的数据。

以上简要介绍了一些可提高筛选效率的工作环节、原则、方法步骤等。从长远来看,还应努力地使筛选操作达到高通量和自动化,以减轻劳动强度。例如 1971 年,国外报道了筛选春日霉素(kasugamycin,即"春雷霉素")生产菌时所采用的一种琼脂块培养法。此法构思较巧妙,实验效果也较好(一年内提高产量 10 倍左右)。其要点是:把诱变后的春日链霉菌的分生孢子悬液涂布在营养琼脂平板上,待长出稀疏的小菌落后,用打洞器一一取出长有单菌落的琼脂小块,并分别把它们整齐地移入灭过菌的空培养皿中,保持合适的温湿度。经培养 4~5 天后,把每一长有大菌落的小块再转移到含有供试菌种(即拮抗对象)的琼脂平板上,以分别测定它们的抗生素抑制圈的直径,然后择优选取。此法的关键是用打洞器取出含有一个小菌落的琼脂块并对它们作分别培养。在这种情况下,各琼脂块所含的养料和接触空气的面积基本相同,而且产生的代谢产物不会扩散,因此测得的数据与摇瓶条件下十分相似。

近年来,一种称为微量高通量微生物筛选的方法已在欧洲一些实验室使用。其基本方法是以 96 孔塑料培养板作为大量培养的容器,每孔可先加入 2 mL 培养液,再经多点(12 点)接种器快速接种纯菌株,每小时约可接 4000 个不同变异株,每天可筛选 2 万~3 万株,经适当培养后,可快速对每孔中的代谢产物进行自动检测,工作效率极高。

知识链接

艾姆氏试验法(Ames test)

艾姆氏试验是由 B. Ames 于 20 世纪 70 年代中期发明的,主要用于利用细菌营养缺陷型的回复突变来检测环境或食品中是否存在化学致癌物质。该方法的主要原理是,利用鼠伤寒沙门氏菌(*Salmonella typhimurium*)的组氨酸营养缺陷型(his^-)菌株在基本培养基的平板上不能生长,而在受诱变剂(化学致癌物质)作用后发生回复突变,自行合成组氨酸,发育成肉眼可见的菌落的特点,来检验被测物质是否具有致癌性。具体操作时,由于许多潜在的致癌剂在体外试验时可能不显示诱变作用,而进入人体时即可转变成致癌活性,这种转变主要是由于肝脏内的混合功能氧化酶系的作用。因此,为了使体外试验更接近于人体内代谢条件,Ames 等采用了在体外加入哺乳动物(如大鼠)微粒体酶系统,以弥补体外试验缺乏代谢活化系统的不足,使待测物活化,使检测准确率达到80%~90%。

本试验除用鼠伤寒沙门氏菌菌株外,也可用 *E. coli* 的色氨酸缺陷型(try^-)或利用对 λ 噬菌体的诱导作用来进行。目前,鉴于化学物质的致突变作用与致癌作用密切相关,故此法现广泛应用于检测食品、饮料、药物、饮水和环境试样中的致癌物。与烦琐的动物试验相比,该方法具有简便、快速(约 3 天)、准确和节省费用等优点。

二、原生质体融合育种

原生质体融合的原理和过程前面已经介绍过了。此方法现已成功地实现了酵母菌、霉菌、放线菌和细菌等多种微生物在株间、种间甚至属间的融合,从而使该技术形成了一个系统的实验体系,成为微生物遗传育种方面一种新的有效工具。其基本操作包括以下五个步骤:①亲本及其遗传标记的选择;②原生质体的制备;③原生质体融合;④原生质体再生;⑤优良性状融合重组子的筛选。

三、基因工程育种

自 20 世纪 50 年代起,对遗传物质的存在形式、转移方式以及结构功能等问题的深入研究,促使了分子生物学和分子遗传学的飞速发展。20 世纪 70 年代后,一个理论与实践密切结合,可人为控制的育种新领域——基因工程育种应运而生。

1. 定义

基因工程(genetic engineering)又称为遗传工程或重组 DNA 技术(recombinant DNA technology),是指在基因水平上人为地将所需的某一供体生物的遗传物质提取出来,在离体条件下采用适当的工具酶进行切割后,再与载体 DNA 连接,然后导入某一更容易生长、繁殖的受体细胞中,使外源性遗传物质在其中进行正常复制和表达,从而获得大量基因产物,或使生物表现出新性状。通过基因工程改造后的菌株称为工程菌,基因工程改造的动植物则称为工程动植物或转基因动植物。奠定基因工程基础的几项关键技术有 DNA 的特异切割、DNA 分子克隆及人工转化、DNA 快速测序、DNA 的人工合成和体外扩增(PCR)、DNA 定位诱变等。

2. 基因工程的基本过程

基因工程的基本过程如图 8-21 所示。

(1)目的基因获得 获得目的基因的方法有密度梯度超离心法、mRNA 反转录酶合成 DNA 法、化学合成法等。

(2)载体的选择 有了目的基因后,还必须有符合要求的运送载体将其运送到受体细胞中进行增殖和表达。载体必须符合以下条件:①具有在细胞中能进行独立自我复制的能力;

第八章 微生物的遗传和变异

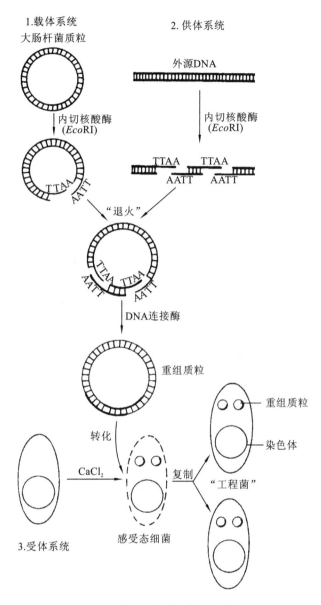

图 8-21 基因工程基本操作示意图

②能在受体细胞内大量增殖；③载体上最好只有一个限制性内切酶的切口，便于外源 DNA 的插入，使目的基因能融合到载体的固定位置上；④载体上必须有一种或几种可供选择的遗传标记，以便及时把极少数"工程菌"或"工程细胞"选择出来。目前常用的载体有质粒载体（如 pBRbr322、pUC 系列、pSD 系列、pGEM 系列），噬菌体载体，动物病毒载体（如 SV40、痘苗病毒载体），以及可以克服细菌质粒不能在真核细胞内克隆、表达等缺点的混合型载体（如 pSV 和 pSVCT 等）。

（3）目的基因与载体 DNA 的体外重组　即采用限制性内切酶处理或采用人工手段将 DNA 进行加工，使目的基因与载体 DNA 连接起来，组成一个有复制能力的重组载体。方法有黏性末端连接法、平端连接法、人工接头连接法和同聚物加尾连接法等。

（4）将重组载体引入受体细胞　这一步是为了使目的基因在受体细胞内扩增和表达，以获得预定的效果。最常用的受体细胞是微生物细胞，当然也可以是动物或植物细胞。将重组载体导入受体细胞的方法很多，如转化、转染、显微注射、电穿孔、基因枪、脂质体介导等。最近，一些高效、新颖的导入方法（如快速冷冻法、炭化纤维介导法等）的研究已趋于成熟并业已达到实用水平。

（5）重组体的克隆与筛选　导入重组载体的受体细胞称为重组体（或重组子），重组体的大量无性繁殖就是克隆。重组体的筛选可分为直接法和间接法两大类：前者主要有DNA鉴定筛选法（包括快速细胞破碎法、煮沸法、基因定位法和序列测定法等），选择性载体筛选法（包括G噬菌体包装筛选、抗药性标记筛选和色斑筛选等）和分子杂交选择法（包括原位杂交技术和印迹技术）；后者有免疫学法（包括免疫化学法、酶免疫分析法）和mRNA翻译检测法（如网织红细胞液法、麦胚细胞液法等）。

基因工程育种与传统育种最大的不同是，可以完全突破物种间的障碍，实现真正意义上的远缘杂交，创造全新的物种。因此，基因工程育种是一种自觉的可以像工程一样事先设计和控制的育种技术，它克服了传统育种技术的随机性和盲目性，是最新、最有前途且具有广泛应用前景的育种方法，也是生命科学研究与应用发展的里程碑。

目前，基因工程技术在微生物育种中主要应用于药物（胰岛素等治疗用药物、疫苗、单克隆抗体及诊断试剂等）的生产、菌种代谢产物生产能力的提高、传统发酵工艺的改进、菌种抗性的提高等方面。我国最近几年应用基因工程育种技术获得的菌株，大量用于酶、维生素、氨基酸、激素、干扰素、促红细胞生长素及其他一些次生代谢物质的生产。巨大的经济潜力和开发前景将使基因工程育种和生产成为本世纪一个庞大的产业。

作为一种新兴技术，基因工程育种还有较大的发展空间。例如，目的基因导入真核细胞虽然可以得到较好的表达，但对其导入方式、细胞培养方法等研究相对较少。再如，以原核生物为受体细胞，用发酵法大规模制备蛋白质制品的过程中，使稳定克隆DNA序列得到最大限度的表达的目标尚未实现。除技术上的问题以外，微生物育种的安全性问题一直备受关注。有人认为重组体分子的建立及导入会创造出新的有害生物，对人类及环境造成危害。尽管这一担忧至今没有得到证实，但却存在理论上的可能性。不管如何，基因工程育种仍然是目前最高效、最理想、目的性最强的育种方法，而且存在着巨大的潜在生产力。

第五节　菌种的衰退、复壮和保藏

菌种的衰退、复壮和保藏是任何一个从事微生物工作者都会遇到的问题，也是一项基础性工作。获得性状稳定的菌种是微生物学工作最基本的要求，否则生产或科研都将无法正常进行。在微生物的基础研究和应用研究中，选育一株理想菌株是一项艰苦的工作，而要保持菌种的遗传稳定性则更加困难。菌种退化是一种潜在的威胁，因此必须引起人们的高度重视。

一、菌种衰退

1. 定义

衰退（degeneration）是指生物由于自发突变而使其原有一系列生物学性状发生量变或质变的现象。对于微生物来说，菌种的衰退是发生在细胞群体中的一个从量变到质变的逐步演变过程。开始时，群体中只有个别细胞发生衰退，此时如不及时发现并采取有效措施，而一味地移种、传代,则群体中这种衰退个体的比例将逐步增大,最终占领优势而使整个群体表现出严重的衰退,甚至彻底毁灭。菌种衰退可使微生物原有典型性状变得不典型,其本质是一种负变异(minus mutation)。菌种衰退是不可避免的,其主要表现有,菌落和细胞形态改变,分生孢子减少或颜色改变(如放线菌和霉菌在斜面上经多次传代后产生了"光秃"型,从而造成生产上孢子接种困难),代谢产物生产能力下降,对宿主的致病力下降,对不良环境抵制能力减弱等。

2. 菌种退化的原因

(1) 自然突变 微生物与其他生物类群相比最大的特点之一就是它有较高的代谢繁殖能力,在 DNA 大量快速复制过程中,因出现某些基因的差错从而导致突变的发生,故繁殖代数越多,突变体的出现也越多。一般来说,微生物的突变常常是负突变,即菌种原有的优良性状的丧失或导致产量下降的突变。只有经过大量的筛选,才有可能找到正突变。

(2) 环境条件 环境条件对菌种退化的影响,如营养条件,有人把泡盛曲霉的生产种,在三种培养基上连续传代 10 次,发现不同培养基和传代次数对淀粉葡萄糖苷酶的产量下降有不同影响,这说明营养成分影响菌种退化的速度。环境温度也是重要的作用因素。例如,温度高,基因突变率也高,温度低则突变率也低,因此菌种保藏的重要措施就是低温。其他环境因子,如紫外线等诱变剂也可加速菌种退化。

3. 防止菌种衰退的方法

(1) 控制传代次数 尽量避免不必要的移种和传代,必要的传代要尽量减少,以减少自发突变的概率。有人做过统计,DNA 复制过程中,碱基发生差错的概率为 5×10^{-4},自发突变率为 $10^{-9} \sim 10^{-8}$,由此可以看出,移种和传代次数越多,发生差错的概率越高。因此在实际工作中应采用积极的菌种保藏方法,减少移种和传代。

(2) 创造良好的培养条件 人们在实际工作中发现,一个适合原种生长的培养条件(如配制良好的培养基,控制合适的培养温度等),就可在一定程度上防止菌种衰退。例如:用老苜蓿根汁培养基培养"5406"抗生菌(细黄链霉菌)可以防止退化;利用菟丝子种子的溶液培养"鲁保一号"真菌,也可以防止其退化;在赤霉素生产菌藤仓赤霉的培养基中,加入糖蜜、天门冬素,谷氨酰胺、5′-核苷酸或甘露醇等丰富营养物时,也有防止菌种衰退的效果;将栖土曲霉(*Aspergillus terricola*)"3.942"的培养温度从 28～30 ℃提高到 33～34 ℃,可防止产孢子能力的衰退。

(3) 利用不同类型的细胞进行移种传代 这一点在放线菌和霉菌中尤为实用。由于它们的菌丝细胞常含几个核甚至是异核体,因此用菌丝接种就会出现不纯和衰退,而孢子一般是单核的,用它接种时,就没有这种现象发生。有人在实践中创造了用灭过菌的棉团轻巧地对"5406"抗生菌进行表面移种,因而避免了菌丝接入,达到了防止衰退的效果;又有人发现,构巢曲霉如用分生孢子传代就易退化,而改用子囊孢子移种则不易退化。

(4) 采用有效的菌种保藏方法 菌种的保藏温度、所用的培养基等均可影响突变。在工业生产用的菌种中,主要性状都属于数量性状,而这类性状恰是最易衰退的;即使在较好的保藏条件下,这种情况仍然存在。例如,链霉素产生菌灰色链霉菌(*Streptomyces griseus*)IC-1 菌株以冷冻干燥孢子形式保藏五年,发现菌群中衰退菌落的数目有所增加;而在同样情况下,另一株灰色链霉菌"773"号只需经过 23 个月,其活性就降低了 23%。因此,针对不同菌种有必要研究和采用更加有效的保藏方法以防止菌种的衰退,如超低温、干燥、真空等。

二、菌种的复壮(rejuvenation)

1. 定义

狭义的复壮是指菌种已发生衰退后,通过纯种分离和测定典型性状、生产性能等指标,从已衰退的群体中筛选出少数尚未退化的个体,以达到恢复原菌株固有性状的相应措施。这种复壮是一种消极的措施。

广义的复壮是指,在菌种的典型特征或生产性状尚未衰退前,就经常有意识地采取纯种分离和生产性状的测定工作,以期从中选择到自发的正变个体。这是一种积极的措施。

2. 复壮的方法

(1) 纯种分离法(pure culture isolation) 通过纯种分离,可把退化菌种细胞群体中一部分仍保持原有典型性状的单细胞分离出来,经过扩大培养,恢复原菌株的典型性状。常用的分离纯化方法很多,大体上可将它们归纳为两类:一类较粗放,只能达到"菌落纯"的水平,即从种的水平来说是纯的,例如在琼脂平板上进行划线分离、表面涂布或与琼脂培养基混匀后浇铺平板的方法以获得单菌落;另一类是较精细的单细胞分离方法,它可以达到细胞纯(即"菌株纯")的水平,这类方法种类很多,既有简便地利用培养皿或凹玻片等分离室的方法,也有利用复杂的显微操纵器的分离方法,等等。如遇到不长孢子的丝状菌,则可用无菌小刀切取菌落边缘的菌丝尖端进行分离移植,也可用无菌毛细管插入菌丝尖端,以截取单细胞而进行纯种分离。

(2) 通过宿主复壮 对一些寄生性比较强的菌株(如病原菌),可以将已衰退的菌株接种到相应的宿主或寄主体内培养,以恢复其原有性状。例如,经过长期人工培养的苏云金芽孢杆菌,会发生毒力减退、杀虫率降低的现象,这时可将退化的菌株,去感染菜青虫的幼虫(相当于一种选择性培养基),然后再从病死的虫体内重新分离典型产毒菌株。如此反复多次,就可提高菌株的杀虫效率。

(3) 淘汰已衰退的个体 可以采用各种外界不良理化条件,使发生衰退的个体死亡,从而留下群体中生长健壮的个体。例如,有人曾对"5406"抗生菌的分生孢子进行 $-30 \sim -10$ ℃ 的低温处理 5~7 天,使退化的个体 80% 死亡。最终发现,在剩余 10%~20% 抗低温存活个体中存在未退化的健壮个体。

以上综合了一些在实践中具有一定效果的防止衰退和达到复壮的经验。但需要指出的是,在使用这类措施之前,应仔细分析和判断菌种究竟是发生了真正的衰退,还是一般性的杂菌污染或表型变化(饰变)。只有对症下药,才能使复壮工作奏效。

三、菌种的保藏

微生物菌种资源与动、植物资源一样,都是极其重要和宝贵的生物资源,受法律保护。因此,菌种保藏是一项十分重要的基础性工作,有时一个好的菌种可以价值连城。目前许多国家均设立了微生物菌种保藏机构,其任务是广泛收集实验室和生产用菌种、菌株、病毒毒株(个别还包括动、植物的细胞株和微生物的质粒等),并将它们妥善保藏,使之不死、不衰、不乱,以便于研究、交换和使用。

菌种保藏的具体方法很多,根据不同目的可加以选择,但保藏原理基本相同,即挑选典型菌种的优良纯种,最好采用它们的休眠体(如分生孢子、芽孢等),并为它创造一个有利于微生物长期休眠的环境条件,如干燥、低温、缺氧、避光、缺乏营养等,以及添加保护剂或酸碱中和

第八章 微生物的遗传和变异

剂等。

在菌种保藏中控制水分和温度是两个关键因素。水分是生化反应和一切生命活动的介质,因此干燥(尤其是深度干燥)对保藏极其重要。硅胶、无水氯化钙、五氧化二磷等是良好的干燥剂。当然,高度真空可同时达到驱氧和深度干燥的目的,所以更为有效。除水分外,低温乃是菌种保藏的另一重要因素。一般来说,微生物的生长温度最低限在-30 ℃左右,但是在水溶液中能进行酶促反应的温度低限则可达到-140 ℃左右。这或许就是在有水分的情况下,即使将微生物保藏在较低温度下,仍然难以较长期保藏的原因之一。在进行低温保藏时,细胞体积较大的一般要比体积较小的对低温更为敏感,而无细胞壁的则比有细胞壁的敏感。其原因是与低温会使细胞内的水分形成冰晶,从而引起细胞结构尤其是细胞膜的损伤有关。如果将菌种放到较低温度下进行冷冻,适当采用速冻方法,则可因产生的冰晶小而减少对细胞的损伤。当从低温下开始升温对,冰晶又会长大,故快速升温也可减少对细胞的损伤。当然,不同微生物的最适冷冻和降温速度也是不同的。例如有人发现,酵母菌细胞的冷冻速度以每分钟10 ℃为宜。另外,冷冻时的介质对细胞损伤与否也影响显著。例如,0.5 mol/L左右的甘油或二甲基亚砜可透入细胞,并通过降低脱水作用而保护细胞;大分子物质如糊精、血清白蛋白或聚乙烯吡咯烷酮(PVP)等虽不能透入细胞,但可以通过和细胞表面结合的方式而防止细胞膜受冻伤。在实践中,人们发现用较低的温度进行保藏效果较为理想,如液氮温度(-195 ℃)比干冰温度(-70 ℃)好,-70 ℃比-20 ℃好。

至于具体采取哪种保藏方式,则要根据所保藏微生物的种类和时间等具备情况而定。一般来说,一个好的菌种保藏方法应具备两个因素:一是应能保持原种的优良性状长期稳定不变;二是要考虑方法的通用性、操作的简便性和设备的普及性。现介绍一些具体常用的保藏方法。

1. 定期移植保藏法(斜面、液体、半固体普通冰箱保藏法)

将菌种接种在试管斜面、液体或半固体穿刺培养基上,待菌种长好后,置于4 ℃ 冰箱中保藏,湿度50%~70%以下,棉塞换成不通气橡皮塞更好。每隔一定时间(一般4~6个月)再转接至新的培养基上,待生长后继续保藏。该方法简单、方便,不受条件限制,存活率高,各类微生物均可,故应用较为普遍。其缺点是这种温度下保藏的菌种仍有一定的代谢强度,因此必须定期传代。但传代次数过多则易引起菌种变异,故不宜长期保藏。

2. 液体石蜡覆盖保藏法

此方法的原理是限制氧供应以削弱菌种的代谢水平,同时减少培养基水分挥发损失。在斜面或穿刺培养基中覆盖灭菌的液体石蜡,再用固体石蜡封口即可(也可用橡皮塞代替棉塞)。如果同时结合暗条件则更好。该方法主要适用于霉菌、酵母菌、放线菌、好氧性细菌等的保存。其中霉菌和酵母菌可保存几年甚至几十年。本法的优点是方法简单,不需特殊装置,缺点是对很多厌氧细菌、兼性厌氧细菌或能分解烃类的细菌(如石油发酵菌)的保藏效果较差。另外,液体石蜡要求优质无毒,并在121 ℃湿热灭菌20 min。保藏时要求液体石蜡的油层高于斜面顶端1 cm,封口后垂直放于4 ℃冰箱内保藏。

3. 载体保藏法

使微生物吸附在适当的载体上(土壤、沙子、奶粉、面粉等)进行干燥保存的方法称为载体保藏法。其中最常用的是沙土管保藏法。沙和土用酸浸泡去除其中的有机质,洗涤中和,干燥,分装于安瓿管内,加塞灭菌;然后把健壮的孢子悬液滴于沙土中搅拌均匀,真空干燥后封口,置冰箱或干燥器中保藏。该法主要适用于真菌、放线菌等产孢子的微生物,不适用于营养细胞保藏。因该方法简便通用,能在低温、干燥、无氧、缺营养条件下长时间保藏(可达几年至数十年),效果良好,故应用范围较广。

4. 冷冻干燥保藏法

这是一种国际公认的有效菌种保藏方法。它集中了低温、干燥、缺氧和加保护剂等多种菌种保藏条件于一身。其原理是,首先将微生物细胞冷冻(附加保护剂),然后在减压情况下利用升华现象除去水分,使细胞的生理代谢、生化反应等活动处在停止状态,最后在低温下进行长期保藏(一般保藏期为5~15年或更长)。主要操作方法为:将微生物细胞或孢子混悬于适当的保护剂(如20%脱脂牛奶或血清)中,使之成为10^8/mL浓度;取0.1 mL至灭菌安瓿中,随即放在干冰(固态CO_2)乙醇溶液(-70 ℃)中速冻;然后在含有强力干燥剂(P_2O_5或无水$CaCl_2$)的容器中用真空泵抽气1天左右,使其中冰水升华;最后熔封管口,置于4 ℃、-20 ℃、-50 ℃、-70 ℃,甚至液氮(-196 ℃)中进行长期保藏。

本法具有保藏期长、变异小、便于大量保藏及适用范围较广等优点,是各保藏机构使用的主要方法。仅有一些不产孢子的丝状真菌不宜用此法。其缺点是设备要求较高,操作较为繁琐。

5. 液氮保藏法

该方法是一种高效的菌种保藏方法。保藏的对象也最为广泛,效果好。其方法是将微生物细胞混悬于含保护剂(20%甘油或10%二甲基亚砜)的液体培养基中(也可把含菌琼脂块直接浸入含保护剂的培养液中),然后分装入耐低温的安瓿中作缓慢预冷,最后移至液氮罐中的液相(-196 ℃)或气相(-156 ℃)中作长期超低温保藏。本法的优点是保藏期长(15年以上),保藏菌种范围广(适合各类微生物),尤其适合于无法用冷冻干燥法保藏的微生物(如支原体、衣原体、不产孢子的真菌、微藻和原生动物等)。其缺点是需要液氮罐、液氮等特殊设备与耗材,管理费用高、发放不太方便等。

现将实验室和生产实践中最常用的七种菌种保藏方法列于表8-7中。

表8-7 几种常用菌种保藏方法的比较

方　　法	主要措施	适宜菌种	保藏期	评价
冰箱保藏法(斜面)	低温(4 ℃)	各大类	1~6个月	简便
冰箱保藏法(半固体)	低温(4 ℃),避氧	细菌,酵母菌	6~12个月	简便
液体石蜡封藏法*	低温(4 ℃),阻氧	各大类**	1~2年	简便
甘油悬液保藏法	低温(-70 ℃),保护剂(15%~50%甘油)	细菌,酵母菌	10年	较简便
沙土保藏法	干燥,无营养	产孢子的微生物	1~10年	简便有效
冷冻干燥保藏法	干燥,低温,无氧,有保护剂	各大类	5~15年	繁而高效
液氮保藏法	超低温(-196 ℃),有保护剂	各大类	15年以上	繁而高效

* 用斜面或半固体穿刺培养物均可,一般置于4 ℃下。

** 对石油发酵微生物不适宜。

在进行微生物保藏时还应注意以下几个问题:①由于微生物的多样性,不同的微生物往往对不同的保藏方法有不同的适应性;②迄今为止尚没有一种方法被证明对所有的微生物均适合;③在具体选择保藏方法时必须对被保藏菌株的特性、使用特点及现有条件等进行综合考虑;④对于一些比较重要的微生物菌株,要尽可能多地采用不同手段进行保藏,以免因某种方法的失败而导致菌种的丧失。

【视野拓展】

国内外菌种保藏机构简介

目前,世界上约有550个菌种保藏机构。各保藏机构保藏的菌种类型一般是按照普通、工业、农业、医学、兽医、抗生素等专业性质分类的,既有比较综合的,也有比较专一的(如沙门氏菌、弧菌、根瘤菌、乳酸杆菌、放线菌、酵母菌、丝状真菌、藻类等)。其中比较著名的菌种保藏机构如下。

①美国典型菌种保藏中心(简称ATCC,马里兰,1925年建立),是世界上最大、保藏微生物种类和数量最多的机构,保存有病毒、衣原体、细菌、放线菌、酵母菌、真菌、藻类、原生动物等,均是典型模式菌株。

②荷兰的真菌菌种保藏中心(简称CBS,得福特,1904年建立),保藏了酵母菌和丝状真菌约8400种、18000余株,大多也是模式株。

③英国国家典型菌种保藏中心(简称NCTC,伦敦),主要保藏了医用和兽医病原微生物。

④英联邦真菌研究所(简称CMI,萨里郡),主要保藏了真菌模式株,以及生理生化和有机合成等菌种。

⑤日本大阪发酵研究所(简称IFO,大阪),主要保藏了普通和工业微生物菌种。

⑥美国农业部北方利用研究开发部(北方地区研究室,简称NRRL,伊利诺伊州的皮契里亚),主要收藏了农业、工业、微生物分类学所涉及的菌种,包括细菌、丝状真菌、酵母菌等。

中国于1979年成立了中国微生物菌种保藏管理委员会(简称CCCCM,China Committee for Culture Collection of Microorganism,北京)。CCCCM所属七个保藏中心的保藏量目前为亚洲第一(2004年有4万余株各种微生物)。

①普通微生物菌种保藏管理中心CGMCC(中科院北京微生物研究所AS,中科院武汉病毒研究所AS-IV)。

②农业微生物菌种保藏管理中心ACCC(中国农科院土肥所ISF)。

③工业微生物菌种保藏管理中心CICC(中国食品发酵工业科学研究所IFFI)。

④医学微生物菌种保藏管理中心CMCC(卫生部药品生物检定所NICPBP,中国医学科学院皮肤病研究所ID,中国医学科学院病毒研究所IV)。

⑤抗生素菌种保藏管理中心CACC(中国医科院医药生物技术所IA,国家医药总局四川抗生素研究所SIA,华北制药厂抗生素研究所IANP)。

⑥兽医微生物菌种保藏管理中心CVCC(国家农业部兽医药品监察所CIVBP),中国典型培养物收藏中心(武汉大学)。

⑦中国林业微生物菌种保藏中心CFCC(中国林业科学院林业研究所RIF)。

另外,近几年新成立的还有,中国科学院微生物研究所微生物资源中心(IMCAS-BRC),其前身为中国普通微生物菌种保藏管理中心(CGMCC),目前保藏有3900多种菌种,总数达 3.5 万株;中国海洋微生物菌种保藏中心(MCCC)(国家海洋局第三研究所,厦门),目前共采集保藏我国近海和大洋各类微生物菌种数万株。

以上这些菌种保藏机构目前所采用的主要菌种保藏方法是:斜面传代、冷冻干燥和液氮法三种方式。另外,1970 年 8 月在墨西哥城举行的第 10 届国际微生物学代表大会上,成立了世界菌种保藏联合会(简称 WFCC,为各国菌种保藏的注册机构),同时确定澳大利亚昆士兰大学微生物系为世界菌种保藏资料中心。该中心用电子计算机储存有全世界各菌种保藏机构的有关情报和资料,并于 1972 年起定期出版《世界菌种保藏名录》。

小 结

遗传和变异是一切生物(包括微生物)最本质的属性之一。要认识微生物遗传变异的规律,应首先搞清遗传型、表型、变异和饰变这四个基本概念。

历史上通过转化、噬菌体感染和植物病毒重建三个著名的实验确定了核酸(而不是蛋白质)是遗传和变异的物质基础。遗传物质在细胞中以七个水平存在。除核基因组外,核外基因组尤其是原核生物的质粒,因其在理论和实践中的重要性而备受学术界关注,其中的 F 质粒、R 质粒、Col 质粒、Ti 质粒与 Ri 质粒、mega 质粒和降解性质粒等尤显重要。

基因突变是微生物的最基本的变异方式,种类很多,但基本上分为自发突变和诱发突变两大类。基因突变有七个特点,其中突变的自发性和不对应性特点是通过构思巧妙的变量实验、涂布试验和影印平板试验得到证明的。基因突变可自发或诱发产生。发生在核苷酸水平上的突变称点突变,主要有碱基置换和移码突变两类;而发生在染色体水平上的突变则称畸变,包括染色体的缺失、添加、易位(转座)和倒位等变异。

基因重组是指不同物种或同种不同菌株间的遗传物质在分子水平上的交换与组合(杂交),它可产生比基因突变层次更高的变异。原核微生物的基因重组形式有转化、转导、接合、原生质体融合和基因工程等。微生物基因重组有许多特点,如在转化、转导和接合中,其 DNA 的转移只是单向地从供体细胞至受体细胞;而在原生质体融合和基因工程中,则可实现细胞间的双向 DNA 转移与组合。从基因转移的数量来看,转化和转导仅能转移少量基因,接合既可转移少数基因也可转移多数基因,而原生质体融合则可转移多数基因。从基因转移的媒介来看,转化是 DNA 分子的直接转移(包括自然、人工),转导是以缺陷噬菌体或病毒为媒介完成的 DNA 分子转移,接合是以性毛为通道进行的转移;而在原生质体融合中,则是通过两个原生质体表面的直接接触并经相互融合为一体而完成的基因组转移。真核微生物主要是通过有性杂交和准性生殖的方式来完成遗传重组的。

微生物育种是利用微生物基因重组原理和方法,人为地在 DNA 水平上解除或突破微生物的代谢调节控制,或促使细胞内发生基因的重新组合,以实现微生物菌种的遗传性状优化,获取高产、优质和低耗菌种。微生物育种主要是利用诱变、杂交、原生质体融合,以及基因工程技术等。应了解微生物育种中的一些经典方法和基本技术的原理及其环节对开展相关工作十分必要。其中营养缺陷型抗、性突变型等选择性突变株在遗传学基础理论研究和选种、育种实践中有着极其广泛的应用。通过高产突变株的选育以及抗药性突变株和营养缺陷突变株的选育可很好地领会微生物育种的实质和方法。

遗传工程主要指基因工程,它是定向改造生物的重要手段。基因工程的操作主要包括目的基因的分离制备、与载体的连接、重组分子进入受体、筛选重组体细胞,并进行增殖和表达等技术。在理论研究和实际应用中,遗传工程已经取得了令人瞩目的成就,它也是当今生物技术革命的重要组成部分。这对进一步认识和揭示生命的本质、相互关系,以及发现、利用和开发重要功能基因等具有划时代的意义。

对于从事微生物学研究、应用和开发的人们来说,菌种保藏是一个首要问题,因为没有稳定的菌种,一切将无从谈起。由于菌种容易发生退化(其实质是变异),因此只有充分利用微生物遗传变异理论去指导菌种保藏,并不断进行菌种复壮,才能达到令人满意的结果。对任何国家来说,良好的菌种保藏工作是对珍贵微生物资源保护、开发和利用的坚强后盾。在众多的菌种保藏方法中,干燥、低温、避氧、缺乏营养等是共同遵循的原则,其中斜面冰箱定期转接保藏、冷冻干燥保藏和液氮保藏是当今国际上采用最多的菌种保藏方法。

复习思考题

1. 名词解释

基因型	表型	饰变	野生型	原养型
营养缺陷型	抗性突变型	条件致死突变型	基本培养基	完全培养基
补充培养基	回复突变	质粒	转化	转导
接合	局限性转导	普遍性转导	流产转导	高频转导
缺陷噬菌体	溶源转变	点突变	转换	颠换
移码突变	染色体畸变	Ames 试验	感受态	原生质体融合
准性生殖	基因重组	衰退	复壮	

2. 试述历史上证明核酸是遗传物质的三个著名实验及其作者。为何他们都不约而同地选用微生物作为研究对象,且其中两个是病毒?
3. 说明遗传物质在细胞中的不同存在形式。
4. 什么是质粒?它有哪些特点?主要质粒有几类?各有何理论与实际意义?
5. 证明基因突变的自发性和随机性的三个实验是什么?
6. 光复活作用和暗修复作用的机制是什么?
7. 诱变育种的基本环节是什么?其关键环节是什么?
8. 能否找到一种仅对某一基因具有特异性诱变作用的化学诱变剂?为什么?
9. 简述紫外诱变、5-溴尿嘧啶诱变的机制?
10. 试述筛选营养缺陷型突变株的方法。
11. 简述原核微生物基因重组的主要方式及其特点。
12. 试比较转化、转导、接合和原生质体融合之间的异同。
13. 简述转化的一般过程及其机制。
14. 比较普遍性转导与局限性转导的异同。
15. 什么叫接合中断法?试述利用此法测定 E. coli Hfr 菌株染色体图的基本原理。
16. 简述原生质体融合的基本操作程序。
17. 什么叫准性生殖?说明利用准性生殖规律进行半知菌类杂交育种的一般过程。
18. 试述诱变育种应把握的主要原则、基本环节,其关键是什么?为什么?

19. 举例说明在微生物诱变育种工作中,采用高效筛选方案和方法的重要性。
20. 试述基因工程的基本原理和操作步骤。
21. 菌种衰退的原因和主要表现是什么?如何区分衰退、饰变与杂菌污染?
22. 菌种复壮的方法有哪些?
23. 菌种保藏的基本要素是什么?简述菌种保藏的方法及其主要优缺点。

(程水明 李景蕻)

第九章

微生物生态

学海导航

了解微生物在自然界中的分布状态，微生物与周围环境之间的相互关系；掌握微生物与微生物之间、微生物与其他生物之间的相互关系；掌握微生物在自然界碳、氮、硫、磷等重要元素循环中所起的重要作用；拓展了解微生物在环境保护中的作用，能利用所学微生物生态学知识来解决生活、工作中所遇到的某些实际问题。

重点：微生物与生物环境之间的关系；微生物在自然界物质循环中的重要作用。

难点：微生物在碳、氮、硫、磷等重要元素物质循环中的重要作用及其应用。

在地球表面的生物圈(biosphere)，是与大气圈、水圈、岩石圈相互联系的一个整体。系统中各类生物之间及其与环境之间不断进行着物质循环、能量流动和信息传递，从而形成了具有一定空间、结构与功能，相对稳定并能不断演化的生态系统(ecosystem)。微生物生态学(microbial ecology)是研究微生物群体与其周围生物和非生物环境条件间相互作用规律的科学。在自然界广泛分布的微生物是生物圈的重要成员，特别是近年来微生态学、微生物分子生态学研究成果，越来越显示出微生物生态学在生态学中的重要地位。微生物生态学的研究成果将不断地为人类充分开发与利用微生物资源，解决资源匮乏、能源短缺和环境污染等问题提供理论基础和技术手段，为社会经济的可持续发展提供决策依据。

第一节 微生物在自然界中的分布

一、土壤中的微生物

1. 土壤是微生物生长和栖息的良好环境

土壤具备各种微生物生长发育所需要的营养、水分、空气、酸碱度、渗透压和温度等条件。大多数微生物是异养型生物，土壤中的有机物为微生物提供了良好的碳源、氮源和能源，且土壤有机质含量直接影响微生物的生长、繁殖和数量。土壤中的无机物能为微生物的生命活动提供各类矿物质元素。土壤中的水分虽然变化较大，但基本上可以满足不同微生物类群的需要；一般性土壤的酸碱度接近中性，缓冲性较强，适合大多数微生物生长；土壤的渗透压大多不超过微生物的渗透压；土壤结构疏松，具有团粒结构，空隙中充满着空气和水分，为好氧和厌氧微生物的生长提供了良好的环境。此外，土壤的保温性能好，与空气相比，昼夜温差和季节温差的变化不大。土壤还具有屏障作用，在表土几毫米以下，微生物便可免于被阳光直射致死。以上这些土壤特性为微生物的生长、繁殖提供了有利条件，使得土壤成为数量庞大、种类繁多微生物的"天然培养基"和"大本营"，也是人类最丰富的"菌种资源库"。

2. 土壤中的微生物及其分布

土壤中微生物的种类主要有细菌、放线菌、真菌、藻类、原生动物甚至病毒等类群。其中，细菌最多，占土壤微生物总量的70%~90%；放线菌、真菌次之；藻类和原生动物等较少。这些微生物通过其代谢活动可以改变土壤的理化性质，并进行物质转化。因此，它们又是构成土壤肥力的重要因素。

不同类型及不同深度土壤中的微生物数量和类群差异很大。例如：在有机物含量丰富的黑土、草甸土、鳞质石灰土和植被茂盛的暗棕壤中，微生物含量较高；而在西北干旱地区的棕钙土，华中、华南地区的红壤和砖红壤，以及沿海地区的滨海盐土中，微生物的含量较少。另外，不论是水田还是旱地，总是表层耕作层的微生物含量最高，土层越深，微生物的含量就会越少；旱地土壤中的放线菌和真菌比水田土壤中多，这是与它们的好氧生活特性直接相关的。

就一般耕作层土壤来说，在每克干土中各种微生物含量之比大体有一个10倍系列的递减规律：细菌（$\sim 10^8$）＞放线菌（$\sim 10^7$，孢子）＞霉菌（$\sim 10^6$，孢子）＞酵母菌（$\sim 10^5$）＞藻类（$\sim 10^4$）＞原生动物（$\sim 10^3$）。但一般情况下真菌的生物量和细菌的生物量几乎相等，而原生动物和藻类的生物量与真菌和细菌生物量相比，会少一个数量级。由上可知，土壤中所含的微生物数量很大，尤以细菌最多。据估计，每亩耕作层土壤中，约有霉菌150 kg，细菌75 kg，原生动物15 kg，藻类7.5 kg，酵母菌7.5 kg。通过土壤微生物的代谢活动，可改变土壤的理化性质，促使物质转化，因此，土壤微生物是构成土壤肥力的重要因素。

二、水体中的微生物

因水体中所含的有机物、无机物、溶氧、毒物以及光照、酸碱度、温度、水压、流速、渗透压和生物群体等都有着明显差别，因此可把水体分成若干类型，各种类型水体又有其相应的微生物区系。

1. 不同类型水体中的微生物种类

1）淡水型水体中的微生物

按有机物含量的多寡及其与微生物的关系，可分为如下两类。

（1）清水型水生微生物 存在于有机物含量低的水体中，以化能自养型微生物和光能自养型微生物为主，如硫细菌、铁细菌、衣细菌，以及含有光合色素的蓝细菌、绿硫细菌和紫细菌等。另外，也有少量腐生性细菌、霉菌、单细胞和丝状的藻类，以及一些原生动物。

（2）腐败型水生微生物 在含有大量外来有机物的水体中生长，主要是各种肠道细菌、芽孢杆菌、弧菌和螺菌等，以及纤毛虫类、鞭毛虫类和根足虫等原生动物。其中有许多是动植物致病菌。

在较深的湖泊或水库等淡水环境中，因光线、溶氧和温度等差异，微生物呈明显的垂直分布带。①沿岸区或浅水区：因此处阳光充足和溶氧量大，故适于蓝细菌、光合藻类和好氧性微生物的生存。②深水区：此区光线微弱、溶氧量少且硫化氢含量较高等，只有一些厌氧光合细菌和若干兼性厌氧菌生存。③湖底区：由于严重缺氧且静水压较大，故只有某些厌氧菌或兼性厌氧菌才能生长。

2) 海水型水体中的微生物

与淡水相比,海水是一个独特的生态环境,含盐量高(大多在 2%～4%),有机质和氧气的含量比淡水和土壤中的低,因此不适合真菌生长。海水中的微生物绝大多数是能耐受高渗透压的嗜盐性细菌。其中,具有代表性的是一些有活动能力的杆菌和弧菌,如假单胞杆菌属、弧菌属、黄色杆菌属、无色杆菌属和无芽孢杆菌属的细菌等。这些微生物具有以下特征:①能生长在 2%～4% 的盐溶液中,缺少氯化钠不能生长。②能在低营养环境中生长。③大多数能生长在低温的海洋环境中(低于 5 ℃)。④能抗高压。⑤大多数海洋细菌为革兰氏阴性细菌,并可运动。⑥海洋细菌通常为好养菌或兼性厌氧菌,专性厌氧菌相对较少。⑦有些细菌可以降解蛋白质。

根据深度可将海水分为以下几个区。①透光区:此处光线充足,水温高,适合多种海洋微生物生长。②无光区(25～200 m)。③深海区(200～6000 m):该区黑暗、寒冷和高静水压,只有少量微生物存在。④超深海区(6000 m 以下):该区不仅黑暗、寒冷,而且超高静水压,故只有极少数耐压菌才能生长。

2. 水体的自净作用

在自然水体尤其是快速流动、氧气充足的水体中,存在着水体对有机或无机污染物的自净作用。这种"流水不腐"的实质,主要是生物学和生物化学的综合作用,包括好氧菌对有机物的降解作用,原生动物对细菌的吞噬作用,噬菌体对宿主的裂解作用,藻类对无机元素的吸收利用,以及浮游动物和一系列后生动物通过食物链对有机物的摄取和浓缩作用等。

3. 饮用水的微生物学标准

良好的饮用水,其细菌含量应在 100 个/mL 以下,当水体中细菌超过 500 个/mL 时,就不适合饮用了。检测饮用水中微生物的种类主要是以 *E. coli* 为代表的大肠埃希氏菌群数为指标,因为这类细菌是温血动物肠道中的正常菌群,数量极多,用它作指标可以灵敏地推断该水源是否曾与动物粪便接触过、污染程度如何。该方法可避免直接去计算数量极少的肠道传染病(霍乱、伤寒、痢疾等)病原体所带来的难题。我国饮用水标准是,1 mL 自来水中的细菌总数不可超过 100 个(37 ℃,培养 24 h),而 1000 mL 自来水中的大肠菌群数则不能超过 3 个(37 ℃,培养 48 h)。大肠菌群数的测定通常可用滤膜培养法在选择性或鉴别性培养基(如伊红美蓝培养基、EMB 鉴别培养基)上进行,然后数出其上所生长的菌落数。

【视野拓展】

贫营养化和富营养化水体中的微生物

根据细菌等微生物对周围水生环境中营养物质浓度的要求,可把微生物分成三类。以细菌为例说明如下。①贫营养细菌:能在 1～15 mgC/L 的低有机质含量培养基中生长的细菌。②兼性贫营养细菌:在富营养培养基中经反复培养后也能适应并生长的贫营养细菌。③富营养细菌:只能生长在营养物质浓度很高(10 gC/L)的培养基中的细菌,它们在贫营养培养基中反复培养后即死亡。由于淡水中溶解性或悬浮态有机物碳含量一般在 1～26 mgC/L,故清水型中的腐生微生物多是一些贫营养细菌。某水样中贫营养细菌与总菌数(包括贫营养细菌和富营养细菌)的百分比,称为贫营养指数(oligotrophic index)。

三、空气中的微生物

空气中缺乏微生物生长、繁殖所需要的营养物质和水分,另外还有空气流动和日光中紫外线的照射等不利因素,使得空气不能成为微生物良好的生存场所,也没有固定的微生物种类。只是在其中漂浮着大量微生物,且分布很不均匀。土壤、水体、各种腐烂有机体以及人和动植物体上的微生物,都可能随着气流的运动被携带到空气中,并随空气流动到处传播,使微生物"无处不在、无时不有、无孔不入"。尘埃是空气中携带微生物的"飞行器",重力作用会使其产生自然沉降或遇雨雪沉降。因此,尘埃多的空气中,微生物也多,而且越近地面的空气含菌量越高。一般在畜舍、公共场所、医院、城市街道等的空气中,微生物数量较多;而在海洋、高山、森林地带,终年积雪的山脉或高纬度地带的空气中,微生物数量则较少(表9-1)。另外,空气的温度和湿度也影响微生物的种类和数量。夏季气候湿热,微生物繁殖旺盛,空气中的微生物就比冬季多;雨雪季节,空气中微生物的数量则大为减少。

表9-1　不同条件下 $1\ m^3$ 空气的含菌量

条　件	数　量
畜　舍	$(1\sim2)\times10^5$
宿　舍	20000
城市街道	5000
市区公园	200
海洋上空	$1\sim2$
北极(北纬80°)	0

微生物在大气中的分布及其在大气中滞留时间的长短是依气流的速度、大气的湿度、光照以及它们所附着的尘埃粒子的大小等的不同而不同的。微生物所附着的尘埃粒子越小则漂浮得越高越远,停留在空气中的时间也越长。在此过程中,其中大部分微生物将丧失生命力,而幸存者则是抵抗力较强的微生物如细菌中的芽孢杆菌、微球菌、八叠球菌等,霉菌中的曲霉、青霉、镰刀霉、交链孢霉、毛霉和根霉等。随环境不同,空气中的微生物主要有各种球菌、芽孢杆菌、产色素细菌,以及对干燥和射线有抵抗能力的真菌孢子等;也可能有某些病原菌和病毒,如,结核分枝杆菌(*Mycobacterium tuberculosis*)、白喉棒状杆菌(*Corynebacterium diphtheriae*)、溶血性链球菌(*Streptococcus hemolyticus*)、流感病毒、麻疹病毒等。在医院或患者居室附近空气中,病原菌尤其是耐药性种类特别多,数量大,对免疫力低下的人群十分有害。空气中的微生物与动植物病虫害的传播、发酵工业的污染以及工农业产品的霉腐变质都有很大的关系。

空气中微生物的数量是大气被污染程度的标志之一,检测其数量对人类健康、工业生产和环境保护具有重要意义。测定空气中微生物的数目可用培养皿沉降或液体阻留等方法进行。凡须进行空气消毒的场所,例如医院的手术室、病房、微生物接种室或培养室等处可以用紫外线消毒、福尔马林等药物的熏蒸或喷雾消毒等方法进行,为防止空气中的杂菌对微生物培养物或发酵罐内的纯种培养物的污染,可用棉花、纱布(8层以上)、石棉滤板、活性炭或超细玻璃纤维过滤纸进行空气过滤。

四、工农业产品上的微生物

1. 工业产品的霉腐

许多工业产品都是直接或间接用动、植物做原料制成的,如木制品、纤维制品、皮革制品、化妆品和中草药等。由于它们可被环境中某些微生物(尤其是霉菌)所利用,因此一旦遇到适宜的温、湿度等条件极易受到侵蚀,从而引起霉变、腐烂、老化、变形与破坏。有些工业产品虽是由无机材料(如金属、玻璃等)制造的,也可因某些特殊微生物的活动而产生腐蚀与变质,使产品的品质、性能、精确度、可靠性下降。微生物通过产生各种酶系来分解以上产品中的相应组分,从而产生危害。例如:纤维素酶可破坏棉、麻、竹、木等材料;蛋白酶可分解革、毛、丝等产品;一些氧化酶和水解酶可破坏涂料、塑料、橡胶和黏合剂等合成材料。此外,微生物还可通过菌体的大量繁殖和代谢产物对工业产品产生危害。例如,霉腐微生物在矿物油中生长后,不仅因产生的大量菌体阻塞机件,而且其代谢产物还会腐蚀金属器件;硫细菌、铁细菌和硫酸盐还原菌会对金属制品、管道和船舰外壳等产生腐蚀;霉腐微生物的菌体和代谢产物会危及电子器材的电学性能;霉菌产生的有机酸会腐蚀玻璃,从而降低显微镜、望远镜等光学仪器的性能等。

可以从以下几个方面来防止微生物引起的工业产品的霉腐:①控制微生物生长繁殖的条件,如温度、湿度、氧气和养料等;②采用高效的化学杀菌剂和防腐剂,杀灭或除去物品上的微生物,并严防杂菌的再污染;③在工业产品上涂上一层抗微生物腐蚀的材料或含杀菌物质的薄膜,使它们不受损害。

2. 食品上的微生物

由于在食品的加工、包装、运输和储藏等过程中,不可能做到严格的灭菌和无菌操作,因此经常遭到细菌、霉菌、酵母菌等的污染。在适宜温度、湿度条件下,这些微生物会迅速繁殖。由于这些污染微生物中有的是病原微生物,有的能产生毒素,从而引起食物中毒或其他严重疾病的发生,所以食品卫生工作显得格外重要。

罐头是人们保存食品的常用方法之一。罐头食品在制作过程中虽然经过了加热处理,但有时也会出现变质现象。导致罐头食品变质的微生物主要是某些耐热、具有厌氧或兼性厌氧特点的微生物。例如肉类罐头变质时,可检出嗜热脂肪芽孢杆菌(*Bacillus stearothermophilus*)、生孢梭菌(*Clostridium sporogenes*)、肉毒梭菌(*C. botulinum*)等。肉毒梭菌产生的肉毒素(botulinumtoxin)是一种强烈的神经毒素,其毒性要比 KCN 强 10000 倍。

要有效地防止食品霉腐变质,必须注意加工制造和包装储藏环节的环境卫生,并采用低温、干燥、密封等措施。此外,也可在食品中添加少量无毒的化学防腐剂,如苯甲酸、山梨酸、脱氢乙酸、丙酸或二甲基延胡索酸等。

3. 农产品上的微生物

粮食、蔬菜和水果等各种农产品上均有微生物生存,由此引起的霉腐或动植物中毒危害极大。据估计,全球每年因霉变而损失的粮食占总产量的 2% 左右。粮食和饲料上的微生物以曲霉属(*Aspergillus*)、青霉属(*Penicillium*)和链孢霉属(*Fusarium*)等真菌为主,其中以曲霉危害最大,青霉次之。有些真菌所产生的真菌毒素(mycotoxin)是致癌物,其中以某些黄曲霉(*Asperegillus flavus*)菌株所产生的黄曲霉毒素(aflatoxin,AFT)和链孢霉所产生的单端孢霉烯族毒素(trichothecene)T_2 的毒性最强。黄曲霉毒素是一种强烈的致肝癌毒素,广泛分布于霉变的花生、玉米和大米("红变米"、"黄变米")等粮食及其加工品中。现已发现黄曲霉毒素的衍生物多达18种,毒性和致癌性以黄曲霉毒素 B_1、B_2 和黄曲霉毒素 G_1、G_2 最强;其中黄曲霉毒素 B_1 的毒性超过 KCN,其致癌性比举世公认的三大致癌物(二甲基偶氮苯、二甲基亚硝胺和3,4-苯并芘)还要强。

另外,粮食中微生物的生长繁殖受地理环境的影响较大。例如热带和亚热带地区的粮食较易受到污染;我国长江沿岸地区的粮食中黑曲霉系较重,而东北、西北地区相对较少。防止粮食的霉变,主要是加强保管。入仓前要将粮食充分晒干或烘干,并除尽破损、色变、霉变的颗粒;入仓后尽量创造干燥、低温、缺氧的条件,使粮食上的有害微生物失去生长繁殖的条件。

肉类上常见的细菌有芽孢杆菌、梭菌、无芽孢杆菌和球菌等类群,真菌多为曲霉、毛霉和青霉等。某些肉类食品上生长的细菌还能产生毒素,如沙门氏菌属的许多种可产生内毒素,金黄色葡萄球菌的某些菌株能产生可溶性外毒素,肉毒梭菌能产生毒性极高的外毒素即肉毒毒素,误食少量即可造成死亡。

鱼类与其他动物一样,其健康体表、黏膜、消化道中有正常微生物区系存在,在类群上有细菌属、黄杆菌属、微球菌属、变形杆菌属、假单胞菌属、产碱菌属和小杆菌属等。鲜鱼在冰箱冷藏室(4 ℃)条件下不宜存放过久,否则将因其正常菌群和捕捞后从环境中污染的其他微生物的生长繁殖而腐败变质,冻鱼解冻后更易于微生物的生长而会加快变质速度,所以冻鱼解冻后应尽快加工。

乳及乳制品中常见的细菌有乳酸链球菌、乳酸杆菌、保加利亚乳酸杆菌以及来自环境污染的普通变形杆菌、荧光假单胞菌、大肠埃希氏菌、粪链球菌和产气肠杆菌等。常见的真菌主要有青霉、念珠霉、粉孢菌和酵母菌等。

五、生物体中的微生物

详见本章第二节。

六、极端环境中的微生物

在自然界中,高温、低温、高酸、高碱、高盐、高毒、高渗、高压、干旱或高辐射强度等环境被称为极端环境,绝大多数生物无法在其中生存,但某些微生物可以。凡依赖于这些极端环境才能正常生长繁殖的微生物,称为嗜极菌或极端微生物。这些极端微生物在细胞构造、生命活动(生理、生化、遗传等)和种系进化上具有不同于一般微生物的特性,使其不仅在基础理论研究上具有重要意义,而且在实际应用上也有着巨大的潜力。

1. 嗜热微生物

一般将最适生长温度在45 ℃以上的微生物定义为嗜热微生物。它可以分为三类。①专性嗜热菌:最适生长温度在65~70 ℃之间,当温度低于35 ℃时,生长便停止。②兼性嗜热菌:这些微生物的生长温度介于嗜热菌和嗜中温菌(13~45 ℃)之间,其最适生长温度在50~65 ℃之间。③抗热菌:最适生长温度在20~50 ℃之间,但也能在室温下生长。不同的高温环境存在不同的嗜热菌,其中包括细菌、真菌和藻类,但大多数嗜热菌为细菌。这些微生物主要分布在草堆、厩肥、煤堆、温泉、火山地区、地热区土壤,以及海底火山口附近等环境,例如水生栖热菌(*Thermus aquaticus*)和激烈火球菌(*Pyrococcus furiosus*)等。

高温环境主要见于喷发的火山(岩浆温度大于1000 ℃)、地热蒸气(温度可达几百度)、沸腾或过热的温泉(93~101 ℃)、灼热的沙漠、岩石和土表(60~70 ℃)、高温堆肥、热水器和取暖用热水循环系统等是常见的天然或人工的高温环境,能在这些高温环境下生存的微生物均是嗜热微生物。不同的高温环境存在不同的嗜热菌,其中包括细菌、真菌和藻类,但大多数嗜热菌为细菌。

嗜热微生物是最早发现的极端微生物。已分离到的原核嗜热菌有十几个属,它们对高温的适应机制,主要表现在细胞膜上脂肪酸的成分、耐高温酶和生物大分子的热稳定性上。如耐高温型微生物细胞膜上长链饱和脂肪酸的比例随着温度的提高而增多,相应的不饱和脂肪酸则减少,这有利于提高膜对高温的稳定性。嗜热菌的3-磷酸甘油醛脱氢酶在90℃还是稳定的,糖酵解酶类和其他酶类也是这样,其耐热机制由蛋白质一级结构所决定;也与Ca^+的保护作用相关。此外,嗜热菌的tRNA因其G、C含量高,提供了较多的氢键,故具有独特的热稳定性。

嗜热菌和常温菌在细胞结构特点上有很多不同(表9-2)。嗜热菌对高温的适应机制主要表现在细胞膜脂肪酸的组成(如饱和脂肪酸含量高,不饱和脂肪酸含量低)、耐高温酶和生物大分子物质的热稳定性等方面。嗜热菌在生产实践和科学研究中均有着广阔的前景。例如:由于嗜热菌具有代谢快、代谢能力强、代时短等特点,使其发酵效率较高;因嗜热菌的酶促反应温度高,故在生产中可有效地防止杂菌污染,且发酵时不需要冷却,降低了成本。另外,它们产生的高温DNA聚合酶在PCR技术中有巨大应用。但嗜热菌的抗热性也可能造成食品保存上的困难。

表9-2 嗜热菌和常温菌若干特点的比较

比较项目	嗜热菌	常温菌
细胞膜的耐热性	高	低
细胞膜的层次	单分子层(类脂疏水端共价交联后形成)	双分子层
细胞膜成分	甘油D型,其C_2、C_3分子接20C植烷	甘油D型,其中C_2、C_3分子上主要接不饱和脂肪酸
DNA的G+C的摩尔分数	较高(平均53.2%)	较低(平均44.9%)
DNA的氢键数	较多	较少
DNA螺距	较短	较长
核糖体耐热性	较高	较低
tRNA热稳定性	较强	较弱
tRNA周转率	较高	较低
酶的耐热性	较高	较低
酶的稳定离子(Ca^{2+}、Zn^{2+}、K^+)	含量较高	含量较低
酶中特定氨基酸(Arg、Pro、Leu)	含量较高	含量较低

2. 嗜冷微生物

嗜冷微生物又称嗜冷菌,是指一类能在3~20℃或者能在0℃以下生长的微生物,这些微生物的最适生长温度不超过15℃,最高生长温度不超过20℃。另外还有一类能在0~5℃低温下生长繁殖,而最高生长温度可达20℃以上的微生物,则被称为耐冷菌(psychrotrophs)。由于嗜冷菌遇20℃以上的温度即死亡,因此从采样、分离直到整个研究过程都必须在低温下进行。

嗜冷菌适应低温的机制是,它的细胞膜内含有大量的不饱和脂肪酸,从而保证了膜在低温下的流动性和通透性,使营养物质能不断地通过细胞膜进入细胞。嗜冷菌是导致低温保藏食品腐败的根源。但是,它产生的低温酶却在低温发酵工业以及加酶洗涤剂等工业产品的应用方面具有很大的潜力。

3. 嗜酸微生物

大多数嗜酸微生物生长在 pH 4.0～9.0 的环境下,它们生长的最适酸碱度接近中性。而嗜酸菌(acidophile)则分布在酸性矿水、酸性热泉和酸性土壤等处;极端嗜酸菌能生长在 pH 3 以下的环境中,如氧化硫硫杆菌(*Thiobacillus thiooxidans*)生长的酸碱度为 pH 0.9～4.5,最适酸碱度为 pH 2.5,在 pH 0.5 下仍能存活,能氧化元素硫产生硫酸(浓度可高达 5%～10%);氧化亚铁硫杆菌(*T. ferrooxidans*)为专性自养嗜酸杆菌,能将还原态的硫化物和金属硫化物氧化产生硫酸,还能把亚铁氧化成高铁,并从中获得能量。这类细菌目前已被用于有色金属的湿法冶炼以及煤的脱硫和生物肥料等实践中。

嗜酸微生物细胞内的酸碱度仍接近中性,各种酶的最适酸碱度也在中性附近。它的嗜酸机制可能是,细胞壁和细胞膜具有排阻外来 H^+ 和从细胞中排出 H^+ 的能力,且它们的细胞壁和细胞膜还需高 H^+ 浓度才能维持其正常结构。另外,目前研究人员已经从嗜酸微生物的细胞壁和细胞膜中分离到嗜酸酶,它能在 pH 1 以下发挥作用。

4. 嗜碱微生物

能专性生活在 pH 10 以上的碱性条件下而不能在中性条件下生长的微生物,称为嗜碱菌(basophile,alkalinophile)。它们一般存在于碱性盐湖和碳酸盐含量高的土壤中。多数嗜碱菌为芽孢杆菌,有些嗜碱菌也是嗜盐菌。嗜碱菌产生的碱性酶(蛋白酶、脂酶、纤维素酶、果胶酶等)已被开发用于洗涤剂生产或造纸工业碱法制浆等工艺中。与嗜酸菌类似,嗜碱菌的细胞质也在中性范围,但其适应机制不详。

5. 嗜盐微生物

嗜盐菌(halophile)通常分布在晒盐场、腌制海产品、盐湖、死海等高盐环境中。嗜盐菌的最适盐浓度在 15%～20%。根据对盐的不同需要,可分为抗盐菌(最适 NaCl 浓度为 0～0.3 mol/L)、中度嗜盐菌(最适 NaCl 浓度为 0.2～2.0 mol/L)和高度嗜盐菌(最适 NaCl 浓度为 3.0～5.0 mol/L)。另外,一些能在 32% 的饱和盐水中生长的微生物,如盐生盐杆菌(*Halobacterium halobium*)、红皮盐杆菌(*Halobacterium cutirubrum*)和盐脱氮副球菌(*Paracoccus halodenitrificans*)等。

嗜盐菌的嗜盐机制是,其细胞膜上具有占面积 50% 的紫膜区,具有质子泵和排盐的作用(也有作用机制极为简单的光合作用功能)。嗜盐菌具有浓缩、吸收细胞外 K^+、向细胞外排放 Na^+ 的能力,可防止高盐环境中过多的 Na^+ 进入细胞。嗜盐微生物所产生的耐盐酶主要用于高盐废水的生物处理,如化工废水、海洋污水的生物处理等。另外,目前人们正设法利用紫膜机制来制造生物电池和海水淡化装置。

6. 嗜压微生物

嗜压菌(barophile)分布在深海底部和深油井等少数地方。嗜压菌与耐压菌(barotolerant)不同,它们必须生活在高静水压环境中,而不能在常压下生长。其种类主要是微球菌、芽孢杆菌、弧菌、螺菌及假单胞菌。有人曾从西太平洋 2500 m 深的苏禄海海底分离到一株既可在 280 大气压下生长也能在常压下生长的革兰氏阴性细菌,发现它在高压下生长时,会产生一种独特的外壁蛋白,其相对分子质量为3700,其含量在高压下为常压下的70倍。

由于研究嗜压菌需要特殊的加压设备,特别是不经减压作用,将大洋底部的水样或淤泥转移到高压容器内是非常困难的,因此嗜压菌的研究工作进展缓慢。有关嗜压菌和耐压菌的耐压机制目前还不太清楚。

7. 抗辐射微生物

与前述不同,抗辐射微生物对辐射这种不良环境条件仅有抗性(resistance)或耐受性(tolerance),而不具"嗜好性"。与生物有关的辐射有可见光、紫外线、X射线和γ射线等,其中生物接触最多、最频繁的是太阳光中的紫外线。一般来说,微生物抗辐射能力要高于动、植物而低于原生动物。以紫外线为例,杀死90%原生动物细胞所需的剂量为$5\times10^{-4} \sim 1.2\times10^{-3}$ J/mm^2,而细菌所需的剂量为$4\times10^{-7} \sim 2.5\times10^{-4}$ J/mm^2。再例如,Anderson从放射线照射的牛肉上分离到异常耐放射性球菌(*Deinococcus radiodurans*),它是至今所知道的抗辐射能力最强的生物。该菌呈粉红色,革兰氏阳性,无芽孢,不运动,细胞球状,直径$1.5\sim3.5$ μm。尽管该菌在一定照射剂量范围内会发生相当数量DNA链的切断损伤,但均可准确无误地进行自身修复,使细胞几乎不发生突变,存活率达100%。由于该菌在研究生物抗辐射和DNA修复机制中的重要性,故其全基因组已于1999年被测序。

生物具有多种防辐射机制,如机械防御机制和损伤后修复机制等(详见第八章相关内容)。

第二节 微生物的生物环境

自然界中的微生物并不孤单,除了与环境中理化因素发生相互作用外,生态系统中的每种微生物都与其他生物(包括微生物之间)发生相互作用,以此构成生态系统的完整结构并发挥其正常功能。微生物的这种相互作用在很大程度上控制着生物圈的活动。

一、微生物之间的相互作用

自然界中微生物极少单独存在,总是以多种群形式聚集在一起。当不同种类的微生物或微生物与其他生物在一个限定空间内存在时,它们之间便会互为环境、相互影响,既相互依赖又相互排斥,表现出复杂的关系。这种复杂的关系可分为以下几种典型的类型:互生关系、共生关系、竞争关系、拮抗关系、寄生关系、捕食关系等。

1. 互生关系

互生关系(metabiosis)是指两种可以单独生活的生物生活在一起时要比各自单独生活时更好,既可以单方获利也可以双方获利。因此,这是一种"可分可合,合比分好"的相互协作关系。微生物之间的互生作用是一种松散的协作关系,其中任何一方都可以被具有相同功能的第三种微生物所代替。例如,植物乳杆菌(*Lactobacillus arabinosus*)和粪肠球菌(*Enterococcus faecalis*)在无机培养基中培养时,前者提供给后者叶酸,但同时也需要后者产生的苯丙氨酸。因此,这两种菌生长在一起时,生长情况均好于单独培养。再如,炼油厂废水中含有酚、H_2S、氨等化合物,其中食酚细菌能够分解酚类物质,为硫细菌提供碳源;而硫细菌可氧化H_2S,从而为食酚细菌提供硫元素,二者相互解毒,相互提供营养。氨化细菌和亚硝酸细菌之间的关系是互生中典型的单方获利关系,其中氨化细菌可分解有机氮化物产生氨气,而亚硝酸细菌可用氨化细菌产生的氨气作为营养而形成亚硝酸,使其生活得更好。再如,好氧微生物消耗环境中的氧,可为厌氧微生物的生存创造厌氧的环境条件,只是这些微生物并非特定的种群而已。

植物根际(距根表面2~5 mm土壤)微生物与高等植物之间也存在互生关系。根系可向周围土壤中分泌有机酸、糖类、氨基酸、维生素等物质,这些物质是根际微生物的重要营养来源和能量来源,再加之根系的生长可很好地改善根际土壤的理化性质,因此使植物根际成为一个对微生物生长有利的特殊生态环境。另一方面,根际微生物的活动,不但可加速根际有机物质的分解,产生一些生长刺激物甚至固氮等以供植物吸收利用,而且有些根际微生物还能产生杀菌素,以抑制植物病原菌的生长。

另外,微生物与人或动物之间也存在互生关系。人和温血动物肠道中的有益微生物可从消化的食物获取营养进行生长繁殖,而它们合成的硫胺素、核黄素、烟酸、维和素 B_{12}、维生素K、生物素以及多种氨基酸等,则是人和动物维持正常生命活动所不可缺少的。

知识链接

动物肠道固氮菌的作用

研究发现,人或动物可以通过其肠道内壁上的固氮微生物作用来补充自己的氮素营养。人在呼吸过程中,通过肺部吸收大气中的氮气,这些氮气在适宜的条件下,可通过人体肠壁内的某些固氮细菌合成蛋白质,以供人体吸收,从而部分地取代了通过食物摄取氮素营养的要求。另外,科学家们还发现,这些人体肠壁固氮细菌的生存能力很弱,很容易被服用的某些化学药物杀死。如果经常食用未经加热的新鲜蔬菜和水果,人肠壁里就会保持一种适合于固氮细菌生长繁殖的环境,从而使其将空气中的氮气在人体内转化成蛋白质,并被人体所吸收。

2. 共生关系

共生关系(symbiosis)是指两种生物生活在一起,形态上形成特殊的共生体结构,生理上形成一定分工,双方相互依存,彼此得益,甚至达到难解难分、合二为一,一旦分离两者都不能很好地生活的一种极其密切相互关系。共生关系在自然界普遍存在,这种关系具有重要的生态学意义。

微生物与微生物之间共生最典型的例子是地衣(lichen)。地衣是真菌与藻类的共生结构体(简称共生体),真菌菌丝紧紧联结在一起包埋着藻类细胞形成特定的共生结构(图9-1)。藻类通过光合作用形成有机物提供给真菌,真菌的菌丝层是藻类的栖息场所,同时提供水分、矿物质和生长物质给藻类。二者相互为对方提供有利条件,彼此受益,取长补短,共同抵抗不良的环境条件。所以地衣能在极其不利的条件下,甚至在裸露的岩石上生长,故有"拓荒尖兵"的称号。有多种真菌(如子囊菌中的盘菌和核菌,以及少数担子菌)可与藻类(包括真核单细胞绿藻和原核蓝细菌)形成地衣。构成地衣的共生真菌与共生藻类,是在逆境中经过长期生存斗争与演化过程而形成的共生体。在优越的条件下,共生体即遭破坏,要想使它们重新结合,只有使其处于饥饿状态下才能实现。

另外,原生动物中的纤毛虫类、放射虫类、有孔虫类也与藻类共生。例如,袋状草履虫体内充满小球藻,草履虫的趋光性使小球藻容易得到光,而小球藻能进行光合作用,为草履虫提供有机物,两者共生互利。

微生物与植物、动物共生的典型例子是根瘤和瘤胃,具体见本节后面的叙述。

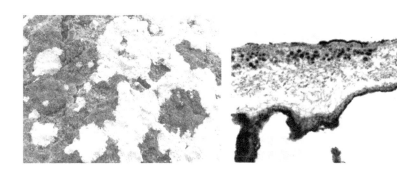

图 9-1　真菌与藻类共生形成的地衣及其横切面

3. 竞争关系

微生物之间的竞争关系(competition)是指,两个(或多个)微生物种群由于依赖相同的资源(营养或生存空间),使双方的生长、繁殖都受到不良影响的现象。在自然界中生物之间的竞争关系普遍存在,在任何一种生长资源受到限制时(如碳源、氮源、能源、磷源、硫源、氧气、水分、空间等),这种竞争现象都会发生,结果就造成了强者生存,弱者淘汰。例如在污泥厌氧消化池内,硫酸盐还原细菌和产甲烷细菌都可以利用 H_2、CO_2、乙酸,但硫酸盐还原细菌对 H_2 或乙酸的利用亲和力要高于产甲烷细菌,所以一般可以优先获得 H_2 或乙酸等营养基质,在生长上取得优势。再例如,在污水的好氧生物处理过程中,当溶解氧或营养成为限制因子时,产菌胶团细菌和丝状细菌也会表现出明显的竞争关系。一般地说,亲缘关系越近的微生物种群之间越容易发生竞争关系。当然,环境条件的改变也会导致竞争结果的改变。

4. 拮抗关系

拮抗关系(antagonism)又称抗生关系,是一种偏害关系(amensalism),是指某种生物产生的特定代谢产物可抑制其他生物的生长发育,甚至杀死它们,而其本身却不受影响的一种相互关系。微生物之间的拮抗现象可以分为两种:一种是非特异性拮抗作用,是指微生物的代谢活动改变了环境条件,使之不适合其他微生物的生长和代谢,这种抑制作用是没有特异性的或特异性不强的。例如民间在制作泡菜时,当好氧菌和兼性厌氧菌消耗了密闭容器中的氧气之后,厌氧条件就促进了各种乳酸细菌的生长,使其进行乳酸发酵,而产生的乳酸又降低了环境的 pH 值,使其他不耐酸的腐败菌无法生存,从而保证了泡菜不腐烂。第二种是特异性拮抗作用,主要是指某些微生物产生的毒素或抗生素等代谢产物,能选择性地抑制或杀死其他微生物的作用。其中最典型的就是微生物(如放线菌)产生的各种抗生素(antibiotics)。不同种类和结构的抗生素可以选择性地抑制或杀死某些特定微生物,如产黄青霉产生的青霉素特异性地抑制革兰氏阳性细菌,多黏芽孢杆菌产生多黏菌素能杀死革兰氏阴性细菌。

目前,微生物之间的拮抗关系已被广泛应用于抗生素的筛选、食品保藏、医疗保健和动植物病虫害防治等领域中。

5. 寄生关系

寄生关系(parasitism),一般是指一种小型生物生活在另一种较大型的体内或体表,从中获取营养并进行生长繁殖,同时使后者蒙受损害甚至被杀死的一种相互关系。前者称为寄生物(parasite),后者称为寄主或宿主(host)。有些寄生物一旦离开寄主就不能生长繁殖,这类寄生物称为专性寄生物。有些寄生物在脱离寄主以后可以营腐生生活,这些寄生物称为兼性寄生物。

微生物之间寄生关系的典型是寄生于细菌的噬菌体和寄生于大型细菌中的蛭弧菌（图9-2）。1962年，H.Stolp等人发现了小型的蛭弧菌在大型细菌中寄生的独特现象。该菌能够附着、侵入其他细菌，并在其体内繁殖，导致寄主裂解，对沙门氏菌、志贺氏菌、变形杆菌、霍乱弧菌及钩端螺旋体等革兰氏阴性致病菌均有很强的裂解活性，对大豆疫病假单胞菌、水稻白叶枯病黄单胞菌等植物病原菌也有较强的感染力。该菌广泛分布在土壤、污水或海水中，能够起到消除病原菌和改善水环境的作用。

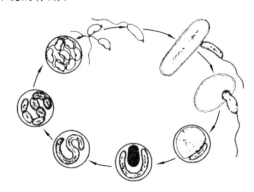

图9-2　蛭弧菌的生活史

另外，寄生现象在微生物种群调控方面有一定的作用。寄生作用会导致寄主群体密度的下降，寄生菌可利用的营养也因之减少，最终导致寄生菌数量的减少；而寄主群体因寄生菌的减少会得到恢复，这样循环往复，寄主群体与寄生群体之间就保持着动态平衡。因此，寄生作用为农业病虫害的生物防治提供了新的途径。

6. 捕食关系

捕食关系（predation）又称猎食关系，是指一种大型的生物直接捕捉、吞食另一种小型生物以满足其营养需要的相互关系。前者称为捕食者，后者称为被食者。微生物间的捕食关系主要是原生动物捕食细菌、酵母、放线菌和真菌或藻类孢子的捕食，也有微型后生动物对原生动物、藻类、细菌、真菌等的捕食。另外，真菌也有以捕食为生的，例如节丛孢属的捕食性真菌（*Arthrobotrys oligospora*）能够通过菌环捕食土壤线虫。黏细菌和黏菌也能直接吞食细菌、酵母菌、藻类和霉菌孢子等。

捕食关系在污水净化和生态系统食物链中控制种群密度等方面具有重要意义。

二、微生物与植物的相互作用

在自然界中微生物与植物关系相当密切，植物的表面和内部都有微生物存在。植物的茎、叶和果实表面有少量的分泌物和水分，是一些微生物良好的栖息场所，这种微生物环境称为叶际（phyllosphere）。附生微生物（epibiotic microorganisms；epibiont）是指生活在植物地上部分表面，主要借植物外渗物质或分泌物质为营养的微生物，主要为叶际微生物。附生微生物包括大量的异养细菌、光合细菌、真菌、地衣和藻类，它们可以为植物提供生长因子、营养物质等，从而起到促进植物发育、提高种子品质等有益作用，但也可能引起植物腐烂甚至致病等有害作用。附生微生物具有促进植物发育（如固氮等）、提高种子品质等有益作用，也可能引起植物腐烂。一些蔬菜、牧草和果实等表面存在的乳酸菌、酵母菌等附生微生物，在泡菜和酸菜的腌制、饲料的青储以及果酒酿造时，起着天然接种剂的作用。在热带和温带的潮湿森林中，植物表面的微生物菌群数量非常高。一些植物体表的微生物还与植物的冻害有关,如丁香假单胞菌(*Pseudomonas syringae*)是一种冰晶形成的细菌,可产生一种激发冰晶形成的表面蛋白,促进植物表面冰晶的形成,造成植物冻害的发生。

土壤是微生物的大本营。植物根际所具有的特殊生态小环境,使得根际微生物与植物根系之间形成十分密切的互生关系。根际(rhizosphere)一般是指受到植物根系分泌物影响、距根表面 2~5 mm 范围的土壤。根际微生物是指生活在根系邻近土壤,依赖根系的分泌物、外渗物和脱落细胞而生长,一般对植物发挥有益作用的正常菌群;它们多数为革兰氏阴性细菌,如假单胞菌属(*Pseudomonas*)、土壤杆菌属(*Agrobacterium*)、无色杆菌属(*Achromobacter*)、节杆菌属(*Arthrobacter*)等。植物根系可向周围土壤中分泌有机酸、糖类、氨基酸、维生素等物质,这些物质是根际微生物的重要营养来源和能量来源,再加之根系的生长可很好地改善根际土壤的理化性质,因此使植物根际成为一个对微生物生长有利的特殊生态环境。另一方面,生活在根系邻近土壤中的根际微生物的大量繁殖,会强烈地影响植物的生长发育。根际微生物的活动具有如下作用:①改善植物的营养条件,根际微生物的代谢作用可加强土壤中有机物的分解,可改善植物营养元素的供应,微生物代谢产生的酸类也可促进土壤中磷等矿物质养料的供应。近年来还发现,在根际生活的某些固氮细菌,如固氮螺菌属(*Azospirillum*)等,可为植物提供氮素养料;②分泌植物生长刺激物质,根际微生物可分泌维生素和植物生长素类物质,例如,假单胞菌(*Pseudomonas*)的一些种可以分泌多种维生素;丁酸梭菌(*Clostridium butyricum*)可分泌若干 B 族维生素和有机氮化物;一些放线菌可分泌维生素 B_{12};固氮菌可分泌氨基酸、酰胺类物质、多种维生素和吲哚乙酸等;③分泌抗生素类物质,有利于植物避免土居性病原菌的侵染;④根际微生物有时也会对植物产生有害的影响,例如,当土壤中碳氮比例较高时,它们会与植物争夺氮、磷等营养;有时还会分泌一些有毒物质,抑制植物生长,等等。而且有些根际微生物还能产生杀菌素,以抑制植物病原菌的生长。

微生物与植物相互作用的典型例子有根瘤、菌根、植物内生菌和病斑等。

1. 菌根真菌与植物根系的共生

某些真菌和植物根系可以形成一类特殊共生体——菌根。在这个共生体中,植物根系为真菌提供光合作用的有机营养,真菌可使根系扩大吸收面积,并为根系提供矿质元素和水分,同时增强植物对环境的适应能力(包括对重金属等土壤污染物的耐受力)和防止病原菌侵染。在自然界中,大部分植物都有菌根。有些植物(如兰科植物的种子)若无菌根真菌的共生就无法发育,而杜鹃花的幼苗如果没有形成菌根就不能成活。形成菌根的真菌包括子囊菌、担子菌、半知菌等。根据菌根真菌的类型,菌根可分为外生菌根(ectomycorrhiza)和内生菌根(arbuscular mycorrhiza,AM)(图 9-3)两大类。外生菌根真菌的菌丝在根的表面(可侵入皮层细胞间,但不进入细胞内)形成菌丝体包在幼根的表面形成菌套,以菌丝代替根毛的吸收功能并可增加根系的吸收面积。内生菌根的菌丝则可通过细胞壁侵入表皮和皮层细胞内或细胞间隙中,形成平滑的囊泡或分枝状的丛枝结构,因此又形成丛枝状菌根(AM 菌根)和泡囊-丛枝状菌根(VAM 菌根)两种,但它们很少引起植物根系外部形态的改变。

目前,菌根真菌已作为生物肥料供生产使用,但绝大多数是外生菌根真菌,内生菌根真菌纯培养很难获得。

2. 根瘤菌与豆科植物间的共生

根瘤是根瘤菌(革兰氏阴性杆菌)与豆科植物根系所形成的固氮共生体结构。在这个共生体内,豆科植物为根瘤菌提供光合作用营养产物,而根瘤菌利用其固氮酶的作用将空气中的

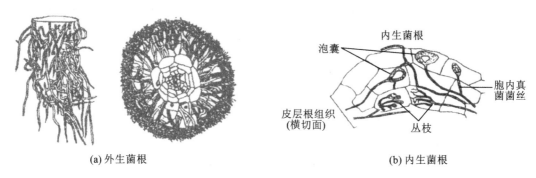

(a) 外生菌根　　　　　　　　　　　　　(b) 内生菌根

图 9-3　根真菌与植物根系形成的外生菌根和内生菌根

N_2 转变成 NH_4^+ 供植物利用。根瘤菌侵染豆科植物根系形成根瘤的过程如下：①根瘤菌通过信号分子识别而吸附到根毛上；②根毛受到刺激而产生中空通道（又称侵入线），使根瘤菌侵入皮层细胞；③根瘤菌在皮层细胞内繁殖成无细胞壁的类菌体，同时刺激根局部细胞膨大形成根瘤；④植物在根瘤内产生豆血红蛋白，以降低局部微环境的氧浓度，以利于根瘤菌体内的固氮酶进行固氮作用；⑤根瘤菌所固定的氮素以 NH_4^+ 形式提供给植物和自身利用，多余的释放到土壤中。

根瘤菌与豆科植物所形成的根瘤，是目前所知生物固氮效率最高的共生体系（图 9-4）。据了解，目前能与豆科植物共生固氮的根瘤菌有 13 个属 87 个种。由于不需或节省氮肥，该共生固氮体系已被各国广泛用于荒漠绿化和贫瘠土壤改良。但值得注意的是，不同豆科植物与根瘤菌之间具有一定的共生专一性（又称互接种族），因而出现了许多诸如大豆根瘤菌、苜蓿根瘤菌、豌豆根瘤菌、菜豆根瘤菌等称谓。另外，有些非豆科植物（如桤木属、杨梅属等 24 个属）也可与弗兰克氏菌属（*Frankia*）的放线菌形成共生固氮放线菌根瘤。但实现在禾本科粮食作物上进行生物固氮，是人们长期以来的梦想。

早在 1986 年，我国科研人员就曾发现单子叶植物细胞内有共生微生物存在，中科院植物研究所的专家苦心研究 5 年，发现单子叶植物百合和山慈菇细胞内有内共生微生物，该微生物为革兰氏阳性细菌，有典型的细菌特征，能在百合细胞内生长繁殖，对健康的百合细胞无不利影响。这种内共生菌将有可能成为转移植物遗传基因的适合载体，对培养植物优良品种有重大意义。

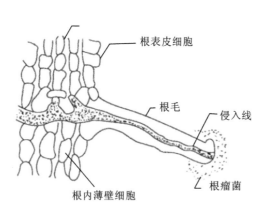 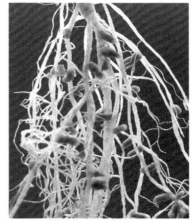

图 9-4　根瘤菌与豆科植物根系形成的根瘤共生体

3. 植物内生菌

植物内生菌,是指生活在植物组织内(如细胞间隙、导管等),对植物无害或有利,但不与植物形成特定结构的微生物。这些微生物既不属于共生(不形成共生体结构),也不属于自生,而是介于共生和自生之间的一种被称为"联合"的关系。植物内生菌大多为土壤微生物,包括内生细菌和内生真菌(如假单胞菌属、芽孢杆菌属、肠杆菌属及土壤杆菌属等),因其对植物的贡献而成为一类潜力巨大,有待开发的微生物。它们在各种植物体内普遍存在,通过提供氮素、分泌植物生长物质、产生抗菌物质等作用而促进植物生长,加强植物对环境的适应性。例如:作为植物内生菌,*Klebsiella oxytoca* 可以产生生长素调节水稻植株的生长发育;巴西固氮螺菌(*Azospirillum brasilense*)在玉米植物体内有较强的自生固氮功能;*Bacillus mojavansis* 对玉米的病原真菌有抑制作用等。

另外,植物内生真菌还能产生丰富的次生代谢产物,并参与植物次生代谢产物的合成和转化,是天然药物的重要来源,如抗肿瘤药物紫杉醇、长春碱等。

4. 植物病原微生物

能引起植物病虫害的微生物称为植物病原微生物,包括病毒、细菌、真菌、原生动物等。病原微生物与寄主植物间属于寄生关系,植物被微生物寄生后,经过生理病变和组织病变,在形态上出现了有别于正常植株的症状,如变色、萎蔫和畸形等。真菌是最主要的病原微生物,几乎所有的作物都受到病原真菌的侵染,导致种子、果实、根、茎、叶等各器官的病虫害。在病原细菌中,根癌农杆菌会诱发植物肿瘤的产生,而产生肿瘤的基因定位在根癌农杆菌的 Ti 质粒上。目前,该 Ti 质粒已作为外源 DNA 载体被广泛应用到植物转基因工程中。

三、微生物与动物的相互作用

生长在人和动物体上的微生物是一个种类复杂、数量庞大的群体,其中大部分微生物与动物之间的关系是相互有益的,但也有部分微生物是动物的病原体,通过感染寄主或者产生毒素,导致动物疾病和流行病的发生。

1. 人与动物的正常菌群

生活在人和健康动物各部位,数量大、种类较稳定、一般是良性的,能发挥有益作用的微生物种群,称为正常菌群。在人体的五大微生态系统中(消化道、呼吸道、泌尿生殖道、口腔和皮肤)均分布有大量的正常菌群,数量可高达10^{14},约为人体总细胞数的 10 倍。其中尤以消化道最引人注目。据报道,在胃肠道中的微生物数量占人体总携带量的 78.7%,有 60~400 种,多为厌氧菌(如拟杆菌属、梭杆菌属、双歧杆菌属、真杆菌属等)。一般情况下,正常菌群与人或动物宿主之间保持着一个十分和谐的平衡状态,在菌群内部各微生物间也存在有序、稳定、制约的相互关系,这就是所谓的微生态平衡,由此产生的一门新学科即微生态学。微生态学的主要任务:①研究正常菌群的本质及其与宿主间的相互关系;②阐明微生态平衡与失调的机制;③指导微生态制剂的研制,以用于调整人体、动物的微生态平衡。微生态制剂(即益生菌剂)就是依据微生态学理论而制成的含有有益微生物的活菌制剂。

正常菌群对宿主具有很多有益的作用,包括排阻、抑制外来致病菌,提供氨基酸、维生素等营养,产生淀粉酶、蛋白酶、脂肪酶等有助于消化,分解有毒或致癌物质(亚硝胺等),产生有机酸降低肠道碱性和促进蠕动,刺激机体的免疫系统提高其免疫力,以及存在一定程度的固氮作用等。

当然,正常菌群的微生态平衡是相对、可变和有条件的。当宿主的防御功能减弱,或正常菌群生长部位改变,或长期服用抗生素等药物时,均会引起正常菌群的失调。这时,原先某些不致病的正常菌群成员就会趁机转移或大量繁殖,变成条件致病菌。由条件致病菌引起的感染,称为内源性感染。

2. 人与动物的病原微生物

众所周知,人与动物的大多数疾病与病原微生物有关,这些病原微生物包括病毒、细菌、真菌和原生动物等,且它们大多数具有传染性。微生物引起动物致病的过程有两种:一种是病原微生物在动物体表和体内生长,引起感染;另一种是微生物在动物体外生长,产生有毒物质,引起动物疾病或改变动物栖息环境使之不能健康生存。例如,白色念珠菌会引起口腔黏膜感染;人体表面金黄色葡萄球菌会导致创伤化脓;淤泥微生物种群可产生 H_2S 积累而毒害动物;黄曲霉产生的黄曲霉毒素会引起动物食物性中毒,等等。另外,如前所述,某些动物正常菌群,在一定条件下可转化为条件致病菌。例如,动物肠道内定植的大肠杆菌,当它移位到尿道时,就会作为致病菌而感染尿路。

研究发现,人体皮肤常住菌痤疮丙酸杆菌和表皮葡萄球菌等对常见的致病菌(如金黄色葡萄球菌、绿脓杆菌和条件致病菌大肠杆菌等)都有明显的拮抗作用,并且皮肤常住菌之间还有协同作用,这对于皮肤的自净及维持皮肤的微生态平衡具有重要意义。

> **知识链接**
>
> ## 无菌动物与悉生生物
>
> 凡在其体内、外不存在任何外来微生物的动物,称为无菌动物。它是在无菌条件下,将剖腹产的哺乳动物(鼠、兔、猴、猪、羊等)或特别孵育的禽类等实验动物,放在无菌培养器中进行精心培养而成。用无菌动物进行实验,可排除正常菌群的干扰,从而使人们可以更深入、更精确地研究动物的免疫、营养、代谢、衰老和疾病等科学问题;用同样的原理和合适的方法,也可获得供研究用的无菌植物。
>
> 凡人为接种上某种或某些已知纯种微生物的无菌动物或植物,称为悉生生物,意即"已知其上所含微生物类群的大生物"。研究悉生生物的学科称为悉生生物学或悉生学。最早提出悉生生物学观点的是微生物学奠基人巴斯德,他于1885年时认为:如果动物体内没有肠道细菌的话,则它们的生命是不可能维持下去的。因此,从悉生生物学的观点来看,每一个高等动物或高等植物实际上都是与正常菌群形成一体的"共生复合体"。
>
> 通过悉生生物、无菌动物的研究发现:①在没有正常菌群存在时,其免疫系统的机能特别低下,有关器官变小,这在盲肠中表现得尤为突出;②营养要求变得特殊,例如需要维生素K;③对于非致病菌的枯草杆菌(*Bacillus subtilis*)和藤黄微球菌(*Micrococcus lutea*)变得极为敏感,并易患病;④对原来易患的阿米巴病疾,因原生动物得不到细菌作为食物,反而不易患了,等等。

3. 瘤胃微生物与反刍动物的共生

绝大多数哺乳动物由于缺乏分解纤维素的酶,所以不能利用纤维素。而许多食草性反刍动物(如牛、羊、鹿、骆驼等)可以利用纤维素,原因是它们的特殊消化系统微环境中生活着许多共生微生物,其中包括能分解纤维素、半纤维素、木质素和果胶的微生物。反刍动物有瘤胃、网胃、瓣胃和皱胃四个胃,能分解纤维素的是其中的瘤胃(图9-5),反刍动物进食草料时首先与

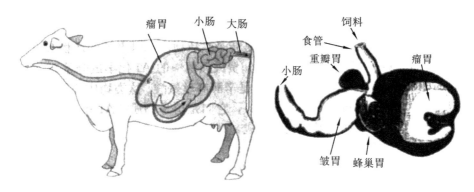

图 9-5 牛的瘤胃

唾液混合进入瘤胃。

瘤胃容积很大（如牛的瘤胃约 100 L 或更大），里面含有复杂、数量巨大的微生物群落（如牛的瘤胃有很多种细菌和原生动物），被称为瘤胃微生物。其主要类群是一些能分解纤维素的严格厌氧性细菌，如产琥珀酸丝状杆菌（*Fibrobacter succinogenes*）、白色瘤胃球菌（*Ruminococcus albus*）等，以及两腰纤虫属（*Diplodinium*）、内腰纤虫属（*Entodinium*）等专性厌氧原生动物，偶尔也可以找到少量酵母菌和其他真菌。这些瘤胃微生物与瘤胃之间形成典型的共生关系。其中瘤胃为瘤胃微生物（包括纤维素分解菌、淀粉分解菌、产甲烷菌等）提供良好的营养、水分、恒温、厌氧、适宜的酸碱度等生活环境，而瘤胃微生物则能将纤维素水解为纤维二糖和葡萄糖，并经微生物发酵后产生脂肪酸、二氧化碳和甲烷等。其中脂肪酸可通过胃壁被吸收，而发酵所产生的大量菌体蛋白则通过皱胃消化成氨基酸、维生素等营养物质供动物吸收利用。

由于反刍动物食料中一般缺乏蛋白质等氮素营养，为使瘤胃微生物获得足够的氮源，反刍动物在其长期进化中发展了一个瘤胃-肝脏循环系统，即肝脏为使氨脱毒而合成的尿素只有一部分以尿的形式排出体外，另一部分则可通过唾液腺的分泌或穿过瘤胃壁进入瘤胃，以作瘤胃微生物的氮源补充。最终结果是又为反刍动物充实了微生物菌体蛋白质营养。这就是反刍动物即使食用不含蛋白质的纤维饲料，也能在一定程度上维持蛋白质平衡的重要原因。鉴于这一原理，有人曾以少量尿素作反刍动物饲料添加剂，以补充瘤胃微生物的氮素营养来合成菌体蛋白，这相当于在饲料中添加了蛋白质，促进了牛、羊多长膘和产奶。

另外，马、兔等非反刍动物只有一个胃，但它们的盲肠可作为纤维素分解发酵的场所。还有一种专性食叶性鸟类麝雉，也进化出前胃来消化纤维素。这些单胃食草动物与反刍动物相比，在微生物菌体蛋白营养方面远不及后者。

4. 微生物与无脊椎动物的关系

（1）共生　昆虫是目前已知种类最多的无脊椎动物。微生物与昆虫的共生关系可谓多种多样，可分为外共生和内共生两类，而且具有种属特异性。例如蚂蚁与丝状真菌之间具有外共生关系。蚂蚁将粪便排泄在碎树叶上，由于其排泄物中含有消化树叶蛋白质的酶，故蛋白质降解物氨基酸可用作树叶表面真菌的氮源而促真菌生长，真菌菌丝体则作为食物被蚂蚁食用。再如，白蚁与其肠道内的微生物之间的共生属于内共生。食木质的白蚁自身并不能分解木头颗粒上的纤维素，但其后肠中至少生活有 100 种细菌和原生动物，其中披发虫（*Trichonympha* sp.）和同型乙酸菌能在厌氧的情况下分解纤维素产生乙酸、葡萄糖等供白蚁营养；而白蚁在后肠为这些微生物提供了必要的生存场所。其实白蚁体内存在着三重共生关系，除了与原生动物共生分解纤维素外,披发虫体内还有产甲烷细菌内共生。

目前所知,大约有10%的昆虫种类具有细胞内共生微生物,尤其在直翅目、同翅目、鞘翅目中常见。如果没有共生微生物,这些昆虫的发育就很差。

(2) 寄生　许多微生物(包括病毒、细菌、真菌)可作为致病菌侵染寄生在许多农作物害虫上。例如:核型(或质型)多角体病毒、苏云金芽孢杆菌等可以侵染棉铃虫、菜青虫、小菜蛾、玉米螟、松毛虫等鳞翅目害虫;白僵菌、绿僵菌等真菌可以侵染白蚁、蝗虫、天牛等鳞翅目、鞘翅目害虫。目前这种以菌治虫的生物防治手段具有广阔的应用前景。另外,冬虫夏草是由麦角菌科真菌寄生在蝙蝠蛾科幼虫身上形成的,是一种名贵中药材。

【视野拓展】

深海管虫共生微生物

在深海热火山口附近,由于缺乏光合作用生产者,某些软体动物则与一些化能无机营养微生物进行共生生活。管蠕虫(简称管虫,tube worm)是一类深海热火山口附近生长的滤食性软体动物。管虫的羽毛可从热水流火山口中富集硫化物,并运送给体内共生的硫氧化细菌利用;同时管虫血液的CO_2浓度很高(可达2～30 mmol/L),可输送给共生细菌作为碳源,再通过卡尔文循环固定CO_2成为细菌细胞物质;而管虫则以细菌的分泌物和死亡细胞为食物生存。在不同的火山口动物种群中,共生微生物的种群也不同,硝化细菌、甲基营养菌均可为这些深海动物提供营养。

第三节　微生物在自然界物质循环中的作用

生物地球化学物质循环(biogeochemical cycle)是指生物圈中的各种化学元素,经生物化学作用在生物圈中的转化和运动。这种循环是地球化学循环的重要组成部分。地球上的大部分元素都以不同的循环速率参与生物地球化学循环。由生物参与的物质循环可归纳为两个方面:一是生物的合成作用;二是生物的分解和矿化作用。这两个过程既对立,又统一,构成了自然界物质循环的主体。在物质循环过程中,以高等绿色植物为主的生产者,在无机物的有机质化过程中起着主要作用,而微生物在有机物质分解和矿化方面起着主要作用。据估计,世界上的有机物95%以上是通过微生物分解矿化的,如果没有它们的作用,自然界中各类元素及物质就不可能被周而复始地循环利用,生态平衡就会破坏,整个生命世界就会灭绝,人类也就无法生存。

自然界中的物质处于循环之中,这是生物生存的前提条件,也符合物质守恒定律。在物质循环的过程中,生物一方面从自然界中获得其自身所需的物质而生存,另一方面通过生物的代谢、降解和死亡而回归自然界。在此过程中,微生物、动物和植物均起着重要的作用。其中,微生物因为种类繁多代谢能力强、分布广而更是作用特殊。微生物在物质循环中的作用主要可归纳为以下三个方面。

(1) 微生物是生物食物链的初级生产者　固氮蓝细菌和地衣是最早寄居于岩石的分化壳上的生物,它们积累氮素和有机物质,为植物的生存创造条件。在水域中,光能自养的微生物积累的有机物进一步为异养的微生物所利用,而自养和异养的微生物又是浮游生物的饵料,浮游生物又被无脊椎动物吞食。

(2) 微生物是有机物质的降解者 异养细菌和真菌通过不同的代谢途径将动植物残体、分泌物等有机质分解为简单的无机质。微生物的这一作用也是目前处于研究热点的秸秆再利用和利用微生物进行环境污染治理的理论基础。

(3) 微生物是地球上物质和能量的保存者 在地球生态系统中,一些物质脱离生物小循环而进入地质大循环。如沉入海底的物质,通过海底微生物的作用,可转变为石油、煤等。

下面介绍自然界几种比较重要元素的生物循环,包括碳素循环、氮素循环、硫素循环和磷素循环。

一、碳素循环

碳元素是组成生物体各种有机物中最主要的组分,它约占有机物干重的50%。自然界中碳元素以多种形式存在,包括大气 CO_2、各种含碳无机物和含碳有机物。大气中 CO_2 含量仅为0.032%,仅够光合生物作用20年,只有迅速周转才能维持平衡,这就需要通过碳素循环来实现。碳素循环包括空气中 CO_2 通过物理、化学过程进行固定和再生,CO_2 通过生物光合作用形成有机物,有机物被矿化、分解后释放 CO_2 到大气中等过程。在整个碳素循环中,微生物发挥着巨大的作用(图9-6)。

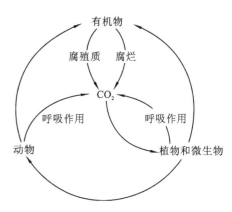

图 9-6 碳素循环的主要途径

从图 9-6 中可以看出,微生物不仅参与了 CO_2 的固定,也参与了 CO_2 的再生。能进行 CO_2 固定的微生物是一些自养型微生物。光能自养型微生物主要通过吸收光能,进行光合作用固定 CO_2。这类微生物主要是一些蓝细菌、红硫细菌、绿硫细菌等。蓝细菌和藻类主要进行产氧光合作用,在海洋和植物不能生长的岩石表面、极地、高盐、高温、高压等特殊环境中起主导作用。化能自养型微生物利用无机物氧化放出的能量,进行 CO_2 的固定。属于这类微生物的有硫化细菌、硝化细菌、氢细菌与铁细菌等。它们广泛存在于土壤和水域环境中,在物质转换中担负着重要角色。

另外,产甲烷细菌能在厌氧条件下被简单的有机物或 H_2 将 CO_2 还原为 CH_4,后者又可以作为甲基营养菌的碳源,氧化成 CO_2。

CO_2 可通过各种有机物转化生成,也可以通过动物、植物和微生物的呼吸产生,还可通过有机碳化合物分解。能分解有机碳化合物的微生物种类有很多,而且在不同的条件下,产物也不同。在有氧的条件下,枯草芽孢杆菌、肠膜芽孢杆菌、纤维多囊菌、高温单胞菌属细菌等可产生 CO_2。在无氧条件下,热纤梭菌、淀粉梭菌、蚀果胶梭菌、多黏梭菌等可产生有机酸、甲烷、二氧化碳等。真菌中的曲霉属、青霉属、毛霉属、根霉属及放线菌中的链霉菌属、小单胞菌属、诺卡氏菌属等也都参与了 CO_2 的再生过程。

二、氮素循环

氮素是核酸及蛋白质的主要成分,是构成生物体的必需元素。虽然大气中约有79%的分子态氮,但大多数生物都不能直接利用。

由于氮元素在整个生物界中的重要性,故自然界中氮素循环(nitrogen cycle)极其重要。从图 9-7 中可以看出,在氮素循环的 8 个环节中,有 6 个只能通过微生物才能进行,特别是为整个生物圈开辟氮素营养源的生物固氮作用,更属原核生物的"专利"。因此,可以认为微生物是自然界氮素循环中的核心生物。

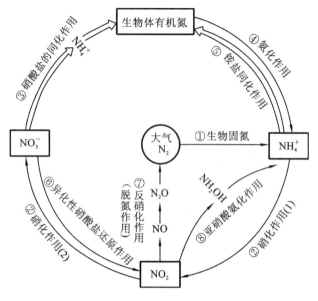

图 9-7 自然界中的氮素循环

(1) 生物固氮　生物固氮(biological nitrogen fixation)为地球上整个生物圈中一切生物提供了最重要的氮素营养源。据估计,全球年固氮量约为 2.4×10^8 t,其中约 85% 是生物固氮。在生物固氮中,60% 由陆生固氮微生物完成,40% 由海洋固氮微生物完成。

(2) 硝化作用　氨态氮经硝化细菌的氧化,转变为硝酸态氮的过程,称硝化作用。反应必须在通气良好、酸碱度接近中性的土壤或水体中才能进行。硝化作用分为两个阶段:第一阶段由一群亚硝化细菌参与,如亚硝化单胞菌属(*Nitrosomonas*)、亚硝化螺菌属(*Nitrosospira*)、亚硝化球菌属(*Nitrosococcus*)和亚硝化叶菌属(*Nitrosolobus*)等,它们把铵氧化为亚硝酸;第二阶段则由一群硝酸化细菌参与,如硝化杆菌属(*Nitrobacter*)、硝化球菌属(*Nitrococcus*)和硝化刺菌属(*Nitrospina*)等,它们可将亚硝酸氧化为硝酸。硝化作用在自然界氮素循环中是不可缺少的一环,但对农业生产和环境无多大益处。原因主要是硝酸盐比铵盐水溶性强,极易随雨水流入江、河、湖、海中,它不仅大大降低了肥料的利用率(硝酸盐氮肥利用率仅 40%),而且会引起水体的富营养化,进而导致"水华"或"赤潮"等严重污染事件的发生。

(3) 同化性硝酸盐还原作用　同化性硝酸盐还原作用是指硝酸盐被生物体还原成铵盐并进一步合成各种含氮有机物的过程。所有绿色植物、多数真菌和部分原核生物都能进行同化性硝酸盐还原作用。

(4) 氨化作用　含氮有机物经微生物分解而产生氨的作用。含氮有机物的种类很多,主要是蛋白质、尿素、尿酸和几丁质等。很多细菌、放线菌和真菌都有很强的氨化能力,称为氨化菌,主要有芽孢杆菌、梭菌、色杆菌、变形杆菌、假单胞菌、放线菌以及曲霉、青霉、根霉、毛霉等。氨化作用对农作物氮素营养的生产十分重要。

(5) 铵盐同化作用　以铵盐作为营养,合成氨基酸、蛋白质和核酸等有机含氮物的作用。

一切绿色植物和许多微生物都有此能力。

(6) 异化性硝酸盐还原作用　硝酸离子作呼吸链(电子传递链)末端的电子受体而被还原为亚硝酸的作用。能进行这种反应的都是一些厌氧微生物，尤其是兼性厌氧菌。

(7) 反硝化作用　又称脱氮作用，是指硝酸盐转化为气态氮化物(N_2和N_2O)的作用。由于它一般发生在中性至微碱性的厌氧条件下，所以多见于淹水土壤或死水塘中。少数异养和化能自养型微生物可进行反硝化作用，可以将NO_3^-转化成NO_2^-、NO、N_2O甚至N_2。例如，地衣芽孢杆菌、脱氮副球菌、反硝化硫杆菌等，可还原NO_3^-形成N_2和N_2O。土壤中的反硝化细菌主要有产碱杆菌和假单胞菌等，其他细菌(如固氮螺菌、根瘤菌、红假单胞菌和丙酸杆菌等)在某些条件下也会进行反硝化反应。通常情况下，反硝化作用会引起土壤中氮肥的严重损失，故对农业生产十分不利。

(8) 亚硝酸氨化作用　亚硝酸通过异化性还原经羟胺转变成氨的作用。一些气单胞菌、芽孢杆菌和某些肠杆菌可进行此反应。

三、硫素循环

硫元素是生物合成氨基酸(半胱氨酸)以及某些维生素和辅酶等的必需元素。在自然界中，硫素以单质硫、无机硫、有机硫的形式存在。植物只能直接利用无机硫。因此，硫素的循环对于植物的硫素营养显得特别重要。

自然界中的单质硫、H_2S，以及硫化矿物等经微生物的氧化还原作用转变为SO_4^{2-}后，被植物、动物和微生物利用转变为有机硫。动物、植物和微生物尸体中的含硫有机物再被某些微生物分解，以单质硫、无机矿化硫和H_2S等形式释放到自然界中，完成硫素的循环过程。生物圈中含有丰富的硫，一般不会成为限制性营养。由生物参与的硫素循环包括以下几个过程(图9-8)。

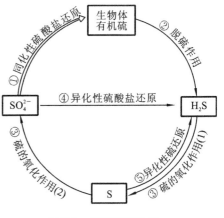

图 9-8　硫素循环途径

(1) 同化性硫酸盐还原作用　硫酸盐经还原后，最终以巯基形式固定在蛋白质等成分中。植物和微生物皆有此反应。

(2) 脱硫作用　指在无氧条件下，通过一些腐败微生物的作用，把生物体中蛋白质等含硫有机物中的硫分解成H_2S等含硫气体的过程。

(3) 硫的氧化作用　硫的氧化作用，是指还原态的无机硫化物(如S、H_2S、FeS_2等)被微生物氧化成硫酸的过程。自然界能氧化无机硫化物的微生物主要是硫细菌，可分为硫黄细菌和硫化细菌两类。如硫杆菌属、光合厌氧绿菌属和着色菌属等。

(4) 异化性硫酸盐还原作用　硫酸盐作为厌氧菌呼吸链(电子传递链)的末端电子受体而被还原为亚硫酸或H_2S的作用。例如脱硫弧菌属等具有此反应。

(5) 异化性硫还原作用　硫还原成H_2S的作用。脱硫单胞菌属等具有此反应。

微生物不仅在自然界硫元素的循环中发挥着重要作用，而且还与硫矿的形成、地下金属管道、舰船和建筑物基础的腐蚀、铜与铀等有色金属的细菌沥滤，以及农业生产等都有密切的关系。在农业生产上，微生物硫化作用所产生的硫酸，不仅是植物的硫素营养源，而且有助于磷、钾等营养元素的溶出和利用。当然,在通气不良的土壤中发生硫酸盐还原时,所产生的 H_2S 会引起水稻烂根等毒害,值得注意和防止。

【视野拓展】

细菌沥滤

细菌沥滤(bacterial leaching)又称细菌浸出或细菌冶金。在我国宋朝,江西等地已有自发地应用细菌沥滤技术生产过铜的记载。现代细菌沥滤技术是在1947年后才发展起来的。其原理是利用化能自养细菌对矿物中的硫或硫化物进行氧化,使它不断生产和再生酸性浸矿剂,并让低品位矿石中的铜等金属以硫酸铜等形式不断溶解出来,然后再采用电动势较低的铁等金属粉末进行置换,以此获取铜等有色金属或稀有金属。

在铜矿的细菌沥滤中,有以下三个环节。

(1) 溶矿　不同的铜矿石经粉碎后,通过浸矿剂 $Fe_2(SO_4)_3$ 或 H_2SO_4 的作用,产生了大量的 $CuSO_4$。

(2) 置换　采用铁屑置换出"海绵铜",待进一步加工。

(3) 再生浸矿剂　这是细菌沥滤中的关键工艺。由好氧性的化能自养细菌氧化亚铁硫杆菌生产和再生浸矿剂 $Fe_2(SO_4)_3$ 或 H_2SO_4。

四、磷素循环

磷元素是生物体重要组成元素之一,在DNA、生物膜脂、ATP等重要生物分子中不可缺少,是生命物质中的核心元素。自然界中的磷是以可溶性的磷酸盐、不溶性的磷酸盐(或磷矿物),以及各种有机磷等形式存在。其中能被植物直接利用的主要是可溶性的磷酸盐,而其他几种形式的不溶性磷化物只有通过转化、降解形成可溶性磷酸盐后才能被利用。

由于磷元素及其化合物几乎没有气态形式,而且也无价态的变化,故磷素的地球化学循环较其他元素简单,属于一种典型的沉积循环。磷素循环主要有以下几个环节。

(1) 不溶性无机磷的可溶化　土壤或岩石中的不溶性磷化物主要是磷酸钙和磷灰石,而由微生物对有机磷化物分解后产生的磷酸在土壤中也极易形成难溶性的钙、镁或铝盐。但是在某些微生物的代谢过程会产生的各种酸,包括多种细菌和真菌产生的有机酸,以及一些化能自养细菌产生的硫酸(如硫化细菌)和硝酸(如硝化细菌),它们都可促使不溶性无机磷化物溶解形成可溶性的磷酸盐。因此,在农业生产中,可利用上述微生物与磷矿粉混合物制成细菌磷肥。

(2) 可溶性无机磷的有机化　可溶性无机磷的有机化,是指各类生物对可溶性磷酸盐进行同化而形成各种含磷有机物的过程。在施用过量磷肥的土壤中,会因雨水的冲刷而使磷元素随水流至江、河、湖、海中。在城镇,会因大量使用含磷洗涤剂使周边地区水体磷元素超标。农田中,会因施用各类有机磷农药而使土壤、粮食、蔬菜或水体污染。当水体中可溶性磷酸盐浓度过高时,就会造成水体的富营养化促使蓝细菌、绿藻和原生动物等大量繁殖,引起水华、赤潮等大面积环境污染事故。

(3) 有机磷的矿化　生物体中的有机磷化物进入土壤后,通过微生物的转化、合成,最后主要以植酸盐(又称植素或肌醇六磷酸)、核酸及其衍生物和磷脂三种形式存在。它们经各种腐生微生物分解后,形成植物可利用的可溶性无机磷化物。这些微生物包括一些芽孢杆菌、链霉菌、曲霉和青霉等。

自然界中的微生物,除了参与及推动上述元素的生物循环之外,还以多种方式进行着其他许多元素的同化代谢和异化代谢,并与其他生物协同作用,完成这些元素的生物循环,如氢、氧、铁、钙、锰、硅、钾等。值得注意的是,各种元素的生物化学循环,并不是独立进行的,而是相互作用、相互影响、相互制约的。它们之间构成了非常复杂的关系,如氢、氧循环与碳、氮循环密不可分,铁循环与硫循环也相互交织在一起。

【视野拓展】

微生物与环境保护

人类的活动,特别是近代工、农业生产和居民生活给环境生态系统带来了严重的污染。目前我们的生态环境已到了非治理不可的地步。其中,工、农业生产是环境污染的主要来源,包括工业生产中产生的大量废气、废水、废渣,农业生产使用的各种化肥、农药,以及工、农业产品进入消费后所产生的生活垃圾等。这些废弃物进入环境后,有些可通过物理、化学过程降解,但其过程相当缓慢,而有些则很难降解甚至根本无法降解。

生产、生活中所带来的污染物比较复杂,既有有机物,也有无机物和金属离子,甚至有放射性物质,它们可作为不同微生物种类的碳源、氮源和能源而被分解或利用,最终变成土壤的正常组成部分。例如:目前污水处理所采用的好气性反应池、厌气性反应池、除氮反应池、污泥处理反应堆等,主要就是微生物在发挥作用;农田化学农药污染可被某些细菌和真菌降解;土壤中的重金属离子可被某些富含金属硫蛋白的微生物进行富集和转化;泄漏的石油污染可作为碳源被某些细菌利用;放射性物质在被某些微生物处理后会加速衰减;等等。

事实上,在自然界中所有的污染物都可以被微生物降解或转化,只是降解或转化的速度有快有慢而已。因此,微生物在维护自然生态平衡方面,可以说是功德无量,它们在自然界的各个角落默默无闻地奉献着,无怨无悔。

小　　结

微生物生态学是生态学的一个分支,它的研究对象是微生物群体与环境之间的相互作用规律。研究微生物的生态规律有着重要的理论意义和实践价值。存在于土壤、水体、空气、生物体内,以及极端环境的微生物群落是环境条件的选择和生物适应、进化的结果,这些微生物在各自环境中发挥着独特的作用;微生物经常引起工、农业产品霉腐变质,应加以防治;在不同的极端环境中分布着特定的微生物种类,这些微生物有着特别的适应机制和应用潜力;研究微生物与其生物环境之间的相互关系有助于人类更好地利用有益微生物和防治有害微生物;微生物在自然界生态系统中扮演着重要角色,它是物质循环的重要成员、有机物的主要分解者、生态系统中的初级生产者、物质和能量的储存者,对推动生物地球化学循环起着不可替代的作用。

在生物地球化学循环中,微生物参与的是总生物地球化学循环的一部分,主要是微生物对有机物的矿化作用,这种矿化作用推动微生物参与碳循环、氮循环、硫循环、磷循环、氢循环及铁循环等。微生物在 C、N、S、P 循环中具有不同方式与特点。

复习思考题

1. 名词解释

微生物生态学　贫营养细菌　极端微生物　正常菌群　内源感染
微生态学　微生态制剂　无菌动物　悉生生物　根际微生物
附生微生物　互生　共生　寄生　拮抗
菌根　蛭弧菌　细菌沥滤

2. 研究微生态学的意义何在?
3. 为什么说土壤是微生物的"大本营"?
4. 淡水与海水中的微生物有何不同?
5. 为什么选用大肠菌群数作为饮用水检验的主要指标?我国对此有何规定?
6. 试举例说明,微生物与其生存环境中的其他生物之间存在哪几种典型关系?
7. 叙述微生物与植物之间的相互关系。
8. 叙述微生物与动物之间的相互关系。
9. 简述根瘤菌与豆科植物共生的过程及意义。
10. 简述研究瘤胃微生物有何意义?
11. 叙述微生物与自然界中物质循环的关系,有何应用?
12. 试述微生物在自然界氮素循环中所起的关键作用。
13. 试述研究极端环境微生物有何意义?
14. 试述微生物与环境污染治理的关系。

(张建新　黄志宏　刘　杰)

第十章

传染与免疫

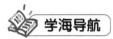

了解传染病与传染的区别;理解病原微生物、抗原、抗体的概念;掌握抗原抗体反应的特点、特异性免疫与非特异性免疫的区别,培养学生学习免疫学的兴趣。

重点:抗原、抗体的概念和特性。

难点:抗原抗体反应的规律与实际应用。

能引起人体或动物体发生传染病的微生物,称为病原微生物(pathogenic microorganism)或称病原体(pathogen)。生物体(包括人)生活在一个充满微生物的世界里,多数情况下,微生物并不引起疾病;但有些微生物能引起机体发生传染病,能引起疾病的微生物种类很多,包括细菌、放线菌、立克次氏体、支原体、衣原体、螺旋体、真菌及病毒等。当这些病原微生物侵入机体后,在一定条件下它们会克服机体的防御机能,破坏机体内环境的相对稳定性,在一定部位生长繁殖,引起不同程度的病理反应。也有些病原微生物如某些细菌,在一般情况下不致病但在某些条件改变的特殊情况下可以致病,称为条件致病菌(opportunistic bacteria)。

传染又称感染(infection),是机体与病原体在一定条件下相互作用而引起的病理过程。一方面,病原体入侵机体,损害宿主的细胞和组织;另一方面,机体运用各种免疫防御功能,杀灭、中和、排除病原体及其毒性产物,维持机体稳定。

免疫概念的形成有一个较漫长的过程,早期人们把宿主所具有的阻止病原微生物侵入、限制或消灭已入侵病原微生物,解除其毒害作用的能力称为免疫(immunity),是基于病原微生物的抗传染免疫。随着研究的深入,人们把生物体具有辨认自我与非我,并有对非我做出反应以保持自身稳定的功能称为免疫。传染与免疫是讨论病原微生物与其宿主间的相互关系,是人类诊断、预防和治疗各种传染病的理论基础,是微生物学发展的主要动力。起源于微生物学的免疫学,已成为当前生命科学领域中发展最快、影响最大的学科之一。免疫学方法因其高度特异性和灵敏度,不但可用于基础理论的研究,而且对多种疾病的诊断、法医检验、生化测定、医疗保健、生物制品生产、肿瘤防治、定向药物的研制和防止生物恐怖等多项实际应用都有极其重要的作用。

免疫是生物在长期进化过程中逐渐发展起来的防御感染和维护机体完整性的重要手段。宿主免疫防御功能分为非特异性免疫和特异性免疫两大类,它们相辅相成,共同完成抵抗感染、监视和保护自我的作用;但有时也会造成对机体的病理性损伤。现代免疫学是研究机体在长期系统发生和个体发育过程中建立起来的排除抗原性异物,达到机体内环境平衡的规律性科学。

第一节　传染病的发生

生物体在一定条件下,由致病因素所引起的一系列复杂且有特征性的病理状态,称疾病(disease)。疾病按病因可分为非传染性疾病和传染性疾病两大类。传染性疾病(infectious disease)是一类由活病原微生物大量繁殖所引起的,可从一个宿主个体直接或间接传播到另一宿主个体的疾病。传染并不一定引起传染病,只有当病原微生物突破宿主的免疫"防线"(非特异性免疫和特异性免疫),在宿主的特定部位定植、生长繁殖、产生酶及毒素,从而引起一系列复杂且有特征性的病理生理变化,才会引起传染病的发生。由于病原微生物和宿主都具有生命力,所以当病原微生物侵入宿主机体后,双方作用的结果决定了传染病的发生与否,同时传染病的发生与环境有密切的关系。有些病原微生物感染宿主后,可持续潜伏多年,机体不发病。当病原体定植于宿主内生长繁殖,若表现为临床症状则称为传染病(显性传染),若不表现为临床症状则称为隐性传染(inapparent infection)或带菌状态(carrier state)。传染与传染病两者的区别是前者强调过程,后者强调结果。传染病与由其他致病因素引起的非传染性疾病有本质的区别,传染病的基本特征是有病原微生物存在,有传染性,有流行性、地方性、季节性和免疫性。

决定传染结局的三个要素(即"传染三要素")是病原体自身的致病作用、宿主的免疫力和环境因素。

一、病原微生物的致病作用

病原微生物在一定条件下,对某种类型的宿主引起疾病的能力,称为微生物的致病性。微生物致病性的有无和致病性的强弱主要取决于它的毒力、侵入数量和途径。

$$
\text{病原体}\begin{cases} \text{毒力}\begin{cases} \text{侵袭力:吸附与侵入能力、抗吞噬作用和侵袭性酶类等} \\ \text{毒素:外毒素和内毒素} \end{cases} \\ \text{侵入数量} \\ \text{侵入途径:呼吸道、消化道、皮肤伤口等} \end{cases}
$$

(一)毒力

毒力(virulence)又称致病力(pathogenicity),表示病原体致病能力的强弱。以细菌为例,毒力主要包括病原菌对宿主体表的吸附和侵入,向周围组织扩散蔓延,抵抗宿主的防御功能和产生损害宿主的毒素等方面的能力。不同的病原菌其毒力组成差别很大,归纳起来有侵袭力和毒素两个方面。

1. 病原微生物的侵袭力

侵袭力(invasiveness)是指病原微生物突破宿主的防御机能,并在其中生长繁殖和蔓延扩散的能力。它由三个方面组成:吸附和侵入能力;繁殖与扩散能力;对宿主防御机能的抵抗力。

(1)吸附和侵入能力　少数病原微生物因昆虫叮咬或外伤而进入宿主引起感染,大多数病原菌通过荚膜、菌毛等特殊结构黏附在宿主的呼吸道、消化道及泌尿生殖道的黏膜上,有利于病原菌在宿主中的侵入和定植。如淋病奈瑟氏球菌的菌毛可使其吸附于尿道黏膜上皮的表面而不被尿液冲走(图10-1(a));变异链球菌、乳杆菌可通过黏液层促使细菌与牙齿表面粘连成菌斑,造成龋齿;霍乱弧菌通过糖被吸附于宿主细胞表面(图 10-1(b)),并在原处生长繁殖引起疾病;有的侵入细胞内生长繁殖并产生毒素,使细胞死亡,造成溃疡,如痢疾志贺氏菌;有的则通过黏膜上皮细胞或细胞间质侵入表层下部组织或血液中进一步扩散,如溶血链球菌。

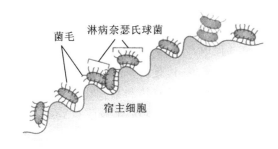
(a) 淋病奈瑟氏球菌吸附于尿道黏膜上皮

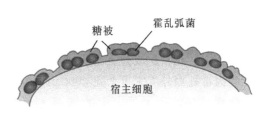
(b) 霍乱弧菌通过糖被吸附于宿主细胞表面

图 10-1　细菌的吸附

(2) 对宿主防御机能的抵抗能力　病原微生物侵入机体后,大部分被中性粒细胞和巨噬细胞吞噬而避免了传染病发生。而部分病原体形成了荚膜或类似荚膜的结构,能抗吞噬细胞的吞噬和抗体液中杀菌物质的作用,有助于病原体在宿主体内存活。这是病原微生物引起宿主患传染病的重要条件,不同病原微生物具有的在宿主体内繁殖与扩散的能力不同。病原微生物在宿主体内繁殖、扩散能力主要表现在产生酶,这些酶本身一般不具毒性作用,但它有利于病原微生物在宿主组织中的生长与扩散,对传染过程起重要作用。因此,一般把它称为侵袭性酶。

细菌的荚膜(如肺炎双球菌的荚膜)和微荚膜具有抗吞噬和抗体液杀菌因子的能力,有助于病原菌在体内较长时间内存活;致病性葡萄球菌产生的血浆凝固酶有抗吞噬作用;结核分枝杆菌具有抵抗吞噬细胞的能力,能在吞噬细胞内寄生。

(3) 繁殖与扩散能力　不同的病原菌有其自身特有的在宿主体内繁殖与扩散的能力,有些病原微生物在生长繁殖过程中产生胞外酶,有利于病原微生物在机体组织中的生长和扩散。这些胞外酶常见的有如下几类。

① 透明质酸酶(hyaluronidase)　透明质酸是结缔组织的基质成分,为氨基葡萄糖醛酸聚合物,对组织细胞的联结起重要作用。化脓性葡萄球菌及肺炎链球菌等产生透明质酸酶,分解透明质酸,使细胞间隙扩大,结缔组织松弛,增加通透性,利于病原微生物在组织中扩散,因此旧称此酶为扩散因子(spreading factor)。

② 链激酶(streptokinase)　又称纤维蛋白溶酶,一些溶血性链球菌产生该酶,它是一种酶的激活剂,激活血浆中纤维蛋白酶原为纤维蛋白溶酶,溶解凝固的血浆,使纤维蛋白凝块溶解,便于病原微生物和毒素扩散。在医疗实践中,高纯度的细菌链激酶已被用于治疗血栓栓塞性疾病,如心肌梗死、肺栓塞以及深部静脉血栓等疾病。

③ 胶原酶(collagenase)　水解肌肉和皮下组织的胶原蛋白(collagen),使组织崩解,便于细菌和毒素扩散。产气荚膜梭菌(*Clostridium perfringens*)和溶组织梭状芽孢杆菌(*Clostridium histolyticum*)可引起气性坏疽的病原菌可产生胶原酶,能水解宿主肌肉和皮下组织中的胶原蛋白,使组织崩解,从而使病原微生物在组织中扩散。

④ 血浆凝固酶(coagulase)　与链激酶的作用相反,促使血浆中纤维蛋白原变为纤维蛋白而使血浆凝固,沉积在菌体表面或将细菌包裹从而保护病原微生物不被吞噬细胞吞噬和免受

抗体作用,金黄色葡萄球菌能产生使血浆加速凝固成纤维蛋白屏障的血浆凝固酶。

⑤卵磷脂酶(lecithinase) 产气荚膜梭菌能产生可水解各种组织细胞的卵磷脂酶。

2. 病原微生物毒素的致病作用

据化学组成和毒性特点,细菌毒素(toxin)分为外毒素和内毒素两大类。

1) 外毒素

外毒素(exotoxin)是有些病原微生物在生长繁殖过程中产生的一种能释放至周围环境中的代谢产物。化学组成为蛋白质,多由革兰氏阳性细菌所产生,具有抗原性。毒性极强,1 mg 纯化的肉毒杆菌外毒素可杀死 2000 万只小鼠。理化性质不稳定,对热和某些化学物质敏感,容易受到破坏。产生外毒素的细菌主要是革兰氏阳性细菌,如破伤风梭菌(*Clostridium tetani*)、肉毒梭菌(*Clostridium botulinum*)、白喉棒状杆菌(*Corynebacterium diphtheriae*)、A群链球菌、金黄色葡萄球菌等;也有少数为革兰氏阴性细菌,如痢疾志贺氏菌、霍乱弧菌等。不同病原微生物所产生的外毒素性质不同,所引起的症状也不同,并对宿主的组织器官具有选择性。常见的有白喉棒状杆菌产生的白喉外毒素、破伤风梭菌产生的破伤风毒素、霍乱弧菌产生的肠毒素等。常见的几类外毒素见表 10-1。

表 10-1 常见几类外毒素

产生菌	外毒素名称	引起疾病及症状	毒素作用机制
白喉棒状杆菌	白喉毒素	白喉(咽喉部假膜状白膜,严重的有全身性中毒症状)	不可逆地抑制多种蛋白质的合成
破伤风梭菌	破伤风毒素	破伤风	不可逆地阻断神经冲动传递
肉毒梭菌	肉毒毒素	食物中毒	抑制运动神经细胞功能
霍乱弧菌	肠毒素	霍乱、食物中毒	激活细胞内腺苷环化酶,使 cAMP 浓度升高

用 0.4% 甲醛处理,可使外毒素的毒性完全丧失,但仍保留其抗原性。这种经过处理的无毒但保留抗原性的外毒素称为类毒素(toxoid)。将类毒素注射入机体后,可刺激机体产生具有中和外毒素作用的抗体,称为抗毒素(antitoxin)。类毒素和抗毒素在防治工作中都具有实际意义。前者主要用于人工主动免疫,后者则用于紧急预防。

知识链接

细菌毒素与美容

1986 年加拿大 Carruther 夫妇用肉毒梭菌毒素治疗眼睑痉挛时意外发现它有良好的除皱效果,随后相继用于对额纹、眉纹、鱼尾纹进行治疗。肉毒毒素毒性强烈,是一种神经毒素,比氰化钾毒性强一万倍,能透过机体各部位的黏膜,经胃肠道吸收后,经淋巴和血行扩散,作用于颅脑神经核和外周神经肌肉接头以及自主神经末梢,阻碍乙酰胆碱释放,影响神经冲动的传递,导致肌肉的松弛性麻痹。肉毒毒素美容是利用它对面部表情肌肉的麻痹作用来达到减少皱纹目的的。最初发现肉毒毒素时,仅限于治疗神经肌肉亢进性疾病,后来才发现它具有较好的除皱美容效果。

2) 内毒素

内毒素（endotoxin）是病原微生物所产生的代谢产物,只存在于细菌细胞壁的外层,是细菌细胞壁的组成成分,多由革兰氏阴性细菌产生。与外毒素相比,它不能分泌到周围环境中,仅在细菌自溶或人工裂解后才能释放出来。主要化学成分为脂多糖（lipopolysaccharide,LPS）,由 O-特异侧链多糖、非特异核心多糖和脂类 A 组成。脂类 A 在脂多糖的内层,是一种特殊的糖磷脂,是内毒素的主要毒性成分;抗原性较外毒素弱。理化性质稳定,耐热,各种病原微生物所产生的内毒素毒性大致相同,比外毒素要低。不同病原微生物产生的内毒素作用没有组织器官选择性,引起的症状大致相同,都有宿主发热、腹泻、出血性休克和其他组织损伤等临床表现,外毒素与内毒素的主要区别见表 10-2。

表 10-2　外毒素与内毒素的主要区别

种　　类	外　毒　素	内　毒　素
来源	革兰氏阳性细菌	革兰氏阴性细菌
化学成分	蛋白质	脂多糖
致病特性	不同外毒素作用不同	基本相同
毒性	强	弱
抗原性	强	弱
能否制成类毒素	能	不能
热稳定性	差	强
释放方式	多为分泌蛋白	细菌裂解后释放

知识链接

热原质的检验与鲎试剂法

由于内毒素作为热原质具有极强的稳定性（在 250 ℃下干热灭菌 2 h 才完全灭活）,因此在生物制品、抗生素、注射用葡萄糖液和生理盐水等注射用药中要去除热原质,一般用活性炭吸附等方法去除。热原质的检查,过去用家兔试验法,目前常用鲎试剂法。鲎是一类属于节肢动物门、螯肢亚门、肢口纲、剑尾目、鲎科的无脊椎动物,是已有 3 亿年历史的"活化石",鲎血中有一种变形细胞,它所含的一种特殊溶解物可与内毒素发生特异性强、灵敏度高的凝胶化反应,极少量（0.1 μg/kg）的内毒素与溶解物作用即有凝集反应。用鲎试剂法检测内毒素具有灵敏、特异、简便和快速等优点,用家兔试验法要 2~3 天才获结果,而鲎试剂法仅需 1 h 即可。

鲎试剂法的实际应用：用于临床诊断,如脑脊液中内毒素的检查;注射用药剂及其生产用水和材料中热原质的检验;用于生物制品及血液制品的检验等。

（二）病原微生物的侵入数量

不同病原菌的毒力和生长繁殖条件有差别,引起宿主致病所需的病原菌的个体数量也不同,引起感染的最少病原菌数量称为感染剂量（infection dose,ID）。不同的病原菌有不同的感染剂量。有些病原体需庞大数量才能致病,如伤寒沙门氏菌（*Salmonella typhi*）引起伤寒症须摄入几亿至十几亿个细菌；有些致病菌只需很少量即致病，而毒力完全的痢疾志贺氏菌只要7个菌体即可引起细菌性痢疾，如鼠疫耶尔森氏菌（*Yersinia pestis*）只要几个菌即可引起宿主患鼠疫。如果病原体的数量远超感染剂量，疾病的发生将会非常快速。

（三）侵入途径

病原微生物的侵入途径是由病原微生物的生长要求、宿主不同器官和组织的营养环境以及防御机能来决定的。由于宿主的不同部位、不同组织对不同微生物的敏感性不同，病原微生物都有自己特定的侵入途径。

1. 皮肤伤口

多数病原体不能穿过完整的皮肤，而是通过机体的自然开口、皮肤表面的创伤裂口，或通过导管、静脉注入或外科切口等医源性的途径进入机体内部的，如金黄色葡萄球菌（*Staphylococcus aureus*）、酿脓链球菌（*Streptococcus pyogenes*）、铜绿假单胞菌（*Pseudomonas aeruginosa*）、破伤风梭菌（*Clostridium tetani*）、产气荚膜梭菌（*C. perrfringens*）及炭疽芽孢杆菌（*Bacillus anthracis*）等。

2. 消化道

消化道是各种病原体侵入人体和动物宿主最常见的途径。"病从口入"的病原菌极多，如伤寒沙门氏菌（*Salmonella typhi*）、霍乱弧菌（*Vibrio cholerae*）、甲型肝炎病毒、麻疹病毒和脊髓灰质炎病毒等。

3. 呼吸道

对呼吸道有特异亲和力的病原体有结核分枝杆菌（*Mycobacterium tuberculosis*）、嗜肺军团菌（*Legionella pneumoniae*）、肺炎球菌（*Pneumococcus pneumoniae*）、白喉棒状杆菌（*Corynebacterium diphtheriae*）以及一些呼吸道病毒等。

4. 泌尿生殖道

淋病奈瑟氏球菌（*Neisseria gonorrhoeae*）和梅毒密螺旋体（*Treponema pallidum*）等引起性病的病原菌通常是通过泌尿生殖道侵害人体的。

5. 多种途径

有些病原菌可通过多种途径侵害其宿主，例如结核分枝杆菌（*Mycobacterium tuberculosis*）和炭疽芽孢杆菌（*Bacillus anthracis*）等可通过呼吸道、消化道和皮肤等多种途径侵害宿主，并引起相应部位或全身性的疾病。

可见病原体的致病力包括多个因素，但并非要全部因素都具备才致病。如破伤风梭菌仅需产生破伤风外毒素就足以致病甚至致残，而肺炎链球菌不产生任何毒素，但它会在肺组织中大量繁殖而引起严重的呼吸功能障碍。

二、机体的免疫力

同种生物的不同个体，当它们与同样的病原体接触时，有的患病，而有的却安然无恙，其原因在于不同个体间的免疫力不同。所谓免疫或称免疫性、免疫力（immunity），经典的概念是指机体免除传染性疾病的能力。随着免疫学的飞速发展，现代免疫概念认为，免疫是机体识别和排除抗原性异物的一种保护性功能，在正常条件下，它对机体有利；在异常条件下，也可损害机体。免疫功能一般包括三种（表10-3）：免疫防御（immunologic defense），免疫稳定（immunologic homeostasis），免疫监视（immunologic surveillance）。

表 10-3 免疫的三大功能

免疫三大功能	作用对象	正常	亢进(异常)	不足(异常)
免疫防御	外源病原微生物	抗感染免疫	变态反应	免疫缺陷
自身稳定	内源的衰老细胞和损伤细胞	消除衰老细胞和损伤细胞	连正常的自身细胞都排斥	无法消除衰老细胞和损伤细胞
免疫监视	突变异常细胞	消除癌变细胞	自身免疫疾病	癌症发生

机体的免疫功能按其作用特点不同可分为非特异性免疫(先天具有)和特异性免疫(后天获得)。有关内容将在后面的章节探讨。

三、环境的因素

传染的发生与发展除取决于上述的病原微生物的致病力和机体的免疫力外,还取决于对以上因素都有影响的环境因素。良好的环境因素有助于提高机体的免疫力,也有助于限制、消灭自然疫源和控制病原体的传播,防止传染病的流行。

1. 宿主环境

机体不同,生长发育的时期不同,相同个体的生理状态不同,环境就不同,这就是宿主环境。宿主环境包括先天和后天两方面的因素。①先天:遗传素质、年龄等。② 后天:营养、精神、内分泌状态、药物、针灸、辐射、锻炼等。

2. 外界环境

外界环境包括自然与社会两方面的因素。① 自然因素:气候、季节、温度、地理环境等。②社会因素:社会制度、风俗习惯等。

第二节 抗 原

一、抗原的概念和性质

1. 抗原的概念

抗原(antigen)又称免疫原(immunogen),是一类能被机体特异性免疫系统所识别,能刺激机体产生免疫应答并能与应答产物发生反应的物质。抗原有两个突出的特性:免疫原性和免疫反应性。

(1) 免疫原性(immunogenicity) 又称抗原特异性或抗原性,是指抗原能刺激机体(人或动物)产生特异性抗体或致敏淋巴细胞的能力。

(2) 免疫反应性(immunoreactivity) 抗原能与它所诱导产生的抗体或致敏淋巴细胞发生特异性反应的能力。

2. 抗原的性质

(1) 异物性 免疫系统具有区分自我和非我的能力,能识别自己,排除异己。进入机体的抗原物质必须与该机体的组织和体液成分有差别,才能诱导机体发生免疫应答和产生抗体。在正常情况下,机体的自身物质不会刺激机体产生免疫应答,此称自我识别。抗原异物性包括异种间物质、同种异体间不同成分、自身内隔绝成分和自体变异成分等。凡在胚胎期淋巴细胞未接触过的物质,为"异己物质",凡在胚胎期淋巴细胞接触过的物质,称"自身物质"。如果这种"非己即异"的免疫识别机能受损,则会引起自身免疫病。

(2)理化性质　分子大小对抗原性影响很大。抗原的相对分子质量越大,抗原性越强。相对分子质量小于10000的物质一般是弱的免疫原,相对分子质量大于10000的物质是良好的免疫原。这是因为大分子不易被清除,在体内停留时间长,有机会充分与抗体结合,故抗原性强。绝大多数蛋白质是很好的抗原,有些结构复杂的多糖、核酸、磷壁酸也有抗原性。若大分子蛋白质被分解成小分子短肽,则会降低或失去抗原性,但可充当半抗原,半抗原一旦与大分子载体偶联,又会恢复其抗原性。抗原性与物质的化学组成有关。有些大分子不一定具有抗原性,如相对分子质量超过10000的右旋糖酐无抗原性,而相对分子质量只有5734的胰岛素则具有抗原性。增加复杂性有助于增强分子的抗原性。如多聚赖氨酸的相对分子质量可以超过10000,但并不是良好的抗原,若将酪氨酸、谷氨酸连接到各多聚赖氨酸的ε-氨基末端,则具有抗原性,可见一个抗原的结构与组成对其抗原性影响很大,特别是芳香族氨基酸的存在与抗原的抗原性有关。

(3)特异性　抗原的特异性是由抗原分子上所具有的免疫活性的抗原决定簇(determinant group)(或称抗原表位(epitope))决定的。抗原决定簇对抗原诱导机体产生特异性抗体起决定性作用。一个抗原分子上可以带有不同的表位,抗原的相对分子质量越大,表位数量就越多。抗原上的每个表位都可以刺激机体产生相应的抗体,表位增多,形成的特异性抗体也相应地增多。一个抗原上含有能与抗体相结合的表位的总数称为抗原结合价(antigenic valence)。许多天然的蛋白质抗原,其表位的特异性由其氨基酸的排列顺序所决定。也有些天然物质分子表面的表位是糖类,如伤寒沙门氏菌的菌体抗原的表位大多由多糖构成。

二、微生物的抗原种类

既具有免疫原性又具有免疫反应性的抗原称为完全抗原(complete antigen)。大多数蛋白质、细菌和病毒都是抗原性很强的完全抗原。很多小分子物质如类脂质、寡糖、核酸以及许多药物等化学物质不能单独诱导机体产生抗体或致敏淋巴细胞,但若与蛋白质(载体)结合形成大分子复合物则具有免疫原性。这类不具有免疫原性只具有免疫反应性的小分子物质称为半抗原(hapten)(图10-2)。若无特指,一般所说抗原都指完全抗原。半抗原在完全抗原中作为抗原表位而起作用。自然界存在的抗原及人工抗原极为繁多,可以依据不同的原则予以分类。

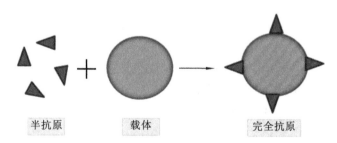

图 10-2　半抗原与完全抗原

1. 细菌抗原分类

细菌、病毒和立克次氏体等病原微生物有各种不同的蛋白质、脂蛋白和脂多糖,化学成分相当复杂,因而抗原组成也相当复杂。以细菌为例,其主要抗原包括菌体抗原、鞭毛抗原、表面抗原和菌毛抗原等(图 10-3)。

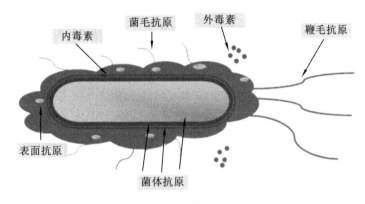

图 10-3 细菌的抗原

(1)菌体抗原(somatic antigen) 包括存在于细胞壁、细胞膜和细胞质中的抗原。一个细菌细胞含有许多菌体抗原,有的抗原是某种细菌特有的,称为特异性抗原(specific antigen),有的抗原是几种细菌所共有的,称为共同抗原(common antigen)或类属抗原(group antigen)。抗原结构是微生物分类鉴定的重要依据之一。革兰氏阴性细菌的菌体抗原称为 O 抗原(O 来自于德文 ohnehauch),主要成分为多糖、脂质和蛋白质组成的复合物。

(2)鞭毛抗原(flagella antigen) 有鞭毛的细菌可形成云雾状菌落,故将鞭毛抗原命名为 H 抗原(H 来自于德语 hauch)。H 抗原的化学成分为蛋白质,即鞭毛蛋白,具有很强的抗原性。鞭毛抗原也是分类的重要依据之一。

(3)表面抗原(surface antigen) 存在于菌体抗原(O 抗原)表面的一层结构,如肺炎链球菌的荚膜抗原由多糖组成,与菌体蛋白结合具有明显的抗原性和特异性,可利用其抗血清对细菌进行分型。伤寒沙门氏菌和其他沙门氏菌的表面抗原因与毒力有关而命名为 Vi 抗原,其化学成分为糖脂。具有 Vi 抗原的菌株称 V 菌株,经多次人工培养后 V 菌株逐渐失去 Vi 抗原可使 O 抗原又重新暴露出来。V 菌株不能与抗 O 抗体发生反应,只有失去 Vi 抗原后才能与其抗 O 抗体发生反应。大肠杆菌的表面抗原称为封套抗原或 K 抗原,可据此分型。由于表面抗原包围在菌体抗原之外,它的存在可干扰菌体抗原与相应抗体结合,在鉴定细菌菌体抗原时应加以考虑。

(4)菌毛抗原(pili antigen) 某些革兰氏阴性细菌如大肠杆菌的表面有菌毛结构,也具有抗原性,称菌毛抗原。

另外,细胞质由蛋白质组成,其中所含有的酶、核酸、核蛋白等也具有一定的抗原性,但因处于细胞内部,在激发机体免疫应答上不如表面抗原重要。

2. 其他抗原分类

(1)B 细胞超抗原(superantigen) 近年来发现一类蛋白质抗原,可与免疫球蛋白在传统的抗原结合位点以外结合,并激活大量的 B 细胞,称为 B 细胞超抗原。B 细胞超抗原是一类能非特异性刺激 B 细胞增殖,并能促进其合成抗体的抗原,大多为细菌和病毒产物。B 细胞超抗原刺激 B 细胞的机制与普通抗原的显著不同。微生物超抗原的特征与这些微生物的致病机制密切相关。B 细胞超抗原的发现可能会对某些疾病的发病机制有新的认识,并可能提供新的治疗手段。

(2) 自身抗原、异种抗原和同种异型抗原　可根据抗原与机体的亲缘关系来进行划分。

(3) 主要组织相容性抗原(major histocompatibility antigen, MHA)　能引起机体发生强烈免疫排斥反应的抗原,机体内与排斥反应有关的抗原系统多达 20 种以上,是由一组极其多态的主要组织相容性复合体(major histocompatibility complex, MHC)基因编码的。MHC 编码的分子称为 MHC 抗原或 MHC 分子,在 T 细胞识别抗原中起关键作用。控制机体免疫应答能力与调节功能的基因也存在于 MHC 内。人的 MHC 则称为人白细胞抗原系统(human leucoyte antigen, HLA)。这些蛋白质是由位于 6 号染色体上的主要组织相容性复合体基因所编码的。这些蛋白质高度多态,在不同的人中显示差异。MHC 分子是机体识别自我与非我的标志性分子。从进化的角度来看,多细胞生物需要有一种机制来识别自身细胞及辨认外来抗原,并以某种方式清除外来抗原。

(4) 胸腺依赖性抗原(thymus dependent antigen, TD 抗原)和胸腺非依赖性抗原(thymus independent antigen, TI 抗原)　根据抗原刺激机体产生抗体时是否需要 T 细胞参与分为 TD 抗原和 TI 抗原。

三、佐剂

凡能特异性地增强抗原的抗原性和机体免疫反应的物质称佐剂(adjuvant),它是一种免疫增强剂。与抗原合用,既能增强细胞的免疫力,又能提高抗体的产量。佐剂还能改变免疫反应的类型,使体液免疫转变为细胞免疫。也可改变抗体的种类和亚型,或改变免疫反应的状态。佐剂的生物作用包括如下几点。

(1) 抗原物质混合佐剂注入机体后,改变了抗原的物理性状,可使抗原物质缓慢地释放,延长了抗原的作用时间。

(2) 佐剂吸附了抗原后,增加了抗原的表面积,使抗原易于被巨噬细胞吞噬。

(3) 佐剂能刺激吞噬细胞对抗原的处理。

(4) 佐剂可促进淋巴细胞之间的接触,增强辅助 T 细胞的作用。

(5) 可刺激致敏淋巴细胞的分裂和浆细胞产生抗体。

(6) 可提高机体初次和再次免疫应答的抗体滴度。

(7) 改变抗体的产生类型以及产生迟发型变态反应,并使其增强。

弗氏佐剂目前在实验动物中最常用,又可分为弗氏不完全佐剂和完全佐剂两种。不完全佐剂由油剂(液体石蜡或植物油)与乳化剂(羊毛脂或吐温)混合而成,将其与抗原混合乳化成油包水乳剂,可用于免疫注射。在不完全佐剂中加入死的分枝杆菌,即成为弗氏完全佐剂。完全佐剂的免疫强度大于不完全佐剂。该佐剂主要用于动物实验,不适宜于人类使用。

第三节　非特异性免疫

一、非特异性免疫的概念和特点

非特异性免疫(non-specific immunity)也称固有免疫(innate immunity),是机体在长期的种系发育和进化过程中逐渐建立起来的一系列天然防御功能。它的特点是同一种的所有个体都具有,代代相传,大多是机体的常备因素,有些是异物入侵后很快就出现的反应(炎症),能迅速发生防御作用,对所有入侵微生物都发生作用,故称为非特异性免疫。

机体在抵抗传染的过程中,先是非特异性免疫发生作用,随后形成特异性免疫力。只有两者相互配合,才能发挥最大效力。非特异性免疫是特异性免疫的基础,是进行人工免疫的基本条件。非特异性免疫系统有生理屏障,细胞防护和正常体液防护等多方面的作用。

二、非特异性免疫的组成

(一) 生理屏障

1. 体表屏障

体表屏障即皮肤、黏膜的屏障,这是宿主对病原体的"第一道防线"或"机械防线",其作用一般有以下三种。

(1) 机械阻挡作用　完整的皮肤和黏膜起机械屏障作用。受损的皮肤,病原菌易入侵,黏膜亦较易被病原菌攻破。鼻黏膜和气管黏膜受到异物刺激时会通过打喷嚏或咳嗽来急速排出异物,这是机体的积极反应。机体的体表和内部具有双重屏障,构成了严密的防御体系。

(2) 分泌杀菌和抑菌物质　如汗腺分泌的乳酸、皮脂腺分泌的脂肪酸、唾液中的黏多糖、胃液中的胃酸、消化液中的蛋白酶及泪液和唾液中含有的溶菌酶等,都具有杀菌或抑菌作用。

(3) 正常菌群的拮抗作用　寄居在正常人体皮肤黏膜上的微生物菌群一般不致病,而且对一些病原菌有拮抗作用。肠道中的大肠菌群也有抑制病原菌的作用。

2. 内部屏障

(1) 胎盘屏障　由母体子宫内膜的底蜕膜和胎儿绒毛膜共同组成,一般在妊娠 3 个月后成熟发育,不妨碍母体与胎儿间物质交换,但能防止母体内的病原体进入胎儿。故 HBV 阳性孕妇其后代胎内感染率低于 5%。若胎盘屏障未成熟时母体遭受麻疹病毒、风疹病毒、腮腺炎病毒等感染,病毒就会通过胎盘侵犯胎儿,从而影响胎儿发育,造成畸胎或死胎。故育龄妇女最好注射"麻风腮"三联疫苗。

(2) 血脑屏障　由脑膜及毛细血管内皮细胞组成的血脑屏障系统,能阻挡病原菌及其毒性物质进入脑组织或脑脊液,从而保护中枢神经系统。但婴幼儿时期血脑屏障尚未发育成熟,所以婴幼儿容易发生脑组织的传染病,如脑膜炎、流脑等。

(二) 吞噬细胞

当病原体突破宿主的第一道防线后,就会遇到宿主非特异性免疫的第二道防线的抵抗,吞噬细胞的吞噬作用就是其中重要的一环。吞噬细胞是一类存在于血液、体液或组织中,能进行变形虫运动,并能吞噬、杀死和消化病原微生物的白细胞。最主要的吞噬细胞有两类:一是多形核白细胞中的中性粒细胞;二是以巨噬细胞为代表的各种单核吞噬细胞。

血液中的吞噬细胞和中性粒细胞等迅速向入侵部位移动、聚集并发挥吞噬作用,尤其是巨噬细胞还能吞噬、消化体内的衰老、死亡和异常的细胞。但对一些可在细胞内寄生的病原菌如结核分枝杆菌和麻风分枝杆菌来说,吞噬细胞只能吞噬它们,不能将其杀死,而病原菌因深藏在吞噬细胞内受到保护使得用药困难,这是结核和麻风等疾病难以治愈的原因。

1. 中性粒细胞

多形核白细胞分为三类,即中性粒细胞(neutrophil)、嗜碱性粒细胞(basophilic

granulocyte)和嗜酸性粒细胞(eosinophil),其中中性粒细胞最为重要。中性粒细胞的数量占粒细胞总数的90%,占白细胞总数的40%~75%,在人血中含量为2500~7500个/mm^3。中性粒细胞是人体中数量最多的小吞噬细胞,因其细胞内含有大量易染色的称为溶酶体的颗粒而得名。其细胞核的形态变化很大,呈分叶状,由3~5叶组成,有利于穿过狭窄的缝隙。中性粒细胞从骨髓中成熟后释放至血液中,急性感染时,数量急剧增加,可穿越血管壁,发挥其吞噬功能。吞噬过程分为四个阶段,即趋化、调理、吞入和杀灭。

(1) 趋化作用　吞噬细胞随所处环境中某种可溶性物质浓度的梯度呈定向运动的现象称为趋化作用。许多病原菌都可产生趋化因子。首先是趋化因子与吞噬细胞受体结合。当细胞中酯酶被经典HMP途径激活时,细胞微丝和微管装置就会推动细胞向病原微生物方向迅速移动。

(2) 调理作用　宿主体液中一些物质(抗体与补体)可以直接与病原微生物接合,或在激活后覆盖于其表面,使吞噬细胞更容易吞噬,这种作用称为调理作用。例如,抗体(免疫球蛋白)先与病原微生物结合,然后通过抗体分子上游离的铁端与吞噬细胞膜上的铁受体作用,从而把病原微生物吸附到了细胞表面。凡有调理作用的特异抗体称为调理素。

(3) 吞入作用　病原微生物经适当调理与细胞接近或接触后,中性粒细胞的细胞膜开始剧烈活动,伸出伪足,将细菌包围,细胞膜是吞噬体的外膜,接着吞噬体脱离细胞边缘,向细胞内移动。在吞噬体作用下,中性粒细胞溶酶体迅速向吞噬体运动,与吞噬体融合,形成吞噬溶酶体。

(4) 杀灭作用　溶酶体含有多种溶菌酶、水解酶等物质,这些物质能对病原微生物发生作用,从而可达到对外来病原微生物的杀灭和消化作用。

2. 巨噬细胞

巨噬细胞(macrophage)是一类存在于血液、淋巴和多种组织中的大型单核细胞,其寿命长,可做变形运动,并有吞噬和胞饮功能。根据细胞核的性状、数目和细胞内含较少溶酶体等特征,可以区分巨噬细胞和多形核白细胞。巨噬细胞起源于骨髓干细胞,在骨髓中分化为前单核细胞,进而分化为单核细胞,进入组织后继续分化为各类巨噬细胞。巨噬细胞不仅在非特异性免疫中起作用,在特异性免疫中也有极其重要的作用,其主要功能如下。

(1) 吞噬和杀菌作用　巨噬细胞能通过多种胞内酶或胞外酶,消化、杀灭被吞入的异物和病原体,清除体内衰老、损伤或死亡的细胞。

(2) 抗原递呈作用(antigen presentation)　巨噬细胞可通过吞噬、处理及传递三个步骤,对外来抗原物质进行加工,以适应激活淋巴细胞的需要,这就是抗原递呈作用。通过巨噬细胞表面黏多糖的吸附等方式,可与颗粒性抗原相结合并将其吞噬,其中约90%被分解成无抗原性的氨基酸和低聚肽,未被分解的约10%主要是抗原决定簇,可与巨噬细胞中的MHC抗原结合成复合体,较长期地留存在细胞膜上,并可将它传递给淋巴细胞。

(3) 免疫调节作用　巨噬细胞可在外来抗原刺激下,分泌多种可溶性生物活性物质,借此来调节免疫功能,包括激活淋巴细胞、杀伤癌细胞、促进炎症反应或加强吞噬细胞的吞噬、消化作用。这类活性物质种类很多,如白细胞介素-1(IL-1)、前列腺素、淋巴细胞激活因子(LAF)、遗传相关巨噬细胞因子(GRE)、非特异巨噬细胞因子(NMF)、绵羊红细胞溶解因子、肿瘤抗原识别因子(RF)、α或β干扰素、肿瘤坏死因子(TNF)、酸性水解酶类、中性蛋白酶类和溶菌酶等。

(4) 非吞噬性的细胞毒作用　激活的巨噬细胞可通过直接接触非特异性地抑制和杀伤一

切增长迅速的有核细胞,特别是肿瘤细胞,所以一般认为它有抗癌作用。激活后的巨噬细胞可通过非吞噬性的细胞毒作用,非特异性地抑制或杀伤癌细胞,也可协同特异性抗体或致敏 T 细胞产生的特异性细胞因子抑制或杀伤癌细胞。有实验证明:卡介苗(BCG)、云芝糖肽(PSP)等多糖类物质和一些中药等可提高巨噬细胞的数量和吞噬力,因而有助于癌症的辅助治疗。

(三)正常体液中的抗菌物质

正常机体的血液、淋巴液及细胞外液中含多种能抑制、杀死病原菌的物质,如补体、溶菌酶、乙型溶素、α 和 β 干扰素、吞噬细胞杀菌素、组蛋白、白细胞介素、血小板素、正铁血红素、精素、精胺碱和乳铁蛋白等,统称为体液因素,其中对补体系统、干扰素和溶菌酶等研究较多。

1. 补体

补体(complement)是存在于正常人和动物血清与组织液中的一组经活化后具有酶活性的蛋白质,在抗原抗体反应中有补充抗体作用的能力,故称为补体。早在 19 世纪末 Bordet 就证实,新鲜血液中含有一种不耐热的成分,可辅助和补充特异性抗体,介导免疫溶菌、溶血作用。一般情况下补体在体液中以无活性的蛋白酶原状态存在,当抗原与抗体结合时,抗体构象改变,暴露出补体结合位点从而激活补体,攻击侵入的病原菌(抗原),并将病原菌溶解杀死。补体的作用无特异性,对任何抗原抗体复合物都有反应,起杀菌、抑菌和灭病毒等作用,并能非特异性地促进吞噬细胞的吞噬作用。补体在血清中的含量不因免疫接种而增加,约占血清球蛋白总量的 10%,且不稳定,对热敏感,56 ℃保持 30 min 或 61 ℃保持 2 min 即被灭活,紫外线、振荡、胆汁等均可破坏补体。

目前已知补体是由 30 余种可溶性蛋白质、膜结合性蛋白和补体受体组成的多分子系统,故称为补体系统(complement system)。补体经典激活途径所产生的成分按其发现先后,依次命名为 C1、C2、C3、C4、C5、C6、C7、C8、C9;C1 包括 C1q、C1r、C1s,共 11 个非特异性血清蛋白。化学性质极不稳定,许多理化因素如紫外线照射、机械振荡、酸、碱、乙醇等均可破坏补体。对热敏感,56 ℃保持 30 min 或 61 ℃保持 2 min 即被灭活。补体旁路途径成分分别称为 B 因子、D 因子、H 因子、I 因子等。

补体系统的激活是复杂的连锁反应过程,在人体天然防御机能中,补体激活过程依据其起始顺序不同,可分为三条途径:从 C1 开始的经典途径(classic pathway);从 C3 开始的旁路途径(alternative pathway);通过甘露聚糖结合凝集素(mannan binding lectin, MBL)糖基识别的激活途径(MBL pathway)。上述三条途径包括识别阶段、活化阶段和膜攻击阶段(攻膜阶段),具有共同的末端通路,即膜攻击阶段的攻膜复合体(membrane attack complex, MAC)的形成及其溶细胞效应(图 10-4)。

(1)经典激活途径 激活物(抗原抗体复合物)与 C1q 结合,顺序活化 C1r、C1s、C2、C4、C3 形成 C3 转化酶和 C5 转化酶的级联酶促反应。

(2)MBL 途径 由血浆中的 MBL 直接识别多种病原微生物表面的 N-氨基半乳糖或甘露糖,进而依次活化 MASP-1、MASP-2、C4、C2、C3,形成和经典途径相同的 C3 与 C5 转化酶,激活补体级联酶促反应的活化途径。MBL 激活途径的主要激活物为表面含有甘露糖基、岩藻糖和 N-氨基半乳糖的病原微生物。

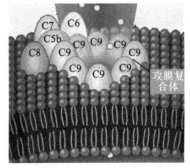

图 10-4 攻膜复合体及其溶细胞效应

（3）旁路激活途径 又称替代激活途径(alternative pathway)，不依赖于抗体，由B因子、D因子和备解素参与，直接由微生物或外源异物激活C3，形成C3与C5转化酶，激活补体级联酶促反应的活化途径。补体的三条激活途径激活过程如图10-5所示。

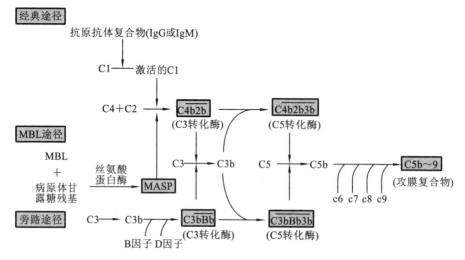

图10-5 补体的三条激活途径激活过程

（4）补体三条激活途径的比较 补体的三条激活途径既有共同之处，又有各自的特点。替代途径和MBL途径在初次感染或感染早期发挥作用，对机体的自身稳定和防御原发性感染有着重要意义。而经典途径常在疾病的恢复或持续过程中发挥作用。所以，在体内生理条件下，三条途径是密切相关的，都以C3活化为中心（表10-4）。

表10-4 补体三条激活途径的比较

	经典途径	旁路途径	MBL途径
激活物	免疫复合物	C3b吸附物	凝集素
参与成分	C1~C9	C3、C5~C9、P、B、D因子	C2~C9、MASP
C3转化酶	C4b2b	C3bBb	C4b2b
C5转化酶	C4b2b3b	C3bnBb	C4b2b3b
意义	参与获得性免疫应答	参与先天性免疫	参与先天性免疫

（5）补体系统的调节 机体对补体系统活化存在着精细的调控机制，主要包括：①控制补体活化的启动；②补体活性片段发生自发性衰变；③血浆和细胞膜表面存在多种补体调节蛋白。

（6）补体受体 可与相应的补体活性片段或调解蛋白结合，介导补体生物学效应，包括CR1~CR5、C3aR、C2aR、C4aR等。

（7）补体的生物学效应 补体系统激活时可产生多种生物活性物质，引起一系列生物学效应，参与机体的抗感染免疫，扩大体液免疫效应，调节免疫应答。同时，也可介导炎症反应，导致组织损伤。正常情况下，补体在体液中以无活性的酶原状态存在，当抗原与特异性抗体结合为抗原抗体复合物时，抗体构象发生变化，暴露出补体结合位点，从而激活补体。激活后的补体攻击侵入的细胞导致细胞溶解，其作用无特异性，对任何抗原抗体复合物都能发生反应，有杀菌、溶细胞和灭活病毒等作用，并能非特异性地促进吞噬细胞的吞噬作用。

①溶解和杀伤作用　激活的补体能溶解多种细胞。包括红细胞、血小板、淋巴细胞,以及许多革兰氏阴性细菌如沙门氏菌、嗜血杆菌、弧菌等。有些革兰氏阴性细菌和肿瘤细胞虽不被溶解但可被致死。

②中和病毒作用　补体成分与抗体致敏的病毒颗粒结合后,可以阻断病毒颗粒对靶细胞的黏附和穿透。补体成分可使抗体对疱疹病毒颗粒的灭活作用显著增加。

③趋化作用　补体能促使吞噬细胞向病原微生物移行,从而可对病原微生物进行集中吞噬。

④黏附作用　许多细胞上存在补体受体,如B细胞、中性粒细胞、巨噬细胞、灵长类和人类的红细胞等,能够和抗原细胞上的抗体相连接。使抗原抗体复合物能黏附于这些细胞上,从而有助于巨噬细胞的吞噬和消化。

⑤毒素作用　补体成分可使嗜碱性粒细胞或肥大细胞释放组胺,增加血管通透性,引起组织水肿、过敏性休克、平滑肌收缩、荨麻疹、红斑等。

⑥凝血作用　补体激活后能使血小板凝集,使血小板释放促凝物质,发生凝血。

2. 干扰素

干扰素(interferon,IFN)是由病毒、细菌或聚肌苷酸等干扰素诱生剂作用于宿主活细胞后,刺激活细胞产生的一种具有抗病毒功能的特异性低相对分子质量糖蛋白。当它再作用于其他细胞时,可使其他细胞立即获得抗病毒和抗肿瘤等多方面的免疫力。生物学活性高,1 mg有10亿个活性单位。理化性质较稳定,60 ℃保持1 h不被破坏,在pH 2~11范围内不变性。人干扰素有α干扰素(白细胞干扰素)、β干扰素(成纤维细胞干扰素)、γ干扰素(免疫干扰素)和ω干扰素。近年来研究发现γ干扰素对传染性非典型肺炎的治疗有一定的作用。

干扰素抗病毒范围广,其作用无特异性,是一种广谱抗病毒药物。它几乎可作用于一切病毒,并仅作用于受病毒感染的异常细胞;但作用时间短,仅几天。干扰素对宿主细胞的保护作用有种属特异性,如鸡所产生的干扰素只能保护鸡而不能保护兔对病毒感染。干扰素也有交叉保护现象,如猴与人之间、地鼠与小鼠之间均有交叉保护作用。目前可以运用基因工程手段克隆人白细胞来源的干扰素基因,表达生产基因工程药物,主要用于治疗乙肝、丙肝、白血病、角膜炎等病毒性感染。

干扰素的作用不是直接杀死病毒,而是进入细胞后诱导产生一种抗病毒蛋白,干扰病毒复制时所需要的各种酶类(如RNA聚合酶、DNA聚合酶等),从而抑制病毒复制(图10-6)。同时干扰素还具有抑制癌细胞分裂、活化巨噬细胞,促进淋巴细胞分化,增强NK细胞(自然杀伤细胞)活性等功能。

干扰素一般具有以下生物学特性。

(1) 抑制病毒的复制　增强NK细胞杀伤病毒感染的细胞等。

(2) 抑制癌细胞的分裂　增强宿主抗肿瘤的免疫力,如促进巨噬细胞对肿瘤细胞杀伤作用等。

(3) 活化巨噬细胞　促进T、B细胞分化,激活中性粒细胞和NK细胞等。

3. 乙型溶素

乙型溶素(β lysine)是一种存在于血清中的能溶解革兰氏阳性细菌的含赖氨酸的多肽,是一种热稳定的阳离子蛋白,由凝聚状态的血小板释放,可杀伤除链球菌外的革兰氏阳性细菌。

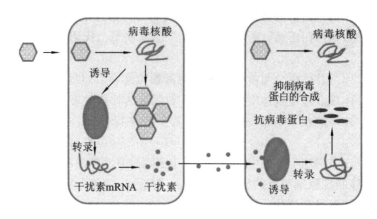

图 10-6　干扰素作用机理

4. 溶菌酶

溶菌酶（lysozyme）又称胞壁质酶（muramidase），是一种不耐热的碱性蛋白，存在于眼泪、唾液、汗液、乳汁、肠道分泌物及多种脏器组织液中。它主要是分解革兰氏阳性细菌细胞壁的 N-乙酰葡萄糖胺与 N-乙酰胞壁酸之间的 β-1,4-糖苷键，使细胞壁损伤而溶菌。而革兰氏阴性细菌由于有脂多糖保护，对溶菌酶不敏感。目前溶菌酶主要从蛋清、蛋衣膜中制取，用来治疗咽喉炎、中耳炎及副鼻窦炎等疾病。若抗体、补体、溶菌酶三者共存，溶菌作用更明显。

（四）炎症反应

炎症反应（inflammation）是机体受到病原体的侵入或其他损伤后产生的一种保护性反应，当机体受到病原体感染时，组织和微血管受到刺激，可迅速导致多种可溶性炎症介质释放。如被细菌脂多糖活化的血小板黏附于局部胶原和血管内皮基底膜，释放出 5-羟色胺、凝血因子等多种活性成分，由此而引起凝血、激肽和纤溶系统级联反应；在趋化因子及黏附分子作用下，各种白细胞（包括粒细胞和巨噬细胞）迁移到炎症部位，吞噬杀灭病原体；活化的补体组成攻膜复合体溶解病原菌；其他血浆成分（包括凝血系统、激肽系统、纤溶系统）均参与这些过程，扩大炎症反应。

当内、外源性热原物质作用于下丘脑时可导致发热；吞噬细胞的溶酶体酶释放或泄漏会损伤自身组织成分，各种毒性产物与活性介质将刺激正常机体组织；死亡的白细胞与破坏裂解的靶细胞共同形成脓液（称为化脓），导致出现红、肿、痛、热、化脓和功能障碍等一系列炎症症状。炎症既是一种病理过程，又是一种防御病原体的积极方式，这是因为炎症导致了如下变化。

（1）动员了大量的吞噬细胞聚集在炎症部位。
（2）血液中的抗菌因子和抗体发生了局部浓缩。
（3）死亡宿主细胞的堆积可释放抗微生物物质。
（4）炎症中心氧浓度下降和乳酸积累，进一步抑制了病原菌的生长。
（5）适度的体温升高可以加速免疫反应的进程。

第四节　免疫系统

特异性免疫是由相应的免疫系统来执行功能的，包括免疫器官、免疫细胞和免疫分子三个层次。

一、免疫器官

免疫器官(immunologic organ)是指实现免疫功能的器官和组织,因为这些器官的主要成分是淋巴组织,故也称为淋巴器官。根据免疫器官在免疫中所起作用的不同可分为中枢免疫器官和外周免疫器官(图10-7),二者通过血液循环及淋巴循环互相联系。

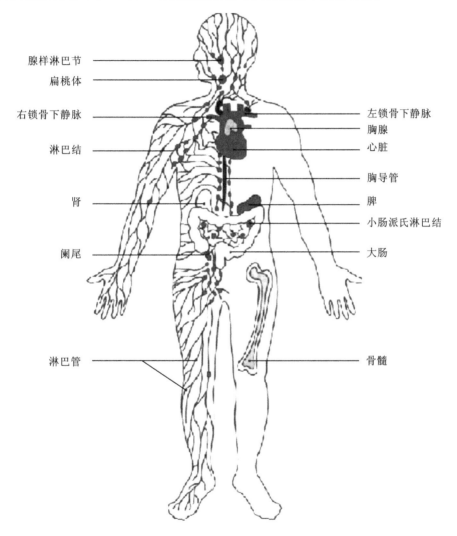

图 10-7 人体的免疫器官和相关组织

1. 中枢免疫器官

中枢免疫器官(central immune organ)又称一级淋巴器官(primary lymphatic organ),是免疫细胞发生、分化和成熟的部位。

(1) 胸腺(thymus,thymus gland) 人和哺乳类动物的胸腺位于胸腔的前纵隔,紧贴在气管和大血管之前,由左右两叶组成,它是T细胞分化和成熟的场所。T细胞的成熟主要通过胸腺素和胸腺生成素等多种胸腺因子和胸腺微环境的共同作用来完成。

(2) 骨髓(bone marrow) 骨髓是形成各类淋巴细胞、巨噬细胞和血细胞的部位。骨髓中的多能干细胞具有强大的分化能力,可分化出髓样干细胞和淋巴干细胞。①髓样干细胞:可发育成红细胞系、粒细胞系、单核细胞系和巨噬细胞系等。②淋巴干细胞:可发育成淋巴细胞,再通过胸腺或法氏囊衍化成 T 细胞或 B 细胞,最后定位于外周免疫组织。可见,骨髓是 T、B 细胞发源地,是 B 细胞成熟的场所。

(3) 法氏囊(bursa of fabricius) 法氏囊为鸟类所特有,形如囊状,位于泄殖腔的后上方。它是促使鸟类 B 细胞分化和发育成熟的中枢免疫器官,相当于人和哺乳类动物骨髓的功能。

2. 外周淋巴器官

外周淋巴器官(peripheral immune organ),主要是脾脏、淋巴结和黏膜相关淋巴组织,它是免疫细胞居住和发生免疫应答的场所。来自中枢淋巴器官的淋巴细胞(B 细胞和 T 细胞)在这些淋巴器官内遇到抗原刺激时,它就会增殖并进一步分化为浆细胞和致敏细胞执行体液免疫和细胞免疫功能。

(1) 淋巴结 人体全身约有 500 个淋巴结(lymph node),大小不等,一般呈蚕豆形。每一个淋巴结都被一层致密的结缔组织所包围,称为被膜。被膜主要由两部分构成,外部为内质,内部为髓质。皮质主要由球形的淋巴小结和弥散淋巴组织等组成。淋巴小结中央为生发中心,由 B 细胞和巨噬细胞组成;弥散淋巴组织位于淋巴小结之间,由 T 细胞组成,也称为胸腺依赖区,髓质中髓索由 B 细胞、浆细胞质和巨噬细胞组成(图 10-8)。

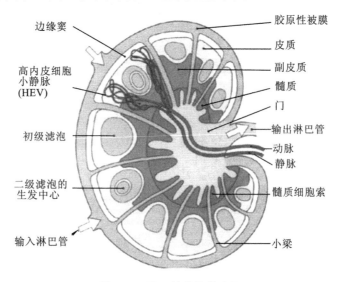

图 10-8 淋巴结结构模式图

淋巴结所含有的 B 细胞和 T 细胞分别参与相应的体液免疫和细胞免疫作用。当宿主的局部遭病原体感染或有肿瘤细胞转移时,所属区域的淋巴结有肿大现象,这说明它们正在迅速产生免疫细胞并积极参与免疫应答。另外,还有过滤作用,它可使来自组织液的细菌、毒素等有害物质进入通透性较高的毛细淋巴管中,随淋巴液流入淋巴结,通过巨噬细胞予以清除。

(2) 脾脏 脾脏(spleen)是血液循环的主要过滤器官,也是最大的淋巴器官,即最大的免疫器官,脾脏分为皮膜和实质两部分,后者又分为白髓和红髓。白髓中含有 T 细胞、少量浆细胞和巨噬细胞。红髓中的脾索主要含有 B 细胞和大量巨噬细胞。脾脏中的 T 细胞、B 细胞和巨噬细胞共同在宿主防御和清除异物的免疫应答中发挥重要作用。

(3) 黏膜相关淋巴组织 在各种腔道黏膜下有大量的淋巴组织聚集,称为黏膜相关淋巴组织(MALT),其中最重要的是肠道黏膜相关淋巴组织(gut-associated lymphoid tissue,

GALT)和呼吸道黏膜相关淋巴组织。GALT 包括肠集合淋巴结、淋巴小结(淋巴滤泡)、上皮间淋巴细胞和固有层中弥散分布的淋巴细胞等。呼吸道黏膜相关淋巴组织包括扁桃体和弥散的淋巴组织。除了消化道和呼吸道外,乳腺、泪腺、唾液腺以及泌尿生殖道等黏膜也存在弥散的 MALT。

与淋巴结和脾不同,黏膜相关淋巴组织没有包膜,不构成独立的器官,通过广泛的直接表面接触和体液因子与外界联系;MALT 中的 B 细胞多为 IgA 产生细胞,受抗原刺激后直接将 sIgA 分泌到附近黏膜上,发挥局部免疫作用;黏膜靠一种特殊的机制吸引循环中的淋巴细胞,MALT 中的淋巴细胞也可输入到淋巴细胞再循环池,某一局部的免疫应答效果可以普及到全身的黏膜上。

二、免疫细胞

免疫细胞是指参与免疫反应的细胞及其前身,包括造血干细胞、淋巴细胞、单核细胞、抗原递呈细胞、粒细胞和各种类型的巨噬细胞等。

1. 干细胞

干细胞(stem cell)在胚胎期首先出现在卵黄囊内,然后出现在胚肝中,出生后定居于骨髓中。骨髓干细胞(图 10-9)能分化为粒细胞、巨噬细胞、树突状细胞、NK 细胞、B 细胞和 T 细胞等,参与特异性免疫和非特异性免疫反应。

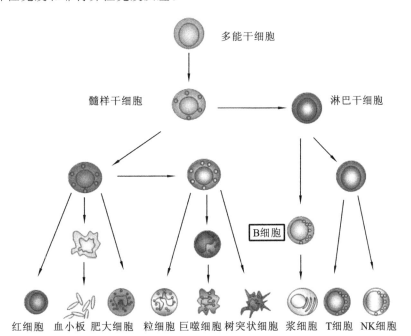

图 10-9 来源于骨髓干细胞的免疫细胞

2. 免疫活性细胞

免疫活性细胞(immunocompetent cell,ICC)仅指能特异性地识别抗原,接受抗原刺激并随后进入增殖、分化和产生抗体或淋巴因子,以发挥特异性免疫应答的一系列细胞,其中主要是巨噬细胞和淋巴细胞,淋巴细胞中最主要的是 T、B 细胞,另外还有 NK 细胞。免疫活性细胞均来源于骨髓的多能干细胞,即造血干细胞。

(1) 巨噬细胞　在非特异性免疫和特异性免疫都发挥作用,不论细胞免疫还是体液免疫都需巨噬细胞(macrophages)参与,它起摄取、处理、传递抗原信息给 T 细胞或 B 细胞的作用。

(2) T 细胞　一种参与特异性免疫应答的小淋巴细胞,主要执行细胞免疫功能,包括细胞介导的细胞毒作用和迟发型超敏反应,也参与抗体的形成和炎症反应等。在高等动物成体中,T 细胞起源于骨髓,后转移至胸腺中分化、成熟,再分布到外周淋巴器官和外周血液中。因此,T 细胞又称胸腺依赖型淋巴细胞(Thymus dependent lymphocytes)。T 细胞表面有其独特的表面标志,包括表面受体和表面抗原两类。表面受体如绵羊红细胞受体(E 受体,erythrocyte receptor)和有丝分裂原受体(mitogen receptor)等。T 细胞的表面抗原即 T 细胞的抗原受体,它是识别抗原性异物的结构基础之一。它的

图 10-10　TCR 结构图

特点是不能直接识别天然抗原,而只能识别经抗原递呈细胞加工后递呈的抗原。T 细胞表面抗原受体(TCR)(图 10-10)主要由 α 和 β 两条多肽链组成,每条链与 Ig 的 Fab 片段相似,镶嵌在细胞膜内,此外,还有 Fc 受体和补体受体等结构。根据 T 细胞的发育阶段、表面标志和 T 细胞免疫功能的不同,可将其分为以下几个亚群。

①辅助性 T 细胞(T helper,TH)　在体液免疫中发挥作用,主要功能是辅助 B 细胞,促使其活化和产生抗体。在 TD 抗原刺激 B 细胞产生抗体时,必须有 TH 的参与。在 TH 产生的非特异性免疫因子的辅助协助下,B 细胞被激活、增殖并转化为能分泌抗体的浆细胞。人的 TH 占外周血 T 细胞数量的 40%～60%。

②细胞毒性 T 细胞(cytotoxic T cell,Tc)　又称杀伤性 T 细胞(T killer cell,cytolytic T cell),在细胞介导免疫中发挥作用。Tc 能特异性地溶解带 Tc 抗原的靶细胞,如肿瘤细胞、移植细胞或受病原体感染的宿主组织细胞等。Tc 在外周血 T 细胞中约占 50%。

③抑制性 T 细胞(T suppressor,Ts)　可抑制 TH、Tc 和 B 细胞的功能,控制淋巴细胞的增殖。

④迟发型超敏 T 细胞(delayed type hypersensitivity T lymphocyte,T_{DTH})　在细胞介导的免疫中发挥作用。T_{DTH} 在抗原的刺激下,可被活化、增殖并释放多种淋巴因子,它们可在机体的局部引起以单核细胞浸润为主的炎症,这就是迟发型超敏反应,并以此来消除由结核分枝杆菌、布鲁氏菌和破伤风梭菌等病原菌引起的慢性感染或细胞内感染,此外,T_{DTH} 在肿瘤免疫、移植细胞排斥反应和自身免疫病中起重要作用。虽然由 T_{DTH} 释放的淋巴因子需要特异性抗原刺激,但它所释放的淋巴因子的作用一般都无特异性,即它不是针对抗原而是针对靶细胞的。

(3) B 细胞　由骨髓中的多能干细胞分化而来,因此 B 细胞又称骨髓依赖性淋巴细胞(Bone merrow dependent lymphocytes),哺乳类动物 B 细胞的分化过程主要可分为前 B 细胞、不成熟 B 细胞、成熟 B 细胞、活化 B 细胞和浆细胞五个阶段。其中前 B 细胞和不成熟 B 细胞的分化是非抗原依赖的,其分化过程在骨髓中进行。抗原依赖阶段是指成熟 B 细胞在抗原刺激后活化,并继续分化为合成和分泌抗体的浆细胞,这个阶段主要是在外周免疫器官中进行的,成熟的 B 细胞发生克隆分化,形成能分泌抗体的浆细胞和具有记忆功能的 B 细胞。B 细胞表面有多种膜表面分子,借以识别抗原、与免疫细胞和免疫分子相互作用。B 细胞表面分子主要有白细胞分化抗原、MHC 及多种膜表面受体。膜表面免疫球蛋白(surface membrane immunoglobulin,smIg)是 B 细胞特异性识别抗原的受体,也是 B 细胞重要的特征性标志。在

单个B细胞表面所有smIg的可变区都由相同的VH和VL基因所编码,因此它们的独特型和结合抗原的特异性是相同的。B细胞受体(B cell receptor BCR)由smIgM、多肽链Igα和Igβ(分别命名为CD79a和CD79b)共同形成(图10-11)。

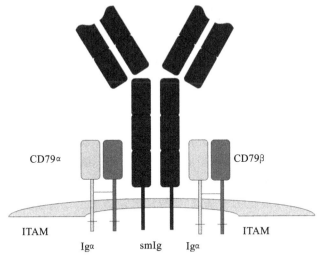

图 10-11　BCR 结构图

(4)其他免疫细胞

①NK细胞(natural killer cell)　可在无抗体、无补体或无抗原致敏的情况下杀伤某些肿瘤细胞或被病毒感染的细胞,故称为自然杀伤细胞。NK细胞在机体内分布较广,是机体抗肿瘤的第一道防线。

②K细胞(killer cell)　一类与NK细胞相似的大颗粒淋巴细胞,其表面有IgG分子的Fc受体,通过与Fc片段结合可触发K细胞的杀伤活性,专一性但非特异性地杀伤被IgG所覆盖的靶细胞。由于这种杀伤作用要以特异性的抗体作为媒介,所以被称作抗体依赖性细胞介导的细胞毒作用(antibody-dependent cell-mediated cytotoxicity,ADCC)。K细胞具有很高的ADCC效应,可在微量特异性抗体的环境中发挥对靶细胞的杀伤作用,包括对不易被吞噬的寄生虫等较大型病原体、恶性肿瘤细胞和受病毒感染的宿主细胞等发挥杀伤作用。

三、免疫分子

免疫分子(Immune molecules)的种类很多,主要包括膜表面免疫分子和体液免疫分子两大类,其中部分免疫分子具有结构和进化上的同源性。

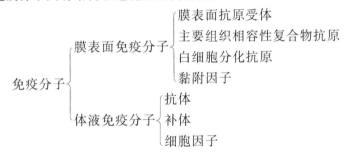

（一）抗体

抗体（antibody,Ab）是机体在抗原刺激下由浆细胞产生的一类能与相应抗原发生特异性结合反应的免疫球蛋白（Immunoglobulin,Ig）。它们普遍存在于生物体内的血液、体液、外分泌液及某些细胞的细胞膜上。含有抗体的血清称抗血清或免疫血清。抗体的五个特点如下：①仅由鱼类以上脊椎动物的浆细胞所产生；②必须有相应抗原物质刺激免疫细胞后才能产生；③能与相应的抗原发生特异、非共价和可逆的结合；④其化学本质是一类具有体液免疫功能的球蛋白；⑤抗体是一种蛋白质，它既具有抗体功能，也可作为抗原刺激异种生物产生相应的抗体。

1. Ig 的结构

1962 年 Porter 对 Ig 的化学结构提出了一个由四条多肽链组成的模式图（图 10-12）。所有 Ig 的基本结构单位都由 4 条多肽链组成，其中两条相同的长链称为重链（H 链），借二硫键连接起来，呈 Y 字形。两条相同的短链称为轻链（L 链）通过二硫键连接在"Y"的两侧，使整个 IgG 分子呈对称结构。在多肽链的羧基端（C 端），占轻链的 1/2 与重链的 3/4 区段，氨基酸的数量、种类、排列顺序及含糖量都比较稳定，称为不变区或恒定区（constant region,C 区），而在氨基端（N 端）轻链的 1/2 与重链的 1/4 区段，氨基酸排列顺序可因抗体种类不同而有所变化，这部分称为可变区（variable region,V 区）中。可变区与结合抗原的特异性有关，V 区 H 链（V_H）和 V 区 L 链（V_L）共同构成特异的抗原结合位点，它决定着抗体的多样性与特异性。在重链的 CH1 和 CH2 之间有绞链区（hinge region），抗体分子可在此处发生转动而使构象发生改变，暴露补体结合位点。

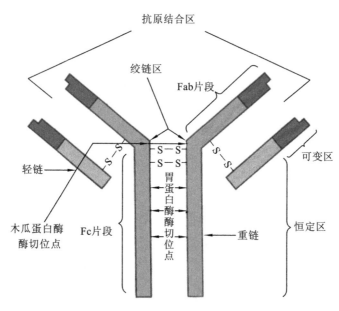

图 10-12　Ig 结构模式图

木瓜蛋白酶可将 IgG 分子裂解成两个 Fab 片段和一个 Fc 片段。两个相同的 Fab 片段即抗原结合片段（Fragment antigen binding）各含一个抗原结合部位。Fab 片段含有完整的轻链和重链的上端。Fc 片段含有两条重链的下端，在抗原结合时不起作用，易结晶，故称可结晶片段（Fragment crystalline,Fc），Fc 不与抗原结合，而与补体结合并与凝集反应、组织致敏和穿过胎盘等活性有关。

胃蛋白酶可将 IgG 裂解成 Fc′片段和一个二价抗原结合片段,命名为(Fab′)$_2$,即由二硫键连接起来的两个 Fab 片段。Fc′片段代表剩余的小分子肽链碎片,不具有任何生物学活性。免疫球蛋白分子中只有很少的肽键对水解酶敏感,因此用酶处理后断裂的部位只限于暴露的肽链柔韧区,而肽链的其他部位均紧密盘绕,不易被酶接近。免疫球蛋白除含氨基酸外,还含有少量的糖,主要是己糖和氨基己糖,存在于重链部位。

2. Ig 的类型

根据 Ig 重链 C 区的氨基酸组成和抗原性的不同,可将其分为 γ、α、μ、δ 和 ε 五类,相应的 Ig 分为 IgG、IgA、IgM、IgD 和 IgE 五类(图 10-13)。具有一个"Y"形结构的 Ig 称为单体,每一个"Y"形抗体分子具有两个抗原结合位点,能与两个抗原决定基相结合,所以是二价体。IgA 在血清中主要是二价单体抗体,而在分泌液中的 IgA 是由二个单体通过 J 链连接起来的,因此是四价抗体,IgE、IgD 的结构与 IgG 相似,都为二价抗体。IgM 为五个单体组成的五聚体,但由于空间位阻效应,是五价抗体。IgM 是 Ig 中相对分子质量最大的,又称为巨球蛋白。

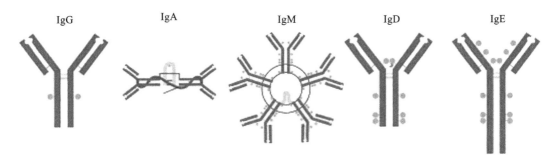

图 10-13　抗体类型

重链又因抗原组成不同,可分成不同的亚类,IgG 可分为四个亚类,即 IgG$_1$、IgG$_2$、IgG$_3$、IgG$_4$。免疫球蛋白的轻链,按抗原性的不同分为两型,即 κ 型和 λ 型。但单个抗体分子的两条轻链总是同型的,或为 κ 型或为 λ 型。至今尚未发现这两种类型的轻链混合存在于单个抗体分子中。五类免疫球蛋白的轻链是相同的,都有 κ 型或 λ 型。

(1) IgG　IgG 是人类血清中 Ig 的主要成分,占血清 Ig 的 75%～80%。IgG 能很好地发挥抗感染、中和毒素及调理作用,是主要的抗感染抗体,也是唯一能通过胎盘的抗体,对新生儿抗感染起重要作用。

(2) IgM　主要在脾脏中合成,因相对分子质量大而不能透过血管壁,故 IgM 全分布在血液中,占正常血清 Ig 的 10% 左右。IgM 可激活补体经典途径,也可引起 Ⅰ、Ⅱ 型超敏反应,是一种细胞毒性抗体,在有补体系统参与下,可破坏肿瘤细胞;在细菌和红细胞的凝聚、溶解和溶菌作用上均较 IgG 强。同时,IgM 是 B 细胞膜上的抗原受体,能与抗原结合,从而有调节浆细胞产生抗体的作用,因此是一种高效能抗体。免疫接种后,血液先出现 IgM 再出现 IgG。

(3) IgA　IgA 是血液和黏膜分泌物中的抗体,约占 Ig 总量的 20%,含量上仅次于 IgG。主要在机体黏膜局部发挥抗菌、抗毒素和抗病毒作用。IgA 若无 IgM 参加,不能激活补体。胎儿不能从胎盘得到母体的 IgA,出生后可由初乳中获得。

(4) IgD　在血清中含量很少,占血清中 Ig 总量的 10%。主要作为 B 细胞表面受体在识别抗原激发 B 细胞和调节免疫应答中起重要作用。

(5) IgE　IgE 含量甚微(0.01～0.9 mg/mL),约占血清中 Ig 总量的 0.002%,但过敏患

者血清中的 IgE 含量是正常人的 10~20 倍,IgE 能与肥大细胞和嗜碱性粒细胞结合。当特异性抗原再次进入机体时,结合在细胞上的 IgE 又能与抗原结合,促使细胞脱颗粒,释放组胺,引起 I 型过敏反应。IgE 也和抗寄生虫感染有关。五种免疫球蛋白的主要性状与功能见表 10-5。

表 10-5 五种免疫球蛋白的主要性状与功能

	IgG	IgM	IgA	IgE	IgD
重链及亚类	γ1γ2γ3γ4	μ	α1α2	ε	δ
多聚体	无	五聚体	二聚体及多聚体	无	无
其他成分	无	J	J、分泌小体	无	无
重链恒定区数	3	4	3	4	3
铰链区	有	无	有	无	有
相对分子质量/10^3	150	970	(160)n	190	180
糖含量/(%)	3	10	7	13	9
血清含量/(mg/mL)	8~16	0.7~1.8	1.6~2.6	0.0003	0.04
半衰期/天	23	5.1	5.8	3	3
主要功能	抗菌、抗毒素、抗病毒等	早期防御、溶菌、mIg	黏膜免疫排除、抗菌、抗病毒	I 型过敏反应、抗寄生虫感染	不明

3. Ig 的生理功能

Ig 具有多种生物活性,主要表现在如下几个方面。

(1) 与抗原特异性结合 Ig 的首要功能是识别抗原。体液中的 Ig 与相应抗原结合后,可发挥阻抑作用,特异 Ig 与病毒结合干扰黏附于细胞,称为中和抗体;若与细菌毒素结合阻断其毒性,称为抗毒素。膜表面 Ig 是 B 细胞的特异性抗原识别受体,当它与特异抗原结合时,可触发机体免疫应答。而体外的抗原抗体特异性结合,则是各种免疫学技术的基础。

(2) 激活补体 IgM、IgG 与相应抗原结合时,Fc 段变构,暴露其重链 C 区的补体 C1 结合位点,通过经典途径活化补体,而 IgA 和 IgG_4 不能激活补体经典途径,但其凝聚形式可通过旁路途径活化补体,继而由补体系统发挥其重要的抗感染功能。

(3) 结合细胞 多种细胞表面有 Ig 分子的 Fc 段的受体,当 Ig 通过其 Fc 段与相应受体结合时,可进一步通过受体细胞发挥各种不同的作用。当 IgG 结合于吞噬细胞表面的 FcrR 时,可大大增强其吞噬功能,称为抗体的调理作用;亦可结合于 K 细胞、NK 细胞、巨噬细胞表面的 FcrR,介导其对相应抗原靶细胞的 ADCC。

(二) 补体

如前所述,补体(complement)并非单一成分,而是存在于人和脊椎动物血清与组织液中的一组以酶前体形式存在的具有酶活性的蛋白质,称为补体系统。补体系统由 30 余种可溶性蛋白质和膜结合蛋白组成,广泛参与机体抗感染以及免疫调节,也可介导免疫病理损伤性反应,是体内具有重要生物学意义的效应系统。

补体活化是一种高度有序的级联反应,可以发挥广泛的生物学效应。但是,不受控制的补体激活也会对自身组织细胞造成损伤。正常情况下,补体的激活及其末端效应均处于严密调控之下,包括补体自身调控以及补体调节因子的作用,使其反应适度,从而有效维持机体的自稳功能。正常人的血清中补体的含量相对稳定,患病时血清中补体总量或各成分的含量会异常增高或降低。

(三) 细胞因子

细胞因子(cytokines,CK)是一类由免疫细胞(巨噬细胞、T 细胞、B 细胞、NK 细胞)和某些非免疫细胞(如血管内皮细胞、表皮细胞、成纤维细胞等)分泌的具有高活性、多功能的小分子蛋白质。细胞因子在促进免疫细胞的生长、分化成熟等多方面发挥重要作用,并参与人体生理和病理过程。自 1957 年 Issacs 发现干扰素以来,已有 200 余种人类细胞因子相继被发现。随着研究的深入,很多人工合成的细胞因子也已用于疾病的临床治疗。

多数细胞因子以自分泌、旁分泌形式发挥效应,它们主要产生细胞本身或邻近细胞,多在局部发挥效应。但细胞因子必须与靶细胞表面受体结合才能发挥其生物学效应。细胞因子发挥的这种生物学效应具有高效性、多效性、重叠性、拮抗性、协同性和双向性等特点。

(1) 白细胞介素(interleukin,IL) 目前已发现的最庞大最重要的一类细胞因子家族,目前已发现近 30 种,由淋巴细胞、吞噬细胞产生,具有重要的免疫调节作用。IL 的主要功能如下:①促进细胞免疫,主要有 IL-1、IL-2、IL-12、IL-15 等;②促进体液免疫,主要有 IL-2、IL-4、IL-5、IL-6、IL-10、IL-13;③刺激骨髓多能造血干细胞和各系不同分化阶段的前体血细胞的生长和分化,主要有 IL-3、IL-7、IL-11;④参与炎症反应,主要有 IL-1、IL-6、IL-8 和 IL-16。

(2) 干扰素(interferon,IFN) 一类由病毒或其他 IFN 诱生剂诱导动物细胞产生的糖蛋白,能干扰病毒在机体细胞内的增殖和复制。

(3) 肿瘤坏死因子(tumor necrosis factor,TNF) 能使肿瘤组织坏死并能杀伤肿瘤细胞的一类细胞因子。TNF 超家族包括约 30 个成员,据其细胞来源和分子结构的不同,分为 α 型和 β 型。TNF-α 主要由细菌脂多糖激活的单核/巨噬细胞产生。TNF-β 主要由活化的 $CD4^+$ T 细胞、$CD8^+$ T 细胞和 NK 细胞等产生。两种类型的 TNF 来自不同细胞,但其生物学功能相似,都具有抗肿瘤作用、抗感染作用和免疫调节作用,此外还能诱发炎症反应和致热。

(4) 集落刺激因子(colony stimulating factor,CSF) 一组在体内、外均可选择性地刺激骨髓多能造血干细胞增殖、分化并形成某一谱系细胞集落的细胞因子,包括粒细胞集落刺激因子(granulocyte-CSF,G-CSF)、巨噬细胞集落刺激因子(macrophage-CSF,M-CSF)、干细胞生长因子(stem cell factor,SCF)、促红细胞生成素(erythropoietin,EPO)和促血小板生成素(thrombopoietin,TPO)等。

(5) 生长因子(growth factor,GF) 一类可介导不同类型细胞生长和分化的细胞因子。包括转化生长因子 β(transforming growth factor-β,TGF-β)、神经生长因子(nerve growth factor,NGF)、表皮生长因子(epithelial growth factor,EGF)、成纤维细胞生长因子(fibroblast growth factor,FGF)、血管内皮生长因子(vascular endothelial cell growth factor,VEGF)和血小板源生长因子(platelet-derived growth factor,PDGF)等。

【视野拓展】

人造器官与未来医学

人造器官是指能植入人体或能与生物组织或生物流体相接触发挥器官功能的材料。

人造器官主要有如下三种：机械性人造器官、半机械半生物性人造器官、生物性人造器官。机械性人造器官是完全用高分子材料仿造的器官，并借助电池作为器官的动力。半机械半生物性人造器官是将电子技术与生物技术结合起来制造而成的人造器官。生物性人造器官则是利用动物身上的细胞或组织"制造"出一些具有生物活性的器官或组织。

目前，日本科学家已利用纳米技术研制出人造皮肤和人造血管。在德国，已经有肝功能衰竭的患者接受了半机械半生物性人造肝脏的移植，这种人造肝脏将人体活组织、人造组织、芯片和微型马达奇妙地组合在一起。预计在今后10年内，这种仿生器官将得到广泛应用。生物性人造器官分为异体人造器官和自体人造器官。如：在猪、老鼠、狗等身上培育人体器官的试验已经获得成功；而自体人造器官是利用患者自身的细胞或组织培育而成的人造器官。

前两种人造器官和异体人造器官，移植后会让患者产生排斥反应，因此科学家最终的目标是患者都能用上自体人造器官。诺贝尔奖获得者吉尔伯特认为，用不了50年，人类将能用生物工程的方法培育出人体的所有器官。科学家乐观地预料，不久以后，医生只要根据患者自己的需要，从患者身上取下细胞，植入预先有电脑设计而成的结构支架上，随着细胞的分裂和生长，长成的器官或组织就可以植入患者的体内。从人造子宫到人造心脏，从人造骨头到再生肢体……。

第五节 特异性免疫

一、特异性免疫的概念

特异性免疫(special immunity)又称后天获得性免疫，是指个体出生后，在与抗原物质接触过程中建立起来的免疫力，是特异性地针对某一种或几种入侵的病原微生物或其他抗原物质所发生的反应。例如，患过伤寒的人不再被伤寒杆菌感染，而对痢疾杆菌则无抵抗力。特异性免疫包括体液免疫和细胞免疫两种类型。

二、特异性免疫的类型

1. 体液免疫

B细胞在抗原刺激下增殖分化成浆细胞，进而分泌专一性的抗体，存在于血浆、淋巴液和组织液中的抗体与相应抗原发生特异性结合，在补体参与下发挥免疫效应的过程称为体液免疫(humoral immunity)。根据抗原的性质，B细胞的免疫应答分为T细胞非依赖性和T细胞依赖性两种类型。

(1) T细胞非依赖性体液免疫应答　非胸腺依赖抗原(TI)遇到B细胞时，可与B细胞表面多个特异膜表面免疫球蛋白结合，直接激活B细胞，并使其迅速增殖分化为浆细胞，大量分泌IgM型抗体，其特异性与该B细胞smIg的特异性相同，分泌的IgM可与相应抗原结合，通过直接中和、调理、吞噬及激活补体等途径发挥免疫作用。

(2) T细胞依赖性体液免疫应答　抗原递呈细胞(APC)能以非特异性方式加工处理胸腺

依赖抗原(TD),加工后产生的肽段与 MHC Ⅱ类蛋白质分子结合在一起,再送到细胞表面。接着,APC 将抗原-MHC Ⅱ复合物递呈给辅助性 T 细胞(Th 细胞)使其激活。被激活的 Th 细胞分泌 IL-2 和其他细胞因子 IL-4,可进一步刺激被抗原活化的 B 细胞增殖、分化为浆细胞或记忆细胞。在抗原递呈过程中,IL 类细胞因子是免疫应答的关键分子。

2. 细胞免疫

由活化的 T 细胞产生的特异性杀伤或免疫炎症称为细胞免疫(cellular immunity)。由 T 细胞介导的细胞免疫有两种基本形式,它们分别由两类不同的 T 细胞亚类参与。一种是迟发型超敏 T 细胞($Tdth, CD4^+$),该细胞和抗原起反应后可分泌细胞因子,这些细胞因子再吸引和活化巨噬细胞和其他类型的细胞在反应部位聚集,成为组织慢性炎症的非特异效应细胞。另一种是细胞毒性 T 细胞($Tc, CD8^+$),对靶细胞有特异杀伤作用,受组织相容性抗原复合物的限制。

引起细胞免疫的抗原多为 TD 抗原,与体液免疫相同,参与特异细胞免疫的细胞也是多细胞系细胞,如抗原递呈细胞(巨噬细胞或树突状细胞)、免疫调节细胞以及效应 T 细胞(Tdth 和 Tc)等。在无抗原激发的情况下,效应 T 细胞是以未活化的静息型细胞形式存在的。当抗原进入机体后,在抗原递呈细胞或靶细胞的作用下,静息型 T 细胞活化增殖并分化为效应 T 细胞。由 T 细胞介导的细胞免疫现象主要有如下几种:①迟发型超敏反应;②细胞内寄生物的抗感染作用;③抗肿瘤免疫;④同种移植排斥反应;⑤移植物抗宿主反应;⑥某些药物过敏症;⑦某些自身免疫病。

3. 体液免疫与细胞免疫的区别

(1) 共同点 体液免疫和细胞免疫的产生都分为感应、反应和效应三个阶段,都属于特异性免疫。

(2) 不同点 细胞免疫的主体是 T 细胞,作用机制包括两点:一是致敏 T 细胞(效应 T 细胞)的直接杀伤作用;二是通过淋巴因子相互配合、协同杀伤靶细胞。

体液免疫的主体是 B 细胞,其作用分为三步:一是 B 细胞产生浆细胞和记忆细胞;二是浆细胞产生抗体;三是记忆细胞与二次免疫反应。

三、特异性免疫反应的过程

免疫应答是抗原进入机体后,免疫活性细胞对抗原分子进行识别,进而活化、增殖和分化,最后通过产生抗体、致敏淋巴细胞及淋巴因子而发生免疫效应的一系列的复杂的反应过程。淋巴因子包括移动抑制因子、巨噬细胞趋化因子等。它们与巨噬细胞、细胞毒细胞相互配合,产生细胞毒作用而发挥免疫效应,再消除慢性或细胞内感染的病原体、进行肿瘤免疫、产生移植器官排斥反应,并在自身免疫疾病中起作用,若它们参与超敏反应,可在反应的局部引起单核细胞浸润为主的炎症。

1. 特异性免疫反应的三个阶段

(1) 感应阶段 大多数抗原进入机体后都要经过巨噬细胞的摄取和处理,其抗原决定簇与巨噬细胞的 MHC 分子结合构成抗原-MHC 分子复合物,并聚集于巨噬细胞表面。胸腺依赖抗原还需将抗原信息传递给 Th 细胞,再传给 B 细胞进行体液免疫。少数抗原不需巨噬细胞和 T 细胞的辅助,为非胸腺依赖抗原,可直接刺激 B 细胞。

(2) 反应阶段 T、B 细胞接受抗原刺激后增殖、分化:①T 细胞经过一系列反应产生具有免疫效应的淋巴细胞;②B 细胞→浆细胞→抗体;③一部分淋巴细胞受抗原刺激后,它的增殖与分化过程中停顿下来,成为记忆细胞,并在体内长期存在。

(3) 效应阶段　分别通过体液免疫和细胞免疫产生抗体和致敏淋巴细胞而发生免疫效应的过程。

2. 抗体的产生过程及规律

(1) 抗体的产生过程　除非胸腺依赖抗原外,抗体的产生一般必须同时有三种细胞参与,即抗原递呈细胞(APC)、T 细胞和 B 细胞。一般分三阶段完成。

①巨噬细胞的抗原递呈作用　巨噬细胞作为主要的抗原递呈细胞,它对抗原无特异性识别作用,但能有效摄取细菌或其他抗原,并将这些抗原加工后表达于细胞表面,从而活化 T 细胞、B 细胞。抗原递呈细胞从外界环境摄取复杂抗原,并将其降解为适合递呈的小片段,与抗原递呈细胞上的 MHC 分子形成抗原肽-MHC 分子复合物,表达在自身的表面以被淋巴细胞识别。

②T 细胞对 B 细胞的激活　T 细胞通过 TCR(T 细胞受体)识别巨噬细胞上的抗原肽-MHC 分子复合物,在巨噬细胞上的 MHC Ⅱ 分子可与 Th 细胞表面的 CD4 分子发生特异性结合,把抗原递呈给 Th 细胞,使 Th 细胞释放白介素,再激活相应的 B 细胞分裂增殖,从而形成 B 细胞克隆。

③浆细胞产生抗体　被激活的 B 细胞克隆进一步分化,产生两种细胞——浆细胞和记忆细胞。浆细胞形态较大,寿命较短,是分泌抗体的细胞。记忆细胞形态较小,寿命较长,当它遇到抗原的再次刺激时,会迅速转变为浆细胞并分泌抗体。抗体是在浆细胞的粗面内质网中合成的。多聚核糖体参与多肽的合成并转译出 L 链和 H 链,经光面内质网运至高尔基体过程中逐步完成多肽链的装配和糖基的修饰,最后以出芽的方式产生许多充满抗体的小泡,当小泡转移到细胞膜上并与膜发生融合时,就释放抗体到细胞外。

(2) 抗体产生的时间规律　凡能产生抗体的高等动物,当注入抗原进行免疫时,存在初次应答和再次应答两个阶段。初次应答指首次用适量抗原注射动物后,须经一段较长时间的潜伏期才在血清中产生抗体,这种抗体多为 IgM,效价较低,维持时间短,且很快下降。再次应答是指在初次应答的抗体下降期再次注射相同的抗原,潜伏期明显缩短,抗体量迅速上升到最大幅度,可达初次应答抗体量的 10~100 倍,抗体类别以 IgG 为主,且在体内维持时间长(图10-14)。

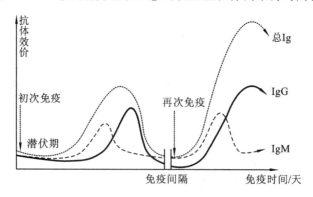

图 10-14　抗体产生的时间规律

不同抗体出现的顺序:一般抗原刺激机体后,IgM 出现最早,但很快消失,在血液中只能维持数周或数月。然后出现的是 IgG。当 IgM 接近消失时,IgG 正达高峰,且在血液中维持时间较长,有的可达数年以上。最后出现的是 IgA,常在 IgM 和 IgG 出现后 2 周至 2 个月才能在血液中检测出,含量少,但维持时间较长。

抗体产生的时间规律在临床上有一定意义,主要应用如下。

①预防接种中一般采用二次或多次接种法,且第一次和第二次抗原刺激有一定的时间间隔,使出现再次应答,从而产生大量抗体且维持时间长。例如,乙肝疫苗注射采用 0、1、4、6 月的时间间隔。

②制备抗体(抗血清)时,采用多次注射抗原的方法。

③疾病诊断时,根据不同抗体出现的先后规律,进行早期快速诊断。

3. 细胞免疫过程

T 细胞介导的细胞免疫应答是一个连续的过程,可分为三个阶段:①T 细胞特异性识别抗原(初始或记忆 T 细胞膜表面的受体与 APC 表面的抗原肽-MHC 复合物特异性结合的过程);②T 细胞活化、增殖和分化;③效应 T 细胞发挥效应。

T 细胞的活化需要双信号的刺激,第一信号来自抗原,提供方式是 APC 表面的抗原肽-MHC 复合物与受体的相互作用和结合,该信号确保免疫应答的特异性;第二个信号是微生物产物或非特异性免疫针对微生物的应答成分,该信号确保免疫应答在需要的条件下才能得以发生。当只有第一信号时,T 细胞处于无应答状态。

T 细胞活化引起细胞分裂和活化(使 T 细胞具有分泌细胞因子或细胞杀伤的功能)。淋巴因子的分泌是 T 细胞活化的主要表现形式。不同的抗原刺激可使初始 T 细胞分泌不同种类的细胞因子,从而产生不同的效应,而 IL-2 是初始 T 细胞产生的最重要的细胞因子。细胞毒性 T 细胞具有特异性的杀伤功能,主要是细胞质内形成了许多膜结合的颗粒,这些颗粒包含穿孔素(perforin,成孔蛋白)和颗粒酶等多种介质。穿孔素可对靶细胞打孔,颗粒酶是一组丝氨酸酯酶,它进入靶细胞质,使靶细胞凋亡。靶细胞凋亡后,暴露抗原,从而被抗体消灭。

随着抗原的清除,大多数活化 T 细胞凋亡,以维持自身稳定的基础状态。少数 T 细胞分化为长寿命的记忆细胞,在再次抗原刺激时发挥快速的免疫应答作用。

知识链接

克隆选择学说

克隆选择学说是 1957 年澳大利亚学者 F. M. Burnet 提出的,其要点如下:① 在能产生抗体的高等动物体内,先天存在着大量具有不同抗原受体的克隆免疫细胞(每个成人体内约有 10^{10} 个),每个克隆细胞产生特异性抗体的能力并不取决于外来抗原物质,而是取决于它所固有的在接触抗原前就已存在的遗传基因;②某一特定抗原一旦进入机体,就可与相应淋巴细胞表面上的一种与其相对应的特异性受体结合,从无数克隆细胞中选择出一个与之对应的克隆细胞,并使这一克隆细胞活化、增殖和分化成能分泌相应抗体的浆细胞,少量暂停分化成为记忆细胞;③处于胚胎期的生物,它的免疫系统的发育还不完善,这时某一克隆淋巴细胞若接触相应抗原(不论是外来抗原还是自身抗原),它就被消除或受到抑制,如属后者,就会形成一个禁忌克隆,它们对机体自身抗原物质不发生免疫应答,此即免疫耐受;④禁忌克隆可复活或发生突变,从而又称为能与自身抗原成分起免疫应答的克隆,此即禁忌克隆的消除。

免疫耐受性:在正常情况下,机体与自身组织细胞等抗原物质不发生免疫反应,而对各种异物抗原可发生免疫反应。在某些条件下,机体对自身的或异种的抗原都不能引起免疫反应,这种状态称为免疫耐受性(immunologic tolerance)。免疫耐受性与临床免疫密切相关,机体受抗原刺激后的反应很复杂,能否形成耐受以及耐受维持时间长短取决于动物种类、品系、遗传性、机体的免疫机能状态和抗原的种类、性质、剂量、注入途径等多种因素。

克隆选择学说的优点在于,它能很好地解释获得性免疫的三大特点——识别、记忆和自身禁忌。因此,这一学说已被普遍接受,但仍无法解释某些问题,例如,它不能解释如下问题:外周抗原若不在胸腺中表达,那么其自身反应性克隆将如何被排除;细胞内隐藏的抗原的耐受性是如何获得的;在人类出生后才表达的抗原是怎样产生耐受性的;等等。

四、特异性免疫的获得方式

特异性免疫可通过自动或被动两种方式获得,自动免疫与被动免疫可通过人工方式获得。自动免疫与被动免疫的差异见表10-6。

表10-6　自动免疫与被动免疫的差异

自动免疫	被动免疫
机体受抗原刺激后产生抗体才具有	直接接受抗体获得免疫力
产生慢,患病或注射抗原后1~4周产生抗体,体内可持续形成抗体,以后再接受相同的抗原刺激则再次应答增强,其抗体可维持半年或数年甚至终生	立即获得免疫力,但体内含抗体的水平远不如所接受的抗体量多,且维持时间短,2~3周消失,以后再接受相同的抗体时不会引起增强反应
用作一般的预防免疫	治疗或紧急预防用

特异性免疫
- 自动免疫
  - 天然的:自然感染后获得
  - 人工的:人工接种抗原后获得
- 被动免疫
  - 天然的:通过胎盘或乳汁获得
  - 人工的:通过人工注射抗体获得

人工给机体注射抗原物质,使机体免疫系统因抗原刺激而发生类似感染症状的免疫过程称人工自动免疫。人工给机体注射免疫血清(含特异性抗体)使机体直接获得一定的免疫力,称人工被动免疫。

(1) 人工自动免疫　注射抗原物质(如蛋白质、病毒、类毒素等)使机体发生类似感染时的免疫反应,可使机体获得特异性免疫。

(2) 人工被动免疫　注射抗体(如免疫血清,含丙种球蛋白、淋巴因子等)使机体立即获得某种免疫力。

第六节　免疫学知识的应用

随着免疫学基础理论知识的不断深入和新技术的不断发展,其应用不再局限于对传染病的特异性防治和诊断,还拓展到对多种疾病(如变态反应性疾病、自身免疫性疾病和肿瘤等)的防治和诊断。免疫学实验技术已成为生物学、医学及其他学科实验研究的一种重要手段,特别在一些微量的、特异性要求高的分析和测定中更显优势。

第十章 传染与免疫

一、生物制品

生物制品(biologics)是以微生物、细胞、动物或人源组织和体液等为原料,应用传统技术或现代生物技术制成,用于人类疾病的预防、治疗和诊断。人用生物制品包括细菌类疫苗(含类毒素)、病毒类疫苗、抗毒素及抗血清、血液制品、细胞因子、生长因子、酶、体内及体外诊断制品,以及其他生物活性制剂,如毒素、抗原、变态反应原、单克隆抗体、抗原抗体复合物、免疫调节及微生态制剂等。

1. 疫苗

疫苗(vaccine)由病原微生物加工制成,是将病原微生物(如细菌、立克次氏体、病毒等)及其代谢产物经人工减毒、灭活或利用基因工程等方法制成的用于预防传染病的人工自动免疫制剂。疫苗保留了病原菌刺激机体使机体免疫系统产生免疫效应的特性。当机体接触到这种不具伤害力的病原菌时,免疫系统就通过体液免疫和细胞免疫产生特异性抗体和致敏淋巴细胞等;当机体再次接触到这种病原菌时,机体的免疫系统就会发挥特异性免疫作用来阻止病原菌的伤害。

(1) 活疫(菌)苗 活疫苗(live vaccine)用无毒的或减毒的病原微生物制成。它具有良好的抗原性,如卡介苗(BCG)、牛痘苗、麻疹疫苗(干粉状)和脊髓灰质炎疫苗等。活疫苗接种后在体内有一定的生长繁殖能力,可发生隐性感染或轻微感染。如注射麻疹疫苗后常伴有微热、注射卡介苗会有局部皮肤溃烂。优点:①用量少,一般一次接种即可,如卡介苗出生时接种一次,半年后若结核菌素试验阳性则不用补种,直至十几岁复种;②免疫效果好;③持续时间长,可达3~5年。缺点:不易保存,易失效。

(2) 死疫(菌)苗 死疫苗(dead vaccine)用物理或化学方法将病原微生物杀死后制成。常用死菌苗有百日咳、伤寒、副伤寒、霍乱疫苗等。常用死疫苗有流行性乙脑和斑疹伤寒疫苗等。缺点:死疫苗进入人体后不能生长繁殖,对人体刺激时间短,因此要获得持久免疫力须多次重复注射,且每次用量较大,接种后局部和全身反应较明显。优点:易制备,较稳定,易保存。

(3) 亚单位疫苗 为了保证免疫接种的安全性,将病原微生物中能刺激机体产生保护性抗体的抗原成分提取出来制成的疫苗称为亚单位疫苗。不但能提高免疫效果,且能降低接种疫苗后所产生的副作用,已研制成功的有脑膜炎球菌荚膜多糖疫苗、肺炎球菌多糖疫苗、流感病毒凝血素等。亚单位疫苗(subunit vaccine)可以通过化学方法从病原微生物中提取,称为化学疫苗(chemical vaccine),也可通过基因工程的方法制备。基因工程疫苗是应用DNA重组技术将病原微生物的基因转入合适的受体菌中,使致病菌基因得到表达,将表达产物加工制成的疫苗。例如,基因工程乙肝疫苗(酵母重组)是一种乙肝病毒表面抗原(HBsAg)亚单位疫苗,它系采用现代生物技术将乙肝病毒表面抗原的基因进行质粒构建,克隆进入啤酒酵母菌基因组中,通过培养这种重组酵母菌来表达乙肝病毒表面抗原亚单位。这种乙肝病毒表面抗原亚单位具有原料易得、产量大、安全和高效等特点。

(4) 核酸疫苗 也称基因疫苗(genetic vaccine),是指将含有编码抗原蛋白基因序列的质粒载体,经肌肉注射或微弹轰击等方法导入宿主体内,通过宿主细胞表达抗原蛋白,通过一系列的反应刺激机体产生细胞免疫和体液免疫,诱导宿主细胞产生对该抗源蛋白的免疫应答,以达到预防和治疗疾病的目的。

2. 类毒素

细菌的外毒素经0.3%~0.4%甲醛处理后获得类毒素(toxoid),毒性完全丧失,但保留抗原性,常加有适量磷酸铝或氢氧化铝作吸附剂,即成为吸附精制类毒素。常用的有精制白喉类毒素(精白)、破伤风类毒素等。特点:吸收慢,能较长时间刺激机体以增强免疫效果。

3. 免疫血清

(1) 抗毒素(antitoxin) 用类毒素免疫马或羊等动物,取其免疫血清制成。常用于治疗由外毒素引起的疾病,包括破伤风精制抗毒素(抵抗破伤风杆菌分泌的外毒素)、白喉精制抗毒素、肉毒抗毒素、气性坏疽多价抗毒素等。

(2) 抗病毒血清(antiviral serum) 由于病毒病常无特效药,用抗病毒血清可作为治疗的选择之一。例如,被患狂犬病的病犬咬伤的人,用抗狂犬病病毒血清和狂犬病疫苗联合使用可防止发病。

(3) 胎盘球蛋白(placental globulin)和血清球蛋白(serum globulin) 从健康产妇的胎盘中提取球蛋白后,经纯化可制成胎盘球蛋白。血清提取的为血清球蛋白。用于应急预防麻疹、脊髓灰质炎、肝炎等病毒性传染病,但有一定的风险性。

4. 诊断用生物制品

诊断用生物制品包括供疾病诊断使用的诊断菌液和诊断血清等。主要是微生物本身或其毒素、酶及其提取成分,以及人或动物免疫血清、细胞等,大都用于检测相应抗原、抗体或机体免疫状态,属于免疫学方法诊断。随着免疫学技术的发展,诊断用生物制品的种类不断增多,不仅用于传染病,也用于其他疾病。诊断用生物制品主要包括两类。①诊断血清:包括细菌类、病毒和立克次氏体类、抗毒素类、肿瘤类、激素类、血型及 HLA、免疫球蛋白诊断血清、转铁蛋白、红细胞溶血素、生化制剂等。②诊断抗原:包括细菌类、病毒和立克次氏体类、毒素类、梅毒诊断抗原、鼠疫噬菌体等。此外还有红细胞类、荧光抗体、酶联免疫的酶标记制剂、放射性核素标记的放射免疫制剂、妊娠诊断制剂(激素类)、诊断用单克隆抗体。

> **知识链接**

单克隆抗体

天然抗原物质是一种复杂的大分子物质。在其表面通常具有多个抗原表位。因此,一种抗原物质的多个抗原表位刺激多个免疫细胞增殖产生多种抗体(每个抗原表位刺激一个免疫细胞),由于这种抗体是由多个细胞克隆产生的,因此称为多克隆抗体。

用常规技术免疫动物制备的特异性抗血清,实际上只是特异性较差、滴度效价较低、产量有限、不能精确重复和难以严格进行质量控制的多克隆抗体。单克隆抗体(monoclonal antibody,McAb)指由一纯系 B 细胞克隆经增殖分化的浆细胞所产生的成分单一、特异性强的免疫球蛋白。只有通过淋巴细胞杂交瘤技术才能获得真正的单克隆抗体(图 10-15)。

淋巴细胞杂交瘤技术(hybridoma technique)创建于 1975 年,这是生命科学与基础医学研究领域的一大创举,为此,主持该项研究的英国学者 G. Kohler 和 C. Milstein 与另一位杰出的免疫学家一并分享了 1984 年的诺贝尔生理学或医学奖。杂交瘤技术建立在克隆选择学说的理论基础上,它综合了骨髓瘤细胞株的制备、营养缺陷型的获得、细胞融合和杂交瘤细胞的选择等多种实验技术。

骨髓瘤细胞与免疫动物的脾细胞融合形成杂交瘤细胞,能分泌针对免疫抗原中的一种抗体,且杂交瘤细胞一经建立就具有肿瘤细胞在体外无限繁殖和脾细胞产生抗体的双重功能。经过克隆化获得单一克隆,将只产生一种针对单一抗原表位的抗体,称为单克隆

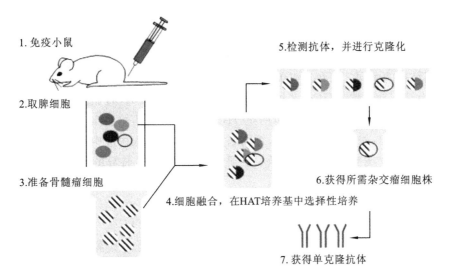

图 10-15　单克隆抗体制备流程

抗体。它是针对多克隆抗体而言的。单克隆抗体的问世被誉为"免疫学中的技术革命"，显示出巨大的生命力和广阔的发展前景。单克隆抗体在生物学、医学领域，尤其在疾病诊断、治疗与预防中得到了广泛应用，已取得令人瞩目的进展。单克隆抗体在预防移植排斥反应、治疗肿瘤和自身免疫性疾病等方面具有广泛的应用前景。

二、抗原抗体反应

（一）抗原抗体反应的一般规律

1. 特异性

抗原与抗体的结合实质上只发生在抗原的抗原决定簇与抗体的抗原结合位点之间。由于两者在化学结构和空间构型上呈互补关系，所以抗原抗体反应具有高度的特异性（图 10-16）。例如，乙肝病毒中的表面抗原（HBsAg）、e 抗原（HBeAg）和核心抗体（HBcAg），虽来源于同一病毒，但仅与其相应的抗体结合，而不与另外两种抗体反应。抗原抗体反应的这种特异性使免

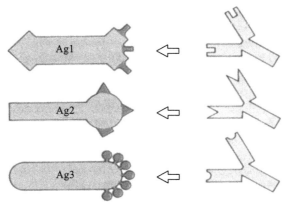

图 10-16　抗原抗体反应的特异性

疫测定能在血清这种成分复杂的蛋白质化合物中测定某一特定的物质,而不需先分离待检物。

但是,这种特异性也不是绝对的。假使两种化合物有部分相同的结构,在抗原抗体反应中可出现交叉反应。例如,绒毛膜促性腺激素(HCG)和黄体生成激素(LH)均由 α 和 β 两个亚单位组成,其结构的不同之处在 β 亚单位,而两者的 α 亚单位则是同类的。用 HCG 免疫动物所得到的抗血清中含有抗 α-HCG 和抗 β-HCG 两种抗体,抗 α-HCG 抗体可与 LH 中的 α 亚单位发生交叉反应。在临床检验中,如用抗 HCG 抗血清作为妊娠诊断试剂检定尿液中的 HCG,只能用于 HCG 浓度较高的试验,否则妇女生理性排泄入尿液中的微量 LH 将与之发生交叉反应。因此在作为早孕诊断的实际中必须应用只对 HCG 特异的抗 β-HCG 抗体,以避免与其他激素发生交叉反应。

2. 可逆性

抗原抗体间的结合为非共价键结合,有四种分子间引力参与。

(1) 静电引力 静电引力是抗原、抗体分子带有相反电荷的氨基和羧基基团之间相互吸引的力,又称为库仑引力。这种引力的大小与两电荷间的距离的平方成反比。两个电荷距离越近,静电引力越强。

(2) 范德华引力 抗原与抗体两个大分子外层轨道上电子之间相互作用时,因两者电子云中的偶极摆动而产生吸引力。这种引力能促使抗原抗体相互结合,其能量小于静电引力。

(3) 氢键结合力 抗体上亲水基团与相应抗原彼此接近时,相互间可形成氢键,使抗原抗体相互结合。氢键结合力比范德华引力强。

(4) 疏水作用力 抗原表位与抗体超变区靠近时,相互间正、负极性消失,亲水层也立即失去,彼此排斥两者之间的水分子,从而促进了两者之间的结合。疏水作用力是这些力中最强的,对维系抗原抗体结合作用最大。

抗原与抗体的结合是非共价结合,所以它是一个动态平衡,它在一定条件下是可逆的。解离后的抗原或抗体均能保持原有的结构和活性,因此可用亲和层析法来提纯抗原或抗体。抗原抗体的亲和性(affinity)是指抗体分子上一个抗原结合点与对应的抗原表位之间相互适应而存在的引力,它是抗原抗体之间固有的结合力,可用平衡常数 K 来表示,K 的值越大,亲和性越高;亲和性越高,与抗原结合越牢。抗体的亲和力(avidity)是指抗体结合部位与抗原表位之间结合的强度,与抗体结合价直接相关,即所谓多价优势。若抗体的亲和力高,则它与抗原的结合就越牢固而不易解离;反之则容易解离。

3. 比例性

抗原的表位一般有多个,属多价抗原,而抗体一般以 IgG 单体形式存在,为双价。抗原与抗体发生可见反应需遵循一定的量比关系,只有当二者浓度比例合适时,才会出现可见反应。在抗原抗体比例相当或抗原稍过剩的情况下,反应最彻底,形成的免疫复合物沉淀最多、最大。而当抗原抗体比例超过此范围时,反应速度和沉淀物的量都会迅速降低甚至不出现可见的抗原抗体反应。如果抗原或抗体极度过剩,则无沉淀物形成,在免疫测定中称为带现象(zone phenomenon)。抗体过量称为前带(prezone),抗原过量称为后带(postzone)。在用免疫学方法测定抗原时,应使反应系统中有足够的抗体量,否则测得的量会小于实际含量,甚至出现假阴性。

4. 条件依赖性

抗原抗体反应受电解质、pH 值和温度等环境条件的影响。

(1) 电解质 抗原抗体结合后由亲水胶体变为疏水胶体,此时易受电解质影响。通常在抗原抗体反应中,以 8.5 g/L NaCl 溶液作为抗原抗体的稀释液及反应液,其中 Na^+ 和 Cl^- 可分别中和胶体颗粒上的电荷,使胶体颗粒的电位下降,形成可见的沉淀物或凝集物。若无电解质存在,则不出现可见反应。但如果电解质浓度过高,则会出现非特异性蛋白质沉淀,即盐析。

(2) 酸碱度　pH 值过高或过低都可影响抗原和抗体的理化性质。例如,当 pH 值为 3 左右时,可出现非特异性酸凝集。此时因接近抗原的等电点,抗原蛋白或其他基团所带的电荷消失,抗原与抗体之间的排斥力丧失而导致凝集,影响试验的可靠性。抗原抗体反应一般以 pH 6~8 为宜。

(3) 温度　抗原抗体反应最适温度为 37 ℃。一般在 15~40 ℃ 范围内进行,在此范围内,温度越高,分子运动速度加快,增加抗原抗体接触机会,反应速度越快,但也容易引起复合物解离;温度越低,反应速度缓慢,但抗原抗体结合牢固,易于观察。某些特殊的抗原抗体反应需要特定的温度,例如,冷凝集素在 4 ℃ 时与红细胞结合,20 ℃ 以上反而解离。

(二) 常见的抗原抗体反应

在体外进行的体液免疫反应常用血清来试验,称为血清学反应(serologic reaction)。血清学反应既可用已知抗原检测未知抗体,也可用已知抗体来检测未知抗原。故血清学反应常用于免疫功能的测定、传染病的诊断、微生物的分类鉴定等范畴。

1. 凝集反应

细菌、红细胞等颗粒性抗原与其特异性抗体结合后,在有电解质存在的条件下,互相凝集成肉眼可见的小块,称为凝聚反应(agglutination)。参与凝集反应的抗原称为凝集原(agglutinogen),抗体称为凝集素(agglutinin)。

(1) 直接凝集反应　分为玻片法和试管法。玻片法简便、快速,是一种定性试验,可用于菌种鉴定、血型分析等。试管法可定量判断血清中抗体的相对含量,可用于协助临床诊断或供流行病学调查。

(2) 间接凝集反应　将可溶性抗原(或抗体)吸附于一种载体颗粒表面,然后与抗体结合,在有电解质存在的适宜条件下,可发生凝集反应,称为间接凝集反应。

(3) 交叉凝集和凝集吸收　含有共同抗原的细菌,相互之间可以发生交叉凝集(或称类属凝集)。例如,甲、乙两种细菌,甲细菌含有 A、B 两种抗原,乙细菌含有 A、C 两种抗原,因含有共同抗原 A,故甲细菌与抗乙细菌血清,乙细菌与抗甲细菌血清均会发生交叉凝集反应。若在抗甲细菌的抗血清中加入乙细菌悬液,则血清中 A 凝集素被吸收,该吸收后的血清只含有 B 凝集素,称为单价血清,仍能与甲细菌凝集,但不能再与乙细菌凝集。所以本法不仅可以鉴别特异凝集和类属凝集,也可提取含有单一凝集素的血清。

2. 沉淀反应

细菌的外毒素、内毒素、血清和病毒等可溶性抗原与相应抗体结合,在适量电解质存在下,生成肉眼可见的白色沉淀,称为沉淀反应(precipitation reaction)。其抗原称为沉淀原(precipitinogen),抗体称为沉淀素(precipitin)。在沉淀反应中,抗原分子较小,单位体积内所含的量多,与抗体结合的总面积大,为了使抗原抗体按比例结合,常稀释抗原。

(1) 环状沉淀反应　在小试管内先加入已知抗血清,然后小心加入待检抗原于血清上表面,使之成为分界清晰的两层,一定时间后,在两层液面交界处出现白色环状沉淀者即为阳性反应(图 10-17)。此法简单、敏感,所需被检材料少,可用于抗原的定性试验如炭疽病的诊断(Ascoli's 试验)、血迹鉴定、沉淀素的效价滴定等。

(2) 絮状沉淀反应　抗原与抗血清在试管内混合,在有电解质存在时,抗原抗体复合物可形成浑浊沉淀或絮状凝聚物。此反应可用于诊断螺旋体引起的梅毒病（Kahn 试验），也可用于滴定毒素、类毒素和抗毒素的效价。

（3）免疫扩散法　琼脂凝胶呈多孔结构，能允许各种抗原、抗体在其中自由扩散。抗原、抗体在琼脂凝胶中扩散由近及远形成浓度梯度，当两者在比例适当处相遇即发生沉淀反应，形成沉淀带。由于一种抗原抗体系统只出现一条沉淀带，故本反应能将复合抗原成分加以区分。按其操作特点，免疫扩散（immuno-diffusion）可分为单扩散和双扩散。单扩散是抗原抗体中一种成分扩散，而双扩散则是两种成分在凝胶内彼此都扩散。双扩散可用来鉴定未知样品的组分，比较不同样品的抗原性。图 10-18 为双向免疫扩散试验：A 中两个抗原与抗血清反应生成的沉淀弧融合，表明两个孔中的抗原是相同的；B 中形成了两条交叉的沉淀带，表明上面两孔中的抗原完全不同；C 中，两个抗原部分相同，但存在差别。

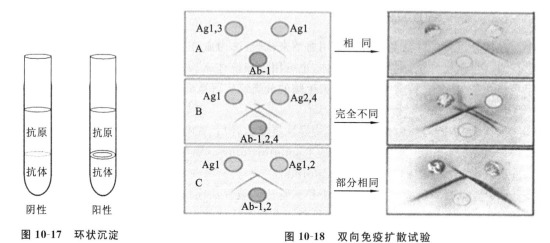

图 10-17　环状沉淀　　　　图 10-18　双向免疫扩散试验

（4）免疫电泳法（对流免疫电泳法、火箭电泳法、双向免疫电泳法）　免疫电泳（immunoelectrophoresis）是将琼脂双扩散与琼脂电泳技术相结合的方法。待检样品（含复合抗原）先在琼脂凝胶板上电泳，将抗原的各个组分在板上初步分开，然后再在点样孔一侧或两侧打槽，加入抗血清，进行双扩散。电泳迁移率相近而不能分开的抗原物质，又可按扩散系数不同形成不同的沉淀带，从而进一步加强了对复合抗原组分的分辨能力。免疫电泳灵敏度高、特异性强，在生物化学、微生物学、免疫学及临床医学等领域广泛应用。它可用来进行抗原与抗体成分的分析、生物制品纯度分析、甲胎蛋白和肝炎协同抗原（HAA）的诊断等，并在此基础上又发展出对流免疫电泳和火箭免疫电泳等。

对流免疫电泳（counter immune electrophoresis）又称反向免疫电泳，在 pH 8.6 的琼脂凝胶中，相对分子质量大的抗体只带有微弱的负电荷，在电场作用下泳动慢，而受电渗作用的影响较大，反而向负极倒退。而一般抗原蛋白质常带较强的负电荷，分子又较小，所以泳动快，虽然由于电渗作用泳动速度减慢，但仍能向正极泳动。例如，将抗原置阴极，抗体置阳极，电泳时，两种成分相对泳动，一定时间后抗原和抗体将在两极之间相遇，并在比例适当的地方形成肉眼可见的沉淀线。由于电泳的作用，不仅帮助抗体定向移动而加速了反应，而且也限制了琼脂扩散时，抗原抗体向四周自由扩散的倾向，因而也提高了敏感性。本法比琼脂扩散法的灵敏度要高 10~16 倍，而且反应时间短，可用于各种蛋白质的定性和半定量测定。

火箭免疫电泳（rocket immunoelectrophoresis，RIEP）是将单向免疫扩散和电泳相结合的一种定量检测技术。电泳时，存在于琼脂凝胶中的抗体不发生移动，而抗原在电场的作用下向正极泳动。当抗原与抗体分子达到适当比例时,形成一个形状如火箭的不溶性免疫复合物沉淀峰,峰的高度与抗原浓度呈正相关。因此,当琼脂中抗体浓度固定时,以不同稀释度标准抗原泳动后形成的沉淀峰为纵坐标,抗原浓度为横坐标,绘制标准曲线。根据样品的沉淀峰高度即可计算出待测抗原的含量;反之,当琼脂中抗原浓度固定时,便可测定待测抗体的含量(称为反向火箭免疫电泳)。

三、免疫标记技术

免疫标记技术(immunolabeling technique)是指用荧光素、酶、放射性核素、发光剂或电子致密物质(胶体金、铁蛋白)作为示踪标物抗体或抗原进行的抗原抗体反应。此类方法具有灵敏度高、特异、快速,能定性和定量甚至定位测定,且易于观察结果和适合自动化检测等优点,在生命科学领域广泛用于各种微量生物活性物质的分析鉴定与定量检测。根据实验中使用的标记物与检测方法不同,免疫标记技术可分为免疫荧光技术、免疫酶技术、放射免疫测定、发光免疫分析及免疫电镜技术等。

1. 免疫荧光技术

以荧光素标记的特异性抗体或抗原作为标准试剂,用于相应抗原或抗体的分析鉴定和定量测定。免疫荧光技术(immuno fluorescence technique)分为两大类:一类是用荧光抗体对细胞、组织切片或其他标本中的抗原(或抗体)进行鉴定和定位检测,可在荧光显微镜下直接观察实验结果,或应用流式细胞术进行自动分析检测;另一类是用于液体标本中抗原或抗体的测定,称为荧光免疫测定。

流式细胞术(flow cytometry,FCM)将免疫荧光技术应用于流式细胞仪,对单个细胞的表面标志(抗原或受体)进行快速、精确的分析和自动检测,并可将不同类型的细胞分选收集,还可对同一细胞的多种参数(如 DNA、RNA、蛋白质和细胞体积等)进行多信息分析,故称为当代生命科学研究领域中被广泛应用的一项新技术。

2. 免疫酶技术

免疫酶技术(immunoenzymatic technique)以酶标记抗体(或抗原)用于免疫学检测,通过酶与底物的显色反应,对细胞和组织中的抗原抗体复合物进行定位、定性分析和鉴定,亦可根据酶催化底物显色的深浅程度,定量测定体液标本中待测抗原或抗体的含量。免疫酶技术包括酶联免疫吸附测定技术和酶免疫组化技术两大类。

(1)酶联免疫吸附测定(enzyme-linked immunosorbent assay,ELISA) 把抗原、抗体的免疫反应和酶的高效催化反应进行结合而发展起来的一种综合性技术,即将酶与抗体结合形成酶标抗体。酶标抗体仍保持免疫活性,能与相应抗原进行特异性反应,形成酶标记的免疫复合物,结合在免疫复合物上的酶能催化底物生成有色产物,通过比色法进行分析,从而定性或定量分析抗原或抗体。常用 ELISA 法有直接法、间接法、双抗夹心法(图 10-19)和竞争结合法等。间接法常用来测定抗体,而双抗夹心法用来检测大分子抗原。

(2)酶免疫组化技术(enzyme immunohistochemistry technique,EIH) 这是目前免疫组织化学研究中最常用的技术。其基本原理是,先以酶标记的抗体与组织或细胞作用,然后加入酶的底物,生成有色的不溶性产物或具有一定电子密度的颗粒,通过光镜或电镜,对细胞或组织内的相应抗原进行定位或定性研究。

3. 放射免疫测定

放射免疫测定(radioimmunoassay,RIA)是一类以放射线同位素作为标记物,将同位素分

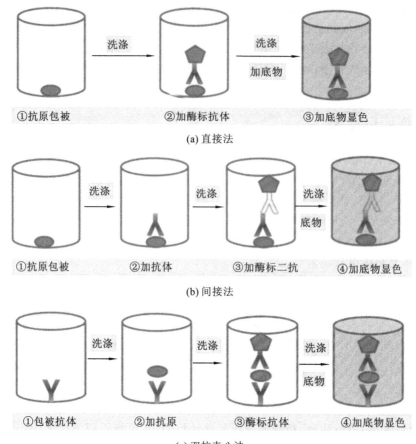

图 10-19　常用 ELISA 法

析的灵敏性和抗原抗体反应的特异性这两大特点结合起来的测定方法,又分为放射免疫分析法和放射免疫测定自显影法。放射免疫测定灵敏度极高,能测得纳克至皮克($10^{-12}\sim10^{-9}$ g)的含量,广泛用于激素、核酸、病毒抗原、肿瘤抗原等微量物质的测定。但需特殊仪器及防护措施,并受同位素半衰期的限制。

4. 免疫电镜技术

免疫电镜技术(immuno-electron microscopy,IEM)是将血清学标记技术与电子显微镜相结合,在免疫反应高度特异、敏感、快速、简便的基础上,用电子显微镜进行超微结构水平研究的一项技术。其基本原理是用电子致密物质标记抗体,然后与含有相应抗原的生物标本反应,在电镜下观察到电子致密物质,从而准确地显示抗原所在位置,是一种在超微结构水平上的抗原定位方法。

5. 发光免疫测定法

发光免疫测定法(luminescent immuno-assay,LIA)是一种将化学发光或生物发光反应与免疫测定法结合的高灵敏度分析方法(图 10-20)。发光反应一般均为氧化反应。化学发光剂如鲁米诺及异鲁米诺衍生物、荧光醇、异荧光醇、吖啶酯或光泽精等,生物发光剂如虫荧光素等。

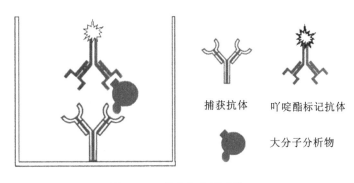

图 10-20 发光免疫测定法

> **知识链接**
>
> **免疫印迹与蛋白质样品分析**
>
> 免疫印迹(immunoblotting)又称为蛋白质印迹(Western blotting),是根据抗原、抗体的特异性结合检测复杂样品中的某种蛋白的方法。该法是在凝胶电泳和固相免疫测定技术基础上发展起来的一种新的免疫生化技术。由于免疫印迹具有 SDS-PAGE 的高分辨力和固相免疫测定的高特异性和敏感性,现已成为蛋白分析的一种常规技术。免疫印迹常用于鉴定某种蛋白,并能对蛋白质进行定性和半定量分析。结合化学发光检测,可以同时比较多个样品同种蛋白质的表达量的差异。
>
> 其基本过程是,将混合抗原样品在凝胶板上进行单向或双向电泳分离,然后取固定化基质膜与凝胶相贴,在印迹纸的自然吸附力、电场力或其他外力作用下,使凝胶中的各抗原组分转移到印迹纸上,并且固相化。最后应用免疫同位素探针或免疫酶探针等,对抗原固定化基质膜进行检测和分析。

第七节 变态反应

一、变态反应

内源性或外源性抗原可导致特异性免疫应答,在某些情况下,当致敏的机体再次遇到相应的抗原时,可引起机体出现一系列免疫病理变化,导致损伤或生理机能障碍,称为免疫性损伤(immune injury),又称为变态反应(allergic reaction)或超敏反应(hypersensitivity reaction),常见的有过敏性休克(严重)、药物过敏、海鲜等食物过敏和花粉过敏症等。引起免疫性损伤的外源性抗原所致的过敏反应有些是可以预防的,如接触毒葛所致的接触性皮炎、接触花粉所致的枯草热等,均可通过避免接触抗原加以预防,部分同种抗原所致的过敏反应如输血反应,通过受、供血液的交叉配型可以避免。

二、变态反应类型

变态反应按免疫机制的不同可分为如下四类。

1. Ⅰ型(速发型)变态反应

Ⅰ型变态反应又称为过敏反应(anaphylaxis),因其反应迅速,又被称为速发型超敏反应(immediate hypersensitivity)。Ⅰ型变态反应是由IgE抗体所介导的:致敏原刺激巨噬细胞和淋巴细胞,在Th细胞的协同作用下,产生了IgE(在一般情况下,这一过程受Ts细胞的抑制)。IgE的Fc片段与肥大细胞嗜碱性粒细胞的Fc受体相结合,造成了致敏状态。当机体再次接触相同的致敏原时,它们与附着于肥大细胞上的IgE结合(图10-21)。多价抗原与两个以上邻近的IgE分子发生交联,激发该细胞释放生物活性物质(如组胺、趋化因子、白细胞三烯、前列腺素和血小板激活因子等),引起平滑肌收缩、血管通透性增加、浆液分泌增加等临床表现和病理变化。致敏原的种类繁多,常见的有如下两种。①异种蛋白质:如疫苗、寄生虫、食物、花粉、胰岛素、异种动物血清和昆虫毒液等。②药物:如各种抗生素。

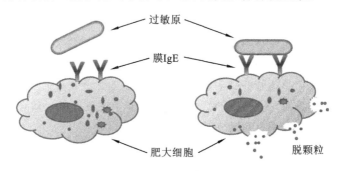

图10-21 Ⅰ型超敏反应形成机制

Ⅰ型变态反应无补体参与,在一般情况下不破坏细胞,其致病作用主要是通过上述各种生物活性物质引起的。该型反应有局部性和全身性两类。局部性反应常表现为局部组织水肿、嗜酸性粒细胞浸润、黏液分泌增加或支气管平滑肌痉挛等变化,如皮肤荨麻疹(食物过敏)、过敏性鼻炎(枯草热)及哮喘等;而全身性过敏反应如抗血清、药物(如青霉素)引起的过敏性休克,可造成迅速死亡。

2. Ⅱ型(细胞毒型)变态反应

Ⅱ型变态反应又称为细胞毒性变态反应,是由抗体与靶细胞表面的抗原相结合而引起的细胞损伤。抗原可以是细胞膜自身成分,也可以是吸附在细胞表面的外源性抗原或半抗原,可通过不同的机制而引起细胞损害。主要有依赖抗体介导的细胞毒反应(antibody dependent cellular cytotoxity, ADCC)和补体介导的细胞毒反应(complement mediated cytotoxicity, CMC)。

在依赖抗体介导的细胞毒反应中,靶细胞为低浓度的IgG抗体所包绕,IgG的Fc片段可与一些具有Fc受体的细胞(K细胞、中性粒细胞、嗜酸性粒细胞、单核细胞)相接触而引起靶细胞的溶解,不涉及吞噬反应或补体的固定。ADCC反应主要与寄生虫或肿瘤细胞的消灭以及移植排斥有关。

在补体介导的细胞毒反应中,特异性抗体(IgM或IgG)与细胞表面的抗原相结合,固定并激活补体,直接引起细胞膜的损害与溶解,或通过抗体的Fc片段及C3b对巨噬细胞相应受体的亲和结合,由巨噬细胞所介导。此反应常累及血细胞(红细胞、白细胞、血小板)和细胞外组织如肾小球基底膜,引起细胞和组织损害。

Ⅱ型变态反应常见于如下情况:①血型不符的输血反应,这是由于供者红细胞抗原与受者血清中的相应抗体相结合而导致红细胞的溶解;②新生儿溶血性贫血(胎儿有核红细胞增多症)是由于母体(Rh阴性)和胎儿(Rh阳性)抗原性差异所致,母体产生的抗Rh抗体(IgG)通过胎盘引起胎儿红细胞破坏,导致溶血;③自身免疫性溶血性贫血、粒细胞减少症、血小板减少性紫癜等疾病,它们是由于不明原因引起的自身血细胞抗体形成而导致相应血细胞的破坏;④某些药物反应,药物作为半抗原与血细胞膜结合形成抗原,激发抗体形成,后者针对血细胞－药物复合物(抗原)而引起血细胞的破坏。

另外,在一些细胞功能异常患者的体内存在抗某种受体的自身抗体,抗体与靶细胞表面的特异性受体结合从而可导致靶细胞的功能异常。由于不结合补体,因而不破坏靶细胞亦无炎症反应。例如,重症肌无力(myasthenia gravis)是由于患者体内存在抗乙酰胆碱受体的自身抗体,此抗体可与骨骼肌运动终板突触后膜的乙酰胆碱受体结合,削弱神经肌冲动的传导而导致肌肉无力,也属于Ⅱ型变态反应。

3. Ⅲ型(免疫复合物型)变态反应

Ⅲ型变态反应又名免疫复合物介导的超敏反应(immune complex mediated hypersensitivity)。免疫复合物是抗原和抗体相结合的产物,在生理情况下它能及时被吞噬系统所清除。但是,若免疫复合物是沉积于血管壁进而引起血管炎症,则可导致疾病。引起人体免疫复合物疾病的抗原种类繁多,有微生物(如细菌、病毒等)、寄生虫、异体蛋白(如食物、血清等)、药物(如青霉素、普鲁卡因酰胺等)、自身抗原(如变性IgG、核酸等)、肿瘤抗原(如肿瘤相关抗原、癌胚抗原等)及其他原因不明性抗原。抗体仅限于能被补体固定的IgG和IgM。

免疫复合物沉积引起组织损伤的主要环节是固定并激活补体,产生生物活性介质,从而导致组织损伤及炎症反应:①促进吞噬作用;②提供趋化因子,诱导中性粒细胞和单核细胞游走;③释放过敏毒素,增加血管通透性和引起平滑肌收缩;④攻击细胞膜造成细胞膜损伤甚至溶解复合体;⑤血小板聚集和Ⅻ因子激活,促进炎症过程和微血栓形成;⑥释放多种炎症介质,包括前列腺素、扩张血管的肽类物质、阳性趋化物质以及多种溶解体酶,引起组织损害。

4. Ⅳ型(迟发型)变态反应

Ⅳ型变态反应又名迟发型超敏反应(delayed type hypersensitivity,DHT),是由致敏T细胞与相应抗原结合而引起的,以单核细胞浸润和细胞变性坏死为特征的局部变态反应性炎症。该类反应发生较迟缓,一般需经48~72 h,抗体和补体均不参与,多数无个体差异。当致敏T细胞与相应抗原结合时,可刺激靶细胞改变膜通透性,使细胞内K^+逸出,Na^+进入细胞,结果使细胞的渗透压发生改变,细胞膨胀,最后裂解。但参与该反应的致敏T细胞并未破坏,仍可继续破坏其他靶细胞。另外,致敏T细胞在杀伤靶细胞时,还会释放出各种淋巴因子,引起单核细胞浸润为主的炎症变化,甚至坏死。Ⅳ型变态反应的发病机制与细胞免疫反应基本相同,两者同时并存。由此可见,当致敏T细胞与相应抗原结合、发生反应时,对机体有有利的一面(细胞免疫的免疫防护作用),也有有害的一面(Ⅳ型变态反应)。一般来讲,正常的细胞免疫反应既能局限和排除病原微生物,又可避免造成组织的严重损伤。若反应过于强烈,超过正常强度,则会造成组织的严重损伤,发生变态反应。在迟发型超敏反应中,致敏T细胞本身具有效应功能,可直接攻击靶细胞,也可有其他细胞(如巨噬细胞)参与。Ⅳ型变态反应是各种细胞内感染,特别是结核分枝杆菌、病毒、真菌和寄生虫感染所致的免疫反应。其他原因(如化学物质)所引起的接触性皮炎及移植排斥也属本型反应。器官移植排斥反应,肿瘤免疫等也常出现明显的Ⅳ型变态反应。四种类型的超敏反应的差异见表10-7。

表10-7 四种类型的超敏反应的差异

类 型	Ⅰ型 (速发型)	Ⅱ型 (细胞毒型)	Ⅲ型 (免疫复合物型)	Ⅳ型 (迟发型)
关键因子	IgE	IgG/IgM	IgG/IgM/IgA	致敏T细胞
形成机制	①IgE的Fc与肥大细胞结合;②膜IgE与过敏原结合,引起肥大细胞脱颗粒,释放活性介质	抗体与细胞膜表面抗原结合或与吸附于细胞膜表面的抗原结合	抗原抗体结合后形成免疫复合物沉积于血管壁基底或组织间隙	致敏T细胞与带有特异性抗原的靶细胞再次接触
中间效应	组胺、白三烯、血小板活化因子、嗜酸性粒细胞、趋化因子等作用于靶细胞	补体、中性粒细胞、巨噬细胞、K细胞	激活补体吸引中性粒细胞、释放溶酶体酶及血小板凝固因子、血小板凝聚	直接杀伤靶细胞、释放淋巴因子,吸引、活化巨噬细胞及其他淋巴细胞
生物学效应	①血管通透性增加;②小血管及毛细血管扩张;③平滑肌收缩;④嗜酸性粒细胞浸润	①补体引起的靶细胞溶解;②吞噬、杀伤性细胞对靶细胞的吞噬、杀伤	①中性粒细胞浸润;②出血;③组织坏死	①巨噬细胞与淋巴细胞浸润;②组织坏死
典型病例	①过敏性休克,如青霉素过敏;②过敏性胃肠炎;③呼吸道过敏	①输血反应;②药物引起的过敏性血细胞减少症	①肾小球肾炎;②过敏性肺泡炎	①传染性变态反应;②接触性皮炎;③器官移植排斥

需要指出的是,变态反应可通过上述四种类型的机制引起病变,但以一个疾病而言,由于抗原的特性、机体的反应情况以及病程发展的不同阶段,可以同时或先后出现不同类型的变态反应。

小 结

免疫是生物体对一切非己分子进行识别与排除的过程,是维持机体相对稳定的一种生理反应,是机体自我识别的一种普遍生物学现象。人类所生存的环境中充满了无数细菌、病毒等病原微生物,随时可能进入人体,造成疾病;同时人体内还有许多代谢废物,若不及时清除,同样会导致疾病的发生。这时人体的免疫系统就开始发挥特异性和非特异性免疫作用,进行相应的免疫应答。只有免疫系统在正常条件下发挥相应作用和保持相对平衡,机体才能维持生存。免疫系统并非单一的器官或组织,它是由许多免疫器官、免疫细胞和免疫分子等组成的。骨髓、胸腺、脾脏和淋巴结是构成淋巴系统的主要器官,其中骨髓是各种免疫细胞产生的场所。巨噬细胞、粒细胞、淋巴细胞系(包括T细胞、B细胞)、自然杀伤细胞等生物活性细胞是免疫系统的主要免疫功能的执行者。除了上述淋巴器官和免疫细胞外,免疫系统还有一系列免疫分子,是免疫细胞或免疫器官的产物,包括抗体、淋巴因子、补体等,是一类复杂的蛋白质,它们在免疫反应中起着重要作用。免疫器官、细胞和分子并非互相独立,而是相辅相成,共同对付外来的入侵者和体内的异常细胞和异物。其中任何一个成分缺乏,都将导致不同程度的免疫缺陷或障碍。

病原微生物侵入机体后,它们会逐渐地克服机体的防御功能,破坏机体内环境的相对稳定性,在一定部位生长繁殖,引起不同程度的病理过程,这个过程称为传染。病原微生物的致病作用包括抗吞噬作用、病原微生物酶的致病作用、外毒素和内毒素的毒性作用。免疫原性和免疫反应性抗原是两个重要特性。影响抗原免疫效果的抗原性质包括抗原的异物性、化学性质、相对分子质量、结构的复杂性及分子构象等。抗原的特异性是由其表位决定的。细菌的抗原种类包括菌体抗原、鞭毛抗原、表面抗原、菌毛抗原和B细胞超抗原。凡能特异性地增强抗原的抗原性和机体免疫反应的物质称为佐剂,佐剂是一种免疫增强剂。非特异性免疫是机体在长期种系发育和进化过程中逐渐建立起来的一系列天然防御功能,包括生理屏障、细胞吞噬和正常体液防护等功能。免疫系统由免疫器官、免疫细胞和免疫分子组成。免疫器官分为中枢免疫器官和外周免疫器官,中枢免疫器官包括骨髓和胸腺;外周免疫器官包括淋巴结、脾和黏膜相关淋巴组织等;免疫细胞泛指所有参与免疫应答或与免疫应答有关的细胞,包括造血干细胞、淋巴细胞、NK细胞、吞噬细胞、树突状细胞;免疫分子包括免疫球蛋白、补体、MHC和细胞因子等,它们都是免疫系统的重要组成部分。特异性免疫包括体液免疫和细胞免疫,它们之间既有区别又有联系。

特异性免疫和非特异性免疫相辅相成,在正常情况下,可共同完成抵抗感染和保护自身机体的作用,在异常情况下也可引起变态反应、自身免疫病等病理性损伤。免疫应答包括识别阶段、活化增殖和分化阶段、效应阶段。生物制品包括人工主动免疫生物制剂和人工被动免疫生物制剂,用于疾病的预防和治疗。体外进行的抗原抗体反应习惯上称为血清学反应。血清学反应包括凝集反应、沉淀反应、中和反应、补体结合反应和标记反应五种类型,它是机体对某些抗原初次应答后,再次接受相同抗原刺激时,发生的一种以机体生理功能紊乱或组织细胞损伤为主的特异性免疫应答,分为四型,即Ⅰ、Ⅱ、Ⅲ、Ⅳ型超敏反应。

随着免疫学研究的不断深入和新技术的不断发展,其应用不再局限于对传染病的特异性防治和诊断,还拓展到对多种疾病(如变态反应性疾病、自身免疫性疾病和肿瘤等)的防治和诊断。免疫学实验技术已成为生物学、医学及其他学科一种重要的方法和技术,在医药卫生、食品安全和环境监测等领域有着广泛的应用。

复习思考题

1. 名词解释

外毒素与内毒素	类毒素与抗毒素	传染与免疫
非特异性免疫与特异性免疫	完全抗原与半抗原	免疫原性和免疫反应性
抗原决定簇和抗原结合价	抗体	补体
干扰素	抗原递呈细胞	生物制品
疫苗		

2. 宿主对病原菌的机械防御主要体现为哪几个方面?
3. 决定传染结局的三个因素是什么?简述三者的相互关系。
4. 抗原的基本性质有哪些?

5. 试比较 B 细胞与 T 细胞的异同点。
6. 什么是抗体？图示并简介 IgG 抗体分子的结构。
7. 简述免疫应答的基本过程。
8. 什么是特异性免疫和非特异性免疫？二者有何区别和联系？
9. 抗原抗体的反应有哪些规律？结合实际应用举例说明。
10. 简述单克隆抗体的制备原理和过程。
11. 列表比较变态反应的四种类型。
12. 简述各类免疫反应的相互关系。

（刘仁荣　毛露甜）

第十一章

微生物的进化、分类和鉴定

学海导航

了解微生物的进化、系统发育,以及在生物界级系统变迁中的重要地位;区分微生物分类与鉴定的含义;掌握微生物的种、菌株等的基本概念,以及学名的命名原则;了解现行原核和真核生物的分类系统;了解比较重要的传统与现代分类鉴定特征指标及其方法。

重点:分类与鉴定的区别;种的概念;生物界级系统中各分类单元之间的关系;现代微生物分类的主要特征指标及技术方法。

难点:传统分类与现代分类之间的关系;现代微生物分类技术。

分类学(taxonomy)一词来源于希腊语(意为法律和命令),是指对生物(尤其是生物活体形式)进行分类的科学。其理论与技术对生物工作者来说是一种基础、必需的工具,因为它可以为生物的鉴定提供一个广泛交流的语言与共同参比。微生物分类学(microbial taxonomy)是生物分类学的一个分支,是一门利用多种(表型、遗传、分子等水平)技术研究手段,按照微生物的表型相似性和亲缘关系把它们科学地排列成条理清楚的各类分类单元或分类群的科学。它有三个具体的任务,即分类(classification)、鉴定(identification)和命名(nomenclature)。但值得注意的是,分类与鉴定的概念不同:分类是把赋有共同性状的生物排列成群、归类并设定分类系统(如界、门、纲、目、科、属、种);而鉴定则需要有一个预先制定好的分类系统,以决定未知物种应归属于哪一分类系统的哪一个分类单元之中;命名则是依据国际公认的规则,给予被分类或鉴定物种以国际通用的科学名称。

微生物分类学与其他生物分类学一样,其理论和技术的发展是随着科学的进步和人们对生物本质的认识水平而不断完善的。由最初以简单形态特征指标为主,到后来的生理生化与特定化学组分等表型特征的补充,再到目前的分子、遗传、系统发育(phylogeny)等特征指标的全面介入,使得微生物分类由受人为因素影响比较大的人为分类逐渐向反映物种本质的自然分类过度。但与高等动植物相比,由于绝大多数微生物(尤其是原核生物)具有个体微小、形态结构简单、易发生变异、且缺少丰富化石材料等特点,其分类和鉴定相对来说要困难得多。

地球上到底有多少物种至今仍无准确答案,估计有分类记录的各类物种大约有150万,其中微生物大约20万种(占微生物总数量的5%~10%),而且其数目还在不断变化之中。微生物学工作者若想认识、研究和利用有益微生物,或抑制有害微生物,则必须对它们进行分类或鉴定。从生物分类学发展历史来看,人们对生物进行分类存在两种基本、截然不同的分类原则:一是根据表型特征(phenetic characteristics)的相似程度分群归类,其主要目的重在应用,不涉及进化或不以反映生物亲缘关系为目标;第二种是按照生物遗传和系统发育等相关性水平来分群归类,其目标是探寻各种生物之间的进化谱系,建立反映生物进化谱系与亲缘关系的分类系统。自进化论诞生以来,生物分类要反映生物之间的亲缘关系的观点早已经成为生物学家普遍接受的分类原则。因此,以进化论为指导思想的分类学,其目的已不仅仅是物种的识别和归类,更主要的是通过分类追溯系统发育,推断进化谱系,因此又被称为生物系统学(systematics)。传统的微生物分类方法,主要是依据其表型特征(形态学、生理生化学、生态学等特征)来推断微生物的系统发育。而分子生物学的发展,使人们不仅可以根据表型特征,而且还可以从分子水平上,通过研究和比较微生物的遗传型特征(genetic characteristics),甚至基因组特征来探讨微生物的进化、系统发育关系来进行分类鉴定。

第一节 微生物的进化及在生物界的地位

地质学、古生物学和地球化学的直接或间接证据表明:地球大约是在46亿年前形成的,35亿年前古老的化石中发现类似简单杆状细菌的厌氧型原始生物,28亿年前的片层状化石-叠层石(stromatolites)中出现产氧型光合类原核生物(即蓝细菌)的身影。根据现代生物进化论观点,地球上的生命是在地球历史早期的特殊环境条件下,通过"前生命的化学进化"过程,由非生命物质产生的。这些最原始的生命经过漫长的进化历程,产生了千姿百态的生物种类。所谓进化(evolution),是指生物在与其生存环境的相互作用过程中,其遗传系统随时间发生一系列不可逆的改变,从而导致生物表型的改变和对生存环境的相对适应。所以,今天生存在地球上的各类生物,彼此之间具有或远或近的历史渊源。

一、微生物的进化

在生物进化阶段,原核生物的进化可能有以下几个环节:①异养厌氧型原核生物的产生(如原始的支原体类、拟杆菌类、梭菌类以及脱硫弧菌类等);②自养厌氧型原核生物的产生(如原始的产甲烷菌类、红螺菌类、绿菌类等);③光能自养放氧型原核生物的产生(以原始的蓝细菌为代表);④好氧性化能异养原核生物的产生(由光能自养细菌进化而来,如原始的假单胞菌类和脱氮副球菌等)。

关于真核生物起源问题,最早由 L. Margulis 进行了较为系统地推断。她在《真核细胞的起源》(1970)一书中提出了真核生物起源的原核细胞间的"内共生学说",即在细胞进化过程中,一种细胞捕捉了另一种细胞而未能消化它,结果两者发生了内共生,从而完成了进化历史上质的飞跃。具体地说:最初可能由一种类似支原体的较大型的异养、厌氧原核生物吞噬了一种小型的好氧原核生物(类似于现在的脱氮副球菌),并使后者成为前者的内共生生物,从而导致线粒体的起源。后来这种含线粒体的变形虫状细胞又与螺旋体状原核生物发生细胞融合,从而形成了具有鞭毛、能运动的真核生物。如果它沿着这一方向继续进化,就可演化成原生动物和真菌;而原生动物又可进一步进化成多细胞动物。相反,如果它进一步与原始的蓝细菌发生内共生,则蓝细菌就进化成细胞内的叶绿体,最终演化成各种绿色植物(图11-1)。

以往很长时间人们在讨论生物进化谱系时,主要是涉及高等动、植物的进化,而对微生物(特别是原核生物)的进化则很少提及。主要原因是,在20世纪70年代以前,生物类群间的亲缘关系主要依据形态结构、生理生化、行为习性等表型特征,以及化石资料来推断它们之间的

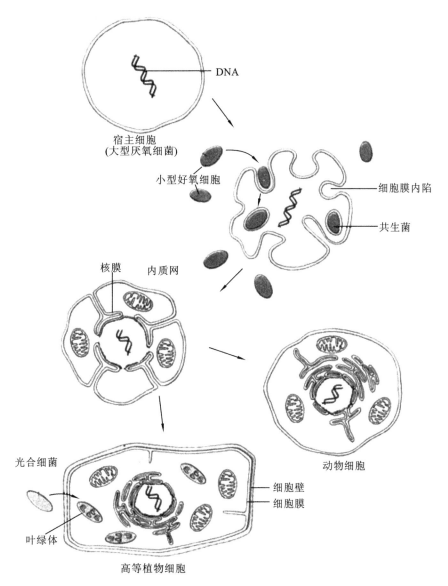

图 11-1　真核细胞的共生起源假说

亲缘关系。而对于微生物来说(尤其是原核微生物),由于其形体微小、结构简单、缺少有性繁殖过程,加上化石资料贫乏。所以,尽管微生物分类学家以前也根据少量表型特征来推测各类微生物之间的亲缘关系,并提出过许多分类系统,但随着分类技术的进步和数据的丰富又都不同程度地被否定了。直到 20 世 70 年代,有识之士才清醒地认识到:仅靠表型特征是不能了解生物进化的本质的,也无法解决微生物的系统发育(phylogeny)等进化问题,必须从分子水平上寻找新的特征来作为研究微生物进化的指征。

二、微生物进化指征的选择

如前所述,仅仅依据形态、生理生化等表型特征来了解微生物亲缘关系进化的本质具有明显的两个缺陷:一是由于微生物可利用的形态特征少,很难把所有物种放在同一水平上进行比较;二是表型特征在不同类群中进化速度差异很大,甚至基因相同的个体在不同环境下的发育也可能出现显著的表型差异。因此,这种亲缘关系进化分析往往带有很大的人为因素。自20世纪70年代以后,随着对生物大分子研究的不断深入,人们对某些生物大分子在进化过程中的作用及其变化规律有了进一步认识。研究表明,某些蛋白质、RNA和DNA的序列在生物进化过程中的进化速率相对恒定(保守),其进化的改变量与分子进化的时间成正相关。因此,可以通过比较不同种类生物大分子序列的改变量(氨基酸、核苷酸的替换数或替换百分率)来确定它们彼此间系统发育的相关性或进化距离。这一方法逐渐成为判断各类微生物乃至所有生物进化谱系分析的主要指征。

然而问题是,尽管理论上多种必需的功能蛋白质(如细胞色素C、GST、ATPase、RecA等)、RNA(如rRNA、tRNA、mRNA)和DNA等生物大分子均可以不同程度地提供生物进化信息,但并不等于所有各类大分子都能广泛适用于生物系统发育的研究。因此必须依据以下原则进行恰当的挑选:①它必须是普遍存在于所研究的各生物类群中;②选择在各种生物中功能同源的大分子;③所选大分子的序列必须能够严格线性化排列,以便对其同源位置或同源区域进行比对分析;④根据所比较生物之间的进化距离来选择适当的分子序列。例如,比较亲缘关系远的生物类群时,必须选择变化速率低的分子序列,因为序列进化速率高的分子,在其进化过程中共同的序列可能已经丧失。大量资料表明:功能重要的大分子或者大分子中功能重要的区域比功能不重要的分子或分子区域进化变化的速率要低。

经过大量的实验研究表明,在众多生物大分子中,最适合揭示各类生物亲缘进化关系的是rRNA,因为它们具有以下特征:①rRNA普遍存在于原核生物与真核生物当中,它参与蛋白质合成的功能必不可少,且其核苷酸序列在漫长进化中十分保守(故被称为"进化时钟"分子),但在物种之间又有差别。②在rRNA分子中(原核生物是核糖体大亚基中的23S rRNA和5S rRNA,小亚基中的16S rRNA;真核生物是核糖体大亚基中的28S rRNA和5.8S rRNA,小亚基中的18S rRNA),既含有高度保守的序列区域,又有中度保守和高度变化的序列区域,因而适用于进化距离不同的各类生物亲缘关系的比较。③rRNA的相对分子质量大小适中。其中,原核生物23S rRNA、16S rRNA和5S rRNA的长度分别为2900、1540、120个核苷酸,真核生物28S rRNA、18S rRNA和5.8S rRNA的长度分别为4200、2300、160个核苷酸。④rRNA在细胞中的含量较高,编码rRNA的基因十分稳定,适合于利用现代技术进行提取和序列分析(见后续方法)。

在各种rRNA分子中,原核生物的5S rRNA和真核生物的5.8S rRNA因相对分子质量太小(分别是120和160个核苷酸),所含信息量不足,故在应用上受到很大限制;而原核生物的23S rRNA和真核生物的28S rRNA虽然蕴藏着丰富信息,但却因相对分子质量较大(分别是2900和4200个核苷酸),序列测定与比较操作难度较大而受到限制。只有原核生物中的16S rRNA和真核生物中的18S rRNA(分别是1540和2300个核苷酸)既有高度稳定的序列保守区,又有足以比较各类生物的序列可变区(表11-1),且相对分子质量大小合适,易于操作,所以可作为测量各类生物进化理想的"分子尺"。

表11-1 古生菌、细菌和真核生物的16S、18S rRNA特征序列

寡核苷酸印迹	大致的位置	出现的百分数/(%)		
		古生菌(古细菌)	细菌(真细菌)	真核生物
CACYYG	315	0	>95	0
CYAAYUNYG	510	0	>95	0

续表

寡核苷酸印迹	大致的位置	出现的百分数/(%)		
		古生菌(古细菌)	细菌(真细菌)	真核生物
AAACUCAAA	910	3	100	0
AAACUUAAAG	910	100	0	100
NUUAAUUCG	960	0	>95	0
YUYAAUUG	960	100	<1	100
CAACCYYCR	1110	0	>95	0
UUCCCG	1380	0	>95	0
UCCCUG	1380	>95	0	100
CUCCUUG	1390	>95	0	0
UACACACCG	1400	0	>99	100
CACACACCG	1400	100	0	0
单碱基印迹				
U	549	98	0	0
A	675	0	100	2
U	880	0	2	100

注：①Y＝任何嘧啶，R＝任何嘌呤，N＝任何嘌呤或嘧啶；②印迹序列的位置以大肠杆菌 16S rRNA 作参考。

三、系统发育与系统发育树

1. 系统发育

系统发育(phylogeny)，又称系统发生，是指某一生物类群亲缘进化关系形成与发展的过程。大类群有大类群的发展史，小类群有小类群的发展史。从大的方面看，如果研究整个微生物界的发生与发展，便称之为微生物界的系统发育，动、植物也是如此。系统发育学研究的是生物亲缘(遗传)进化关系，系统发育分析就是推断或评估这些进化关系。

目前，用于系统发育分析最常用的指证就是 rRNA 分子(如原核生物是 16S rRNA，真核生物是 18S rRNA)。以 rRNA 序列的差异来衡量微生物间的亲缘进化关系，一般可通过相似性系数法和序列印记法获得。其中，相似性系数法是通过计算 A 和 B 两菌株相似性系数 S_{AB} ($S_{AB}=2\times N_{AB}/N_A+N_B$)来反映两者之间的关系的。其中 N_{AB} 代表两种细菌所含相同寡核苷酸的碱基总数，N_A 和 N_B 分别代表两种细菌寡核苷酸所含碱基总数。若 $S_{AB}=1$，说明两种细菌亲缘关系很近，是同一进化时间的微生物；若 $S_{AB}<0.1$，则说明两菌亲缘关系很远。而序列印记法则是将某种(群)微生物所特有的序列作为该种(群)微生物的印记序列(表 11-1)，从而进行微生物间亲缘关系分析。

2. 系统发育树

用系统发育分析方法所推断出来的物种进化关系一般用分枝图或表来描述，这个分支图即系统发育树(phylogeny tree)，简称系统树。它可描述同一谱系的进化关系，包括分子进化(基因树)、物种进化以及分子和物种综合的进化。通过比较生物大分子序列差异的数据构建的系统树称为分子系统树。

在系统发育树中,分枝的末端和分枝的连接点称为结,代表生物类群,树枝的长度代表进化距离远近或序列位点变异程度。系统发育树分为无根树和有根树(图 11-2),前者只是简单地表示生物类群之间的系统发育关系,而后者还可以表示系统的起源、进化方向和途径。

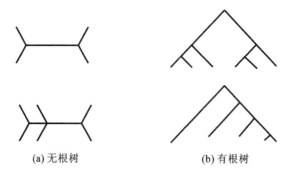

(a) 无根树　　　　　(b) 有根树

图 11-2　系统发育树

例如,20 世纪 70 年代,C. R. Woese 利用动物、植物、微生物模式物种的 18S rRNA 和 16S rRNA 分子序列作为系统发育进化指征,构建了一个涵盖整个生命界的系统发育树(有根树)(图 11-3)。

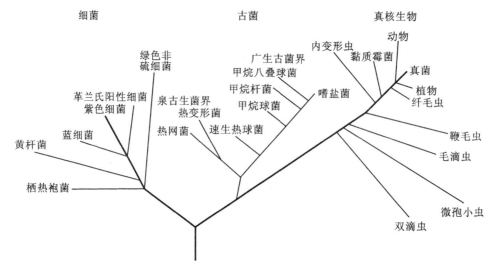

图 11-3　C. R. Woese 的三域系统发育树

四、微生物在生物界中地位的演变历程

在人类发现微生物之前,人们将一切生物简单地分成界线分明的两个界,即动物界和植物界。从 19 世纪中期开始,随着人们对微生物认识的逐渐深入,整个生物分类经历了三界、四界、五界甚至六界等系统,最后又有了三原界(或"三总界五界")和三域学说(表 11-2)。其中比较传统、并为多数学者所接受的是 1969 年 R. H. Whittaker 在《Science》上提出的五界学说,该系统包括动物界、植物界、原生生物界(包括原生动物、单细胞藻类、黏细菌等)、真菌界(包括酵母菌、霉菌和担子菌等)和原核生物界(包括细菌、放线菌和蓝细菌等)。1977 年我国学者王大耜也曾在该系统上提出增设一个病毒界而使之成为六界系统。但是,作为非细胞生物的病毒在生物界级分类上的位置仍然是个学术难题。

表 11-2 生物分类界级系统的发展历史

生物界级分类	界 级 系 统	记载、提出人	年代
两界	动物界、植物界	我国《周礼·地宫》、《考工记》等典籍	距今两千余年前
三界	动物界、植物界、原生生物界	E. H. Haeckel	1866 年
四界	动物界(原生动物除外)、植物界、原始生物界(原生动物、真菌、部分藻类)、菌界(细菌、蓝细菌)	Copeland	1938 年
四界	动物界、植物界、菌物界、原始生物界	R. H. Whittaker	1959 年
四界	动物界、植物界、真菌界、原核生物界	Leedale	1974 年
五界	动物界、植物界、真菌界、原生生物界、原核生物界	R. H. Whittaker	1969 年
六界	后生动物界、后生植物界、真菌界、原生生物界、原核生物界、病毒界	Jahn	1949 年
六界	动物界、植物界、真菌界、原生生物界、原核生物界、病毒界	王大耜	1977 年
六界	动物界、植物界、原生生物界、真菌界、真细菌界、古细菌界	P. H. Raven	1996 年
三原界	古细菌(archaebacteria)原界(包括产甲烷细菌、极端嗜盐菌和嗜热嗜酸菌); 真细菌(eubacteria)原界(包括蓝细菌和各种除古细菌以外的其他原核生物); 真核生物(eucaryotes)原界(包括原生生物、真菌、动物和植物)	R. H. Whittaker L. Margulis	1978 年
三总界五界	非细胞总界; 原核总界(细菌界、蓝菌界); 真核总界(植物界、真菌界、动物界)	陈世骧	1979 年
三域	细菌域(除古菌外的细菌、放线菌、蓝细菌等原核生物); 古生菌域(嗜泉古菌界、广域古菌界、初生古菌界); 真核生物域(真菌、原生生物、动物和植物)	C. R. Woese	1990 年

这些分类系统虽然前后差异较大,但分类的依据却基本一致,即以生物形体与细胞形态学特征和某些生理、生化特征作为推断生物亲缘关系的指征。直到 20 世纪 70 年代以后,随着各大类生物分类数据,尤其是分子生物学研究资料的大量积累,1978 年 R. H. Whittaker 和 L. Margulis 提出了三原界(Urkingdom)学说,并引起了人们的广泛重视(图 11-4)。

该学说表明,在生物进化早期,存在着一类各生物的共同祖先,由它分化出三条进化路线,形成了三个原界:①古细菌(archaebacteria)原界,包括产甲烷细菌、极端嗜盐菌和嗜热嗜酸菌;②真细菌(eubacteria)原界,包括蓝细菌和各种除古细菌以外的其他原核生物;③真核生物(eucaryotes)原界,包括原生生物、真菌、动物和植物。三原界学说还吸收了关于真核生物起源

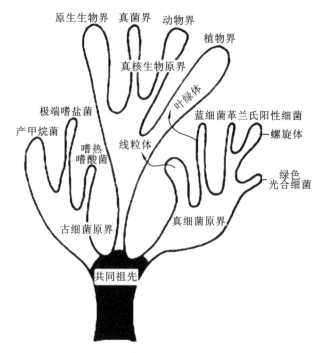

图 11-4　1978 年 R. H. Whittaker 等提出的三原界学说

于原核生物的内共生即"内共生学说"的精髓,使其内容更加完善。

提出三原界学说的一个重要原因是发现了曾被称为"第三生物"的古细菌。它与真细菌相比(表11-3)具有以下几个特点。①细胞膜的类脂特殊:古细菌所含的类脂不能被皂化,其中的中性类脂以类异戊二烯类的烃化物为主,极性类脂则以植烷甘油醚为主。②细胞壁的成分独特而多样:有的以蛋白质为主,有的含杂多糖,有的类似于肽聚糖,但不论是何种成分,它们都不含胞壁酸、D-氨基酸和二氨基庚二酸。③核糖体的 16S rRNA 的核苷酸顺序独特,即不同于真细菌,也不同于真核生物。④tRNA 的核苷酸顺序也很独特,且不含有胸腺嘧啶。⑤蛋白质合成的起始密码是甲硫氨酸,与真核生物相同。⑥对抗生素的敏感性较独特:对那些作用于真细菌细胞壁的抗生素如青霉素、头孢霉素和 D-环丝氨酸等不敏感;对真细菌转译有抑制作用的氯霉素无作用;对能抑制真核生物转译的白喉毒素十分敏感。⑦其生态环境较独特:有的严格厌氧,如产甲烷菌(*Methanogens*);有的是极端嗜盐菌(*Extreme halophiles*);有的则是嗜热嗜酸菌(*Thermoacidophiles*)。

表 11-3　古细菌、真细菌和真核生物的比较

比较项目	古细菌	真细菌	真核生物
TRNA 共同臂上的 T	无	一般有	一般有
二羟尿嘧啶	除一种外,均无	一般有	一般有
蛋白质合成开始的氨基酸	甲硫氨酸	甲酰甲硫氨酸	甲硫氨酸
核糖体的亚基	30S,50S	30S,50S	40S,60S
延长因子	能与白喉毒素反应	不能与白喉毒素反应	能与白喉毒素反应
氯霉素	不敏感	敏感	不敏感
茴香霉素	敏感	不敏感	敏感

续表

比较项目	古细菌	真细菌	真核生物
16S 或 18S rRNA 的 3′-位上有无结合 AUCACCUCC 片段	有	有	无
RNA 聚合酶的亚基数	9~12	4	12~15
细胞膜中的脂类	醚键,有分支的直链	酯键,无分支的直链	酯键,无分支的直链
细胞壁	种类多样,无胞壁酸	种类多样,含胞壁酸	动物无细胞壁,其他种类多样

20世纪70年代,美国伊利诺斯大学的 C. R. Woese 根据超微结构和生物化学,尤其是对各类模式生物的 16S rRNA(原核生物)和 18S rRNA(真核生物)的核苷酸序列同源性进行测试比较后,将整个生物重新划分为三大超界,即原核的古菌、原核的细菌和全部真核生物;其中真核生物超界被划分为五界,即动物界、管毛生物界(Chromista)、真菌界、植物界及原生动物界。随着研究的深入,1987—1990年,C. R. Woese 提出并正式发表著名的生命"三域学说"。域(Domain)是比界(Kingdom)更高一级的分类单元,整个生命界共分为古生菌域(Archaea)、细菌域(Bacteria)和真核生物域(Eucarya),其中:古生菌域包括泉古生菌界(Crenarchaeota)、广生古菌界(Euryarchaeota)和初生古生菌界(Korarchaeota);细菌域包括细菌、放线菌、蓝细菌和各种除古生菌以外的其他原核生物;真核生物域则包括动物、植物、真菌、藻类、原生生物等。目前,该分类系统得到了世界绝大多数学者的赞同和认可。

第二节 微生物的分类单元与命名

分类是人类认识、利用和改造微生物的一种必要手段,微生物工作者只有在掌握了分类学知识的基础上,才能对纷繁的微生物类群有一个清晰的轮廓,了解其亲缘与演化关系,为人类开发利用微生物资源提供依据。

一、微生物的分类单元

1. 微生物分类单元的分级

分类单元(taxon,复数 taxa)是指具体的分类群,如原核生物界(Procaryotae)、肠杆菌科(Enterobacteriaceae)、枯草芽孢杆菌(*Bacillus subtilis*)等都分别代表一个分类单元。和高等动、植物一样,微生物的分类单元也是采用七级通用系统分类单元,它们自上而下的顺序依次为:域(domain)或界(kingdom)、门(phylum 或 division)、纲(class)、目(order)、科(family)、属(genus)、种(species)。其中具有完全或绝大多数相同特点的群体构成同种,而性质相似、相关的各种则构成属,相近似的属合并为科,近似的科合并为目,近似的目归纳为纲,综合各纲成为门,最终统一为界(或域),由此构成了一个完整的生物分类系统。

在这七级分类单元中,如果需要,还可在每一级之间再划分次级分类单元,如:亚门、亚纲、亚目、亚科等;科与属之间还可再加上族和亚族等;在种以下还可以分为亚种、变种等。在这七级通用分类单元中,种是最基本的单元,也是分类和鉴定中最常用的单元。各分类单元举例见

表 11-4。

表 11-4　微生物各级分类单元举例

分类单元	詹氏甲烷球菌	大肠埃希氏菌	八孢裂殖酵母
界	古生菌界（域）	细菌界（域）	菌物界
门	广古生菌门	肮细菌门	真菌门
亚门（组）	产甲烷菌组	γ-肮细菌组	子囊菌亚门
纲	甲烷球菌纲	发酵细菌纲	半子囊菌纲
目	甲烷球菌目	肠杆菌目	内孢霉目
科	甲烷球菌科	肠杆菌科	内孢霉科
属	甲烷球菌属	埃希氏菌属	裂殖酵母属
种	詹氏甲烷球菌	大肠埃希氏菌	八孢裂殖酵母
分类系统	《伯杰氏系统细菌学手册（2000年版）》	《伯杰氏系统细菌学手册（2000年版）》	《Ainsworth 词典（1983年版）》

2. 微生物"种"和"菌株"的概念

分类学中的"种"是客观存在的实体，而其他分类单元（目、科、属等）则是人们拟订的，是为了排列分类系统而提出的。在定义"种"时，微生物（尤其是原核生物）往往与高等生物不同。定义高等生物"种"的几个主要性状（如"性"、"形态"等标准）很难适用于微生物"种"的划分。另外，由于微生物分类学家一定时期内在观点上的倾向和变动、对微生物分类新知识和新技术的掌握，以及人们对某群微生物的重视程度的变化等原因，造成至今对微生物"种"的定义范围无法精确确定。这在《伯杰氏鉴定细菌学手册》和《伯杰氏系统细菌学手册》中某些属、种的变化便可说明。1986年，Stanier曾提出了一个人们普遍接受的微生物"种"的定义，即"种是一个基本分类单位，它是一大群表型特征高度相似、亲缘关系极其接近、与同属内其他种有着明显差异的菌株的总称。"

需要明确的是，一个具体的微生物的种可能是由一个菌株组成的，也可能是由一群菌株组成的。菌株（strain）是指一个微生物的具体个体或由该个体所稳定繁殖的群体。在由一群菌株所形成的种中，只能选定一个典型菌株（往往由发现者指定）来作为该种的具体代表，即"模式菌株"（type strain）；同理，在每个微生物属内的各个种中，也只能选定一个典型种来作为该属的具体代表，即"模式种"（type species）。

不管人们在理解"种"概念上的差异有多大，"种"都是客观存在而且相对稳定的。然而生物却是在不断地变化的。一定条件下，物种将保持相对稳定，这是物种存在的根据，也使得生物分类有据可循。同一生物的不同个体，由于所处环境的不同，其本身或后代会出现一些变异。同种生物个体间的差异是形成新种的前奏，当变异达到质变程度时就形成了新种。因此，"变"是物种发展的需要，同时也给分类工作带来了很大的困难。例如，如何鉴别种内变化与种间变化的差异，还存在着混乱的认识。因此，人们对微生物"种"的认识范围至今还难以明确，并时常引起分歧。

随着微生物分类学的发展和新技术的介入，人们越来越清楚地认识到，"种"的定义更应强调建立在稳定遗传物质（DNA）的鉴定与分析基础上。例如，1987年国际细菌分类委员会颁布，细菌基因组 DNA 之间的同源性达到 70%，且其 $\Delta T_m \leqslant 5\ ℃$ 的菌群为一个种，并且同时其表型特征仍需与种定义的其他内涵一致。该界定尽管可能会对传统分类系统的继承与实际应用带来一定的困难,但这毕竟对于种的划分有了一个共同参考的量化标准。

3. 微生物种以下的分类单元

微生物种以下按需要还可再分为亚种(subspecies)。亚种是指在种内,有些菌株如果在遗传特性上关系密切,但在某些表型上存在较小且稳定的差异,则该种可再分为两个或两个以上更小的分类单元,即"亚种"。例如 E. coli K12 菌株,通过处理形成稳定的氨基酸缺陷型菌株,则称其为 E. coli K12 的亚种。亚种在 1976 年《国际细菌命名法规》(修订本)中规定是具有正式地位的最低分类单元。另外,以往我们经常看到一种被称为"变种"(variety species)的分类单位。变种的定义内涵其实与亚种类似,但后来没有得到 DNA 组成等遗传特性关系度的证明,且其词义极易引起混淆。所以自 1976 年后,《国际细菌命名法规》建议细菌种的亚等级一律采用亚种而不再使用变种。

在实际应用中,有时人们根据需要还在亚种以下再分为许多更小的分类单位,例如"型"(如生物型 biovar、形态变型 morphovar、噬菌体型 phagovar、致病型 pathovar、血清型 serovar)、"类群"、"小种"、"品系",等等。但应注意,这些亚种以下的分类单位只是一种实际使用中的传统习惯而已(尤其是放线菌、酵母、霉菌等真核微生物常用),它在不同场合的描述,其含义往往差别非常大,所以在细菌命名法中没有正式地位,它们的提出和使用均不受《国际细菌命名法规》的限制。

二、微生物的命名

1. 俗名

每一种微生物都有自己的名字,且有俗名和学名之分。俗名是通俗的大众化的或口语化的名字,简明扼要,但其含义往往不够确切,易重复和混乱。如"结核杆菌"用于表示结核分枝杆菌(Mycobacterium tuberculosis),"绿脓杆菌"表示铜绿假单胞菌(Pseudomonas aeruginosa),"白念菌"表示白色假丝酵母(Candida albicans),"金葡菌"表示金黄色葡萄球菌(Staphyloccus aureus),"丙丁菌"表示丙酮丁醇梭菌(Clostrium acetobutylicum),"红色面包霉"表示粗糙脉孢菌(Neurospora crassa),等等。

为了避免混淆和便于学术交流,需要有一个统一的命名法则,给每种微生物取一个大家公认的科学名称,即学名。

2. 学名

学名是指一个菌种的科学名称,是按照国际公认的命名法规进行命名的并为国际学术界公认的通用的正式文字。学名对用词和词性的选择、排列和书写格式均有严格的规定。例如,《国际细菌命名法规》于 1947 年拟订,1948 年正式颁布生效,以后又经过多次修订。现行的《国际细菌命名法规》是 1975 年出版的修订本,1976 年正式生效,随后又有若干修改与补充。该法规对细菌分类的等级、分类单元的命名、名称发表的优先权等作了详细的阐述与规定。

尽管各大类微生物的国际命名法规有所差异,但基本上与高等生物一样,均采用瑞典科学家林奈(Carl von Linne)于 1753 年提出的"双名法"或"三名法"来进行命名。

(1)双名法 所谓"双名法",是指每个物种的学名是由"属名"和"种名的加词"构成的,其词源由拉丁文、希腊文或拉丁化的其他文字所组成,要求二者印刷体均为斜体(书写体以加下划线的方式表示斜体)。"双名法"中属名在前,首字母需要大写,用描述某物种主要特征的单数主格名词或用作名词的形容词来表示,如微生物的构造、形态,或科学家姓名、地区名称等。

属名后面是"种名加词",其首字母不大写,也不得缩写,一般以描述该物种次要特征的拉丁化名词或形容词表示(如为形容词,其性要求与属名一致),如颜色、形状、来源、生理特征和病名等。

需要注意的是,属名可以缩写为大写单个字母,也可缩至2~3个字母,但在文章中首次出现时不得缩写。另外,为更加明确、避免误解和尊重发现者,在正式"双名法"学名之后往往附加首次定名人的姓(用括号括住)、现名定名人的姓和现名定名年份。这种书写方式要求在发表文献中首次出现该学名时使用,一般使用时可省略。现将双名法举例说明如下。

学名 = 属名 + 种名的加词 + (首次定名人的姓) + 现名定名人的姓 + 定名年份
　　　　必须双名,斜体书写　　　　　　可省略,正体书写

例1:大肠埃希氏菌(俗名:大肠杆菌)
全称：*Escherichia coli* (Migula) Castellani & Chalmers 1919
省略形式：*Escherichia coli*
缩写形式：*E. coli* 或 *Es. coli* 或 *Esc. coli*

例2:金黄色葡萄球菌(俗名:金葡菌)
全称：*Staphylococcus aureus* Rosenbach 1884
省略形式：*Staphylococcus aureus*
缩写形式：*S. aureus* 或 *Sta. aureus*

例3:枯草芽孢杆菌(俗名:枯草杆菌)
全称：*Bacillus subtilis* (Ehrenberg) Cohn 1872
省略形式：*Bacillus subtilis*
缩写形式：*B. subtilis* 或 *Bac. Subtilis*

在实际工作中,人们常常会遇到所分离筛选到的一株或一批菌,其属名已确定,但种名尚未确定的情况。此时若要进行学术交流或发表论文,其学名中的种名加词可以暂用"sp."(species单数缩写,正体)或"spp."(species复数缩写,正体)来代替。例如:*Bacillus* sp. 和 *Bacillus* spp. 分别表示"一株"或"若干株"未定种名的芽孢杆菌。当明确要发表新种时,还需在sp.(spp.)前面加上nov.(novel的缩写)。如 *Streptomyces* nov. sp(spp.),表示链霉菌属内即将定种名的一株或若干株链霉菌新种。

(2)三名法　当某物种有亚属时,则可把亚属名(斜体)放在属名和种名加词之间的括号内,例如:*Moraxella* (*Branhamella*) *catarrhalis* 表示黏膜炎莫拉氏菌属于莫拉氏菌属内的布兰汉氏亚属;当有亚种或变种时,则要在该菌种学名后面加上亚种名的加词,并用正体形式在种名加词与亚种名加词之间加 subsp. 或 var.(subsp. 为 subspecies 的缩写形式;var. 为 variety 的缩写形式,现已不主张使用),例如:*Bacillus thuringiensis* subsp. *galleria*,表示苏云金芽孢杆菌蜡螟亚种;*Saccharomyces cerevisiae* var. *ellipsoideus*,表示酿酒酵母椭圆变种。

(3)新学名发表的规定　国际上对微生物新定名称的合法性、发表优先权及有效或合格发表均有严格规定。例如《国际细菌命名法规》(1976年修订生效版)规定:①新分类单元名称必须符合国际命名法规。②一个新分类单元名称或现存分类单元新组合名称的合法性,必须发表在国际系统细菌学杂志(International Journal of Systematic Bacteriology,IJSB;2001年后改为 International Journal of Systematic and Evolutionary Microbiology,IJSEM)上,并需附上该分类单元的描述或该单元过去有效发表的描述作为参考,称之为合格发表;而发表于其他合法报纸杂志(如会议论文摘要、通讯、报纸、非科学期刊、专利、菌保目录等)上的均称为有

效发表。有效发表的新分类单元和学名若要得到国际承认,必须将其英文附本送交 IJSB(现为 IJSEM)审查合格后,在该杂志上定期公布,方成为国际承认的合格发表。除此之外,新分类单元还需作者指定出模式(模式属、模式种或模式菌株),并将相关菌株送交两个或两个以上国际注册菌种保藏机构存放(其中一个必须是国外保藏机构)。③对于新学名发表的优先权规定为:种以上至目(包含目)的各分类单元只能有一个正确的名称,即符合国际细菌命名法规最早的那个有效名称。确定日期以在 IJSEM(以前为 IJSB)上正式发表或公布的日期为准。

第三节 微生物的分类系统

生物分类学是随着科学进步、新技术发明与应用,以及分类知识的积累而不断发展和完善的,其最终目标是要建立起一套能够反映生物本质和系统发育规律的自然分类系统,即由人为分类过渡到自然分类。从前面所述各种生物界级分类系统的发展历史来看,许多分类系统(除早已确立的动物界和植物界之外)均是随着人类对微生物的认识和深入研究后才出现和建立起来的。这也说明微生物在整个生物界级分类体系中的重要地位。

由于微生物的多样性与特殊性,微生物分类学作为一门比较年轻的学科,目前还处于不断变化、积累、归纳整合的发展过程中。其特点是分类体系众多(除细菌、真菌分类系统外,还有酵母、放线菌、藻类、蕈菌等小的分类系统),每种分类体系能维持的时限长短不一,并带有较明显的人为性和实用性。为此,我们选择当今国际上影响最大、最具代表性的原核生物分类系统和真菌分类系统作一简要介绍。

一、原核生物分类系统与"伯杰氏手册"

自 19 世纪末至 20 世纪末的 100 余年期间,国际上有关细菌分类鉴定的著作很多,如:德国 Lehmann 和 Neumann 著的《细菌分类图说》(1896 年,英译本为 1927 年);苏联克拉西里尼科夫著的《细菌和放线菌的鉴定》(1949 年,中文版为 1957 年);法国普雷沃(Prévot)著的《细菌分类学》(法文版,1961 年),Stanier 和 Balows 等人著的《原核生物》(1981—1991 年);由美国细菌家协会(现为美国微生物学会)编写的"伯杰氏手册"(Bergey's Manual);等等。其中对原核生物(细菌)分类最全面、持续时间最长、国际影响最大的当属美国的《伯杰氏鉴定细菌学手册》和后来的《伯杰氏系统细菌学手册》(两者简称"伯杰氏手册")。

1. 《伯杰氏鉴定细菌学手册》及其分类系统

《伯杰氏鉴定细菌学手册》(Bergey's Manual of Determinative Bacteriology)最初是由美国宾夕法尼亚大学细菌学教授伯杰(D. H. Bergey,1860—1937)及其同事为细菌鉴定而编写的,第一版出版于 1923 年。随着细菌分类学研究的深入和发展,以后又相继于 1925、1930、1934、1939、1948、1957、1974 和 1994 年陆续出版了第二版至第九版。《伯杰氏鉴定细菌学手册》几乎每一版都吸取了各国细菌分类学家的研究成果和经验,其内容不断地扩充、修订和完善。尤其是随着编写队伍的进一步国际化和扩大化,从第七版至第九版的分类内容和编排特点越来越得到国际微生物分类学界的公认。

第七版(1957 年)的特点是,将细菌列于植物界原生植物门的第二纲,即裂殖菌纲,包含了从纲到种和亚种的全面分类系统大纲、相应的检索表以及各分类单元的描述。该版的分类方法基本上处于以形态特征为主、结合生理生化特性为分类依据的经典分类法阶段。

第八版(1974年,中译版为1984年)的特点是,没有从纲到种的分类系统大纲,它重在属、种的描述和比较,根据形态、营养类型等分成19个部分,把细菌、放线菌、黏细菌、螺旋体、支原体和立克次氏体等2000多种原核微生物归属于原核生物界的细菌门。另外,该版的分类方法也有所改进,除采用经典形态、生理生化等表型特征分类外,还增加了部分细胞化学、遗传学和分子生物学等方面的新鉴定方法,对于某些属、种则采用了数值分类法。

第九版于1994年出版。该手册依据表型特征把细菌分为4个类别、35个群(约500属)。与过去的版本相比,第九版几乎是《伯杰氏系统细菌学手册》(1984—1989年,共4卷)的缩写版,是细菌分类鉴定有关资料和某些补充资料的汇集。该版将细菌系统学和鉴定学结合起来,采用细菌系统学的分类体系对已定名的细菌按照表型特征编排其内容。属内各种鉴定特征采用表格的形式列出,因此方便于鉴定工作,实用性较强。另外,该版还尽可能多地收集了新分类单元,有效发表日期截止1991年1月。

2.《伯杰氏系统细菌学手册》及其分类系统

自20世纪70年代起,原核生物分类取得了巨大进展,不仅新物种数量大大增加,更重要的是,数值分类、G+C的摩尔分数测定、核酸杂交和16S rRNA寡核苷酸序列测定等新技术和新分类指征的引入,使得原核生物分类从以表型、实用性鉴定指标为主的传统分类体系向遗传特征、系统发育为主的自然进化分类新体系逐渐转变。为此,从20世纪80年代初起,"伯杰氏手册"编辑委员会组织了国际上20余个国家的300多位专家,重新合作编写了新的"伯杰氏手册",书名更改为《伯杰氏系统细菌学手册》(Bergey's Manual of Systematic Bacteriology),并于1984年至1989年间分4卷陆续出版了第一版。需要说明的是,该版正是上述《伯杰氏鉴定细菌学手册》第九版编辑的主要基础。

《伯杰氏系统细菌学手册》第一版与以往版本的《伯杰氏鉴定细菌学手册》有很大的不同:首先,在各级分类单元中广泛采用了细胞化学分析、数值分类以及G+C的摩尔分数测定、核酸杂交、16S rRNA序列分析等研究数据,尤其是以16S rRNA序列分析数据阐明了部分细菌间的系统发育亲缘关系,体现了从人为表观分类体系向自然系统发育分类体系的过渡;其次,它对《伯杰氏鉴定细菌学手册》第八版的分类系统作了必要的调整。该调整主要是从实用需要出发,根据细胞化学、比较细胞学等表型特征和部分16S rRNA序列分析结果将整个原核生物(包括蓝细菌)共分为33个组,并对各组细菌进行了进一步的分类描述。然而,由于当时细菌系统发育资料仍比较零散,因此有相当一部分类群未能按照系统发育关系按照界、门、纲、目、科、属、种进行排列,对界、门、纲水平的分类单元也仅提出了初步讨论意见。另外,为使发表的材料能够及时反映新进展,并考虑使用者的方便,该手册分4卷出版,并附有每个菌群的生态、分离、保藏及鉴定方法。其中:第一卷(1984年)为医学或工业上常用的革兰氏阴性细菌;第二卷(1986年)为放线菌以外的革兰氏阳性细菌;第三卷(1989年)为古细菌和其他革兰氏阴性细菌;第四卷(1989年)为放线菌。该版本在国际上比较受重视,因为它不仅为分类学提供了许多细菌的系统发育数据,同时也为应用研究提供了丰富的参考资料。

自2001年开始,针对于第一版修订和补充的第二版《伯杰氏系统细菌学手册》开始陆续出版。该版本共分为5卷,其分类体系主要是按照16S rRNA序列分析的系统发育关系进行编排,并与常规分类信息结合起来,因此向自然系统发育分类系统更加迈进了一步。另外,该版本所采用的新系统分为古生菌域(Archaeota)和细菌域(Bacteria,过去称"真细菌界"Eubacteria)。其中古生菌域共包括2门9纲13目23科79属,共289个种;而细菌域则包括25门34纲78目230科1227属,共6740个种。两者合计共7029个种。其分类大纲及其代表种属在 5 卷中的安排见表 11-5。

表 11-5　第二版《伯杰氏系统细菌学手册》分类系统及代表

第Ⅰ卷　古生菌(最早分支的细菌及光能营养细菌)				
Ⅰ古生菌域(Archaea)				
门	纲	目	代表科	代表属
1. 泉古生菌门 (Crenarchaeota)	Ⅰ. 热变形菌纲 (Thermoprotei)	Ⅰ. 热变形菌目 (Thermoproteales)	Ⅰ. 热变形菌科 (Thermoproteaceae)	热变形菌属 (*Thermoproteus*)
		Ⅱ. Caldiphaerales	Ⅰ. Caldiphaeraceae	热网菌属 (*Pyrodictium*)
		Ⅲ. 硫还原球菌目 (Desulfurococcales)	Ⅰ. 硫还原球菌科 (Desulfurococcaceae)	硫化叶菌属 (*Sulfolobus*)
		Ⅳ. 硫化叶菌目 (Sulfolobales)	Ⅳ. 硫化叶菌科 (Sulfolobaceae)	
2. 广古生菌门 (Euryarchaeota)	Ⅰ. 甲烷杆菌纲 (Methanobacteria)	Ⅰ. 甲烷杆菌目 (Methanobacteriales)	Ⅰ. 甲烷杆菌科 (Methanobacteriaceae)	甲烷杆菌属 (*Methanobacterium*)
	Ⅱ. 甲烷球菌纲 (Methanococci)	Ⅰ. 甲烷球菌目 (Methanococcales)	Ⅰ. 甲烷球菌科 (Methanococcaceae)	甲烷球菌属 (*Methanococcus*)
	Ⅲ. 甲烷微菌纲 (Methanomicrobia)	Ⅰ. 甲烷微菌目 (Methanomicrobiales)	Ⅰ. 甲烷微菌科 (Methanomicrobiaceae)	盐杆菌属 (*Halobacterium*)
				盐球菌属 (*Halococcus*)
		Ⅱ. 甲烷八叠球菌目 (Methanosarcinales)	Ⅱ. 甲烷八叠球菌科 (Methanosarcinaceae)	热原体属 (*Thermoplasma*)
				嗜酸菌属 (*Picrophilus*)
	Ⅳ. 盐杆菌纲 (Halobacteria)	Ⅰ. 盐杆菌目 (Halobacteriales)	Ⅰ. 盐杆菌科 (Halobacteriaceae)	热球菌属 (*Pyrococcus*)
	Ⅴ. 热原体纲 (Thermoplasmata)	Ⅰ. 热原体目 (Thermoplasmatales)	Ⅰ. 热原体科 (Thermoplasmataceae)	热球菌属 (*Thermococcus*)
	Ⅵ. 热球菌纲 (Thermococci)	Ⅰ. 热球菌目 (Thermococcales)	Ⅰ. 热球菌科 (Thermococcaceae)	古生球菌属 (*Archaeoglobus*)
	Ⅶ. 古生球菌纲 (Archaeoglobi)	Ⅰ. 古生球菌目 (Archaeoglobales)	Ⅰ. 古生球菌科 (Archaeoglobaceae)	甲烷嗜高热菌属 (*Methanopyrus*)
	Ⅷ. 甲烷火菌纲 (Methanopyri)	Ⅰ. 甲烷火菌目 (Methanopyrales)	Ⅰ. 甲烷火菌科 (Methanopyraceae)	

续表

Ⅱ 细菌域（Bacteria）				
门	纲	目	代 表 科	代 表 属
1.产液菌门 （Aquificae）	Ⅰ.产液菌纲 （Aquificae）	Ⅰ.产液菌目 （Aquificales）	Ⅰ.产液菌科 （Aquificaceae）	产液菌属 （*Aquifex*） 氢杆菌属 （*Hydrogenobacter*）
2.热袍菌门 （Thermotogae）	Ⅰ.热袍菌纲 （Thermotogae）	Ⅰ.热袍菌目 （Thermotogales）	Ⅰ.热袍菌科 （Thermotogaceae）	栖热袍菌属 （*Thermotoga*） 地袍菌属 （*Geotoga*）
3.热脱硫杆菌门 （Thermodesulfobacteria）	Ⅰ.热脱硫杆菌纲 （Thermodesulfobacteria）	Ⅰ.热脱硫杆菌目 （Thermodesulfobacteriales）	Ⅰ.热脱硫杆菌科 （Thermodesulfobacteriaceae）	热脱硫杆菌属 （*Thermodesulfobacterium*）
4.异常球菌-栖热菌门 （Deinococcus-Thermus）	Ⅰ.异常球菌纲 （Deinococcus）	Ⅰ.异常球菌目 （Deinococcales）	Ⅰ.异常球菌科 （Deinococcaceae）	异常球菌属 （*Deinococcus*）
		Ⅱ.栖热菌目 （Thermales）	Ⅱ.栖热菌科 （Thermaceae）	栖热菌属 （*Thermus*）
5.产金色菌门 （Chrysiogenetes）	Ⅰ.产金色菌纲 （Chrysiogenetes）	Ⅰ.产金色菌目 （Chrysiogenales）	Ⅰ.产金色菌科 （Chrysiogenaceae）	金矿菌属 （*Chrysiogenes*）
6.绿屈绕菌门 （Chloroflexi）	Ⅰ.绿屈绕菌纲 （Chloroflexi）	Ⅰ.绿屈绕菌目 （Chloroflexales）	Ⅰ.绿屈绕菌科 （Chloroflexaceae）	绿屈挠菌属 （*Chloroflexus*） 滑柱菌属 （*Herpetosiphon*）
	Ⅱ.Anaerolienae	Ⅱ.Anaerolienales	Ⅱ.Anaerolienaceae	
7.热微菌门 （Thermomicrobia）	Ⅰ.热微菌纲 （Thermomicrobia）	Ⅰ.热微菌目 （Thermomicrobiales）	Ⅰ.热微菌科 （Thermomicrobiaceae）	热微菌属 （*Thermomicrobium*）
8.硝化刺菌门 （Nitrospirae）	Ⅰ.硝化刺菌纲 （Nitrospira）	Ⅰ.硝化刺菌目 （Nitrospirales）	Ⅰ.硝化刺菌科 （Nitrospiraceae）	硝化螺菌属 （*Nitrospira*）
9.脱铁杆菌门 （Deferribacteres）	Ⅰ.脱铁杆菌纲 （Deferribacteres）	Ⅰ.脱铁杆菌目 （Deferribacterales）	Ⅰ.脱铁杆菌科 （Deferribacteraceae）	铁还原杆菌属 （*Deferribacter*） 地弧菌属 （*Geobibrio*）
10.蓝细菌门 （Cyanobacteria）				

续表

门	纲	目	代表科	代表属
	Ⅰ.蓝细菌纲 (Cyanobacteria)	亚组Ⅰ (无亚组名)	Ⅰ.(无科名)有14个形态属	黏杆蓝细菌属 (*Gloeobacter*)
		亚组Ⅱ (无亚组名)	Ⅰ.(无科名)有4个形态属	聚球蓝细菌属 (*Synechococcus*) 宽蓝细菌属 (*Pleurocapsa*)
			Ⅱ.(无科名)有3个形态属	鞘丝蓝细菌属 (*Lyngbya*)
		亚组Ⅲ (无亚组名)	Ⅰ.(无科名)有16个形态属	颤蓝细菌属 (*Oscillatoria*) 螺旋蓝细菌属 (*Spirulina*)
		亚组Ⅳ (无亚组名)	Ⅰ.(无科名)有9个形态属	鱼腥蓝细菌属 (*Anabaena*)
		亚组Ⅴ (无亚组名)	Ⅰ.(无科名)有6个形态属	念珠蓝细菌属 (*Nostoc*) 飞氏蓝细菌属 (*Fischerella*) 管孢蓝细菌属 (*Chamaesiphon*) 原绿蓝细菌属 (*Prochloron*) 真枝蓝细菌属 (*Stignonema*)
11.绿菌门 (Chlorobi)	Ⅰ.绿菌纲 (Chlorobia)	Ⅰ.绿菌目 (Chlorobiales)	Ⅰ.绿菌科 (Chlorobiaceae)	绿菌属(*Chlorobium*) 暗网菌属(*Pelodictyon*)
第 2 卷 变形杆菌				
Ⅱ细菌域(Bacteria)				
12.变形细菌门 (Proteobacteria)				

续表

门	纲	目	代 表 科	代 表 属
	Ⅰ.α-变形细菌纲 (α-Proteobacteria)	Ⅰ.红螺菌目 (Rhodospirillales)	Ⅰ.红螺菌科 (Rhodospirillaceae)	红螺菌属 (*Rhodospirillum*)
			Ⅱ.醋酸菌科 (Acetobacteraceae)	醋杆菌属 (*Acetobacter*)
				葡糖杆菌属 (*Gluconobacter*)
		Ⅱ.立克次氏体目 (Rickettsiales)	Ⅰ.立克次氏体科 (Rickettsiaceae)	立克次氏体属 (*Rickettsia*)
		Ⅲ.红杆菌目 (Rhodobacteriales)	Ⅰ.红杆菌科 (Rhodobacteriaceae)	红杆菌属 (*Rhodobacter*)
		Ⅳ.鞘氨醇单胞菌目 (Sphingomonadales)	Ⅰ.鞘氨醇单胞菌科 (Sphingomonadaceae)	发酵单胞菌属 (*Zymomonas*)
		Ⅴ.柄杆菌目 (Caulobacterales)	Ⅰ.柄杆菌科 (Caulobacteraceae)	柄杆菌属 (*Caulobacter*)
		Ⅵ.根瘤菌目 (Rhizobiales)	Ⅰ.根瘤菌科 (Rhizobiaceae)	根瘤菌属 (*Rhizobium*)
			Ⅳ.布鲁氏菌科 (Brucellaceae)	土壤杆菌属 (*Agrobacterium*)
			Ⅶ.拜叶林克氏菌科 (Beijerinckiaceae)	布鲁氏菌属 (*Brucella*)
			Ⅷ.慢生根瘤菌科 (Bradyrhizobiaceae)	拜叶林克氏菌属 (*Beijerinckia*)
			Ⅸ.生丝微菌科 (Hyphomicrobiaceae)	硝化杆菌属 (*Nitrobacter*)
				红假单胞菌属 (*Rhodopseudomonas*)
				生丝微菌属 (*Hyphomicrobium*)
				甲基杆菌属 (*Methylobacterium*)

续表

门	纲	目	代表科	代表属
	Ⅱ.β-变形细菌纲 (β-Proteobacteria)	Ⅰ.伯克霍尔德氏菌目 (Burkholderiales)	Ⅰ.伯克霍尔德氏菌科 (Burkholderiaceae)	产碱杆菌属 (*Alcaligenes*)
			Ⅱ.产碱菌科 (Alcaligenaceae)	球衣菌属 (*Sphaerotilus*)
				硫杆菌属 (*Thiobactillus*)
		Ⅱ.嗜氢菌目 (Hydrogenophilales)	Ⅰ.嗜氢菌科 (Hydrogenophilaceae)	奈瑟氏球菌属 (*Neisseria*)
		Ⅲ.嗜甲基菌目 (Methylophilales)	Ⅰ.嗜甲基菌科 (Methylophilaceae)	亚硝化单胞菌属 (*Nitrosomonas*)
		Ⅳ.奈瑟氏球菌目 (Neisseriales)	Ⅰ.奈瑟氏球菌科 (Neisseriaceae)	螺菌属 (*Spirillum*)
		Ⅴ.亚硝化单胞菌目 (Natrosomonadales)	Ⅰ.亚硝化单胞菌科 (Natrosomonadaceae)	
			Ⅱ.螺菌科 (Spirillaceae)	
		Ⅵ.红环菌目 (Rhodocyclales)	Ⅰ.红环菌科 (Rhodocyclaceae)	
		Ⅶ.Procabacteriales	Ⅰ.Procabacteriaceae	

续表

门	纲	目	代 表 科	代 表 属
	Ⅲ.γ-变形细菌纲 (γ-Proteobacteria)	Ⅰ.着色菌目 (Chromatiales)	Ⅰ.着色菌科 (Chromatiaceae)	着色菌属 (*Chromatium*)
		Ⅱ.酸硫杆菌目 (Acidithiobacillales)	Ⅰ.酸硫杆菌科 (Acidithiobacillaceae)	外红螺菌属 (*Ectothiorhodospira*)
		Ⅲ.黄单胞菌目 (Xanthomonadales)	Ⅰ.黄单胞菌科 (Xanthomonadaceae)	黄单胞菌属 (*Xanthomonas*) 硫发菌属(*Thiothrix*)
		Ⅳ.心杆菌目 (Cardiobacteriales)	Ⅰ.心杆菌科 (Cardiobacteriaceae)	军团菌属 (*Legionella*)
		Ⅴ.硫丝菌目 (Thiotrichales)	Ⅰ.硫丝菌科 (Thiotrichaceae)	甲基球菌属 (*Methylococcus*)
		Ⅵ.军团菌目 (Legionellales)	Ⅰ.军团菌科 (legionellaceae)	海洋螺菌属 (*Oceanospirillum*) 假单胞菌属 (*Pseudomonas*)
		Ⅶ.甲基球菌目 (Methylococcales)	Ⅰ.甲基球菌科 (Methylococcaceae)	固氮菌属 (*Azotobacter*)
		Ⅷ.海洋螺菌目 (Oceanospirillales)	Ⅰ.海洋螺菌科 (Oceanospirillaceae) Ⅳ.盐单胞菌科 (Halomonadaceae)	莫拉氏菌属 (*Moraxella*) 弧菌属(*Vibrio*) 气单胞菌属 (*Aermonas*)
		Ⅸ.假单胞菌目 (Pseudomonadales)	Ⅰ.假单胞菌科 (Pseudomonadaceae)	肠杆菌属 (*Enterobacter*)
		Ⅹ.交替单胞菌目 (Alteromonadales)	Ⅰ.交替单胞菌科 (Alteromonadaceae)	埃希氏菌属 (*Escherichia*)
		Ⅺ.弧菌目 (Vibrionales)	Ⅰ.弧菌科 (Vibrionaceae)	克雷伯氏菌属 (*Klebsiella*) 变形菌属(*Proteus*)
		Ⅻ.气单胞菌目 (Aeromonadales)	Ⅰ.气单胞菌科 (Aeromonadaceae)	沙门氏菌属 (*Salmonella*) 沙雷氏菌属 (*Serratia*)
		ⅩⅢ.肠杆菌目 (Enterobacteriales)	Ⅰ.肠杆菌科 (Enterobacteriaceae)	志贺氏菌属 (*Shigella*)
		ⅩⅣ.巴斯德氏菌目 (Pasteurellales)	Ⅰ.巴斯德氏菌科 (pasteurellaceae)	叶尔森氏菌属 (*Yersinia*) 巴斯德氏菌属 (*Pasteurella*) 嗜血杆菌属 (*Haemophilus*)

续表

门	纲	目	代表科	代表属
	Ⅳ. δ-变形细菌纲 (δ-Proteobacteria)	Ⅰ. 硫还原菌目 (Desulfurellales)	Ⅰ. 硫还原菌科 (Desulfurellaceae)	脱硫菌属 (*Desulfurella*) 脱硫弧菌属 (*Desulfovibrio*)
		Ⅱ. 脱硫弧菌目 (Desulfovibrionales)	Ⅰ. 脱硫弧菌科 (Desulfovibrionaceae)	脱硫杆菌属 (*Desulfobacter*) 脱硫单胞菌属 (*Desulfuromonas*)
		Ⅲ. 脱硫杆菌目 (Desulfobacteriales)	Ⅰ. 脱硫杆菌科 (Desulfbacteriaceae)	蛭弧菌属 (*Bdellovibrio*)
		Ⅳ. Desulfarcales	Ⅰ. Desulfarculaceae	黏球菌属 (*Myxococcus*) 孢囊杆菌属 (*Cystobacter*)
		Ⅴ. 脱硫单胞菌目 (Desulfuromonales)	Ⅰ. 脱硫单胞菌科 (Desulfuromonaceae)	多囊菌属 (*Polyangium*)
		Ⅵ. 互营杆菌目 (Syntrophobacterales)	Ⅰ. 互营杆菌科 (Syntrophobacteraceae)	
		Ⅶ. 蛭弧菌目 (Bdellovibrionales)	Ⅰ. 蛭弧菌科 (Bdellovibrionaceae)	
		Ⅷ. 黏细菌目 (Myxococcales)	Ⅰ. 黏细菌科 (Myxococcaceae)	
	Ⅴ. ε-变形细菌纲 (ε-Proteobacteria)	Ⅰ. 弯曲杆菌目 (Campylobacterales)	Ⅰ. 弯曲杆菌科 (Campylobacteraceae)	弯曲杆菌属 (*Campylobacter*) 螺杆菌属 (*Helicobacter*)

第3卷 低 G+C 含量的革兰氏阳性细菌

13. 厚壁菌门
(Firmicutes)

续表

门	纲	目	代 表 科	代 表 属
	Ⅰ.梭菌纲 (Clostridia)	Ⅰ.梭菌目 (Clostridiales)	Ⅰ.梭菌科 (Clostridiaceae)	梭菌属 (*Clostridium*)
				八叠球菌属 (*Sarcina*)
			Ⅲ.消化链球菌科 (Peptostreptococcaceae)	消化链球菌属 (*Peptostreptococcus*)
			Ⅳ.真杆菌科 (Eubacteriaceae)	真杆菌属 (*Eubacterium*)
			Ⅴ.消化球菌科 (Peptococcaceae)	消化球菌属 (*Peptococcus*)
				脱硫肠状菌属 (*Desulfotomaculum*)
				韦荣氏球菌属 (*Veillonella*)
		Ⅱ.热厌氧杆菌目 (Thermoanaerobacteriales)	Ⅰ.热厌氧杆菌科 (Thermoanaerobacteriaceae)	
		Ⅲ.盐厌氧菌目 (Haloanaerobiales)	Ⅰ.盐厌氧菌科 (Heloanaerobiaceae)	
	Ⅱ.柔膜菌纲 (Mollicutes)	Ⅰ.支原体目 (Mycoplasmatales)	Ⅰ.支原体科 (Mycoplasmataceae)	支原体属 (*Mycoplasma*)
		Ⅱ.昆虫支原体目 (Entomoplasmatales)	Ⅰ.昆虫支原体科 (Entomoplasmataceae)	螺原体属 (*Spiroplasma*)
				无胆甾原体属 (*Acholeplasma*)
			Ⅱ.螺原体科 (Spiroplasmataceae)	
		Ⅲ.无胆甾原体目 (Acholeplasmatales)	Ⅰ.无胆甾原体科 (Acholeplasmataceae)	
		Ⅳ.厌氧支原体目 (Anaeroplasmatales)	Ⅰ.厌氧支原体科 (Anaeroplasmataceae)	

续表

门	纲	目	代 表 科	代 表 属
	Ⅲ.芽孢杆菌纲 (Bacilli)	Ⅰ.芽孢杆菌目 (Bacillales)	Ⅰ.芽孢杆菌科 (Bacillaceae)	芽孢杆菌属 (*Bacillus*)
			Ⅷ.葡萄球菌科 (Staphylococcaceae)	动性球菌属 (*Planococcus*)
			Ⅸ.高温放线菌科 (Thermoactinomycetaceae)	芽孢八叠球菌属 (*Sporosarcina*)
		Ⅱ.乳杆菌目 (Lactobacillales)	Ⅰ.乳杆菌科 (Lactobacillaceae)	显核菌属 (*Caryophanon*)
			Ⅳ.肠球菌科 (Enterococcaceae)	李斯特氏菌属 (*Listeria*)
			Ⅴ.明串珠菌科 (Leuconostocaceae)	葡萄球菌属 (*Staphylococcus*)
			Ⅵ.链球菌科 (Streptococcaceae)	芽孢乳杆菌属 (*Sporolactobacillus*)
				类芽孢杆菌属 (*Paenibacillus*)
				高温放线菌属 (*Thermoactinomyces*)
				乳杆菌属 (*Lactobacillus*)
				气球菌属 (*Aerococcus*)
				肠球菌属 (*Enterococcus*)
				明串珠菌属 (*Leuconostoc*)
				链球菌属 (*Sterptococcus*)

第 4 卷　高 G+C 含量的革兰氏阳性细菌

14.放线细菌门
(Actinobacteria)

续表

门	纲	目	代 表 科	代 表 属
	Ⅰ.放线细菌纲 (Actinobacteria)			放线菌属 (*Actinomyces*)
	亚纲Ⅰ.酸微菌亚纲 (Acidimicrobidae)	Ⅰ.酸微菌目 (Acidimicrobiales)	Ⅰ.酸微菌科 (Acidimicrobiaceae)	微球菌属 (*Micrococcus*)
	亚纲Ⅱ.红色杆菌亚纲 (Rubrobacteridae)	Ⅰ.红色杆菌目 (Rubrobacteriales)	Ⅰ.红色杆菌科 (Rubrobacteraceae)	节杆菌属 (*Arthrobacter*)
	亚纲Ⅲ.科里氏杆菌亚纲 (Coriobacteridae)	Ⅰ.科里氏杆菌目 (Coriobacteriales)	Ⅰ.科里氏杆菌科 (Coriobacteriaceae)	短杆菌属 (*Brevibacterium*)
	亚纲Ⅳ.球杆菌亚纲 (Sphaerobacteridae)	Ⅰ.球杆菌目 (Sphaerobacterales)	Ⅰ.球杆菌科 (Sphaerobacteraceae)	纤维单胞菌属 (*Cellulomonas*)
	亚纲Ⅴ.放线细菌亚纲 (Actinobacteria)	Ⅰ.放线菌目 (Actinomycetales)	O 放线菌科 (Actinomycetaceae)	嗜皮菌属 (*Dermatophilus*)
			O 短杆菌科 (Brevibacteriaceae)	微杆菌属 (*Microbacterium*)
			O 纤维单胞菌科 (Cellulomonadaceae)	棒杆菌属 (*Corynebacterium*)
			O 棒杆菌科 (Corynebacteraceae)	分枝杆菌属 (*Mycobacterium*)
			O 分枝杆菌科 (Mycobacteriaceae)	诺卡氏菌属 (*Nocardia*)
			O 诺卡氏菌科 (Nocardiaceae)	小单胞菌属 (*Micromonospora*)
			O 小单胞菌科 (Micromonosporaceae)	游动放线菌属 (*Actinoplanes*)
			O 丙酸菌科 (Propionibacteriaceae)	丙酸杆菌属 (*Propionibacterium*)
			O 链霉菌科 (Streptomycetaceae)	假诺卡氏菌属 (*Pseudonocardia*)
			O 链孢囊菌科 (Streptosporangiaceae)	链霉菌属 (*Streptomyces*)
			O 高温单胞菌科 (Thermomonosporaceae)	链轮丝菌属 (*Streptoverticillum*)
			O 弗兰克氏菌科 (Frankiaceae)	链胞囊菌属 (*Streptosporangium*)
				小双胞菌属 (*Microbispora*)
				高温单胞菌属 (*Thermomonospora*)
				弗兰克氏菌属 (*Frankia*)
				双歧杆菌属 (*Bifidobacterium*)
		Ⅱ.双歧杆菌目 (Bifidobacteriales)	Ⅰ.双歧杆菌科 (Bifidobacteriaceae)	

续表

门	纲	目	代 表 科	代 表 属
第 5 卷 浮霉状菌、衣原体、螺旋体、丝状杆菌、拟杆菌和梭杆菌等				
15.浮霉状菌门 （Planctomycetes）	Ⅰ.浮霉状菌纲 （Planctomycetacia）	Ⅰ.浮霉状菌目 （Planctomycetales）	Ⅰ.浮霉状菌科 （Planctomycetaceae）	浮霉状菌属 （*Planctomyces*）
16.衣原体门 （Chlamydiae）				
	Ⅰ.衣原体纲 （Chlamydiae）	Ⅰ.衣原体目 （Chlamydiales）	Ⅰ.衣原体科 （Chlamydiaceae）	衣原体属 （*Chlamydia*）
17.螺旋体门 （Spirochaetes）				
	Ⅰ.螺旋体纲 （Spirochaetes）	Ⅰ.螺旋体目 （Spirochaetales）	Ⅰ.螺旋体科 （Spirochaetaceae）	螺旋体属 （*Spirochaeta*） 疏螺旋体属 （*Borrelia*） 密螺旋体属 （*Treponema*）
			Ⅲ.钩端螺旋体科 （Leptospiraceae）	钩端螺旋体属 （*Leptospira*）
18.丝状杆菌门 （Fibrobacteres）				
	Ⅰ.丝状杆菌纲 （Fibrobacteres）	Ⅰ.丝状杆菌目 （Fibrobacterales）	Ⅰ.丝状杆菌科 （Fibrobacteraceae）	丝状杆菌属 （*Fibrobacter*）
19.酸杆菌门 （Acidobacteria）				
	Ⅰ.酸杆菌纲 （Acidobacteria）	Ⅰ.酸杆菌目 （Acidobacteriales）	Ⅰ.酸杆菌科 （Acidobacteriaceae）	酸杆菌属 （*Acidobacterium*）
20.拟杆菌门 （Bacteroidetes）				
	Ⅰ.拟杆菌纲 （Bacteroidates）	Ⅰ.拟杆菌目 （Bacteroidales）	Ⅰ.拟杆菌科 （Bacteroidaceae）	拟杆菌属 （*Bacteriodes*）
	Ⅱ.黄杆菌纲 （Flavobacteria）	Ⅱ.黄杆菌目 （Flavobacteriales）	Ⅱ.黄杆菌科 （Flavobacteriaceae）	黄杆菌属 （*Flavobacterium*）

门	纲	目	代 表 科	代 表 属
	鞘氨醇杆菌纲 (Sphingobacteria)			鞘氨醇杆菌属 (*Sphingobacterium*) 屈挠杆菌属 (*Flexibacter*) 嗜纤维菌属 (*Cytophaga*) 泉发菌属 (*Crenothrix*)
21. 梭菌门 (Fusobacteria)				
	梭菌纲 (Fusobacteria)			梭杆菌属 (*Fusobacterium*) 链杆菌属 (*Streptobacillus*)
22. 疣微菌门 (Verrucomicrobia)				
	疣微菌 (Verrucomicrobiae)			疣微菌属 (*Verrucomicrobium*) 突柄杆菌属 (*Prosthecobacter*)
23. 网球菌门 (Dictyoglomi)				
	网球菌纲 (Dictyoglomi)			网球菌属 (*Dictyoglomus*)

从表 11-5 所列分类大纲及代表中不难发现：过去根据表型特征归类在一起的属，有的现在根据系统发育分类已被归类在不同的目、纲，甚至不同的门中。例如，在第 1 版中微球菌属是和其他种属的"革兰氏阳性球菌"归在一组进行分类描述的，而第 2 版中则由于其系统发育与放线菌相关而归类于放线菌门、放线菌纲中。另外，革兰氏阴性细菌分类调整的幅度也很大。因此，我们在查阅文献时必须针对这方面的变化予以足够的注意。

综上所述，"伯杰氏手册"（包括《伯杰氏鉴定细菌学手册》和《伯杰氏系统细菌学手册》）并非某个人的专著，而是广泛吸收各国细菌分类学家参与编写的，分类较全面的，持续时间长且修订及时的，能反映各出版年代细菌分类学最新成果的经典系列著作，甚至有人将其奉为细菌分类的"圣经"，因此它具有极高的国际权威性。尤其是自 20 世纪 80 年代以来，该手册所提出的分类系统在国际上普遍得到了公认并为各国微生物工作者所采用。

> **知识链接**
>
> ### 其他原核生物分类著作介绍
>
> 1. 《原核生物》
>
> 除《伯杰氏鉴定细菌学手册》和《伯杰氏系统细菌学手册》外，国际上还有一部有关原核微生物分类的巨著不得不提及，这就是由 Stanier 和 Balows 等人编著的《原核生物》。原核生物一词是由 Stanier 和 Van Niel 于 1962 年首次提出的，表明细菌是一群与其他生物有明显界限而又有关联的单细胞生物。1981 年，由 Stanier 等主编的《原核生物》第一版（四卷），该著作对于当时人们全面认识原核生物界起到了重要作用。但它有两个缺陷：一是某些表观特征相近而系统发育上无关的菌群将在不同章节中描述；二是一些系统发育不确定的菌群无法归属。1991 年，Balows 等主编了《原核生物》第二版（七卷）。与第一版的不同之处是，该版是在 Carl Woese 的 16S rRNA 序列同源性基础上，完全按照原核生物系统发育的顺序描述每个分支上细菌的属或更高的分类单元，并首次为单细胞的原核生物建立了真正的系统发育树。为了解决第一版的缺陷，第二版将所有内容共分为 6 个部分进行阐述，具体内容如下。
>
> 第一部分：主要是引言部分，介绍了微生物学的广泛性、原核生物的多样性、系统发育、分离鉴定、保藏及应用。
>
> 第二部分：主要包括原核生物的生命周期、习性、厌氧生长、相互作用等内容，并在一系列概要性的章节中介绍了人们所熟悉的表观特征群。
>
> 第三部分：按照系统发育学顺序，介绍了与古生菌有关的目和属。
>
> 第四部分：按照系统发育学顺序，分别介绍了细菌域中的各个分支。该部分是《原核生物》的主体内容。
>
> 第五部分：介绍了那些已建立固定共生作用的原核微生物。
>
> 第六部分：主要介绍了一些还未确定系统发育关系的菌群。
>
> 可以说该论著是当时有关原核生物较全面的参考资料，也是《伯杰氏系统细菌学手册》第一版编辑的基础。
>
> 2. 《原核生物系统学》（陶天申、杨瑞馥、东秀珠主编，陈文新主审，化学工业出版社出版，2007 年）
>
> 《原核生物系统学》是我国第一部较为全面系统地介绍原核生物系统学的著作，全书概括性强，查阅方便，由我国著名细菌分类学家编辑和主审。其内容由三部分组成：第1~4章为总论；第5~6章为方法学（重点介绍了分子生物学和现代仪器分析方法）；第7~15章为各论，各论以《伯杰氏系统细菌学手册》第 2 版分类大纲为体例，将原核生物分为古生菌和细菌（23 个门）两部分分别予以论述。

二、真菌分类系统

真菌是生物界中的一个大类，有其独自的特点和起源，分布广泛，种类极多。据 2008 年统计，已知的真菌有 9 万余种，总数估计在 15 万~25 万种或以上。

1. 真菌分类自成一体的原因

从整个生物分类历史来看,最初真菌归为两界分类系统中的植物界(Plantae)。但在后来的五界系统中,真菌从植物界中被分离了出来,成为一个独立的真菌界(Fungi)。而在 Woess 的三域系统中,真菌仅代表了真核生物域(Eucarya)中的一个独立分支。发生这种变化的原因主要有如下六点:①真菌的营养方式是分解吸收式,在生态系统中,其扮演着分解者的角色;②真菌具有独特的细胞结构和化学成分,例如其细胞壁的主要组分为几丁质,无叶绿体,菌丝细胞中存在着由细胞膜折叠成的特殊囊状结构,即边缘体(lomasome),其线粒体的形状结构不像植物线粒体那样规则和坚实,核糖体与内质网是不规则地散布在细胞中的,且两者不结合;③真菌的组织分化程度差,一般有发达的菌丝体和各种子实体构造;④核分裂方式简单,除正常的有性生殖外,还有准性生殖;⑤真菌的细胞色素 C(由 164 个氨基酸组成)的结构较接近于动物而远于植物,且它与动、植物间的差异要大于动物与植物间的差异;⑥真菌的系统发育(以 18S rRNA 为基础)自成一体。这些事实说明,尽管真菌在演化上与代表植物界和动物界的分支具有近缘关系,但它们之间的差异还是十分巨大的。

随着分子生物学技术的发展,基于 DNA 分析的系统研究证实,一些原来归属于真菌的生物,如卵菌(oomycetes)、黏菌(slime moulds)等,与其他真菌没有亲缘关系。而壶菌(chytridiomycetes)、接合菌(zygomycetes)、子囊菌(ascomycetes)和担子菌(basidiomycetes)作为真菌类群的核心部分,则构成了一个单元类群。

2. 真菌分类系统的演化历史及其代表

真菌分类从米奇里(P. A. Micheli,1729)开始,至今已有 280 余年的历史,这期间经过世界上无数真菌科学工作者的努力,使真菌分类的工作有了极大的发展。但是,由于真菌的特点,尤其是至今还未找到一个完整的真菌化石,使得真菌分类存在着无数困难。从历史上看,真菌分类学的发展可分为三个阶段。

1) 比较形态学的真菌分类阶段(1729—1860)

1729 年,Micheli 在《植物新属》中提出真菌分属检索表,包括 *Agaricus*、*Mucor*、*Polypolus*、*Tuber* 等属。

1735 年,C. Von Linnaeus 在《植物系统》、《Species plantarum》(植物种)中提出 *Agaricus*、*Boletus*、齿菌属(*Hydnum*)、笼头菌属(*Clathrus*)、鬼笔属(*Phallus*)等。

1801 年,D. C. H. Persoon 发表了《真菌纲要》(Synopsis Methodica Fungorum)。

1821—1832 年,E. M. Fries 出版了《真菌系统》(1~3 卷)(Systema Mycologicum Ⅰ~Ⅲ)。

这一阶段从无显微镜到最初使用显微镜,它是以比较形态学为基础的,这时人们无进化观念、无亲缘关系观念,记录、分类主要以肉眼能够看到的大型真菌、蘑菇、霉菌等为依据。

2) 近代实验生物学的真菌分类阶段(1860—1950)

植物病理学的创始人和近代真菌分类的奠基人德巴利(De Bary),在其一生中先后发表了《黑粉菌》(1853 年)、《地衣》(1859 年)、《真菌的形态学和生理学》(1866 年)。他首次提出具有演化观点的真菌分类体系,是后人研究真菌分类系统的基础。

意大利伟大的真菌学者 P. A. Saccardo(1845—1920),他将全世界发现的真菌用拉丁文汇编成《真菌汇编》(共 26 卷),为真菌分类学的发展做出了巨大贡献。

3) 现代真菌分类阶段(1950—)

此阶段又可分为以下三个时期。

第一个时期：从 20 世纪初到 60 年代，是以 Martin(1961)为代表的传统真菌分类系统，他把真菌分为四个纲(Phycomycetes、Ascomycetes、Basidiomycetes 和 Deuteromycetes)。这一分类系统以形态学、生物学为主要依据，并且是以生物显微镜所能看到的形态为主。但由于藻状菌纲(Phycomycetes)太过混乱，20 世纪 60 年代中期以后，真菌分类系统的变动主要集中在这一纲中。

该期间还有一些真菌分类学者，如 Bessy(1950)、Gaümann(1928—1964)、Martin(1961)、邓叔群(1963—1964)、戴芳澜(1962—1973)、Whittaker(1969)、Margulis(1974)、Alexopoulos(1962—1978)等都对真菌分类做出了贡献。其中，以 Martin(1961)为代表的真菌传统分类系统当时已具有进化观念。

第二个时期：20 世纪 60 年代后至 70 年代，随着科技的进步，尤其是电子显微镜的发展和应用，人们发现真菌的吸养方式、细胞色素 C、细胞壁的组成、核糖体的位置以及胞质素酶等与植物不同，因此将真菌脱离了植物而独立成为一界。因此，真菌分类从以细胞基本形态为依据，逐渐进入到以实验生物学、细胞生物学为基础的具有进化观点的真菌分类学时期。这段时期的代表有 Von Arx(1968)、Kreisel(1969)、Ainsworth(1966—1973)、Alexopoulos(1979)等。其中以 Ainsworth(1973)和 Alexopoulos(1979)的真菌分类系统较为合理，并被大多数人所采用。Ainsworth 系统在欧洲流行，而 Alexopoulos 系统在美洲流行，与 Ainsworth 等系统有大同小异之处。

第三个时期：20 世纪 70 年代以后的分子生物学的真菌分类时期。在这段时间内，许多真菌学者如 Storck(1974)、Ojha(1975)、Price(1978)、Vaughan(1980)、周与良(1982)等均提出并采用了用生物化学、遗传学或分子生物学指标进行真菌分类。如利用真菌基因组的大小和结构、核酸同源序列、DNA 的 G+C 含量、赖氨酸的生物合成途径、细胞壁的成分、血清学反应、蛋白质的氨基酸的序列等对真菌进行分类。例如：随着分子生物学技术的发展，基于 DNA 分析的分子系统研究证实一些原来归属真菌的生物，如卵菌(oomycetes)、黏菌(slime moulds)等，与其他真菌没有亲缘关系；而壶菌(chytridiomycetes)、接合菌(zygomycetes)、子囊菌(ascomycetes)和担子菌(basidiomycetes)是作为真菌类群的核心部分，构成一个单元类群。

3. 目前通行的真菌分类系统

真菌分类系统很多(表 11-6)。自 1972 年 Micheli 对真菌进行首次分类以来，有代表性的真菌分类系统不下十余个。目前国际上最广泛使用的真菌分类系统有两个：一是以英国出版的《菌物词典》为代表的 Ainsworth 系统(1973 年版、1979 年版)；二是以美国出版的《菌物学概论》为代表的 Alexopoulos 系统(1979 年版)。前者在欧洲比较流行，后者则在北美得到广泛应用，两个系统的内容大同小异。在我国，到目前为止使用最广泛的是 Ainsworth 在第六版《菌物词典》(1971)和《真菌进展论文集》(1973)中提出的分类系统，该系统采用 Whittaker(1969)的生物分类五界系统，将所有菌物(Mycetalia，即广义的 Fungi)归为真菌界，并分为真菌门(Eumycota)和黏菌门(Myxomycota)两个门；而真菌门又分为五个亚门，即鞭毛菌亚门(Mastigomycotina)、接合菌亚门(Zygomycotina)、子囊菌亚门(Ascomycotina)、担子菌亚门(Basidiomycotina)和半知菌亚门(Deuteromycotina)。

第十版的《菌物词典》(Dictionary of the Fungi)出版于 2008 年，该版将原来广义的真菌分为真菌界(Fungi)、假菌界(Chromists)和原生动物界(Protozoa)。真菌界包括 6 个门，子囊菌门(Ascomycota)、担子菌门(Basidiomycota)、壶菌门(Chytridiomycota)、球囊菌门(Glomeromycota)、微孢子门(Microsporidia)、接合菌门(Zygomycota)，共 36 纲 140 目 560 科

8283属97861种。其中子囊菌门有15纲68目327科6355属64163种,是真菌中已知种类最多的门。

表 11-6 目前国内外通行的真菌分类系统

Ainsworth (1971,1973)	Alexopoulos & Mims (1979)	《Dictionary of the Fungi》 (10th,2008)
真菌界(Fungi)	真菌界(Fungi)	原生动物界(Protozoa)
黏菌门(Myxomycota)	裸菌门(Gymnomycota)	根肿菌支系
真菌门(Eumycota)	集胞裸菌亚门	Copromyxida 支系
鞭毛菌亚门(Mastigomycotina)	原质体裸菌亚门	Fonticulida 支系
接合菌亚门(Zygomycotina)	鞭毛菌门(Mastigomycota)	Heterolobosea 支系
子囊菌亚门(Ascomycotina)	单鞭毛菌亚门(Haplomastigomycotina)	Ramicristates 支系
担子菌亚门(Basidiomycotina)	双鞭毛菌亚门(Diplomastigomycotina)	假菌界(Chromists)
半知菌亚门(Deuteromycotina)	无鞭毛菌门(Amastigomycota)	丝壶菌门(Hyphochitriomycota)
	接合菌亚门(Zygomycotina)	网黏菌门(Labyrinthulomycota)
	子囊菌亚门(Ascomycotina)	卵菌门(Oomycota)
	担子菌亚门(Basidiomycotina)	真菌界(Fungi)
	半知菌亚门(Deuteromycotina)	微孢子门(Microsporidia)
		壶菌门(Chytridiomycota)
		球囊菌门(Glomeromycota)
		接合菌门(Zygomycota)
		子囊菌门(Ascomycota)
		担子菌门(Basidiomycota)

第四节 微生物的分类、鉴定方法

对于微生物工作者来说,菌种的分类或鉴定是经常遇到的基础性工作。其基本工作流程为:①首先获得被分类或鉴定微生物的纯培养物;②再根据分类鉴定手册或文献资料,拟定并测试一系列必要的分类鉴定指标;③最后对照查找权威分类系统,确定被分类鉴定微生物的具体分类单元或地位。

各大类微生物根据自己的特点往往具有不同的重点鉴定指标,这可从已有的分类鉴定手册中反映出来。例如:丝状真菌因其形体较大、形态特征(菌丝、孢子等)较丰富等特点而在分类鉴定时常常以形态特征为主要指标;进行放线菌和酵母菌的鉴定时,往往是形态特征与生理特征兼用;而在鉴定细菌时,则因其可用形态特征少,故较多采用生理、生化、遗传甚至分子等指标;对于非细胞生物的病毒来说,其鉴定指标和方法比较独特,除常使用的电子显微镜以及各种生化、免疫等技术外,往往还要采用一系列特殊的方法。

从微生物分类学发展历程中可以看到,其分类鉴定指标从过去的以形态学、生态学、生理、生化等简单表型特征为主的传统阶段(或称经典分类阶段),过渡到了目前以遗传学、细胞学、免疫学、分子生物学等特征为主的现代分类阶段。但需要强调的是,现代分类鉴定方法并非摒弃传统方法,而是结合传统方法将表型、遗传以及系统发育的方法综合了起来,以求更加准确全面地描述被分类鉴定的微生物。因此有时人们称其为"多相分类"(polyphasic taxonomy)方法。现将微生物分类、鉴定方法指标分为四个水平列于表11-7中。

表 11-7 微生物分类、鉴定的主要指标及方法

水 平	分类鉴定指标及技术方法
细胞的形态和习性水平	指标:形态特征,运动性,酶反应,营养要求和生长条件,代谢特性,致病性,抗原性,生态学特性等经典指标。方法:以常规传统方法为主
细胞组分水平	指标:细胞壁,脂类,醌类,光合色素等成分。方法:除常规方法外,还使用气相色谱、液相色谱、红外光谱、质谱分析等现代技术
蛋白质水平	指标:特定蛋白质的氨基酸序列、电泳行为、各种血清学反应等。方法:氨基酸序列分析,凝胶电泳,免疫标记等现代技术
核酸水平	指标:G+C 的摩尔分数的测定,核酸分子杂交(DNA 与 DNA 或 DNA 与 RNA),16S rRNA 或 18S rRNA 序列分析,特殊基因的转化、漂移,重要基因的序列分析或全基因组测序等。方法:液相或固相 DNA 杂交技术,基因的 PCR 扩增技术,基因序列的测定分析技术等

在这四个水平中,细胞形态与习性水平的测定可称为经典鉴定指标与方法,其他三个水平则是从"化学分类"的理论与技术开始发展起来的。这些方法再加上"数值分类"(numerical taxonomy,后面还要叙述),可称为现代分类鉴定的指标与方法,它已使微生物分类学从一门描述性学科发展成为集多学科先进技术、方法于一身的实验性学科体系,并为微生物的分类从人为分类向自然分类的过渡奠定了坚实基础。

需要注意的是,在现代微生物分类鉴定中,任何能稳定地反映微生物种类特征的资料,均有分类学意义,都可以作为分类鉴定的依据与指标。

本节仅就微生物(特别是原核生物)分类、鉴定中常用的较为重要的几个方面的方法作一简要介绍。

一、经典分类鉴定方法

经典分类法是一百多年来人们进行微生物分类的传统方法。其特点是人为地选择几种形态、生理、生化特征进行分类,并在分类中将表型特征分为主、次,故带有比较强的主观性。一般来说,科以上分类单元以形态特征为主,科以下分类单元以形态结合生理生化特征加以区分。基本工作流程为:①获得微生物纯培养后,首先判定是原核微生物还是真核微生物(可从分离方法、培养基种类、菌落特征、液体培养性状等方面初步判定大类归属);②根据经典分类鉴定指标进行逐项测试;③采用"双歧法"整理鉴定结果,排列一个个分类单元;④如果条件允许,可结合其他现代鉴定方法(如 16S rRNA 或 18S rRNA 序列分析、G+C 的摩尔分数、DNA-DNA 杂交等),并将多项结果综合起来确定分离菌株的属和种。

微生物经典分类鉴定指标很多,但主要是以形态学、生理、生化等表型特征为主。现将经典方法中常用的形态学、生理、生化特征列于表11-8中。由于这些特征的鉴定方法在一般实验书中均有介绍,故在此将不再赘述。

表 11-8　传统微生物分类鉴定中常用特征指标

特　征		经典鉴定特征指标
形态学特征	培养特征	重点是菌落特征，如菌落大小、形状、颜色、隆起、表面状况、质地、光泽、水溶性色素等
	细胞形态	
	形状	球形、杆状、弧形、螺旋形、丝状、分枝及特殊形状
	大小	主要是细胞的宽度和直径
	排列	单个、成对、成链或其他特殊排列方式
	特殊细胞结构	
	鞭毛	有无鞭毛、着生位置及其数量
	芽孢	有无芽孢、形状、着生位置、是否膨大
	孢子	孢子形状、大小、着生位置、数量及排列
	其他	荚膜、细胞附属物（如柄、丝状物、鞘、蓝细菌的异形胞等）
	超微结构	细胞壁、细胞内膜系统、放线菌孢子表面特征等
	细胞内含物	异染颗粒、类脂颗粒（聚 β-羟基丁酸等）、硫粒、气泡、半胞晶体等
	染色反应	革兰氏染色、抗酸性染色等
	运动型	鞭毛游动、滑行、螺旋体运动方式
生理、生化特征	营养类型	光能自养、化能自养、光能异养、化能异养、兼性营养
	对碳源的利用能力	对蛋白质、蛋白胨、氨基酸、含氮无机盐、N_2 等的利用
	对氮源的利用能力	对各种单糖、双糖、多糖、醇类及有机酸的利用
	对生长因子的需求	对特殊维生素、氨基酸、X-因子及 V-因子等的依赖性
	对抗生素及抑菌剂的敏感性	对各种抗生素、氰化钾（钠）、胆汁、弧菌抑制剂或某些染料的敏感性
	产生某些酶类	如过氧化氢酶、氧化酶、酯酶、脲酶、特殊 DNA 酶等
	代谢产物	各种特征性代谢产物（如次生代谢产物等）
	血清学反应	—
	噬菌体敏感性	—
生态和生活习性特征	需氧性	好氧、微好氧、厌氧、兼性厌氧等
	对温度的适应性	最适、最低、最高生长温度及致死温度
	对 pH 值的适应性	在一定 pH 值条件下的生长能力及生长的 pH 值范围
	对渗透压的适应性	对盐浓度的耐受性或嗜盐性
	与宿主或寄主的关系	共生、寄生、附着、致病性等

二、现代分类鉴定方法

20 世纪 50 年代以来，鉴于现代分析技术的发展，运用现代化学、物理学等技术来研究微生物细胞各水平组分（如细胞壁、类脂、醌类、细胞色素、蛋白质、核酸等），为微生物的分类鉴定积累了大量有价值的资料和信息,其分析技术涉及无机化学、有机化学、分析化学、光谱学、色谱学、生物化学、遗传学、分子生物学、现代生态学乃至基因组学等多个方面。这些现代分类鉴定方法是在传统分类方法基础上的一大进步,是构成微生物分类系统的一个重要途径,并在微生物类群的重新划分中起到了关键性作用。例如,真细菌和古细菌的划分就是依据类脂的不同而区别开的。

但需要指明的是,现代分类鉴定方法也很多,且还在不断地涌现和发展中。其中某些技术已基本确定它在分类鉴定技术体系中的作用,但这些方法均有优、缺点。因此在具体应用时应根据研究对象和目的进行选择。现择要介绍几种比较重要的,也是原核生物分类鉴定中经常用到的现代方法。

(一)细胞壁组成分析

原核生物(包括革兰氏阳性的和革兰氏阴性的)的细胞壁组分主要由肽聚糖、磷壁酸、脂多糖、胞外多糖和壁中某些蛋白质等组成,其中具有比较重要分类学价值的是肽聚糖四肽链的氨基酸种类和顺序,以及其糖类的组分差异和变化。因此,肽聚糖组分的差异是革兰氏阳性细菌分类的重要指标。除此之外,胞外多糖和壁中蛋白也可提供一些分类信息。细胞壁氨基酸组成和排列可用于属的区分。而细胞壁水解液中糖组分的变化可用于种的区分。在放线菌分类中,按细胞壁中糖类及氨基酸的组成可划分为不同的化学型,并将其作为种属描述与区分的主要指标。例如,类诺卡氏菌属与诺卡氏菌属的形态相同,但前者细胞壁化学组分为Ⅰ型,而后者为Ⅳ型。所以将类诺卡氏菌另立为一属"拟诺卡氏菌属"(*Nocardiopsis*)。

细胞壁化学组分分析所采用的技术主要有如下几种:用纸层析和薄层层析技术来分析细胞壁水解液中的肽聚糖组分;用薄层层析或气相色谱等技术来分析细胞壁脂多糖的组分;肽聚糖四肽的氨基酸种类和顺序则可采用现代生化方法或氨基酸自动分析技术。

(二)类脂组成分析

磷酸类脂是细胞膜的主要组分,具有极性。在原核生物中,不同微生物类群在磷酸类脂的结构与组成上具有差异,因此可作为分类鉴定的指标。例如:在真细菌中常见的是磷脂和甘油酯;在某些放线菌和棒状杆菌中含有特异的磷脂(如磷脂酰肌醇甘露糖苷);鞘磷脂则发现于拟杆菌等某些革兰氏阳性细菌中;而真细菌与古细菌的主要区别之一则是前者具有由酯键相连的酰基类脂,而后者含有由醚键相连的类脂。另外,不同属的放线菌,其磷脂类组分差异也比较大,故常作为鉴别放线菌属的重要指标之一。

除类脂组成外,类脂中脂肪酸的组成差异在某些细菌的分类鉴定中也很有价值,特定细菌具有特殊脂肪酸组分。例如分枝菌酸(又称多分枝脂肪酸)是分枝杆菌等固酸菌的特有组分,迄今仅在分枝杆菌、棒状杆菌、小多胞菌和诺卡氏菌等中发现,因此其结构的差异是这些菌群分类鉴定的重要指标。除此之外,多不饱和脂肪酸、甲基化的分枝脂肪酸和羟基化的脂肪酸分别可作为区分蓝细菌和革兰氏阳性细菌与革兰氏阴性细菌的特征。

另外,其他一些脂类如泛醌、甲基萘醌、类固醇、鞘脂类和霉菌酸等也在微生物化学组成分类中有所应用。例如,除噬纤维菌和黏菌含有甲基萘醌外,其他多数严格好氧革兰氏阳性细菌只含泛醌。

用于类脂、脂肪酸、醌类组成分析的常用技术有气相色谱法、高压液相色谱法及相关的样品前处理技术。

（三）蛋白质比较分析

早在核酸分析测试技术成熟之前，蛋白质的氨基酸序列分析已在微生物分类中得到了广泛应用。蛋白质序列是由核酸编码控制的，所以它可直接反映核酸的序列，故可以用于微生物的分类鉴定，同时还可以揭示微生物的系统发育关系。功能相同的蛋白质也常用于分类目的，例如：在电子传递中起重要作用的蛋白质，如细胞色素 C 和铁氧还蛋白，热激蛋白，组蛋白，转录和翻译中的蛋白质（如 DNA 聚合酶），代谢途径中的酶类（如 ATP 酶）等。如果这些蛋白质的氨基酸序列相似，说明它们的亲缘关系可能比较密切。

在以蛋白质分析比较为指标的分类鉴定中，常使用经济简便的蛋白质电泳分析技术，而不是采用操作繁琐的蛋白质测序分析技术。亲缘关系近的类群，其蛋白质电泳图谱相似，反之则相异。常用蛋白电泳法有以聚丙烯酰胺凝胶为分离介质的单向电泳法和分辨率更高的双向电泳法。另外，还有以酶特异性底物显色为特征的多位点酶淀粉凝胶电泳技术。针对目的和手段不同，用于电泳分析的蛋白质可以是某种（类）蛋白质，也可以是全细胞可溶性蛋白质。

（四）核酸的碱基组成和分子杂交

1. DNA 的碱基组成比例的测定

微生物的碱基组成比例主要是指基因组 DNA 的 G+C 的分数，即鸟嘌呤（G）和胞嘧啶（C）在整个 DNA 所有碱基中所占的摩尔分数。即

$$G+C\text{的摩尔分数} = \frac{G+C}{A+T+G+C} \times 100\%$$

不同生物的基因组的碱基组成比例各不相同，其变化范围有大有小，但每个物种有机体的 G+C 的摩尔分数却相对稳定，如：原核生物的 G+C 的摩尔分数变化范围较大，为 22%～80%；高等植物的为 35%～50%；脊椎动物的为 35%～45%（图 11-5）。

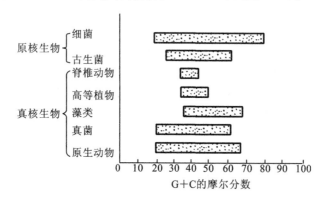

图 11-5　各类生物 G+C 的摩尔分数的变化范围

这种 G+C 的摩尔分数变化范围为微生物各类群的分类鉴定提供了基础，并且已成为当今微生物种、属描述时所必需的一项重要特征指标。但必须明确指出的是，高相似性的 G+C 的摩尔分数并不意味着具有 DNA 核苷酸序列的高度相似性。也就是说，两个生物的 DNA 碱基组成相似时，并不一定表明它们在遗传关系上是相近的。例如，微球菌和葡萄球菌曾被认为是关系很近的两个属，但它们的 G+C 的摩尔分数却分别是 65%～75% 和 30%～40%，这说明两者的遗传关系很远。又如，假单胞菌属和棒状杆菌属的 G+C 的摩尔分数都是 57%～70%，但它们在表型和生理上却有很大的不同。但可以确定的是：①亲缘关系相近的种，因其

基因组 DNA 序列也相近,故二者的 G+C 的摩尔分数也接近;②G+C 的摩尔分数差别很大的两种微生物,它们的亲缘关系必然较远;③种内各菌株间的 G+C 的摩尔分数差别应在 2.4%~4.0%之间(低于 2%无分类学意义);差别在 5%~10%之间可认为属于不同的种;而差别在 10%~15%时则可认为是不同属了。④放线菌的 G+C 的摩尔分数在 37%~51%的窄范围,故在属水平上不易区分。因此,在微生物分类鉴定中,DNA 的 G+C 的摩尔分数的高相似性只是表明两个物种具有相近亲缘关系的可能性。但它们是否真正在遗传、进化上同源,还必须结合其他遗传型和表型特征分析才能得出正确的结论。

测定 DNA 碱基组成的方法很多,常用的有热变性温度法、浮力密度法和高效液相色谱法。在细菌分类中,由于热变性温度法操作简单、重复性好而最为常用。这种方法的基本原理是:将 DNA 溶于一定离子强度的溶液中并加热,当温度升到一定的数值时,两条核酸单链之间的氢键开始逐渐被打开(DNA 开始变性)分离,从而使 DNA 溶液的 260 nm 紫外吸收值明显增加(即 DNA 的增色效应);当温度高达一定值时,DNA 双链完全分离成单链,此后继续升温,DNA 溶液的紫外吸收率不再增加。DNA 的热变性过程(即增色效应的出现)是在一个狭窄的温度范围内发生的,260 nm 紫外吸收增加的中点值所对应的温度称为该 DNA 的解链温度或熔解温度 T_m(melting temperature)。在 DNA 分子中,GC 碱基对之间有三个氢键键,而 AT 对只有两个氢键。因此,若某细菌的 DNA 分子 G+C 含量高,则其双键的结合就比较牢固,使其分离成单链就需较高的温度,反之亦然。在一定离子浓度和一定 pH 值的盐溶液中,DNA 的 T_m 与 DNA 的 G+C 的摩尔分数成正比。因此,只要用紫外分光光度计测出一种 DNA 分子的 T_m,就可以按下面的公式计算出该 DNA 的 G+C 的摩尔分数。

$$G+C 的摩尔分数 = (T_m - T_m') \times 2.44$$

式中:T_m' 是指为消除测试过程中离子强度影响所采用的大肠杆菌 K12 参比菌株的解链温度。

2. 核酸的分子杂交

如前所述,具有相似 G+C 的摩尔分数的两个微生物物种,其基因组 DNA 的核苷酸序列未必相似;但如果两者的 DNA 序列高度相似,则它们的 G+C 的摩尔分数也必定接近。由于某物种的 DNA 核苷酸序列是其长期进化中分子水平上的记录,非常稳定。所以,与 G+C 的摩尔分数相比,DNA 序列更能细致、精确地揭示物种的亲缘关系。亲缘关系越近,DNA 序列也越接近,反之亦然。一般来说,两菌株间的 G+C 的摩尔分数相差 1%,则它们 DNA 序列的共同区域就约减少 9%;若 G+C 的摩尔分数相差超过 10%,则两者 DNA 序列的共同区域就极少了。如果要鉴定一群 G+C 的摩尔分数相差在 5%以内的菌株是否属于同种,就必须通过衡量它们的基因组 DNA 序列的相似性(或称同源性)来进行确定了。

尽管目前 DNA 碱基序列的测定技术已非常成熟,但在实际工作中,对大量菌株进行基因组 DNA 全序列的测定是不现实的,不仅代价非常高,而且也没有必要。因此,可以通过物种间 DNA-DNA 杂交技术来解决这一问题。其原理是:根据双链 DNA 热变性解链的可逆性和碱基互补配对的专一性特点,将两种待测样品的基因组 DNA 分别剪切成一定大小的片段(如 200~800 bp);然后在合适的条件下将其混合并加热,使双链 DNA 解链成单链 DNA;继而缓慢降温退火复性,使两者同源的片段重新互补配对;最后测定计算它们的杂交百分率。此百分率越高,说明两者 DNA 碱基序列的同源性越高,亲缘关系也就越近(图 11-6)。

DNA-DNA 杂交技术最早起源于 20 世纪 70 年代,其原理是通过测定两物种基因组 DNA 之间核苷酸的互补程度,从而推断出两者 DNA 序列同源性。该技术具有操作简单、成本低、准确性高的特点,现已成为微生物分类鉴定(尤其是细菌的分类鉴定)的一种重要的基本的方

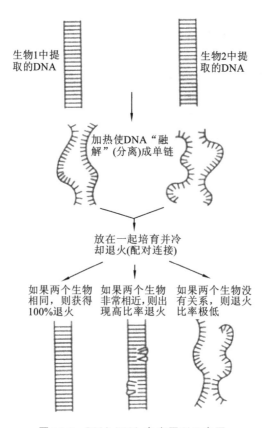

图 11-6 DNA-DNA 杂交原理示意图

法。大量研究数据表明,该技术在解决微生物种及种以下分类单元的进化关系方面是一种非常有效的手段。故 1987 年国际系统细菌学委员会做出决定:DNA 相关性(或同源性)≥70%,杂交分子的解链温度相差(ΔT)≤5 ℃为细菌种的界限。这个量化指标解决了许多曾经在细菌分类中所遗留的问题与纷争。

　　DNA-DNA 分子杂交的方法很多,按反应环境可分为液相杂交和固相杂交两种类型。经典的是固相杂交法,它是将待测菌株 DNA 经剪切成一定大小的片段后解链成单链 DNA,把它固定在滤膜或琼脂等支持物上;然后把它挂在杂交液中,使其与用同位素标记过的经剪切的解链的另一菌株的 DNA 相结合,在合适的条件下使它们退火复性重新配对形成双链;之后分离除去未杂交的单链 DNA,测定膜上结合的杂交双链 DNA 的放射活性,并与对照相比,最后计算两菌株之间的 DNA 同源性。新的 DNA 杂交方法和非放射性标记方法的应用使得DNA-DNA 杂交技术的操作更加方便和快速。例如,液相复性速率法即是如此。如前所述,它所依据的原理是变性 DNA 在溶液中复性结合时,同源 DNA 的复性速率比异源 DNA 更快。同源性越高,复性速率也越快,同时在复性过程中伴随着 260 nm 紫外吸收率的减少(即减色效应)。依据此特点,用紫外分光光度计直接测定两菌株变性 DNA 在一定条件下的复性速率,再用理论推导的下列公式即可计算出两种 DNA 之间的同源性。

　　DNA-DNA 杂交同源性 $H(\%)$ 计算公式(引自 DeLey 等(1970))如下。

$$H(\%) = \frac{4V_m - (V_a + V_b)}{2 \times \sqrt{V_a \times V_b}}$$

式中:V_a 为样品 a 的自身复性速率;

V_b 为样品 b 的自身复性速率；

V_m 为样品 a 与 b 等量混合后的复性速率。

（五）16S rRNA 或 18S rRNA 基因序列的测定及系统发育分析

正如在第一节中所讨论的那样，原核生物的 16S rRNA 和真核生物的 18S rRNA 序列以其独有的"进化时钟"分子特征而被选择成为衡量生物进化谱系（或称系统发育）的重要指征。以此为基础，Carl Woese 曾于 20 世纪 80 年代提出了著名的生物进化"三域学说"。

最初，16Sr RNA 或 18S rRNA 序列的测定是采用费时费力、准确性较差的寡核苷酸编目直接化学法，由于这种方法仅能对 60% 左右 rRNA 的分子序列进行比较。随着聚合酶链式反应（PCR）技术的不断发展成熟，对 16S rRNA 和 18S rRNA 基因（即 16S 或 18S rDNA）的序列测定则变得更加方便、快速和准确。

1. 16S（或 18S）rDNA 的 PCR 扩增及序列测定

PCR 扩增的原理即聚合酶链反应（图 11-7）。该反应可测定 DNA 序列，其步骤如下：①提取未知菌（纯培养）的总 DNA 作为模板；②针对其 16S 或 18S rDNA 序列的保守区设计引物；③然后通过 PCR 反应获得 16S 或 18S rDNA 扩增产物；④PCR 产物可直接送测序公司进行序列测定，也可与测序载体（如 pMD-18T）连接并转化大肠杆菌 DH-5α 菌株后，再提取质粒送测序公司进行序列测定。

2. 系统发育分析方法

所得到的 16S 或 18S rDNA 序列经线性化整理排列后：首先输入国际核酸序列数据库（如 NCBI（http://www.ncbi.nlm.nih.gov/）、EMBL（http://www.ebi.ac.uk/ 等），与库内已有序列进行 BLAST（basic local alignment search tool）比较，同时获取一系列相关参考

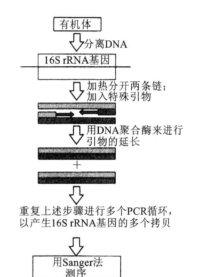

图 11-7 聚合酶链式反应（PCR）示意图

菌株的 16S 或 18S rDNA 序列；然后再用 Clustal X 等软件对这些序列进行对比，计算出以碱基差异百分数表示的进化距离（或序列相似性）；最后再根据进化距离（或序列相似性），用 PHYLIP 等软件进行聚类及系统发育树状图的绘制与分析。所获系统发育树状图可分为两种形式：一种是扇形树状图，它对于描述少数主要类群之间进化关系是很有用的；另一种为树状图，常用于描述大量的比较详细的生物类群进化关系。值得注意的是，目前用于序列分析、比较的软件非常多（如 Clustal X、PHYLIP、DNAstar、DNAman、DNAssist、Genedoc、Treeview、Treecon W、Omiga、MEGA 等），这些软件使用的计算方法略有不同，可能会导致结果有一定的差异。

大量细菌研究数据表明，16S rRNA 基因序列的分析结果对于确定属及属以上分类单元是比较准确的，而对于种及种以下分类单元的确定却没有一个简单的阈值，但却与基因组 DNA-DNA 杂交数据之间有着某种规律可循。一般来说，如果两菌株之间的 16S rRNA 基因序列相似性低于 97%，那么其基因组 DNA-DNA 杂交的同源性数据就不会超过 70%（无论采用哪种杂交方法），但如果两菌株之间的 16S rRNA 基因序列相似性高于 97%，则可能出现两种情况：①两菌株的基因组 DNA-DNA 杂交同源性大于 70%，根据国际规定，两菌株应视为同

种;②两菌株的基因组 DNA-DNA 杂交同源性小于 70%,则根据国际规定两菌株为不同种。因此,在确定新种时,不能简单地仅依据 16S rDNA 序列测定便草率地下结论,还应结合菌株间基因组 DNA-DNA 杂交数据,以及充分结合其他表型、遗传性状特征,方能对分类单元进行客观全面的描述与确定。

(六)数值分类方法

数值分类(numerical taxonomy)是指采用统计学方法并结合计算机运算,根据大量测定的生物学及生理生化特征、遗传学性状的数据对生物进行分类的方法。具体地讲,就是在对大量生物个体进行大量性状特征观察测定的基础上,对测定数据进行整理和计算机处理,计算出供试个体之间的相似性,并将它们排列成群。该方法最早由法国植物学家 M. Adanson(1727—1806)首次提出,1956 年又被 Sneath 重新提出,并用在细菌分类方法中。

数值分类的操作步骤:①首先选择一批待测菌株和相关参比菌株(如模式菌株),其中每一个菌株被视为一个运算分类单位(operational taxonomic units,OUT);②然后对其中的多个拟定性状特征(一般为 50 个以上,甚至几百个)进行测定、观察,所测性状特征越多,结果越准确;③接着将这些性状特征及数据进行符合计算机运算的符号化编码(如阳性反应为"1"或"+",阴性反应为"0"或"-"),并输入计算机;④根据下列公式,进行两两比较并计算各 OUT 之间的匹配系数 S_{sm} 或相似系数 S_j(%);⑤最后把相似性关系密切的 OUT 划分为群,并按群间连锁关系构成相似性聚阵表(图 11-8(a)),或者将其转换为更为直观的树状图(图 11-8(b))。

$$匹配系数 S_{sm}(\%) = (a+d)/(a+b+c+d)$$

$$相似系数 S_j(\%) = a/(a+b+c)$$

式中:a 表示两个 OUT 皆为阳性反应(用"1"或"+"表示)的性状个数;b 表示一个 OUT 为阳性反应(用"1"或"-"表示),另一个 OUT 为阴性反应(用"0"表示)的性状个数;c 表示一个 OUT 为"0"或"-",另一个 OUT 为"1"或"+"的性状个数;d 表示两个 OUT 皆为"0"或"-"的性状个数。

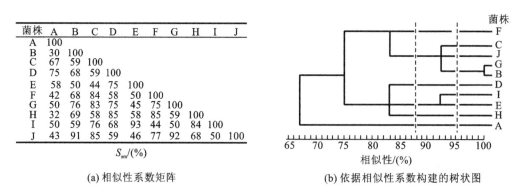

(a) 相似性系数矩阵　　(b) 依据相似性系数构建的树状图

图 11-8　数值分类相似性数据矩阵表和相应的树状图

数值分类法与传统分类法的明显不同之处在于:前者是采用大量的分类性状特征(包括形态、生理、生化、遗传,甚至生态、免疫等性状特征),并根据"等权原则"对各分类特征不分主次、同等对待地进行计算机运算,尽量地排除人为干扰因素;而后者所采用的分类特征往往比较少(几十个),且有人为的主次之分,测定数据的整理统计也为人工方式,故主观性比较大。因此,数值分类的最大优点在于:测定生物性状特征数量多,考察比较全面,分析运算速度快且比较准确,对类群的划分较为稳定、客观,人为主观因素干扰少。

数值分类方法初步得到的分类群被称为表观群(phenon)。分类学家根据 Sneath 的建议,并在总结大量相关研究结果后普遍认为,数值分类相似性在 80% 左右的表观群一般相当于种群,当然也有例外,而对于属来说还没有一个合适的统一标准。因此,在实际工作中,种水平表观群的确切分类地位还应与其他分类方法结果相结合(如 DNA-DNA 杂交、16S rRNA 基因序列的同源性分析等)才能最终确定,即所谓的"多相分类"(polyphasic taxonomy)。多相分类技术所适用的分类范围如图 11-9 所示。

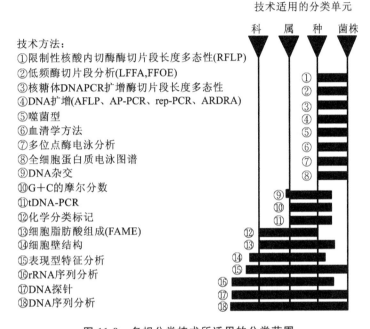

图 11-9 多相分类技术所适用的分类范围

(引自 Vandamme 等,1996)

【视野拓展】

DNA 指纹图谱分析技术

在微生物分类、鉴定工作中,常常会遇到分离物过多、样本量过大、工作强度过高的情况。这时基于 PCR 技术的 DNA 指纹图谱分析技术的优越性就显现出来了。所谓 DNA 指纹图谱是指各类 DNA 分子的限制性内切酶酶切片段长度的多态性图谱(restricted fragment length polymorphism,RFLP),或引物扩增片段长度多态性图谱(amplified fragment length polymorphism,AFLP)等。它所涉及的分析技术主要有聚合酶链反应(PCR)技术、限制性内切酶酶切反应技术、凝胶电泳分析技术。

这里所说的各类 DNA 指纹图谱技术主要表现在三个层面上:①建立在基因组总 DNA 分子上的指纹图谱,如随机引物扩增 DNA 片段的多态性 RAPD(randomly amplified polymorphic DNAs)、扩增片段长度多态性 AFLP 和基于寡位点酶酶切片段的脉冲场凝胶电泳(PFGE)图谱等;②建立在进化上稳定 DNA 分子上的指纹图谱,如 16S rDNA、23S rDNA、谷氨酰胺合成酶基因(gsII)、RNAase 亚基基因、ATPase 基因等

DNA 分子的限制性内切酶酶切片段长度多态性 RFLP；③建立在某些特定 DNA 区域上的指纹图谱，如 16S-23S rRNA 基因间隔区（IGS）的 PCR，广泛存在于细菌基因组中短重复序列之间的 DNA 片段 PCR 扩增多态性（REP）等。

以上各种方法、技术的原理、操作可以查阅相关科技文献。现仅举 RFLP 一例来具体说明其基本原理：基因组 DNA 在限制性内切酶作用下，可产生大小不等的 DNA 片段；它所代表的是基因组 DNA 酶切后所产生的片段在长度上的差异，而这种差异是由于突变或进化所引起的某些内切酶位点的增加或减少造成的。酶切片段通过凝胶电泳分离后对所得图谱或测序结果与标准菌株进行分析比较后即可得出分类鉴定的结论。值得注意的是，利用 RFLP 对生物细胞全基因组的分析，主要用于生物遗传图谱的构建，需要复杂的探针设计和分析。而在微生物分类鉴定上，一般都不会对全基因组 DNA 进行酶切。因为这样得到的片段太多且比较复杂，难以比较分析。所以，通常选择既保守又有一定变异的 DNA 片段（基因）作为目标，对其进行 PCR 扩增，然后再进行 RFLP 的分析（如 16S 或 18S rDNA 的 PCR-RFLP）。PCR-RFLP 分析不仅具有 PCR 的简单快速、样品用量少、可直接从细胞中扩增的特点，同时避免了对大量样品进行昂贵的序列分析和放射性同位素的使用，在普通实验室中即可进行，因此，这一方法已广泛应用于细菌的分类鉴定和物种多样性的研究中。

对于大量待分类鉴定微生物来说，DNA 指纹图谱分析法从遗传、分子角度对菌群的初步聚群和对其系统发育关系的初步描述是很有帮助的，人们可以从初步归类聚群的群体中挑选代表菌株，然后再进行精确的分类鉴定。

（七）微生物快速鉴定中的新技术方法

近 30 年来，随着微电子、计算机、分子生物学、物理及化学等先进技术的相互交叉和向微生物学的渗透，许多快速、准确、敏感、简易、自动化的方法和技术不仅极大地推动了微生物学的研究进展，而且也被借鉴到微生物的分类与鉴定当中。这些方法、技术及设备不仅有利于普及菌种分类和鉴定，而且能大大地提高工作效率，目前国内外都有系列化、标准化和商品化的成品试剂盒和设备出售。下面简要介绍几类常见简便、快速、微量或自动化的分析鉴定技术原理，由于它们的具体操作步骤可在各试剂盒及设备说明书中查阅，故不在此赘述。

1. 微量多项测试鉴定系统

这类鉴定系统的基本原理是，根据目标微生物所设定的多种生理、生化表型特征，采用集约化、高通量的微量测试方法进行测试，测定结果经数码化后再与标准数据库进行比较，进而得到鉴定结果。因此这种技术也被称为简易诊检技术或数码分类鉴定法，目前已广泛用于动植物检疫、临床检验、食品卫生、药品检查、环境监测、发酵控制和生态研究等方面。其中较有代表性的有鉴定各种细菌用的 API/ATB 系统、Enterotube 系统和 Biolog 全自动和手动系统等。

（1）API/ATB 系统　由法国生物—梅里埃集团公司生产，是一系列试剂盒产品，可用于鉴定的细菌有 700 多种。其中 API 20E 系统是 API/ATB 中最早和最重要的产品，也是国际上应用最多的系统。该系统的鉴定盒是一块含有 20 个分隔室的塑料条构成，可测试 20 多项指标。每个分隔室由相连通的小管和小杯组成，各小管中含不同的脱水培养基、试剂或底物等；被测微生物菌液加入到一个分隔室小杯中并进入小管孵育后可进行一种生化反应（个别的分隔室可进行两种反应);然后观察各分隔室中的反应变色情况并与标准反应色卡(附件)比对,根据反应判定表判定各反应结果是阳性还是阴性;然后对结果进行编码并查阅 API 20E 系统检索表,最终得到鉴定结果。API 20E 系统主要用来鉴定肠杆菌科的细菌。

(2) Enterotube 系统　该系统又称肠道管系统,由美国 Roche 公司生产。该系统试剂盒除构造结构、测试项目与 API 系统不同外,其测试原理、结果记录、编码以及鉴定结果判定与 API 系统类似,只是测试项目略少。

(3) Biolog 系统　该系统是由美国安普科技中心(ATC US)所生产的仪器,其特点是快速(4~24 h)、自动化、高效和应用范围广。该系统可用于 1140 种细菌和单细胞真菌的鉴定,其中包括革兰氏阴性细菌 566 种、革兰氏阳性细菌 250 种、乳酸菌 57 种、酵母菌等 267 种。该系统工作的主要原理是,依据微生物对各类碳源谱的利用范围不同可对菌种进行鉴定。其关键部件在于,它具有一块含各种不同发酵性碳源干粉培养基和氧化还原指示剂的 96 孔细菌培养板(其中一孔为空白对照)。当把适合浓度的待测菌液加入各孔中并于 37 ℃ 培养 4~24 h 后,再将此板移入分光光度计室依据微生物的显色反应和生长状况进行测试,最后利用计算机统计并与标准数据库(附件)进行比对后得到鉴定结果。据了解,Biolog 系统对某些微生物来说可以鉴定到种水平,并且速度快、自动化程度高,因此被广泛用于微生物分类鉴定、动植物检疫、临床兽医检验、药物生产、环境保护、食品卫生监督以及其他学科等研究领域。

2. 其他用于微生物快速检测的现代化仪器设备

除了像 Biolog 系统这样的仪器外,还有许多可用于微生物分类鉴定的通用、专用的现代化仪器设备。

其中:通用仪器设备包括气相色谱仪、高压液相色谱仪、质谱仪、X 射线衍射仪、核磁共振波谱仪、激光拉曼光谱仪和激光共聚焦显微镜等;专用仪器设备包括阻抗测定仪、放射测量仪、微量量热计、生物发光测量仪、药敏自动测定仪以及自动微生物检测仪等。这些自动化很高的精密仪器设备之所以能够用于微生物的自动化分析和快速鉴定,原因基于以下几个方面:①每种微生物的化学组成都有其独特之处,其结构、性能的差别可以用通用仪器测量出来;②每种微生物代谢过程的不同,其特异性代谢产物、能量变换和信息传递等也有差异,故也能用这类通用、专用精密仪器测量出来;③某些仪器设备还可用于测量分析不同微生物对环境影响的差异,例如对环境中物质的降解、能量和信息的变化等。将以上几个方面测量出的数据进行单独或综合处理,即可获得每种微生物的特征"指纹图谱",再与已知微生物的"指纹图谱"进行比较分析后,就能对未知微生物作出快速鉴定。

知识链接

霉菌的种类(马丁氏分类系统)

藻状菌纲(Phycomycetes)是低等真菌,在结构和繁殖的方式上像绿藻,但不含叶绿素,以专性腐生、兼性寄生或专性寄生生活,在形态上种间差异很大。共同特征是无性繁殖产生胞囊孢子或游动孢子,有性繁殖产生接合孢子或卵孢子,其无性孢子对干燥条件极为敏感。大多数藻状菌喜好潮湿的环境条件。一些陆生的藻状菌是农作物上危害性极大的寄生菌,有少数可用于工业发酵。藻状菌纲代表性真菌为根霉属(*Rhizopus*)、毛霉属(*Mucor*)、犁头霉。

子囊菌纲(Ascomycetae)有时又称为高等真菌。从它们复杂的结构来看,较之藻状菌进化得多,有可能是从藻状菌演变而来的。本纲最主要的特征是产生子囊(ascus),内生子囊孢子(ascospore)。从经济观点看,子囊菌是一类重要的真菌,在医药、食品等行业广泛应用,如青霉属(*Penicillium*)、曲霉属(*Aspergillus*)、麦角菌(*C. purpurea*)、冬虫夏草(*Cordyceps sinensis*)。

半知菌类(Fungi Imperfecti)如粉孢属(*Oidium*)、葡萄孢属(*Botrytis*)、镰孢霉属(*Fusarium*)等,也称不完全菌,是一类只认识其无性阶段而没有发现有性阶段的真菌。大多数半知菌的分生孢子阶段和某些熟知的子囊菌的分生孢子阶段极其相似,因此大体上说,半知菌代表着子囊菌的一个阶段,是子囊菌的分生孢子阶段(无性阶段)。很多半知菌具有重要的经济价值,许多会引起食物、工农业产品的霉变和植物病虫害。

【视野拓展】

安氏分类系统与真菌分类

人类认识和利用真菌的历史在西方有 3500 年以上,我国有 6000 年之久。真菌分类学的产生和发展主要在近 200 年。1729 年,米凯利(Micheli)首次用显微镜观察研究真菌,提出了真菌分类检索表。1735 年,林奈在《自然系统》等书中将真菌分为 10 属。以上工作即为真菌分类研究的起点,当时设置的一些属名至今仍沿用。1772 年,林奈双名法的采用,对真菌分类学的发展起了巨大的推动作用。在很长一段时间里,依据林奈最早提出的两界说,真菌一直被列入植物界。现代分类学家已趋向于将真菌划分成一个单独的界——真菌界(Kingdom Fungi),在界下设真菌门和黏菌门。历史上的学者们根据各自不同的观点建立了许多分类系统,在近 30 年中就出现了 10 多个新分类系统。产生多个分类系统的原因,是学者们在考虑真菌的亲缘关系时,对一些有用的标准评价不一。一个理想的分类系统应该能正确反映真菌的自然亲缘关系和进化趋势。在现今已有的众多分类系统中,还没有一个被世界公认而确定合理的分类系统。在将多个分类系统加以比较之后,多数人认为安斯沃思和亚历克索普罗斯二人的系统较为全面,接近合理,既照顾了传统习惯,又反映了发展趋势,已被越来越多的人所接受。

下面着重介绍安斯沃思(Ainsworth,1971、1973)的分类系统。安氏分类系统在真菌界下设立两门:黏菌门和真菌门。与以往不同的是,他将藻状菌进一步划分为鞭毛菌和接合菌,将原来属于真菌门的几个大纲,在门下升级至亚门,共有五亚门:鞭毛菌亚门、接合菌亚门、子囊菌亚门、担子菌亚门和半知菌亚门,共 18 纲 68 目。

1. 黏菌门

黏菌是介于植物和动物之间的一类生物。其营养体结构为一团裸露的细胞质团,多核,无细胞壁,可作变形运动(称变形体)。繁殖期特点是产生具有纤维素细胞壁的孢子。黏菌生长在阴湿土壤、木块、腐朽植物体、粪便等上面,细胞没有壁,单核或多核。原生动物学家根据黏菌有变形虫样的单细胞阶段,并能吞食固体颗粒,主张把黏菌放入原生动物之中。但是黏菌有多细胞阶段,它们除吞噬营养外还能吸收有机物,所以真菌学家把它们列入真菌界。目前已知黏菌有 500 余种,分 4 个纲:黏菌纲(Myxomycetes)、集孢(黏)菌纲

(Acrasiomycetes)、根肿菌纲(Plasmodiophoromycetes)、网黏菌纲(Labyrinthulomycetes)。黏菌纲是最常见且种类最多(约450种)的一纲,集胞菌纲种类不多,根肿菌纲中有几个种是危害经济植物的寄生菌。

2. 真菌门

真菌门的微生物通常称为真菌。其营养体大多具有分枝繁茂的发达菌丝体,少数菌丝体不发达,一些低等种类为单细胞。细胞壁的主要组分为几丁质或纤维素。无性繁殖产生游动孢子、孢囊孢子和各种分生孢子等。有性生殖是通过性细胞的结合形成各类有性孢子,如卵孢子、接合孢子、子囊孢子和担孢子等。真菌有10万种以上,广布极为广泛,陆地、水中及大气中都有,尤以土壤中最多,与人类关系密切。根据有无能动细胞(游动孢子或配子)、有无有性孢子以及有性孢子的类型,本门分鞭毛菌亚门、接合菌亚门、子囊菌亚门、担子菌亚门和半知菌亚门。

(1) 鞭毛菌亚门(Mastigomycotina) 无性生殖时产生单鞭毛或双鞭毛的游动孢子。有性生殖时产生卵孢子(oospore)或休眠孢子,下分壶菌纲、丝壶菌纲、卵菌纲3个纲。

(2) 接合菌亚门(Mastigomycotina) 无性繁殖主要在孢子囊内产生无鞭毛,不能游动的孢囊孢子;有性生殖由相同的或不同的菌丝所产生的两个同形等大或同形不等大的配子囊,经过接合后形成球形或双锥形的接合孢子;接合菌亚门下分接合菌纲和毛军纲2纲,大多腐生,少数寄生。主要代表有毛霉属和根霉属。

(3) 子囊菌亚门(Ascomycotina) 该亚门与担子菌亚门因结构复杂,合称高等真菌。主要特征是营养体除极少数低等类型为单细胞(如酵母菌)外,均为有隔菌丝构成的菌丝体。细胞壁由几丁质构成。有性过程中形成子囊;无性生殖发达,产生不同类型的分生孢子进行繁殖。下分半子囊菌纲(无子囊果)、不整囊菌纲(子囊果是闭囊壳)、核菌纲(子囊果是子囊壳)、腔菌纲(子囊果是子囊座)、虫囊菌纲(子囊果是子囊壳)、盘菌纲(子囊果是子囊盘)6纲。在子囊菌亚门真菌中,有许多种类是重要的植物病原菌,有的种类可以引起人和畜的深部疾病。同时,也有许多种类是食品、发酵、医药等工业用菌。

(4) 担子菌亚门(Basidiomycotina) 形成担子和担孢子,并因此而得名。无性生殖通过菌丝断裂产生粉孢子、分生孢子或孢子芽殖,没有性器官;有性生殖方式为体配,有性孢子为担孢子,孢子器和受精丝是有性器官。

担子菌中既有严重危害粮食作物和林木的病原菌,如黑粉菌、锈菌、木腐菌等,也有很多是著名食用菌,如蘑菇、口蘑、香菇、侧耳等,还有中国传统的贵重药材,如黑木耳、银耳、茯苓、灵芝、冬虫夏草等,有些大型菌类还含有抗癌物质。担子菌是一群类型多样的陆生性高等真菌,分为3纲20目,即冬孢菌纲(Teliomycetes)、层菌纲(Hymenomycetes)和腹菌纲(Gasteromycetes),共22000多种。

半知菌亚门是一群没有有性阶段和有性阶段尚未发现的真菌。该门的菌丝体一般很发达,无性生殖产生各种分生孢子,分生孢子为单胞、双胞或多胞;分生孢子的形状变化很大,有球形、椭圆形、卵形、柱形等;有色或无色。

半知菌的分布很广,其中有腐生的,也有不少是植物的寄生菌,在植物的病原菌中,半知菌是一类很重要的和最常见的真菌。半知菌的分类:亚门下有芽孢纲(Blastomycete)、丝孢纲(Hyphomycetes)和腔孢纲(Coelomycetes)。

小　结

微生物分类学是生物分类学的一个分支,人们若想认识、研究和利用有益微生物或抑制有害微生物,就必须对它们进行分类或鉴定。因此对微生物工作者来说,微生物分类学是一种基础、必需的工具。微生物分类学有分类、鉴定和命名三项具体任务,其中分类与鉴定的内容不同,不能混为一谈。

自进化论诞生以来,生物分类要反映生物之间的亲缘关系的观点早已成为生物学家普遍接受的分类原则。然而由于微生物所具有的个体微小、结构简单、易发生变异、缺少化石材料等特点,使其在分类、鉴定方面相对于动植物来说要困难得多。因此,长期以来,微生物的分类鉴定主要是依据传统的形态学、生理生化等表型特征指标来推断微生物的亲缘进化关系而进行的。分子生物学等理论与技术的发展,使得人们不仅可以根据传统表型特征,而且还可以从分子水平上,通过研究、比较微生物的遗传型特征,甚至基因组特征来探索微生物的系统发育或亲缘进化关系,从而使传统微生物分类向着人为干扰因素更少的自然分类过渡。所谓系统发育(phylogeny),是指某一生物类群亲缘进化关系形成与发展的过程。物种之间的系统发育关系可用系统发育树来进行描述。

微生物在生物界级分类中有着重要的地位。从两界、三界、四界、五界、六界学说,直到当今影响巨大但又面临严峻考验的三域学说的提出,无不显示出长期以来人们对生命世界分界的认识是随着微生物学研究的进展而不断深化的。从生物进化角度来看,原核生物的进化可能包括:异养厌氧型原核生物、自养厌氧型原核生物、光能自养放氧型原核生物、好氧性化能异养原核生物的产生等几个环节;而"内共生学说"较好地诠释了真核生物的起源。

理论上讲,多种必需功能蛋白、RNA 和 DNA 等生物大分子均可作为生物进化的指征,但人们却主要选择了 16S rRNA(真核生物是 18S rRNA)作为测量各类生物进化理想的"分子尺",原因是这类分子具有其他生物大分子所不具备的进化特征,以至于著名的"三域理论"就是在此基础上提出来的。可以推断,随着更多微生物全基因组序列的测定,今后生物界级分类学说一定还会有新的重大发展。

微生物的分类与其他生物一样,采用七级分类单元排列。微生物的种可用该种内的一个模式菌株作为代表。菌株是每一具体微生物纯种的遗传型标志。微生物的学名由属名和种名加词两个拉丁词组成,即双名法;也可用三名法表示某些亚种或变种。学名是国际学术界的正式名称,它的命名和发表要遵循国际规则。每个微生物学工作者都应熟记一批重要微生物的学名。

随着新技术方法的大量应用和微生物新分类单元的不断涌现,与之相适应的各大类微生物分类、鉴定系统也在不断地随之而变化更新。目前,国际上公认、通用、代表着原核生物分类鉴定最高国际学术水平的是"伯杰氏手册"(包括《伯杰氏鉴定细菌学手册》第 1~9 版,《伯杰氏系统细菌学手册》第 1~2 版);而以《菌物词典》为代表的 Ainsworth 系统(1973、1979、2008 年版)和以《菌物学概论》为代表的 Alexopoulos 系统(1979 年版)等,在菌物界分类系统中的影响最大。

微生物分类和鉴定的特征,包括表型特征和遗传型(或基因型)特征。其中基因型特征对判断微生物的进化关系和建立新分类单元具有举足轻重、不可替代的作用,尤其是 G+C 的摩尔分数、16S 或 18S rDNA 序列分析、DNA-DNA 杂交技术等;而表型特征是不可或缺的,它对于判断亲缘关系,尤其对以实用为目的的分类鉴定仍具有十分重要的参考价值。

目前,一些微生物快速鉴定和自动化分析技术在微生物分类、鉴定领域中日益得到了广泛的应用。这些新方法、新技术具有快速、灵敏、准确、自动化等特点,它们的应用不仅极大地推动了微生物分类学的发展,甚至推动了整个微生物学研究的进步。

复习思考题

1. 微生物分类学有哪三个任务,其内容是什么？分类和鉴定的含义有什么不同？
2. 选择微生物进化指征的原则是什么？
3. 为什么目前人们主要选择 16S rRNA 或 18S rRNA 作为生物进化的"分子尺"？
4. 请叙述真核生物起源的"内共生学说"。为什么说在高等动植物的细胞内也总是存在着微生物的"影子"？
5. 何谓系统发育和系统发育树？
6. 简述微生物在生物界中地位的演变历程。
7. 简述古细菌的特点,以及它与真细菌和真核生物的区别。
8. 微生物种以上的通用分类单元分几级？各级的英文和拉丁名称是什么？试举一具体菌种进行说明。
9. 什么是"双名法"和"三名法"？其书写规则是什么？
10. 什么是种、菌株、模式菌株？
11. 目前国际上是如何利用 G+C 的摩尔分数和 DNA-DNA 杂交数值来界定微生物种、属的范围？
12. 发表微生物新分类单元的规则是什么？
13. 《伯杰氏鉴定细菌学手册》与《伯杰氏系统细菌学手册》有何不同？
14. 真菌为何应自成一界？
15. 目前国内外通行的真菌分类系统有哪些？
16. 用于微生物分类鉴定的经典指标和方法有哪些？这些经典指标会随时间而被淘汰吗？为什么？
17. 如何将一个未知微生物培养物鉴定到种？请举例说哪。
18. 在现代微生物分类鉴定中应用了哪些新技术、新方法？请举例说哪。
19. 什么是数值分类法？简述它的主要工作原理和方法。

(刘 杰 晏 磊 黄志宏)

第十二章 微生物技术的应用

学海导航

了解微生物技术在现代工业、农业、医药、环保等领域的应用概况;理解微生物及其各种技术在未来国民经济发展中的重要作用;掌握微生物的发酵方式,以及微生物在工业、农业、医药、环保、能源等方面应用的原理、菌种、产品类型和主要生产流程。

重点:微生物技术与未来科技。

难点:微生物技术的应用。

微生物技术的应用,自人类社会开始至今从来没有中断过。从远古时期人类不自觉地利用微生物进行酿酒、酿醋、制酱等,到近代有意识地选择特种微生物进行代谢产物的工业化生产,尤其是 20 世纪 40 年代青霉素、链霉素等抗生素生产的出现,将微生物技术的应用从传统的作坊形式发展到目前大规模工业化的现代化生产。不仅如此,随着微生物学及相关学科基础理论与技术的发展,尤其是 20 世纪 70 年代以重组 DNA 技术为标志的现代生物技术的诞生,以及社会对微生物产品需求的不断提高,使得人们更加积极地对各种生态环境中的微生物资源进行广泛采集、研究和开发,且在工业、农业、海洋、医药、环保、新兴能源等领域展现出越来越诱人的前景。

第一节 微生物技术概览

一、微生物培养技术

微生物技术能够广泛应用的前提条件是,必须拥有有价值的微生物菌种,以及具备能够快速、高效培养该微生物的方法。培养微生物应按各种微生物生长规律进行科学的培养条件设计,不仅要提供丰富而均衡的营养物质,还要提供适宜微生物生长的温度、湿度、酸度、水分和需氧条件,及培养过程中防止杂菌污染的必要设备与措施。

通常,微生物的培养方法可依据微生物对氧气的需要与否分为好氧培养和厌氧培养;而依据培养基的物理特性可分为固体培养、液体培养及半固体培养。

1. 微生物培养的常见方法

在实验室内,一般用于微生物培养的方法如下。

(1) 好氧培养法　①以试管斜面、培养皿琼脂平板、克氏扁瓶、茄子瓶等形式用于好氧菌的固体培养；②以液体试管、浅瓶、摇瓶、台式发酵罐等形式进行好氧菌的液体培养。

(2) 厌氧培养法　以高层琼脂柱、韦荣氏管、厌氧培养皿、亨盖特滚管、厌氧培养罐等形式进行厌氧菌的固体培养或液体培养。在生产实践中，微生物的培养则是利用各类大规模微生物发酵技术（详见后续内容）。

2. 微生物培养技术的发展

微生物培养技术是随着微生物学和现代工业技术的发展而发展的，其表现形式主要体现在以下几个方面：①从实验室少量培养发展到生产性大规模培养；②从浅层培养发展到厚层或深层培养；③从固体培养技术为主发展到以液体培养技术为主；④从静止式的液体培养发展到通气搅拌式的液体培养；⑤从单批培养发展到连续培养，以及多级连续培养；⑥从利用游离微生物细胞发展到利用固定化细胞；⑦从单纯利用微生物细胞发展到利用动、植物细胞进行规模化培养；⑧从利用野生型菌株发展到利用诱变菌株，甚至基因工程菌株；⑨从单菌发酵发展到多菌混合发酵；⑩从低密度培养发展到高密度培养；⑪从人工控制培养发展到自动化发酵培养。

二、微生物发酵技术

发酵（fermentation）的最初概念是指液体中向外冒气泡的现象，现广义指发酵工业中应用微生物生产某种产品的过程，包括好氧发酵、厌氧发酵、液体发酵、固体发酵等形式。而微生物发酵技术则指微生物工业中进行大规模培养微生物并获得商业性产品的技术。进行微生物工业发酵的容器称为发酵罐（fermenter），也称作生物反应器（bioreactor）。在微生物发酵过程中，培养基中的有机物既是电子最终受体，又是被氧化的基质。通常这些基质氧化并不彻底，因此发酵的结果常含有多种多样人们所需要的发酵产物，而它们还要经过分离、纯化或再加工等后处理，才能成为应用于工、农、医、药、环保等领域的商业化产品。

微生物工业发酵方式多种多样，但基本上需要经过菌种活化、菌体（或孢子）悬液制备、种子扩大培养、发酵培养基的制备和灭菌、发酵过程的控制与管理、发酵液处理、发酵产物提取与精制等环节。

1. 微生物工业发酵类型

工业上发酵类型可谓多种多样。例如，按微生物培养基的物理形态不同，发酵可分为固体发酵和液体发酵两种。其中固体发酵是菌体吸附在固体原料等支持物上的发酵，包括浅层、转桶等好氧固体发酵、厌氧堆置发酵、厚层通气发酵等，如酿酒制曲、有机堆肥等即属此类。液体发酵则是在液体培养基中进行的发酵，既可好氧又可厌氧，是现代发酵的主要方式，容易实现自动化控制。依据发酵是间歇性进行还是连续性进行可分为分批发酵和连续发酵；根据发酵菌种是否被固定在载体上可分为游离发酵和固定化发酵；根据发酵菌是一种还是多种可分为单一菌种发酵和混合菌种发酵；另外，依据发酵菌种的来源不同可分为天然发酵与纯培养发酵。天然发酵是利用自然环境中存在的多种微生物进行发酵（属混菌发酵），传统发酵常属此类，而现代工业发酵大多采用的是纯培养发酵。

2. 固态发酵

固态发酵又称固体发酵，是指微生物在没有或几乎没有游离水的固态湿培养基上的发酵过程。我国农村的堆肥、青储饲料发酵和制作酿酒酒曲等均属于固态发酵。固态发酵工艺历史悠久，也获得了较多产品，例如以秸秆、粪便、棉子壳为主要基质用于培养生产食用菌，以麸皮、谷壳、玉米芯粉为主要基质用于培养生产作为杀虫剂的白僵菌（*Beauveria bassiana*），和以麸皮、谷糠、豆饼粉为主要基质用于培养生产蛋白酶的地衣芽孢杆菌(*Bacillus licheniformis*),等等。与液态发酵相比,固态发酵的优点是培养基含水量少,废水废渣所造成的环境污染较轻,能源消耗量低,培养设备简易,投资较少。另外,固态发酵的培养基原料多为天然基质或废弃物,广泛易得,价格低廉,所获产物浓度较高,后处理较为方便等。固态发酵的不足之处是,菌种选择性差、发酵周期较长、工艺参数难以精确测量和控制、发酵产物的质量与数量稳定性稍差、工艺操作消耗劳力强度大等。在微生物工业生产中选择固态发酵还是液态发酵,主要取决于所用菌种、原料、产物类型,以及设备、技术等因素。现代微生物工业大多采用液态发酵方式(如生产氨基酸、有机酸、酶类、抗生素、激素等),主要是因为液态发酵总效率高、能精确调控、易于机械化和自动化、适用面广等。

3. 连续发酵

连续发酵(continuous fermentation)是指微生物连续培养技术在发酵工业上的应用。其形式包括单罐(级)连续发酵和多罐(级)连续发酵。连续发酵与单批发酵相比有许多优点:①高效,简化了菌种的扩大培养环节,节省了发酵罐的多次装料、灭菌、出料、清洗罐等单元操作,从而减少了非生产时间并提高了设备的利用率;②自控,便于利用各种仪表进行自动控制;③产品质量较稳定;④节约了大量人力、动力、水和蒸汽。尤其是使水、汽、电负荷均匀合理分配,增加了生产效率,提高了产品商业竞争力。连续培养的不足之处是,发酵运转时间过长,菌种易于退化,容易受到杂菌污染,培养基的利用率相对较低等。目前,连续发酵技术已被用于大规模生产乙醇、丙酮、丁醇、乳酸、食用酵母、饲料酵母、单细胞蛋白、石油脱蜡以及污水处理等,并取得了良好的效果。

4. 混合培养发酵

混合培养发酵(mixed culture fermentation)简称混合发酵,是指两种或两种以上微生物混合在一起共用一种培养基进行的发酵方式。许多传统微生物工业实质上就是混合发酵,例如,酒曲、酱曲、醋曲的制作,某些葡萄酒、白酒的酿制,污水处理,沼气发酵,湿法冶金等都是混合发酵。传统混合发酵中,菌种的种类和数量大都是未知的,人们主要是通过控制培养基组成和发酵条件来达到生产目的。而现代发酵工业中的混合发酵,则主要是采用已分离纯化、鉴定过的微生物纯培养作为菌种,采用同种培养基进行发酵。

混合发酵优势在于:可以实现不同种微生物在同一发酵容器中经受同一发酵工艺的过程,这样不仅使培养基可以得到充分利用,而且节省了人员、设备和时间,提高了经济效益;更重要的是混合发酵可以同时获得两种或多种独特的发酵产品,例如,享誉国内外的茅台酒,就是众多微生物混合发酵的产品。混合发酵中的多菌种,可以通过不同代谢能力的组合,完成单个菌种难以完成的复杂代谢作用,其功能类似于某些基因重组工程菌,因此是一种很有前途的发酵技术。其缺点是发酵过程和产物难以控制。

三、微生物基因工程技术

微生物和微生物学研究在基因工程的产生和发展中占据了极为重要的地位,它们为基因工程提供了理论指导和操作技术,同时基因工程技术的发展也促进了微生物技术产业的快速发展。微生物与基因工程的关系主要表现在以下几个方面。

(1) 基因工程所用克隆载体主要是用病毒、噬菌体和质粒改造而成的。

(2) 基因工程所用的千余种工具酶绝大多数是从微生物中分离纯化得到的。例如,对DNA准确切割的限制性核酸内切酶,基因与载体进行连接的DNA连接酶,DNA进行体外扩增(PCR)的高温 DNA 聚合酶等。

(3) 微生物细胞是基因克隆和表达的宿主,即外源基因经与相应载体连接构建后,必须转化大肠杆菌等宿主才能得到克隆或表达,甚至外源基因转化植物或动物细胞目前也大多采用人工构建的土壤杆菌、酵母、病毒等微生物作为载体。

(4) 目前大规模工业化发酵所采用的菌种有许多是经过基因工程改造的工程菌。

(5) 微生物的多样性,尤其是抗高温、高盐、高碱、低温等微生物,为基因工程提供了极其丰富而独特的基因资源。

(6) 分子生物学、分子遗传学和 DNA 重组技术中的有关基因结构、性质、表达调控等理论基础,主要是以微生物为对象研究取得的。即便是动、植物基因也大多是转移至微生物中后再进行研究而得到的。

第二节 微生物的应用

一、微生物与工业发展

微生物在各行业中的应用,大多需要的是微生物菌体或其代谢物产品,因此微生物产业化应用与工业密不可分,微生物产品也主要通过工业化大规模发酵来生产。微生物工业既包括以传统法生产的酒、醋、酱、乳酪为代表的酿造业产品,也包括以发酵法生产的抗生素、氨基酸、有机酸为代表的近代工业产品和以生产胰岛素、α-干扰素、乙肝疫苗等为代表的基因工程产品。从微生物应用范围看,由于它具有物种多样性和生理代谢多样性等特点,故形成了各行各业的微生物工业,生产出多种多样人类所需要的产品。例如以生产面包、乳酪、味精、肌苷酸、赖氨酸、维生素、食用菌等为代表的食品微生物工业,以生产酒、食用醋、酱油、柠檬酸为代表的酿造微生物工业,以生产青霉素、链霉素、维生素 E、益生菌、疫苗、诊断试剂为代表的医药微生物工业,以生产各类有机或无机污染物降解菌、重金属富集菌、石油净化剂为代表的环保微生物工业,以生产赤霉素、井冈霉素、Bt 杀虫剂、菌肥为代表的农业微生物工业,以生产单细胞蛋白、土霉素、蛋氨酸等为代表的饲料微生物工业等。

目前,各类微生物工业产品已深入到人们日常生活当中,对人类社会的可持续发展发挥着直接或间接的作用。不仅如此,在自然界还有大量已发现或未发现的微生物有待于人们去开发应用。可以说,微生物为传统工业开辟了一个微生物工业的新领域,促进了现代工业的发展,而现代工业技术的发展又促进了微生物产业进一步扩大和应用,两者相互促进共同发展。

二、微生物与医药生产

尽管人类许多疾病的发生与病原微生物密切相关,但微生物在治疗疾病和促进人类健康方面的巨大作用仍是有目共睹的。在此方面,作为某些天然药物来源的微生物已显示出它的巨大优势。另外,目前国内外还利用以微生物技术为基础的现代生物技术,对某些已知天然药物进行改造,开发出许多新的高效药物和保健品,进一步扩大了药物资源与治疗范围。

（一）医药微生物的来源与利用

1. 医药微生物的来源

医药中应用的微生物主要包括药用微生物、药源微生物和药用基因工程菌等几大类别。

（1）药用微生物　通常是指传统中药里的大型药用真菌，如灵芝、银耳、冬虫夏草等。同时，药用微生物也指各种具有明显药效作用的菌剂，如微生物疫苗、肠道益生菌制剂、微生物农药菌剂等。

（2）药源微生物　主要指药物产生菌，它们是寻找和筛选新药的主要来源。土壤中含有丰富的各类微生物资源，是药源微生物筛选的重要来源，包括寻找分离有药用价值的放线菌、细菌和真菌。另外，海洋微生物、动植物体内外微生物、特殊环境微生物等也都为扩大药源微生物的筛选提供了有效途径。例如，具有抗癌作用的紫杉醇（taxol）因受树木资源的限制而得不到广泛利用，但从红豆杉树皮内分离获得了能产生紫杉醇的内生菌株，可以用微生物发酵方式大量生产紫杉醇药物。类似这方面的研究与应用越来越受到人们的高度重视。

（3）药用基因工程菌　随着分子生物学的发展，基因工程技术日臻成熟，许多利用外源药物基因（包括动物、植物、微生物等药物基因）所构建的基因工程载体，得以在某些微生物宿主（如大肠杆菌、酵母菌等）中高效克隆或表达，并采用大规模发酵方式生产出各种非宿主微生物代谢产物的天然药物产品。对基因工程菌来说，拥有一个适宜外源基因操作的载体系统和拥有一个适宜外源基因活性产物表达的宿主系统，是其得以应用的基本要求。目前，药用基因工程菌在生物制药领域的地位越来越重要。据报道，除单细胞微生物外，作为放线菌的链霉菌也可利用基因工程操作产生非链霉菌代谢产物的药物。

2. 医药微生物的利用

（1）微生物制药　利用微生物所生产医药产品被称为微生物药物（microbial medicine），泛指直接或间接来源于微生物的所有药物。传统微生物药物主要是指微生物合成的抗生素，而现代微生物药物则还包括无抗生活性的生理活性物质，如酶抑制剂、免疫调节剂、细胞功能调节剂、受体拮抗剂以及其他生理活性物质等，也包括以微生物天然产物为母核进行的生物转化或化学合成改造所形成的药物（即半合成抗生素），如青霉素系列和头孢菌素系列等。

（2）生物转化与药物合成　现代微生物学证实，微生物可以产生丰富的酶系，因而有着在温和条件下非常强大的分解转化物质的能力，这就为中药的微生物炮制奠定了理论基础。与一般的物理或化学方法相比，通过微生物的生长代谢和生命活动来炮制中药，能够更大幅度地改变药性、提高疗效、降低毒副作用、扩大适应证。如四川大学曾筛选获得产纤溶酶的芽孢杆菌菌株，在进行红花发酵转化实验中，经高效液相色谱法（HPLC）检测确定红花中的主要药效成分"红花黄色素"发生了转化，生成了一种新的物质，增强了药效。

（3）利用微生物检测药物的效果　在医药产品的研制过程中，一些微生物（有时可替代人体）常被用作验证药效或毒性的对象，如抗生素的微生物鉴定法、检测药物"三致"作用的Ameis试验等。

（二）抗生素

抗生素（antibiotics）是生物（包括微生物、植物和动物）在其生命活动过程中产生的（或以化学、物理、生物化学方法衍生的），能在低微浓度下选择性地抑制或影响其他生物功能的有机物质。抗生素不仅能治疗由微生物感染的人、畜、植物疾病，而且某些还能抗肿瘤、防治病虫害和杂草，因此在人类生活中十分重要。目前抗生素的生产方式主要是采用微生物发酵法，但利用化学或生化手段对天然抗生素进行结构改造所制备的半合成抗生素也是抗生素的重要来源。

根据作用对象,抗生素可分为细菌抗生素、真菌抗生素、肿瘤抗生素等;根据抗菌或抑生作用范围(抗菌谱、抗病谱)可分为广谱或窄谱抗生素;根据抗生素的结构可分为β-内酰胺类抗生素(如青霉素、头孢菌素等)、大环内酯类抗生素(如红霉素、螺旋霉素等)、四环类抗生素(如金霉素、土霉素、四环素等)、氨基糖苷类抗生素(如链霉素、新霉素、庆大霉素等)、多肽类抗生素(如放线菌素、多黏菌素、杆菌肽、短杆菌肽等)、多烯类抗生素(如制霉菌素、古曲霉素)和其他结构的抗生素(如博来霉素、紫红霉素)等。

现已发现天然抗生素有 8000 多种,其产生菌主要有放线菌中的链霉菌属、霉菌中的青霉菌属以及细菌中的芽孢杆菌属等。例如,产黄青霉(*Penicillium chrysogenum*)、点青霉(*P. notatum*)产生的青霉素,灰黄青霉(*P. griseofulvum*)产生的灰黄霉素,灰色链霉菌(*Streptomyces griseus*)产生的链霉素,卡那霉素链霉菌(*S. kanamyceticus*)产生的卡那霉素,吸水链霉菌(*S. hygroscopicus*)产生的井冈霉素,头孢霉(*Cephalosporium sp.*)产生的头孢菌素 C,产黑链霉菌(*S. melanochromogenes*)产生的放线菌素 D,金色链霉菌(*S. aureus*)产生的多烯抗生素,地衣芽孢杆菌产生的杆菌肽,等等。

随着抗生素的研究发展和临床应用,人们发现开发新的抗生素的难度越来越大,而且微生物对临床应用的抗生素的耐药性逐渐增强,一些抗生素的副作用也不断地显露出来,因而使得许多以天然抗生素为母核的半合成抗生素不断涌现。半合成抗生素能够在一定程度上克服天然抗生素的一些缺陷,因而逐渐成为抗生素工业的重要支柱。另外,基因工程技术的应用,以及改造已有抗生素生产菌种和生产工艺,也得到了不少新的杂合抗生素并提高了生产效率。针对微生物抗药性问题,目前人们在加强研究细菌抗药机制和筛选更高效新型抗生素的同时,重点强调的是在日常生活中合理使用抗生素的重要性。例如,严禁滥用抗生素,选择合适的抗生素品种并制订合理的给药方案,注意抗菌药物的联合用药原则,减少长期单一用药,等等。

(三)非抗生素生理活性物质

非抗生素的生理活性物质,是指由微生物在其生命活动过程中产生的具有生理活性的非抗生素次生代谢产物及其衍生物。这类物质主要包括酶抑制剂、免疫调节剂、受体拮抗剂、抗氧化剂、类激素、生物表面活性剂、降血脂物质和抗辐射药物等,在医药方面具有实用价值。这类药物中的突出代表是 3-羟基-3-甲基-戊二酰辅酶 A(HMG-CoA)还原酶抑制剂,它是胆固醇生物合成过程中限速酶(HMG-CoA 还原酶)的抑制剂,HMG-CoA 还原酶受到抑制后,血液中的胆固醇浓度则降低,因而具有显著的降血脂作用,而且副作用小,可用于治疗高胆固醇血症、冠状动脉硬化、心绞痛等。目前已大规模商业化生产的有普伐他丁(pravastatin)、洛伐他丁(lovastatin)和辛伐他丁(simvastatin)等。

(四)生物制品

生物制品(biologic products)是指利用微生物或其组成成分所生产的疫苗、类毒素、免疫血清以及诊断用的抗原、抗体等制品。生物制品一般可分为预防、治疗和诊断三大类。预防制品主要是疫苗,它主要包括由细菌、螺旋体、支原体等制成的菌苗,由病毒、立克次氏体和衣原体制成的疫苗,以及由细菌外毒素经脱毒处理后制成的类毒素等。治疗制品大多数是利用细菌、病毒和生物毒素免疫动物制备的抗血清或抗毒素、人特异丙种球蛋白等。诊断制品目前常用的多属于抗原或抗体产品,其中单克隆抗体是重要的诊断制品,但它在应用上正在由诊断逐渐走向治疗。另外，随着现代科学技术的发展和相互渗透，微生物诊断技术已由免疫学水平提高到了分子水平，单克隆抗体诊断制品的系列化与普及化，DNA 探针、PCR 技术、DNA 芯片和分子克隆印迹技术等逐步得到推广应用，它们将在人们疾病预防、诊断和治疗中发挥着越来越重要的作用。

尽管生物制品在诊断控制某些疾病当中发挥了巨大作用，但目前仍有相当多的严重威胁人类健康和生命的疾病无法进行有效的诊断、预防和治疗，因此研制各类生物制品的研究任重而道远。未来生物制品的发展除在安全、快速、有效、特异、敏感、简便、副反应少等方面提出更高要求外，还应利用现代分子生物学技术大力发展基因工程、细胞工程和蛋白质工程，以生产出功能更多、效价更高的高效生物制品，为人类的健康保护做出更大贡献。

三、微生物与现代农业

当前在农业生产中，机械、化肥、农药及除草剂等的大量使用，尽管极大地提高了农业生产的效率，但也同时带来了环境污染、耕地退化、生态条件恶化以及产品质量下降等一系列不良后果，使得农业面临可持续发展的困境。尤其是作为农业大国的中国，在人口增长、环境恶化、资源匮乏等问题上日益严峻。因此世界各国纷纷行动了起来，他们都在寻求可持续发展的出路。其中，由于各种微生物在物质循环、营养转化及能量流动中所起的重要作用而备受人们的关注。随着"白色农业"（指微生物资源产业化的工业型新农业，包括高科技生物工程、发酵工程和酶工程）概念的提出，微生物资源在农业领域的生产、加工、废弃物处理、环境保护以及农业生物技术等方面的作用越来越受到重视，并已在微生物农药、微生物肥料、微生物饲料、微生物食品等产业方面取得了很大的进展。

（一）微生物农药

病、虫、草、鼠是农业生产的四大害，在作物生长期及收获后均可造成较大损失。农药特别是化学农药在农、林业病、虫、草、鼠害防治中发挥了巨大作用，但长期大量使用已造成了严重后果，例如，环境严重污染，生态遭到破坏，害虫抗药性增加，与过量摄入化学农药相关的疾病发病率逐步升高，人畜中毒伤亡严重，等等。因此人们不得不开发低毒高效安全的农药新资源生物农药。微生物农药在生物农药中占有重要地位，也是各国竞相发展的产业，它是由微生物本身或其代谢产物产生的具有防病、防虫、除草、杀鼠或调节植物生长等功能的一大类生物农药。微生物农药包括活体微生物农药和农用抗生素两大类。其中活体微生物农药按作用物可分为真菌农药、细菌农药、病毒农药，而按防治对象又常分为杀虫剂、杀菌剂和除草剂等。

1. 微生物杀虫剂

微生物杀虫剂是目前应用最多的生物农药，占整个生物防治剂的 90% 以上，包括细菌杀虫剂、真菌杀虫剂和病毒杀虫剂等。

（1）细菌杀虫剂　细菌杀虫剂是由对某些昆虫有致病或致死作用的细菌或其活性成分制成的，其作用机制主要是胃毒作用。昆虫摄入病原细菌制剂后，通过肠细胞吸收，进入体腔和血液，使之得败血症导致全身中毒而死亡。目前筛选的杀虫细菌有 100 多种，其中被开发成产品并投入实际应用的主要有苏云金芽孢杆菌（*Bacillus thuringiensis*，Bt）、日本金龟子芽孢杆菌（*Bacillus popiliae*）、球形芽孢杆菌（*Bacillus sphaericus*）和缓病芽孢杆菌（*Bacillus lentimorbus*）等。其中 Bt 杀虫剂是当今研究最多、最深入和应用最广泛的杀虫细菌，它对鳞翅目、双翅目、膜翅目、鞘翅目、直翅目中的 200 多种昆虫均有毒杀作用，因此被广泛用于防治农、林、果树、储藏室及一些医学害虫。Bt 杀虫剂对人、畜安全无害,对植物也不产生药害,不影响农产品的品质,也不伤害害虫的天敌和有益的生物,因此能保持使用环境的生态平衡。

(2) 真菌杀虫剂　真菌杀虫剂的杀虫机制主要有赖于分生孢子。真菌分生孢子附着于昆虫的皮肤,吸水后萌发而长出芽管或形成附着孢,侵入昆虫体内,造成昆虫病理变化和物理损害,最后致使昆虫死亡。真菌杀虫剂和某些化学杀虫剂的触杀性能相似,杀菌谱广、残效长、扩散力强。但缺点是作用效果较慢、侵染过程长、受环境影响较大。杀虫真菌的种类很多,已发现的杀虫真菌约有 100 属 800 种,其中以白僵菌、绿僵菌、拟青霉等应用最多。白僵菌(*Beauveria bassiana*)是一种典型的杀虫真菌,也是研究应用最多的一种杀虫广谱性寄生真菌,能侵染鳞翅目、鞘翅目、直翅目、膜翅目、同翅目 700 多种昆虫和 13 种螨类,可大面积地用于防治马尾松毛虫、玉米螟、大豆食心虫、高粱条螟、甘薯象鼻虫、马铃薯甲虫、果树红蜘蛛、枣黏虫、茶叶毒蛾、稻叶蝉等农林害虫,效果较为显著。绿僵菌(*Metarrhizium anisopliae*)杀虫剂也是一种广谱真菌杀虫剂,它侵染昆虫的途径、致病机制和生产方式都与白僵菌杀虫剂相似。该菌剂防治斜纹夜蛾、棉铃虫、地老虎、金龟子等害虫方面效果较为突出。

(3) 病毒杀虫剂　病毒杀虫剂的寄主特异性很强,且能在同种害虫群内传播而形成流行病,但对人、畜和作物安全。病毒侵入昆虫后,病毒颗粒在寄主细胞内进行复制,产生大量新的病毒粒子,促使寄主细胞破裂而导致昆虫死亡。另外,病毒也能潜伏于虫卵中并传播给后代。病毒杀虫剂的缺点是,施用效果受外界环境影响较大,宿主范围窄,不易生产和保藏等。目前已知的昆虫病毒有 1600 多种,其中 60 种为杆状病毒,可引起 1100 种昆虫和螨类发病,可控制近 30% 的粮食和纤维作物上的主要害虫。其中研究最多、应用最广的是核型多角体病毒(NPV)、质型多角体病毒(CPV)和颗粒体病毒(GV)。我国在昆虫病毒研究领域中也取得了较大的进展。核型多角体病毒杀虫剂主要用于农业和林业,如防治棉花、高粱、玉米、烟草、番茄等作物的棉铃虫、斜纹夜蛾、茶毛虫、甜菜夜蛾等害虫。颗粒病毒的应用不及核型多角体病毒广泛,主要用于防治菜青虫、小菜蛾及黄地老虎等。质型多角体病毒主要用于林区虫害防护。

2. 微生物杀菌剂

微生物杀菌剂是一类能控制植物病原菌的制剂,主要有细菌杀菌剂、真菌杀菌剂和病毒杀菌剂等类型。微生物杀菌剂主要抑制病原菌的能量产生、干扰生物合成和破坏细胞结构,其毒性低,有的还兼有刺激植物生长的作用。

(1) 细菌杀菌剂　目前用作杀菌剂的拮抗细菌主要有枯草杆菌(*Bacillus subtilis*)、放射形土壤杆菌(*Agrobacterium radiobacter*)、洋葱球茎病假单胞菌(*Burkholderia cepacia* Wisconsin)、胡萝卜软腐欧文氏菌(*Rwinia carotovora*)、地衣芽孢杆菌(*Bacilus licheniformis*)、假单胞菌(*Pseudomonas pseudoacaligenes*)等。细菌的种类多、数量大、繁殖速度快,且易于人工培养和控制,因此,细菌杀菌剂的研究和开发具有较大的前景。

(2) 真菌杀菌剂　真菌杀菌剂中研究、应用最广泛的是黏帚霉(*Gliocladium* spp.)和木霉(*Trichoderma* spp.)。利用木霉菌防治植物病虫害一直是国内外研究热点,已被用于防治水稻纹枯病,棉花枯萎病,花生、甜椒、茉莉等的白绢病,蔬菜猝倒病、枯萎病、立枯病等病虫害。此外,一些真菌还可用来防治大豆孢囊线虫、根结线虫等病虫害,如淡紫拟青霉(*Paecilomyces lilacinus*)可用于防治香蕉穿孔线虫病、马铃薯金线虫病等。

3. 微生物除草剂

微生物除草剂是由杂草病原菌的繁殖体和相应助剂组成的微生物制剂。其作用方式是孢子、菌丝等直接穿透寄主表皮,进入寄主组织、产生毒素,影响杂草植株正常的生理状况,使杂草发病并逐步蔓延,最终导致杂草死亡。具有杂草生物防治开发潜力的微生物中:真菌类主要集中在以下 9 个类型,即镰刀菌属、盘孢菌属、链格孢菌属、尾孢菌属、疫霉属、柄锈菌属、黑粉菌属、核盘菌属、壳单胞菌;细菌类主要为根际细菌,包括假单胞杆菌属、黄杆菌属、黄单胞杆菌属等。我国"鲁保一号"就是利用专性寄生于菟丝子上的半知菌类、黑盘孢目中的盘长孢属(*Gloeosporium*)的真菌制成,它防治农田杂草菟丝子的效果可达 70%～95%,曾于 20 世纪 70 年代在 20 多个省推广应用了 600 多万公顷。新疆分离并研制出的镰刀菌除草剂,采用割茎涂液的方法去除埃及列当,效果也在 95% 以上。

4. 农用抗生素类农药

农用抗生素主要是用于抑制或杀灭农作物的病、虫、草害的抗生素,有些还有促植物生长作用。农用抗生素的主要来源是放线菌类微生物。我国从 20 世纪 50 年代起就已筛选出许多农用抗生素品种,如多效霉素、春雷霉素、华光霉素、井冈霉素、灭瘟素等,其中产量最大的是井冈霉素。鉴于农用抗生素在防治农业病虫害方面的巨大作用,各国已将其列入重点科研计划,先后开发了阿维菌素、多氧霉素、有效霉素、植霉素、木霉素等品种,其中阿维菌素是迄今为止发现的最有效的杀虫抗生素。新近开发的申嗪霉素对蔓枯病、枯萎病和根腐病等的平均防治效果达 80%。另外,近年来还开发了除草抗生素,如日本明治制果公司开发的双丙氨磷,可用于去除一年生和多年生禾本科杂草和阔叶杂草,并已商品化。

与化学农药相比,微生物农药具有选择性,对人、畜、农作物和自然环境安全,不伤害天敌,不易产生抗药性,能够维护生态平衡等优点,为农产品的优质安全生产和降低有毒物质残留等提供了保障,并成为今后农药发展的重要方向之一。随着对微生物分子生物学和遗传学的深入研究,构建具有综合优良性能的重组菌株成为国内外微生物农药研制发展的重点,这类新型微生物农药,可以克服野生菌制剂效果不持久、防治对象单一等缺点,能够更好地发挥生物防治的综合效益。另外,构建内生基因工程菌也是目前微生物农药制剂研究的热点。相信作为"无公害"的微生物农药将在本世纪内会有更加广阔的发展前景,并在控制农、林、牧业病虫害,保护生态平衡等方面继续发挥其巨大的作用。

(二)微生物肥料

微生物肥料是指由有效菌类与吸附材料混合在一起经人工培制而成的施用后能利用微生物的生命活动使作物得到特定肥效的生物制剂,简称菌肥。按照微生物种类可将微生物肥料分为细菌肥料、放线菌肥料和真菌类肥料;按照剂型可分为液体肥料和固体肥料;按照内含物可分为单菌株制剂、多菌株制剂。比较常见的是根瘤菌肥料类、固氮类菌肥、磷细菌肥料、钾细菌肥料、复合微生物肥料和微生物生长调节剂等。

微生物肥料主要具有以下作用。

(1) **提高土壤肥力** 根瘤菌、固氮菌等固氮类细菌(主要包括各类共生固氮根瘤菌、固氮菌属 *Azotobacter*、固氮梭菌属 *Closteridium*、鱼腥藻属 *Anabaesna* 等)可以通过生物固氮作用,在固氮酶的催化作用下,将空气中游离态分子氮转化固定成为植物可利用的化合态氮素,它们是土壤自然氮素营养增加的主要来源。磷细菌肥料、钾细菌肥料可分泌多种有机酸,通过溶解或螯合作用可以促使难溶性的有机或无机磷、钾化合物释放,转化成可溶性易吸收的矿物质化合物,以补充植物种植土壤环境中有效磷、钾营养的不足。复合类菌肥是含有两种或两种以上不同功能微生物的菌肥,也可同时添加有机、无机肥和微量元素等,具有综合肥料营养效应。

如果按照作物需求进行科学配比,可以达到均衡供肥和肥效持久的目的。

(2) 调节植物生长　某些微生物可以产生生长素、吲哚乙酸和赤霉素等植物激素,以及多种维生素和氨基酸等生物活性物质,这类微生物做成菌肥施用后,能够刺激和调节作物生长,起到单施化肥所不能达到的促植物生长代谢作用。

(3) 增强植物抗性　某些微生物菌肥中的微生物不仅具有肥效,而且还能分泌多种抗生素、杀虫活性物质以及植物刺激素等物质,可以抑制植物病原微生物的活动,或诱导植物产生过氧化物酶、多酚氧化酶及苯甲氨酸解氨酶等参与植物防御反应,减少了病虫害发生,提高了作物的抗逆性。如细黄链霉菌(即"5406"放线菌)肥料、植物促生根际菌肥(plant growth promoting rhizolacteria,PGPR)等就具有此功能。

尽管微生物肥料在农作物增产、品质改良、降低病虫害、土壤修复,以及农田生态环境保护等方面发挥着多重功效,但目前这类肥料由于起效慢、保藏和施用条件苛刻等原因,目前仍然是一种辅助性肥料,还不能完全替代有机肥料和化学肥料。然而在当前倡导生态农业、绿色农业和有机农业的大背景下,微生物肥料的开发、生产及应用力度正在逐步加大,也必将进一步在农业生产中发挥其应有的经济价值和生态效益。

(三) 微生物饲料

微生物饲料是指含微生物菌体或代谢产物的饲料和饲料添加剂,包括青储饲料、发酵饲料、单细胞蛋白饲料,以及饲料酶制剂、氨基酸添加剂等。微生物饲料中的微生物不仅可以降解、转化粗饲料中的营养成分以利于动物吸收,而且还会通过微生物的菌体生长或其分泌的代谢产物,弥补常规饲料中所缺乏的蛋白质、氨基酸、乳酸等有机酸、生物活性小肽,甚至抗生素类等有益物质。能够用于微生物饲料生产的微生物主要有细菌、酵母菌、担子菌及部分单细胞藻类微生物等。

青储饲料是将新鲜牧草、作物秸秆等青饲料粉碎,填入并密封于青储窖内而形成的。在青储饲料的表面附着的乳酸菌等微生物的作用下,经发酵生成乳酸、醋酸、琥珀酸等有机酸和醇类,部分蛋白质被分解成氨基酸及氨化物,繁殖的菌体使蛋白质类营养物质增加,发酵中产生的热可杀死或抑制病原菌的生长。因此,青储饲料是一种营养丰富、易消化、多汁、耐储藏的饲料,是现代畜牧业养殖的主要饲料。

发酵饲料则是将植物秸秆类粗饲料粉碎,接种能够降解纤维素、木质素的微生物(如霉菌、担子菌等),在一定的温度、湿度和通气条件下,发酵而成为味甜、酸、香,质地熟软,适口性好,营养成分倍增,家畜爱吃并且易于消化吸收的饲料。

单细胞蛋白(single cell protein,SCP)是指大规模生产的可作为饲料或食品添加剂的富含蛋白质的微生物细胞。其菌种来源包括细菌、丝状真菌、酵母菌、藻类中的许多种,但主要还是产单细胞蛋白酵母。

作为饲料添加剂的微生物(活菌制剂),主要包括芽孢杆菌属、乳酸菌属、酵母菌、双歧杆菌属以及部分霉菌等动物肠道益生菌,它们在动物体内的作用主要是助消化、抑制肠内有害菌的繁殖、免疫刺激、调节动物肠道正常菌群、实现微生态平衡、提高饲料转化率等。

饲料酶制剂是指用细菌、霉菌等发酵生产的淀粉酶、纤维素酶和蛋白酶等制成的酶制剂。用于饲料生产中,它们在增强动物对饲料的消化、利用方面,以及改善动物体内的代谢效能等方面作用显著。

微生物饲料作用显著,潜力巨大,对促进畜牧业的良性发展起到了非常关键的作用。

（四）微生物食品和饮料

微生物作为食品直接应用的形式有三种：①利用微生物的菌体；②利用微生物的代谢产物；③利用微生物所产生的酶。微生物食品不仅能为人类提供蛋白质、脂肪、糖类和维生素等营养物质，而且还具备参与机体调节、改善体内微环境等生理保健功能。因此，在单纯动、植物源食物不能满足人们营养需求的情况下，发展微生物食物拥有巨大的潜力。能作为食物或饮料的常见微生物有食用菌、微生态保健食品和微型藻类食品等。

食用菌一般是指可食用的有大型子实体的高等真菌，分类上主要属于担子菌亚门（Basidiomytina）和子囊菌亚门（Ascomycotina）。食用菌素有"植物肉之称"，被世界公认为"天然健康食品"，许多食用菌品种还以其突出的抗癌、降脂、增智及提高机体免疫力功效而成为首屈一指的保健食品，国际食品界已将其列为21世纪的八大营养保健食品之一。我国已知的食用菌有720多种，药用菌（含食药兼用菌）约390种。其中多数属于担子菌亚门（如香菇、草菇及木耳等），少数属于子囊菌亚门（如羊肚菌等），它们分别生长在不同的地区和不同的生态环境中。食用菌含有丰富的蛋白质和多糖，营养含量较平衡，而且味道鲜美，具有较高的营养和食疗价值。目前食用菌人工培养栽培已实现了全天候的规模化和工厂化。

作为微生态保健食品（或调节剂）的微生物主要是各类益生菌制剂，如乳酸菌、乳杆菌、双歧杆菌、酵母菌、芽孢杆菌等活菌体制剂。它们能够抑制肠道病原微生物，促进正常菌群的平衡，帮助宿主消化吸收，甚至对某些肠道的损伤都产生有益的作用（例如酪酸梭菌、凝结芽孢杆菌等）。酸奶及红茶等微生态食品含有丰富的乳酸菌及酵母菌等活菌，这些活菌能够产生有利于人体有益菌生长的代谢产物和促进因子，成为人们非常喜欢的日常饮料。

螺旋藻（即蓝细菌）是典型的微型藻食品，属于蓝藻门，含有丰富的蛋白质、维生素和矿物质等多种营养成分，常用作饲料添加剂或人类代食品。螺旋藻以其光合作用和固氮作用获取高蛋白质等有机产物这一独特功能，显示出它将具有巨大的应用前景。

酒是含乙醇的饮料，种类繁多，一般将其分为啤酒、蒸馏酒、黄酒、果酒和配制酒五大类。其中蒸馏酒又包括白酒、威士忌、白兰地、朗姆酒、伏特加、金酒、烧酎等。白酒中又可分为浓香型（如泸州老窖）、酱香型（如茅台酒）、清香型（如汾酒）、米香型（如桂林三花酒）等香型。酿酒用的原料一般是谷物淀粉或含糖丰富的果实，如高粱、玉米、稻米、小麦、薯干、豌豆、马铃薯、苹果、樱桃、甘蔗、甜菜等。酿造中所涉及的微生物主要有两大类：一类主要是起糖化作用的，如曲霉、根霉、毛霉、犁头霉等；另一类主要是起酒精发酵作用的酵母和增香调味作用的乳酸菌、醋酸菌和芽孢杆菌等。有些酒在酿造过程中采用的是自然混菌接种发酵法（如传统米酒、黄酒等酿造），而有的是接种人工纯培养菌种进行发酵（如某些近代蒸馏酒酿造），有的采用固态发酵法，有的采用液态发酵法。但对蒸馏酒酿造来说，其基本过程都是相似的。

四、微生物与能源开发

随着化石燃料资源的短缺和环境污染问题的不断加重，寻找绿色、可再生的清洁新能源已成为世界各国的当务之急。以生物质能、太阳能、风能、海洋能、地热能、水力电能等可再生能源为主体的新能源体系，将在21世纪逐渐替代以石油、天然气和煤炭等化石燃料为主体的传统能源体系。其中，以生物质原料为基质，利用微生物的合成或转化形成各类生物质能源（如沼气、乙醇、丙烷、丁醇、生物柴油、氢气等）的开发利用越来越受到人们的重视。可以说，新型可再生清洁能源的开发应用是人类社会可持续发展的唯一出路。

1. 生物沼气

沼气是一种混合气体，主要成分是 CH_4、CO_2，以及少量的 H_2S、H_2、CO 和 N_2 等，其中 CH_4 占 50%～70%、CO_2 占 30%～40%。沼气发酵是一个微生物联合作用过程，作用基质包括农作物秸秆、人畜粪便以及工农业排放废水中的有机物等有机质，这些物质在厌氧及其他适宜的条件下，通过微生物的作用最终转化成沼气的过程，即为沼气发酵。

沼气发酵主要经历了以下三个阶段(图 12-1)。

(1) 水解阶段　微生物主要包括能分泌纤维酶、淀粉酶、蛋白酶和脂肪酶等胞外酶的菌群，如蛋白质氨化菌、纤维素分解细菌、梭状芽孢杆菌、硫酸盐还原细菌、硝酸盐还原细菌和脂肪分解细菌等。它们首先对有机物进行体外酶解，也就是把畜禽粪便、作物秸秆、豆制品加工后的废水等大分子有机物分解成能溶于水的单糖、氨基酸、甘油和脂肪酸等小分子化合物。这个阶段又称液化阶段。

(2) 产酸产气阶段　这个阶段主要由几个微生物群体联合作用：首先由发酵型细菌将水解阶段产生的小分子化合物吸收进细胞内，并将其分解为乙酸、丙酸、丁酸、氢和二氧化碳等，然后再由产氢、产乙酸菌把发酵性细菌产生的丙酸、丁酸转化为产甲烷菌可利用的乙酸、氢和二氧化碳。

(3) 产甲烷阶段　这个阶段的微生物主要由自养型、严格厌氧的产甲烷细菌菌群(主要是甲烷杆菌属 *Methanobacterium*、甲烷八叠球菌属 *Methanosarcina*、甲烷球菌属 *Methanoccus* 等)组成，它们可以分为食氢产甲烷菌和食乙酸产甲烷菌两大类群。这两大菌群在严格厌氧的条件下将甲酸、乙酸、氢等分解成甲烷和二氧化碳，或通过氢还原二氧化碳的作用形成甲烷，或以甲基化合物为原料生物合成甲烷。

以上三个阶段的界限和参与作用的微生物菌群不是截然分开的。微生物种群之间通过直接或间接的关系，相互影响，相互制约，组成了一个复杂的共生网络系统。

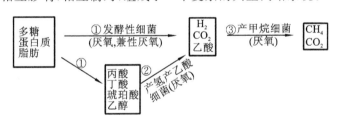

图 12-1　沼气发酵的机制

沼气是可再生的清洁能源，既可替代秸秆、薪柴等传统生物质能源，也可替代煤炭等商品能源，而且燃烧效率较高，可用于照明、炊事、生产供能等，且不产生污染。我国是世界上沼气利用开展较好的国家，沼气开发在我国不仅是一项农村基本能源建设，而且也是建立资源节约型社会的能源工程、实现农业可持续发展的生态工程和增加农民收入的富民工程。

2. 生物乙醇燃料

乙醇俗称酒精，是一种传统的基础有机化工原料，广泛应用于有机化工、日用化工、食品饮料、医药卫生等领域。随着人类对能源需求的增加，乙醇作为传统燃油的替代品越来越受到重视，据称，目前全球生物乙醇燃料的发展已经超过任何一种替代燃料。生物乙醇燃料主要由玉米、小麦、薯类等植物淀粉或糖蜜通过微生物发酵而来。近年来，利用农、林、牧业废弃物等植物纤维进行乙醇生产的研究成为全球生物能源研究的热点。其过程包括：①预处理纤维素和半纤维素等生物材料并去除阻碍糖化和发酵的杂质；②用酸或酶水解聚合物成六碳糖或五碳糖等单糖;③用酵母等酒精发酵菌生产乙醇;④经蒸馏、浓缩后获得燃料乙醇。

产乙醇的微生物种类非常多,包括酵母、霉菌和某些细菌。不同微生物的酒精发酵途径略有不同,例如:酵母菌是利用 EMP 途径分解葡萄糖为丙酮酸,然后再将丙酮酸还原成为乙醇;而发酵单胞细菌则是利用 ED 途径产生乙醇。能够发酵产生乙醇的酵母有酿酒酵母菌属(*Saccharomyces*)、裂殖酵母菌属(*Schizosaccharomyces*)、假丝酵母属(*Candida*)、球拟酵母属(*Torulopsis*)、酒香酵母属(*Brettanomyces*)、汉逊氏酵母属(*Hansenula*)、克鲁弗氏酵母属(*Kluveromyces*)、毕赤氏酵母属(*Pichia*)、隐球酵母属(*Cryptococcus*)、德巴利氏酵母属(*Debaryomyces*)、卵孢酵母属(*Oosporium*)等。

目前生产生物乙醇燃料,仍以酿酒酵母菌发酵为主,其主要原因是:①酿酒酵母能产生高浓度乙醇,且副产物少;②酿酒酵母具有一定的凝聚性和沉淀性,有利于分离和细胞再循环利用;③酿酒酵母耐受高浓度乙醇的能力比较强。不足之处是:酿酒酵母所能发酵的底物范围较窄,例如,它不能直接利用来源广、价格低的各种纤维素、半纤维素等基质。因此筛选能更多地利用多种底物的产乙醇微生物是生物乙醇燃料工业发展重要方向之一。

3. 微生物产氢

氢气因其具有密度低,燃烧值高,在转化为热能或电能时只产生水蒸气,不会产生有毒气体和温室气体,适用范围广等诸多优点,因此被认为是未来最理想的终端清洁能源载体,也是目前国际上新能源研究的热点。

从微生物学角度来看,许多微生物在其生理代谢过程中都能产生氢气,只是产率和纯度有所不同。例如,氢气产生菌的主要种类有红螺菌属(*Rhodospirillum*)、红假单胞菌属(*Rhodopseudomonas*)、红微菌属(*Rhodomicrobium*)、荚硫菌属(*Thiocapsa*)、硫螺菌属(*Thiospirillum*)、闪囊菌属(*Lamprocystis*)、网硫菌属(*Thiodictyon*)、板硫菌属(*Thiopedia*)、外硫红螺菌属(*Ectothiorhodospira*)、梭杆菌属(*Fusobacterium*)、埃希氏菌属(*Escherichia*)、蓝细菌类(*Cyanobacteria*)等。

近年来,人们对蓝、绿藻光水解制氢技术研究得比较深入,例如,莱茵衣藻(*Chlamydomonas reinhardtii*)、斜生栅藻(*Scenedesmus obliquus*)、海洋绿藻(*Chlorococcum littorale*)、鱼腥藻属(*Anabaena*)、丝状异形胞蓝细菌(*A. cylindrica*)、小球藻(*Chlorella fusca*)、念珠藻属(*Nostoc*)、集胞藻属(*Synechocystis*)等。其中蓝细菌类研究得比较多,它们的产氢速率介于 $0.17 \sim 4.2\ \mu mol/(mg \cdot h)$,而绿藻研究得比较少。

目前微生物产氢还处于研制阶段,重点是产氢机制的研究和应用基础研究,尚未达到产业化程度。主要原因是产氢效率比较低,纯度不够,杂质太多等。但在进一步挖掘产氢微生物资源、创新产氢工艺、拓宽可再生反应原料等方面,还是大有作为的。

4. 微生物与生物柴油

生物柴油是指植物油(如蓖麻油、菜籽油、大豆油、花生油、玉米油、棉籽油等)、动物油(如鱼油、猪油、牛油、羊油等)、废弃油脂以及微生物所产的油脂与甲醇或乙醇经酯转化而形成的脂肪酸甲酯或乙酯。其中微生物油脂具有巨大的应用潜力和开发价值。

微生物油脂又称单细胞油脂,由酵母、霉菌、细菌和藻类等微生物在一定的条件下,利用糖类、碳氢化合物或普通油脂作为碳源,在菌体内产生的大量油脂和一些有商品价值的脂质。目前研究较多的是酵母、霉菌和藻类,能够产生油脂的细菌则较少。

常见的产油脂酵母有浅白色隐球酵母(*Cryptococcus albidus*)、弯隐球酵母(*Cryptococcus albidus*)、斯达氏油脂酵母(*Lipomyces starkeyi*)、茁芽丝孢酵母(*Trichosporon pullulans*)、产

油油脂酵母（*Lipomyceslipofer*）、胶黏红酵母（*Rhodotorula glutinis*）、类酵母红冬孢（*Rhodosporidium toruloides*）等。它们的产油量可达菌体的30%～70%。

产油脂真菌有土曲霉（*Aspergillus terreus*）、褐黄曲霉（*A. ochraceus*）、暗黄枝孢霉（*Cladosprium fulvum*）、腊叶芽枝霉（*C. herbarum*）、葫芦笀霉（*Choanphora cucurbitarum*）、花冠虫霉（*Entomphlhora coyonata*）、梨形卷旋枝霉（*Helicostylum phrifome*）、葡酒色被孢霉（*Mortierella vinacea*）、爪哇毛霉（*Mucor javanicus*）、布拉氏须霉（*Phycomyces blakesleeanus*）、唐菖葡青霉（*Penicillium gladiole*）、德巴利氏腐霉（*Pythium debaryanum*）、葡枝根霉（*Phisopus stolinijer*）、元根根霉（*R. arrhizus*）、水霉（*Saprolegnia litoralis*）等。它们的产油量可达菌体干重的25%～65%。

常见的产油藻类有硅藻（*Diatom*）和螺旋藻（*Spirulina*）等，以及报道得较多的小球藻、金藻、亚心型扁藻、杜氏盐藻、海洋原甲藻、淡色紫球藻、三角褐指藻等。它们的总脂含量高达细胞干重的12.1%。微藻的太阳能利用效率高、个体小、营养丰富、生长繁殖迅速、对环境的适应能力强、容易培养。另外，微藻中不但油脂含量可观，而且直接从微藻中提取得到的油脂成分与植物油相似，不仅可以替代石油作为生物柴油直接应用于工业，还可以作为植物油的替代品。另外，通过异养转化细胞工程技术可以获得脂类含量高达细胞干重55%的异养藻细胞。预计每英亩"工程微藻"每年可生产$5 \times 10^3 \sim 13 \times 10^3$ kg的生物柴油。发展富含油脂的微藻或工程微藻是生产生物柴油的一大趋势。

五、微生物与环境保护

生物圈内的各种物质，都是处于不断地合成、分解和转化的动态平衡之中。由此组成了一个自我调节、自我维持的统一体，从而保证了地球上生命的延续。但是，当人们违背自然界生态平衡规律，将工业、农业、生活废弃物大量排放入江河、湖泊、海洋、土壤和空气中时，如果超过了环境的耐受容量（即环境的自净能力），就破坏了自然界的生态平衡，其结果是使这些物质大量累积于自然环境中，造成各类环境污染。这不仅给国民经济带来了严重危害，而且对人类健康构成严重威胁，甚至影响到子孙后代的繁衍生息。因此，保护环境已成为世界各国日益关心的重大问题。

微生物与环境保护的关系极为密切，目前，在环保工作中以微生物为主体的处理技术已在污水、废气、固体废弃物的监测、处理与控制方面得到了广泛应用。

（一）微生物对污染物的降解与转化

生物降解（biodegradation）主要是指生物对各种物质（尤其是有机物质）的分解作用。微生物作为物质循环中的重要成员，除参与生物地球化学循环外，它的一个很重要的作用是降解和转化环境中的各种污染物。

生物降解和传统的理化分解在本质上是一样的，但又有分解作用所没有的新特征（如共代谢、降解质粒等），因此可视为分解作用的扩展和延伸。生物降解是生态系统物质循环过程中的重要一环，研究各类污染物的降解是当前生物降解的主要方向。

目前已知的环境污染物有数十万种，主要有农药、污水、肥料、烃类、表面活性剂、合成聚合物、重金属、酸碱物质，以及燃烧废气等类别。这些污染物根据它是否能被微生物降解可分为三大类，即可被生物降解、难被生物降解和不可被生物降解。由于微生物具有代谢类型多样性的特点，因此自然界中的各种物质，尤其是有机化合物，几乎都可找到使之降解或转化的微生物,只是难易程度不同罢了。

目前,科学家们采用科学的方法,已寻找、分离和培养出了许多用于降解转化各种污染物的微生物菌种。但随着工业的发展,越来越多的人工合成物质被排入环境,使得这类污染物的处理变得复杂而困难。已有不少证据表明,微生物"正学着"对付众多"陌生的"人造化合物,可见微生物对污染物的降解和转化能力是多么巨大。

(二)"三废"的微生物处理

1. 微生物与污水处理

处理污水的方法很多,可归纳为物理、化学和生物三大类方法。其中目前最常用的是活性污泥法、生物膜法、厌氧处理法、氧化塘法等生物处理方法。

1)活性污泥法

活性污泥法又称好氧活性污泥法、曝气法,是指利用某些好氧微生物在其生长繁殖中形成表面积很大的菌胶团,从而能高效地吸附废水中悬浮或溶解的污染物,并将这些物质摄入细胞内,在通气条件下,将这些物质分解同化为菌体自身组分,或将它们完全氧化为二氧化碳、水等物质。这种具有活性的由微生物群体及它们所吸附的有机物质和无机物质所形成的絮凝状泥粒称为活性污泥。以活性污泥为主体的废水处理方法称为活性污泥法。

能够形成活性污泥菌胶团的微生物主要有动胶菌属、丛毛单胞菌属等(可占70%),以及其他革兰氏阴性细菌和阳性细菌,而在菌胶团表面还生长着酵母菌、霉菌、放线菌、藻类、原生动物,以及轮虫、线虫等后生动物。

好氧活性污泥净化污水的基本流程如图12-2所示。

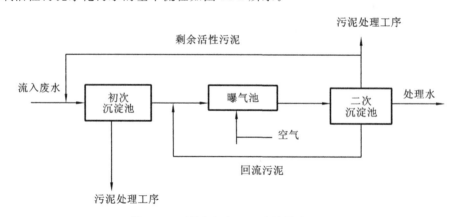

图12-2 活性污泥处理污水的基本流程

经过初次沉淀处理的污水进入含有活性污泥的曝气池后,通过充分混合和通气,使活性污泥中的产荚膜微生物大量繁殖,形成菌胶团絮凝物。随后,丝状细菌、霉菌和原生动物等以它为依靠形成绒絮状颗粒。这些颗粒具有很强的吸附、分解有机污染物的能力,当污水与这些颗粒接触时,其中的有机污染物可以很快地被这些微生物吸附并分解转化。好氧处理结束后,将曝气池中的混合液输入二次沉淀池,使其中的活性污泥在此凝集沉淀。从二次沉淀池中流出的处理水,再经加氯消毒并检测合格即后可排入环境。而沉淀的活性污泥,其中一部分可回流到曝气池中作为接种物循环利用,剩余的可进入沼气发酵池中进行厌氧处理。

在曝气池的运转过程中,有时会出现污泥结构松散、沉降性能恶化、随水漂浮、溢出池外等不正常现象。这主要是由于活性污泥中的丝状微生物繁殖过盛所引起的污泥膨胀现象,常给污水处理带来严重的危害。

在污水处理中经常会遇到以下几个检测指标。

(1) BOD 生化需氧量或生化耗氧量,又称生物需氧量,是水中有机物含量的一个间接指标。一般是指在 1 L 污水或待测水样中所含的一部分易氧化的有机物,当微生物对其氧化、分解时所消耗的水中溶解氧质量(单位为 mg/L)。BOD 的测定一般规定是在 20 ℃ 进行 5 昼夜,故常用 BOD_5(5 日生化需氧量)表示。

(2) COD 化学需氧量,也是表示水体中有机物含量的一个间接指标,指 1 L 污水中所含的有机物在用强氧化剂将它氧化时所消耗的氧质量(单位为 mg/L)。常用的化学氧化剂有 $K_2Cr_2O_7$(氧化力更强,优先选用)或 $KMnO_4$,与 BOD 相比,该法更为快速简便。

(3) TOD 总需氧量,指污水中能被氧化的物质(主要是有机物)在高温下燃烧变成稳定氧化物时所需的总氧量。TOD 是评价某水质的综合指标之一,与测 BOD 或 COD 相比,具有快速、重现性好等优点,但需用灵敏的检测仪器进行测定。

(4) DO 溶解氧量,指溶于水体中的分子态氧,是评价水质优劣的重要指标。DO 值大小是水体能否进行自净作用的关键。天然水的 DO 值一般为 5~10 mg/L。

(5) SS 悬浮物含量,指污水中不溶性固态物质的含量。

(6) TOC 总有机碳含量,指水体内所含有机物中的全部有机碳的量。可通过把水样中的所有有机物全部氧化成 CO_2 和 H_2O,然后测定生成 CO_2 的量来计算。

活性污泥法不仅用于处理生活污水,而且在纺织印染、炼油、焦化、石油化工、农药、材料合成、造纸、炸药等许多工业废水处理中都取得了良好的净化效果,一般可使污水的 BOD_5 减少 90%。

2) 生物膜法

生物膜法是指微生物以膜状固着在某种载体表面进行污水处理的方法。其形式包括生物滤池、生物滤塔、生物转盘等。主要用于污水的二级生物处理。其优点是具有表面积大、运行稳定、抗冲击负荷能力强、经济节能、无污泥膨胀、具有一定硝化与反硝化功能、可实现封闭运转防止臭味等。

生物膜的微生物组成与活性污泥相比,只要以菌胶团为主要组分,辅以真菌、原生动物和藻类。其中:常见的细菌有动胶菌、球衣菌、贝日阿托氏菌、无色杆菌、黄杆菌、假单胞菌、产碱菌,在生物膜的底层部分,化能自养菌较多;常见的真菌主要有镰孢霉、青霉、毛霉、地霉、分枝孢霉和各种酵母;常见的藻类和原生动物主要有席藻、小球藻、丝藻和钟虫等。

在生物膜法处理污水时,污水在其表面不断流过,总是吸附一薄层污水。污水中的有机物即被生物膜中的细菌、真菌吸附并氧化分解,而原生动物又以这些微生物为食物。这种在生物膜中存在的小型食物链,对有机污染物的消除起着十分重要的作用,因为在食物链中的每一步,都有一部分有机污染物借呼吸作用而被转变为 CO_2。因此,能将污水中的有机污染物完全降解。

目前,生物膜法已广泛用于石油、印染、制革、造纸、食品、医药、农药、化纤等工业废水的处理,净化效果较好,一般可使污水的 BOD_5 减少 75%~90%。

3) 厌氧处理法

当废水中有机物浓度较高(BOD_5 超过 1500 mg/L)时,就不宜用好氧微生物处理,而应该用厌氧微生物处理。

厌氧处理法是指在厌氧条件下,形成了厌氧微生物(包括兼性厌氧微生物)所需要的营养条件和环境条件,利用这类微生物分解废水中的有机物产生甲烷和二氧化碳的过程。此法又称厌氧消化或厌氧发酵。所用微生物有厌氧水解性细菌、发酵型细菌、氢营养型和乙酸营养型古菌、利用氢和二氧化碳合成甲烷的古菌、厌氧的原生动物。

厌氧处理法一般用于生活或工农业废水的预处理,以及污水处理厂的剩余污泥处理。

4) 氧化塘法

氧化塘法是一种大面积敞开式的污水处理塘,其基本原理是利用水生植物、藻类,以及其他微生物的共同作用来分解流入污水中的有机污染物,使其得到净化。

2. 微生物与废气处理

利用微生物的多样性代谢作用,可将废气中的污染成分(主要是有机污染成分)以营养形式进行吸收并将其分解成少害或无害的物质。这类有机废气进行微生物处理必须满足以下条件:①有机废气成分是可吸收的,易溶于水的;②被吸收的成分是可以生物降解的;③废气成分对微生物生长没有抑制作用;④具备微生物生长的营养要求;⑤具备微生物的生长环境。

有机废气生物处理中的微生物主要是异养型微生物,包括芽孢杆菌、假单胞菌、链霉菌、毛霉、曲霉、青霉、根霉和交链孢霉等细菌,以及放线菌和真菌。而自养型微生物适于进行无机物转化,但新陈代谢较慢,条件要求较高,故目前应用有限。

利用微生物净化废气的方法主要有两种:生物吸收法和生物过滤法。生物吸收法是利用微生物、营养物和水组成的微生物吸收液处理废气。生物过滤法是用固体颗粒过滤吸附废气中的污染物,然后由附着在固体颗粒材料表面的微生物将污染物转化为无害物质。

3. 微生物与固体废弃物处理

固体废弃物种类繁多,有工业废弃物、农业废弃物、生活废弃物等,其中除金属、玻璃、塑料、橡胶等可被回收再利用外,大多数是有机废弃物,而各种微生物可以将其进行无害化和资源化分解处理。处理有机固体废弃物的方式很多,比较常见的是堆肥法处理、卫生填埋法处理、生态工程法处理、废旧纤维糖化与饲料化处理,甚至燃烧发电等。其中堆肥法处理和生态工程法处理具有较大的发展前景。

(1) 堆肥法处理　在控制条件下,利用微生物的生化作用,将废弃物中的有机物质分解、腐熟并转化为稳定腐殖质的过程称堆肥法处理,此法一般常用于农业或生活垃圾的处理。腐殖质(humus)是指死亡的生物体在土壤中经微生物分解而形成的呈黑褐色无定形疏松状的具有酸性、含氮量很高的高分子胶体有机物质,是土壤有机质的主要部分。腐殖质在土壤中,在一定条件下还会缓慢地分解,释放出以氮、硫、钾、磷为主的养分来供给植物吸收,能改善土壤,增加肥力,同时也放出二氧化碳加强植物的光合作用。

堆肥法可分为好氧堆肥和厌氧堆肥两种方式。其中好氧堆肥(又称高温堆肥)经历了发热、高温、降温腐熟三个阶段,所涉及的微生物有水解性的细菌和嗜热性的放线菌和真菌等。而厌氧堆肥在缺氧和较低温度条件下进行,堆内温度最高不超过 45 ℃,腐熟时间较长。

(2) 生态工程法处理　利用适当的防渗材料,将垃圾堆与土壤和环境进行物理隔离,然后在隔离的垃圾堆上覆土重建以植物为主的土壤-植物生态系统,同时辅以适当的园林景观建筑等,将原来的垃圾山建成公园式的风景娱乐场所,或建成可供农、牧业重新利用的其他形式。

(3) 废旧纤维的微生物糖化处理　利用微生物酶水解富含纤维素的废弃物,使之转化为葡萄糖等单糖,然后再用于某些微生物的培养或发酵生产工业乙醇、生物柴油或饲料用单细胞蛋白等。

第十二章 微生物技术的应用

(三) 污染环境的生物修复

生物修复(bioremediation)也称生态修复,是指在被污染的环境中,利用各种生物的代谢活动进行富集、降解或转化污染物,使其达到无害化的过程。生物修复的本质是生物降解或富集,目前来看,修复的主体应该是各类微生物。然而由于污染环境和污染物的复杂多样性,自然的生物修复过程一般较慢,因此需要采取人为强化措施加速其过程,方能达到目的。例如,为土著微生物投放生长繁殖所需要的营养盐、各种生物因子、生物降解促进剂等,改善土著微生物必要的生长条件(如增加溶氧、改善酸碱性等),或直接接种人工筛选的高效降解菌株或人工构建的基因工程菌株。

生物修复是传统集中污染物生物处理方法的延伸,可以对较大面积的被污染了的环境进行面源治理,如对被重金属、有机磷农药等污染的土壤和水体,石油泄漏造成的海面、海滩污染等进行处理。目前生物修复技术主要用于土壤、水体(包括地下水)、海滩等被污染了的环境的治理,虽效果不是十分明显,但很有前途。

(四) 环境污染的微生物监测

环境监测是测定代表环境质量的各种指标数据的过程,包括物理、化学测定和生物监测。其中,生物监测是利用环境污染所发生的各种生物信息作为判断环境污染状况的一种手段。环境中的微生物是环境污染的直接承受者,自然环境状况的任何变化都会对微生物的群落结构产生影响,因此可用微生物来指示环境污染。因微生物具有抗性强、易变异等特点,把它作为环境污染指示物在应用上不及动物和植物广泛,但微生物的某些独有的特性却使它在环境监测中具有特殊的用途。

(1) 粪便污染指示菌 粪便中肠道病原菌对水体的污染是引起霍乱、伤寒等流行病的主要原因。沙门氏菌、志贺氏菌等肠道病原菌数量少,检出鉴定困难,因此不能把直接检测病原菌作为常规的监测手段。因此提出用肠道内与各种病原菌具有相关性的大肠菌群作为"指示菌",以它们的种类和数量为代表来判定水质或食品被肠道病原微生物污染的程度。检测水体中总大肠菌群的方法主要是MPN(most probable number)试验法和膜滤试验法(membrane filtration test)。

(2) 致突变物的微生物检测 致突变作用是致癌和致畸的根本原因,环境污染物的遗传学效应也主要表现在其致突变作用上。具有致突变作用或怀疑具有致突变效能的化合物种类非常多,这就对发展快速准确的检测方法提出了要求。微生物监测被公认为是对致突变化合物最好的初步检测方法。现在被广泛使用的是美国Ames教授等建立的Ames试验法,该方法具有准确性高、周期短、方法简便等特点。其原理是利用鼠伤寒沙门氏菌(*Salmonella typhimurium*)的组氨酸营养缺陷型菌株在致突变物的作用下发生回复突变的性能,来检测化合物的致突变性。一般采用纸片点试法和平血渗入法监测环境污染物的致突变性。当培养基中不含或含有微量组氨酸时,倾注过量菌液的平板培养时基本上不长或仅形成一层微小的菌落,但当培养基中含致突变物时,这种组氨酸缺陷型菌株就会回复为能自行合成组氨酸的野生型菌株,这时在培养基上就长出明显的大菌落。

(3) 发光细菌检测法 发光细菌的发光现象是菌体正常生理代谢的一种表现。这类菌在生长对数期发光能力极强,但当环境条件不良或有毒物质存在时,其发光能力则受到影响而减弱,减弱的程度与毒物的毒性大小和浓度成一定的比例关系。通过灵敏的光电测定装置,可检测在毒物作用下发光菌发光强度的变化,以此来评价待测物的毒性。其中研究和应用最多的为明亮发光杆菌(*photobacterium phosphereum*)。

(4) 硝化细菌的相对代谢率试验　硝化细菌在好氧条件下可以把 NH_4^+ 氧化成 NO_3^-，因此又称为硝化作用。硝化作用是自然界氮循环中的重要一环，只有微生物才能进行此过程。有毒物质可以影响硝化细菌的代谢速率，因此可用测定硝化细菌相对代谢速率的方法检测环境中是否具有有毒物质，并以此评判水体、土壤等环境中污染物的生物毒性。

六、微生物与未来科技

(一) 微生物传感器

生物传感器是一门集微电子学、材料学、生物技术等为一体的高新技术产品，它是由分子识别元件(感受器)和与之相结合的信号转换器件(换能器)两部分组成的检测分析系统。前者可以是生物体成分(如酶、抗原、抗体、激素、DNA)或生物体本身(如细胞、细胞器、组织)，它们能够特异性地识别各种被测物质并与之反应；后者主要由电化学电极、离子敏场效应晶体管(ISFET)、热敏电阻器、光电管、光纤、压电晶体等组成，其功能是将敏感元件感知的生物化学信号转变为可测量的电信号。生物传感器根据其敏感材料的特性或来源不同，可细分为酶传感器、免疫传感器、细胞器传感器、动物组织传感器、植物组织传感器及微生物传感器、核酸传感器、分子印迹生物传感器等。其中，微生物传感器是生物传感器的一个重要分支，它由固定化微生物细胞、换能器和信号输出装置组成，它以微生物活体作为分子识别敏感材料固定于电极表面而发挥传感作用。

微生物传感器分析周期短，操作简便，自动化程度高，具有较高的精密度和准确度，并且节省人力、物力。微生物传感器现已应用于生物工业、环境监测、临床医学等领域，具有广泛的发展前景。

在生物工业领域(如发酵工程、酶工程、细胞培养工程等)，微生物传感器已应用于酶活性及代谢产物的测定等。应用微生物传感器可不受发酵过程中常见干扰物质的干扰，且不受发酵液混浊程度的限制。另外，微生物传感器还能应用于微生物呼吸活性的测定、微生物的简单鉴定、生物降解物的确定，以及微生物保存方法的选择等方面。

环境监测领域是微生物传感器应用最为广泛的领域，其典型代表是 BOD 传感器。它可以测定水中可生物降解有机物的总量(即生化需氧量)。另外，微生物遇到有害离子时会产生中毒效应，利用这一性质，可实现对废水中有毒物质的评价。微生物传感器还可应用于测定多种污染物，例如：NO 气体传感器用于监测大气中氮氧化物的污染；硫化物微生物传感器用于测定煤气管道中含硫化合物；酚微生物传感器能够快速并准确地测定焦化、炼油、化工等企业废水中的酚类物质。另外，微生物传感器还被广泛应用于检测农药残留、氯苯甲酸盐类物质、苯类物质、氰化物、多氯联苯和有毒重金属等环境污染物。

微生物的多样性、特异性是发展各种用途生物传感器的基础，而生物传感器又具有不够稳定、易受环境条件影响、敏感元件寿命短等缺点。相信随着科学技术的发展，这些问题将会逐步得到解决，而且会向微型化、集成化、智能化方向发展。

(二) 微生物 DNA 芯片

微生物 DNA 芯片(microbial DNA chip)又称生物芯片，是指用来源于微生物的寡核苷酸制成的芯片。微生物的多样性取决于其基因的多样性，因而可以制成种类繁多的 DNA 芯片，可高通量地储存并快速、高效地获取大量的生命信息。临床上常见病原微生物诊断的 DNA 芯片,已显现出它在鉴定大量样品方面所具有的敏感、快速、高准确性和自动化等方面的优势。预计未来微生物 DNA 芯片将会在微生物的基因鉴定、基因表达、基因组研究及新基因的发现等方面得到更大的发展和应用。

(三) 微生物新材料

1. 微生物塑料

微生物塑料是指由一些微生物产生的能在自然环境中被降解的与塑料类似的聚酯物。如某些革兰氏阴性细菌体内产生的聚-β-羟基丁酸酯(PHB)、聚-β-羟链烷酸酯(PHA)以及聚-β-羟链戊酸酯(PHV)等,可以用来生产可降解塑料。这种生物高分子塑料不仅具有高结晶度、高弹性及高熔点的特性,而且具有无毒、高生物相容性、不引起炎症、抗紫外线等特点,尤其是具有生物降解特性,使其用于制作医用塑料器皿、外科手术针缝线、食品餐盒、包装袋等。它们的降解产物进入土壤后还能改良土壤结构、增加肥力,因而用途极为广泛。不足之处是目前生产成本高,成品价格贵,推广受到局限。但随着人们对环保观念的增强,优良菌种的选育,以及生产工艺的改进,相信微生物塑料将会成为一个重要的产业。

2. 微生物功能材料

生物大分子如蛋白质、核酸、多糖、脂质等具有广泛的生物功能,例如它们能转换能量、处理信息、识别分子、抗辐射、抗氧化、自我装配和自我修复等。人们利用这些大分子或对其进行修饰、改造,有可能制成具有实用型的电学、磁学、光学、热学、声学、力学、化学、生物医学等各种生物功能材料。大分子已成为生物功能材料研制的首选对象。目前这类材料还处于初级研制阶段,但预计会对未来新材料领域产生重大影响。

【视野拓展】

生物计算机

生物计算机(biological computer)或称为仿生计算机,是以生物芯片取代半导体硅片元件制成的计算机,它的主要原材料是有机分子所组成的生物化学元件。与普通计算机相比,未来的生物计算机具有以下几个特点。①体积小:在一平方毫米的面积上,可容纳几亿个电路,比目前的集成电路小得多,因此用它制成的计算机,已经不像现在计算机的形状了,可隐藏。②功效高:生物计算机芯片本身具有并行处理的功能,其运算速度要比当今最新一代的计算机快 10 万倍,而信息存储空间仅占百亿亿分之一。③节能:生物计算机的能量消耗仅相当于普通计算机的十亿分之一。④自我修复功能:未来的生物计算机,当它的内部芯片出现故障时,不需要人工修理,能像生物一样进行自我修复,具有永久性和很高的可靠性。

1983 年,美国公布了研制生物计算机的设想之后,立即激起了发达国家的研制热潮。1986 年日本开始研究生物芯片,研究有关大脑和神经元网络结构的信息处理、加工原理,以及建立全新的生物计算机原理;探讨适于制作芯片的生物大分子的结构和功能,以及如何通过生物工程(用 DNA 重组技术和蛋白质工程)来组装这些生物分子功能元件。当前,美国、日本、德国和俄罗斯的科学家正在积极开展各种专用生物芯片的研究与开发,并已在基因测序、基因表达分析、新基因的发现、基因诊断、药物筛选等领域得到应用。

生物计算机的研制涉及计算机科学、脑科学、神经生物学、分子生物学、生物物理、生物工程、电子工程、物理学和化学等诸多学科。目前,生物芯片仍处于研制阶段,但在生物元件,特别是在生物传感器的研制方面已取得不少实质性成果。这将会促使计算机、电子工程和生物工程等学科的专家通力合作,加快研究开发生物芯片。一旦生物计算机研制成功,可能会在计算机领域内引起一场划时代的革命。

小 结

微生物技术是生物技术的重要组成部分,也是微生物学与其他学科相互融合、应用的一个新分支学科,其技术体系主要包括微生物分离培养技术、微生物发酵技术和微生物基因工程技术等。人们把以发酵技术为代表的大规模地培养微生物,以生产各类商业性产品的工业称为微生物工业或微生物生物技术产业。微生物生物技术不仅包括工业微生物技术,而且还包括农业微生物技术、医药微生物技术、环保微生物技术、食品微生物技术、能源微生物技术、材料微生物技术以及军事微生物技术等,它所涉及的面非常广泛,也更能体现学科发展的趋势和前沿。

发酵技术是微生物工业化的主体,其方式有多种多样,但过程基本相似,均需经过菌种的分离鉴定和保藏、菌种活化与初级培养、种子的扩大培养、发酵培养基的制备和灭菌、发酵过程的控制与管理、发酵液处理、发酵产物提取与精制等环节。

微生物生物技术的产品种类繁多,因其所用菌种、功能和生产工艺的不同而各有特点,因此在各行各业得到了广泛的应用,并成为继动物产业、植物产业之后的第三大生物产业,即微生物产业。

微生物生物技术在新能源、新材料、新医药、环保、冶金、信息等领域的应用研究发展迅猛,大有可为。尤其是各类DNA芯片的研制和应用,以及未来生物计算机的研发,将会开辟生命科学研究与应用的新纪元。

复习思考题

1. 微生物的发酵方式有哪几种?各有何特点?
2. 微生物工业发酵有哪些产品?以生产一种产品为例,简述微生物工业发酵的一般生产流程。
3. 微生物与基因工程的关系主要表现在哪几个方面?
4. 叙述医药微生物的来源与利用。
5. 微生物肥料有哪几类?其作用和应用范围如何?
6. 微生物农药有哪几类?其作用和应用范围如何?
7. 解释微生物肥料和微生物农药难以推广的原因。
8. 叙述微生物在食品、饮料工业中的应用。
9. 什么是生物沼气?简述沼气发酵经历的主要阶段。
10. 什么是生物柴油?简述微生物在生物柴油生产中的作用。
11. 什么是活性污泥?简述好氧活性污泥净化污水的基本流程。

12. 什么是BOD、COD?
13. 简述活性污泥法、生物膜法处理污水的特点及其应用范围。
14. 简述堆肥法处理固体废弃物的原理和方式。
15. 有机废气进行微生物处理必须满足哪些条件?
16. 什么是生物修复?简述微生物在环境污染修复中的应用。
17. 简述微生物在环境污染监测方面的应用。
18. 何谓微生物传感器?有何特点?应用范围如何?
19. 简述微生物在新材料方面的应用。
20. 什么是DNA芯片?目前DNA芯片主要在哪些方面得到了应用?
21. 未来的生物计算机具有哪些特点?

(江怀仲 任莹利 王伟东)

参考文献

[1] 周德庆. 微生物学教程[M]. 3版. 北京：高等教育出版社,2011.
[2] 沈萍,陈向东. 微生物学[M]. 2版. 北京：高等教育出版社,2006.
[3] 黄秀梨,辛明秀. 微生物学[M]. 3版. 北京：高等教育出版社,2009.
[4] 杨汝德. 工业微生物学教程[M]. 北京：高等教育出版社,2006.
[5] 刘志恒. 现代微生物学[M]. 北京：科学出版社,2002.
[6] 王宜磊. 微生物学[M]. 北京：化学工业出版社,2010.
[7] 蔡信之,黄君红. 微生物学[M]. 3版. 北京：科学出版社,2011.
[8] 诸葛健,李华钟. 微生物学[M]. 北京：科学出版社,2009.
[9] 杨文博,李明春. 微生物学[M]. 北京：高等教育出版社,2010.
[10] (英)尼克林 J,(英)格雷米-库克 K,(英)基林顿 R. 微生物学[M]. 2版. 林稚兰,译. 北京：科学出版社,2004.
[11] (美)马迪根 M T,(美)马丁克 J M,(美)帕克 J. 微生物生物学[M]. 李明春,杨文博,译. 北京：科学出版社,2001.
[12] 诸葛健,李华钟,王正祥. 微生物遗传育种学[M]. 北京：化学工业出版社,2009.
[13] 闵航. 微生物学[M]. 北京：科学出版社,2009.
[14] 岑沛霖,蔡谨. 工业微生物学[M]. 2版. 北京：化学工业出版社,2008.
[15] 沈萍,陈向东. 微生物学实验[M]. 4版. 北京：高等教育出版社,2008.
[16] 周德庆. 微生物学实验教程[M]. 2版. 北京：高等教育出版社,2006.
[17] 杨革. 微生物实验教程[M]. 2版. 北京：科学出版社,2010.
[18] 杨清香. 普通微生物学[M]. 北京：科学出版社,2011.
[19] 张朝武. 卫生微生物学[M]. 4版. 北京：人民卫生出版社,2007.
[20] 陆曙梅. 微生物学与免疫学基础[M]. 郑州：河南科学技术出版社,2007.
[21] 李莉. 应用微生物学[M]. 武汉：武汉理工大学出版社,2006.
[22] 车振明. 工科微生物学教程[M]. 成都：西南交通大学出版社,2007.
[23] 吴文礼. 食品微生物学进展[M]. 北京：中国农业科学技术出版社,2002.
[24] 刘慧. 现代食品微生物学[M]. 北京：中国轻工业出版社,2004.
[25] 张青,葛菁萍. 微生物学[M]. 北京：科学出版社,2004.
[26] 谢天恩,胡志红. 普通病毒学[M]. 北京：科学出版社,2002.
[27] 吴柏春,熊元林. 微生物学[M]. 武汉：华中师范大学出版社,2006.
[28] 林稚兰,黄秀梨. 现代微生物学与实验技术[M]. 北京：科学出版社,2004.
[29] 夏立秋,陈则. 微生物学教学与科学研究进展[M]. 北京：科学出版社,2005.
[30] 何国庆,贾英民,丁立孝. 食品微生物学[M]. 2版. 北京：中国农业大学出版社,2009.
[31] 郑晓冬. 食品微生物学[M]. 杭州：浙江大学出版社,2001.

[32] 金伯泉. 医学免疫学[M].5版. 北京：人民卫生出版社,2008.
[33] 刘漳,陈其国. 简明微生物学教程[M]. 武汉：武汉大学出版社,2004.
[34] 陈坚,堵国成,张东旭. 发酵工程实验技术[M].2版. 北京：化学工业出版社,2009.
[35] 彭亚锋,牛天贵. 食品微生物检验[M]. 北京：中国计量出版社,2003.
[36] 韦革宏,王卫卫. 微生物学[M]. 北京：科学出版社,2008.
[37] 陈红霞,李翠华. 食品微生物学及实验技术[M]. 北京：化学工业出版社,2008.
[38] 沈关心. 微生物学与免疫学[M].7版. 北京：人民卫生出版社,2011.
[39] 王镜岩,朱圣庚,徐长法. 生物化学[M].3版. 北京：高等教育出版社,2002.
[40] 李阜棣,胡正嘉. 微生物学[M].6版. 北京：中国农业出版社,2010.
[41] 周长林. 微生物学[M].2版. 北京：中国医药科技出版社,2009.
[42] 王贺祥. 农业微生物学[M]. 北京：中国农业大学出版社,2003.
[43] 周正任. 医学微生物学[M].6版. 北京：人民卫生出版社,2003.
[44] 杨光,谭家驹. SARS冠状病毒分子生物学[M]. 北京：中国医药科技出版社,2006.
[45] 曹军卫,马辉文,张甲耀. 微生物工程[M].2版. 北京：科学出版社,2007.
[46] 池振明. 现代微生物生态学[M].2版. 北京：科学出版社,2010.
[47] 施巧琴,吴松刚. 工业微生物育种学[M].3版. 北京：科学出版社,2009.
[48] 叶明. 微生物学[M]. 北京：化学工业出版社,2010.
[49] 赵斌,陈雯莉,何绍江. 微生物学[M]. 北京：高等教育出版社,2011.
[50] 王卫卫. 微生物生理学[M]. 北京：科学出版社,2008.
[51] 邱立友,王明道. 微生物学[M]. 北京：化学工业出版社,2012.
[52] 李凡,徐志凯. 医学微生物学[M].8版. 北京：人民卫生出版社,2013.
[53] 周奇迹. 农业微生物[M].2版. 北京：中国农业出版社,2009.
[54] 鲁金星. 微生物与健康[M]. 北京：化学工业出版社,2004.
[55] 张克旭,陈宁,张蓓,等. 代谢控制发酵[M]. 北京：中国轻工业出版社,2007.
[56] 刘爱民. 微生物资源与应用[M]. 南京：东南大学出版社,2008.
[57] 杨苏声,周俊初. 微生物生物学[M]. 北京：科学出版社,2004.
[58] 路福平. 微生物学[M]. 北京：中国轻工业出版社,2005.
[59] 张文治. 微生物学[M]. 北京：高等教育出版社,2006.
[60] 盛祖嘉. 微生物遗传学[M].3版. 北京：科学出版社,2007.
[61] 薛京伦. 表观遗传学：原理、技术与实践[M]. 上海：上海科学技术出版社,2006.
[62] 金志华,林建平,梅乐和. 工业微生物遗传育种学原理与应用[M]. 北京：化学工业出版社,2011.
[63] 谢联辉. 普通植物病理学[M]. 北京：科学出版社,2006.
[64] 周群英,高廷耀. 环境工程微生物学[M].3版. 北京：高等教育出版社,2008.
[65] 朱宝泉. 生物制药技术[M]. 北京：化学工业出版社,2004.
[66] 陈文新,汪恩涛. 中国根瘤菌[M]. 北京：科学出版社,2011.
[67] 林稚兰,罗大珍. 微生物学[M]. 北京：北京大学出版社,2011.
[68] 洪坚平,来航线. 应用微生物学[M].2版. 北京：中国林业出版社,2011.
[69] 陶天申,杨瑞馥,东秀珠. 原核生物系统学[M]. 北京：化学工业出版社,2007.
[70] 杨瑞馥,陶天申,方呈祥,等. 细菌名称双解及分类词典[M]. 北京：化学工业出版

社,2011.

[71] 东秀珠,蔡妙英. 常见细菌系统鉴定手册[M]. 北京:科学出版社,2001.

[72] Lapage S P. 国际细菌命名法规[M]. 陶天申,陈文新,骆传好,等,译. 北京:科学出版社,1989.

[73] Ajbort Moat G,John Foster W,Michael Spector P. 微生物生理学[M]. 4版. 李颖,文莹,关国华,等,译. 北京:高等教育出版社,2009.

[74] Simon baker,Jane Nicklin,Naveed Khan,Richard Killington. 微生物学[M]. 3版. 李明春,杨文博,译. 北京:科学出版社,2010.

[75] Raina Maier M,Ian Pepper L,Charles Gerba P,等. 环境工程微生物学(英文版)[M]. 王国惠,改编. 北京:电子工业出版社,2008.

[76] Kathleen Park Talaro. Foundations in Microbiology(影印版)[M]. 5th ed. 北京:高等教育出版社,2009.

[77] Lansing Prescott M,Donald Klein,John Harley. Microbiology[M]. 6th ed. New York:McGraw-Hill Higher Education,2005.

[78] Michael Madigan T,John Martinko M. Brock Biology of Microorganisms[M]. 11th ed. New Jersey:Pearson Prentice Hall,2006.

[79] Thomas Kindt J,Richard Goldsby A,Barbara Osborne A. Kuby Immunology[M]. 6th ed. New York:W. H. Freeman and Company,2007.

[80] Abul Abbas K,Andrew Lichtman H. Cellular and Molecular Immunology[M]. 6th ed. Philadelphia:W. B. Saunders Company,2007.

[81] George Brooks F,Karen Carroll C,Janet Butel S,et al. Medical Microbiology[M]. 26th ed. New York:McGraw-Hill Companies,2013.

[82] Nicklin J,Graeme-Cook K,Paget T. Instant Notes in Microbiology[M]. 2nd ed. Oxford:Bios Scientific Publishers Ltd,2002.

[83] 王保军,刘双江. 环境微生物培养新技术的研究进展[J]. 微生物学通报,2013,40:6-17.

[84] 王博,李亮,龙超安,等. 柠檬形克勒克酵母对温州蜜柑"国庆一号"采后贮藏的防腐效果[J]. 菌物学报,2008,27(3):385-394.

[85] 喻子牛,邵宗泽,孙明. 中国微生物基因组研究[J]. 遗传,2012,34:1408-1408.

[86] 刘玉岭,柳云帆,谢建平. 粟酒裂殖酵母全基因组中含信号肽蛋白质的研究[J]. 遗传,2007,29(2):250-256.

[87] 李书国,陈辉,李雪梅,等. 粮油食品中黄曲霉毒素检测方法综述[J]. 粮油食品科技,2009,17(2):62-65.

[88] 张忠信. ICTV第九次报告对病毒分类系统的一些修改[J]. 病毒学报,2012,28(5):595-599.

[89] 陈来红,乔光华,董红丽,等. 准格尔露天矿区复垦对土壤细菌多样性的影响研究[J]. 干旱区资源与环境,2012,26(2):119-125.

[90] 董妍玲,潘学武. 细菌内依赖TonB的外膜铁转运体的研究进展[J]. 生物技术通报,2011,(1):23-29.

[91] 潘虎,卢向阳,董俊德,等. 未培养微生物研究策略概述[J]. 生物学杂志,2012,29:79-83.

[92] 刘叶花. 新发传染病的流行与控制探析[J]. 中国医药指南,2013,11(4):677-678.

[93] 彭伶俐,王琴,辛明秀. 自然界中不可培养微生物的研究进展[J]. 微生物学杂志,2011, 31:75-79.

[94] 秦楠,栗东芳,杨瑞馥. 高通量测序技术及其在微生物学研究中的应用[J]. 微生物学报, 2011,51:445-457.

[95] Wilhelm L, Singer G A, Fasching C, et al. Microbial Biodiversity in Glacier-fed Streams [J]. ISME J,2013,8(7):1651-1660.

[96] Hongmei DAI, Jia ZHENG, Ying HUANG. Effect in Cell Cycle Caused by Overexpression of SpTrz2p in Schizosaccharomyces Pombe[J]. Agric. Biotechnol, 2012,1(3):42-43.

[97] John R P, Gangadharan D, Madhavan Nampoothiri K. Genome Shuffling of Lactobacillus Delbrueckii Mutant and Bacillus Amyloliquefaciens through Protoplasmic Fusion for L-lactic Acid Production from Starchy Wastes [J]. Bioresour. Technol, 2008, 99: 8008-8015.

[98] Kåhrström C T. Bacterial Evolution: Decoding Fossil Records [J]. Nat Rev Genet, 2012,13(11):757.

[99] Novichkov P S, Wolf Y I, Dubchak I, et al. Trends in Prokaryotic Evolution Revealed by Comparison of Closely Related Bacterial and Archaeal Genomes [J]. J. Bacterial, 2009,191:65-73.

[100] Elly Morriën, Wim H. van der Putten. Soil Microbial Community Structure of Range-expanding Plant Species Differs from Co-occurring Natives [J]. J. Ecol,2013,101(5): 1093-1102.

[101] Botstein D, Fink G R. Yeast: an Experimental Organism for 21st Century Biology [J]. Genet,2011,189 (3):695-704.

[102] Philippe N, Legendre M, Doutre G, et al. Pandoraviruses: Amoeba Viruses with Genomes Up to 2.5 Mb Reaching that of Parasitic Eukaryotes [J]. Sci, 2013, 341 (6143):281-286.

[103] Gibson D G, Benders G A, Andrews-Pfannkoch C, et al. Complete Chemical Synthesis, Assembly and Clone of a Mycoplasma Gemitalium Genome[J]. Sci,2008,319(5867): 1215-1220.

[104] Hou L. Novel Methods of Genome Shuffling in Saccharomyces cerevisiae [J]. Biotechnol. Lett,2009,31(5):671-677.

[105] Leonard E, Ajikumar P K, Thayer K, et al. Combining Metabolic and Protein Engineering of a Terpenoid Biosynthetic Pathway for Overproduction and Selectivity Control [J]. PNAS,2010,107(31):13654-13659.

[106] El-Sersy N A, Abdelwahab A E, Abouelkhiir S S, et al. Antibacterial and Anticancer Activity of ε-poly-L-lysine (ε-PL) Produced by a Marine Bacillus Subtilis sp. [J]. J. Basic Microbiol,2012,52(5):513-522.

[107] Zhao Kai, Ping Wenxiang, Zhang Lina. Screening and Breeding of High Taxol Producing Fungi by Genome Shuffling [J]. Sci China C Life Sci, 2008,51:222-231.